DIANLI XITONG JIDIAN BAOHU
TIKU JINGBIAN YU JIEXI

电力系统继电保护
题库精编与解析

石恒初　李本瑜　主编

中国电力出版社
CHINA ELECTRIC POWER PRESS

内 容 提 要

继电保护是保障电力系统安全稳定运行的第一道防线。为适应新型电力系统快速发展和生产组织模式改革给继电保护专业所带来的新形势和新要求，特组织编写了本书。本书共分八章，分别围绕基础理论、线路保护、母线保护、变压器保护、二次回路与反措、整定计算、智能变电站和配电网保护等内容进行知识点考察和解析。

本书理论知识丰富，兼具较强的实用性和针对性，适合于继电保护专业技术人员以及相关专业人员学习阅读和培训使用。

图书在版编目（CIP）数据

电力系统继电保护题库精编与解析 / 石恒初，李本瑜主编. -- 北京：中国电力出版社，2025. 3. -- ISBN 978-7-5198-9259-3

Ⅰ. TM77-44

中国国家版本馆 CIP 数据核字第 2024NJ8612 号

出版发行：中国电力出版社
地　　址：北京市东城区北京站西街 19 号（邮政编码 100005）
网　　址：http://www.cepp.sgcc.com.cn
责任编辑：孙　芳（010-63412381）
责任校对：黄　蓓　常燕昆　王海南
装帧设计：赵姗姗
责任印制：吴　迪

印　　刷：三河市万龙印装有限公司
版　　次：2025 年 3 月第一版
印　　次：2025 年 3 月北京第一次印刷
开　　本：787 毫米×1092 毫米　16 开本
印　　张：28.75
字　　数：676 千字
印　　数：0001—2000 册
定　　价：160.00 元

《电力系统继电保护题库精编与解析》
编 委 会

前　言

继电保护作为保障电力系统安全稳定运行的第一道防线，是电网的安全卫士。近年来，随着新型电力系统和数字电网建设的不断深入，新能源发电、柔性交直流输配电等技术的推广应用，使得电网结构、运行特性和故障特征发生了较大变化。同时，随着调控一体化、配（县）调集约化、二次系统运维模式优化等生产组织模式改革的深入推进，对继电保护专业技术人员提出了新的技术要求。

为适应新型电力系统快速发展和生产组织模式改革给继电保护专业所带来的新形势和新要求，提高继电保护专业技术人员的业务素质，更好地保障电网安全稳定运行和可靠供电，结合历年继电保护培训、普考、调考和技能竞赛的经验，特组织编写了本书。本书共分八章，分别从基础理论、线路保护、母线保护、变压器保护、二次回路与反措、整定计算、智能变电站和配电网保护等知识点收集了典型习题，并对每道习题进行了详细解答，部分习题还使用多种方法进行解析，力求确保继电保护专业技术人员深入理解和掌握相关知识点。

本书由云南电网有限责任公司组织具有丰富经验的技术骨干编写，并得到了有关单位和人员的大力支持，在编写过程中还参阅借鉴了行业内相关兄弟单位的考试试卷、培训题库等。在此，对相关单位及有关作者表示衷心的感谢！

由于编写时间仓促，编者水平有限，书中难免有疏漏和不足之处，恳请专家、读者批评斧正。

编　者

2025 年 2 月

目　录

第一章

基 础 理 论

一、选择题

1. ABC 三相对称交流电源，若已知 $\dot{U}_a$=57.7V$\angle$90°，则 $\dot{U}_{ab}$=（　　）。

A．57.7V$\angle$60°　　　　B．57.7V$\angle$120°　　　　C．100V$\angle$60°　　　　D．100V$\angle$120°

答案： D

解析： 对于三相对称交流电源，$\dot{U}_{ab} = \dot{U}_a - \dot{U}_b = \sqrt{3}U_a\angle 30°$，其中 $\dot{U}_a = 57.7\text{V}\angle 90°$，故 $\dot{U}_{ab} = \sqrt{3}\dot{U}_a\angle 30° = \sqrt{3}\times 57.7\text{V}\angle(90°+30°) = 100\text{V}\angle 120°$。

2. 有两个正弦量，其瞬时值的表达式分别为 U=220sin(ωt−10°)、I=5sin(ωt−60°)，可知（　　）。

A．电流滞后电压 50°　　　　　　　　　B．电流滞后电压 60°

C．电流超前电压 50°　　　　　　　　　D．电流超前电压 60°

答案： A

解析： 两个正弦量以负到正过零点为参考点，即电压 ωt−10°=0、电流 ωt−60°=0，则电压 ωt=10°过零点，而电流 ωt=60°过零点，即电流滞后电压 50°。

3. 下列关于功率的说法中错误的是（　　）。

A．容性功率从电压高的一侧输出到电压低的一侧

B．三相平衡时，三相功率的标幺值等于单相功率的标幺值

C．有功功率 P 的有名值为有功功率的标幺值 P^* 与 P_B 乘积，无功功率 Q 的有名值为无功功率的标幺值 Q^* 与 Q_B 乘积

D．若 U_B 为相电压的基准值、I_B 为线电流的基准值、Z_B 为每相阻抗的基准值、S_B 为三相容量的基准值，则有 S_B=3U_BI_B 和 U_B=I_BZ_B 成立

答案： AC

解析： 有功的流向是由两端电压的相位决定的，有功由功角大的流向功角小的（即从相位超前的流向相位滞后的）。而无功的流向是由电压幅值决定的，感性无功是由电压幅值大的流向电压幅值小的一侧。容性无功功率为由电压幅值小的流向电压幅值大的一侧，因此选项 A 错误。

在三相电路中，三相平衡时，若线电压、线电流、三相容量为基准值，则存在以下关系：

$$S_B = \sqrt{3}U_BI_B$$

$$S = \sqrt{3}UI$$

$$S^* = \frac{S}{S_B} = \frac{\sqrt{3}UI}{\sqrt{3}U_BI_B} = \frac{UI}{U_BI_B}$$

在单相电路中，若相电压、相电流、单相容量为基准值，则存在以下关系：

$$S_B = U_B I_B$$

$$S = UI$$

$$S^* = \frac{S}{S_B} = \frac{UI}{U_B I_B}$$

$$\begin{cases} P = P^* S_B \\ Q = Q^* S_B \end{cases}$$

可知选项 B 正确，C 错误，D 正确。

4. 三相正弦交流电路功率公式 $P = \sqrt{3} U_L I_L \cos\varphi$ 中，U_L、I_L、φ 分别是（　　）。

A. 线电压、线电流、线电压与线电流之间的夹角

B. 线电压、线电流、相电压与相电流之间的夹角

C. 相电压、相电流、线电压与相电流之间的夹角

D. 相电压、线电流、相电压与线电流之间的夹角

答案： B

解析： 三相正弦交流电路总有功功率为三相有功功率之和，当三相对称时有 $P = 3U_P I_P \cos\varphi$，φ 为相电压与相电流之间的夹角。由于电气设备通常标注线电压和线电流的额定值，且线电压和线电流容易测量，所以通常用线电压和线电流来计算功率。

当对称三相负载星形连接时，$U_P = \dfrac{U_L}{\sqrt{3}}$，$I_P = I_L$

当对称三相负载三角形连接时，$U_P = U_L$，$I_P = \dfrac{I_L}{\sqrt{3}}$

将上述关系代入对称三相正弦交流电路有功功率公式，可得 $P = \sqrt{3} U_L I_L \cos\varphi$，此式中 φ 仍为相电压与相电流之间的夹角。

5. 电阻连接如图 1-1 所示，则 AB 间的等效电阻为（　　）。

A. 3.5Ω　　　　　　B. 4.4Ω　　　　　　C. 5.2Ω　　　　　　D. 7Ω

答案： A

解析： 图 1-1 中的电路上半部分为三角形连接，将其进行△—Y 变换后将使得电路简化，从而可以快速计算出等效电阻。设 $R_1 = R_2 = 5Ω$，$R_3 = 4Ω$，运用△—Y 变换公式可得

$$R_{12} = \frac{R_1 R_2}{R_1 + R_2 + R_3} = \frac{5 \times 5}{5 + 5 + 4} = \frac{25}{14}(\Omega)$$

$$R_{13} = \frac{R_1 R_3}{R_1 + R_2 + R_3} = \frac{5 \times 4}{5 + 5 + 4} = \frac{20}{14}(\Omega)$$

$$R_{23} = \frac{R_2 R_3}{R_1 + R_2 + R_3} = \frac{5 \times 4}{5 + 5 + 4} = \frac{20}{14}(\Omega)$$

变换后的电路图如图 1-2 所示。

AB 间的等效电阻为 $R = \dfrac{25}{14} + \left[\left(\dfrac{20}{14} + 2\right) \middle/\middle/ \left(\dfrac{20}{14} + 2\right)\right] = 3.5(\Omega)$。

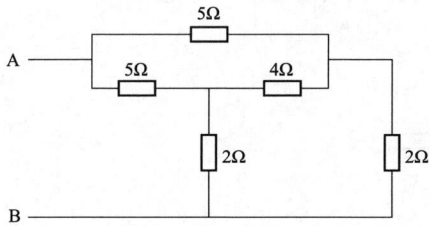

图 1-1 电路示意图

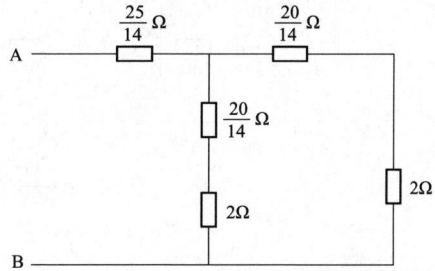

图 1-2 △-Y 变换后电路示意图

6. 某一电容器电容量为 C，接到电压为 U 的直流电源上，稳定后，电容器储存的电场能量是（ ）。

A. U^2C B. $\dfrac{U^2}{2C}$ C. $\dfrac{1}{2}U^2C$ D. $\dfrac{U^2}{C}$

答案：C

解析：电容器充电时，极板上的电荷量 Q 逐渐增加，两板间电压 U 也逐渐增加，电压与电荷量成正比，即 $Q=CU$。当极板间电压 U 发生变化时，极板上的电荷也发生变化，于是该电容电路中的电流为 $I=\dfrac{\mathrm{d}Q}{\mathrm{d}t}=C\dfrac{\mathrm{d}U}{\mathrm{d}t}$，功率为 $P=IU=CU\dfrac{\mathrm{d}U}{\mathrm{d}t}$。此时在 $t_0 \sim t_1$ 时间段内，电容器吸收的能量为

$$W_c=\int_{t_0}^{t_1}U(\varepsilon)I(\varepsilon)\mathrm{d}(\varepsilon)=\int_{t_0}^{t_1}U(\varepsilon)C\dfrac{\mathrm{d}U(\varepsilon)}{\mathrm{d}(\varepsilon)}\mathrm{d}(\varepsilon)=C\int_{U(t_0)}^{U(t_1)}U(\varepsilon)\mathrm{d}U(\varepsilon)$$

$$=\dfrac{1}{2}CU^2(t_1)-\dfrac{1}{2}CU^2(t_0)$$

选择 t_0 时刻电压为 0 时，即 $W_0=0$，此时电容器存储的电量即为 $\dfrac{1}{2}U^2C$。

7. 表达式 $\dfrac{1}{3}(\dot{U}_{BC}+\mathrm{e}^{-\mathrm{j}60°}\dot{U}_{CA})$ 的含义是（ ）。

A. A 相负序电压   B. B 相负序电压

C. C 相负序电压   D. 以上都不对

答案：B

解析：将题中的表达式简化为

$$\dfrac{1}{3}(\dot{U}_{BC}+\mathrm{e}^{-\mathrm{j}60°}\dot{U}_{CA})=\dfrac{1}{3}[\dot{U}_B-\dot{U}_C+\mathrm{e}^{-\mathrm{j}60°}(\dot{U}_C-\dot{U}_A)]=\dfrac{1}{3}\left[\dot{U}_B+\dot{U}_C\left(-\dfrac{1}{2}-\mathrm{j}\dfrac{\sqrt{3}}{2}\right)+\dot{U}_A\left(-\dfrac{1}{2}+\right.\right.$$

$$\left.\left.\mathrm{j}\dfrac{\sqrt{3}}{2}\right)\right]=\dfrac{1}{3}(\dot{U}_B+a^2\dot{U}_C+a\dot{U}_A)=\dot{U}_{B2}$$，可知其表示的为 B 相负序电压。

8. 直馈输电线路，其零序网络与变压器的等值零序阻抗如图 1-3 所示（阻抗均换算至 220kV 电压），变压器 220kV 侧中性点接地，110kV 侧不接地，则 K 点的综合零序阻抗为（ ）。

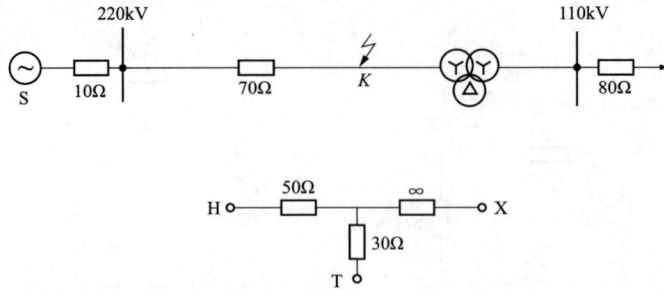

图 1-3 零序网络与变压器等值零序阻抗图

A．80Ω   B．40Ω   C．30.7Ω   D．60Ω

答案：B

解析：$Z_0=(10+70)//(50+30)=40Ω$。

9．标幺值是无单位的相对值，当在三相系统中采用标幺值后，正确的表达式是（　　）。

A．$S^*=\sqrt{3}UI$

B．$P^*=U^*I^*\cos\varphi$

C．$U_l^*=U_{ph}^*$

D．$U_{ph}^*=I_{ph}^*Z_{ph}^*$

答案：BCD

解析：U_B、I_B 为线电压、线电流的基准值，S_B 为三相容量基准值。

由 $S^*=\dfrac{S}{S_B}$，$U^*=\dfrac{U}{U_B}$，$I_B=\dfrac{S_B}{\sqrt{3}U_B}$，$S=\sqrt{3}UI$，$P=\sqrt{3}UI\cos\varphi$

可得：$S^*=U^*I^*$，$P^*=U^*I^*\cos\varphi$

相电压和线电压进行标幺值折算时，分别取相电压、线电压基准值，不难得出相电压标幺值等于线电压标幺值。

10．线路发生故障后，假设线路正负序阻抗相等 $Z_1=Z_2$，保护安装处的 A 相测量电压与测量电流关系式为 $\dot{U}_A=\dot{U}_{KA}+(\dot{I}_A+K3\dot{I}_0)Z_1$，此表达式对于下列类型的故障成立（　　）。

A．A 相接地

B．AB 相接地

C．BC 接地

D．ABC 相间故障

答案：ABCD

解析：如图 1-4 所示系统，线路上 K 点发生短路，保护安装处的某相电压应该是短路点该相电压与输电线路上该相的压降之和，而输电线路的压降为该相上的正序、负序、零序压降之和。

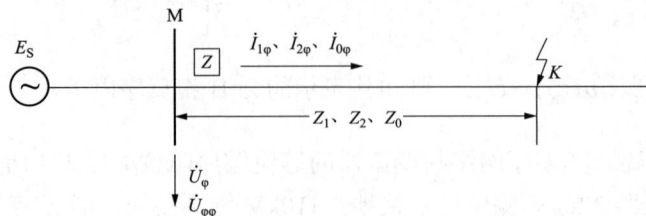

图 1-4 系统示意图

保护安装处的电压为

$$\dot{U}_{\varphi} = \dot{U}_{k\varphi} + \dot{I}_{1\varphi}Z_1 + \dot{I}_{2\varphi}Z_2 + \dot{I}_{0\varphi}Z_0 = \dot{U}_{k\varphi} + \dot{I}_{1\varphi}Z_1 + \dot{I}_{2\varphi}Z_1 + \dot{I}_{0\varphi}Z_0 + \dot{I}_{0\varphi}Z_1 - \dot{I}_{0\varphi}Z_1$$

$$= \dot{U}_{k\varphi} + (\dot{I}_{1\varphi} + \dot{I}_{2\varphi} + \dot{I}_{0\varphi})Z_1 + 3\dot{i}_{0\varphi}\frac{Z_0 - Z_1}{3Z_1}Z_1 = \dot{U}_{k\varphi} + (\dot{I}_{\varphi} + K3\dot{I}_{0\varphi})Z_1$$

其中 $K = \dfrac{Z_0 - Z_1}{3Z_1}$，该公式适用于各种类型的故障。

11. 当负序电压继电器的整定值为 6～12V 时，电压回路一相或两相断线时，（ ）。

A．负序电压继电器会动作   B．负序电压继电器不会动作

C．负序电压继电器动作情况不定   D．瞬时接通

答案：A

解析：电压回路一相断线时（以 A 相断线为例），断线相电压为 0，负序电压为

$$\dot{U}_2 = \frac{1}{3}(a^2\dot{U}_B + a\dot{U}_C) = -\frac{1}{3}\dot{U}_{\varphi} = \frac{57.7}{3} = 19.23(\text{V})$$

电压回路两相断线时（以 BC 相断线为例），断线相电压均为 0，负序电压为

$$\dot{U}_2 = \frac{1}{3}\dot{U}_A = \frac{1}{3}\dot{U}_{\varphi} = \frac{57.7}{3} = 19.23(\text{V})$$

综上可知，电压回路一相或两相断线时负序电压均超过整定值，继电器会动作。

12. 某负序电流元件，AB 相间通 30A 正弦电流时刚好动作，如仅 A 相通正弦电流，则通入（ ）电流该元件正好动作。

A．17.32A   B．20A   C．34.64A   D．51.96A

答案：D

解析：

方法 1：根据题意，三相电流分别为 $\dot{I}_A = 30\text{A}\angle 0°$，$\dot{I}_B = 30\text{A}\angle 180°$，$\dot{I}_C = 0$，$\dot{I}_{C2} = \frac{1}{3}(a^2\dot{I}_A +$

$a\dot{I}_B + \dot{I}_C) = \frac{1}{3}(a^2 30\text{A}\angle 0° + a30\text{A}\angle 180° + 0) = 10\sqrt{3}\text{A}\angle -90°$

负序电流元件的负序电流为 $10\sqrt{3}\text{A}$，仅 A 相通正弦电流，相当于单相接地，此时的负序电流为 $|\dot{I}_A| = |3\dot{I}_{A2}| = 3 \times 10\sqrt{3} = 51.96(\text{A})$。

方法 2：根据不对称短路故障时故障支路的正序分量电流 I_{KA1} 等于故障点每相加上一个附加阻抗后 Z_Δ 后发生三相短路的电流，即正序等效定则。故障点故障相电流的绝对值 I_K 与故障支路的正序分量电流 I_{K1} 成正比，可以表示为 $I_K^n = m^n I_{K1}^n$。正序等效定则如表 1-1 所示，m^n 为与短路故障类型有关的比例系数。

表 1-1   正 序 等 效 定 则

故障类型	三相短路	两相短路	两相接地短路	单相接地短路
m^n	1	$\sqrt{3}$	$\sqrt{3}\sqrt{1 - \dfrac{Z_2 Z_0}{(Z_2 + Z_0)^2}}$	3

根据题意可知，AB 相间短路故障电流为 30A 时，$m=\sqrt{3}$，故 $I_{KC1}=-I_{KC2}=30/\sqrt{3}=10\sqrt{3}$ A，即此时负序电流为 $10\sqrt{3}$ A。A 相故障时，$m=3$，$I_{KA1}=I_{KA2}=I_{KA0}=10\sqrt{3}$ A，此时需要通入的电流为 $I_{KA}=3I_{KA2}=3\times10\sqrt{3}=30\sqrt{3}=51.96$（A）。

13. 已知输电线路正序阻抗、负序阻抗、零序阻抗、每相自感阻抗和相间互感阻抗分别为 Z_1、Z_2、Z_0、Z_L 和 Z_M，则以下表达式正确的是（　　）。

A. $Z_0=Z_1+3Z_M$　　　　　　　　　　B. $Z_2=Z_L+Z_M$

C. $Z_L=2Z_1-Z_0$　　　　　　　　　　D. $Z_0=3Z_L-2Z_2$

答案：AD

解析：线路的各序阻抗都是线路某一相自感阻抗 Z_L 和其他两相对应相序电流所产生互感阻抗 Z_M 的相量和。对于正序或负序分量而言，因三相幅值相等，相位角互为 120°，任意两相电流正（负）序分量的相量和均与第三相正（负）序分量的大小相等、方向相反，故对于线路的正、负阻抗有 $Z_1=Z_2=Z_L-Z_M$；而由于零序分量三相同向，零序自感电动势和互感电动势相位相同，故线路的零序阻抗 $Z_0=Z_L+2Z_M$，整理可得

$$Z_0=Z_1+3Z_M=Z_L-Z_M+3Z_M=Z_L+2Z_M$$

$$Z_0=3Z_L-2Z_2=3Z_L-2(Z_L-Z_M)=Z_L+2Z_M$$

14. 同杆并架线路在一条线路两侧三相断路器跳闸后，存在（　　）电流。

A. 潜供　　　　　　　　　　　　　　　B. 助增

C. 汲出　　　　　　　　　　　　　　　D. 零序

答案：A

解析：线路发生故障，两侧三相断路器跳闸后，由于有同杆并架线路，这时运行线路与断开的线路相之间存在静电（通过相间电容）和电磁（通过相间互感）的联系，使故障点弧光通道中仍有一定数值的电流通过，此电流称为潜供电流。它的大小与线路的参数有关，线路电压越高，线路越长，负荷电流越大，潜供电流越大。由于线路两侧断路器三相均已跳开，系统与故障点之间已无零序通路，所以不存在零序分量。

15. 大电流接地系统中，C 相发生金属性单相接地故障时，故障点序分量电流间的关系是（　　）。

A. A 相负序电流超前 C 相正序电流的角度是 120°

B. C 相负序电流超前 A 相正序电流的角度是 120°

C. B 相负序电流滞后 A 相零序电流的角度是 120°

D. B 相正序电流滞后 C 相零序电流的角度是 120°

答案：ABC

解析：大电流系统 C 相发生单相接地时，故障点 C 相各序分量电流相等，即

$$\dot{I}_{KC1}^{(1)}=\dot{I}_{KC2}^{(1)}=\dot{I}_{KC0}^{(1)}$$

A、B 相正序电流分别在 C 相基础上顺时针旋转 120°、240°，A、B 相负序电流分别在 C 相基础上分别逆时针旋转 120°、240°，A、B 相零序电流与 C 相相等。根据图 1-5 所示相量图可以分析出相位关系。

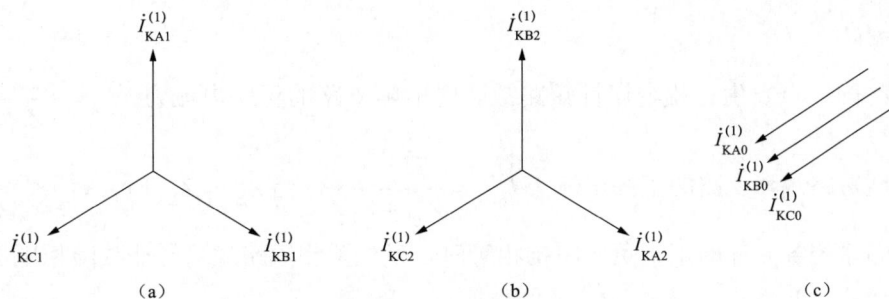

图 1-5 相位图

（a）正序电流；（b）负序电流；（c）零序电流

16. 单相接地故障中，零序电流超前 A 相负序电流 120°，这是（　　）相接地。

A. A 相接地　　　　B. B 相接地　　　　C. C 相接地　　　　D. 不确定

答案：B

解析：根据对称分量法，B 相负序电流超前 A 相负序电流 120°，C 相负序电流滞后 A 相负序电流 120°。单相接地故障时，故障相正、负、零序电流大小相等，相位相同。由题意可知在发生单相接地故障时，B 相负序电流与故障零序电流同相位，故判断此时发生的为 B 相接地故障。

17. 如果对短路点的正、负、零序综合电抗为 $Z_{\Sigma1}$、$Z_{\Sigma2}$、$Z_{\Sigma0}$，而且 $Z_{\Sigma1}=Z_{\Sigma2}$，故障点的单相接地故障相的电流比三相短路电流大的条件是（　　）。

A. $Z_{\Sigma1}>Z_{\Sigma0}$　　　　B. $Z_{\Sigma1}=Z_{\Sigma0}$　　　　C. $Z_{\Sigma1}<Z_{\Sigma0}$　　　　D. 不确定

答案：A

解析：三相短路时故障点的短路电流为

$$\dot{I}_{KA}^{(3)} = \frac{\dot{U}_{KA[0]}}{Z_{\Sigma1}}$$

单相短路时故障点的短路电流为

$$\dot{I}_{KA}^{(1)} = \frac{3\dot{U}_{KA[0]}}{Z_{\Sigma1}+Z_{\Sigma2}+Z_{\Sigma0}} = \frac{3\dot{U}_{KA[0]}}{2Z_{\Sigma1}+Z_{\Sigma0}}$$

$\dot{I}_{KA}^{(1)}$ 与 $\dot{I}_{KA}^{(3)}$ 的比值为

$$\frac{\dot{I}_{KA}^{(1)}}{\dot{I}_{KA}^{(3)}} = \frac{3}{2+\dfrac{Z_{\Sigma0}}{Z_{\Sigma1}}}$$

若要使得 $\dot{I}_{KA}^{(1)}>\dot{I}_{KA}^{(3)}$，则应有 $\dfrac{Z_{\Sigma0}}{Z_{\Sigma1}}<1$，即 $Z_{\Sigma1}>Z_{\Sigma0}$。

18. 设系统各元件的正、负序阻抗相等，同一点发生三相金属性短路故障与两相金属性短路故障，故障支路的正序电流之比是（　　）。

A. 1　　　　　　B. $\dfrac{\sqrt{3}}{2}$　　　　　　C. $\sqrt{3}$　　　　　　D. 2

答案： D

解析： 同一点发生三相金属性短路故障时故障支路的正序电流为 $\dot{I}_{KA1}^{(3)} = \dfrac{\dot{U}_{KA[0]}}{Z_{\Sigma 1}}$，发生两相金属性短路故障支路的正序电流为 $\dot{I}_{KA1}^{(2)} = \dfrac{\dot{U}_{KA[0]}}{Z_{\Sigma 1} + Z_{\Sigma 2}}$，当 $Z_{\Sigma 1} = Z_{\Sigma 2}$ 时，有 $\dot{I}_{KA1}^{(3)} = 2\dot{I}_{KA1}^{(2)}$。

19．当系统各元件的正、负序阻抗相等时，发生两相短路故障时非故障相电压是故障相电压的（　　）倍。

A．1   B．$\dfrac{\sqrt{3}}{2}$ C．$\sqrt{3}$ D．2

答案： D

解析： K 点 BC 相发生金属性短路故障，其边界条件为

$$\left.\begin{array}{c} \dot{I}_{KA}^{(2)} = 0 \\ \dot{I}_{KB}^{(2)} + \dot{I}_{KC}^{(2)} = 0 \\ \dot{U}_{KB}^{(2)} = \dot{U}_{KC}^{(2)} \end{array}\right\}$$

BC 两相短路故障时的复合序网如图 1-6 所示，故障点的正序网络和负序网络并联（特殊相），零序网络开路。

$$\dot{U}_{KA1}^{(2)} = \dot{U}_{KA2}^{(2)} = \frac{Z_{\Sigma 2}}{Z_{\Sigma 1} + Z_{\Sigma 2}} \cdot \dot{U}_{KA[0]}$$

于是故障点的三相电压分别为

$$\dot{U}_{KA}^{(2)} = 2\dot{U}_{KA1}^{(2)} = \frac{2Z_{\Sigma 2}}{Z_{\Sigma 1} + Z_{\Sigma 2}} \cdot \dot{U}_{KA[0]}$$

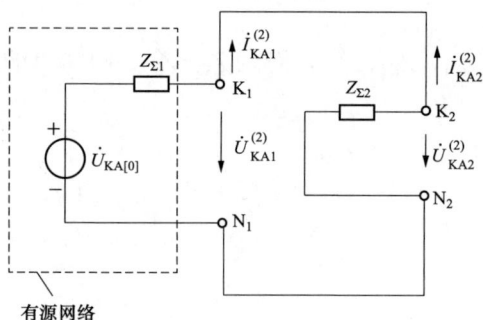

图 1-6　BC 两相短路故障复合序网图

$$\dot{U}_{KB}^{(2)} = \dot{U}_{KC}^{(2)} = (\alpha^2 + \alpha)\dot{U}_{KA1}^{(2)} = -\frac{Z_{\Sigma 2}}{Z_{\Sigma 1} + Z_{\Sigma 2}} \cdot \dot{U}_{KA[0]}$$

当 $Z_{\Sigma 1} = Z_{\Sigma 2}$ 时，上两式可写为

$$\dot{U}_{KA}^{(2)} = \dot{U}_{KA[0]}$$

$$\dot{U}_{KB}^{(2)} = \dot{U}_{KC}^{(2)} = (\alpha^2 + \alpha)\dot{U}_{KA1}^{(2)} = -\frac{1}{2} \cdot \dot{U}_{KA[0]}$$

可见，发生两相短路故障时，故障点非故障相电压保持原有的幅值和相位，两故障相电压在非故障相电压的反方向上，其值等于非故障相电压的一半。

20．大电流接地系统在系统运行方式不变的前提下，假设某线路同一点分别发生两相短路及单相接地短路，且正序阻抗等于负序阻抗，关于故障点的负序电压的大小，下列说法正确的是（　　）。

A．单相接地短路时的负序电压比两相短路时的大

B．单相接地短路时的负序电压比两相短路时的小

C．单相接地短路时的负序电压与两相短路时的相等

D．不确定

答案： B

解析： 大电流接地系统发生单相接地短路时，故障点负序电压为

$$\dot{U}_{KA2}^{(1)} = -\frac{Z_{\Sigma 2}}{Z_{\Sigma 1} + Z_{\Sigma 2} + Z_{\Sigma 0}} \cdot \dot{U}_{KA[0]}$$

发生两相短路时，故障点负序电压为

$$\dot{U}_{KA2}^{(2)} = \frac{Z_{\Sigma 2}}{Z_{\Sigma 1} + Z_{\Sigma 2}} \cdot \dot{U}_{KA[0]}$$

由于 $Z_{\Sigma 1} + Z_{\Sigma 2} + Z_{\Sigma 0} > Z_{\Sigma 1} + Z_{\Sigma 2}$，则 $\dot{U}_{KA2}^{(1)} < \dot{U}_{KA2}^{(2)}$。

21．大电流接地系统中，若 $Z_{\Sigma 0} = 3Z_{\Sigma 1}$，则同一点上分别发生单相短路接地、两相短路、两相接地短路、三相短路时，下列关于故障电流的描述正确的是（　　）。

A．单相短路小于两相短路 　　　　　B．三相短路大于单相短路的 2 倍

C．两相接地短路大于三相短路 　　　D．两相短路小于两相接地短路

答案： AD

解析： 若 $Z_{\Sigma 0} = 3Z_{\Sigma 1}$ 且 $Z_{\Sigma 1} = Z_{\Sigma 2}$，在大电流接地系统中：

三相短路时故障电流为

$$\dot{I}_{KA}^{(3)} = \frac{\dot{U}_{KA[0]}}{Z_{\Sigma 1}}$$

单相短路接地时故障电流为

$$\dot{I}_{KA}^{(1)} = \frac{3\dot{U}_{KA[0]}}{Z_{\Sigma 1} + Z_{\Sigma 2} + Z_{\Sigma 0}} = \frac{3\dot{U}_{KA[0]}}{5Z_{\Sigma 1}} = \frac{3}{5}\dot{I}_{KA}^{(3)}$$

两相短路时故障电流的绝对值为

$$\left|\dot{I}_{KB}^{(2)}\right| = \sqrt{3}\left|\dot{I}_{KA1}^{(2)}\right| = \sqrt{3}\left|\frac{\dot{U}_{KA[0]}}{Z_{\Sigma 1} + Z_{\Sigma 2}}\right| = \frac{\sqrt{3}}{2}\left|\frac{\dot{U}_{KA[0]}}{Z_{\Sigma 1}}\right| = \frac{\sqrt{3}}{2}\left|\dot{I}_{KA}^{(3)}\right|$$

两相短路接地时故障电流的绝对值为

$$\left|\dot{I}_{KB}^{(1.1)}\right| = \frac{\sqrt{3}\sqrt{Z_{\Sigma 1}^2 + Z_{\Sigma 1}Z_{\Sigma 0} + Z_{\Sigma 0}^2}}{2Z_{\Sigma 0} + Z_{\Sigma 1}} \cdot \left|\dot{I}_{KA}^{(3)}\right| = \frac{\sqrt{39}}{7}\left|\dot{I}_{KA}^{(3)}\right|$$

综上可以得出

$$\left|\dot{I}_{KA}^{(3)}\right| > \left|\dot{I}_{KB}^{(1.1)}\right| > \left|\dot{I}_{KB}^{(2)}\right| > \left|\dot{I}_{KA}^{(1)}\right|$$

22．对于同一系统，若正、负序阻抗相同，零序阻抗大于正序阻抗，则同一点上分别发生单相短路接地、两相短路、两相接地短路、三相短路时，下列关于其正序电流分量的描述正确的是（　　）。

A．三相短路等于两相短路的 2 倍 　　　B．三相短路大于单相短路的 3 倍

C．两相接地短路大于三相短路 　　　　D．单相短路小于两相接地短路

答案： ABD

解析： 计及 $Z_{\Sigma 1} = Z_{\Sigma 2}$，$Z_{\Sigma 0} > Z_{\Sigma 1}$

K 点发生 A 相单相短路接地短路时，有

$$\dot{I}_{KA1}^{(1)} = \frac{\dot{U}_{KA[0]}}{Z_{\Sigma 1} + Z_{\Sigma 2} + Z_{\Sigma 0}} = \frac{\dot{U}_{KA[0]}}{2Z_{\Sigma 1} + Z_{\Sigma 0}} < \frac{1}{3} \dot{I}_{KA1}^{(3)}$$

K 点发生 BC 两相短路时，有

$$\dot{I}_{KA1}^{(2)} = \frac{\dot{U}_{KA[0]}}{Z_{\Sigma 1} + Z_{\Sigma 2}} = \frac{1}{2} \dot{I}_{KA1}^{(3)}$$

K 点发生 BC 两相接地短路时，有

$$\dot{I}_{KA1}^{(1,1)} = \frac{\dot{U}_{KA[0]}}{Z_{\Sigma 1} + Z_{\Sigma 2} // Z_{\Sigma 0}} < \frac{\dot{U}_{KA[0]}}{Z_{\Sigma 1} + \frac{1}{2} Z_{\Sigma 1}} = \frac{2}{3} \dot{I}_{KA1}^{(3)}$$

K 点发生三相短路时，有

$$\dot{I}_{KA1}^{(3)} = \frac{\dot{U}_{KA[0]}}{Z_{\Sigma 1}}$$

由上可知，三相短路等于两相短路的 2 倍；三相短路大于单相短路的 3 倍；两相接地短路小于三相接地短路，单相短路小于两相接地短路。

23. 设电力系统 K 点三相短路电流为 6kA，两相短路电流为 $4\sqrt{3}$ kA，单相接地短路电流为 9kA，该点两相接地短路时的短路电流为（　　）。

A. 3kA B. 7.2kA C. 10.4kA D. 8kA

答案： B

解析： 根据正序等效定则（见表 1-2）可知：

表 1-2 正 序 等 效 定 则

故障类型	三相短路	两相短路	两相接地短路	单相接地短路
m^n	1	$\sqrt{3}$	$\sqrt{3}\sqrt{1 - \dfrac{Z_2 Z_0}{(Z_2 + Z_0)^2}}$	3

三相短路时，仅有正序网络，$I_K^{(3)} = \dfrac{E_1}{Z_{1\Sigma}} = 6$，可得出 $E_1 = 6Z_{1\Sigma}$。

两相短路时，$I_K^{(2)} = \sqrt{3} I_{K1}^{(2)} = \dfrac{\sqrt{3} E_1}{Z_{1\Sigma} + Z_{2\Sigma}} = 4\sqrt{3}$，可得出 $E_1 = 4(Z_{1\Sigma} + Z_{2\Sigma})$。

单相短路时，$I_K^{(1)} = 3 I_{K1}^{(1)} = \dfrac{E_1}{Z_{1\Sigma} + Z_{2\Sigma} + Z_{0\Sigma}} = 9$，可得出 $E_1 = 3(Z_{1\Sigma} + Z_{2\Sigma} + Z_{0\Sigma})$。

将上述结果联立，可得 $Z_{1\Sigma} = \dfrac{1}{6} E_1$，$Z_{2\Sigma} = \dfrac{1}{12} E_1$，$Z_{0\Sigma} = \dfrac{1}{12} E_1$。

两相接地短路时有

$$I_K^{(1,1)} = \sqrt{3}\sqrt{1 - \frac{Z_{2\Sigma}Z_{0\Sigma}}{(Z_{2\Sigma}+Z_{0\Sigma})^2}} \times \frac{E_1}{Z_{1\Sigma}+Z_{2\Sigma}//Z_{0\Sigma}} = \sqrt{3}\times\sqrt{\frac{3}{4}}\times\frac{24}{5} = 7.2(kA)$$

24. 在中性点直接接地电网中，某断相处的正、负序纵向阻抗相等，即 $Z_{11}=Z_{22}$，当单相断线的零序电流大于两相断线的零序电流时，则条件是（　　）。

A．断相处纵向零序阻抗等于纵向正序阻抗

B．断相处纵向零序阻抗小于纵向正序阻抗

C．断相处纵向零序阻抗大于纵向正序阻抗

D．以上均不正确

答案：B

解析：单相断线时断线处的零序电流为

$$\dot{I}_{A0}^{(1,1)} = -\frac{Z_{22}\Delta\dot{E}_A}{Z_{11}Z_{22}+Z_{11}Z_{00}+Z_{22}Z_{00}} = -\frac{Z_{11}\Delta\dot{E}_A}{Z_{11}^2+2Z_{11}Z_{00}} = -\frac{\Delta\dot{E}_A}{Z_{11}+2Z_{00}}$$

两相断线时断线处的零序电流为

$$\dot{I}_{A0}^{(1)} = \frac{\Delta\dot{E}_A}{Z_{11}+Z_{22}+Z_{00}} = \frac{\Delta\dot{E}_A}{2Z_{11}+Z_{00}}$$

若 $\left|\dot{I}_{A0}^{(1,1)}\right| > \left|\dot{I}_{A0}^{(1)}\right|$，则 $Z_{11}+2Z_{00} < 2Z_{11}+Z_{00}$，可得 $Z_{00} < Z_{11}$。

25. 系统接线如图 1-7 所示，若不考虑负荷电流及母线电压互感器饱和，线路 L 发生两相断线时，接地开关在分闸与合闸状态下，N 侧母线电压互感器开口三角电压分别为（　　）。

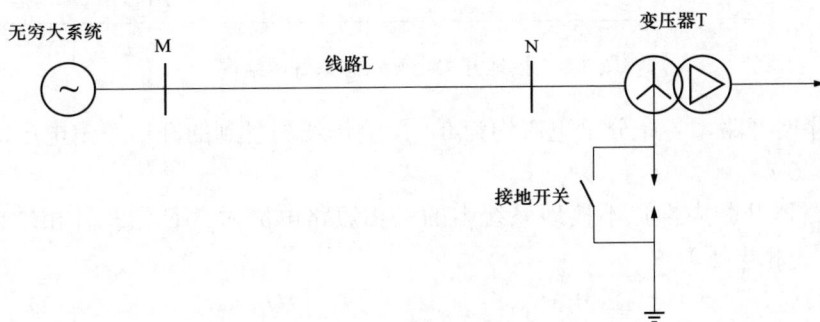

图 1-7　系统接线图

A．分闸 300V，合闸 0V　　　　　　　B．分闸 300V，合闸 100V

C．分闸 150V，合闸 0V　　　　　　　D．分闸 150V，合闸 100V

答案：A

解析：（1）两相断线时，无负荷电流，接地开关在分闸状态时的系统网络图如图 1-8 所示。

此时，N 侧母线测量到的开口三角电压即为断口处零序电压，序网开路，各序分量电流均为 0，即断口处各序电压均为系统初始时电源电动势，U_0=100V，开口三角处电压为 $3U_0$=300V。

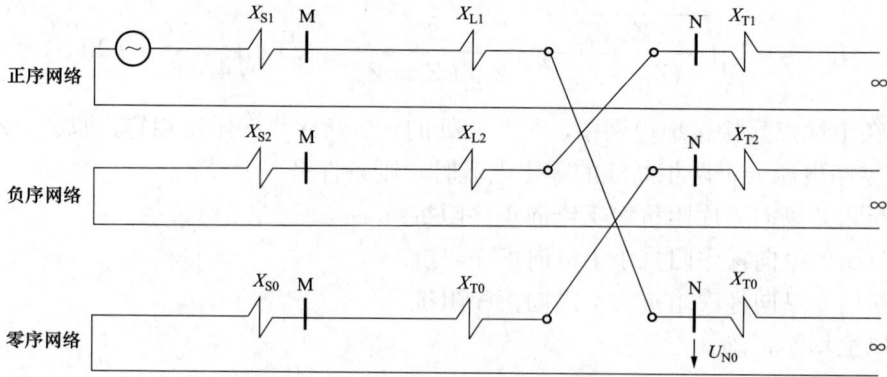

图 1-8　接地开关分闸状态系统网络图

（2）两相断线时，无负荷电流，接地开关在合闸状态时的系统网络图如图 1-9 所示。

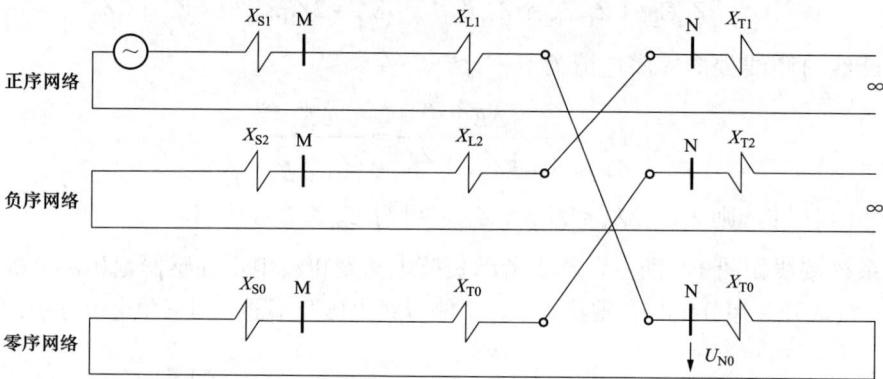

图 1-9　接地开关合闸状态系统网络图

此时，序网开路，各序分量电流均为 0，N 侧母线测量到的开口三角电压即为 N 母线侧零序电压：0V。

26．断路器开断中性点不接地系统中的三相短路电流时，首先断开相的恢复电压为（　）（U_{ph} 为相电压）。

　　A．1.732U_{ph}　　　　B．1.5U_{ph}　　　　C．2U_{ph}　　　　D．U_{ph}

答案：B

解析：中性点不接地系统 $Z_{00}=\infty$，可以认为 $Z_{X1}=Z_{X2}$，发生三相短路且一相首先断开时，相当于单相断线且发生故障的一侧 $E=0$、$Z_{Y1}=Z_{Y2}=0$，简化序网图如图 1-10 所示。

由图 1-10 可知，$\Delta \dot{U}_{A1} = \Delta \dot{U}_{A2} = \Delta \dot{U}_{A0} = 0.5\dot{E}$，因此首先断开相的恢复电压为 $\Delta \dot{U} = \Delta \dot{U}_{A1} + \Delta \dot{U}_{A2} + \Delta \dot{U}_{A0} = 1.5\dot{E}$

27．220kV 环网系统中发生单相断线故障，断线前负荷电流不为零，假设正、负序阻抗相

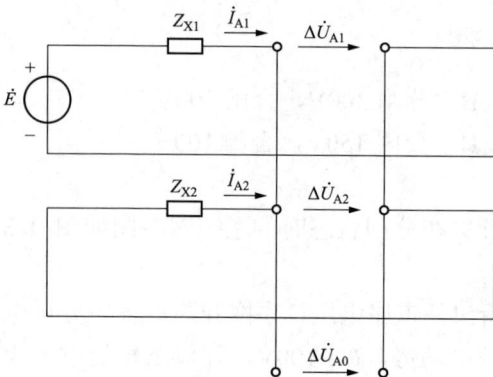

图 1-10　简化序网图

等，当端口零序电抗小于正序电抗时，断线后端口处两点间电压 $\Delta\dot{U}$ 与两侧等值电动势差 $\Delta\dot{E}$ 的关系为（ ）。

A. $\Delta\dot{U} > \dot{E}$ B. $\Delta\dot{U} = \dot{E}$ C. $\Delta\dot{U} < \dot{E}$ D. 不一定

答案：C

解析：双侧电源线路发生单相断线时的序网图如图 1-11 所示。

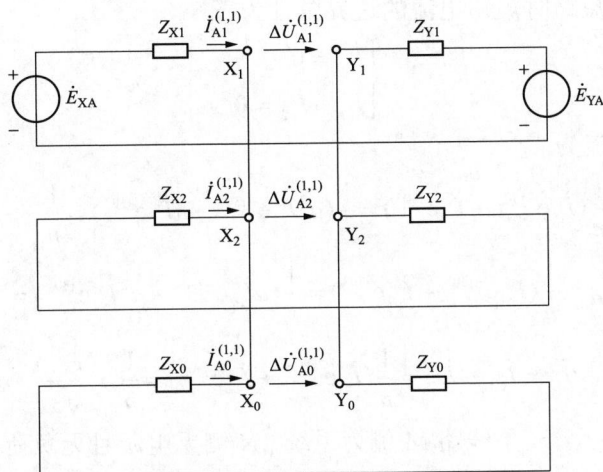

图 1-11 单相断线故障序网图

根据序网图（见图 1-11）可以得出

$$\Delta\dot{U}_{A1}^{(1,1)}=\Delta\dot{U}_{A2}^{(1,1)}=\Delta\dot{U}_{A0}^{(1,1)}=\frac{1}{3}\Delta\dot{U}_{A}^{(1,1)}, \quad \Delta\dot{U}_{A1}^{(1,1)}=\Delta\dot{E}_{A}-\dot{I}_{A1}^{(1,1)}Z_{11}, \quad \dot{I}_{A1}^{(1,1)}=\frac{\Delta\dot{E}_{A}}{Z_{11}+\dfrac{Z_{22}Z_{00}}{Z_{22}+Z_{00}}}$$

其中，Z_{11}、Z_{22}、Z_{00} 分别为断相处向系统看进去的综合正序、负序、零序阻抗。

综上可得

$$\Delta U_{A1}^{(1,1)}=\Delta\dot{E}_{A}-\dot{I}_{A1}^{(1,1)}Z_{11}=\Delta\dot{E}_{A}-\frac{\Delta\dot{E}_{A}}{Z_{11}+\dfrac{Z_{22}Z_{00}}{Z_{22}+Z_{00}}}\cdot Z_{11}=\frac{Z_{22}Z_{00}}{Z_{11}Z_{22}+Z_{11}Z_{00}+Z_{22}Z_{00}}\cdot\Delta\dot{E}_{A}$$

$$\Delta U_{A}^{(1,1)}=3\Delta U_{A1}^{(1,1)}=\frac{3Z_{22}Z_{00}}{Z_{11}Z_{22}+Z_{11}Z_{00}+Z_{22}Z_{00}}\cdot\Delta\dot{E}_{A}$$

当 $Z_{11}=Z_{22}$ 时，上式可简化为

$$\Delta U_{A}^{(1,1)}=\frac{3Z_{11}Z_{00}}{Z_{11}(Z_{11}+2Z_{00})}\cdot\Delta\dot{E}_{A}$$

当 $Z_{00}<Z_{11}$ 时，$\dfrac{3Z_{11}Z_{00}}{Z_{11}(Z_{11}+2Z_{00})}<1$，即 $\Delta U_{A}^{(1,1)}<\Delta\dot{E}_{A}$

28. 对于 Yd11 接线的三相变压器，其变比为 n，主变压器三角形侧绕组发生 AB 两相短路，变压器星形侧各相电流之间的关系为（ ）。

A. $\dot{I}_{A}=\dot{I}_{C}=-0.5\dot{I}_{B}$ B. $\dot{I}_{B}=\dot{I}_{C}=2\dot{I}_{A}$

C. $\dot{I}_{A}=\dot{I}_{C}=2\dot{I}_{B}$ D. $\dot{I}_{B}=\dot{I}_{C}=-0.5\dot{I}_{A}$

答案： A

解析： 正序分量经过 Y/△-11 接线的变压器时，△侧相位将超前 Y 侧 30°；负序分量经过 Y/△-11 接线的变压器时，△侧相位将滞后 Y 侧 30°；对零序分量，△侧外无零序电流。本题先将△侧 AB 相故障电流分解成正序和负序电流，再分别运用上述原理转换到 Y 侧之后合成 ABC 三相电流。

△侧发生 AB 相短路时短路电流的边界条件为

$$\begin{cases} \dot{I}_{c0} = 0 \\ \dot{I}_{c1} + \dot{I}_{c2} = 0 \end{cases}$$

Y 侧各相短路电流为

$$\dot{I}_A = \dot{I}_{A1} + \dot{I}_{A2} = \frac{1}{n}(\dot{I}_{a1}e^{-j30°} + \dot{I}_{a2}e^{j30°}) = \frac{1}{n}(a^2\dot{I}_{c1}e^{-j30°} + a\dot{I}_{c2}e^{j30°}) = \frac{1}{n} \cdot -j\dot{I}_{c1} = \frac{1}{n} \cdot \frac{\dot{I}_K^{(2)}}{\sqrt{3}}$$

$$\dot{I}_B = \dot{I}_{B1} + \dot{I}_{B2} = \frac{1}{n}(\dot{I}_{b1}e^{-j30°} + \dot{I}_{b2}e^{j30°}) = \frac{1}{n}(a\dot{I}_{c1}e^{-j30°} + a^2\dot{I}_{c2}e^{j30°}) = -\frac{1}{n} \cdot \frac{2\dot{I}_K^{(2)}}{\sqrt{3}}$$

$$\dot{I}_C = \dot{I}_{C1} + \dot{I}_{C2} = \frac{1}{n}(\dot{I}_{c1}e^{-j30°} + \dot{I}_{c2}e^{j30°}) = \frac{1}{n} \cdot \frac{\dot{I}_K^{(2)}}{\sqrt{3}}$$

29. 如图 1-12 所示，一条线路 M 侧为系统，N 侧无电源且无负荷，主变压器（Y0/Y0/△接线）中性点接地。当线路 A 相接地故障时，以下说法正确的是（　　）。

A. M 侧 A 相有电流，B、C 相无电流

B. N 侧 A 相无电流，B、C 相有短路电流

C. N 侧 A 相无电流，B、C 相电流大小不同

D. N 侧 A 相有电流，与 B、C 相电流大小相等且相位相同

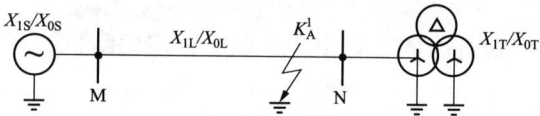

图 1-12　系统示意图

答案： D

解析： 负荷侧变压器中性点接地，线路发生接地故障时，负荷侧仅流过零序电流，无正、负序电流流过，零序电流在三相中表征为电流大小及相位均相同，因此负荷侧 A 相有电流，与 B、C 相电流大小相等且相位相同，且由故障点流向变压器中性点。故障电网序网图如图 1-13 所示。

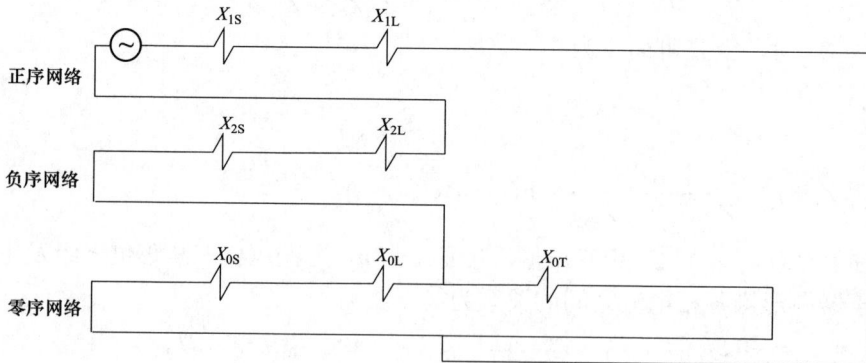

图 1-13　故障电网序网图

30. 终端变电站的变压器中性点直接接地，在向该变电站供电的线路上发生两相接地故障，若不计负荷电流，则下列说法正确的是（　　）。

A. 线路供电侧有正、负序电流　　　　B. 线路终端侧有正、负序电流
C. 线路终端侧三相均没有电流　　　　D. 线路供电侧非故障相没有电流

答案：A

解析：发生 BC 两相接地故障时，故障分量图如图 1-14 所示。根据复合序网图分析，故障点正序、负序、零序均有电流，线路供电侧正序、负序、零序阻抗均不为无穷大，因此供电侧正序、负序、零序均有电流。终端变压器中性点直接接地时，终端侧正序、负序阻抗为无穷大，零序阻抗不为无穷大，终端侧无正序、负序电流，有零序电流，三相都有电流。

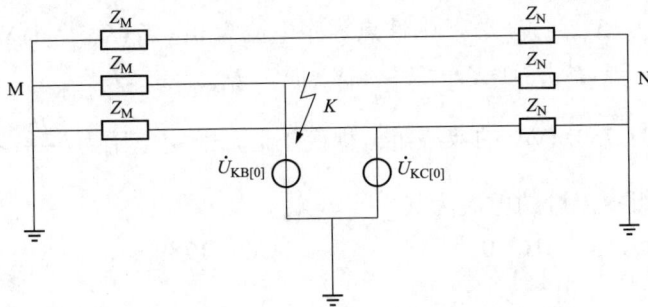

图 1-14　BC 相接地故障分量图

M 侧三相故障电流分别为

$$\dot{I}_{\mathrm{MA}} = C_{1\mathrm{M}}\dot{I}_{\mathrm{KA1}}^{(1,1)} + C_{2\mathrm{M}}\dot{I}_{\mathrm{KA2}}^{(1,1)} + C_{0\mathrm{M}}\dot{I}_{\mathrm{KA0}}^{(1,1)} = (C_{0\mathrm{M}} - C_{1\mathrm{M}})\dot{I}_{\mathrm{KA0}}^{(1,1)}$$

$$\dot{I}_{\mathrm{MB}} = C_{1\mathrm{M}}\dot{I}_{\mathrm{KB1}}^{(1,1)} + C_{2\mathrm{M}}\dot{I}_{\mathrm{KB2}}^{(1,1)} + C_{0\mathrm{M}}\dot{I}_{\mathrm{KB0}}^{(1,1)} = C_{1\mathrm{M}}\dot{I}_{\mathrm{KB}}^{(1,1)} + (C_{0\mathrm{M}} - C_{1\mathrm{M}})\dot{I}_{\mathrm{KB0}}^{(1,1)}$$

$$\dot{I}_{\mathrm{MC}} = C_{1\mathrm{M}}\dot{I}_{\mathrm{KC1}}^{(1,1)} + C_{2\mathrm{M}}\dot{I}_{\mathrm{KC2}}^{(1,1)} + C_{0\mathrm{M}}\dot{I}_{\mathrm{KC0}}^{(1,1)} = C_{1\mathrm{M}}\dot{I}_{\mathrm{KC}}^{(1,1)} + (C_{0\mathrm{M}} - C_{1\mathrm{M}})\dot{I}_{\mathrm{KC0}}^{(1,1)}$$

M 侧为供电侧，N 侧为变压器中性点直接接地的终端侧时，M 侧电流分支系数 $C_{1\mathrm{M}} = C_{2\mathrm{M}} = 1$，$0 < C_{0\mathrm{M}} < 1$，$\dot{I}_{\mathrm{MA}}$、$\dot{I}_{\mathrm{MB}}$、$\dot{I}_{\mathrm{MC}}$ 都不为 0，供电侧非故障相也有电流。

31. 高、中、低侧电压分别为 220kV、110kV、35kV 的自耦变压器，接线组别为 YNynd，高压侧与中压侧的零序电流可以流通。就零序电流来说，下列说法正确的是（　　）。

A. 中压侧发生单相接地时，自耦变压器接地中性点的电流可能为 0
B. 中压侧发生单相接地时，中压侧的零序电流比高压侧的零序电流大
C. 高压侧发生单相接地时，自耦变压器接地中性点的电流可能为 0
D. 高压侧发生单相接地时，中压侧的零序电流可能比高压侧的零序电流大

答案：BCD

解析：
自耦变压器中压侧发生单相接地时，接地中性点的电流有名值为

$$\dot{I}_{\mathrm{N}(有名值)} = 3(\dot{I}_{\mathrm{0H}(有名值)} - \dot{I}_{\mathrm{0M}(有名值)})$$

$$= -3\dot{I}_{\mathrm{0M}} \times \frac{K_{\mathrm{HM}}(X_{\mathrm{T1}} + X_{10}) + (K_{\mathrm{HM}} - 1)X_{\mathrm{T3}}}{K_{\mathrm{HM}}(X_{\mathrm{T3}} + X_{\mathrm{T1}} + X_{10})} \times I_{\mathrm{B2}}$$

式中：负号表示电流方向由接地点流向中压绕组；I_{B2} 为中压侧基准电流；X_{10} 为高压侧系统零序电抗标幺值；X_{20} 为中压侧系统零序电抗标幺值；X_{T1}、X_{T2}、X_{T3} 为高、中、低压侧零序等值漏抗；K_{HM} 为高、中压侧变比，其数值大于 1，因此 $\dot{I}_N$ 总是不为 0，并且中压侧零序电流总是大于高压侧零序电流。

自耦变压器高压侧发生单相接地时，接地中性点的电流标幺值为

$$\dot{I}_{N(有名值)} = 3(\dot{I}_{0M(有名值)} - \dot{I}_{0H(有名值)})$$

$$= 3\dot{I}_{0H} \times \frac{(K_{HM} - 1)X_{T3} - (X_{T2} + X_{20})}{X_{T3} + X_{T2} + X_{20}} \times I_{B1}$$

式中，I_{B1} 为高压侧基准电流。

当 $(K_{HM} - 1)X_{T3} = X_{T2} + X_{20}$ 时，中性点零序电流为 0；当 $(K_{HM} - 1)X_{T3} > X_{T2} + X_{20}$ 时，$\dot{I}_{0M(有名值)} > \dot{I}_{0H(有名值)}$；当 $(K_{HM} - 1)X_{T3} < X_{T2} + X_{20}$ 时，$\dot{I}_{0M(有名值)} < \dot{I}_{0H(有名值)}$。

32. 一台容量为 750MVA 的双绕组自耦变压器，额定电压为 $\frac{525}{\sqrt{3}} / \frac{242}{\sqrt{3}}$ kV，当带额定负荷时，其公共绕组中流过的电流为（   ）A。

A. 964.5　　　　　B. 0　　　　　　　C. 1789.3　　　　　D. 824.8

答案：A

解析：自耦变压器公共绕组中流过的电流为高、低压侧电流有名值的差，因此公共绕组流过的电流为

$$I = \left(1 - \frac{1}{K_{HM}}\right)I_2 = \left(1 - \frac{1}{\frac{525}{242}}\right) \times \frac{750 \times 10^3}{\sqrt{3} \times 242} = 964.5(A)$$

33. 如图 1-15 所示，220kV 大电流接地系统中，某线路带负荷电流断开一相，其余线路全相运行，且非全相运行线路两侧均为接地系统，下列说法正确的是（   ）。

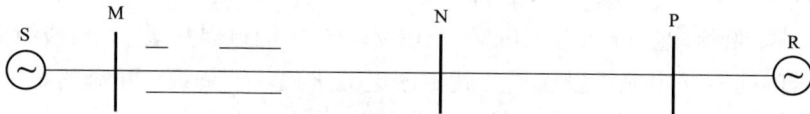

图 1-15　系统示意图

A. 非全相线路中有负序电流，全相运行线路中无负序电流

B. 非全相线路、全相运行线路中均有负序电流

C. 非全相线路中的负序电流小于全相运行线路中的负序电流

D. 非全相线路中有零序电流

答案：BD

解析：

带负荷运行线路 MN 发生缺相运行，NP 线路全相线路运行时，存在正、负、零序网络，且其联结方式如图 1-16 所示。对于缺相运行线路两侧均存在零序网络通路时（即 X_{S0}、

X_{R0} 均不等于 ∞），非全相线路、全相运行线路中均有负序、零序电流流过；对于终端运行方式线路，若有一侧系统无零序网络通路（即 X_{S0}、X_{R0} 至少一项等于 ∞），则此时非全相线路、全相运行线路均仅有负序电流，无零序电流。

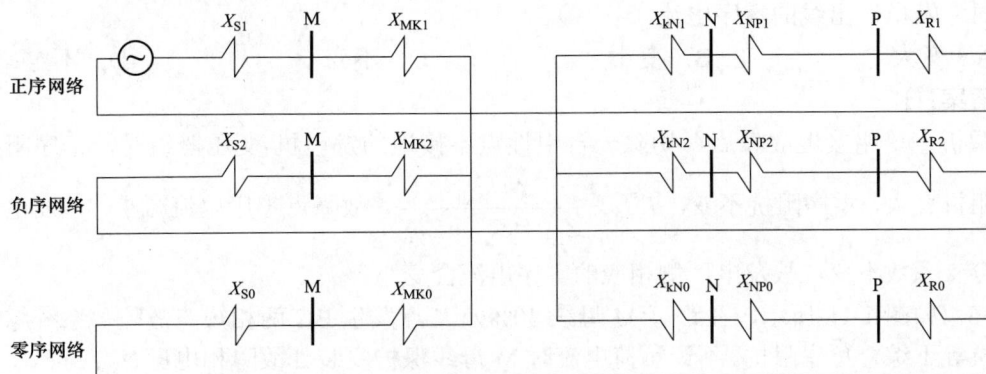

图 1-16 复合序网图

34．一条双侧电源的 220kV 输电线，输出功率为 150+j70MVA，运行中送电侧 A 相断路器突然跳开，出现一个断口的非全相运行。就断口点两侧负序电压间的相位关系（系统无串补电容），下列说法中正确的是（ ）。

A．同相

B．反相

C．可能同相，也可能反相，视断口点两侧负序阻抗相对大小而定

D．以上均不正确

答案：B

解析：非空载线路两侧电源线路 A 相断开运行时，等值序网图如图 1-17 所示。

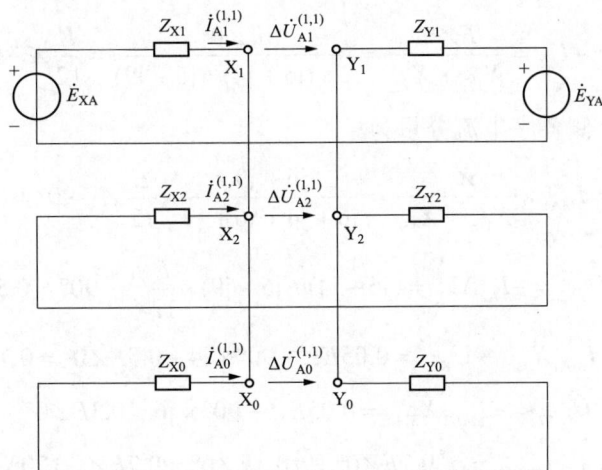

图 1-17 等值序网图

断口点 X 侧负序电压：$\dot{U}_{X2} = -\dot{I}_{A2}^{(1,1)} Z_{X2}$

断口点 Y 侧负序电压：$\dot{U}_{Y2} = \dot{I}_{A2}^{(1,1)} Z_{Y2}$

两侧负序阻抗角相同，$\arg\dfrac{\dot{U}_{X2}}{\dot{U}_{Y2}}=180°$，即 X 侧负序电压与 Y 侧负序电压相反。

35. 发电厂母线上发生单相接地故障，当发电厂切除一台中性点不接地的发电机-变压器组时，发电厂出线的零序电流（   ）。

A. 变大 　　　　　 B. 变小 　　　　　 C. 不变 　　　　　 D. 不定

答案： B

解析： 单相接地故障后，切除一台中性点不接地的发电机-变压器组时，正序阻抗和

负序阻抗变大，零序阻抗不变，$\dot{I}_{KA0}^{(1)}=\dfrac{\Delta\dot{U}_{KA0}}{Z_{\Sigma1}+Z_{\Sigma2}+Z_{\Sigma0}}$，故障点零序电流减小，但发电厂侧

零序分支系数不变，故发电厂侧相应的零序电流会变小。

36. 如图 1-18 所示，在距离 M 母线 40% 处 K 点发生 BC 两相短路故障，系统综合正序阻抗等于综合负序阻抗。不计负荷电流时 M 母线保护安装处故障相电压 U_{MB} 与 U_{MC} 夹角为（   ）。

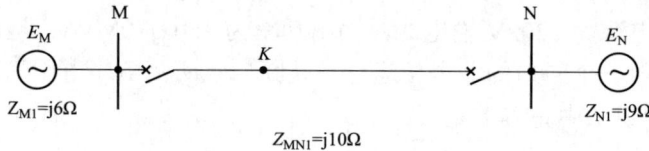

图 1-18 　系统示意图

A. 30° 　　　　　 B. 69° 　　　　　 C. 75° 　　　　　 D. 89°

答案： B

解析：

方法 1： 假设 $\dot{E}_{MA}=\dot{E}_{NA}=E\angle0°$

$$\dot{I}_{A1}=-\dot{I}_{A2}=\frac{E\angle0°}{X_{1\Sigma}+X_{2\Sigma}}=\frac{E\angle0°}{2\times(j6+j4)//(j6+j9)}=\frac{E}{12}\angle-90°$$

进一步求解出 M 侧各序电流分量为

$$\dot{I}_{MA1}=-\dot{I}_{MA2}=\dot{I}_{MA1}\times\frac{X_{1N}}{X_{1M}+X_{1N}}=\frac{j6+j9}{j6+j4+j6+j9}\times\frac{E}{12}\angle-90°=0.05E\angle-90°$$

$$\dot{U}_{kA1}=\dot{U}_{kA2}=-\dot{I}_{A2}X_{2\Sigma}=(j6+j4)//(j6+j9)\times\frac{E}{12}\angle-90°=0.5E\angle0°$$

$$\dot{U}_{MA1}=\dot{I}_{MA1}X_{Mk1}+\dot{U}_{KA1}=0.05E\angle-90°\times j4+0.5E\angle0°=0.7E\angle0°$$

$$\dot{U}_{MA2}=-\dot{I}_{MA2}X_{SM2}=0.05E\angle-90°\times j6=0.3E\angle0°$$

$$\dot{U}_{MB}=\alpha^2\dot{U}_{MA1}+\alpha\dot{U}_{MA2}=\alpha^2 0.7E\angle0°+\alpha 0.3E\angle0°=0.7E\angle-120°+0.3E\angle120°$$
$$=0.61E\angle-145.2°$$

$$\dot{U}_{MC}=\alpha\dot{U}_{MA1}+\alpha^2\dot{U}_{MA2}=\alpha 0.7E\angle0°+\alpha^2 0.3E\angle0°=0.7E\angle120°+0.3E\angle-120°$$
$$=0.61E\angle145.2°$$

$\dot{U}_{MB}$ 与 $\dot{U}_{MC}$ 的夹角为

$$\arg\frac{\dot{U}_{MB}}{\dot{U}_{MC}} = \arg\frac{0.61E\angle -145.2°}{0.61E\angle 145.2°} = 69.6°$$

方法 2：

系统相量图如图 1-19 所示。

$$X_{1\Sigma} = X_{2\Sigma} = (j6 + j4)//(j6 + j9) = j6$$

$$C_{1M} = C_{2M} = \frac{j6 + j9}{j6 + j9 + j6 + j4} = 0.6$$

$$\dot{I}_{A1} = -\dot{I}_{A2} = \frac{\dot{U}_{KA[0]}}{X_{1\Sigma} + X_{2\Sigma}} = \frac{\dot{U}_{KA[0]}}{2X_{1\Sigma}}$$

$$\dot{I}_{KB} = -\dot{I}_{KC} = j\sqrt{3}\dot{I}_{A1} = j\frac{\sqrt{3}}{2} \times \frac{\dot{U}_{KA[0]}}{X_{1\Sigma}} = j\frac{\sqrt{3}}{2}\frac{\dot{U}_{KA[0]}}{X_{1\Sigma}}$$

$$\dot{I}_{MB} = C_{1M}\dot{I}_{KB} = 0.6 \times \frac{\sqrt{3}}{2}\frac{\dot{U}_{KA[0]}}{X_{1\Sigma}}$$

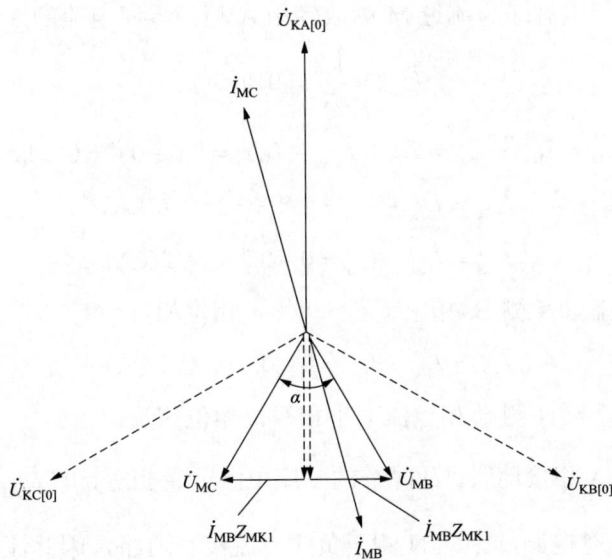

图 1-19 相量图

$$\alpha = 2\arctan\left(\frac{2\dot{I}_{MB}Z_{MK1}}{\dot{U}_{KA[0]}}\right) = 2\arctan\left(\frac{2 \times 0.6 \times \frac{\sqrt{3}}{2}\frac{\dot{U}_{KA[0]}}{6} \times 4}{\dot{U}_{KA[0]}}\right) = 69.4°$$

37. 电力系统接线如图 1-20 所示，K 点 A 相接地电流为 1.8kA，流过 T1 中性线的电流为 1.2kA，线路 M 侧的三相电流值分别为（   ）。

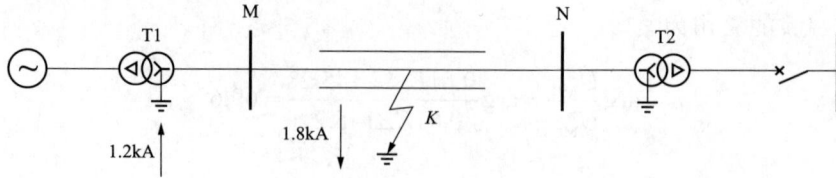

图 1-20　系统接线图

A．M 侧 A 相电流为 0.6kA，B 相电流为 0.6kA，C 相电流为 0.6kA

B．M 侧 A 相电流为 1.2kA，B 相电流为 0.3kA，C 相电流为 0.3kA

C．M 侧 A 相电流为 1.4kA，B 相电流为 0.2kA，C 相电流为 0.2kA

D．M 侧 A 相电流为 1.6kA，B 相电流为 0.2kA，C 相电流为 0.2kA

答案：D

解析：

方法 1： 当 K 点 A 相接地时，故障点的三序电流分量相等，即 $\dot{I}_{KA1} = \dot{I}_{KA2} = \dot{I}_{KA0} = \dfrac{1.8}{3}$ $=0.6$kA。由于 N 侧没有电源，故流过 N 侧的电流仅有零序电流，且 $\dot{I}_{NA} = \dot{I}_{NB} = \dot{I}_{NC} = \dot{I}_{N0}$；由于 $\dot{I}_{KB} = \dot{I}_{KC} = 0$，$\dot{I}_{KA} = 1.8$kA。

流过 T1 中性线的电流即为流过 M 侧故障相 A 相的零序电流的 3 倍，因此

$$\dot{I}_{MA0} = \frac{1.2}{3} = 0.4(\text{kA})$$

$$\dot{I}_{NA} = \dot{I}_{NB} = \dot{I}_{NC} = \dot{I}_{N0} = \dot{I}_{KA0} - \dot{I}_{MA0} = 0.6 - 0.4 = 0.2(\text{kA})$$

$$\dot{I}_{MA} = \dot{I}_{KA} - \dot{I}_{NA} = 1.8 - 0.2 = 1.6(\text{kA})$$

$$\dot{I}_{MB} = \dot{I}_{KB} - \dot{I}_{NB} = 0 - 0.2 = -0.2(\text{kA})$$

即 M 侧 B 相电流与 N 侧 B 相电流大小相等，相位相反。

$$\dot{I}_{MC} = \dot{I}_{KC} - \dot{I}_{NC} = 0 - 0.2 = -0.2(\text{kA})$$

即 M 侧 C 相电流与 N 侧 C 相电流大小相等，相位相反。

方法 2： 当 K 点 A 相接地时，故障点的三序电流分量相等，即 $\dot{I}_{KA1} = \dot{I}_{KA2} = \dot{I}_{KA0} = \dfrac{1.8}{3} =$ 0.6kA。由于 N 侧没有电源，因此 N 侧正负序电流没有通路，因此流过 M 侧故障相 A 相的正、负序电流即为流过故障点 K 的正、负序电流，即 $\dot{I}_{MA1} = \dot{I}_{MA2} = 0.6$kA；流过 T1 中性线的电流为流过 M 侧故障相 A 相的零序电流的 3 倍，因此 $\dot{I}_{MA0} = \dfrac{1.2}{3} = 0.4$kA；因此可得 M 侧各相电流为

$$\begin{bmatrix} \dot{I}_{MA} \\ \dot{I}_{MB} \\ \dot{I}_{MC} \end{bmatrix} = \frac{1}{3}\begin{bmatrix} 1 & 1 & 1 \\ \alpha^2 & \alpha & 1 \\ \alpha & \alpha^2 & 1 \end{bmatrix}\begin{bmatrix} \dot{I}_{M1} \\ \dot{I}_{M2} \\ \dot{I}_{M0} \end{bmatrix} = \frac{1}{3}\begin{bmatrix} 1 & 1 & 1 \\ \alpha^2 & \alpha & 1 \\ \alpha & \alpha^2 & 1 \end{bmatrix}\begin{bmatrix} 0.6 \\ 0.6 \\ 0.4 \end{bmatrix} = \begin{bmatrix} 1.6 \\ 0.2 \\ 0.2 \end{bmatrix}(\text{kA})$$

38．系统接线图及相关参数如图 1-21 所示，且正负序阻抗相等。当在 K 点发生两相

短路时，流过保护安装处的故障电流为（　　　）。（其中：S_B=100MVA，U_B=66kV）。

A．191.9A　　　　B．3293.8A　　　　C．658.76A　　　　D．342.7A

答案：C

解析：由图 1-21 可知

$$Z_{1\Sigma} = Z_{2\Sigma} = 0.168 + 0.04 / /(0.1 + 0.06) + 0.03 = 0.23$$

可求解出短路点的短路电流为

$$I_K = \sqrt{3} \times \frac{1}{Z_{1\Sigma} + Z_{2\Sigma}} \times I_B$$

$$= \sqrt{3} \times \frac{1}{0.23 \times 2} \times \frac{100 \times 10^6}{66 \times 10^3 \times \sqrt{3}} = 3293.8(\text{A})$$

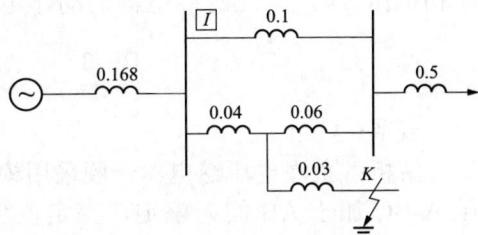

图 1-21　系统接线图

无零序电流，正、负序电流分配系数相等，根据正、负序电流分配系数，可求解出流过保护安装处的电流为

$$I_1 = \frac{0.04}{0.1 + 0.06 + 0.04} \cdot I_K = \frac{0.04}{0.2} \times 3293.8 = 658.76(\text{A})$$

39．线路单相断线运行时，如果断线处两侧都有接地中性点，两健全相电流之间的夹角与系统纵向阻抗 $Z_{\Sigma1}$、$Z_{\Sigma0}$ 之比有关。若 $Z_{\Sigma1} / Z_{\Sigma0} < 1$，则此时两电流间夹角（　　　）。

A．大于 120°　　　　　　　　　B．等于 120°

C．小于 120°　　　　　　　　　D．变化范围较大

答案：A

解析：线路单相断线运行时，断线处负序和零序电流分别为

$$\dot{I}_{A2}^{(1,1)} = -\dot{I}_{A1}^{(1,1)} \frac{Z_{\Sigma0}}{Z_{\Sigma2} + Z_{\Sigma0}}$$

$$\dot{I}_{A0}^{(1,1)} = -\dot{I}_{A1}^{(1,1)} \frac{Z_{\Sigma2}}{Z_{\Sigma2} + Z_{\Sigma0}}$$

两健全相电流分别为

$$\dot{I}_B^{(1,1)} = \alpha^2 \dot{I}_{A1}^{(1,1)} + \alpha \dot{I}_{A2}^{(1,1)} + \dot{I}_{A0}^{(1,1)} = \left(\alpha^2 - \frac{\alpha Z_{\Sigma0} + Z_{\Sigma2}}{Z_{\Sigma2} + Z_{\Sigma0}} \right) \dot{I}_{A1}^{(1,1)}$$

$$\dot{I}_C^{(1,1)} = \alpha \dot{I}_{A1}^{(1,1)} + \alpha^2 \dot{I}_{A2}^{(1,1)} + \dot{I}_{A0}^{(1,1)}$$

$$= \left(\alpha - \frac{\alpha^2 Z_{\Sigma0} + Z_{\Sigma2}}{Z_{\Sigma2} + Z_{\Sigma0}} \right) \dot{I}_{A1}^{(1,1)}$$

一般认为 $Z_{\Sigma1} = Z_{\Sigma2}$，若 $Z_{\Sigma1}/Z_{\Sigma0} < 1$，则 $\left| \dot{I}_{A0}^{(1,1)} \right| < \left| \dot{I}_{A2}^{(1,1)} \right|$。

根据以上关系可画出断线处各相电流的相量图，如图 1-22 所示。

由相量图可以看出，$\left| \dot{I}_{A0}^{(1,1)} \right|$ 与 $\left| \dot{I}_{A2}^{(1,1)} \right|$ 大小关系影

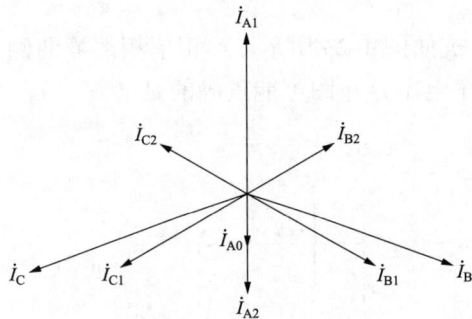

图 1-22　电流相量图

21

响 BC 两相电流间的夹角，当 $\left|\dot{I}_{A0}^{(1,1)}\right|<\left|\dot{I}_{A2}^{(1,1)}\right|$ 时，BC 两相电流间的夹角大于 120°。

40．负序电压继电器一般采用模拟相间短路的单相电压方法整定，如果整定值为负序相电压 3V，则此时继电器的动作电压应为（　　　）V。

A. $\sqrt{3}$　　　　　　B. 3　　　　　　C. 9　　　　　　D. $\dfrac{1}{\sqrt{3}}$

答案：C

解析：负序电压继电器一般采用模拟相间短路的单相电压方法（BC 相短路，单相电压 A-BC 加于 AB 间）整定，整定值为负序相电压 3V，需计算此时继电器的动作电压 $\dot{U}_{A\text{-}BC}$。

两相短路时，$\dot{U}_{A1}=\dot{U}_{A2}$，$\dot{U}_{A}=\dot{U}_{A1}+\dot{U}_{A2}=2\dot{U}_{A2}$，$\dot{U}_{B}=\dot{U}_{C}=-\dfrac{1}{2}\dot{U}_{A}=-\dot{U}_{A2}$，

得出 $\dot{U}_{A\text{-}BC}=\dot{U}_{A}-\dot{U}_{B}=3\dot{U}_{A2}=9\text{V}$。

41．当系统发生两相短路接地故障时，接地电阻从零变化到无限大时，健全相的负序电流 $\dot{I}_2$ 与零序电流 $\dot{I}_0$ 的相位变化是（　　　）。

A. 从 $\dot{I}_0$ 超前 $\dot{I}_2$ 90°变化到同相位　　　　B. 从同相位变化到 $\dot{I}_0$ 超前 $\dot{I}_2$ 90°

C. 从 $\dot{I}_2$ 超前 $\dot{I}_0$ 90°变化到同相位　　　　D. 从同相位变化到 $\dot{I}_2$ 超前 $\dot{I}_0$ 90°

答案：B

解析：两相经过渡电阻短路接地时，健全相的负序电流 $\dot{I}_2$ 与零序电流 $\dot{I}_0$ 分别为

$$\dot{I}_{KA2}^{(1,1)}=-\frac{1}{2}\cdot\frac{\dot{U}_{KA[0]}}{Z_{\Sigma1}}+\frac{1}{2}\cdot\frac{\dot{U}_{KA[0]}}{6R_g+Z_{\Sigma1}+2Z_{\Sigma0}}$$

$$\dot{I}_{KA0}^{(1,1)}=-\frac{\dot{U}_{KA[0]}}{6R_g+Z_{\Sigma1}+2Z_{\Sigma0}}$$

$$\theta=\arg\frac{\dot{I}_{KA0}^{(1,1)}}{\dot{I}_{KA2}^{(1,1)}}=\arg\left(\frac{-\dfrac{\dot{U}_{KA[0]}}{6R_g+Z_{\Sigma1}+2Z_{\Sigma0}}}{-\dfrac{1}{2}\cdot\dfrac{\dot{U}_{KA[0]}}{Z_{\Sigma1}}+\dfrac{1}{2}\cdot\dfrac{\dot{U}_{KA[0]}}{6R_g+Z_{\Sigma1}+2Z_{\Sigma0}}}\right)=\arg\frac{Z_1}{3R_g+Z_{\Sigma0}}$$

可得出当 R_g 从 0→∞ 变化时，可知 θ 从 0°→90°

42．MN 线路两侧均为接地系统，系统侧零序阻抗如图 1-23 所示，A 相单相故障两侧跳 A 相后，对于两侧断路器的 A、B、C、D 处的零序电压分布图可能正确的是（　　　）。

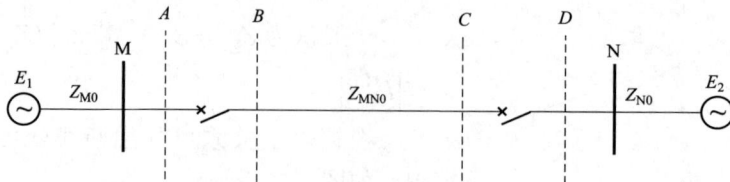

图 1-23　系统零序阻抗图

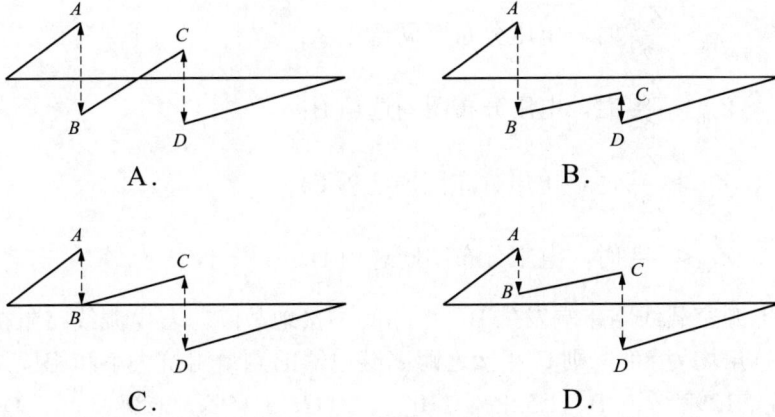

A.   B.

C.   D.

答案：ABCD

解析：MN 线路 A 相单相故障跳两侧 A 相后，单相两断相口非全相运行时的零序网络如图 1-24 所示。

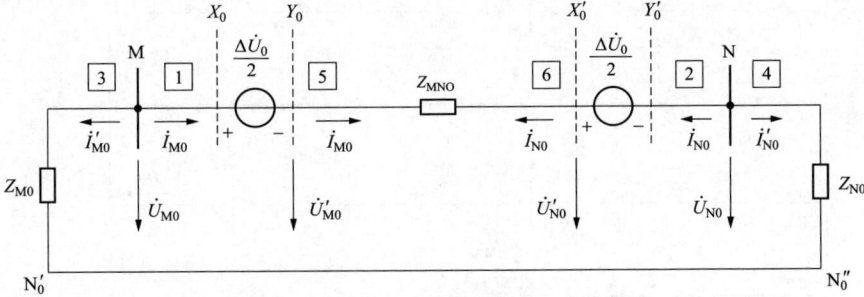

图 1-24 零序网络图

每个断相口上的零序电压为 $\Delta\dot{U}_0 = -\dot{I}_{M0}(Z_{M0} + Z_{N0} + Z_{MN0}) = -\dot{I}_{M0}Z_{00}$。

一个断相口在保护方向上，另一个断相口在保护反方向上，其零序电压与零序电流间的相位关系分析如下：

$$\Delta\dot{U}_0 = -\dot{I}_{M0}(Z_{M0} + Z_{N0} + Z_{MN0}) = -\dot{I}_{M0}Z_{00}$$

$$\frac{\Delta\dot{U}_0}{2} = -\dot{I}_{M0}\frac{Z_{00}}{2}$$

$$\dot{U}_{N0} = \dot{I}_{M0}Z_{N0} = -\frac{Z_{N0}}{Z_{00}}\Delta\dot{U}_0$$

$$\dot{U}'_{N0} = \frac{\Delta\dot{U}_0}{2} + \dot{I}_{M0}Z_{N0} = -\frac{Z_{N0} - \dfrac{Z_{00}}{2}}{Z_{00}}\Delta\dot{U}_0$$

$$\dot{U}'_{M0} = -\frac{\Delta\dot{U}_0}{2} - \dot{I}_{M0}Z_{M0} = -\frac{\dfrac{Z_{00}}{2} - Z_{M0}}{Z_{00}}\Delta\dot{U}_0$$

$$\dot{U}_{M0} = -\dot{I}_{M0}Z_{M0} = \frac{Z_{M0}}{Z_{00}}\Delta\dot{U}_0$$

不同 Z_{M0}、Z_{N0} 情况下两侧断路器的 A、B、C、D 处的零序电压分布如下：

$Z_{M0} < \dfrac{Z_{00}}{2}$、 $Z_{N0} < \dfrac{Z_{00}}{2}$ 时，电压分布图同选项 A；

$Z_{M0} < \dfrac{Z_{00}}{2}$、 $Z_{N0} > \dfrac{Z_{00}}{2}$ 时，电压分布图同选项 B；

$Z_{M0} = \dfrac{Z_{00}}{2}$、 $Z_{N0} > \dfrac{Z_{00}}{2}$ 时，电压分布图同选项 C；

$Z_{M0} > \dfrac{Z_{00}}{2}$、 $Z_{N0} < \dfrac{Z_{00}}{2}$ 时，电压分布图同选项 D。

43. 单侧电源空载线路末端发生 B、C 相间不接地故障，若电源线路阻抗比 $Z_S/Z_L = 1$，系统各元件阻抗角均为 80°，则 C 相接地距离继电器的测量阻抗大小和相位是（　　）。

A. $1.52Z_L$，129°　　　B. $1.52Z_L$，110°　　　C. $1.15Z_L$，129°　　　D. $1.15Z_L$，110°

答案：A

解析：发生 BC 相间故障时，A 相为特殊相，序网图如图 1-25 所示。

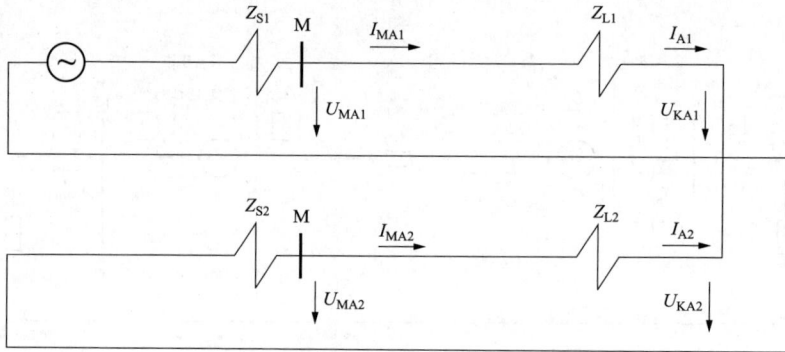

图 1-25　复合序网图

两相短路故障时， $\dot{I}_{A1} = -\dot{I}_{A2}$、 $\dot{U}_{KA1} = \dot{U}_{KA2}$、 $3\dot{I}_0 = 0$。

本题需要求解 $Z_{MC} = \dfrac{\dot{U}_{MC}}{\dot{I}_{MC} + 3\dot{I}_0 K}$，计算过程如下：

$$Z_{S1} = Z_{S2} = Z_S、\quad Z_{L1} = Z_{L2} = Z_L$$

$$\dot{I}_{MA1} = \dot{I}_{A1} = -\dot{I}_{MA2} = -\dot{I}_{A2}$$

$$\dot{U}_{MA1} = \dot{I}_{MA1} Z_{L1} + \dot{U}_{KA1} = \dot{I}_{A1} Z_L + [-\dot{I}_{A2}(Z_L + Z_S)] = \dot{I}_{A1} Z_L + \dot{I}_{A1}(Z_L + Z_S) = 3\dot{I}_{A1} Z_L$$

$$\dot{U}_{MA2} = -\dot{I}_{A2} \times Z_S = \dot{I}_{A1} Z_L$$

$$\dot{U}_{MC} = \dot{U}_{MC1} + \dot{U}_{MC2} = \alpha \dot{U}_{MA1} + \alpha^2 \dot{U}_{MA2} = 3\dot{I}_{A1} Z_L \times \alpha + \alpha^2 \times \dot{I}_{A1} Z_L = \dot{I}_{A1} Z_L (3\alpha + \alpha^2)$$

$$\dot{I}_{MC} = \dot{I}_{MC1} + \dot{I}_{MC2} = \alpha \dot{I}_{MA1} + \alpha^2 \dot{I}_{MA2} = \alpha \dot{I}_{A1} - \alpha^2 \dot{I}_{A1} = \dot{I}_{A1}(\alpha - \alpha^2)$$

$$Z_{MC} = \frac{\dot{U}_{MC}}{\dot{I}_{MC} + 3\dot{I}_0 K} = \frac{\dot{I}_{A1} Z_L (3\alpha + \alpha^2)}{\dot{I}_{A1}(\alpha - \alpha^2)} = Z_L \frac{3 + \alpha}{1 - \alpha} = Z_L \cdot \frac{3 + \left(-\dfrac{1}{2} + j\dfrac{\sqrt{3}}{2}\right)}{1 - \left(-\dfrac{1}{2} + j\dfrac{\sqrt{3}}{2}\right)}$$

$$= Z_L \cdot \frac{5 + j\sqrt{3}}{3 - j\sqrt{3}} = Z_L 1.52\angle 49.1° = 1.52|Z_L|\angle(49.1° + 80°) = 1.52|Z_L|\angle 129.1°$$

44. 系统接线方式及相关参数如图 1-26 所示，在网络 K 点发生 A 相经过渡电阻 R_g 接地故障时，当过渡电阻 R_g 从 0 到∞变化时，故障点的零序电流和 A 相电压的变化轨迹分别为（　　）。

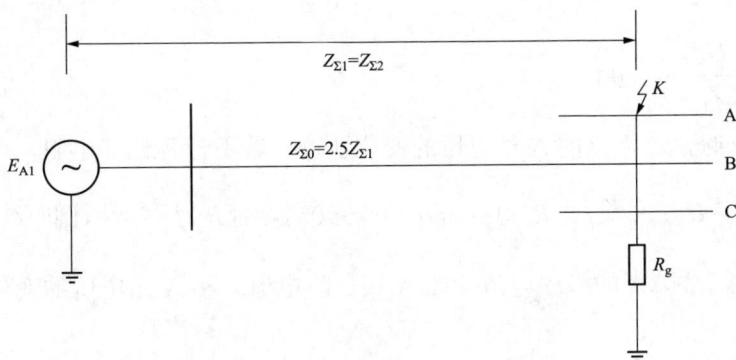

图 1-26　系统接线图

A. 半径 R：$\dfrac{1}{2} \cdot \dfrac{\dot{E}_{A1}}{2Z_{1\Sigma} + Z_{0\Sigma}}$；圆心 O：$\left(\dfrac{1}{2} \cdot \dfrac{\dot{E}_{A1}}{2Z_{1\Sigma} + Z_{0\Sigma}}, 0 \right)$

B. 半径 R：$\dfrac{1}{2} \cdot \dfrac{\dot{E}_{A1}}{2Z_{1\Sigma} + Z_{0\Sigma}}$；圆心 O：$\left(0, \dfrac{1}{2} \cdot \dfrac{\dot{E}_{A1}}{2Z_{1\Sigma} + Z_{0\Sigma}} \right)$

C. 半径 R：$\dfrac{\dot{E}_{A1}}{2}$；圆心 O：$\left(0, \dfrac{\dot{E}_{A1}}{2} \right)$

D. 半径 R：$\dfrac{\dot{E}_{A1}}{2}$；圆心 O：$\left(\dfrac{\dot{E}_{A1}}{2}, 0 \right)$

答案： AC

解析：

$$\dot{I}_{KA1} = \dot{I}_{KA2} = \dot{I}_{KA0} = \frac{\dot{U}_{KA[0]}}{3R_g + Z_1 + Z_2 + Z_0} = \frac{\dot{U}_{KA[0]}}{3R_g + 2Z_1 + Z_0} = \frac{\dot{U}_{KA[0]}}{3R_g + 2R_1 + j2X_1 + R_0 + jX_0}$$

$$= \frac{3\dot{U}_{KA[0]}}{j2(2X_1 + X_0)} + \frac{3\dot{U}_{KA[0]}}{j2(2X_1 + X_0)} e^{j2\theta}$$

$$\dot{U}_{KA} = \dot{I}_{KA} R_g = \frac{3R_g}{3R_g + 2Z_1 + Z_0} \dot{U}_{KA[0]}$$

式中：$\theta = \arctan\left(\dfrac{3R_g + 2R_1 + R_0}{2R_1 + R_0} \right)$，$R_1$、$X_1$ 为 Z_1 的电阻、电抗部分；R_0、X_0 为 Z_0 的电阻、电抗部分。

当 $R_g = 0$ 时，$\theta = \arctan\left(\dfrac{2R_1 + R_0}{2R_1 + R_0} \right)$；$\dot{I}_{KAmax} = \dfrac{\dot{U}_{KA[0]}}{2Z_1 + Z_0}$，即 $R_g = 0$ 时的 $\dot{I}_{KA}$。

当 $R_g \to \infty$，$\theta = 90°$；$\dot{I}_{KA} = \dfrac{3\dot{U}_{KA[0]}}{j2(2X_1 + X_0)} + \dfrac{3\dot{U}_{KA[0]}}{j2(2X_1 + X_0)}e^{j2\theta} = 0$

即当 $R_g = 0 \to \infty$ 时，故障点的零序电流（即 A 相故障电流）轨迹为：半径 R 为 $\dfrac{1}{2} \cdot \dfrac{\dot{U}_{KA[0]}}{2Z_1 + Z_0}$，

圆心 O 为 $\left(\dfrac{1}{2} \times \dfrac{\dot{U}_{KA[0]}}{2Z_1 + Z_0}, 0 \right)$

当 $R_g = 0 \to \infty$ 时，故障点的 A 相电压的变化轨迹，若不计各元件电阻，可进一步简化为

$\dot{U}_{KA} = \dfrac{1}{2}\dot{U}_{KA[0]} - \dfrac{1}{2}\dot{U}_{KA[0]}e^{j2\theta}$；当 $R_g = 0 \to \infty$，$\theta = 0° \sim 90°$，半径 R 为 $\dfrac{\dot{U}_{KA[0]}}{2}$，圆心 O 为 $\left(0, \dfrac{\dot{U}_{KA[0]}}{2} \right)$。

$R_g = 0 \to \infty$ 时，故障点的零序电流（即 A 相故障电流）和 A 相电压的变化轨迹分别如图 1-27 所示。

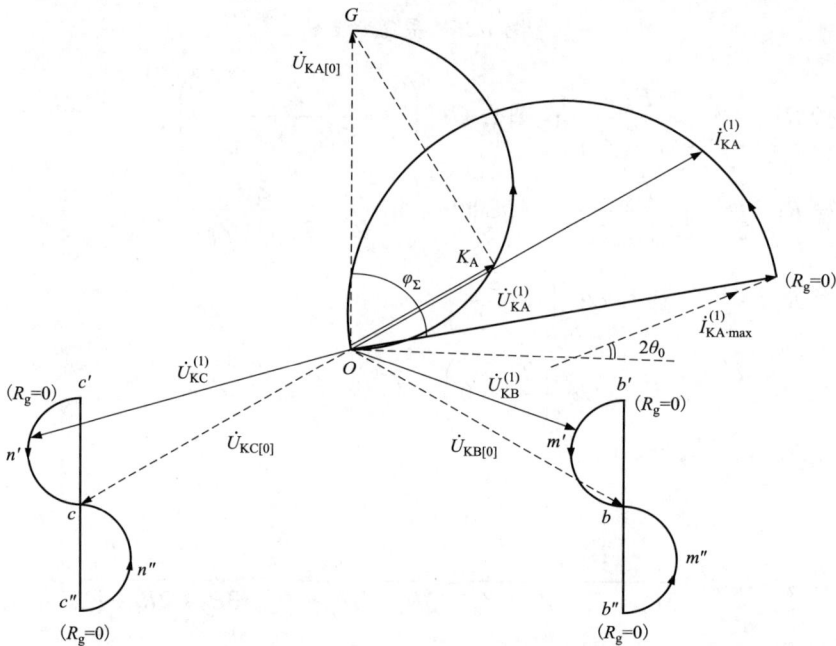

图 1-27　相量轨迹图

45．在中性点不接地电网中，经过渡电阻 R_g 发生单相接地，下列说法正确的是（　　）。

A．R_g 大小会影响接地故障电流和母线零序电压相位

B．R_g 不影响非故障线路零序电流和母线零序电压间相位

C．非故障相电压随过渡电阻 R_g 变化而变化

D．R_g 不影响故障线路零序电流和母线零序电压间相位

答案：ABCD

解析：中性点不接地系统经过渡电阻单相接地时，序网图如图 1-28 所示。

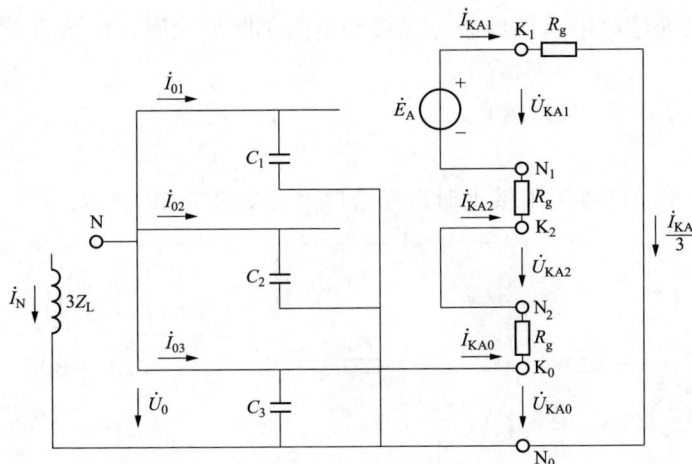

图 1-28 复合序网图

接地故障序分量电流为

$$\dot{I}_{KA1} = \dot{I}_{KA2} = \dot{I}_{KA0} = \frac{\dot{E}_A}{3R_g + Z_{\Sigma 0}} = \frac{\dot{E}_A}{3R_g - j\dfrac{1}{\omega(C_1 + C_2 + C_3)}}$$

接地故障电流为

$$\dot{I}_{KA} = \dot{I}_{KA1} + \dot{I}_{KA2} + \dot{I}_{KA0} = \frac{3\dot{E}_A}{3R_g - j\dfrac{1}{\omega(C_1 + C_2 + C_3)}}$$

母线零序电压为

$$\dot{U}_0 = \dot{U}_{KA0} = \dot{E}_A - 3 \times \left(\frac{\dot{I}_{KA}}{3} \cdot R_g \right) = \dot{E}_A - \dot{I}_{KA} \cdot R_g$$

接地故障电流和母线零序电压相位受 R_g 大小影响，因此 A 正确。

非故障线路零序电流为

$$\dot{I}_{01} = j\omega C_1 \dot{U}_0, \quad \dot{I}_{02} = j\omega C_2 \dot{U}_0$$

故障线路零序电流为

$$\dot{I}_{03} = -j\omega(C_1 + C_2)\dot{U}_0$$

可见故障线路零序电流与母线零序电压间的相位不受 R_g 影响，因此 B、D 正确。

$$\dot{U}_{KA1} = \dot{E}_A, \quad \dot{U}_{KA2} = 0, \quad \dot{U}_{KA0} = \dot{E}_A - \dot{I}_{KA} \cdot R_g$$

非故障相电压为

$$\dot{U}_{KB} = \alpha^2 \dot{E}_A + \dot{E}_A - \dot{I}_{KA} \cdot R_g, \quad \dot{U}_{KC} = \alpha \dot{E}_A + \dot{E}_A - \dot{I}_{KA} \cdot R_g$$

可见非故障相电压受 R_g 影响，因此 C 正确。

46．AB 两相经过渡电阻接地时，当接地电阻不断增大时，C 相负序电流滞后零序电流的角度可能为（　　）。

A．40°　　　　　　　　　B．80°　　　　　　　　　C．120°　　　　　　　　　D．150°

答案：AB

解析：AB 两相经过渡电阻接地时，复合序网图如图 1-29 所示。

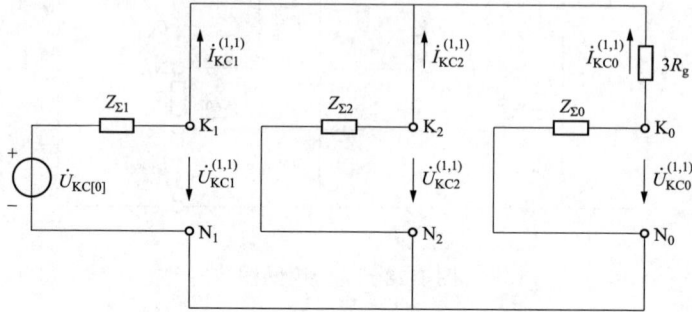

图 1-29　复合序网图

令 $Z_{\Sigma 1} = Z_{\Sigma 2}$，根据图 1-29 可以得到：

C 相负序电流为

$$\dot{I}_{KC2}^{(1,1)} = -\frac{Z_{\Sigma 0} + 3R_g}{Z_{\Sigma 1} + Z_{\Sigma 0} + 3R_g} \cdot \dot{I}_{KC1}^{(1,1)}$$

C 相零序电流为

$$\dot{I}_{KC0}^{(1,1)} = -\frac{Z_{\Sigma 1}}{Z_{\Sigma 1} + Z_{\Sigma 0} + 3R_g} \cdot \dot{I}_{KC1}^{(1,1)}$$

C 相负序电流滞后零序电流的角度为

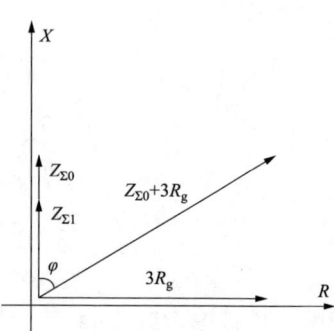

$$\varphi = \arg\left(\frac{\dot{I}_{KC0}^{(1,1)}}{\dot{I}_{KC1}^{(1,1)}}\right) = \arg\left(\frac{-\dfrac{Z_{\Sigma 1}}{Z_{\Sigma 1} + Z_{\Sigma 0} + 3R_g} \cdot \dot{I}_{KC1}^{(1,1)}}{-\dfrac{Z_{\Sigma 0} + 3R_g}{Z_{\Sigma 1} + Z_{\Sigma 0} + 3R_g} \cdot \dot{I}_{KC1}^{(1,1)}}\right)$$

$$= \arg\left(\frac{Z_{\Sigma 1}}{Z_{\Sigma 0} + 3R_g}\right)$$

图 1-30　系统示意图

忽略系统电阻，$Z_{\Sigma 1}$ 与 $Z_{\Sigma 0}$ 都是纯电抗，$Z_{\Sigma 0} + 3R_g$ 滞后 $Z_{\Sigma 1}$ 的角度随着 $3R_g$ 由 0 向∞增大逐渐由 0°向无限接近 90°变化，如图 1-30 所示。

二、判断题

1．RL 串联电路的时间常数 τ 与 L、R 成正比，RC 串联电路的时间常数 τ 与 C、R 成反比。　　　　　　　　　　　　　　　　　　　　　　　　　　　　　　（　　）

答案：×

解析： RL 串联电路的时间常数 $\tau = \dfrac{L}{R}$，τ 与 L 成正比、与 R 成反比；RC 串联电路的时间常数 $\tau = RC$，τ 与 C 成正比、与 R 成正比。

2. 振荡时，系统任何一点电流与电压之间的相位角都随功角 δ 的变化而改变；而短路时，电流与电压之间的角度保持为功率因数角是基本不变的。 （ ）

答案： ×

解析： 电力系统失去稳定时，可能引起电力系统振荡。系统振荡时，两侧电源系统的等效电动势 E_{m}、E_{n} 的夹角 δ 在 0°～360° 范围内周期性变化，系统任一点电流电压均随功角 δ 变化而变化。而短路时，电流和电压之间角度基本保持不变。当发生金属性短路时，角度大小基本与短路类型相对应系统阻抗角一致；当发生经过渡电阻短路时，角度会变小，具体大小与系统阻抗和过渡电阻大小有关。

3. 同一电压等级电网，有功功率是从电压幅值高的一端流向低的一端，无功功率是从相角超前的一端流向相角滞后的一端。 （ ）

答案： ×

解析： 有功功率从电压相位超前的点流向电压相位滞后的点；感性无功功率从电压高的点流向电压低的点。

4. 设正、负、零序网在故障端口的综合阻抗分别是 X_1、X_2、X_0，则简单故障时的正序电流计算公式中 $\dot{I}_1 = \dfrac{E}{X_1 + \Delta Z}$ 的附加阻抗 ΔZ 为：当三相短路时为 0，当单相接地时为 $X_2 + X_0$，当两相短路时为 X_2，当两相短路接地时为 $X_2 // X_0$。 （ ）

答案： √

解析： 不同短路类型附加 ΔZ 如表 1-3 所示。

表 1-3　　　　　　　　　　　　不同故障类型附加阻抗

故障类型	三相短路	两相短路	两相接地短路	单相接地短路
ΔZ	0	X_2	$X_2 // X_0$	$X_2 + X_0$

5. 在 $Z_{\Sigma 0} > Z_{\Sigma 1}$ 情况下，中性点直接接地系统发生单相接地或两相接地时，非故障相电压均要升高。 （ ）

答案： √

解析： （1）A 相单相接地故障时，得到

$$\dot{U}_{KA}^{(1)} = 0 , \quad \dot{I}_{KA1}^{(1)} = \dot{I}_{KA2}^{(1)} = \dot{I}_{KA0}^{(1)} = \dfrac{\dot{U}_{KA[0]}}{Z_{\Sigma 1} + Z_{\Sigma 2} + Z_{\Sigma 0}}$$

$$\dot{U}_{KA0}^{(1)} = -\dot{I}_{KA0}^{(1)} \times Z_{\Sigma 0}$$

$$\dot{U}_{KA2}^{(1)} = -\dot{I}_{KA2}^{(1)} \times Z_{\Sigma 2}$$

$$\dot{U}_{KA1}^{(1)} = \dot{I}_{KA1}^{(1)} \times (Z_{\Sigma 2} + Z_{\Sigma 0})$$

B、C 相电压见下面公式，正、负序阻抗相等可进一步简化为

$$\dot{U}_{KB}^{(1)} = \dot{U}_{KB1}^{(1)} + \dot{U}_{KB2}^{(1)} + \dot{U}_{KB0}^{(1)} = \alpha^2 \dot{U}_{KA1}^{(1)} + \alpha \dot{U}_{KA2}^{(1)} + \dot{U}_{KA0}^{(1)}$$

$$= \frac{(\alpha^2 - \alpha)Z_{\Sigma 1} + (\alpha^2 - 1)Z_{\Sigma 0}}{Z_{\Sigma 1} + Z_{\Sigma 2} + Z_{\Sigma 0}} \dot{U}_{KA[0]}^{(1)} = \dot{U}_{KB[0]}^{(1)} + \frac{Z_{\Sigma 1} + Z_{\Sigma 0}}{2Z_{\Sigma 1} + Z_{\Sigma 0}} \dot{U}_{KA[0]}^{(1)}$$

$$\dot{U}_{KC}^{(1)} = \dot{U}_{KC1}^{(1)} + \dot{U}_{KC2}^{(1)} + \dot{U}_{KC0}^{(1)} = \alpha \dot{U}_{KA1}^{(1)} + \alpha^2 \dot{U}_{KA2}^{(1)} + \dot{U}_{KA0}^{(1)}$$

$$= \frac{(\alpha - \alpha^2)Z_{\Sigma 1} + (\alpha - 1)Z_{\Sigma 0}}{Z_{\Sigma 1} + Z_{\Sigma 2} + Z_{\Sigma 0}} \dot{U}_{KA[0]}^{(1)} = \dot{U}_{KC[0]}^{(1)} + \frac{Z_{\Sigma 1} - Z_{\Sigma 0}}{2Z_{\Sigma 1} + Z_{\Sigma 0}} \dot{U}_{KA[0]}^{(1)}$$

由上可知，在 $Z_{\Sigma 0} > Z_{\Sigma 1}$ 时单相接地故障非故障相电压升高。中性点直接接地系统中，A 相接地故障时非故障零序阻抗的变化轨迹图如图 1-31 所示。

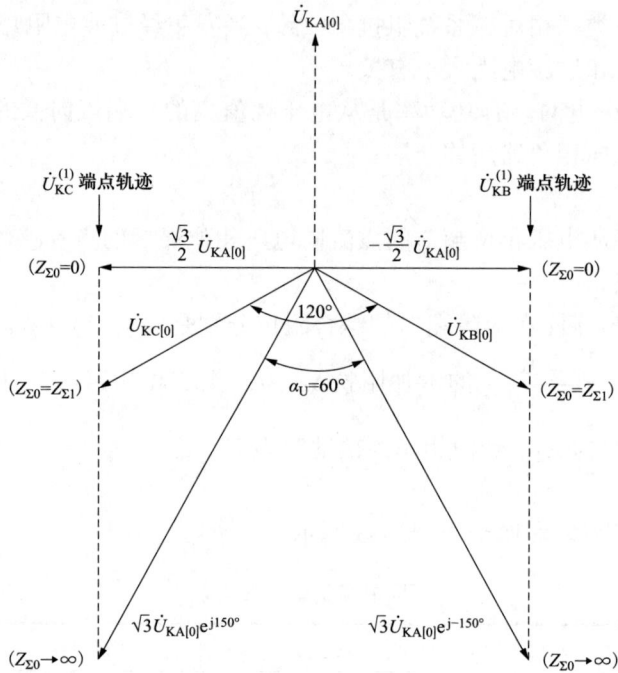

图 1-31 A 相接地故障时非故障相零序阻抗的变化轨迹图

（2）在 BC 相接地故障时，得到

$$\dot{I}_{KA1}^{(1,1)} = \frac{\dot{U}_{KA[0]}}{Z_{\Sigma 1} + Z_{\Sigma 2}//Z_{\Sigma 0}}, \quad \dot{I}_{KA2}^{(1,1)} = -\frac{Z_{\Sigma 0}}{Z_{\Sigma 2} + Z_{\Sigma 0}} \dot{I}_{KA1}^{(1,1)}, \quad \dot{I}_{KA0}^{(1,1)} = -\frac{Z_{\Sigma 2}}{Z_{\Sigma 2} + Z_{\Sigma 0}} \dot{I}_{KA1}^{(1,1)}$$

$$\dot{U}_{KA}^{(1,1)} = 3\dot{U}_{KA1}^{(1,1)} = 3(\dot{U}_{KA[0]} - \dot{I}_{KA1}^{(1,1)} Z_{\Sigma 1}) = \dot{U}_{KA[0]}^{(1,1)} + \frac{Z_{\Sigma 0} - Z_{\Sigma 1}}{2Z_{\Sigma 0} + Z_{\Sigma 1}} \dot{U}_{KA[0]}$$

由上可知，$Z_{\Sigma 0} > Z_{\Sigma 1}$ 时两相接地故障非故障相电压升高。

6．在小电流接地系统中，当某处发生单相接地时，不考虑线路电容电流影响，母线电压互感器开口三角电压值大小与故障点距离母线的远近无关。 （　　）

答案： √

解析： 当小电流接地系统发生单相接地时，可在中性点直接接地系统单相接地复合序网图（见图 1-32）的基础上，令 $Z_{\Sigma 1}=0$、$Z_{\Sigma 2}=0$，并不计线路元件的零序阻抗。

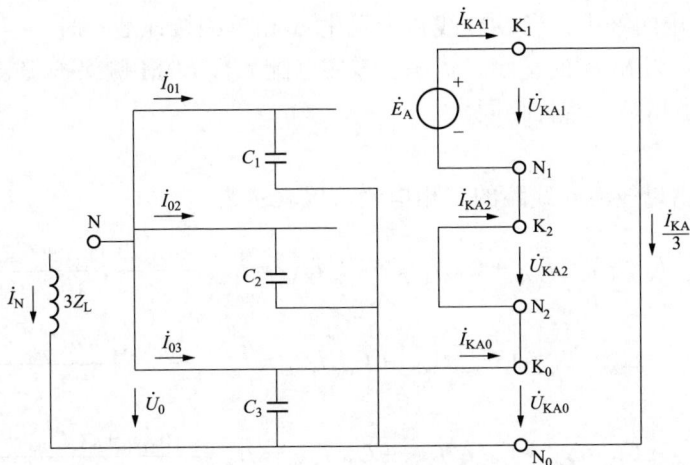

图 1-32 复合序网图

由复合序网可得各序电压为

$$\dot{U}_{KA1}^{(1)} = \dot{E}_A , \quad \dot{U}_{KA2}^{(1)} = 0 , \quad \dot{U}_{KA0}^{(1)} = -\dot{E}_A$$

由此可见，零序电压即开口三角电压等于 $-\dot{E}_A$，不受故障点距离远近影响。

7. 单回线除非两侧都联结中性点接地的变压器，否则当出现断线时将没有零序电流。

（   ）

答案： √

解析： 单相断线和两相断线的序网图如图 1-33 所示。

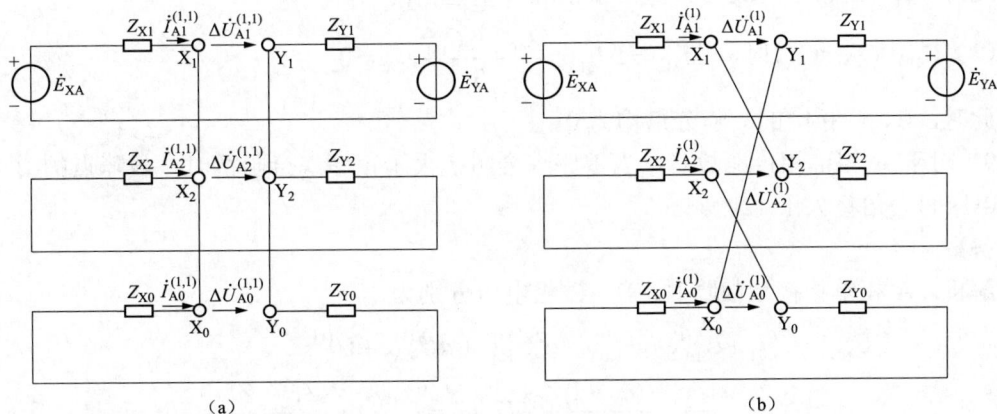

图 1-33 复合序网图

（a）单相断线序网图；（b）两相断线序网图

（1）当单相断线时，若 Y 侧无中性点接地的变压器，此时 Z_{Y0} 为无穷大，零序网络开路，无零序电流，但有正序、负序电流。

（2）当两相断线时，若 Y 侧无中性点接地的变压器，此时 Z_{Y0} 为无穷大，零序网络开路，无零序电流，也无正序、负序电流。

8. 在高压输电网络中，当 MN 线路上发生 A 相单相接地故障时，$C_{1M}=C_{2M}\neq C_{0M}$，（其中 C_{1M}、C_{2M}、C_{0M} 为 M 侧的正序、负序、零序分配系数），M 侧保护安装处非故障相电流中的故障分量大小相等、相位相同。　　　　　　　　　　　　　　　　　　　（　　）

答案： √

解析： M 侧由母线流向线路的三相电流可以表示为

$$\dot{I}_{MA}=\dot{I}_{loaA}+C_{1M}\dot{I}_{KA1}+C_{2M}\dot{I}_{KA2}+C_{0M}\dot{I}_{KA0}=\dot{I}_{loaA}+\frac{C_{1M}+C_{2M}+C_{0M}}{3}\dot{I}_{kA}$$

$$\dot{I}_{MB}=\dot{I}_{loaB}+C_{1M}\alpha^2\dot{I}_{KA1}+C_{2M}\alpha\dot{I}_{KA2}+C_{0M}\dot{I}_{KA0}=\dot{I}_{loaA}+\frac{\alpha^2C_{1M}+\alpha C_{2M}+C_{0M}}{3}\dot{I}_{kA}$$

$$\dot{I}_{MC}=\dot{I}_{loaC}+C_{1M}\alpha\dot{I}_{KA1}+C_{2M}\alpha^2\dot{I}_{KA2}+C_{0M}\dot{I}_{KA0}=\dot{I}_{loaA}+\frac{\alpha C_{1M}+\alpha^2 C_{2M}+C_{0M}}{3}\dot{I}_{kA}$$

可知 M 侧保护安装处非故障相中的故障分量分别为

$$\Delta\dot{I}_{MB}=\dot{I}_{MB}-\dot{I}_{loaB}=\frac{\alpha^2C_{1M}+\alpha C_{2M}+C_{0M}}{3}\dot{I}_{kA}$$

$$\Delta\dot{I}_{MC}=\dot{I}_{MC}-\dot{I}_{loaC}=\frac{\alpha C_{1M}+\alpha^2 C_{2M}+C_{0M}}{3}\dot{I}_{kA}$$

（1）$C_{1M}\neq C_{2M}$ 时，$\Delta\dot{I}_{MB}\neq\Delta\dot{I}_{MC}$。

（2）$C_{1M}=C_{2M}\neq C_{0M}$ 时，$\Delta\dot{I}_{MB}=\Delta\dot{I}_{MC}=\frac{C_{0M}-C_{1M}}{3}\dot{I}_{kA}$。

此时，B、C 相中的故障分量大小相等，相位相同。

（3）$C_{1M}=C_{2M}=C_{0M}$ 时，$\Delta\dot{I}_{MB}=\Delta\dot{I}_{MC}=\frac{C_{0M}-C_{1M}}{3}\dot{I}_{kA}=0$。

此时，B、C 相中的故障分量均为 0。

9. 对于 A 相单相接地故障，当零序综合阻抗大于正序综合阻抗时，故障点的 B 相和 C 相电压间夹角将大于 $120°$。　　　　　　　　　　　　　　　　　　　　　　　　　（　　）

答案： ×

解析： A 相单相接地故障时，B、C 相电压分别为

$$\dot{U}_{KB}^{(1)}=\dot{U}_{KB1}^{(1)}+\dot{U}_{KB2}^{(1)}+\dot{U}_{KB0}^{(1)}=\alpha^2\dot{U}_{KA1}^{(1)}+\alpha\dot{U}_{KA2}^{(1)}+\dot{U}_{KA0}^{(1)}$$

$$=\frac{(\alpha^2-\alpha)Z_{\Sigma1}+(\alpha^2-1)Z_{\Sigma0}}{Z_{\Sigma1}+Z_{\Sigma2}+Z_{\Sigma0}}\dot{U}_{KA[0]}^{(1)}=\dot{U}_{KB[0]}^{(1)}+\frac{Z_{\Sigma1}-Z_{\Sigma0}}{2Z_{\Sigma1}+Z_{\Sigma0}}\dot{U}_{KA[0]}$$

$$\dot{U}_{KC}^{(1)}=\dot{U}_{KC1}^{(1)}+\dot{U}_{KC2}^{(1)}+\dot{U}_{KC0}^{(1)}=\alpha^2\dot{U}_{KA1}^{(1)}+\alpha\dot{U}_{KA2}^{(1)}+\dot{U}_{KA0}^{(1)}$$

$$=\frac{(\alpha-\alpha^2)Z_{\Sigma1}+(\alpha-1)Z_{\Sigma0}}{Z_{\Sigma1}+Z_{\Sigma2}+Z_{\Sigma0}}\dot{U}_{KC[0]}^{(1)}=\dot{U}_{KC[0]}^{(1)}+\frac{Z_{\Sigma1}+Z_{\Sigma0}}{2Z_{\Sigma1}+Z_{\Sigma0}}\dot{U}_{KA[0]}^{(1)}$$

A 相接地故障时非故障相电压的变化轨迹图如图 1-34 所示。由图 1-34 可知，当零序综合阻抗大于正序综合阻抗时，故障点的 B 相和 C 相电压间的夹角小于 $120°$，且最小为 $60°$。

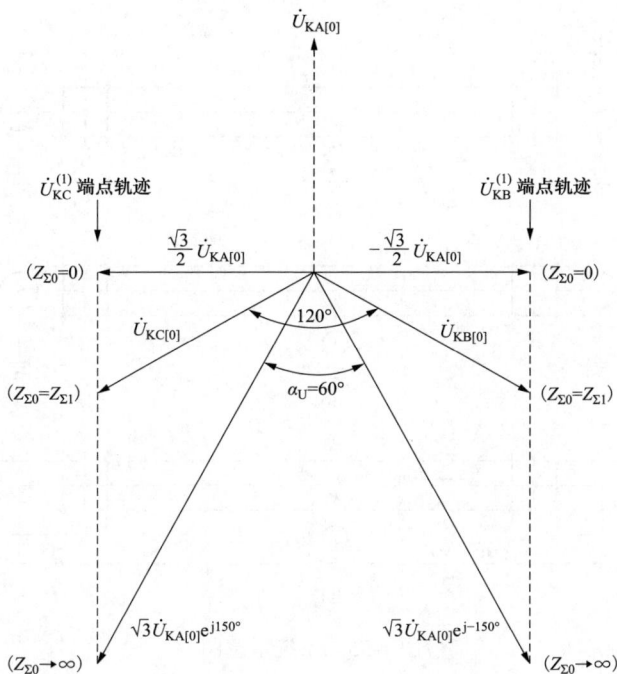

图 1-34 A 相接地故障时非故障相电压的变化轨迹图

10. 假设线路空载，已知保护安装处与短路点电流的分支系数（保护安装处短路电流与短路点短路电流之比）C_{0M}，$C_{1M}=C_{2M}$ 和故障点各序电流 $\dot{I}_{K1}$、$\dot{I}_{K2}$、$\dot{I}_{K0}$，写出保护安装处非故障相相电流为 $\dot{I}_K = (C_{1M} - C_{0M})\dot{I}_{K0}$。　　　　　　　　　　（　　）

答案： ×

解析： 故障点非故障相相电流 $\dot{I}_f = 0$，各序电流不一定等于零。

保护安装处各相相电流为

$$\dot{I}_{mf} = C_{0M}\dot{I}_{K0} + C_{1M}\dot{I}_{K1} + C_{2M}\dot{I}_{K2} = (C_{0M} - C_{1M})\dot{I}_{K0} + C_{1M}\dot{I}_{K1} + C_{2M}\dot{I}_{K2} + C_{1M}\dot{I}_{K0}$$
$$= (C_{0M} - C_{1M})\dot{I}_{K0} + C_{1M}\dot{I}_K = (C_{0M} - C_{1M})\dot{I}_{K0}$$

11. 双侧电源系统线路（MN）发生单相接地故障，设系统各元件的正、负序阻抗相等，Z_{1N}、Z_{0N} 为 N 侧系统到故障点的综合正、零序阻抗，对侧（N 侧）故障相先单跳后，M 侧零序电流增大的条件是 $Z_{0N} < Z_{1N}$。　　　　　　　　　　（　　）

答案： ×

解析： 根据叠加原理，可以将 A 相断线接地的状态看成单独的 A 相断线状态和断线接地短路附加状态。图 1-35 所示为系统示意图。

K 点在 N 母线出口、N 侧单相跳闸后 M 侧零序电流幅值的变化分析如下：

K 点发生 A 相接地短路，N 侧 A 相断路器未跳闸时，M 侧的三倍零序电流为

$$(3\dot{I}_{M0}) = \frac{Z_{N0}}{Z_{M0} + Z_{N0}} \times \frac{3\dot{U}_{KA[0]}}{2Z_{\Sigma1} + Z_{\Sigma0}} = \frac{3\dot{U}_{KA[0]}}{Z_{M0} + 2Z_{M1} \times \dfrac{Z_{N1}}{Z_{N0}} \times \dfrac{Z_{M0} + Z_{N0}}{Z_{M1} + Z_{N1}}}$$

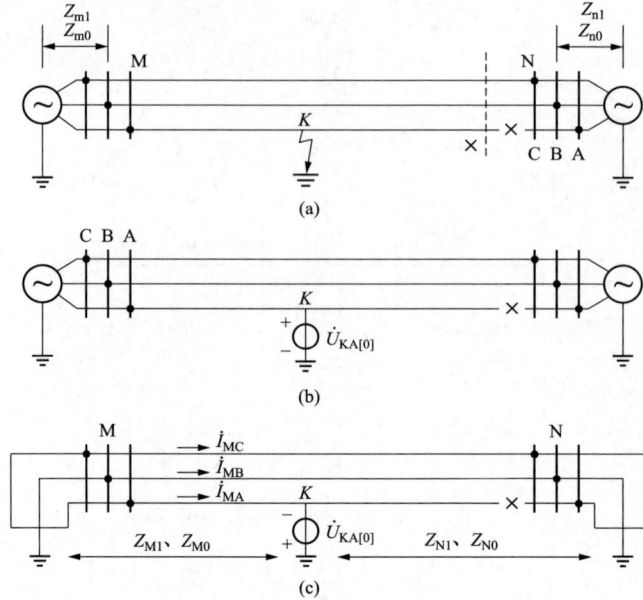

图 1-35 系统示意图

为简化分析，设定故障点 K 在线路末段（N 母线出口处），此时有 Z_{N1} 远小于 Z_{M1}，Z_{N0} 远小于 Z_{M0}，故 M 侧零序电流可以进一步简化为

$$(3\dot{I}_{M0}) = \frac{3\dot{U}_{KA[0]}}{Z_{M0} + 2Z_{M0} \times \dfrac{Z_{N1}}{Z_{N0}}}$$

N 侧 A 相跳闸后，M 侧的三倍零序电流为

$$3\dot{I}_{M0} = \dot{I}_{MA} + \dot{I}_{MB} + \dot{I}_{MC} = \frac{Z_{11} + 2Z_{00} - 2(Z_{M0} - Z_{M1})}{D} 3\dot{U}_{kA[0]}$$

$$= \frac{3Z_{M1} + Z_{N1} + 2Z_{N0}}{(3Z_{M1} + Z_{N1} + 2Z_{N0})(2Z_{M1} + Z_{M0}) - 6Z_{M1}(Z_{M1} - Z_{M0})} 3\dot{U}_{KA[0]}$$

$$= \frac{3\dot{U}_{KA[0]}}{Z_{M0} + 2Z_{M1}\left[1 - \dfrac{3(Z_{M1} - Z_{M0})}{(3Z_{M1} + Z_{N1} + 2Z_{N0})}\right]}$$

$$D = (Z_{11} + 2Z_{00})(2Z_{M1} + Z_{M0}) - 2(Z_{M0} - Z_{M1})^2$$

$$Z_{11} = Z_{M1} + Z_{N1}$$

$$Z_{00} = Z_{M0} + Z_{N0}$$

为简化分析，设定故障点 K 在线路末端（N 母线出口处），此时有 Z_{N1} 远小于 Z_{M1}，Z_{N0} 远小于 Z_{M0}，故 M 侧零序电流可以进一步简化为

$$3\dot{I}_{M0} = \frac{3\dot{U}_{KA[0]}}{Z_{M0} + 2Z_{M1}}$$

比较两个零序电流可以得出：

当 $Z_{N0}=Z_{N1}$ 时，$(3\dot{I}_{M0})=3\dot{I}_{M0}$，即 N 侧 A 相跳闸后，M 侧零序电流基本无变化；

当 $Z_{N0}>Z_{N1}$ 时，$(3\dot{I}_{M0})<3\dot{I}_{M0}$，即 N 侧 A 相跳闸后，M 侧零序电流增大；

当 $Z_{N0}<Z_{N1}$ 时，$(3\dot{I}_{M0})>3\dot{I}_{M0}$，即 N 侧 A 相跳闸后，M 侧零序电流减小。

可见，当线路末端发生单相接地故障（N 侧出口），而对侧断路器单相跳闸（N 侧）后，本侧（M 侧）零序电流的增减视对侧母线侧正序等值阻抗 Z_{N1} 与零序等值阻抗 Z_{N0} 相对大小而定。

12．在大电流接地系统中的两个变电站之间，架有同杆并架双回线。当其中的一条线路停运检修，另一条线路仍然运行时，电网中发生了接地故障，如果此时被检修线路两端均已接地，则在运行线路上的零序电流将减小。 （ ）

答案：×

解析：同杆并架双回线，一回线停运检修并在两侧接地时，零序互感对运行线路起去磁作用，考虑互感后，$Z_0' = (Z_0 - Z_M)//Z_M + (Z_0 - Z_M) = Z_0 - \dfrac{Z_M^2}{Z_0}$，新的零序等值阻抗即感受阻抗变小，零序电流变大。

13．非有效接地系统同一点发生两相接地故障，非故障相故障点的对地电压是升高为 $1.5U$。 （ ）

答案：√

解析：故障时，非有效接地系统中只有一个接地点，无地电流存在，可以按相间故障分析得知故障两相对中性点的电压相等，为非故障相电压的 1/2 且方向相反，故障两相在故障点对地为零电位，非故障相故障点的对地电压是 $1.5U$。

14．当线路两相断线运行时，两相断口处两点电压之间的夹角与系统纵向阻抗 $Z_{\Sigma1}$、$Z_{\Sigma0}$ 之比有关。若 $Z_{\Sigma1}/Z_{\Sigma0}<1$，此时两相断口处两点电压之间的夹角大于 120°。 （ ）

答案：×

解析：线路两相断线运行时，两相断口处各序电压为

$$\Delta\dot{U}_{A0}^{(1)} = -\dot{I}_{A0}^{(1)}Z_{\Sigma0}$$

$$\Delta\dot{U}_{A2}^{(1)} = -\dot{I}_{A2}^{(1)}Z_{\Sigma2}$$

$$\Delta\dot{U}_{A1}^{(1)} = \dot{I}_{A1}^{(1)}(Z_{\Sigma2} + Z_{\Sigma0})$$

并且有 $\dot{I}_{A1}^{(1)} = \dot{I}_{A2}^{(1)} = \dot{I}_{A0}^{(1)}$，一般可认为 $Z_{\Sigma1} = Z_{\Sigma2}$，若 $Z_{\Sigma0}/Z_{\Sigma1}<1$，则 $\left|\Delta U_{A2}^{(1)}\right|<\left|\Delta U_{A0}^{(1)}\right|$，根据以上关系可画出断口处电压相量图，如图 1-36 所示。

由相量图可以看出，$\left|\Delta\dot{U}_{A2}^{(1)}\right|$ 与 $\left|\Delta\dot{U}_{A0}^{(1)}\right|$ 大小关系影响 B、C 相电流间夹角，当 $\left|\Delta U_{A2}^{(1)}\right|<\left|\Delta U_{A0}^{(1)}\right|$ 时两相断口处两点电压之间的夹角小于 120°。

15．在实现某方向电流保护时，不慎将 A 相功率方向继电器（$\alpha=30°$）的电压极性接反，在保护正方向出口发生 AB 两相短路时，该方向元件不动

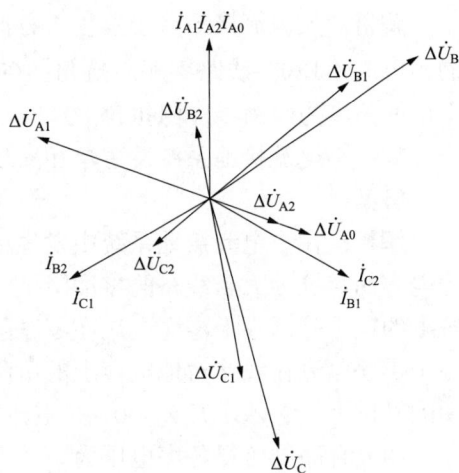

图 1-36 电压相量图

作。 （ ）

答案：√

解析：A 相功率方向元件的正确的动作方程为 $-90°<\arg\dfrac{\dot{I}_A}{\dot{U}_{BC}e^{j30°}}<90°$，A 相功率方向继电器的电压极性接反，加入继电器的电压 $\dot{U}_{BC}$ 变成 $\dot{U}_{CB}$，此时装置实际方向判别方程变为 $-90°<\arg\dfrac{\dot{I}_A}{\dot{U}_{CB}e^{j30°}}<90°$。在保护正方向出口发生 AB 两相短路时，$\dot{U}_A=\dot{U}_B=-\dfrac{1}{2}\dot{U}_C$。A 相功率方向继电器内角 $\alpha=30°$ 时，保护正方向出口发生 AB 两相短路时电流、电压相量图如图 1-37 所示，直线 MN 阴影部分为动作区。因加入继电器的电流 $\dot{I}_A$ 落在非动作区内，故该方向元件不动作。

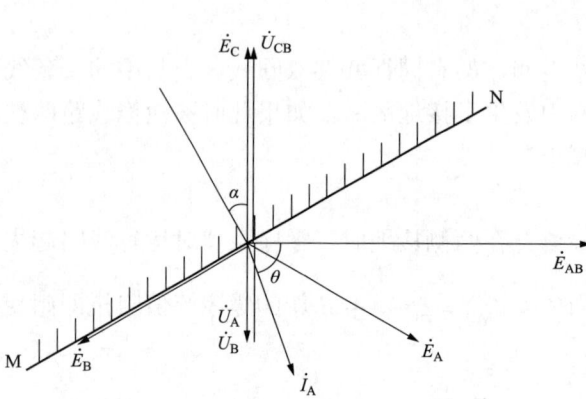

图 1-37 电压相量图

16．大电流接地系统单相断线后在断线处会出现负序电流，其值与两侧等值电动势相量差成正比。 （ ）

答案：√

解析：大电流接地系统单相断线后的负序电流为

$$\dot{I}_A^{(1,1)}=\frac{\Delta\dot{E}_A}{Z_{\Sigma 1}+Z_{\Sigma 2}//Z_{\Sigma 0}}，\quad \dot{I}_{A2}^{(1,1)}=-\dot{I}_A^{(1,1)}\cdot\frac{Z_{\Sigma 0}}{Z_{\Sigma 0}+Z_{\Sigma 2}}=-\frac{Z_{\Sigma 0}\times\Delta\dot{E}_A}{Z_{\Sigma 1}Z_{\Sigma 2}+Z_{\Sigma 1}Z_{\Sigma 0}+Z_{\Sigma 2}Z_{\Sigma 0}}$$

可见负序电流值与两侧等值电动势相量差 $\Delta\dot{E}_A$ 成正比。

17．如果系统中各元件的阻抗角都是 80°，那么正方向短路时，$3\dot{U}_0$ 超前 $3\dot{I}_0$ 约 80°，反方向短路时，$3\dot{U}_0$ 落后 $3\dot{I}_0$ 约 100°。 （ ）

答案：×

解析：大电流接地系统发生正方向接地故障时，$\dot{U}_0=-\dot{I}_0Z_{S0}$，零序电流超前零序电压的角度为"180°−线路零序阻抗角=100°"；反方向故障时，$\dot{U}_0=\dot{I}_0Z_L$，零序电流滞后零序电压的角度为线路零序阻抗角 80°。

18．小电流接地系统发生单相接地短路时，故障序网络中负序电压为零。 （ ）

答案：√

解析：在小电流接地系统中发生单相接地时，零序阻抗远大于正、负序阻抗，线路对地电容的容抗远大于线路的零序阻抗，且由于接地电流不大，正、负序电流在正、负序阻抗上的电压降远小于零序电流在零序阻抗上的压降，且零序电流在零序阻抗上的压降，远小于零序电流在线路对地电容上的压降，因此可在中性点直接接地系统单相接地复合序网图的基础上，令 $Z_{\Sigma 1}=0$、$Z_{\Sigma 2}=0$，并不计线路元件的零序阻抗，可得复合序网图（见图 1-38）。

由复合序网可得各序电压为

$$\dot{I}_{KA1}=\dot{I}_{KA2}=\dot{I}_{KA0}=j\omega(C_1+C_2+C_0)\dot{E}_A$$

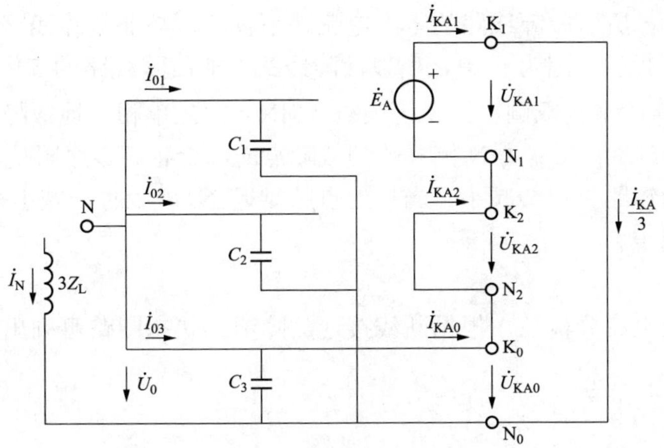

图 1-38　复合序网图

$$\begin{cases} \dot{U}_{KA}^{(1)} = 0 \\ \dot{U}_{KB}^{(1)} = \sqrt{3}\dot{E}_A e^{-j150°} \\ \dot{U}_{KC}^{(1)} = \sqrt{3}\dot{E}_A e^{j150°} \end{cases}$$

$$\dot{U}_{KA1}^{(1)} = \frac{1}{3}(\dot{U}_{KA}^{(1)} + \alpha\dot{U}_{KB}^{(1)} + \alpha^2\dot{U}_{KC}^{(1)}) = \frac{1}{3}(0 + \alpha\sqrt{3}\dot{E}_A e^{-j150°} + \alpha^2\sqrt{3}\dot{E}_A e^{j150°}) = \dot{E}_A$$

$$\dot{U}_{KA2}^{(1)} = \frac{1}{3}(\dot{U}_{KA}^{(1)} + \alpha^2\dot{U}_{KB}^{(1)} + \alpha\dot{U}_{KC}^{(1)}) = \frac{1}{3}(0 + \alpha^2\sqrt{3}\dot{E}_A e^{-j150°} + \alpha\sqrt{3}\dot{E}_A e^{j150°}) = 0$$

$$\dot{U}_{KA0}^{(1)} = \frac{1}{3}(\dot{U}_{KA}^{(1)} + \dot{U}_{KB}^{(1)} + \dot{U}_{KC}^{(1)}) = \frac{1}{3}(0 + \sqrt{3}\dot{E}_A e^{-j150°} + \sqrt{3}\dot{E}_A e^{j150°}) = -\dot{E}_A$$

由此可知，故障序网络中负序电压为零，零序电压分量为$-E_A$。

19．中性点经消弧线圈接地电网发生单相接地时，消弧线圈以过补偿方式运行。由于消弧线圈的补偿作用，会导致故障线路和非故障线路零序电流间差值缩小、相位接近同相位。　　　　　　　　　　　　　　　　　　　　　　　　　　　　　　　　　　　（　　　）

答案：√

解析：中性点经消弧线圈接地电网非故障线路零序电流不受消弧线圈影响。

故障线路零序电流为

$$(3\dot{I}_0)_m = -3[(\dot{I}_{01} + \dot{I}_{02} + \cdots) + \dot{I}_N] = -j3\omega(C_\Sigma - C_m)\dot{U}_0 - 3 \times \frac{\dot{U}_0}{3Z_L}$$

$$= -j3\omega(C_\Sigma - C_m)\dot{U}_0 + j\frac{\dot{U}}{\omega L} - \frac{\dot{U}}{R} = -\gamma\dot{I}_C + j3\omega C_m\dot{U}_0 - \frac{\dot{U}_0}{R}$$

式中：$\dot{I}_C$ 为全网电容电流，γ 为消弧线圈补偿电网的脱谐度，$\gamma = \dfrac{3\omega C_\Sigma - \dfrac{1}{\omega L}}{3\omega C_\Sigma}$，当 $\gamma < 0$ 时称为过补偿。

根据上式可得，对比中性点不接地系统故障线路零序电流 $(3\dot{I}_0)_m = -j3\omega(C_\Sigma - C_M)\dot{U}_0$，

一般情况下 $|\gamma| < 1$，所以故障线路的零序电流减小较多，与非故障线路间的差值缩小，并且在过补偿方式运行时，因为 $\gamma < 0$，所以故障线路与非故障线路的零序电流接近同相位。

20．如图 1-39 所示，双侧电源系统线路（MN）发生单相接地故障，设系统各元件的正、负序阻抗相等，Z_{N1}、Z_{N0} 为 N 侧系统到故障点的综合正、零序阻抗，N 侧故障相 A 相跳闸后，故障点的短路电流会减小，当接地点越靠近 N 母线时，减小得越多，越靠近 M 母线时，减小得越少。　　　　　　　　　　　　　　　　　　　　　（　　）

答案： √

解析： 采用全电流分析法，根据断线接地故障附加状态回路可列出方程

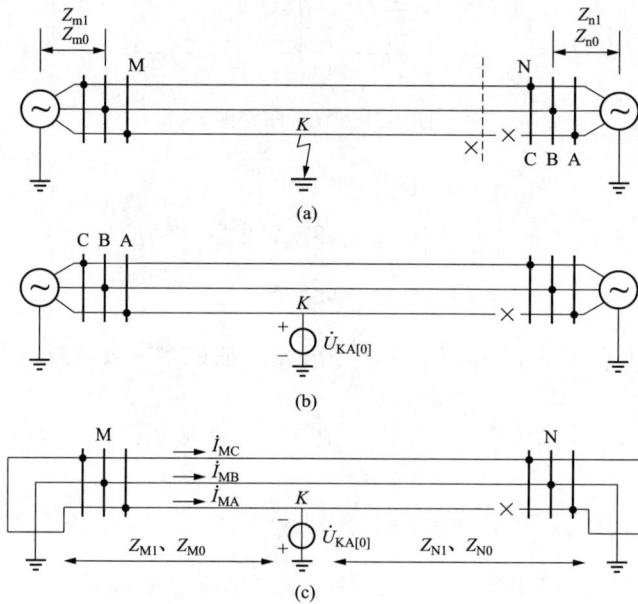

图 1-39　系统示意图

$$\begin{cases} 2(Z_{M1} + Z_{M0})\dot{I}_{MA} + 2(Z_{M1} - Z_{M0})\dot{I} = 3\dot{U}_{kA[0]} \\ (Z_{M0} - Z_{M1})\dot{I}_{MA} + [Z_{M1} + Z_{N1} + 2(Z_{M1} + Z_{M0})]\dot{I} = 0 \\ \dot{I}_{MB} = \dot{I}_{MC} = \dot{I} \end{cases}$$

解方程，可得

$$\begin{cases} \dot{I}_{MA} = \dfrac{Z_{11} + 2Z_{00}}{D} \times 3\dot{U}_{kA[0]} \\ \dot{I}_{MB} = \dot{I}_{MC} = \dot{I} = \dfrac{Z_{M0} - Z_{M1}}{D} \times 3\dot{U}_{kA[0]} \end{cases}$$

其中，$D = (Z_{11} + 2Z_{00})(2Z_{M1} + Z_{M0}) - 2(Z_{M0} - Z_{M1})^2$，$Z_{11} = Z_{M1} + Z_{N1}$，$Z_{00} = Z_{M0} + Z_{N0}$。

N 侧 A 相未跳开时，故障点的短路电流为

$$\dot{I}_{kA} = \frac{3\dot{U}_{KA[0]}}{2Z_{\Sigma 1} + Z_{\Sigma 0}}$$

其中，$Z_{\Sigma 1} = \dfrac{Z_{M1} \times Z_{N1}}{Z_{11}}$，$Z_{\Sigma 0} = \dfrac{Z_{M0} \times Z_{N0}}{Z_{00}}$。

N 侧跳开后，M 侧 A 相电流即为故障点短路电流 $\dot{I}_{MA}$，此时 $\dot{I}_{MA}$ 与 N 侧未跳开时的短路电流比为

$$\frac{\dot{I}_{MA}}{\dot{I}_{kA}} = \frac{\dfrac{Z_{11} + 2Z_{00}}{D} \times 3\dot{U}_{kA[0]}}{\dfrac{3\dot{U}_{kA[0]}}{2Z_{\Sigma 1} + Z_{\Sigma 0}}} = \frac{(Z_{11} + 2Z_{00}) \times (2Z_{\Sigma 1} + Z_{\Sigma 0})}{D}$$

$$= 1 - \frac{2}{D}\left[Z_{M0}^2 \left(\frac{Z_{11}}{Z_{00}} + 1 \right) + 2Z_{M1}^2 \left(\frac{Z_{00}}{Z_{11}} + \frac{Z_{M0}}{Z_{M1}} \right) \right]$$

由上式可知，N 侧 A 相跳开后，短路电流会减小。当接地点越靠近 N 母线时，减小得越多，越靠近 M 母线时，减小得越少。

三、简答题

1. 电力系统振荡时，对继电保护装置有哪些影响？系统振荡对距离保护有哪些影响？哪些条件下距离保护不经振荡闭锁？

答：

（1）电力系统振荡时，对继电保护装置的电流继电器、阻抗继电器有影响：

1）对电流继电器的影响。当振荡电流达到继电器的动作电流 I_{op} 时，继电器动作；当振荡电流降低到继电器的返回电流 I_{re} 时，继电器返回，电流速断保护可能会误动作。一般情况下，电力系统振荡周期按照 1.5s 考虑，当保护的时限大于 1.5～2s 时，就可能躲过振荡，避免保护误动。

2）对阻抗继电器的影响。当周期性振荡时，电网中任一点的电压和流经线路的电流将随两侧电源电动势间相位角的变化而变化。振荡电流增大，电压下降，阻抗继电器可能动作；振荡电流减小，电压升高，阻抗继电器返回。如果阻抗继电器触点闭合的持续时间长，将造成保护装置误动作。

3）原理上不受振荡影响的保护有相差动保护、电流差动纵联保护和零序保护等。

（2）系统振荡对距离保护的影响：

1）阻抗继电器动作特性在复平面上沿 OO′ 方向所占面积越大，则受振荡影响就越大；

2）若振荡中心在保护范围内，则保护受影响可能会误动，而且越靠近振荡中心受振荡的影响就越大；

3）振荡中心若在保护范围外或保护范围的反方向，则不受影响；

4）若保护动作时限大于系统的振荡周期，则不受振荡的影响。

（3）距离保护不经振荡闭锁情况：

1）35kV 及以下线路距离保护一般不考虑系统振荡误动问题；

2）单侧电源的 66～110kV 线路距离保护不应经振荡闭锁控制；

3）在现有可能的运行方式下，无振荡可能的 66～110kV 双侧电源线路的距离保护不应经振荡闭锁控制；

4）能躲过振荡中心的距离保护段不应经振荡闭锁控制；

5）动作时间不小于 0.5s 的距离Ⅰ段、不小于 1.0s 的距离Ⅱ段和不小于 1.5s 的距离Ⅲ段不应经振荡闭锁控制；

6）预定作为解列线路的距离保护不应经振荡闭锁控制。

2．分析比较负序、零序分量和工频变化量这两类故障分量的异同及在构成保护时应注意的事项。

答：

（1）相同点：都是故障分量，正常运行时均为零。

（2）不同点：零序、负序分量是稳态的故障分量，只存在于不对称故障中，保护不对称故障；工频变化量是暂态的故障分量，存在于不对称及对称故障中，可以保护各类故障，不反应负荷和振荡。

（3）构成保护时应注意的事项：由零序、负序分量构成的保护既可以实现快速保护，也可实现延时的后备保护；工频变化量保护一般只能作为瞬时动作的主保护。

3．什么是电力系统的三道防线？

答：

（1）第一道防线：在电力系统正常状态下，通过预防性控制保持其充裕性和安全性（足够的稳定裕度）；当发生短路故障时，由电力系统固有的控制设备及继电保护装置快速、正确地切除电力系统的故障元件。

（2）第二道防线：针对预先考虑的故障形式和运行方式，按预定的控制策略，采用安全稳定控制系统（装置）实施切机、切负荷、局部解列等控制措施，防止系统失去稳定。

（3）第三道防线：由失步解列、频率及电压紧急控制装置构成。当电力系统发生失步振荡、频率异常、电压异常等事故时，采取解列、切负荷、切机等控制措施，防止系统崩溃。

4．线路零序电抗为什么大于线路正序电抗或负序电抗？

答：

线路的各序电抗都是线路某一相自感电抗 X_L 和其他两相对应相序电流所产生互感电抗 X_M 的相量和。对于正序或负序分量而言，因三相幅值相等相位角互为 120°，任意两相电流正（负）序分量的相量和均与第三相正（负）序分量的大小相等，方向相反，故对于线路的正、负序电抗有 $X_1=X_2=X_L-X_M$。而由于零序分量三相同向，零序自感电动势和互感电动势相位相同，故线路的零序电抗 $X_0=X_L+2X_M$，因此线路的零序电抗 X_0 大于线路正序电抗 X_1 或负序电抗 X_2。

5．提高电力系统稳定性有哪些主要措施？

答：

（1）串联电容补偿。

（2）中间并联电抗补偿。

（3）增设线路。

（4）快速切除短路故障。

（5）自动重合闸。

（6）发电机快速励磁。

（7）电气制动。

（8）联锁切机或火电机组压减出力。

（9）切集中负荷。

（10）终端系统解列重合闸。

（11）合理调整系统运行接线。

6．如图 1-40 所示系统，在 K 点金属性短路时，求阻抗继电器 Z_A 的测量阻抗。

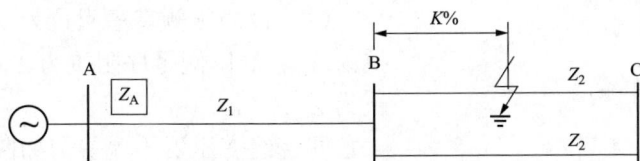

图 1-40 系统示意图

答：

阻抗继电器 Z_A 的测量阻抗 $Z_A = Z_1 + K_{fz} \times KZ_2$。其中：$K_{fz}$ 为助增系数。

根据图 1-40，可以得到图 1-41 所示的电流关系

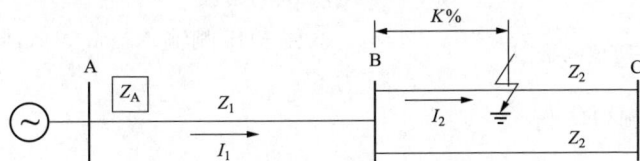

图 1-41 系统示意图

$$\dot{I}_2 = \frac{Z_2 + (1-K)Z_2}{2Z_2}\dot{I}_1 = \frac{2-K}{2}\dot{I}_1$$

$$K_{fz} = \frac{\dot{I}_2}{\dot{I}_1} = \frac{2-K}{2}$$

可得出：$Z_A = Z_1 + K_{fz} \times KZ_2 = Z_1 + \frac{(2-K)K}{2}Z_2$。

7．某台 220kV 四绕组变压器，型号：SFSZ-H-180000/220，容量：180/180/90/60MVA，电压变比：（220±8×1.25%）/115/37/10.5kV，短路电压：U_{kl-2}=13.82%，U_{kl-3}=23.6%，U_{k2-3}=7.86%，接线组别：YNyn0yn0+d 接线，变压器零序阻抗测量记录如表 1-4 所示。

表 1-4 变压器零序阻抗测量记录表

YNyn0yn0+d 联接序阻抗测量					
供电端子	开路端子	短路端子	施加电流（A）	测量电压（V）	阻抗（Ω）
			I×1	V×1	Z0
ABC-0	Ambmcm-om abc	……	160.8	2969.44	55.4
ABC-0	abc	Ambmcm-om	161.5	1475.03	27.4
Ambmcm-om	ABC-0 abc	……	303.5	688.74	6.8
abc	ABC-0 Ambmcm-om	……	464.9	40.21	0.26

注 高压额定分接。

请按以上资料及要求开展以下工作：

（1）列出变压器高、中、低和平衡绕组四个绕组零序阻抗计算通用公式，要求将计算结果归算到高压侧，用平均电压计算。

（2）计算本台变压器高、中、低和平衡绕组四个绕组零序阻抗值。

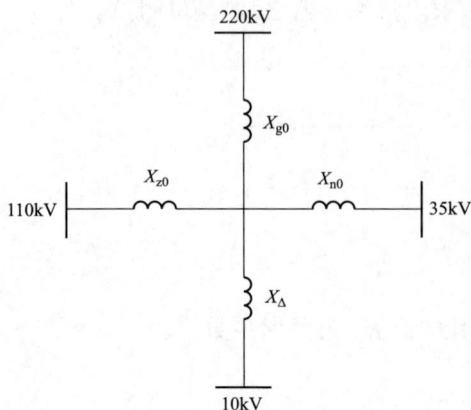

图 1-42　零序等值网络图

答：

（1）设高压侧零序阻抗为 X_{g0}；中压侧零序阻抗为 X_{z0}；低压侧零序阻抗为 X_{n0}；平衡绕组零序阻抗为 X_{Δ}。

四绕组变压器零序等值如图 1-42 所示。

假设：

①当高压侧输入，中、低压侧开路时，实测阻抗为 A。

②当高压侧输入，低压侧开路、中压侧短路时，实测阻抗为 B。

③当中压侧输入，高、低压侧开路时，实测阻抗为 C。

折算到 220kV 侧阻抗为

$$C' = \left(\frac{230}{115}\right)^2 C = 4C$$

④当低压侧输入，高、中压侧开路时，实测阻抗为 D。

折算到 220kV 侧阻抗为

$$D' = \left(\frac{230}{37}\right)^2 D = 38.6D$$

根据零序阻抗测量记录表，可以得到以下结果

$$
\begin{cases}
X_{g0} + X_{\Delta} = A & (1\text{-}1)\\[2mm]
X_{g0} + \dfrac{X_{z0} \times X_{\Delta}}{X_{z0} + X_{\Delta}} = B & (1\text{-}2)\\[2mm]
X_{z0} + X_{\Delta} = C' & (1\text{-}3)\\[2mm]
X_{n0} + X_{\Delta} = D' & (1\text{-}4)
\end{cases}
$$

根据式（1-1）得出

$$X_{g0} = A - X_{\Delta} \qquad (1\text{-}5)$$

根据式（1-3）得出

$$X_{Z0} = C' - X_{\Delta} \qquad (1\text{-}6)$$

根据式（1-4）得出

$$X_{n0} = D' - X_{\Delta} \qquad (1\text{-}7)$$

将式（1-5）、式（1-6）代入式（1-2），得出

$$X_{\Delta} = \sqrt{C'(A-B)} \qquad (1\text{-}8)$$

将式（1-8）分别代入式（1-5）、式（1-6）、式（1-7），得到高、中、低压侧零序阻抗，即

$$X_{g0} = A - \sqrt{C'(A-B)}$$

$$X_{Z0} = C' - \sqrt{C'(A-B)}$$

$$X_{n0} = D' - \sqrt{C'(A-B)}$$

（2）根据该变压器零序阻抗实测记录表，结合以上推导的零序阻抗计算公式，得出该变压器四个绕组零序阻抗值分别为

高压侧 $\quad X_{g0} = A - \sqrt{C'(A-B)} = 55.4 - 27.59 = 27.81(\Omega)$

中压侧 $\quad X_{Z0} = C' - \sqrt{C'(A-B)} = 27.2 - 27.59 = -0.39(\Omega)$

低压侧 $\quad X_{n0} = D' - \sqrt{C'(A-B)} = 10 - 27.59 = -17.59(\Omega)$

平衡绕组 $\quad X_{\Delta} = \sqrt{C'(A-B)} = 27.59(\Omega)$

8．（1）如图 1-43 所示，系统串补电容背后三相短路未接地，且 A 相串补电容击穿，画出复合序网图，并标出各元件各序阻抗。（注：系统各元件正、负序阻抗相等）

（2）如图 1-43 所示，系统串补电容背后三相短路接地，且 A 相串补电容击穿，画出复合序网图，并标出各元件各序阻抗。（注：系统各元件正、负序阻抗相等）

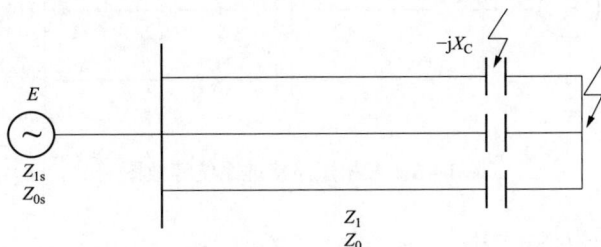

图 1-43　系统图

答：

（1）三相短路未接地系统等效图如图 1-44 所示。

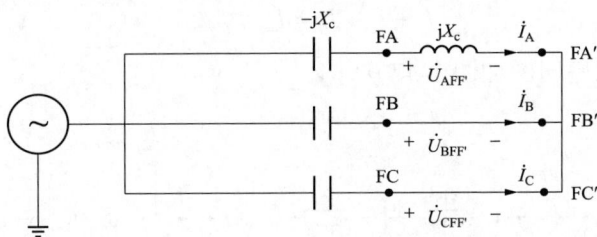

图 1-44　三相短路未接地系统等效图

系统不对称处仅在 FF' 间，系统其余部分仍对称。如图 1-44 所示，边界条件为 $\dot{U}_{BFF'} = \dot{U}_{CFF'} = 0$。

A 相为特殊相，序分量边界条件为

$$\begin{cases} \dot{U}_{1F} = \dot{U}_{2F} = \dot{U}_{0F} = jX_C \dfrac{\dot{I}_A}{3} \\ \dot{I}_1 + \dot{I}_2 = \dot{I}_A \\ \dot{I}_0 = 0 \end{cases}$$

序网图如图 1-45 所示。

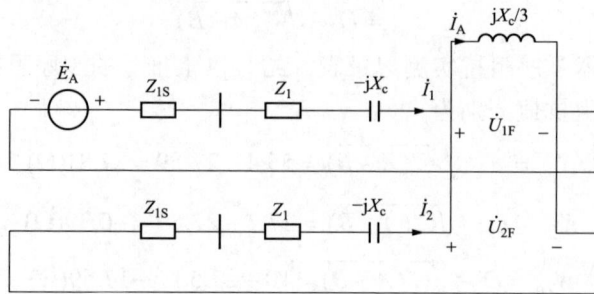

图 1-45　复合序网图

（2）三相短路接地系统等效图如图 1-46 所示。

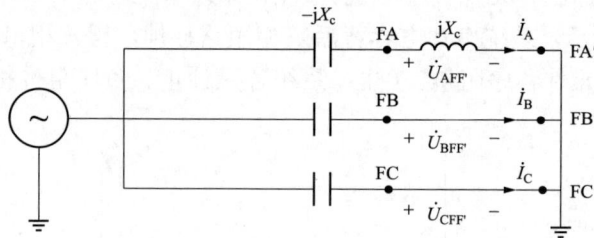

图 1-46　三相短路接地系统等效图

边界条件：$\dot{U}_{\mathrm{BFF'}} = \dot{U}_{\mathrm{CFF'}} = 0$。

序分量边界条件为

$$\begin{cases} \dot{U}_{1\mathrm{F}} = \dot{U}_{2\mathrm{F}} = \dot{U}_{0\mathrm{F}} = \mathrm{j}X_{\mathrm{C}}\dfrac{\dot{I}_{\mathrm{A}}}{3} \\ \dot{I}_1 + \dot{I}_2 + \dot{I}_0 = \dot{I}_{\mathrm{A}} \end{cases}$$

特殊相为 A 相的序网图如图 1-47 所示。

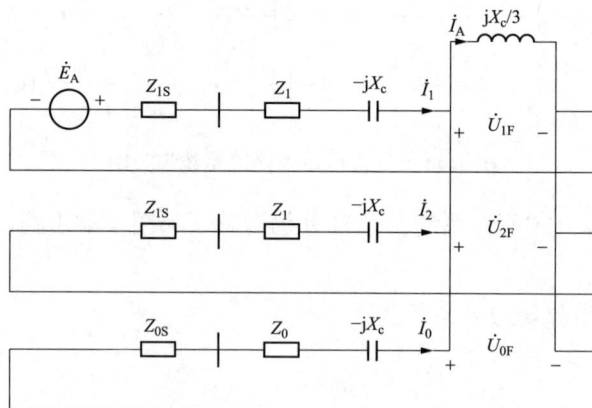

图 1-47　复合序网图

9．如图 1-48 所示，假设阻抗均为标幺值（基准电压为 220kV，100MVA），X_{m}=j0.4，X_1=j0.2，X_{n}=j0.2，X=j0.1。电动势标幺值取 $\left|\dot{E}\right|=1$，设定 $\dot{E}_1=\dot{E}$，$\dot{E}_2=0.75\dot{E}_1^{-j\delta}$。设定 K 点短路引起振荡，试问变电站 A 母线是否处于振荡中心，为什么？求 $\delta=90°$ 时的三相短路电流有名值。

答：

（1）两侧电源电动势的幅值不相等，因此振荡中心不在电气中心，A 点是电气中心，但不是振荡中心。

（2）$\delta=90°$时，系统两电源示意图如图 1-49 所示。

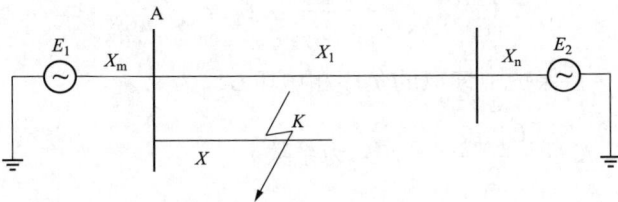

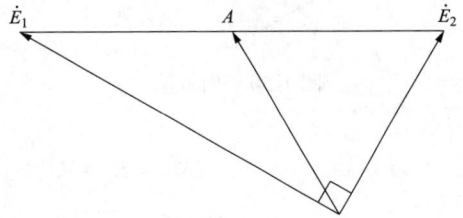

图 1-48 系统图   图 1-49 系统两电源示意图

求 A 母线的电压标幺值，具体内容如下：

A 点位于 E_1E_2 电气中点，得到

$$\left|\dot{U}_{\mathrm{A}}\right|=\frac{1}{2}\left|\dot{E}_1+\dot{E}_2\right|=\frac{1}{2}\sqrt{1^2+\left(\frac{3}{4}\right)^2}=\frac{5}{8}$$

$$Z_{1\Sigma}=X+X_{\mathrm{m}}//(X_{\mathrm{n}}+X_1)=\mathrm{j}0.1+\mathrm{j}0.4//(0.42+\mathrm{j}0.2)=\mathrm{j}0.3$$

三相短路时短路电流标幺值为

$$\left|\dot{I}_{\mathrm{k}}\right|=\frac{\left|\dot{U}_{\mathrm{A}}\right|}{Z_{1\Sigma}}=\frac{\dfrac{5}{8}}{0.3}=\frac{25}{12}$$

转化为有名值，即

$$\left|\dot{I}_{\mathrm{k}}\right|_{\text{有名值}}=\left|\dot{I}_{\mathrm{k}}\right|\times I_{\mathrm{B}}=\left|\dot{I}_{\mathrm{k}}\right|\times\frac{S_{\mathrm{B}}}{\sqrt{3}U_{\mathrm{B}}}=\frac{25}{12}\times\frac{100\times10^3}{\sqrt{3}\times220}=546.72(\mathrm{A})$$

10．电压互感器的开口三角侧反映的是什么电压？对大电流接地系统，如果 TV 开口三角中 C 相绕组的极性接反，正常运行时输出的电压为多少？请用相量图表示。

答：

（1）电压互感器的开口三角侧不反映三相正序、负序电压，而只反应零序电压，因为开口三角接线是将电压互感器的第三绕组按 A→x→B→y→C→z 相连，而 Az 为输出端，即输出电压为三相电压相量相加。由于三相的正序、负序电压相加等于 0，因此其输出的正、负电压等于零，而三相零序电压相加等于一相零序电压的 3 倍，故开口三角的输出电压中只有零序电压。

（2）大电流接地系统，电压互感器的开口三角侧 C 相绕组极性接反时，开口三角输

出电压为 200V（即 2 倍的相电压），其相量图如图 1-50 所示。

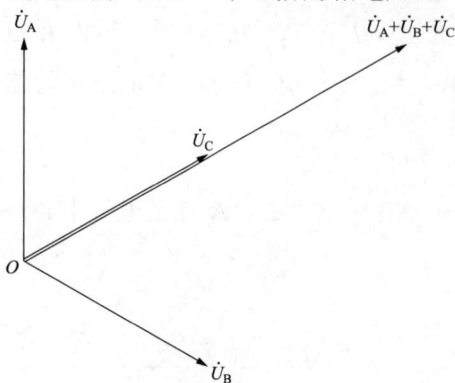

图 1-50　相量图

11. 某母线的系统综合阻抗的关系为 $Z_{\Sigma 1}=Z_{\Sigma 2}=1.2Z_{\Sigma 0}$，各序阻抗角相等。当该母线上 BC 相金属性短路故障时，从某出线保护中查看负序电压值为 30V，请分析在该方式下该母线上 A 相金属性短路故障时，该保护中的负序相电压值应为多少？

答：

BC 相金属性短路故障时，一次侧负序相电压为

$$\dot{U}_{2(一次)}^{(2)} = \frac{\dot{U}_{KA[0]}}{Z_{\Sigma 1}+Z_{\Sigma 2}} \cdot Z_{\Sigma 2} = \frac{1}{2}\dot{U}_{KA[0]}$$

保护中读取的负序相电压 $\dot{U}_2^{(2)}$ 为

$$\dot{U}_2^{(2)} = K_2 \cdot \dot{U}_{2(一次)}^{(2)} = K_2 \cdot \frac{\dot{U}_{KA[0]}}{2} \qquad (K_2 为系数)$$

A 相金属性短路时，一次侧负序电压为

$$\dot{U}_{2(一次)}^{(2)} = \frac{\dot{U}_{KA[0]}}{Z_{\Sigma 1}+Z_{\Sigma 2}+Z_{\Sigma 0}} \cdot Z_{\Sigma 2} = \frac{\dot{U}_{KA[0]}}{2+\dfrac{Z_{\Sigma 0}}{Z_{\Sigma 1}}}$$

保护中读取的负序相电压 $\dot{U}_2^{(1)}$ 为

$$\dot{U}_2^{(1)} = K_2 \cdot \dot{U}_{2(一次)}^{(1)} = K_2 \cdot \frac{\dot{U}_{KA[0]}}{2+\dfrac{Z_{\Sigma 0}}{Z_{\Sigma 1}}}$$

得到

$$\frac{\dot{U}_2^{(1)}}{\dot{U}_2^{(2)}} = \frac{2}{2+\dfrac{Z_{\Sigma 0}}{Z_{\Sigma 1}}}$$

即

$$\dot{U}_2^{(1)} = \frac{2}{2+\dfrac{Z_{\Sigma 0}}{Z_{\Sigma 1}}} \cdot \dot{U}_2^{(2)} = \frac{2}{2+\dfrac{1}{1.2}}\times 30 = 21.2(V)$$

12. 对双侧电源线路，如图 1-51 所示，故障点经过渡电阻接地时，试分析这四种情况下对接地阻抗继电器（偏移圆特性）的影响。用矢量图示意说明，并说明结论。

图 1-51　系统示意图（一）

（a）情况一；（b）情况二

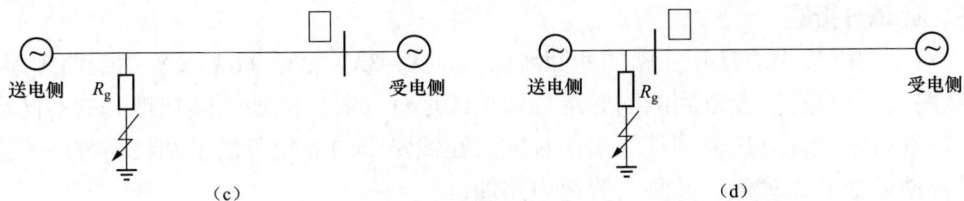

图 1-51　系统示意图（二）

（c）情况三；（d）情况四

答：

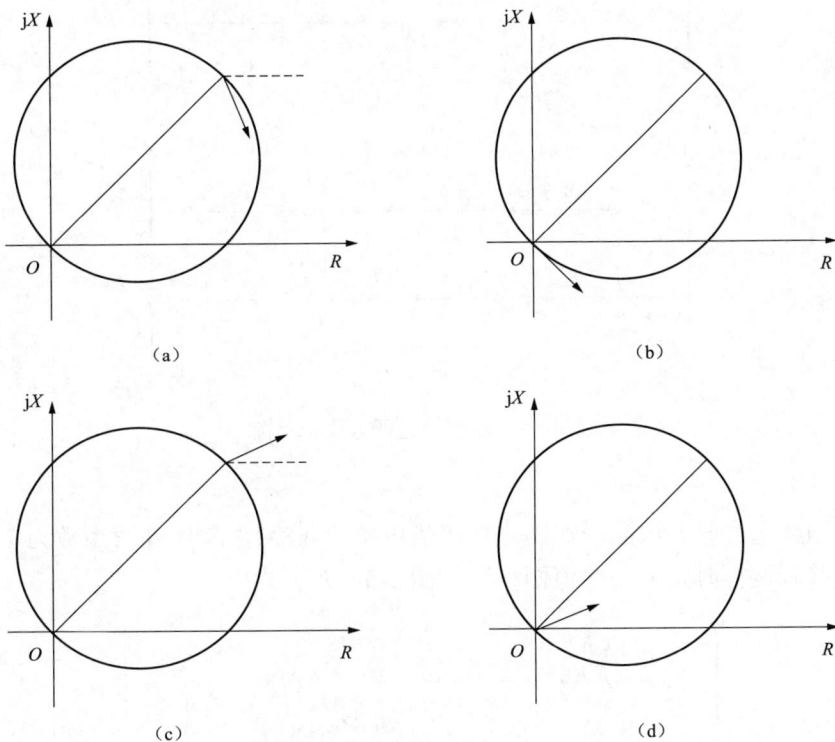

图 1-52　矢量图

（a）情况一矢量图；（b）情况二矢量图；（c）情况三矢量图；（d）情况四矢量图

（1）图 1-51（a）的矢量图如图 1-52（a）所示，测量阻抗为线路阻抗基础上增加过渡电阻的附加阻抗阻容性，过渡电阻使得送端测量阻抗存在稳态超越。

（2）图 1-51（b）的矢量图如图 1-52（b）所示，测量阻抗为电阻的附加阻抗阻容性，在受端反向出口故障时过渡电阻不会误动。

（3）图 1-51（c）的矢量图如图 1-52（c）所示，测量阻抗为线路阻抗基础上增加过渡电阻的附加阻抗阻感性；过渡电阻使得送端测量阻抗存在稳态缩范围。

（4）图 1-51（d）的矢量图如图 1-52（d）所示，测量阻抗为电阻的附加阻抗阻感性，在送端反向出口故障时过渡电阻会误动。

四、计算分析题

1. 对于同杆架设的具有互感的两回线路，设 $X_0 = 3X_1$，$X_m = 0.6X_0$（X_0 为线路零序电抗，X_m 为线路互感电抗）。在双回线同时运行和单线运行（另一回线两端接地）的不同运行方式下，如图 1-53 所示，试分别计算出两种方式在线路末端故障时的单回线路零序等值电抗和零序补偿系数的计算值，并画出等值电路图。

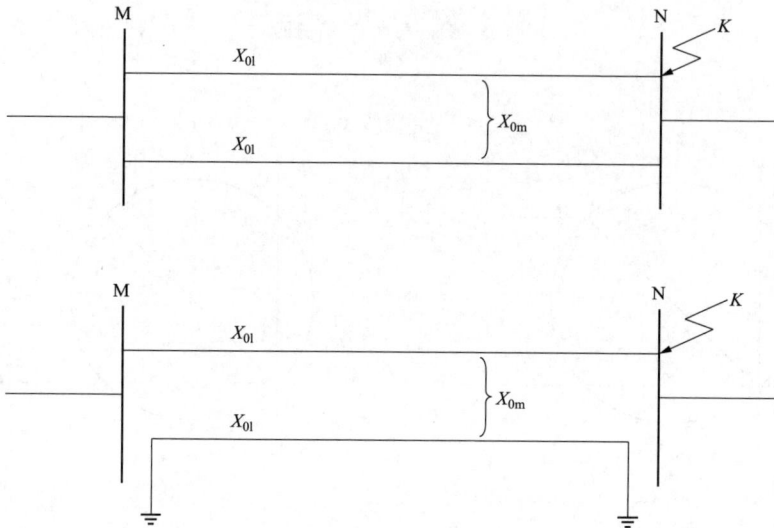

图 1-53 双回线运行方式示意图

答：

（1）双回线运行时，单回线线路零序等值电抗为 $4.8X_1$，零序补偿系数为 1.27。

双回线并列运行时，零序等值网络图如图 1-54 所示。

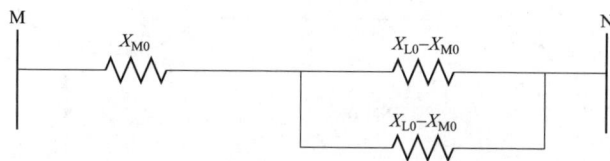

图 1-54 双回线运行零序等值网络图

$$X_{0\Sigma} = 2 \times [X_{M0} + (X_{L0} - X_{M0}) // (X_{L0} - X_{M0})]$$
$$= 2 \times \left(0.6 \times 3 \times X_{L1} + \frac{3X_1 - 0.6 \times 3 \times X_{L1}}{2} \right) = 4.8X_{L1}$$

$$K = \frac{X_{0\Sigma} - X_{L1}}{3X_{L1}} = \frac{4.8X_{L1} - X_{L1}}{3X_{L1}} = 1.27$$

（2）单回线运行，另一回线两端接地时，线路零序等值电抗为 $1.92X_1$，零序补偿系数为 0.31。

单回线运行，另一回线两端接地时，零序等值网络图如图 1-55 所示。

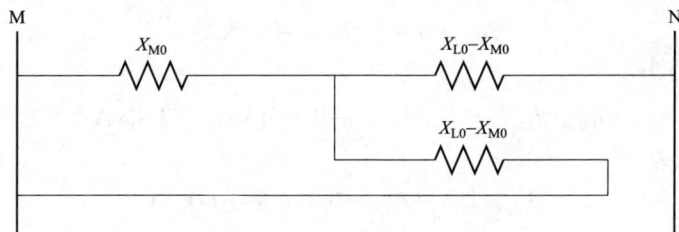

图 1-55 单回线运行零序等值网络图

$$X_{0\Sigma} = X_{M0} // (X_{L0} - X_{M0}) + (X_{L0} - X_{M0})$$
$$= 0.6 \times 3 \times X_{L1} // (3X_1 - 0.6 \times 3 \times X_{L1}) + (3X_1 - 0.6 \times 3 \times X_{L1}) = 1.92X_{L1}$$

$$K = \frac{X_{0\Sigma} - X_{L1}}{3X_{L1}} = \frac{1.92X_{L1} - X_{L1}}{3X_{L1}} = 0.31$$

2. 如图 1-56 所示系统，T_1、T_2 参数完全相同，T_1 和 T_3 主变压器中性点接地，线路上 K 点发生 A 相单相接地故障时，N 侧 A 相电流为 0.8kA，O 点 B、C 相电流为零。求 O 点 A 相电流、P 点三相电流和 K 点入地电流 I_{KA}（忽略负荷电流）。

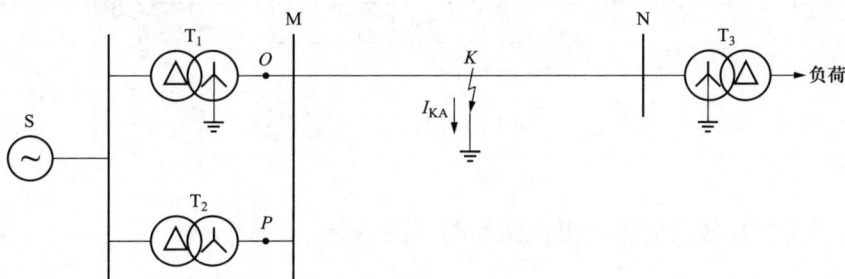

图 1-56 系统示意图

答：

由图 1-56 可知，N 侧为负荷侧，且主变压器中性点接地，因此 N 侧三相只有三个同方向的零序分量电流（即 $I_{NkA} = I_{NkB} = I_{NkC} = I_{Nk0} = 0.8kA$），N 侧无正负序分量电流。

M 侧 O 点有正、负、零序分量电流，P 点只有正、负序分量电流，且由于发生的为 A 相单相接地故障，可以知道 M 侧 O、P 点正、负、零序分量方向相同。

因为 O 点 B、C 相电流为零，则根据 O 点相量图，B、C 相正、负电流之和与 B、C 相零序电流大小相等，方向相反，因此 $I_{kA1} = I_{kA2} = I_{kAO} = I_{OkB} = I_{OkC}$。

由于 T_1 与 T_2 参数相同，所以 O 点的正、负序电流和 P 点的正、负电流大小相同，等于故障点正、负序电流的一半，即

$$I_{kA1} = I_{kA2} = I_{kAO} = I_{OkB} = I_{OkC} = 2I_{OkA1} = 2I_{OkA2} = 2I_{OkA0} = 2I_{pkA1} = 2I_{pkA2}$$

根据相量图，综上所述可以得到如下关系：

由于 $I_{kA0} = I_{Nk0} + I_{OkA0} = 2I_{OkA0}$

得出

$$I_{Nk0} = I_{OkA0} = 0.8(kA)$$

即

$$I_{OkA1}=I_{OkA2}=I_{OkA0}=0.8(\text{kA})$$

O 点 A 相电流为

$$I_{OkA}=I_{OkA1}+I_{OkA2}+I_{OkA0}=0.8+0.8+0.8=2.4(\text{kA})$$

P 点三相电流为

$$I_{pkA}=I_{pkA1}+I_{pkA2}=0.8+0.8=1.6(\text{kA})$$

$$I_{pkB}=I_{pkC}=-I_{NkB}=-I_{NkC}=-0.8(\text{kA})$$

即方向与 A 相电流方向相反。

K 点入地电流为

$$I_{kA}=I_{pkA}+I_{NkA}+I_{OkA}=1.6+0.8+2.4=4.8(\text{kA})$$

3. 在图 1-57 所示的电力系统中，以 $S=100\text{MVA}$，$U=115\text{kV}$ 时，各元件参数标幺值：发电机，$E'=1.0$，$X_d''=X_2=0.13$；变压器，$X_{t1}=X_{t2}=0.12$；线路，$X_1=0.3$，$X_0=1.2$。线路末端空载，在输电线路上某处发生单相接地短路。请问短路发生在何处短路电流数值最小，其值为多少 kA？

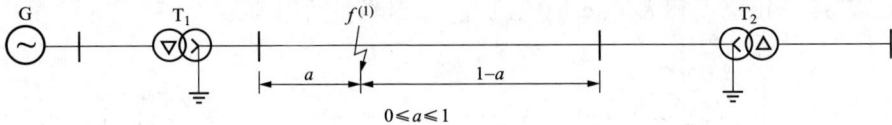

图 1-57 系统示意图

答：

根据题意可知，线路的各组阻抗图如图 1-58 所示。

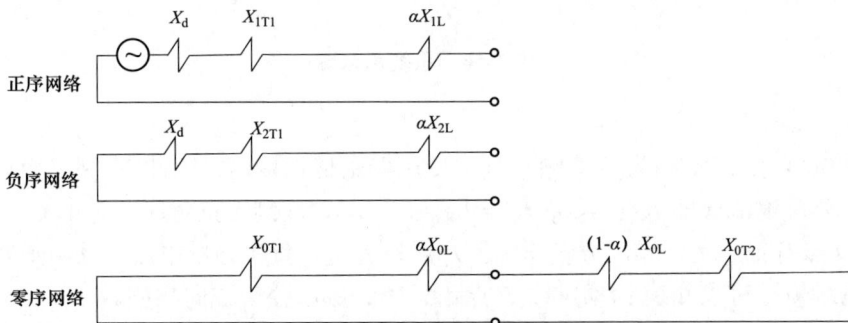

图 1-58 复合序网图

等值网络的各序阻抗分别为

$$X_{1\Sigma}=X_{2\Sigma}=X_d+X_{1t1}+\alpha X_{1L}=0.13+0.12+\alpha\times0.3=0.25+0.3\alpha$$

$$X_{0\Sigma}=(X_{0t1}+\alpha X_{0L})//[(1-\alpha)X_{0L}+X_{0t2}]=(0.12+\alpha\times1.2)//[(1-\alpha)\times1.2+0.12]$$

$$=\frac{(0.12+1.2\alpha)\times(1.32-1.2\alpha)}{0.12+1.2\alpha+1.32-1.2\alpha}=-\alpha^2+\alpha+0.11$$

当单相短路时，为三相序网络串联，此时综合阻抗为

$$X_{\Sigma}=X_{1\Sigma}+X_{2\Sigma}+X_{0\Sigma}=0.25+0.3\alpha+0.25+0.3\alpha-\alpha^2+\alpha+0.11=-\alpha^2+1.6\alpha+0.61$$

若让短路电流最小，则需让综合阻抗最大。

对 X_Σ 求导，可得该曲线的顶点为

$$\frac{\mathrm{d}X_\Sigma}{\mathrm{d}\alpha} = -2\alpha + 1.6 = 0$$

可求得：$\alpha = 0.8$。

此时，$X_\Sigma = -0.8^2 + 1.6 \times 0.8 + 0.61 = 1.25$。

短路电流标幺值为

$$I_k = 3 \times \frac{E}{X_\Sigma} = \frac{3 \times 1}{1.25} = 2.4$$

折算为有名值为

$$I_k = 2.4 \times \frac{100}{\sqrt{3} \times 115} = 1.205(\text{kA})$$

即 $\alpha = 0.8$ 时，短路电流最小，其值为 1.205kA。

4．如图 1-59 所示，变压器的中性点接地，系统为空载，忽略系统的电阻，故障前系统电势为 57V，线路发生 A 相接地故障，故障点 R_g 不变化。已知：$X_{M1} = X_{M2} = 1.78\Omega$，$X_{M0} = 3\Omega$，$X_{L1} = X_{L2} = 2\Omega$，$X_{L0} = 6\Omega$，$X_{T1} = X_{T2} = X_{T0} = 2.4\Omega$，保护安装处测得 $\dot{I}_A = 14.4\text{A}$，$3\dot{I}_0 = 9\text{A}$（以上所给数值均为归算到保护安装处的二次值）求：

（1）故障点的位置比 α。

（2）过渡电阻 R_g 的大小。

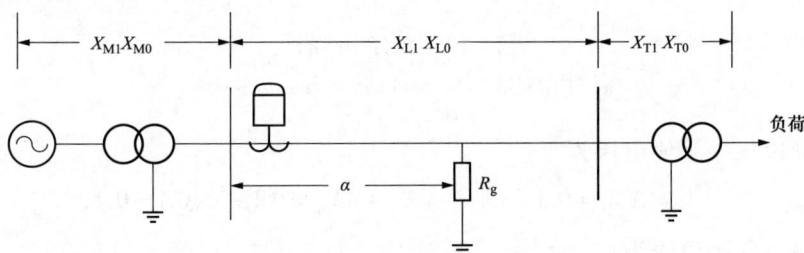

图 1-59 系统接线示意图

答：

（1）保护安装处：$\dot{I}_A = \dot{I}_{1M} + \dot{I}_{2M} + \dot{I}_{0M} = 14.4\text{A}$，其中 $\dot{I}_{0M} = \frac{3\dot{I}_0}{3} = 3\text{A}$，$\dot{I}_{1M} = \dot{I}_{2M}$，可得：$\dot{I}_{1M} = \dot{I}_{2M} = 5.7\text{A}$。

因为仅 M 侧有电源，故障点的 $\dot{I}_{1F}$、$\dot{I}_{2F}$ 只流向 M 侧，所以 $\dot{I}_{1F} = \dot{I}_{2F} = \dot{I}_{1M} = \dot{I}_{2M} = 5.7\text{A}$；且在故障点有 $\dot{I}_{1F} = \dot{I}_{2F} = \dot{I}_{0F} = 5.7\text{A}$，因此流向负荷侧零序电流为

$$\dot{I}_{0T} = \dot{I}_{0F} - \dot{I}_{0M} = 2.7\text{A}$$

$\dfrac{\dot{I}_{0T}}{\dot{I}_{0M}} = \dfrac{X_{M0} + \alpha X_{L0}}{X_{T0} + (1-\alpha)X_{L0}}$ 代入数据得 $\dfrac{2.7}{3} = \dfrac{3 + 6\alpha}{2.4 + 6(1-\alpha)}$，求得：$\alpha = 0.4$。

（2）故障点：$X_{1\Sigma}=X_{2\Sigma}=X_{M1}+\alpha X_{L1}=1.78+0.8=2.58\Omega$，$X_{0\Sigma}=(X_{M0}+\alpha X_{L0})//[X_{T0}+(1-\alpha)X_{L0}]=2.84\Omega$。

$$\dot{I}_{1F}=\frac{\dot{U}}{j(X_{1\Sigma}+X_{2\Sigma}+X_{0\Sigma})+3R_g}$$ 代入数据得 $5.7=\dfrac{57}{j8+3R_g}$，求得：$R_g=2\Omega$。

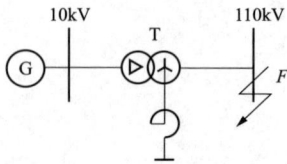

5. 已知图 1-60 中各元件的参数，即发电机 G：S_{GN}=100MVA，$X_d''=X_2=0.2$；变压器 T：S_{TN}=100MVA，$U_S\%$=10%，绕组联接方式为 YNd11，中性点接地电抗为 13.225Ω。若变压器高压侧 F 点的 A 相发生单相接地短路，请问：

（1）变压器中性点电压有名值。

（2）发电机端各相电压有名值。

图 1-60 系统接线示意图

答：

（1）取 S_B=100MVA，$U_B=U_{av}$，计算各设备的标幺电抗，制定各序网络 $X_d''=X_2=0.2$，$X_T=0.1$，$X_n=0.1$，复合序网图如图 1-61 所示。

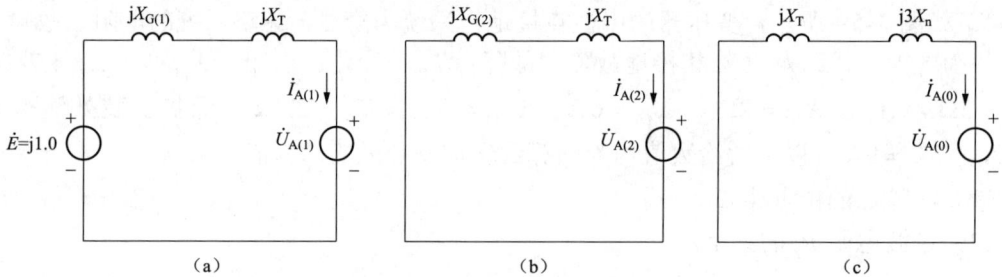

图 1-61 复合序网图

（a）正序网络；（b）负序网络；（c）零序网络

（2）故障口各序等值电抗为

$$X_{\Sigma 1}=X_{\Sigma 2}=0.3,\quad X_{\Sigma 0}=X_T+3X_n=0.1+3\times0.1=0.4$$

（3）故障点各序电流为

$$\dot{I}_{A1}=\dot{I}_{A2}=\dot{I}_{A0}=\frac{\dot{E}}{X_{\Sigma 1}+X_{\Sigma 2}+X_{\Sigma 0}}=\frac{1}{0.3+0.3+0.4}=1$$

（4）中性点电压为

$$\dot{U}_n=3\dot{I}_{A0}X_n\dot{U}_B=3\times1\times0.1\times\frac{115}{\sqrt{3}}=19.92(kV)$$

（5）机端 A 相电压各序分量标幺值为

$$\dot{U}_{GA1}=(\dot{E}-jX_{G1}\dot{I}_{A1})e^{j30°}=j0.8e^{j30°}=0.8e^{j120°}$$

$$\dot{U}_{GA2}=(-jX_{G2}\dot{I}_{A2})e^{-j30°}=-j0.2e^{-j30°}=0.2e^{-j120°}$$

$$\dot{U}_{GA0}=0$$

（6）机端各相电压标幺值为

$$\dot{U}_{GA} = \dot{U}_{GA1} + \dot{U}_{GA2} + \dot{U}_{GA0} = 0.8e^{j120°} + 0.2e^{-j120°} = 0.721e^{j133.9°}$$

$$\dot{U}_{GB} = \alpha^2 \dot{U}_{GA1} + \alpha \dot{U}_{GA2} + \dot{U}_{GA0} = 0.8e^{j120°}e^{-j120°} + 0.2e^{-j120°}e^{j120°} = 1$$

$$\dot{U}_{GC} = \alpha \dot{U}_{GA1} + \alpha^2 \dot{U}_{GA2} + \dot{U}_{GA0} = 0.8e^{j120°}e^{j120°} + 0.2e^{-j120°}e^{-j120°} = 0.721e^{-j133.9°}$$

（7）机端各相电压有名值为

$$\dot{U}_{GA} = \dot{U}_{GC} = 0.721 \times \frac{10.5}{\sqrt{3}} = 4.3708(kV)$$

$$\dot{U}_{GB} = 1 \times \frac{10.5}{\sqrt{3}} = 6.0622(kV)$$

6．图 1-62 为一个单侧电源系统。其中，变压器 T_1 为 Y0/△接线，中性点接地。降压变压器 T_2 为 Y0/Y0/△-1 接线，额定容量 200MVA，额定电压为 230/115/37kV（P 为中压侧、Q 为低压侧），高压侧中性点不接地，中压侧中性点接地，T_2 变压器空载运行。

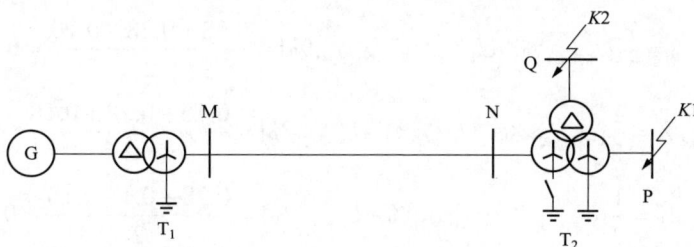

图 1-62　系统接线示意图

系统中各元件标幺参数如表 1-5 所示，基准电压为 230kV，基准容量为 1000MVA。

表 1-5　　　　　　　　　　　　　　元 件 参 数 表

设备	正序参数（负序参数）	零序参数
发电机 G	$X_{G1}=0.4$	$X_{G0}=0.5$
T_1 变压器	$X_{T1}=0.6$	$X_{T0}=0.6$
线路 MN	$X_{L1}=0.1$	$X_{L0}=0.3$

T_2 变压器实测参数如表 1-6 所示。

表 1-6　　　　　　　　　　　　　　实 测 参 数 表

阻抗电压	高-中	18%	零序实测参数	46Ω	高压侧
	高-低	28%		0Ω	中压侧
	中-低	10%		24Ω	励磁支路

问题：

（1）请根据 T_2 变压器实测参数，求出 T_2 变压器的正序和零序标幺参数。

（2）线路 MN 配置有复用光纤通道纵联电流差动保护，保护同步方法为"采样时刻调整法"。线路分相纵联差动保护动作方程为

$$\begin{cases} \dot{I}_{CD\Phi} > K \times \dot{I}_{R\Phi} \\ \dot{I}_{CD\Phi} > \dot{I}_{QD} \end{cases}$$

$$\Phi = A, B, C$$

差动电流 $\dot{I}_{CD\Phi} = \left| \dot{I}_{M\Phi} + \dot{I}_{N\Phi} \right|$ 即为两侧电流矢量和。

制动电流 $\dot{I}_{R\Phi} = \left| \dot{I}_{M\Phi} - \dot{I}_{N\Phi} \right|$ 即为两侧电流矢量差。

动作门槛 $\dot{I}_{QD} = 600\text{A}$（一次值），制动系数 $K = 0.5$。

由于某种原因保护通道出现收发路由不一致，收发通道延时分别为 0.4ms 和 6.6ms，当系统 K2 点发生 BC 两相短路时，请计算线路 MN 上的故障电流大小，并结合动作方程分析纵差保护的动作行为。（忽略负荷电流和电容电流，系统频率始终为 50Hz）

答：

（1）主变压器正序阻抗为

$$U_{k1}\% = \frac{1}{2}[U_{k(1-2)}\% + U_{k(1-3)}\% - U_{k(2-3)}\%] = \frac{0.18 + 0.28 - 0.10}{2} = 0.18$$

$$U_{k2}\% = \frac{1}{2}[U_{k(1-2)}\% + U_{k(2-3)}\% - U_{k(1-3)}\%] = \frac{0.18 - 0.28 + 0.10}{2} = 0$$

$$U_{k3}\% = \frac{1}{2}[U_{k(1-3)}\% + U_{k(2-3)}\% - U_{k(1-2)}\%] = \frac{0.28 + 0.1 - 0.18}{2} = 0.1$$

高压侧折算到基准容量为

$$0.18 \times 1000/200 = 0.9$$

低压侧折算到基准容量为

$$0.1 \times 1000/200 = 0.5$$

主变压器零序阻抗为

基准阻抗 $230^2/1000 = 52.9\Omega$

折算为标幺值，即高压侧 $46/52.9 = 0.87$，中压侧 0，励磁支路 $24/52.9 = 0.45$。

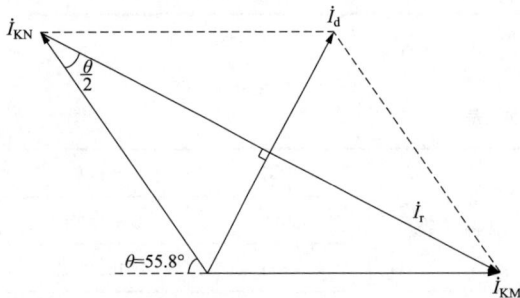

图 1-63　相量图

差动电流 $I_d = 2 \times \sin(55.8/2) \times I_k = 0.9359 I_k$。

制动电流 $I_r = 2 \times \cos(55.8/2) \times I_k = 1.7675 I_k$。

（2）K2 点发生 BC 两相短路，短路电流计算（相量图见图 1-63）。

变压器高压侧 B 相标幺值：$1/(0.4 + 0.6 + 0.1 + 0.9 + 0.5) = 0.4$。

A、C 相标幺值：0.2。

折算为有名值：基准电流 2510A。

高压侧 A、C 相 502A、B 相 1004A。

通道延时 $= (0.4 + 6.6)/2 = 3.5\text{ms}$。

采样偏差 $= (6.6 - 0.4)/2 = 3.1\text{ms}$。

折合 $3.1 \times (360°/20) = 55.8°$。

综上：A、C 相差动电流 470A，小于 600A，不动作；B 相差动电流 940A，大于 600A；制动电流 1775A，1775×0.5=888A，940A＞888A。满足动作方程，B 相动作。

7．某电力系统接线如图 1-64 所示，各元件参数标在图中，所有变压器的零序励磁阻抗均为无穷大，试求：

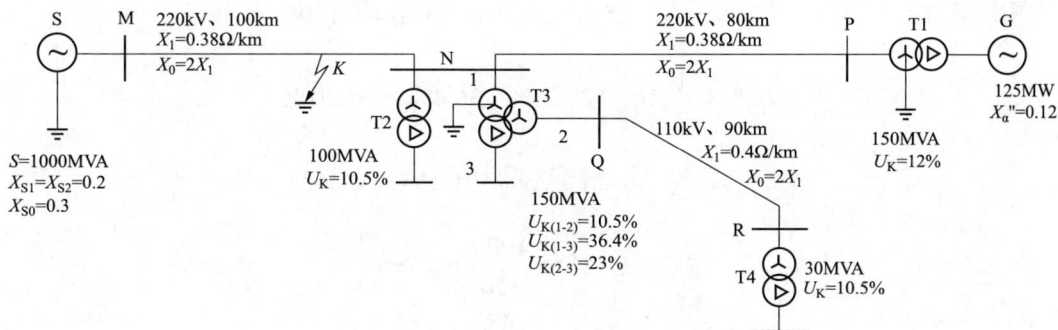

图 1-64　系统接线示意图

（1）离 M 母线 80km 处的单相短路电流、两相短路电流、两相接地短路电流、三相短路电流。

（2）离 M 母线 80km 处单相接地时，M、N、P、Q、R 母线上电压互感器二次开口三角电压。

（3）PN 线路开断情况下，上述 K 点单相接地时 MN 线路两侧的三相电流值。选取基准容量 $S_B = 1000\text{MVA}$ 、基准电压 $U_{1B} = 230\text{kV}$ 和 $U_{2B} = 115\text{kV}$ ，发电机 G 功率因数为 0.85。

答：

选基准容量 $S_B = 1000\text{MVA}$ 、基准电压 $U_{1B} = 230\text{kV}$ 和 $U_{2B} = 115\text{kV}$ ，各元件标幺电抗如下：

系统 S
$$X_{S1} = X_{S2} = 0.2$$
$$X_{S0} = 0.3$$

线路 MK 段
$$X_1 = X_2 = 0.38 \times 80 \times \frac{1000}{230^2} = 0.5747$$
$$X_0 = 2 \times 0.5747 = 1.1494$$

线路 KN 段
$$X_1 = X_2 = 0.38 \times 20 \times \frac{1000}{230^2} = 0.1437$$
$$X_0 = 2 \times 0.1437 = 0.2874$$

线路 NP
$$X_1 = X_2 = 0.38 \times 80 \times \frac{1000}{230^2} = 0.5747$$
$$X_0 = 2 \times 0.5747 = 1.1494$$

线路 QR
$$X_1 = X_2 = 0.4 \times 90 \times \frac{1000}{115^2} = 2.7221$$
$$X_0 = 2 \times 2.7221 = 5.4442$$

变压器 T1 $\qquad X_1 = X_2 = X_0 = 12\% \times \dfrac{1000}{150} = 0.8$

变压器 T2 $\qquad X_1 = X_2 = X_0 = 10.5\% \times \dfrac{1000}{100} = 1.05$

变压器 T3 $\qquad U_{K1}\% = \dfrac{1}{2}(10.5\% + 36.4\% - 23\%) = 0.1195$

$$U_{K2}\% = \dfrac{1}{2}(10.5\% + 23\% - 36.4\%) = -0.0145$$

$$U_{K3}\% = \dfrac{1}{2}(36.4\% + 23\% - 10.5\%) = 0.2445$$

$$X_{T1} = 0.1195 \times \dfrac{1000}{150} = 0.7967$$

$$X_{T2} = -0.0145 \times \dfrac{1000}{150} = -0.0967$$

$$X_{T3} = 0.2445 \times \dfrac{1000}{150} = 1.63$$

变压器 T4 $\qquad X_1 = X_2 = 10.5\% \times \dfrac{1000}{30} = 3.5$

发电机 G $\qquad X_1 = X_2 = 0.12\% \times \dfrac{1000}{125/0.85} = 0.816$

（1）K 点的 $\dot{I}_K^{(1)}$、$\dot{I}_K^{(2)}$、$\dot{I}_K^{(1,1)}$、$\dot{I}_K^{(3)}$ 值。

K 点的综合正序电抗 $X_{\Sigma 1}(X_{\Sigma 2})$ 为

$\qquad X_{\Sigma 1} = (0.2 + 0.5747)//(0.1437 + 0.5747 + 0.8 + 0.816) = 0.7747//2.3344 = 0.5817$

K 点的零序网络如图 1-65 所示，可求得 K 点综合零序电抗 $X_{\Sigma 0}$ 为

$\qquad X_{\Sigma 0} = (0.3 + 1.1494)//[0.2874 + (0.7967 + 1.63)//(1.1494 + 0.8)]$

$\qquad\qquad = 1.4494//[0.2874 + 1.0810] = 0.7039$

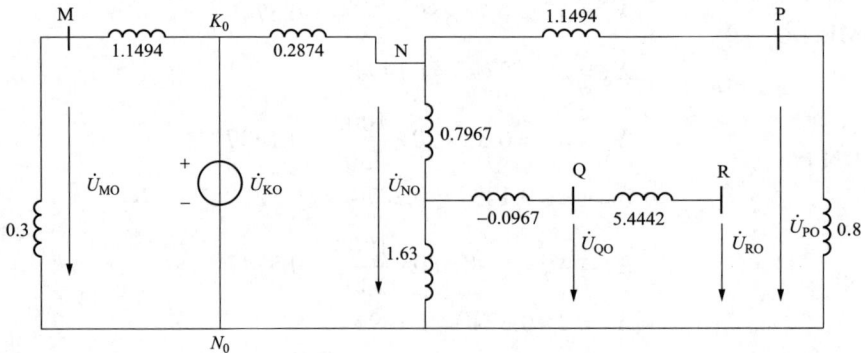

图 1-65　K 点零序网络图

单相短路电流 $\dot{I}_K^{(1)}$ 为

$$\dot{I}_K^{(1)} = \frac{3}{0.5817 + 0.5817 + 0.7039} \times \frac{1000}{\sqrt{3} \times 230} \times 10^3 = 4032.9(A)$$

两相短路电流 $\dot{I}_K^{(2)}$ 为

$$\dot{I}_K^{(2)} = \sqrt{3} \times \frac{1}{0.5817 + 0.5817} \times \frac{1000}{\sqrt{3} \times 230} \times 10^3 = 3737.2(A)$$

两相接地短路电流 $\dot{I}_K^{(1,1)}$ 为

$$\dot{I}_K^{(1,1)} = \sqrt{3} \times \sqrt{1 - \frac{0.5817 \times 0.7039}{(0.5817 + 0.7039)^2}} \times \frac{1}{0.5817 + (0.5817 // 0.7039)} \times \frac{1000}{\sqrt{3} \times 230} \times 10^3$$
$$= 4189.1(A)$$

三相短路电流 $\dot{I}_K^{(3)}$ 为

$$\dot{I}_K^{(3)} = \frac{1}{0.5817} \times \frac{1000}{\sqrt{3} \times 230} \times 10^3 = 4315.3(A)$$

（2）M、N、P、Q、R 母线上电压互感器二次开口三角电压。

因为 K 点单相接地，所以 K 点的零序电动势为

$$\dot{U}_{K0} = \frac{0.7039}{0.5817 + 0.5817 + 0.7039} \times 1 = 0.3770$$

由零序图求得 M 母线上零序电压为

$$\dot{U}_{M0} = \frac{0.3}{0.3 + 1.1494} \times \dot{U}_{K0} = \frac{0.3}{0.3 + 1.1494} \times 0.3770 = 0.0780$$

一次侧的零序电压值为

$$(\dot{U}_{M0})_{-次} = 0.0780 \times \frac{230}{\sqrt{3}} = 10.36(kV)$$

TV 二次开口三角电压为

$$(3\dot{U}_0)_{开口M} = 10.36 \times \frac{100}{220/\sqrt{3}} \times 3 = 24.47(V)$$

K 点单相接地，N 母线上零序电压为

$$\dot{U}_{N0} = \dot{U}_{K0} \times \frac{(0.7967 + 1.63)//(1.1494 + 0.8)}{0.2874 + [(0.7967 + 1.63)//(1.1494 + 0.8)]} = 0.7900\dot{U}_{K0}$$
$$= 0.7900 \times 0.3770 = 0.2978$$

一次侧的零序电压为

$$(\dot{U}_{N0})_{-次} = 0.2978 \times \frac{230}{\sqrt{3}} = 39.55(kV)$$

TV 二次开口三角电压为

$$(3\dot{U}_0)_{开口N} = 39.55 \times \frac{100}{220/\sqrt{3}} \times 3 = 93.41(V)$$

K 点单相接地，P 母线上零序电压为

$$\dot{U}_{P0} = \dot{U}_{N0} \times \frac{0.8}{1.1494 + 0.8} = 0.2978 \times 0.4104 = 0.1222$$

一次侧的零序电压为

$$(\dot{U}_{P0})_{-次} = 0.1222 \times \frac{230}{\sqrt{3}} = 16.23(\text{kV})$$

TV 二次开口三角电压为

$$(3\dot{U}_0)_{开口P} = 16.23 \times \frac{100}{220/\sqrt{3}} \times 3 = 38.33(\text{V})$$

K 点单相接地，Q 母线上零序电压由图 1-65 求得为

$$\dot{U}_{Q0} = \dot{U}_{N0} \times \frac{1.63}{1.63 + 0.7967} = 0.2978 \times 0.6717 = 0.2000$$

一次侧的零序电压为

$$(\dot{U}_{Q0})_{-次} = 0.2000 \times \frac{115}{\sqrt{3}} = 13.28(\text{kV})$$

TV 二次开口三角电压为

$$(3\dot{U}_0)_{开口Q} = 13.28 \times \frac{100}{110/\sqrt{3}} \times 3 = 62.73(\text{V})$$

K 点单相接地，因 QR 线路上无零序电流通过，因此 R 母线上的零序电压等于 Q 母线上的零序电压，于是有

$$(\dot{U}_{R0})_{-次} = 13.28(\text{kV})$$

$$(3\dot{U}_0)_{开口R} = 62.73(\text{V})$$

（3）PN 线断开情况下，K 点单相接地（设为 A 相接地）时 MN 线路两侧的三相电流值。

PN 线断开情况下，K 点的正序（负序）综合电抗为

$$X_{\Sigma1}(X_{\Sigma2}) = 0.5747 + 0.2 = 0.7747$$

MN 线路两侧正序（负序）电流分布系数为

$$C_{1M}(C_{2M}) = 1, \quad C_{1N}(C_{2N}) = 0$$

PN 线断开情况下，只要将零序网络中的 PN 线开断就可得到 K 点的零序网络。可求得综合零序电抗为

$$X_{\Sigma0} = (0.3 + 1.1494)//(0.2874 + 0.7967 + 1.63) = 1.4494//2.7141 = 0.9448$$

MN 线路两侧的零序电流分布系数为

$$C_{0M} = \frac{0.2874 + 0.7967 + 1.63}{(0.3 + 1.1494) + (0.2874 + 0.7967 + 1.63)} = 0.6519$$

$$C_{0N} = \frac{0.3 + 1.1494}{(0.3 + 1.1494) + (0.2874 + 0.7967 + 1.63)} = 0.3481$$

K 点 A 相接地时，故障点 A 相各序电流为

$$\dot{I}_{KA1}^{(1)} = \dot{I}_{KA2}^{(1)} = \dot{I}_{KA0}^{(1)} = \frac{1}{0.7747 \times 2 + 0.9448} \times \frac{1000}{\sqrt{3} \times 230} \times 10^3 = 1006.4(A)$$

求得 M 侧三相电流为（不计负荷电流）

$$\dot{I}_{MA} = (2C_{1M} + C_{0M})\dot{I}_{KA0}^{(1)} = (2 \times 1 + 0.6519) \times 1006.4 = 2668.9(A)$$

$$\dot{I}_{MB} = \dot{I}_{MC} = (C_{0M} - C_{1M})\dot{I}_{KA0}^{(1)} = (0.6519 - 1) \times 1006.4 = -350.3(A)$$

求得 N 侧三相电流为

$$\dot{I}_{NA} = \dot{I}_{NB} = \dot{I}_{NC} = C_{0N}\dot{I}_{KA0}^{(1)} = 0.3481 \times 1006.4 = 350.3(A)$$

作出 MN 线两侧三相电流的分布如图 1-66 所示。

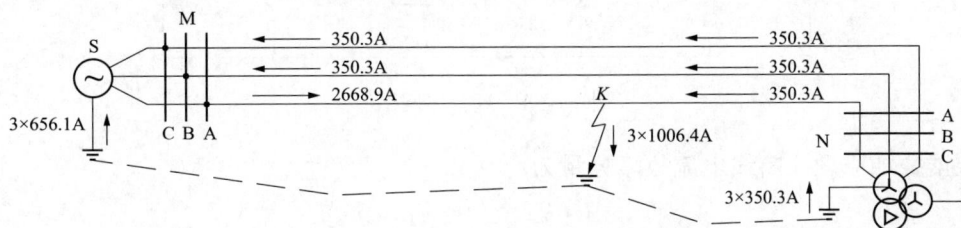

图 1-66　MN 线两侧三相电流的分布

8. 如图 1-67 所示系统，发电厂经同杆并架双回线向系统送电，每回线负荷电流为 $I_{A|0|} = 600\angle0°A$，以 1000MVA 为基准，机组、线路和系统阻抗标幺值如下：$X_{1F}=0.7$、$X_{1T}=0.5$、$X_{1L}=0.6$、$X_{1S}=0.3$、$X_{0T}=0.4$、$X_{0L}=1.8$、$X_{0M}=0.6$、$X_{0S}=0.2$，电厂侧（M 侧）Ⅰ线出口发生 A 相断线。画出复合序网图，求Ⅰ线 $3I_0$。

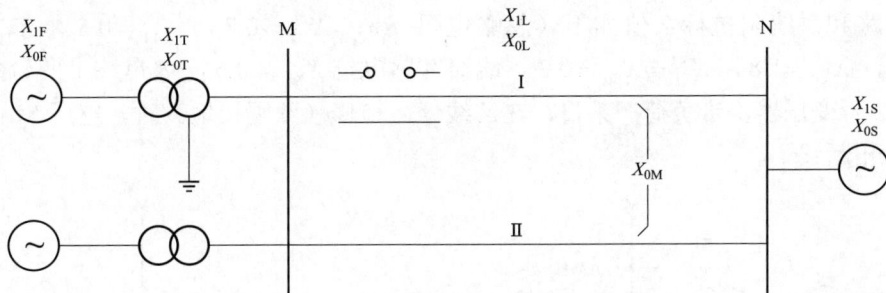

图 1-67　系统接线示意图

答：

断线故障序网络图如图 1-68 所示。

断口处综合电抗为

$$X_{1\Sigma}=X_{2\Sigma}=[(X_{1F}+X_{1T})/2+X_{1S}]\,/\!/\,X_{1L}+X_{1L}=[(0.7+0.5)/2+0.3]\,/\!/\,0.6+0.6=0.96$$

$X_{0\Sigma}$ 考虑了零序互感影响，得到

$$X_{0\Sigma}=(X_{0T}+X_{0S}+X_{0M})\,/\!/\,(X_{0L}-X_{0M})+(X_{0L}-X_{0M})$$

$$=(0.4+0.2+0.6)\,/\!/\,(1.8-0.6)+(1.8-0.6)=1.8$$

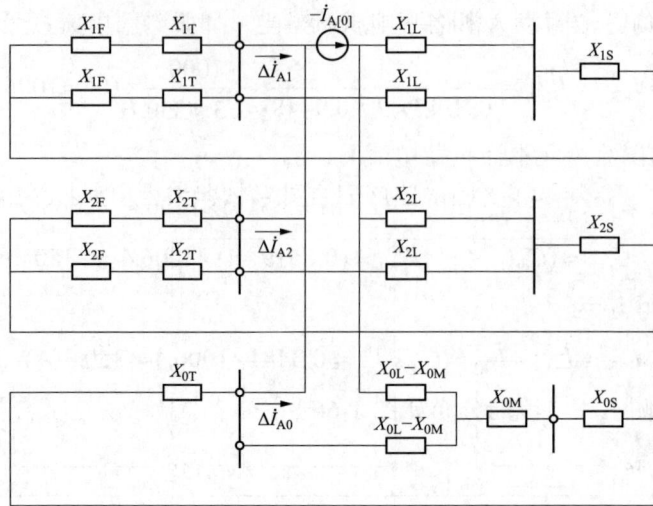

图 1-68 复合序网图

根据叠加原理，断线电流故障分量为

$$\Delta I_{A0} = -I_{A|0|} \frac{1}{\dfrac{1}{X_{1\Sigma}} + \dfrac{1}{X_{2\Sigma}} + \dfrac{1}{X_{0\Sigma}}} \times \frac{1}{X_{0\Sigma}} = -I_{A|0|} \frac{X_{1\Sigma}}{2X_{0\Sigma} + X_{1\Sigma}}$$

$$3I_{0I} = 3\Delta I_{A0} = -3I_{A|0|} \frac{X_{1\Sigma}}{2X_{0\Sigma} + X_{1\Sigma}} = -3 \times 600 \frac{0.96}{2 \times 1.8 + 0.96} = -378(\text{A})$$

9．如图 1-69 所示系统，发电厂经同杆并架双回线向系统送电（以下数据均已统一折算为标幺值），在双回线均运行方式时，系统侧负荷电流标幺值为 $\dot{I}_{A[0]} = 0.6\angle 0°$，机组、变压器、线路和系统阻抗标幺值如下（忽略电阻 R）：$X_{G1} = 0.7$，$X_{T1} = 0.5$，$X_{T0} = 0.4$，$X_{L1} = 0.6$，$X_{L0} = 1.8$，$X_{S1} = X_{S0} = 0.2$，线路互感电抗 $X_{M0} = 0.6$，M 母线上两台变压器参数相同，2 号变压器不带负荷。某日，在乙线停电检修（双端接地）时，电厂 M 侧甲线出口发生 A 相断线。

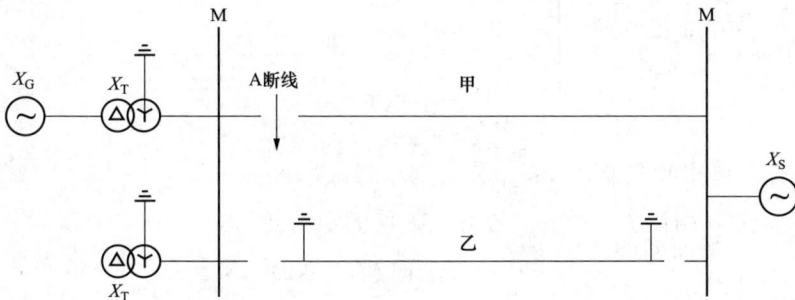

图 1-69 系统接线示意图

（1）画出复合序网图，并计算出 $X_{1\Sigma}$、$X_{2\Sigma}$、$X_{0\Sigma}$。

（2）求甲线 I_B、I_C。

（3）分别计算若甲线 M 侧 TV 在母线侧和线路侧时该处的零序电压。

（4）分析甲线 M 侧 TV 在母线侧和线路侧两种情况下，其保护零序方向元件是否动作。

（5）若变压器为 Yd1 接线，且 X_S 为纯负荷，其余条件不变的情况下，请计算发电机 X_G 三相母线电压。

答：

（1）断线故障序网络图如图 1-70 所示。

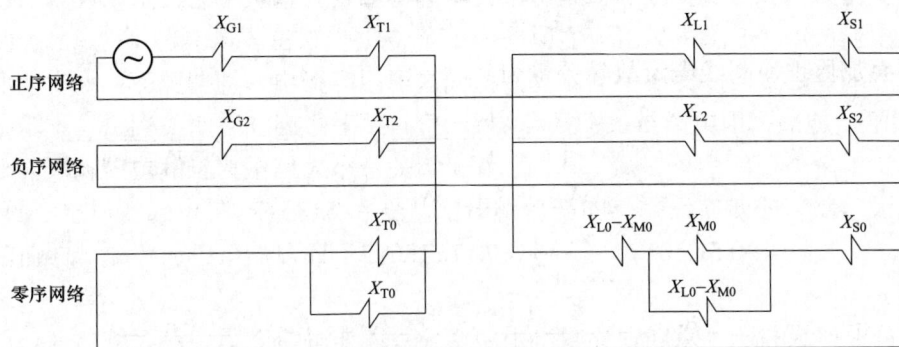

图 1-70　复合序网图

$$X_{1\Sigma} = X_{2\Sigma} = X_{G1} + X_{T1} + X_{S1} + X_{L1} = 0.7 + 0.5 + 0.2 + 0.6 = 2$$

$$X_{0\Sigma} = \frac{X_{T0}}{2} + X_{S0} + X_{M0}//(X_{L0} - X_{M0}) + X_{L0} - X_{M0}$$

$$= \frac{0.4}{2} + 0.2 + 0.6//(1.8 - 0.6) + 1.8 - 0.6 = 2$$

故障前双回线运行方式时，得到

$$X_{1\Sigma}^* = X_{G1} + X_{T1} + X_{S1} + \frac{X_{L1}}{2} = 0.7 + 0.5 + 0.2 + \frac{0.6}{2} = 1.7$$

$$\dot{E}_{A[0]} = \dot{I}_{A[0]} \times jX_{1\Sigma}^* = 0.6\angle 0° \times 1.7\angle 90° = 1.02\angle 90°$$

（2）**方法 1：**

$$\dot{I}_{A1} = \frac{\dot{E}_{A[0]}}{jX_{1\Sigma} + jX_{2\Sigma}//jX_{0\Sigma}} = \frac{1.02\angle 90°}{2\angle 90° + 2\angle 90°//2\angle 90°} = 0.34\angle 0°$$

$$\dot{I}_{A2} = -\dot{I}_{A1} \times \frac{X_{0\Sigma}}{X_{2\Sigma} + X_{0\Sigma}} = -0.34\angle 0° \times \frac{2}{2 + 2} = 0.17\angle 180°$$

$$\dot{I}_{A0} = -\dot{I}_{A1} \times \frac{X_{2\Sigma}}{X_{2\Sigma} + X_{0\Sigma}} = -0.34\angle 0° \times \frac{2}{2 + 2} = 0.17\angle 180°$$

$$\dot{I}_B = \alpha^2 \dot{I}_{A1} + \alpha \dot{I}_{A2} + \dot{I}_{A0} = 1\angle 240° \times 0.34\angle 0° + 1\angle 120° \times 0.17\angle 180° + 0.17\angle 180°$$

$$= 0.51\angle -120°$$

$$\dot{I}_{C} = \alpha \dot{I}_{A1} + \alpha^2 \dot{I}_{A2} + \dot{I}_{A0} = 1\angle 120° \times 0.34\angle 0° + 1\angle 240° \times 0.17\angle 180° + 0.17\angle 180°$$
$$= 0.51\angle 120°$$

方法 2：

单回线运行方式时，得到

$$X_{1\Sigma} = X_{G1} + X_{T1} + X_{S1} + X_{L1} = 0.7 + 0.5 + 0.2 + 0.6 = 2$$

$$\dot{I}_{A[0]}^{(1,1)} = \frac{\dot{E}_{A[0]}}{jX_{2\Sigma}} = \frac{1.02\angle 90°}{2\angle 90°} = 0.51\angle 0°$$

根据叠加原理，断线电流故障分量为

$$\Delta \dot{I}_{A1} = \Delta \dot{I}_{A2} = -\dot{I}_{A[0]}^{(1,1)} \times \frac{1}{\dfrac{1}{X_{1\Sigma}} + \dfrac{1}{X_{2\Sigma}} + \dfrac{1}{X_{0\Sigma}}} \times \frac{1}{X_{1\Sigma}} = -\dot{I}_{A[0]}^{(1,1)} \times \frac{X_{0\Sigma}}{2X_{0\Sigma} + X_{1\Sigma}}$$

$$= -0.51\angle 0° \times \frac{2}{2 \times 2 + 2} = 0.17\angle 180°$$

$$\Delta \dot{I}_{A0} = -\dot{I}_{A[0]}^{(1,1)} \times \frac{1}{\dfrac{1}{X_{1\Sigma}} + \dfrac{1}{X_{2\Sigma}} + \dfrac{1}{X_{0\Sigma}}} \times \frac{1}{X_{0\Sigma}} = -\dot{I}_{A[0]}^{(1,1)} \times \frac{X_{1\Sigma}}{2X_{0\Sigma} + X_{1\Sigma}}$$

$$= -0.51\angle 0° \times \frac{2}{2 \times 2 + 2} = 0.17\angle 180°$$

甲线电流为

$$\dot{I}_{B} = \alpha^2 (\dot{I}_{A[0]}^{(1,1)} + \Delta \dot{I}_{A1}) + \alpha \Delta \dot{I}_{A2} + \Delta \dot{I}_{A0}$$
$$= 1\angle 240° \times (0.51\angle 0° + 0.17\angle 180°) + 1\angle 120° \times 0.17\angle 180° + 0.17\angle 180°$$
$$= 0.51\angle -120°$$

$$\dot{I}_{C} = \alpha (\dot{I}_{A[0]}^{(1,1)} + \Delta \dot{I}_{A1}) + \alpha^2 \Delta \dot{I}_{A2} + \Delta \dot{I}_{A0}$$
$$= 1\angle 120° \times (0.51\angle 0° + 0.17\angle 180°) + 1\angle 240° \times 0.17\angle 180° + 0.17\angle 180°$$
$$= 0.51\angle 120°$$

（3）甲线 TV 在 M 母线侧时，零序电压为

$$\dot{U}_{M0} = -\dot{I}_{A0} \times \frac{jX_{T0}}{2} = -0.17\angle 180° \times \frac{0.4\angle 90°}{2} = 0.034\angle 90°$$

甲线 TV 在线路侧时，零序电压为

$$\dot{U}_{甲0} = \dot{I}_{A0} \times j[X_{L0} - X_{M0} + X_{M0}//(X_{L0} - X_{M0}) + X_{S0}]$$
$$= 0.17\angle 180° \times 1\angle 90° \times [1.8 - 0.6 + 0.6//(1.8 - 0.6) + 0.2] = 0.306\angle -90°$$

（4）保护装置测量到的零序电流为

$$\dot{I}_{A0} = \dot{I}_{甲0} = 0.17\angle 180°$$

甲线 M 侧 TV 使用母线 TV 时，测量到的零序电压为 $\dot{U}_{M0} = 0.034\angle 90°$，此时零序电流超前零序电压 90°，甲线路零序方向元件判为正向；甲线 M 侧 TV 使用线路 TV 时，测量到的零序电压为 $\dot{U}_{甲0} = 0.306\angle -90°$，此时零序电流之后零序电压 90°，线路零序方向元件

判为反向。

（5）由于经过变压器的传变后，发电机侧仅存在正、负序分量，无零序分量。

$$\dot{U}_{GA1} = \dot{E}_{A[0]} - \dot{I}_{A1} \times jX_{G1} = 1.02\angle 90° - 0.34\angle 0° \times 0.7\angle 90° = 0.782\angle 90°$$

$$\dot{U}_{GA2} = -\dot{I}_{A2} \times jX_{G2} = -0.17\angle 180° \times 0.7\angle 90° = 0.119\angle 90°$$

经过 YD1 转角后，得到

$$\dot{U}_{GA} = e^{-j30}\dot{U}_{GA1} + e^{j30}\dot{U}_{GA2} = 0.782\angle 60° + 0.119\angle 120° = 0.848\angle 67°$$

$$\dot{U}_{GB} = e^{-j30}\dot{U}_{GA1}\alpha^2 + e^{j30}\dot{U}_{GA2}\alpha = 0.782\angle 60° \times 1\angle 240° + 0.119\angle 120° \times 1\angle 120°$$
$$= 0.848\angle -67°$$

$$\dot{U}_{GB} = e^{-j30}\dot{U}_{GA1}\alpha^2 + e^{j30}\dot{U}_{GA2}\alpha^2 = 0.782\angle 60° \times 1\angle 240° + 0.119\angle 120° \times 1\angle 240°$$
$$= 0.663\angle 180°$$

10. 某 220kV 变电站，1 号主变压器高、中压侧中性点接地，2 号主变压器中性点不接地，一次主接线示意图如图 1-71 所示。事故前，300 开关为分闸状态，其余开关均为合闸状态，该站所有 110kV 线路对侧均无电源中性接地点。220kV 系统阻抗 Z_{S1}=j5，Z_{S0}=j10；两台主变压器 Z_{T1}=Z_{T0}=j20，电抗器 Z_{R0}=j60，220kV 系统电势 E=1。所有元件正、负序阻抗相等。若 110kV 线路发生了 A 相接地故障，故障线路阻抗（110kV 母线至故障点处）Z_{L1}=j5，Z_{L0}=j15。

（1）请画出故障时的复合序网图。

（2）请计算故障发生时 1 号主变压器的故障电流。

（3）故障时的录波图如图 1-72 所示，请根据录波分析站内各保护动作行为是否正确。列出各保护动作顺序及所跳开关，并说明原因。（不需给出动作时间）

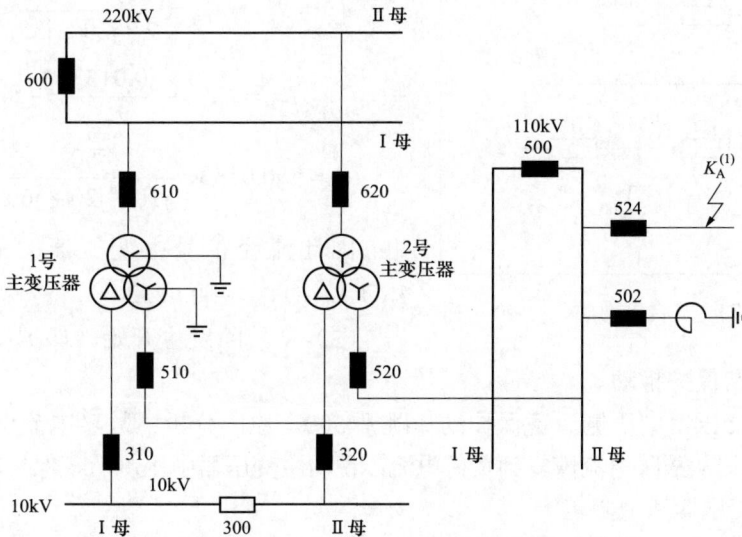

图 1-71 一次接线示意图

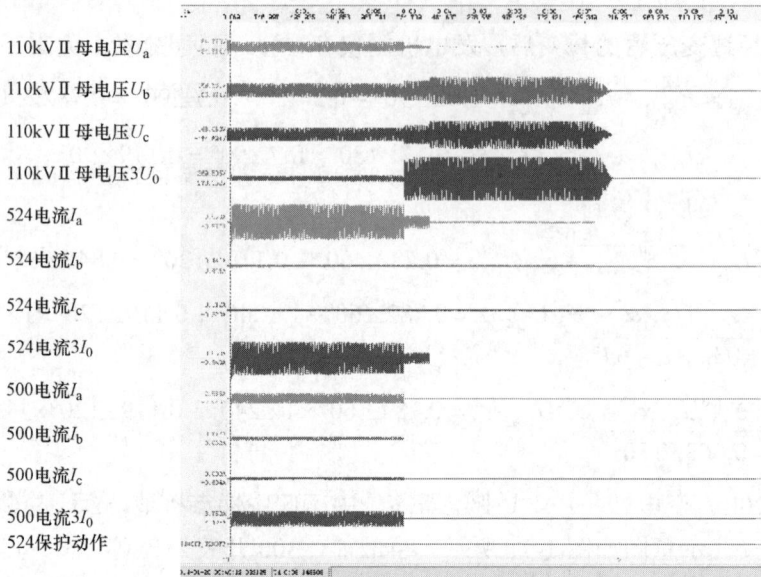

图 1-72　事故时的故障录波图

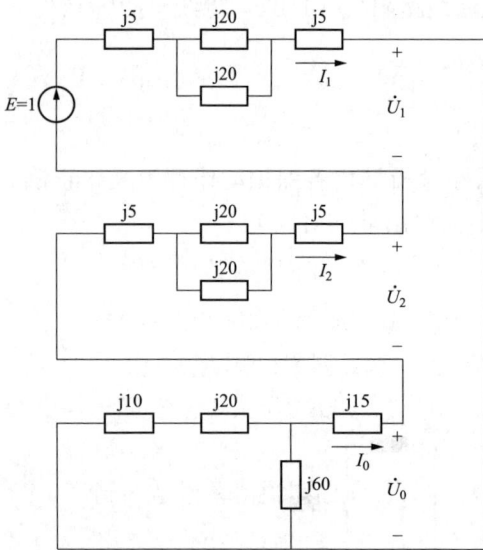

图 1-73　复合序网图

答：

（1）故障时的复合序网图如图 1-73 所示。

（2）$Z_{1\Sigma} = Z_{2\Sigma} = j5 + \dfrac{j20}{2} + j5 = j20$

$Z_{0\Sigma} = j15 + j60//(j20 + j10) = j35$

流过故障点的电流为

$$\dot{I}_{K1} = \dot{I}_{K2} = \dot{I}_{K0} = \frac{1}{2 \times j20 + j35} = -j0.0133$$

$$\dot{I}_{T1} = \dot{I}_{T2} = \frac{-j0.0133}{2} = -j0.0067$$

$$\dot{I}_{T0} = -j0.0133 \times \frac{j60}{j10 + j20 + j60} = -j0.0089$$

因此流经 1 号主变压器的故障电流 $\dot{I}_{kT} = \dot{I}_{T1} + \dot{I}_{T2} + \dot{I}_{T0} = -j0.0232$。

（3）从故障发生开始，保护动作顺序：

1）524 线路保护拒动。

2）1 号主变压器中压侧后备保护动作跳开 500。原因分析：故障电流出现第一次突变后，1 号主变压器从故障电流恢复到负荷电流，说明主变压器中压侧后备保护动作跳开 500，隔离了 1 号主变压器和故障点。

3）电抗器保护过流保护动作跳开 502。原因分析：由于电抗器阻抗大于 1 号主变压器，1 号主变压器动作后，110kVⅡ母只剩下电抗器中性接地点，故障零序电流全部转移到电抗器处，电抗器过流保护动作跳开 502。

4）2 号主变压器保护中压侧零序过压动作跳开主变压器三侧 620、520、320 开关。原因分析：电抗器跳开后，110kVⅡ母变成了不接地系统，524 故障电流消失，110kVⅡ母零序电压出现大幅度增加，必然会启动 2 号主变压器中压侧零序过压保护，从波形图末尾110kVⅡ母三相电压及零序电压均消失可以判断，主变压器中压侧零序过压保护动作跳开了主变压器三侧，110kVⅡ母失压。

从上述分析可知，110kV 524 保护（开关）出现了拒动，两台主变压器保护和电抗器保护正确动作。

11. 按给定负荷电流 $\left(\dot{I}_{\text{loa·A}} = \dfrac{\Delta \dot{E}_{\text{A}}}{Z_{11}}\right)$ 分析 A 相发生单相断线后断口处各相电流的一般表达式，并分析当各序阻抗具有 $Z_{11} = Z_{22} = 2Z_{00}$ 的关系时，断相处 B、C 相电流的变化。

答：

设断口处两点间的正序电压为 $\Delta \dot{U}_{\text{KA1}}$，由节点电压法可知 $\Delta \dot{U}_{\text{KA1}}\left(\dfrac{1}{Z_{11}} + \dfrac{1}{Z_{22}} + \dfrac{1}{Z_{00}}\right) = \dfrac{\Delta \dot{E}_{\text{A}}}{Z_{11}}$，则有 $\Delta \dot{U}_{\text{KA1}} = \dfrac{1}{\left(\dfrac{1}{Z_{11}} + \dfrac{1}{Z_{22}} + \dfrac{1}{Z_{00}}\right)} \times \dot{I}_{\text{loa·A}}$

进而可计算出

$$\dot{I}_{\text{KA1}} = \left(\frac{1}{Z_{22}} + \frac{1}{Z_{00}}\right)\Delta \dot{U}_{\text{KA1}} = \frac{\left(\dfrac{1}{Z_{22}} + \dfrac{1}{Z_{00}}\right)}{\left(\dfrac{1}{Z_{11}} + \dfrac{1}{Z_{22}} + \dfrac{1}{Z_{00}}\right)} \times \dot{I}_{\text{loa·A}}$$

$$\dot{I}_{\text{KA2}} = -\frac{\Delta \dot{U}_{\text{KA1}}}{Z_{22}} = -\frac{\dfrac{1}{Z_{22}}}{\left(\dfrac{1}{Z_{11}} + \dfrac{1}{Z_{22}} + \dfrac{1}{Z_{00}}\right)} \times \dot{I}_{\text{loa·A}}$$

$$\dot{I}_{\text{KA0}} = -\frac{\Delta \dot{U}_{\text{KA1}}}{Z_{00}} = -\frac{\dfrac{1}{Z_{00}}}{\left(\dfrac{1}{Z_{11}} + \dfrac{1}{Z_{22}} + \dfrac{1}{Z_{00}}\right)} \times \dot{I}_{\text{loa·A}}$$

断口处各相电流可表示为

$$\dot{I}_{\text{KA}} = \dot{I}_{\text{KA1}} + \dot{I}_{\text{KA2}} + \dot{I}_{\text{KA0}} = 0$$

$$\dot{I}_{\text{KB}} = \dot{I}_{\text{KB1}} + \dot{I}_{\text{KB2}} + \dot{I}_{\text{KB0}} = \alpha^2 \dot{I}_{\text{KA1}} + \alpha \dot{I}_{\text{KA2}} + \dot{I}_{\text{KA0}}$$

$$= \left[\left(-\frac{1}{2} - j\frac{\sqrt{3}}{2}\right) \times \left(\frac{1}{Z_{22}} + \frac{1}{Z_{00}}\right) - \left(-\frac{1}{2} + j\frac{\sqrt{3}}{2}\right)\frac{1}{Z_{22}} - \frac{1}{Z_{00}}\right]\frac{\dot{I}_{\text{loa·A}}}{\dfrac{1}{Z_{11}} + \dfrac{1}{Z_{22}} + \dfrac{1}{Z_{00}}}$$

$$= -\sqrt{3} \times \frac{\dfrac{\sqrt{3}}{2} \cdot \dfrac{1}{Z_{00}} + j\left(\dfrac{1}{Z_{22}} + \dfrac{1}{2Z_{00}}\right)}{\dfrac{1}{Z_{11}} + \dfrac{1}{Z_{22}} + \dfrac{1}{Z_{00}}} \times \dot{I}_{\text{loa·A}}$$

$$\dot{I}_{\text{KC}} = \dot{I}_{\text{KC1}} + \dot{I}_{\text{KC2}} + \dot{I}_{\text{KC0}} = \alpha\dot{I}_{\text{KA1}} + \alpha^2\dot{I}_{\text{KA2}} + \dot{I}_{\text{KA0}}$$

$$= \left[\left(-\frac{1}{2} + \text{j}\frac{\sqrt{3}}{2} \right) \times \left(\frac{1}{Z_{22}} + \frac{1}{Z_{00}} \right) - \left(-\frac{1}{2} - \text{j}\frac{\sqrt{3}}{2} \right)\frac{1}{Z_{22}} - \frac{1}{Z_{00}} \right] \frac{\dot{I}_{\text{loa}\cdot\text{A}}}{\dfrac{1}{Z_{11}} + \dfrac{1}{Z_{22}} + \dfrac{1}{Z_{00}}}$$

$$= -\sqrt{3} \times \frac{\dfrac{\sqrt{3}}{2}\dfrac{1}{Z_{00}} - \text{j}\left(\dfrac{1}{Z_{22}} + \dfrac{1}{2Z_{00}} \right)}{\dfrac{1}{Z_{11}} + \dfrac{1}{Z_{22}} + \dfrac{1}{Z_{00}}} \times \dot{I}_{\text{loa}\cdot\text{A}}$$

当 $Z_{11} = Z_{22} = 2Z_{00}$ 时，则有 B、C 相电流为

$$\dot{I}_{\text{KB}} = -\sqrt{3} \times \frac{\dfrac{\sqrt{3}}{2}\dfrac{1}{Z_{00}} + \text{j}\left(\dfrac{1}{Z_{22}} + \dfrac{1}{2Z_{00}} \right)}{\dfrac{1}{Z_{11}} + \dfrac{1}{Z_{22}} + \dfrac{1}{Z_{00}}} \times \dot{I}_{\text{loa}\cdot\text{A}} = \left(-\frac{3}{4} - \text{j}\frac{\sqrt{3}}{2} \right) \times \dot{I}_{\text{loa}\cdot\text{A}} = 1.146\dot{I}_{\text{loa}\cdot\text{A}}\angle -130.89°$$

$$\dot{I}_{\text{KC}} = -\sqrt{3} \times \frac{\dfrac{\sqrt{3}}{2}\dfrac{1}{Z_{00}} - \text{j}\left(\dfrac{1}{Z_{22}} + \dfrac{1}{2Z_{00}} \right)}{\dfrac{1}{Z_{11}} + \dfrac{1}{Z_{22}} + \dfrac{1}{Z_{00}}} \times \dot{I}_{\text{loa}\cdot\text{A}} = \left(-\frac{3}{4} + \text{j}\frac{\sqrt{3}}{2} \right) \times \dot{I}_{\text{loa}\cdot\text{A}} = 1.146\dot{I}_{\text{loa}\cdot\text{A}}\angle 130.89°$$

由以上结果可知，非故障相电流均增加了，超前相（C 相）的电流超前故障相 130.89°，滞后相（B 相）的电流滞后故障相 130.89°。

12. 220kV 双侧电源系统如图 1-74 所示。其中，系统阻抗标幺值已经注明，$X_{1M} = X_{1N} = 0.3$，$X_{0M} = X_{0N} = 0.4$，线路参数 $X_{1L} = 0.5$，$X_{0L} = 1.35$，$E_M = E_N = 1$，基准电压为 230kV，基准容量为 1000MVA。某日，线路 MN 的 N 站侧出口 K 处发生 A 相永久性接地短路（分析时不计负荷电流），请分析：

（1）K 处短路时，线路 MN 两侧各相电流。

（2）N 侧工频变化量保护动作，N 侧 A 相开关先跳开后，MN 两侧各相电流。

（3）MN 两侧 A 相开关跳开后，N 侧先重合于故障时，MN 两侧各相电流。

（4）MN 两侧 A 相开关跳开后，N 侧先重合于故障时，MN 两侧零序、负序电流。

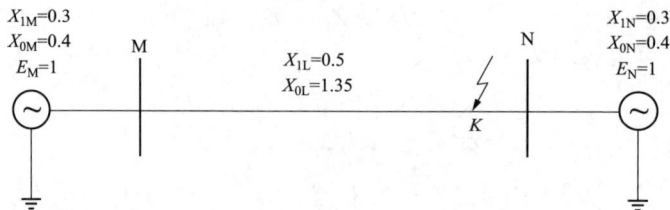

图 1-74 系统接线示意图

答：

基准电流

$$I_{\text{B}} = \frac{S_{\text{B}}}{\sqrt{3}U_{\text{B}}} = \frac{100}{\sqrt{3} \times 230} = 2.51(\text{kA})$$

（1）K 点 A 相短路时，得到

$$X_{1\Sigma} = (0.3+0.5)//0.3 = 0.218$$

$$X_{0\Sigma} = (0.4+1.35)//0.4 = 0.326$$

$$\dot{I}_{k1} = \dot{I}_{k2} = \dot{I}_{k0} = \frac{1}{0.218+0.218+0.326} = 1.312$$

M 侧：

$$\dot{I}_{M1} = \dot{I}_{M2} = 1.312 \times \frac{0.3}{0.3+0.8} = 0.358$$

$$\dot{I}_{M0} = 1.312 \times \frac{0.4}{0.4+1.35+0.4} = 0.244$$

$$\dot{I}_{MA} = (\dot{I}_{M1} + \dot{I}_{M2} + \dot{I}_{M0})\dot{I}_B = (0.358+0.358+0.244) \times 2.51 = 2.41(kA)$$

$$\dot{I}_{MB} = (\alpha^2\dot{I}_{M1} + \alpha\dot{I}_{M2} + \dot{I}_{M0})\dot{I}_B = (\dot{I}_{M0} - \dot{I}_{M1})\dot{I}_B = (0.244-0.358) \times 2.51 = -286(A)$$

$$\dot{I}_{MC} = (\alpha\dot{I}_{M1} + \alpha^2\dot{I}_{M2} + \dot{I}_{M0})\dot{I}_B = (\dot{I}_{M0} - \dot{I}_{M1})\dot{I}_B = (0.244-0.358) \times 2.51 = -286(A)$$

N 侧：

$$\dot{I}_{N1} = \dot{I}_{N2} = 1.312 \times \frac{0.8}{0.3+0.8} = 0.954$$

$$\dot{I}_{M0} = 1.312 \times \frac{1.75}{0.4+1.75} = 1.068$$

$$\dot{I}_{NA} = (\dot{I}_{N1} + \dot{I}_{N2} + \dot{I}_{N0})\dot{I}_B = (0.954+0.954+1.068) \times 2.51 = 7.47(kA)$$

$$\dot{I}_{NB} = (\alpha^2\dot{I}_{N1} + \alpha\dot{I}_{N2} + \dot{I}_{N0})\dot{I}_B = (\dot{I}_{N0} - \dot{I}_{N1}) \times \dot{I}_B = (1.068-0.954) \times 2.51 = 286(A)$$

$$\dot{I}_{NC} = (\alpha\dot{I}_{N1} + \alpha^2\dot{I}_{N2} + \dot{I}_{N0})\dot{I}_B = (\dot{I}_{N0} - \dot{I}_{N1})\dot{I}_B = (1.068-0.954) \times 2.51 = 286(A)$$

（2）N 侧 A 相开关跳开后，此时的故障情况为单相断线、断线相再接地的复故障，可利用回路方程进行计算。此时的故障情况可以看成 A 相断线状态和断线后接地短路附加状态的叠加（见图 1-75）。

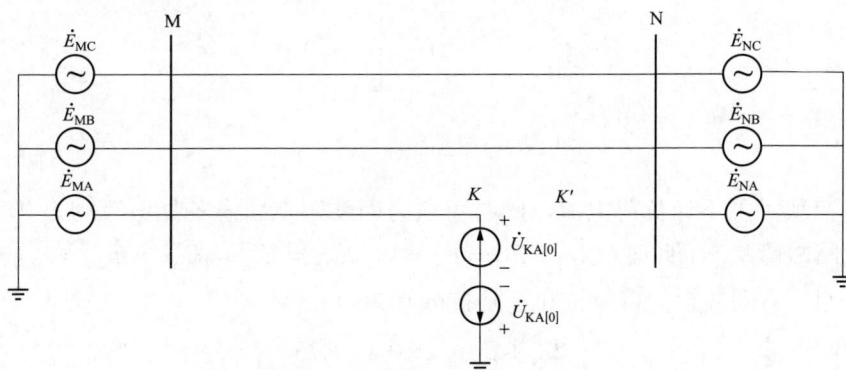

图 1-75 断线加接地故障状态

进而可拆分成两个故障状态的叠加，分别如图 1-76、图 1-77 所示。其中 K 点左右两侧均可等效成自阻抗为 Z_L，互阻抗为 Z_M 三相等效电路。

根据 $\begin{cases} Z_1 = Z_L - Z_M \\ Z_0 = Z_L + 2Z_M \end{cases}$ ，可以得出

$$\begin{cases} Z_L = \dfrac{2Z_1 + Z_0}{3} \\[2mm] Z_M = \dfrac{Z_0 - Z_1}{3} \end{cases}$$

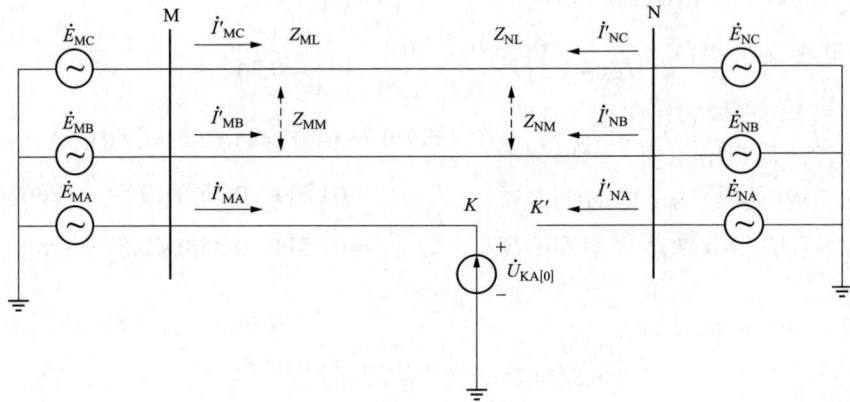

图 1-76　断线故障状态

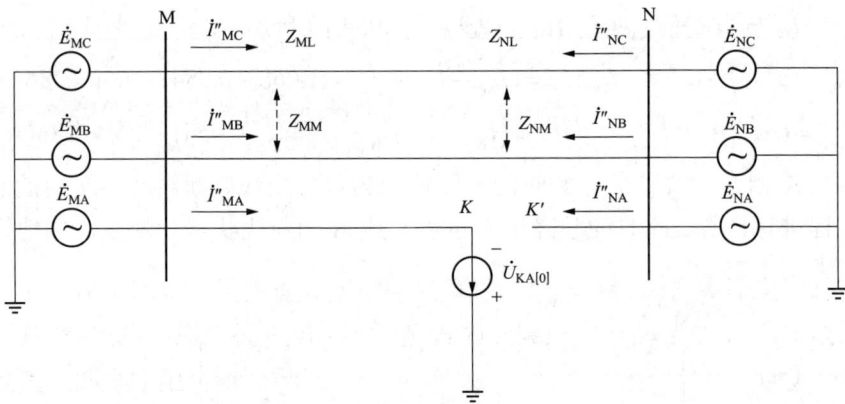

图 1-77　附加短路故障状态

当线路空载时，不计负荷电流，此时可认为断线附加状态各处电流均为 0，即只需要分析附加短路故障状态。此时 $\dot{U}_{kA[0]} = \dot{E}_M = \dot{E}_N = 1$，$\dot{E}_{MA} = \dot{E}_{MB} = \dot{E}_{MC} = \dot{E}_{NA} = \dot{E}_{NB} = \dot{E}_{NC} = 0$。

K 点左侧、右侧各自的自阻抗和互阻抗分别为

M 侧：$\begin{cases} Z_{ML} = \dfrac{2Z_1 + Z_0}{3} = \dfrac{2 \times 0.8 + 1.75}{3} = 1.117 \\[3mm] Z_{MM} = \dfrac{Z_0 - Z_1}{3} = \dfrac{1.75 - 0.8}{3} = 0.317 \end{cases}$

N 侧：
$$\begin{cases} Z_{NL} = \dfrac{2Z_1 + Z_0}{3} = \dfrac{2 \times 0.3 + 0.4}{3} = 0.333 \\ Z_{NM} = \dfrac{Z_0 - Z_1}{3} = \dfrac{0.4 - 0.3}{3} = 0.033 \end{cases}$$

列出 K 点 M 侧的三相回路方程。如图 1-78 所示，KVL 回路方程为

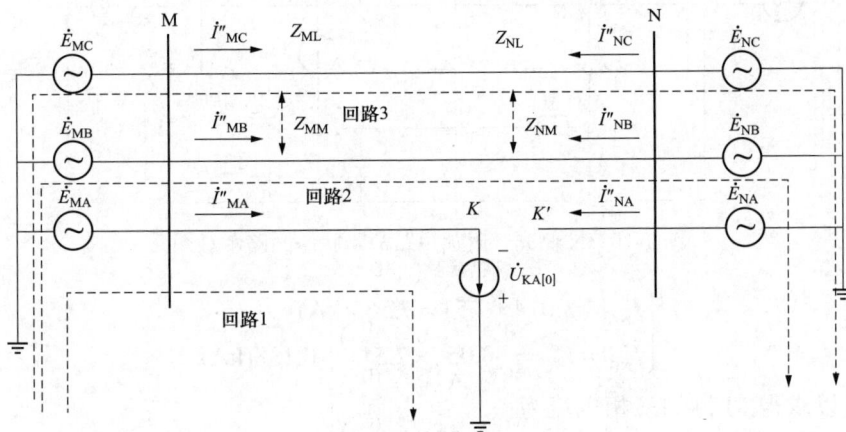

图 1-78 附加短路故障状态回路示意图

$$\begin{cases} \dot{I}''_{MA} \times Z_{ML} + (\dot{I}''_{MB} + \dot{I}''_{MC}) \times Z_{MM} = \dot{U}_{KA[0]} \\ \dot{I}''_{MB} \times (Z_{ML} + Z_{NL}) + \dot{I}''_{MA} Z_{MM} + \dot{I}''_{MC} \times (Z_{MM} + Z_{NM}) = 0 \\ \dot{I}''_{MC} \times (Z_{ML} + Z_{NL}) + \dot{I}''_{MA} Z_{MM} + \dot{I}''_{MB} \times (Z_{MM} + Z_{NM}) = 0 \end{cases}$$

将数据代入可得

$$\begin{cases} \dot{I}''_{MA} = 0.995 \times 2.51 = 2.5(\text{kA}) \\ \dot{I}''_{MB} = \dot{I}''_{MC} = -0.175 \times 2.51 = -0.439(\text{kA}) \end{cases}$$

同理可以求得 N 侧的三相电流，即

$$\begin{cases} \dot{I}''_{NA} = 0 \\ \dot{I}''_{NB} = \dot{I}''_{NC} = -\dot{I}''_{MB} = 0.439(\text{kA}) \end{cases}$$

（3）M、N 侧 A 相跳开，N 侧先重合时，可知此时类似于（2）中的故障情况，即此时为 K 点右侧变为断线附加短路故障，考虑到线路无负荷电流，仅考虑附加短路故障，同理可以得出如图 1-79 所示，$\dot{E}_{MA} = \dot{E}_{MB} = \dot{E}_{MC} = \dot{E}_{NA} = \dot{E}_{NB} = \dot{E}_{NC} = 0$。

列出 K 点 N 侧的三相回路方程。以 B 相为例，其中 B 相受 K 点 N 侧 A 相互感和 K 点两侧 C 相互感的影响，列出 KVL 回路方程为

$$\begin{cases} \dot{I}''_{NA} \times Z_{NL} + (\dot{I}''_{NB} + \dot{I}''_{NC}) \times Z_{NM} = \dot{U}_{KA[0]} \\ \dot{I}''_{NB} \times (Z_{NL} + Z_{ML}) + \dot{I}''_{NA} Z_{NM} + \dot{I}''_{NC} \times (Z_{MM} + Z_{NM}) = 0 \\ \dot{I}''_{NC} \times (Z_{NL} + Z_{ML}) + \dot{I}''_{NA} Z_{NM} + \dot{I}''_{NB} \times (Z_{MM} + Z_{NM}) = 0 \end{cases}$$

将数据代入可得

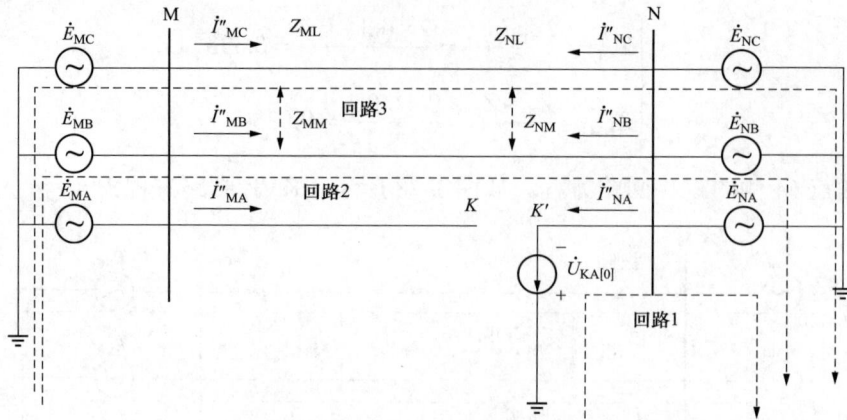

图 1-79 N 侧先合附加短路故障状态回路示意图

$$\begin{cases} \dot{I}''_{NA} = 3.014 \times 2.51 = 7.565(kA) \\ \dot{I}''_{NB} = \dot{I}''_{NC} = -0.055 \times 2.51 = -0.138(kA) \end{cases}$$

同理可以求得 M 侧的三相电流为

$$\begin{cases} \dot{I}''_{MA} = 0 \\ \dot{I}''_{MB} = \dot{I}''_{MC} = -\dot{I}''_{NB} = 0.138(kA) \end{cases}$$

（4）MN 两侧 A 相开关跳开后，N 侧先重合于故障时，根据对称分量法，求得 MN 两侧零序、负序电流为

M 侧：
$$\begin{cases} \dot{I}''_{M0} = \dfrac{\dot{I}''_{MA} + \dot{I}''_{MB} + \dot{I}''_{MC}}{3} = \dfrac{0 + 0.138 + 0.138}{3} = 0.092(kA) \\ \dot{I}''_{M2} = \dfrac{\dot{I}''_{MA} + \alpha^2 \dot{I}''_{MB} + \alpha \dot{I}''_{MC}}{3} = \dfrac{0 + \alpha^2 0.138 + \alpha 0.138}{3} = -0.046(kA) \end{cases}$$

N 侧：
$$\begin{cases} \dot{I}''_{N0} = \dfrac{\dot{I}''_{NA} + \dot{I}''_{NB} + \dot{I}''_{NC}}{3} = \dfrac{7.565 - 0.138 - 0.138}{3} = 2.43(kA) \\ \dot{I}''_{N2} = \dfrac{\dot{I}''_{NA} + \alpha^2 \dot{I}''_{NB} + \alpha \dot{I}''_{NC}}{3} = \dfrac{7.565 - \alpha^2 0.138 - \alpha 0.138}{3} = 2.568(kA) \end{cases}$$

第二章

线 路 保 护

一、选择题

1. 线路保护每周波采样 12 点，现负荷潮流为有功 $P=86.6\text{MW}$、无功 $Q=-50\text{Mvar}$，打印出当前保护装置的电压、电流的采样值，在微机保护工作正确的前提下，下列各组中说法正确的是（　　）。

A. U_a 比 I_a 由正到负过零点超前 1 个采样点

B. U_a 比 I_a 由正到负过零点滞后 2 个采样点

C. U_a 比 I_b 由正到负过零点超前 3 个采样点

D. U_a 比 I_c 由正到负过零点滞后 4 个采样点

答案：C

解析：由题可知，$\tan\varphi = Q/P = -50/86.6 = -0.577$，可得 $\varphi = -30°$，即电流超前电压 30°，以 A 相位基准，相位图如图 2-1 所示。线路保护每周波采样 12 点，即每 30° 进行一个采样，则 U_a 比 I_b 由正到负过零点超前 3 个采样点。

2. 已知线路的 $Z_1 = R_1 + jX_1$，$Z_0 = R_0 + jX_0$，零序补偿系数 K 中相关的定值为 K_R 及 K_X，则零序补偿系数 K 的实部表达式为（　　）。

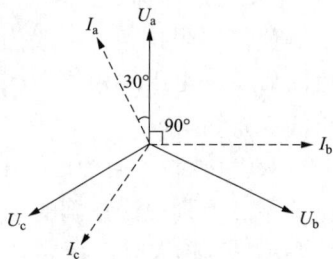

图 2-1　电流电压相位图

A. $K_{\text{实}} = K_R + jK_X$

B. $K_{\text{实}} = \dfrac{K_R R_0^2 + K_X X_0^2}{R_1^2 + X_1^2}$

C. $K_{\text{实}} = \dfrac{K_R R_1^2 + K_X X_1^2}{R_1^2 + X_1^2}$

D. $K_{\text{实}} = \dfrac{K_R X_1^2 + K_X R_1^2}{R_1^2 + X_1^2}$

答案：C

解析：零序补偿系数 K 展开可得

$$K = \frac{Z_0 - Z_1}{3Z_1} = \frac{(R_0 + jX_0) - (R_1 + jX_1)}{3(R_1 + jX_1)} = \frac{1}{3}\frac{[(R_0 - R_1) + (jX_0 - jX_1)](R_1 - jX_1)}{R_1^2 + X_1^2}$$

$$= \frac{1}{3}\left(\frac{R_0 R_1 - R_1^2 + X_0 X_1 - X_1^2}{R_1^2 + X_1^2} + j\frac{R_1 X_1 - R_0 X_1 + R_1 X_0 - R_1 X_1}{R_1^2 + X_1^2}\right)$$

由 $K_R = \dfrac{R_0 - R_1}{3R_1}$ 可得 $R_0 = 3R_1 K_R + R_1$，由 $K_X = \dfrac{X_0 - X_1}{3X_1}$ 可得 $X_0 = 3X_1 K_X + X_1$，

代入 K 实部计算得

$$K_{\text{实}} = \frac{1}{3}\frac{R_0R_1 - R_1^2 + X_0X_1 - X_1^2}{R_1^2 + X_1^2} = \frac{1}{3}\frac{3R_1^2K_R + R_1^2 - R_1^2 + 3X_1^2K_X + X_1^2 - X_1^2}{R_1^2 + X_1^2} = \frac{K_RR_1^2 + K_XX_1^2}{R_1^2 + X_1^2}$$

3. 大电流接地系统如图 2-2 所示。当 k 点发生金属性接地故障时，在 M 流过该线路的 $3I_0$ 与 M 母线 $3U_0$ 的相位关系是（　　　　）。

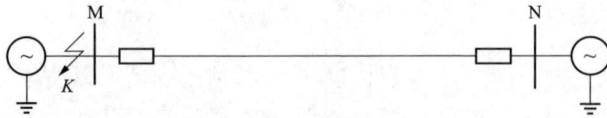

图 2-2　系统示意图

A. $3I_0$ 超前 M 母线 $3U_0$ 约 80°　　　　B. $3I_0$ 滞后 M 母线 $3U_0$ 约 110°

C. $3I_0$ 滞后 M 母线 $3U_0$ 约 70°　　　　D. 取决于 M、N 两侧系统的零序阻抗

答案：C

解析：保护正方向发生接地故障时，$\arg\frac{\dot{U}_0}{\dot{I}_0} = \arg(-Z_\varphi) = \arg Z_\varphi - 180°$（其中，$\arg Z_\varphi = 70° \sim 80°$），即保护安装处零序电流超前于零序电压的相角为 $180° - \varphi_0$（φ_0 是保护反方向上等值零序阻抗角，一般为 70° ~ 80°）。保护反方向发生接地故障时，保护安装处零序电流滞后零序电压的相角为 φ_0，K 点发生接地故障为 M 母线的反方向故障，因此 $3I_0$ 滞后 M 母线 $3U_0$ 约 70°。

4. 当线路正向经过渡电阻 R_g 单相接地时，该侧的零序电压 U_0 和零序电流 I_0 之间的相位关系，下列说法正确的是（　　　　）。

A. R_g 越大时，U_0 与 I_0 间的夹角越小

B. 接地点越靠近保护安装处，U_0 与 I_0 间的夹角越小

C. U_0 与 I_0 间的夹角与 R_g 无关

D. 不能确定

答案：C

解析：根据正方向短路的零序序网图，按规定的电压、电流正方向可得

$$\dot{U}_0 = -\dot{I}_0 Z_{S0}$$

如果系统中各元件零序阻抗的阻抗角都为 80°，正方向短路时零序电压超前零序电流的角度为

$$\varphi = \arg(\dot{U}_0 / \dot{I}_0) = \arg(-Z_{S0}) = -100°$$

当反方向短路故障时，保护安装处零序电流滞后零序电压的相角为 φ。这里的 φ 是保护正方向等值零序阻抗角，一般为 70° ~ 80°，全线路零序电压相位相同。

以上表明，当正、反方向接地短路时，零序电压超前零序电流的角度都只在保护安装处和短路方向相反一侧零序阻抗的阻抗角有关，而在短路方向相反一侧的阻抗中是没有过渡电阻的，所以零序电流与零序电压夹角不受过渡电阻的影响。

5. 某单回超高压输电线路 A 相瞬时故障，两侧保护动作跳 A 相开关，线路转入非

全相运行。当两侧保护取用线路侧 TV 时，就两侧的零序方向元件来说，下列说法正确的是（　　）。

A. 两侧的零序方向元件肯定不动作

B. 两侧的零序方向元件的动作情况视传输功率方向和传输功率大小而定，可能一侧处于动作状态，另一侧处于不动作状态

C. 两侧的零序方向元件可能一侧处于动作状态，另一侧处于不动作状态，或两侧均处于不动作状态，这与非全相运行时的系统综合零序阻抗和综合正序阻抗相对大小有关

D. 不能确定

答案：C

解析：MN 线路发生单相瞬时接地时，在线路两侧故障相断路器跳闸后，就是两个断相口非全相运行。单相两断相口非全相运行时的零序网络如图 2-3 所示。

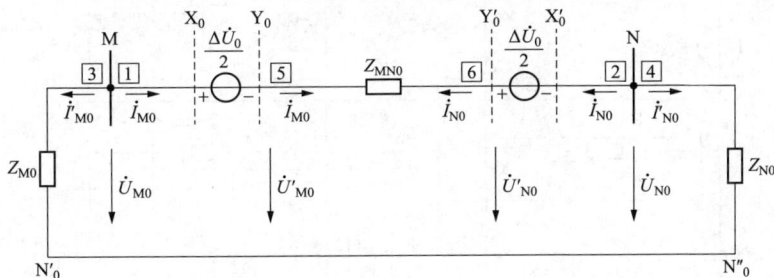

图 2-3　线路两端单相跳闸零序序网图

两个断相口上的零序电压为 $\Delta\dot{U}_0 = -\dot{I}_{M0}(Z_{M0}+Z_{N0}+Z_{MN0}) = -I_{M0}Z_{00}$，每个断口上的零序电压为 $\dfrac{\Delta\dot{U}_0}{2}$。取用线路电压互感器二次电压时，一个断相口在保护方向上，另一个断相口在保护反方向上，其零序电压与零序电流间的相位关系为

$$\dot{I}_{N0} + \dot{I}_{M0} = 0$$

$$\dot{U}'_{M0} = -\frac{\Delta\dot{U}_0}{2} - \dot{I}_{M0}Z_{M0} = -\dot{I}_{M0}\left(Z_{M0} - \frac{Z_{00}}{2}\right)$$

$$\dot{U}'_{N0} = \frac{\Delta\dot{U}_0}{2} - \dot{I}_{N0}Z_{N0} = -\dot{I}_{N0}\left(Z_{N0} - \frac{Z_{00}}{2}\right)$$

可以看出，当 $Z_{M0} < \dfrac{Z_{00}}{2}$、$Z_{N0} < \dfrac{Z_{00}}{2}$ 时，保护 M、N 侧的零序电压超前零序电流的相角为 70°～80°，均相当于反方向上发生了接地故障。当 $Z_{M0} < \dfrac{Z_{00}}{2}$、$Z_{N0} > \dfrac{Z_{00}}{2}$ 时，保护 M 判为反方向上接地故障，保护 N 判为正方向上接地故障；当 $Z_{M0} > \dfrac{Z_{00}}{2}$、$Z_{N0} < \dfrac{Z_{00}}{2}$ 时，保护 M 判为正方向上接地故障，保护 N 判为反方向上接地故障。因此，对于两个断相口非全相运行线路，取用线路侧电压互感器时，两侧的零序方向元件最多一个方向元件判为正

方向上短路故障。

6．一条双侧电源的 220kV 输电线，输出功率为 150+j70MVA，运行中送电侧 A 相断路器突然跳开，出现一个断口的非全相运行，关于断口点两侧负序电压间的相位关系（系统无串补电容），下列说法正确的是（　　　）。

A．同相

B．反相

C．可能同相，也可能反相，视断口点两侧负序阻抗相对大小而定

D．以上均不正确

答案： B

解析： 当双侧电源中一相断路器跳开时，出现单相断线故障，故障序分量图如图 2-4 所示。

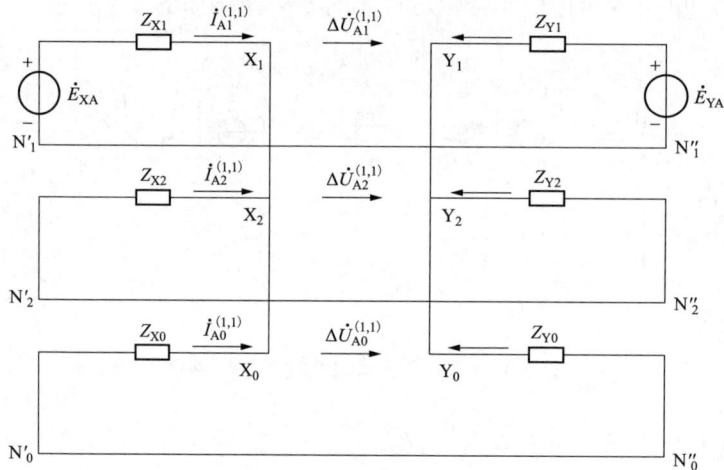

图 2-4　单相断线序分量图

从图 2-4 中可知，X 侧负序电压为 $\dot{U}_{X_2 N_1'} = -Z_{X_2} \times \dot{I}_{A_2}^{(1,1)}$，Y 侧负序电压为 $\dot{U}_{Y_2 N_2'} = Z_{Y_2} \times \dot{I}_{A_2}^{(1,1)}$，无论传输功率如何，$\dot{U}_{X_2 N_1'}$ 与 $\dot{U}_{Y_2 N_2'}$ 均为反相。

7．在平行双回线的其中一回线发生故障，且一侧断路器跳闸后，另一回线要发生功率倒方向。下列说法正确的是（　　　）。

A．零序功率不会倒方向

B．负序功率不会倒方向

C．只有正序功率会发生倒方向

D．零序、负序、正序以及总功率均有发生倒方向的可能

答案： D

解析： 平行双回线的一条线路发生故障，假设在双侧电源系统中，非故障线路通过近故障侧断路器向故障点提供故障电流，在近故障一侧断路器跳闸后，非故障线路只能通过远故障侧断路器向短路点提供故障电流。此时，非故障线路上的零序、负序、正序以及总功率方向均与跳闸前相反，均有发生倒向可能。

8．在平行双回线路中，当线路末端发生接地故障时，对于有零序互感的平行双回线路中的每回线路，其零序阻抗在下列四种方式下最大的是（　　）。

A．一回线运行，另一回线处于热备用状态

B．一回线运行，另一回线处于接地检修状态

C．一回线运行，另一回线处于冷备用状态

D．双回线并列运行状态

答案：D

解析：同杆并架双回线，双回线并列运行时，零序阻抗为 $Z'_{0I} = Z_{0I} + Z_M$（Z_M 为双回线互阻抗，Z_{0I} 为本线路自阻抗）；一回线运行，另一回线处于热备用或冷备用状态时，零序阻抗即为 Z_{0I}；一回线停运检修并在两侧接地时，零序互感对运行线路起去磁作用，即零序感受阻抗变小，电流变大，零序阻抗为 $Z'_{0I} = Z_{0I} - \dfrac{Z_M^2}{Z_{0II}}$；可见双回线并列运行状态零序阻抗最大。

9．采用 $U_\varphi / (I_\varphi + 3kI_0)$，$k = (Z_0 - Z_1) / 3Z_1$ 接线的接地距离保护，在线路单相金属性短路时，故障相的测量阻抗为（　　）。

A．该相自阻抗 　　　　　　　　　B．该相正序阻抗

C．该相零序阻抗 　　　　　　　　D．该相互阻抗

答案：B

解析：当单相接地短路时，由于零序电流影响，相电压与相电流比值并不能正确反映故障点到保护安装处的距离。故障相测量阻抗是进行零序补偿后消除零序电流影响的阻抗值，得到的是线路正序阻抗，可通过距离反映故障点位置。

10．线路发生 B、C 两相金属性接地短路，如果从短路点 F 到保护安装处 M 的正序阻抗为 Z_K，零序电流补偿系数为 K，M 到 F 之间的 A、B、C 相电流及零序电流分别是 $\dot{I}_A$、$\dot{I}_B$、$\dot{I}_C$ 和 $\dot{I}_0$，则保护安装处 B 相电压的表达式为（　　）。

A．$(\dot{I}_B + \dot{I}_C + 3K\dot{I}_0)Z_k$ 　　　　　B．$(\dot{I}_B + 3K\dot{I}_0)Z_k$

C．$\dot{I}_B Z_k$ 　　　　　　　　　　　D．$(\dot{I}_C + 3K\dot{I}_0)Z_k$

答案：B

解析：保护安装处的电压为

$$\dot{U}_\varphi = \dot{U}_{k\varphi} + \dot{I}_{1\varphi}Z_1 + \dot{I}_{2\varphi}Z_2 + \dot{I}_0 Z_0 + (\dot{I}_0 Z_1 - \dot{I}_0 Z_1) = \dot{U}_{k\varphi} + (\dot{I}_{1\varphi} + \dot{I}_{2\varphi} + \dot{I}_0)Z_1 + 3\dot{I}_0 \frac{Z_0 - Z_1}{3Z_1}Z_1$$

$$= \dot{U}_{k\varphi} + (\dot{I}_\varphi + 3K\dot{I}_0)Z_1$$

可见保护安装处的电压与故障类型无关，当金属性短路时 $\dot{U}_{k\varphi} = 0$，$U_B = (\dot{I}_B + 3K\dot{I}_0)Z_k$。

11．某接地距离保护装置在设定零序电流补偿系数 K 时，不慎将 K 值增大了 3 倍，下列说法正确的是（　　）。

A．使测量阻抗增大，保护区伸长

B．使测量阻抗增大，保护区缩短

C．使测量阻抗减小，保护区缩短

D．使测量阻抗减小，保护区伸长

答案：D

解析：$Z = \dfrac{\dot{U}_k}{\dot{I}_k + 3K\dot{I}_0}$，$K$ 值整定的偏大，测量阻抗减小，保护范围变大。

12．某线路接地距离保护，不慎将零序补偿系数 k 从 0.67 误整定为 0.5，则将造成保护区（   ）。

A．伸长   B．缩短   C．不变   D．不确定

答案：B

解析：保护测量阻抗 $Z = \dfrac{\dot{U}_\varphi}{\dot{I}_\varphi + 3k\dot{I}_0}$，$k$ 值减小后 $\dot{I}_\varphi + 3k\dot{I}_0$ 减小，$\dfrac{\dot{U}_\varphi}{\dot{I}_\varphi + 3k\dot{I}_0}$ 增大，保护范围缩短。

13．输电线路 BC 相短路经过渡电阻 R_g 接地，A 相正序电流 $\dot{I}_{A1}$、负序电流 $\dot{I}_{A2}$、零序电流 $\dot{I}_0$ 的相位关系，正确的是（   ）。

A．$\arg\left(\dfrac{\dot{I}_{A1}}{\dot{I}_{A2}}\right) = 180°$、$\arg\left(\dfrac{\dot{I}_{A1}}{\dot{I}_0}\right) = 180°$

B．$0° < \arg\left(\dfrac{\dot{I}_{A1}}{\dot{I}_0}\right) < 180°$、$0° < \arg\left(\dfrac{\dot{I}_0}{\dot{I}_{A2}}\right) < 180°$、$0° < \arg\left(\dfrac{\dot{I}_{A2}}{\dot{I}_{A1}}\right) < 180°$

C．$0° < \arg\left(\dfrac{\dot{I}_{A1}}{\dot{I}_{A2}}\right) < 180°$、$0° < \arg\left(\dfrac{\dot{I}_{A2}}{\dot{I}_0}\right) < 180°$、$0° < \arg\left(\dfrac{\dot{I}_0}{\dot{I}_{A1}}\right) < 180°$

D．以上说法均不正确

答案：B

解析：BC 两相接地短路计及过渡电阻 R_g 后，$\dot{I}_{A2} = -\dfrac{Z_0 + 3R_g}{Z_2 + Z_0 + 3R_g}\dot{I}_{A1}$，$\dot{I}_{A0} = -\dfrac{Z_2}{Z_2 + Z_0 + 3R_g}\dot{I}_{A1}$，可得 $\arg\left(\dfrac{\dot{I}_{A1}}{\dot{I}_0}\right) = \arg\left(-\dfrac{Z_2 + Z_0 + 3R_g}{Z_2}\right)$，$\arg\left(\dfrac{\dot{I}_0}{\dot{I}_{A2}}\right) = \arg\left(\dfrac{Z_2}{Z_0 + 3R_g}\right)$，$\arg\left(\dfrac{\dot{I}_{A2}}{\dot{I}_{A1}}\right) = \arg\left(-\dfrac{Z_0 + 3R_g}{Z_2 + Z_0 + 3R_g}\right)$，当 R_g 在 $0 \sim \infty$ 变化时，故障点 A 相序电流相量变化轨迹如图 2-5 所示。

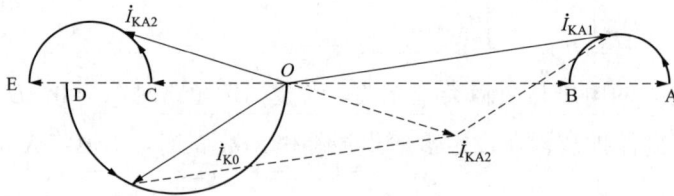

图 2-5　电流相量变化轨迹图

可见 $|\dot{I}_{KA1}^{(1,1)}|$ 超前 $|\dot{I}_{KA0}^{(1,1)}|$，$|\dot{I}_{KA0}^{(1,1)}|$ 超前 $|\dot{I}_{KA2}^{(1,1)}|$，$|\dot{I}_{KA2}^{(1,1)}|$ 超前 $|\dot{I}_{KA1}^{(1,1)}|$，但仍保持 $\dot{I}_{KA1}^{(1,1)} + \dot{I}_{KA2}^{(1,1)} + \dot{I}_{KA0}^{(1,1)} = 0$

的关系。

14．某同杆架设的超高压平行双回线路，其中一回线路的接地距离Ⅰ段阻抗元件按一回线路单独运行时整定，当另一回线处于不同运行情况时，该Ⅰ段阻抗元件在本线发生单相金属性接地时的保护区，下列说法正确的是（　　）。

A．另一回线路投入运行时，保护区会缩短

B．另一回线路停用两端接地时，保护区会伸长

C．另一回线路停用一端接地时，保护区会伸长

D．另一回线路非全相运行时，保护区可能会伸长，也可能会缩短

答案：ABD

解析：同杆并架双回线，线路保护接地距离Ⅰ段阻抗元件按一回线路单独运行时整定，此时保护范围为Z_{set}。当一回线运行，另一回线处于热备用或冷备用状态时，零序阻抗即为Z_{0I}（Z_{0I}为本线路自阻抗）；当两回线并列运行时，零序阻抗为$Z'_{0I} = Z_{0I} + Z_M$（Z_M为双回线互阻抗），测量阻抗增大，保护区缩短；一回线停运检修并在两侧接地时，零序互感对运行线路起去磁作用，即零序感受阻抗变小，电流变大，零序阻抗为$Z'_{0I} = Z_{0I} - \dfrac{Z_M^2}{Z_{0II}}$，测量阻抗减小，保护区伸长；一回线停运检修并在一侧接地时，接地线路仅有一个接地点，零序互感无法与大地形成回路，零序阻抗即为Z_{0I}（Z_{0I}为本线路自阻抗）；另一回线非全相运行时，零序序网图如图2-6所示。

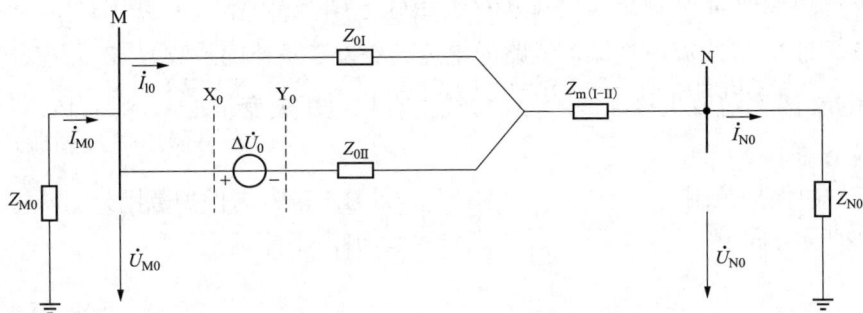

图2-6　复合序网图

此时保护M处等效零序阻抗为$Z_{0I} - \left(\dfrac{Z_{0I}}{Z_{M0} + Z_{N0} + Z_{m(I\text{-}II)}} - 1\right)Z_{m(I\text{-}II)}$，当$\dfrac{Z_{0I}}{Z_{M0} + Z_{N0} + Z_{m(I\text{-}II)}}$ ＞1时，测量阻抗减小，保护区伸长；当$\dfrac{Z_{0I}}{Z_{M0} + Z_{N0} + Z_{m(I\text{-}II)}}$＜1时，测量阻抗增大，保护区缩短；当$\dfrac{Z_{0I}}{Z_{M0} + Z_{N0} + Z_{m(I\text{-}II)}} = 1$时，保护区不变。

15．某阻抗继电器的比相方程为$175° \leqslant \arg \dfrac{\dot{U}_\varphi - (\dot{I}_\varphi + K3\dot{I}_0)Z_{set}}{(3\dot{I}_0)R} \leqslant 355°$，其中$\dot{U}_\varphi$、$\dot{I}_\varphi$、$\dot{I}_0$、$Z_{set}$分别是保护安装处的相电压、相电流、零序电流、整定阻抗。该阻抗继电器在阻

抗平面上是（　　　）。

A．一条直线的上半部分　　　　　　　B．一条直线的下半部分

C．一个经过原点的圆　　　　　　　　D．一个包含原点的圆

答案：B

解析：阻抗继电器方程为 $175° \leqslant \arg\dfrac{\dot{U}_\varphi - (\dot{I}_\varphi + K3\dot{I}_0)Z_{set}}{(3\dot{I}_0)R} \leqslant 355°$ 等效为 $180° - 5° \leqslant$

$\arg\dfrac{Z_\varphi - Z_{set}}{mR} \leqslant 360° - 5°$，其中 $m = \dfrac{3\dot{I}_0}{\dot{I}_\varphi + 3K\dot{I}_0}$ ，在阻抗平面上图形如图 2-7 所示。

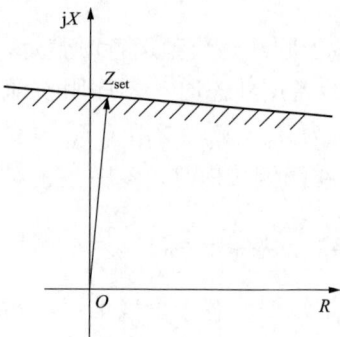

图 2-7　阻抗平面图

16. 在距离保护中，当发生电压互感器 A 相断线又发生线路 B 相接地故障时，且电压互感器无相间负载时，A 相接地阻抗继电器（用故障前记忆的正序电压作为极化量）动作行为分析（　　　）。

A．可靠动作　　　　B．可靠不动作

C．可能动作　　　　D．不确定

答案：B

解析：由于阻抗继电器按相启动，线路发生 B 相接地故障时，A 相电流启动元件不启动，A 相接地阻抗继电器不会动作。

17. 双侧电源线路 M 侧的工作电压 $\dot{U}_{OP\varphi} = \dot{U}_\varphi - (\dot{I}_\varphi + k3\dot{I}_0)Z_{set}$，其中 $\dot{U}_\varphi$ 为 M 母线相电压，$\dot{I}_\varphi + k3\dot{I}_0$ 为 M 母线流向被保护线路的电流（K 为零序补偿系数），Z_{set} 为保护区范围确定的线路阻抗。若系统发生接地故障，M 母线上有相电压突变量 $\Delta\dot{U}_\varphi$，并且 $\left|\Delta\dot{U}_\varphi\right| > \left|\Delta\dot{U}_{OP\varphi}\right|$，则接地点位置在（　　　）。

A．正方向保护范围内　　　　　　　　B．正方向保护范围外

C．保护反方向上　　　　　　　　　　D．不能确定

答案：C

解析：当保护正方向发生金属性短路时，$\Delta\dot{U}_\varphi$ 是短路附加状态中保护安装处的电压，$\Delta\dot{I}_\varphi$ 是短路附加状态中流过保护的电流。正方向短路的基本关系式为

$$\Delta\dot{U}_\varphi = -\Delta\dot{I}_\varphi Z_S$$

式中　Z_S——保护背后电源的等值正序阻抗。

$$\Delta\dot{U}_{OP} = -\Delta\dot{I}_\varphi Z_S - \Delta\dot{I}_\varphi Z_{set} = -\Delta\dot{I}_\varphi(Z_S + Z_{set})$$

根据上述关系画出正方向短路的电位图（见图 2-8 和图 2-9）。该电位图反应的是短路时各点电压的变化量，也就是短路附加状态中的各点电压值。Y 点是保护范围末端，Y 点到保护安装处 M 点的正序阻抗是整定阻抗 Z_{set}，短路点 F 的电压是从短路前的 $\Delta\dot{U}_F$ 变到 0，所以电压变化的幅值是 $\Delta\dot{U}_F$，保护安装处背后电动势 S 点的电压是不变的。将 S 点与 $\Delta\dot{U}_F$ 的端点相连并延长与 Y 点的垂线相交，就可得到短路附加状态中的保护范围末端的电压：

工作电压 $\Delta \dot{U}_{\mathrm{OP}\varphi}$。可见正向短路时无论区内区外均有 $\left|\Delta \dot{U}_{\varphi}\right|<\left|\Delta \dot{U}_{\mathrm{OP}\varphi}\right|$。

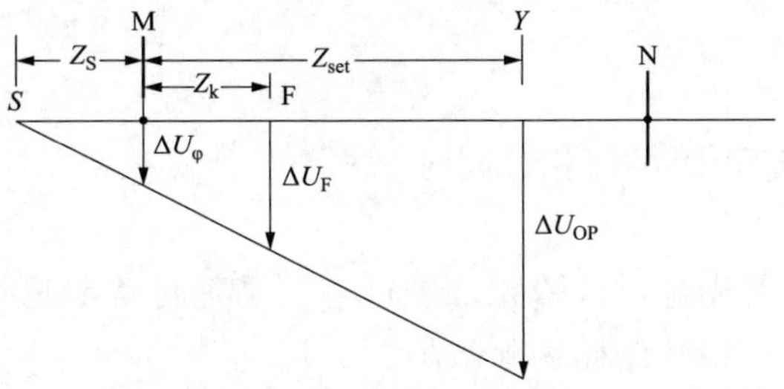

图 2-8　正方向区内故障电位图 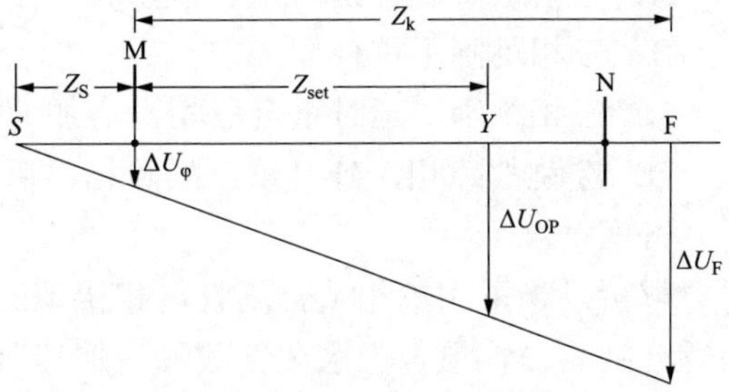　　　　　图 2-9　正方向区外故障电位图

反方向故障时，$\Delta \dot{U}_{\varphi} = \Delta \dot{I}_{\varphi} Z_{\mathrm{R}}$，$\Delta \dot{U}_{\mathrm{OP}} = \Delta \dot{I}_{\varphi} Z_{\mathrm{R}} - \Delta \dot{I}_{\varphi} Z_{\mathrm{set}} = \Delta \dot{I}_{\varphi} (Z_{\mathrm{R}} - Z_{\mathrm{set}})$。其中，$Z_{\mathrm{R}}$ 是保护正向的等值阻抗。短路点 F 的电压从短路前的 $\Delta \dot{U}_{\mathrm{F}}$ 变到 0，电压变化的幅值还是 $\Delta \dot{U}_{\mathrm{F}}$。保护安装处对端电动势 R 点的电压是不变的。将 R 点与 $\Delta \dot{U}_{\mathrm{F}}$ 的端点相连，与 Y 点的垂线相交就可得到短路附加状态中的保护范围末端的电压为工作电压 $\Delta \dot{U}_{\mathrm{OP}\varphi}$。该电压也是真正的保护范围末端的电压变化量。从图 2-10 中可见，区外反方向短路时 $\left|\Delta \dot{U}_{\varphi}\right| > \left|\Delta \dot{U}_{\mathrm{OP}\varphi}\right|$。

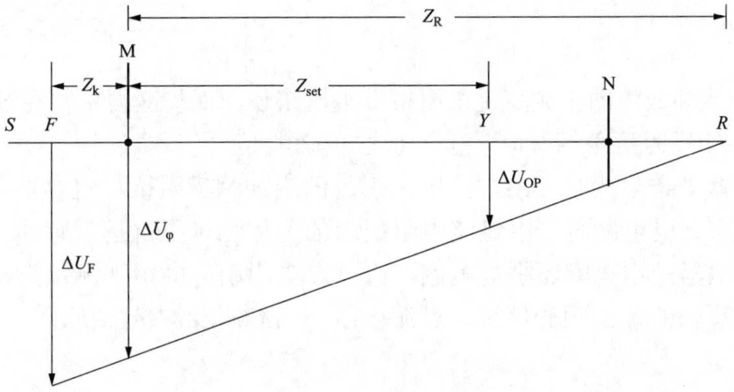

图 2-10　反方向故障电位图

18. 综合重合闸中的阻抗选相元件在线路出口发生单相接地故障时，非故障相选相元件误动可能性小的是（　　）。

A. 全阻抗继电器　　　　　　　　　　B. 方向阻抗继电器
C. 偏移性的阻抗继电器　　　　　　　D. 电抗特性的阻抗继电器

答案：B

解析：线路出口发生单相接地故障时，方向阻抗继电器在反方向上没有动作区域，非故障相选相元件误动可能性最小。偏移性包含原点，有较小动作区域；全阻抗继电器、电抗特性阻抗继电器在反方向均具有较大动作范围，非故障相选相元件误动可能性较大。

19. 220kV 线路发生单相永久性接地故障，对采用单相重合闸方式的线路保护装置，保护及重合闸的动作顺序是（　　　）。

　　A．选跳故障相，延时重合故障相，后加速跳三相

　　B．三相跳闸不重合

　　C．三相跳闸，延时重合三相，后加速跳三相

　　D．选跳故障相，延时重合故障相，后加速再跳故障相，同时三相不一致保护跳三相

　　答案：A

　　解析：当采用单相重合闸且单相接地时，首先选跳故障相，经过重合闸延时整定时间后重合闸动作，重合于永久性故障后加速跳开三相断路器切除故障。

20．在双侧电源系统中，线路经过渡电阻单相接地短路时，送电侧的测量阻抗中过渡电阻附加阻抗为（　　　）。

　　A．阻容性　　　　　B．阻感性　　　　　C．纯电阻性　　　　　D．不能确定

　　答案：A

　　解析：经过渡电阻单相接地短路时，故障相阻抗继电器的测量阻抗为 $Z_m = \dfrac{\dot{U}_m}{\dot{I}_m} =$

$\dfrac{\dot{I}_m Z_k + \dot{I}_f R_g}{\dot{I}_m} = Z_k + \dfrac{\dot{I}_f}{\dot{I}_m} R_g$，装在输电线路送电端和受电端的阻抗继电器在正方向短路时，装于送电端的阻抗继电器由于 $\dot{I}_f$ 落后于 $\dot{I}_m$，R_g 为纯电阻，所以过渡电阻产生的附加阻抗 $\dfrac{\dot{I}_f}{\dot{I}_m} R_g$ 呈现阻容性。

21．对反应接地故障的工频变化量阻抗继电器来说，保护区内单相经过渡电阻接地时，当系统中各元件的序阻抗角相等时，下列说法正确的是（　　　）。

　　A．当继电器处送电侧时，由过渡电阻引起的附加测量阻抗呈阻容性

　　B．当继电器处受电侧时，由过渡电阻引起的附加测量阻抗呈阻感性

　　C．无论继电器处送电侧还是受电侧，由过渡电阻引起的附加测量阻抗呈纯电阻性

　　D．继电器反映的是工频变化量，过渡电阻不引起附加测量阻抗

　　答案：C

　　解析：假设线路为 MN，对 M 侧工频变化量阻抗继电器来说，过渡电阻的附加阻抗 $Z_a = \dfrac{\Delta \dot{I}_F}{\Delta \dot{I}_M} R_g$ 是纯电阻性的（$\Delta \dot{I}_F$ 是短路点短路电流变化量，$\Delta \dot{I}_M$ 是 M 侧提供的短路电流变化量）。因为短路附加状态中系统两侧没有电动势，所以两侧电流 $\Delta \dot{I}_M$ 和 $\Delta \dot{I}_N$ 间的相角差只决定于短路点两侧阻抗的阻抗角的差别，而该阻抗角的差别是很小的。因此，$\Delta \dot{I}_F$ 和 $\Delta \dot{I}_M$ 接近同相，Z_a 是纯电阻性的。

22．确保 220kV 及 500kV 线路单相接地时线路保护能可靠动作，允许的最大过渡电阻值分别是（　　　）。

　　A．100Ω，100Ω　　　　　　　　　　　　　B．100Ω，200Ω

　　C．100Ω，300Ω　　　　　　　　　　　　　D．100Ω，150Ω

　　答案：C

解析：作为经较大过渡电阻接地情况下接地距离保护灵敏度不足时的后备，接地故障保护最末一段应以适应经杆塔电阻、大地电阻和异物电阻接地故障能够可靠动作，并考虑按照 220kV 线路 100Ω、500kV 线路 300Ω 的最大短路点接地电阻值的接地故障为整定条件。

23．线路光纤差动保护，在某一侧 TA 二次中性点虚接时，当发生区外单相接地故障时，故障相与非故障相的差动保护元件（　　）。

A．故障相不动作，非故障相动作　　　　B．故障相动作，非故障相动作

C．故障相动作，非故障相不动作　　　　D．故障相不动作，非故障相不动作

答案：B

解析：区外单相接地故障时，一侧 TA 二次中性点正常能正确传变电流，而另一侧 TA 二次中性点虚接，将没有零序电流通路。在区外单相故障时，故障相相当于开路，产生很高的感应电压，同时感应电压会作用于非故障相，造成非故障相中某一相严重饱和，励磁阻抗大幅下降形成电流通路。此时，故障相与饱和非故障相中会流过幅值相等、相位相反电流。因此，在故障相和非故障相中均会产生较大差流，差动保护误动作。

24．某长线路最小负荷阻抗为 $100\Omega\angle30°$，线路的正序灵敏角为 $75°$，按照图 2-11 所示原理躲负荷阻抗的继电器，当最小负荷阻抗位于直线 A 上时，R_{ZD} 为（　　）Ω。

A．69.8　　　　　　　　　　　B．71.2

C．73.2　　　　　　　　　　　D．70.8

答案：C

解析：由题干可知，线路最小负荷阻抗为 $100\Omega\angle30°=(50\sqrt{3}+j50)\Omega$，且线路负荷阻抗落在直线 A 上。直线 A 方程为 $jX=\tan75°\times(R-R_{ZD})$，将 $R=50\sqrt{3}$，$X=50$ 代入方程可得 $50=\tan75°\times(50\sqrt{3}-R_{ZD})$，得 $R_{ZD}=73.2\Omega$。

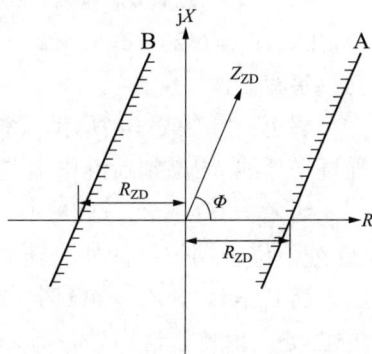

图 2-11　阻抗继电器动作特性图

25．单侧电源空载线路末端发生 BC 相间不接地故障，若电源线路阻抗比 $Z_S/Z_L=0.5$，系统各元件阻抗角均为 $80°$，则 B 相接地距离继电器的测量阻抗大小和相位是（　　）。

A．$1.323Z_L$，$23°$　　　　　　　B．$1.323Z_L$，$39°$

C．$1.221Z_L$，$23°$　　　　　　　D．$1.221Z_L$，$39°$

答案：B

解析：单侧电源空载线线路末端发生 BC 相间不接地故障时，母线电压 $\dot{U}_{MB}=\dot{U}_{kB}^{(2)}+$

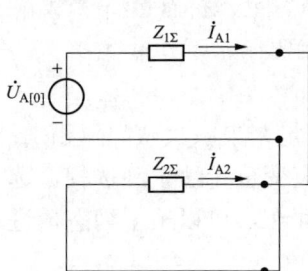

$\dot{I}_{kB1}^{(2)}Z_{L1}+\dot{I}_{kB2}^{(2)}Z_{L2}=\dot{U}_{kB[0]}+j\dfrac{\sqrt{3}}{2}\dot{U}_{kA[0]}+\dot{I}_{kB1}^{(2)}Z_{L1}=-\dfrac{1}{2}\dot{U}_{kA[0]}+\dot{I}_{kB}^{(2)}Z_{L1}$。

绘制短路序网图如图 2-12 所示。

根据图 2-12 可得

图 2-12　复合序网图

$$\dot{I}_{A1}=-\dot{I}_{A2}=\frac{\dot{U}_{A[0]}}{Z_{1\Sigma}+Z_{2\Sigma}}=\frac{\dot{U}_{A[0]}}{3Z_L},\quad \dot{I}_0=0$$

$$\dot{I}_{kB}=\alpha^2\dot{I}_{A1}+\alpha\dot{I}_{A2}=\frac{\dot{U}_{A[0]}}{3Z_L}=-\frac{\sqrt{3}j}{3}\frac{\dot{U}_{A[0]}}{Z_L}$$

B 相接地距离继电器的测量阻抗为

$$Z_B = \frac{\dot{U}_{MB}}{\dot{I}_{kB} + 3k\dot{I}_0} = \frac{-0.5\dot{U}_{A[0]} - \frac{\sqrt{3}j}{3}\dot{U}_{A[0]}}{-\frac{\sqrt{3}j}{3}\dot{U}_{A[0]}}Z_L = 1.323Z_L\angle -40.89°$$

当元件阻抗角为 80°时，阻抗角为 80° − 40.89° = 39°。

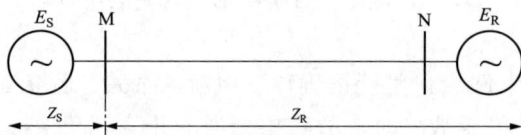

图 2-13　系统示意图

26. 双侧电源系统如图 2-13 所示。阻抗继电器装在 M 侧，设 $|E_S| = |E_R| = E$，保护背后电源阻抗为 Z_S，保护正方向的等值阻抗 Z_R，两侧电动势间的总阻抗为 Z_Σ。各元件的阻抗角相同。如果阻抗继电器是方向阻抗继电器，其整定阻抗 $Z_{zd} = 3\Omega$。请问下列（　　）情况下系统振荡时阻抗继电器会误动。

A. $Z_S = 1\Omega$，$Z_R = 9\Omega$　　　　　　B. $Z_S = 1\Omega$，$Z_R = 4\Omega$

C. $Z_S = 6\Omega$，$Z_R = 4\Omega$　　　　　　D. 以上均不会误动

答案：B

解析：如图 2-14 所示，系统振荡时，阻抗继电器测量阻抗端点的变化轨迹是 S_R 线的垂直平分线 MN。判断继电器是否误动主要看振荡中心是否在动作特性内。其中，$Z_{SR} = Z_\Sigma$。

当 $Z_S = 1\Omega$，$Z_R = 9\Omega$ 时，振荡中心在 $Z_\Sigma/2 = (1+9)/2 = 5\Omega$ 处，也就是继电器正方向 4Ω 处，位于动作特性外，继电器在振荡时不会误动。

当 $Z_S = 1\Omega$，$Z_R = 4\Omega$ 时，振荡中心在 $Z_\Sigma/2 = (1+4)/2 = 2.5\Omega$ 处，也就是继电器正方向 1.5Ω 处，位于动作特性内，继电器在振荡时会误动。

当 $Z_S = 6\Omega$，$Z_R = 4\Omega$ 时，振荡中心在 $Z_\Sigma/2 = (6+4)/2 = 5\Omega$ 处，也就是继电器反方向 1Ω 处，位于动作特性外，继电器在振荡时不会误动。

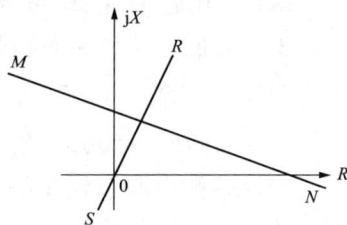

图 2-14　示意图

27. 高压线路保护选相元件一般在故障初期采用（　　）选相，故障后期采用（　　）选相，一般在保护启动 2～3 个工频周波以后（　　）选相就要退出使用。

A. 序分量，突变量，突变量　　　　　B. 突变量，稳态量，稳态量

C. 突变量，稳态量，突变量　　　　　D. 序分量，突变量，序分量

答案：C

解析：故障初期，故障相电流、电压发生突变，可以通过突变量来灵敏反映故障相别；故障持续一段时间后，故障电流、电压趋于稳定，变化量减少，突变量无法正确选相，选相元件必须退出；而此时稳态量（过电流、零负序故障量）持续存在，可以采用稳态量进行选相。

28. 线路差动保护正常负荷运行时，两侧同名相电流相位相差约为（　　）。

A. 180°　　　　　　　　　　　　　　B. 0°

C．90°   D．等于线路功率因素角

答案：A

解析：正常运行时，电流从线路上穿越，一次电流流向相同；但继电保护规定电流参考方向均以母线流向线路为正，此时电流一侧从母线流向线路，另一侧从线路流向母线，在规定参考方向下相位相反，相差180°。

29．220kV 线路正常负荷运行时，光纤电流差动保护 TA 二次回路断线，下列说法正确的是（   ）。

A．不动作，因为本侧 TA 断线时本侧由于电流有突变，或由于出现零序电流导致启动元件可能启动，但差动继电器因差流较小不会动作

B．不动作，因对侧保护不会启动

C．动作，若控制字"TA 断线闭锁差动"整定为"0"，且 TA 断线相差流大于"电流差动定值"（整定值），仍开放该相的电流差动保护

D．动作，对侧线路保护差动继电器也可动作，可发允许信号

答案：B

解析：对侧保护正常运行无电流变化，差动保护不会启动；本侧保护装置未收到对侧保护启动信息，差动保护不会动作。

30．在弱馈侧，最可靠的选相元件是（   ）。

A．相电流差突变量选相元件   B．$\dot{I}_0$、$\dot{I}_2$ 选相元件

C．低电压选相元件   D．以上都不一定能正确选相

答案：C

解析：在弱馈侧相电流差突变量选相元件如果短路前轻载或者空载，短路后由于电流变化量小无法正确选相；弱馈侧相间短路时没有 $\dot{I}_0$，短路时 $\dot{I}_2$ 很小甚至没有，无法准确选相；低电压选相元件在弱馈侧短路时仍能够可靠选相。

31．某 220kV 线路 B 相发生单相永久性故障，此时该开关的 A 相机构故障不能正常分闸，失灵保护（   ）。

A．可能动作、可能不动作，与故障电流大小有关

B．会动作

C．不会动作

D．以上均不正确

答案：C

解析：B 相发生单相永久性故障，B 相跳闸，重合 B 相，重合于故障后三相跳闸，A 相因机构故障不能分闸，此时，失灵保护启动，A 相无故障电流，不满足失灵保护动作条件，失灵保护不动作。

32．无法有效防止电容电流造成超高压线路光纤纵联差动保护误动的措施是（   ）。

A．提高差动定值   B．加短延时

C．补偿电容电流   D．采用分相差动

答案：D

解析：线路正常运行时，可以通过补偿电容电流的方式消除电容电流。在空载合闸、

区外故障切除等暂态过程中，线路暂态电容电流很大，稳态补偿已不能精确补偿，可以通过提高差动保护定值、加短延时的方式避免差动保护误动作。采用分相差动时对电容电流不会有影响。

33．用实测法测定线路的零序参数，测试接线见图 2-15。假设试验时无零序干扰电压，电压表读数为 20V，电流表读数为 20A，功率表读数为 120W，则零序阻抗的计算值为（　　）。

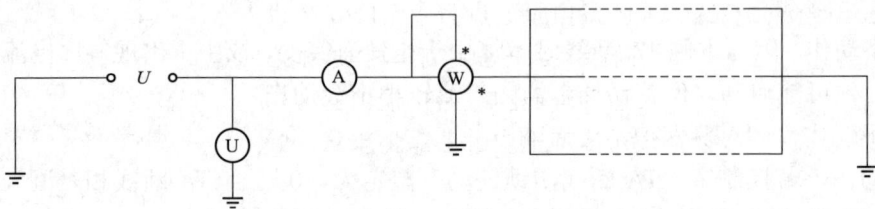

图 2-15　测试接线图

A．0.9+j2.86Ω　　　B．1.03+j2.82Ω　　　C．2.06+j5.64Ω　　　D．0.3+j0.94Ω

答案：A

解析：

$$Z_0=3Z_1=3\times U/I=3\times 20/20\Omega=3(\Omega)$$
$$R_0=3R_1=3\times P/I^2=3\times 120/20^2=0.9(\Omega)$$
$$X_0 = \sqrt{Z_0^2 - R_0^2} = \sqrt{3^2 - 0.9^2} = 2.86(\Omega)$$

34．某联络变电站采用双母线接线，其中一回运行线路发生单瞬故障。从故障发生至保护动作发出跳闸脉冲的时间为 40ms，断路器从收跳令到灭弧的时间为 60ms，重合闸时间整定为 0.8s，开关合闸时间 100ms，从故障发生至故障相母线电压恢复的时间为（　　）。

A．1.0s　　　B．0.9s　　　C．0.1s　　　D．0.04s

答案：C

解析：瞬时故障切除后，故障相母线电压即恢复正常。故障过程为：故障发生—保护装置发出跳闸脉冲—断路器灭弧—故障相母线电压恢复—重合闸动作—断路器合闸。从故障发生到故障相母线电压恢复的时间为 0.04+0.06=0.1s。

35．关于潜供电流，下列说法错误的是（　　）。

A．潜供电流主要是单重或综重方式下需要考虑，三重方式下不存在潜供电流，重合闸的时间可以短一些

B．线路故障相跳开情况下，两个健全相电压通过相间电容向故障点提供短路电流，两个健全相电流通过相间互感向短路点提供短路电流

C．通过相间电容提供的短路电流与故障点位置无关，通过相间互感提供的短路电流与故障点位置有关

D．中性点带小电抗的并联电抗补偿相间互感提供的短路电流

答案：D

解析：潜供电流包括容性和感性两个分量。容性分量是由于两个非故障相的工作电压通过相间耦合电容向故障相进行电容性供电而产生的；感性分量是由于两个非故障相的工作电流通过相间耦合电感向故障相进行感性供电而产生的，与中性点带小电抗的并联电抗补偿相间互感无关。

36．关于电力系统暂态稳定，下列描述正确的是（　　）。

A．电力系统暂态稳定是电力系统发生故障或断开线路等引起大扰动的操作时，过渡到新的或恢复到原来的稳定运行状态

B．在同样情况下，按照暂态稳定严重性从高到低排列，分别是三相短路、两相短路、两相接地短路、单相接地短路

C．提高系统暂态稳定最有效的措施是快速切除短路故障

D．自动重合闸可以提高系统暂态稳定水平，但不能依靠重合闸来保持系统稳定

答案：ACD

解析：电力系统暂态稳定是电力系统发生故障或断开线路等引起大扰动的操作时，过渡到新的或恢复到原来的稳定运行状态，可以通过加速面积与减速面积判定是否暂态失稳。加速面积越大，减速面积越小，暂态扰动越大，越容易发生暂态失稳。在同样情况下，按照暂态稳定严重性从高到低排列，分别是三相短路、两相接地短路、两相短路、单相接地短路。提高系统暂态稳定最有效的措施是快速切除短路故障。自动重合闸可以有效增加减速面积，从而提高系统暂态稳定水平，但由于无法对加速面积产生影响，不能依靠重合闸来保持系统稳定。

37．下列可以防止距离保护Ⅰ段在短线路时发生超越的措施是（　　）。

A．适当减小零序补偿系数整定值

B．采用向+R轴方向偏移30°的偏移圆特性阻抗继电器

C．增设零序电抗线

D．增设负荷电阻限制线

答案：AC

解析：适当减小零序补偿系数整定值，可以增大整定动作区，减少线路故障时发生超越的可能性；增设零序电抗线，零序电抗特性对过渡电阻有自适应的特征，能有效防止经过渡电阻故障超越；采用向+R轴方向偏移30°的偏移圆特性阻抗继电器有更强的反映过渡电阻能力，在短线路时更容易超越，因此短线路时距离保护Ⅰ段偏移角应为0°。短线路时，增设负荷电阻限制线会使距离保护进一步失去保护范围，无法防止超越。

38．关于平行双回线故障情况下零序电流变化，以下说法正确的有（　　）。

A．平行双回线外部接地故障时，由于零序电流的去磁效应使零序电流减小

B．平行双回线内部接地一侧三相跳闸后，由于零序电流的助磁效应使零序电流增大

C．平行双回线外部接地故障时，由于零序电流的助磁效应使零序电流减小

D．平行双回线内部接地一侧三相跳闸后，由于零序电流的去磁效应使零序电流增大

答案：CD

解析：平行双回线外部接地故障时，线路上流过的零序电流为穿越性电流，由于零序电流的助磁效应使零序电流减小；平行双回线内部接地一侧三相跳闸后，由于零序电流的

去磁效应使零序电流增大。

39．距离保护克服线路出口故障保护"死区"的方法有（　　　）。

A．TV 断线闭锁　　　　　　　　　　　B．极化电压采用记忆电压

C．引入非故障相电压　　　　　　　　　D．采用电流量启动

答案：BC

解析：正方向出口短路时，相电压为零，此时以相电压为极化电压时可能保护拒动出现"死区"。采用带记忆的极化电压克服死区，在故障时仍以故障前的电压相位判断区内、区外故障；或引入非故障相电压，除线路出口三相短路外均能正确反映故障消除死区。

40．超高压输电线单相接地两侧保护动作单相跳闸后，故障点有潜供电流。潜供电流大小与多种因素有关，下列说法正确的是（　　　）。

A．与线路电压等级有关　　　　　　　　B．与线路长度有关

C．与负荷电流大小有关　　　　　　　　D．与故障点位置有关

答案：ABCD

解析：潜供电流包括容性和感性两个分量，即容性分量和感性分量。容性分量与非故障相线路运行电压有关，与故障点位置无关；感性分量与故障点位置有密切关系，也与非故障相线路运行电流有关。当故障发生在线路的送端或受端时，感性分量最大；当故障发生在线路中间时，感性分量很小。

41．对于远距离超高压输电线路一般在输电线路的两端或一端变电站内装设三相对地的并联电抗器，其作用是（　　　）。

A．为吸收线路容性无功功率、限制系统的操作过电压

B．提高单相重合闸的成功率

C．限制线路故障时的短路电流

D．消除长线路低频振荡，提高系统稳定性

答案：AB

解析：远距离超高压输电线路上装设的并联电抗器用于补偿超高压线路的容性充电功率，有利于限制系统中工频电压的升高和操作过电压；可以改善沿线电压分布，增加系统的稳定性和送电能力；改善轻负荷线路中的无功潮流，有利于降低有功损耗，防止电压升高，便于系统并网；有利于消除由于同步电机带空载长线出现的自励磁效应；加速潜供电流的熄灭提高单相重合闸成功率。

42．在检定同期、检定无压重合闸装置中，下列做法不正确的是（　　　）。

A．只能投入检定无压或检定同期继电器的一种

B．两侧都要投入检定同期继电器

C．两侧都要投入检定无压和检定同期的继电器

D．只允许有一侧投入检定无压的继电器

答案：AC

解析：两个重合闸装置分为检同期和检无压方式，当线路故障切除、重合闸启动时，线路上无电压，因此先合侧应投入检定无压继电器，检定无压后合闸；合闸成功后，后合侧两侧均有电压，投入检定同期继电器，通过检同期方式合闸。而线路只允许有一侧检定

无压，若两侧均投入检定无压继电器，线路故障切除重合闸启动时两侧均满足无压条件，可能同时合闸，在两侧系统相位偏差较大时将会造成非同期合闸，对系统造成冲击；而投入检定无压继电器侧同时应当投入检定同期继电器，当此侧断路器偷跳时能够通过检无压合闸。

43．某 220kV 线路采用单相重合闸方式，在线路单相瞬时故障时，一侧单跳单重，另一侧直接三相跳闸。若排除断路器本身的问题，下面可能造成直接三跳的原因是（　　）。

A．选相元件问题
B．重合闸方式设置错误
C．沟通三跳回路问题
D．控制回路断线

答案：ABC

解析：单重方式下选相元件故障无法正确选相时直接三相跳闸，A 选项正确；重合闸方式设置错误，设置成停用时直接三跳不重合，设置成三跳方式时三跳三重，B 选项正确；沟通三跳回路异常时保护单相跳闸直接出口三跳，C 选项正确；控制回路断线时无法跳闸或合闸，不会发生直接三跳的现象，D 选项错误。

44．当输电线路发生单相断线运行时，下列说法正确的是（　　）。

A．单相断线后一定会出现正序、负序、零序电流
B．相邻全相运行的线路也可能有负序零序电流流过
C．断线线路的负序电流一定大于相邻全相运行的线路负序电流
D．零序电流会被分流到中性点接地变压器支路

答案：BD

解析：当断线线路的两端系统没有接地中性点或仅有一端有接地中性点时，系统没有零序电流通路，不会出现零序电流；断线产生的非全相电流会通过相邻线路形成回路，相邻全相运行的线路也可能有负序、零序电流流过；断线线路的负序电流不一定大于相邻全相运行的线路负序电流，与系统运行方式有关；零序电流会被分流到中性点接地变压器支路，从中性点接地变压器与大地间形成回路，而中性点不接地变压器支路不会有零序电流流过。

45．关于通道光纤，下列说法正确的是（　　）。

A．双通道保护任一通道故障时，应能发告警信号，单通道故障时不得影响另一通道运行
B．通道一和通道二双纤都交叉接线时，装置应通道告警，并闭锁差动保护
C．通道一单纤交叉接线，通道二正常运行时，通道一不应影响通道二的正常运行，不应闭锁差动保护，但装置应及时发出通道告警
D．内置光纤接口的保护装置和远方信号传输装置均应具有数字地址编码，两侧对地址编码进行校验，校验出错时告警并闭锁保护

答案：ABD

解析：双通道保护任一通道故障时，应能发告警信号，单通道故障时不得影响另一通道运行，A 选项正确；通道一和通道二双纤都交叉接线时，装置应通道告警，并闭锁差动保护，B 选项正确；内置光纤接口的保护装置和远方信号传输装置均应具有数字地址编码，两侧对地址编码进行校验，校验出错时告警并闭锁保护，D 选项正确；保护装置通道一、

通道二收发信出现单纤交叉接线、双纤交叉接线时，装置应通道告警，并闭锁差动保护，C 选项错误。

46. 线路光纤电流差动保护装置采用"识别码"方式，可解决的问题有（　　）。

A．通道交叉接线　　　B．通道延时　　　C．通道自环　　　D．通道误码

答案：AC

解析：保护装置的"本侧识别码"和"对侧识别码"在定值项中整定，且通过通道传送给对侧。当保护接收到的装置识别码与定值整定的"对侧识别码"不一致时退出差动保护，并告警。

47. 某条 220kV 输电线路，保护安装处的零序方向元件的零序电压由母线电压互感器二次电压的自产方式获取。对正向零序方向元件来说，当该线路保护安装处 A 相断线时，下列说法正确的是（　　）（说明：–j80 表示容性无功）。

A．断线前送出 80–j80MVA 时，零序方向元件动作

B．断线前送出 80+j80MVA 时，零序方向元件不动作

C．断线前送出–80–j80MVA 时，零序方向元件动作

D．断线前送出–80+j80MVA 时，零序方向元件不动作

答案：AC

解析：线路保护安装处单相断线，且零序电压取自母线电压互感器时，有 $\dot{U}_{M0} = -\dot{I}_{M0} Z_{M0}$，相当于保护方向上发生接地故障，无论断线前功率情况如何，零序方向元件均会动作。

48. 某 220kV 线路，电流互感器变比为 1200/5，线路单位长度的零序阻抗与正序阻抗的比值为 2.5。关于该线路的距离Ⅰ段阻抗元件的保护区，下列说法正确的是（　　）。

A．在将电流互感器接入保护装置时，一次侧误将抽头用了 600/5，则相间阻抗元件、接地阻抗元件的保护区均缩短

B．现场装置整定时，零序电流补偿系数误整定为 0.7，则接地阻抗元件的保护区伸长，而相间阻抗元件的保护区不变

C．在正确设定参数条件下，线路空载情况下发生了 AB 相经较大过渡电阻接地故障，则 A 相接地阻抗元件的保护区缩短，B 相接地阻抗元件的保护区伸长

D．在正确设定参数条件下，该线路非全相运行过程中，健全相发生了单相金属性接地，接地阻抗元件的保护区不会伸长，也不会缩短

答案：BD

解析：一次侧误将抽头用了 600/5 后，装置二次电流变大，接地距离和相间距离的二次测量阻抗变小，保护范围伸长。线路零序补偿系数 $K = \dfrac{Z_0 - Z_1}{3Z_1} = \dfrac{2.5 - 1}{3} = 0.5$，误整定为 0.7 后，接地距离的测量阻抗 $Z = \dfrac{U}{I + K \times 3I_0}$ 变小，保护范围伸长，相间距离的测量阻抗 $Z = \dfrac{U_1 - U_2}{I_1 - I_2}$ 不受补偿系数的影响。线路空载情况下，发生了 AB 相经较大过渡电阻接地故障，由于过渡电阻流过的电流是两个故障相电流的和，所以超前相上的接地阻抗继电器其

过渡电阻产生的附加阻抗是阻容性的，滞后相产生的附加阻抗是阻感性的，超前相的接地阻抗元件保护范围变大，滞后相保护范围缩短。非全相运行过程中健全相发生单相接地，接地测量阻抗 $Z = \dfrac{\dot{U}_{k\varphi} + \dot{I}_{1\varphi}Z_1 + \dot{I}_{2\varphi}Z_2 + \dot{I}_{0\varphi}Z_0}{\dot{I}_\varphi} = \dfrac{\dot{U}_\varphi}{\dot{I}_\varphi + K \times 3\dot{I}_0}$，保护区不会变化。

49．关于分相纵联电流差动保护，以下描述正确的有（　　）。

A．本侧启动元件和本侧差动元件同时动作差动保护出口

B．线路两侧的纵联差动保护装置均应设置本侧独立的电流启动元件

C．交流电压量和跳闸位置触点等可以作为辅助启动元件

D．两侧启动元件和一侧差动元件同时动作差动保护出口

答案：BC

解析：本侧启动元件和本侧差动元件及对侧差动保护同时启动时差动保护出口；线路两侧的纵联差动保护装置均应设置本侧独立的电流启动元件，交流电压量和跳闸位置触点等可以作为辅助启动元件。

50．某 110kV 系统双侧电源系统如图 2-16 所示，系统参数如表 2-1 所示。M、N 两侧零序方向电流保护的 TA 变比 600/1，零序电流定值整定如下：$I_{0\mathrm{I}}$ =1.5A，0s；$I_{0\mathrm{II}}$ =1A，0.5s；$I_{0\mathrm{III}}$ =0.4A，3s。当发生 N 侧出口 A 相接地故障时，两侧零序方向电流保护的动作行为是（　　）。（两侧开关断弧时间小于 100ms，保护装置均正常运行；各参数均为标幺值，基准容量 100MVA，基准电压 110kV）

表 2-1   系 统 参 数 表

M 侧系统参数	线路参数	N 侧系统参数
$X_1 = X_2 = 0.2$	$X_1 = X_2 = 0.2$	$X_1 = X_2 = 0.2$
$X_0 = 0.2$	$X_0 = 0.6$	$X_0 = 0.2$

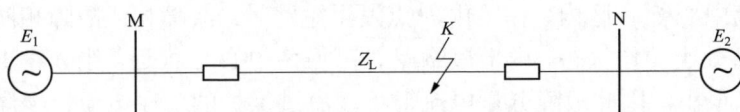

图 2-16　系统示意图

A．N 侧零序 I 段保护动作跳闸后，M 侧零序 I 段保护会相继动作跳闸

B．仅 N 侧零序 I 段保护动作跳闸

C．仅 M 侧零序 I 段保护动作跳闸

D．N 侧零序 I 段保护动作跳闸后，M 侧零序 II 段保护相继动作跳闸

答案：A

解析：K 点左侧综合阻抗为

$$X_{1\mathrm{M}\Sigma} = X_{2\mathrm{M}\Sigma} = 0.2 + 0.2 = 0.4，\quad X_{0\mathrm{M}\Sigma} = 0.2 + 0.6 = 0.8$$

K 点右侧综合阻抗为

$$X_{1\mathrm{N}\Sigma} = X_{2\mathrm{N}\Sigma} = 0.2，\quad X_{0\mathrm{N}\Sigma} = 0.2$$

序网的综合阻抗为

$$X_{1\Sigma} = X_{2\Sigma} = X_{1M\Sigma}X_{1N} / (X_{1M\Sigma} + X_{1N\Sigma}) = (0.4 \times 0.2) / (0.4 + 0.2) = 0.13$$

$$X_{0\Sigma} = X_{0M\Sigma}X_{0N\Sigma} / (X_{0M\Sigma} + X_{0N\Sigma}) = (0.2 \times 0.8) / (0.2 + 0.8) = 0.16$$

$$I_{0K*} = E_* / (X_{1\Sigma} + X_{2\Sigma} + X_{0\Sigma}) = 1 / (0.13 + 0.13 + 0.16) = 1 / 0.42 = 2.38$$

$$I_{0K} = 2.38 \times 525 = 1250(A)$$

流过 N 侧的零序电流为 $I_{N0} = I_{0K}(0.8/1) = 1000A$，$3 \times 1000 = 3000$ 大于零序保护 I 段的一次定值 900A，因此在发生短路后，N 侧零序 I 段保护动作，0s 跳闸。

流过 M 侧的零序电流为 $I_{M0} = I_{0K}(0.2/1) = 250A$。$3 \times 250$ 小于零序保护 I 段的一次定值 900A，因此在发生短路后，M 侧零序 I 段保护不能动作，零序 II 段保护能启动。

N 侧零序 I 段保护动作跳闸后，零序网络发生变化流过 M 侧的电流变为 $I'_{M0*} = E_* / (X_{1M\Sigma} + X_{2M\Sigma} + X_{0M\Sigma}) = 1 / (0.4 + 0.4 + 0.8) = 1 / 1.6 = 0.625A$，$I'_{M0} = 0.625 \times 525 = 328.1A$，$3I_{M0}$ 大于零序保护 I 段的一次定值 900A，即在 N 侧零序 I 段保护动作跳闸后，M 侧零序 I 段保护会相继动作跳闸。

51．关于采用 $|\dot{I}_2| + |\dot{I}_0| > m|\dot{I}_1|$ 振荡闭锁开放判据的距离保护在振荡中的动作行为，下列说法正确的是（　　）。

A．如果振荡中心 C 在区内，在区内 F 点发生不对称故障，距离保护能动作，但切除故障可能略带延时

B．如果振荡中心 C 在区外，在区内 F 点发生不对称故障，距离保护能动作，但切除故障可能略带延时

C．如果振荡中心 C 在区内，而在区外 F 点发生不对称故障，距离保护可能误动

D．如果振荡中心 C 在区外，而在区外 F 点发生不对称故障，距离保护可能误动

答案：ABC

解析：振荡中心 C 在区内，在区内 F 点发生短路时：故障相或故障相间的阻抗继电器在振荡期间一直处于动作状态。由于短路点 F 离振荡中心 C 很近，当 δ 在 180° 左右时，短路点的电压 $\dot{U}_{F|0}$ 很小，因此故障分量电流很小，流过保护的负序电流、零序电流可能仍然很小，所以 $|\dot{I}_2| + |\dot{I}_0| > m|\dot{I}_1|$ 中的动作量很小。但是此时振荡电流 $\dot{I}_{SW}$ 的值很大，所以正序电流制动量很大。这样振荡闭锁可能不开放保护。但是即使 δ 在 180° 左右时振荡闭锁不开放保护，可是当 δ 角转到 0° 左右时，振荡闭锁仍然可以开放保护，距离保护就可以发跳闸命令。而在 $\delta = \pm 36°$ 期间内，振荡电流 $\dot{I}_{SW}$ 值很小，只有最大振荡电流的 0.31 倍。但此时 $\dot{U}_{F|0}$ 很大，故障分量的电流很大，可以满足 $|\dot{I}_2| + |\dot{I}_0| > m|\dot{I}_1|$ 开放保护。在振荡闭锁开放保护期间，故障相或故障相间的阻抗继电器动作能跳开三相切除区内短路。当然切除故障可能略带延时。

振荡中心 C 在区外，在区内 F 点发生短路时：对于金属性短路，故障相或故障相间的阻抗继电器是一直动作的；对于经过渡电阻短路，在振荡期间当 δ 角在 180° 左右时可能不动作，其余角度情况下一直处于动作状态。而非故障相或非故障相间的阻抗继电器在振荡期间由于振荡中心在区外一直不动作。再来看 $|\dot{I}_2| + |\dot{I}_0| > m|\dot{I}_1|$ 的振荡闭锁判据。振荡中

即使 δ 角在 180°左右时由于振荡电流 $\dot{I}_{sw}$ 很大，振荡闭锁有可能不开放保护，但是当 δ 角转到 0°左右时振荡闭锁可以开放保护，距离保护可以切除故障。当 δ 角在 180°左右时振荡电流 $\dot{I}_{sw}$ 很大，$|\dot{I}_2|+|\dot{I}_0|>m|\dot{I}_1|$ 中制动电流很大，但由于短路点离振荡中心较远，$\dot{U}_{F|0|}$ 的值虽然比 δ 角在 0°左右时较小，但小得不是很多，因此故障分量的电流仍然较大。如果在第 Ⅰ 段范围内短路，短路点较近，电流分配系数较大。所以流过保护的负序电流和零序电流较大，还可能满足 $|\dot{I}_2|+|\dot{I}_0|>m|\dot{I}_1|$ 而开放保护。δ 角在 180°左右时如果也能开放保护更加有利于在这种情况下快速切除故障。

振荡中心 C 在区内，在区外 F 点发生短路时：对于金属性短路，故障相或故障相间的阻抗继电器是不动作的；对于经过渡电阻短路，故障相或故障相间的阻抗继电器在振荡期间当 δ 角在 180°左右时可能会误动，其余角度可靠不动。而非故障相或非故障相间的阻抗继电器在振荡期间由于振荡中心在区内，当 δ 角在 180°左右时也可能会误动，其余角度可靠不动作。当短路点离振荡中心较远，$\dot{U}_{F|0|}$ 值相对较大，因此故障分量的电流相对也较大。但由于是区外短路，短路点较远，电流分配系数较小，所以流过保护的负序电流、零序电流仍然较小，$|\dot{I}_2|+|\dot{I}_0|>m|\dot{I}_1|$ 中的动作量较小。再加上当 δ 角在 180°左右时由于 I 很大，流过保护的正序电流较大，$|\dot{I}_2|+|\dot{I}_0|>m|\dot{I}_1|$ 中的制动量较大，因此不能满足振荡闭锁开放条件，振荡闭锁将保护闭锁。

振荡中心 C 在区外，在区外 F 点发生短路时：无论是金属性短路还是经过渡电阻短路，故障相或故障相间的阻抗继电器在振荡期间是一直不动作的。而非故障相或非故障相间的阻抗继电器在振荡期间由于振荡中心也在区外，继电器也一直不动作。此时振荡闭锁无论是否开放保护都不会造成距离保护的误动。由于短路点离振荡中心较近，δ 角较大时 $\dot{U}_{F|0|}$ 的值就较小，所以故障分量电流较小。再加上短路点很远，电流分配系数很小，因此流过保护的负序电流和零序电流很小。而 δ 角摆开后振荡电流 $\dot{I}_{sw}$ 增大了，所以不满足 $|\dot{I}_2|+|\dot{I}_0|>m|\dot{I}_1|$ 的振荡闭锁开放条件。振荡闭锁只能在 δ 角很小时，由于振荡电流 $\dot{I}_{sw}$ 接近零才可能动作，但振荡闭锁此时开不开放保护都不会造成距离保护的误动。

二、判断题

1. 当相邻平行线停运检修并在两侧接地时，电网接地故障线路通过零序电流将在该停运线路中产生零序感应电流，此电流反过来也将在运行线路中产生感应电势，使线路零序电流减小。 （ ）

答案：×

解析：当相邻平行线停运检修并在两侧接地时，由于去磁作用，等效零序阻抗为 $Z'_{I0}=Z_{I0}-\dfrac{Z_{M0}^2}{Z_{II0}}$，零序阻抗减小，接地故障时通过的零序电流增大。

2. 为防范 220kV 线路开关操作过程中非全相拒分风险，可通过 220kV 线路开关电气量三相不一致保护远跳对侧开关实现对拒分开关的隔离。 （ ）

答案：√

解析：220kV 线路开关操作过程中非全相拒分时，等效于单相断线或两相断线，在重载情况下可能会产生较大的零序电流或负序电流无法切除，造成远端保护灵敏段误动，可通过 220kV 线路开关电气量三相不一致保护远跳对侧开关实现对拒分开关的隔离。

3．短路电流中非周期分量电流造成的是暂态超越，谐波分量电流、过渡电阻影响产生的超越是稳态超越。　　　　　　　　　　　　　　　　　　　　　（　　　）

答案：×

解析：短路电流中非周期分量电流和谐波分量电流造成的是暂态超越，随着非周期分量电流和谐波分量电流的衰减会逐渐消失；过渡电阻影响产生的超越是稳态超越，在短路稳态时也会持续产生影响引起区外短路误动。

4．在同一套保护装置中，闭锁、启动、方向判别和选相等辅助元件的动作灵敏度，应大于所控制的测量、判别等主要元件的灵敏度。　　　　　　　　　　（　　　）

答案：√

解析：为确保继电保护装置的快速性、灵敏性、选择性及可靠性，在同一套保护装置中，闭锁、启动、方向判别和选相等辅助元件的动作灵敏度应不小于所控制的测量、判别等主要元件的动作灵敏度。例如，零序功率方向元件的灵敏度，应大于被控零序电流保护的灵敏度。

5．同一电压等级电网，有功功率是从电压幅值高的一端流向低的一端，无功功率是从相角超前的一端流向相角滞后的一端。　　　　　　　　　　　　　（　　　）

答案：×

解析：有功功率的流向是由两端电压的相位决定的，有功功率由相位超前的一端流向相位滞后的一端。而无功功率的流向是由电压幅值决定的，感性无功功率是由电压幅值大的一端流向电压幅值小的一端，容性无功功率是由电压幅值小的一端流向电压幅值大的一端。

6．接地方向距离继电器在线路发生两相短路经过渡电阻接地时超前相的继电器保护范围将伸长，滞后相的继电器保护范围将缩短。　　　　　　　　　　（　　　）

答案：√

解析：正方向发生经过渡电阻接地故障，当保护安装处的阻抗继电器测量为阻容性时，区外故障保护容易发生误动；当保护安装处的阻抗继电器测量阻抗为阻感性时，区内故障保护容易拒动。一般装于送电端的阻抗继电器及两故障相中的超前相为阻容性，装于受电端的阻抗继电器及两故障相中的滞后相为阻感性，当正方向发生经大接地电阻的两相接地短路时，两个故障相中的超前相阻抗继电器可能会区外短路超越、正向近处故障（含出口）拒动；落后相的阻抗继电器可能会区内短路拒动。

7．零序功率方向继电器在线路正方向出口发生单相接地故障时的灵敏度高于在线路中间发生单相接地故障时的灵敏度。　　　　　　　　　　　　　　（　　　）

答案：√

解析：零序功率在故障点最高，保护继电器安装处距故障点越近，动作越灵敏。

8．某接地距离保护的零序电流补偿系数 0.517，现场错误地设置为 0.67，则该接地距离保护区缩短。　　　　　　　　　　　　　　　　　　　　　　　（　　　）

答案：×

解析：保护测量阻抗 $Z = \dfrac{\dot{U}_\varphi}{\dot{I}_\varphi + 3k\dot{I}}$，$k$ 值增大后 $\dot{I}_\varphi + 3k\dot{I}$ 增大，$\dfrac{\dot{U}_\varphi}{\dot{I}_\varphi + 3k\dot{I}_0}$ 减小，保护范围延长。

9．在距离保护中，线路 A 侧的距离元件电流互感器变比本应是 600/1，现场保护人员误接为 1200/1。当线路发生故障时，线路 A 侧距离保护将可能误动。 （ ）

答案：×

解析：距离保护电流互感器误接为 1200/1 后，变比增大，二次电流变小，实际测量阻抗二次值变大，A 侧距离保护不会误动。

10．为了防止光纤通道中断导致光纤差动保护被迫退出运行，提升光纤差动保护运行的可靠性，要求光纤差动保护通道设置为自愈环方式。 （ ）

答案：×

解析：光纤差动保护自愈环可能造成两侧保护采样不同步，造成计算差流增大保护误动作。

11．输电线路中的负荷电流再大，一侧 TA 二次断线时线路光纤分相电流差动保护都不会误动。 （ ）

答案：√

解析：TA 断线瞬间，断线侧的启动元件和差动继电器可能动作，但对侧的启动元件不动作，不会向本侧发差动保护动作允许信号，从而保证纵联差动不会误动作。

12．本线路的电容电流一定会成为输电线路差动保护的动作电流。 （ ）

答案：√

解析：线路电容电流是由于线路分布电容产生的电流，由线路内部流出。对于两侧线路差动保护来说，与线路内部故障相似。因为不是一个穿越性电流必然在两侧差动保护中产生差流，所以在高电压长线路供电时需要补偿电容电流，消除电容电流影响。

13．重合闸启动前及启动后，收到低气压闭锁重合闸信号，均闭锁重合闸。 （ ）

答案：×

解析：重合闸启动前收到低气压闭锁重合闸信号时应闭锁重合闸，启动后收到低气压闭锁重合闸信号时不应闭锁重合闸。

14．设 A_2 与 A_0 比相元件的动作方程式为 $-60° < \arg\dfrac{A_2}{A_0} < 60°$。在一定负荷电流下某 500kV 线路 A 相发生瞬时性接地，两侧保护正确动作将 A 相跳闸，线路处非全相运行状态，此时比相元件处于不动作状态。 （ ）

答案：×

解析：A 相两侧跳开后，线路相当于 A 相断线，此时 $\dfrac{A_2}{A_0} = \dfrac{Z_{00}}{Z_{22}}$。零序阻抗角和负序阻抗角相等时，$\arg\dfrac{A_2}{A_0} = 0°$。A 相断线时，采用 $-60° < \arg\dfrac{A_2}{A_0} < 60°$ 方式的 A 相选相元件仍会动作。

15．在单电源系统线路上发生区内故障时，负荷侧阻抗保护不会动作，而工频变化量

阻抗保护可能动作，也可能不动作。 （ ）

答案： √

解析： 在线路上发生短路时，只要短路前有负荷电流，在短路暂态过程中受电侧有电流的变化量，那么安装在受电侧的工频变化量阻抗继电器亦可动作。

16．南瑞继保 PCS-931A 线路保护为扩大测量过渡电阻能力，设置"相间距离偏移角"定值，将相间距离Ⅰ、Ⅱ、Ⅲ段保护的特性圆向第一象限偏移。 （ ）

答案： ×

解析： 根据 PCS-931A 装置说明书，相间距离Ⅰ、Ⅱ段保护的特性圆向第一象限偏移。

17．不论是单侧电源线路，还是双侧电源的网络上，发生短路故障时短路点的过渡电阻总是使距离保护的测量阻抗增大。 （ ）

答案： ×

解析： 单侧电源线路发生短路故障时，短路点的过渡电阻总是使距离保护的测量阻抗增大；双侧电源的网络上，发生短路故障时短路点的过渡电阻对于送电端距离保护来说呈阻容性，测量阻抗会减小。

18．助增电流的存在会使距离保护的测量阻抗增大，保护范围减小。 （ ）

答案： √

解析： 助增电流的影响会使测量电压升高，而测量电流不变，导致测量阻抗变大，保护范围减小。

19．距离保护引入带记忆的故障相电压极化量是为了判别线路区内、区外故障。 （ ）

答案： ×

解析： 加入带记忆的故障相电压极化量是为了消除阻抗继电器动作死区。

20．距离保护Ⅰ段的保护范围不随着系统运行方式变化而变化，突变量距离Ⅰ段的保护范围也不随着系统运行方式变化而变化。 （ ）

答案： ×

解析： 距离保护Ⅰ段的保护范围只与本线路故障电流和故障电压有关，测量阻抗即为保护安装处到故障点的正序阻抗，不随着系统运行方式变化而变化；而突变量电源为短路点，突变量距离Ⅰ段的保护范围与整个系统的网架结构均有关系，测量阻抗会根据系统运行方式变化而变化。

21．接地距离继电器在线路发生两相短路时不能正确测量距离。 （ ）

答案： ×

解析： 接地距离继电器测量阻抗 $Z = \dfrac{\dot{U}_\varphi}{\dot{I}_\varphi + 3k\dot{I}_0}$，相间短路时无零序电流，接地距离继电器仍可正确测量故障时的正序阻抗。

22．助增电流和汲出电流会对距离Ⅰ、Ⅱ、Ⅲ段均产生影响。 （ ）

答案： ×

解析： 助增电流和汲出电流只会出现在与相邻保护配合时产生作用，只与距离Ⅱ、Ⅲ段有关。

23．零序电流保护Ⅳ段定值一般较小，线路重合过程非全相运行时，保护可能误动，

因此在重合闸周期内应暂时退出运行。 （ ）

答案： ×

解析： 零序电流保护Ⅳ段作为保护本线路高阻接地短路的保护和零序Ⅱ、Ⅲ段的后备保护，具备较长延时，能够依靠时间躲过重合闸，重合闸周期内不应闭锁。

24．当线路出现不对称断相时，因为没有发生接地故障，所以线路没有零序电流。

（ ）

答案： ×

解析： 线路发生单相断线或两相断线时，若线路两侧均有接地中性点时，根据序网图存在零序电流通路，线路上流过零序电流；若某一侧没有接地中性点时，零序网络不能通过接地中性点构成零序回路，线路将没有零序电流。

25．线路发生单相接地故障时，保护安装处的负序、零序电流大小相等，方向相同。

（ ）

答案： ×

解析： 线路发生单相接地故障时，短路故障点负序、零序电流大小相等，方向相同，但由于故障点两侧负序、零序分配系数不一定相同，保护安装处的负序、零序大小不一定相等。

三、简答题

1．如图 2-17 所示，接地距离继电器在线路正方向发生 AB 两相短路时，保护范围会增加还是缩短？这种变化程度与 Z_s/Z_{set} 的比值大小有什么关系？（请以 A 相为例，写出分析过程）

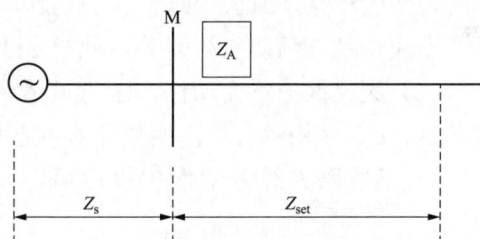

答：

依题意 AB 两相短路，$\dot{I}_0 = 0$

$$Z_A = \frac{U_A}{I_A + K3I_0} = \frac{U_A}{I_A} = \frac{E_A - I_A Z_s}{I_A} = \frac{E_A}{I_A} - Z_s = \frac{E_A}{(E_A - E_B)/2(Z_s + Z_{set})} - Z_s$$

$$= 2(Z_s + Z_{set}) \cdot \frac{E_A}{E_A - E_B} - Z_s = 2(Z_s + Z_{set}) \cdot \frac{1}{\sqrt{3}e^{j30°}} - Z_s$$

$$= 2(Z_s + Z_{set}) \cdot \frac{1}{\sqrt{3}}\left(\frac{\sqrt{3}}{2} - j\frac{1}{2}\right) - Z_s = Z_{set} - j\frac{1}{\sqrt{3}}(Z_s + Z_{set})$$

$$|Z_A| = \sqrt{Z_{set}^2 + \frac{1}{3}(Z_s + Z_{set})^2}，\quad |Z_A| > Z_{set} \text{ 或 } \left|\frac{Z_A}{Z_{set}}\right| = \sqrt{1 + \frac{1}{3}\left(\frac{Z_s}{Z_{set}} + 1\right)^2}$$

可见，此时 Z_A 是变大的，所以保护范围是缩短的，且 Z_s 随着与 Z_{set} 比值的变大，保护缩短得更严重。

2．某线路保护采用母线电压，在线路首端加装串补电容，若仅考虑串补电容的影响，请简述串补电容对本线路距离Ⅰ段保护动作行为的影响及措施。

图 2-17 系统示意图

Z_s—系统阻抗；Z_{set}—整定阻抗

答：

由于串补电容安装在线路首端，当线路首段发生故障时，距离Ⅰ段可能拒动，可以采取的控制措施为：采用记忆电压为极化电压构成距离继电器。

当线路末端发生故障时，距离Ⅰ段可能误动，可以采取的控制措施为：增加一个电抗型继电器，该电抗继电器的整定阻抗在原Ⅰ段的整定阻抗基础上缩小 $\dfrac{U_{pr}}{\sqrt{2}I}$，（$U_{pr}$ 为串补电容保护级电压峰值）。该电抗继电器与用正序电压的记忆值为极化量的阻抗继电器构成"与门"关系，组成复合阻抗继电器。

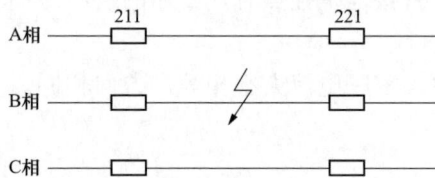

图 2-18　线路短路故障示意图

3．如图 2-18 所示，该 220kV 线路 B 相发生单相永久性故障，此时由于 211 开关 A 相机构故障不能正常分闸，保护如何动作？失灵保护是否会动作？为什么？（220kV 线路重合闸方式为单重，211 开关失灵保护投入）

答：

（1）当 220kV 线路 B 相发生区内单相永久性故障时，两侧线路（211、221）保护动作，B 相跳闸，随后 211、221 开关启动 B 相重合闸，重合不成功跳开两侧三相开关。此时 211 开关 A 相机构故障，不能跳闸。

（2）失灵保护不会动作。因为虽然 A 相开关拒分，但当 211 开关的 B、C 相和 221 开关的 A、B、C 相跳开后，两侧不存在故障电流，所以两侧保护返回，不启动失灵保护。

4．某线路光纤差动保护投运后，发现差流过大，不满足要求，请分析可能产生的原因。

答：

（1）两侧实时采集电压、电流的幅值和相位关系与实际潮流不相符。

（2）两侧的电流变比定值和实际 TA 变比不一致，平衡系数整定不正确。

（3）电容电流、并联电抗器等线路汲出电流。

（4）光纤通道未使用同一路由。

（5）网采方式智能站线路光纤差动保护，SV 采样延时异常。

（6）网采方式智能站中，SV 网络采样两侧 GPS（北斗）对时不一致。

5．某电网网络如图 2-19 所示，220kV A、B 站接地运行，220kV B 站通过 110kV 乙线带 110kV C 站全站负荷，110kV 甲线在 110kV C 站侧开关热备用；110kV C 站 1、2 号主变压器不接地运行。某日调度按计划调整系统运行方式，需将 110kV C 站全站负荷转由 110kV 甲线供电，将 110kV 乙线在 110kV C 站侧开关转为热备用，需要进行"合上 110kV 甲线 C 站侧开关、断开 110kV 乙线 C 站侧开关"的操作。在进行倒闸操作过程中发生故障，110kV C 站侧 110kV 甲线、乙线保护相关录波图见图 2-20、图 2-21。请分析：

（1）发生了什么故障？

（2）为什么故障录波图中 110kV 乙线开关断开前，110kV 甲线、乙线有零序电流；而 110kV C 站侧 110kV 乙线开关断开后，110kV 甲线、乙线没有零序电流。

（3）110kV C 站侧 110kV 乙线开关断开后，分析比较 110kV 甲线 A、C 相电流之间的大小和相位关系，要求画出系统故障序网图（假设系统正序阻抗、负序阻抗相等）。

（4）110kV C 站 1、2 号主变压器零序过压保护取母线电压互感器开口零序电压，保护装置中零序过压保护整定为 150V，请问：110kV 乙线开关断开后，1、2 号主变压器零序过压保护是否会动作？

（5）断线相的终端侧为什么还有电压？

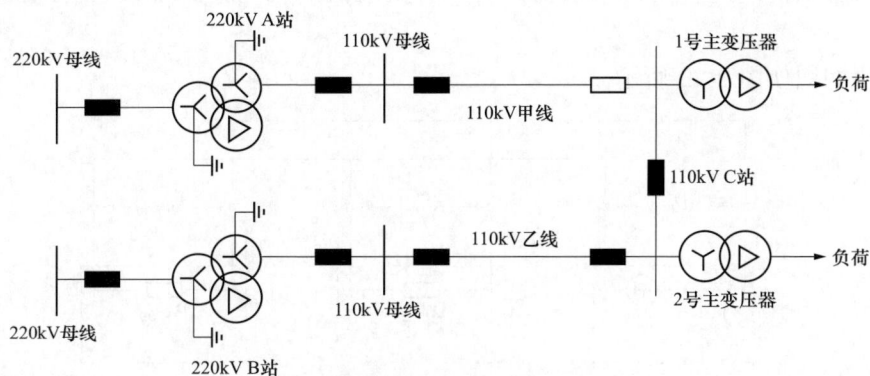

图 2-19　故障前系统运行方式图

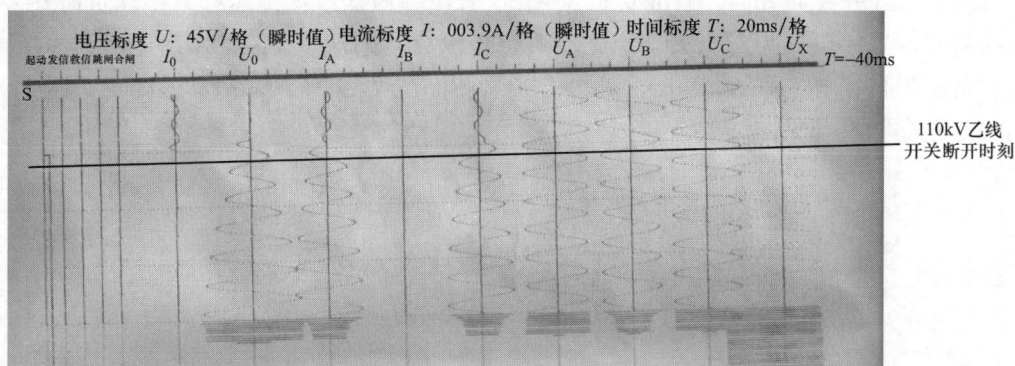

图 2-20　110kV 甲线保护录波图

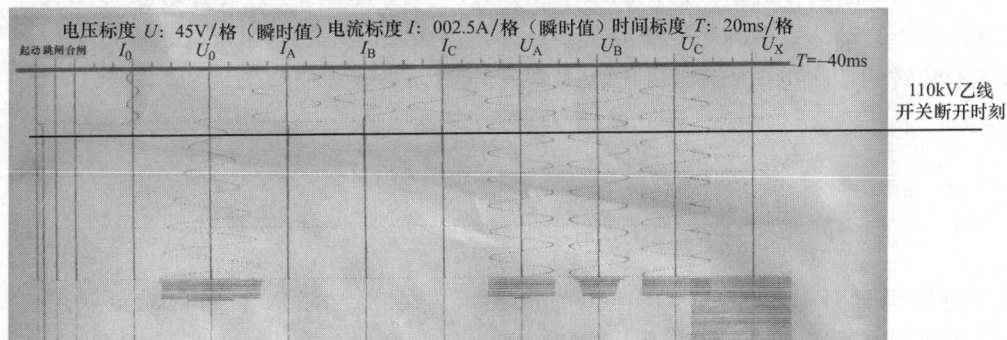

图 2-21　110kV 乙线保护录波图

答：

（1）从故障录波图来看，110kV 甲线 B 相一直无电流，故 110kV 甲线发生了 B 相断线故障。

（2）由于断线故障需要两侧系统接地形成零序通路，才能产生零序电流。合上 110kV 甲线开关后（断开 110kV 乙线开关前），因 220kVA、B 站接地运行，零序电流构成回路，故 110kV 甲线、乙线有零序电流；C 站断开 110kV 乙线开关后，由于 110kV C 站 1、2 号主变压器不接地运行（终端负荷站），零序回路断开，故 110kV 甲线、乙线没有零序电流。

（3）序网图如图 2-22 所示。

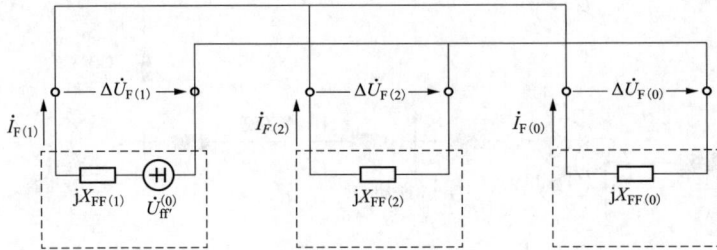

图 2-22　复合序网图

110kV 乙线开关断开后，110kV C 站 1、2 号主变压器不接地运行（终端负荷站），零序回路断开，零序阻抗为无穷大。因此，该起断线故障无零序通路，零序电流为零。正序阻抗和负序阻抗相等，则 $I_{b1} = -I_{b2}$，其电流相量图如图 2-23 所示，故非故障 I_A、I_C 电流大小相等，方向相反（见图 2-23）。

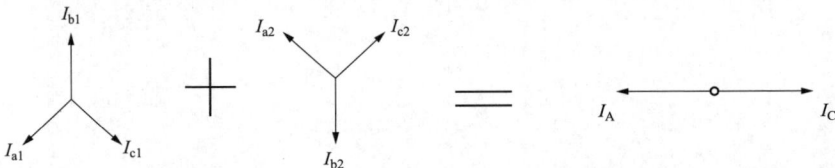

图 2-23　故障时电流相量图

（4）110kV 乙线开关断开前，从录波图上看，零序电压几乎为零，1、2 号主变压器零序过压保护不会动作；110kV 乙线开关断开后，由于没有零序电流，110kV C 站母线零序电压等于断线的零序电压。由于 110kV C 站无电源，且零序阻抗为无穷大，故

$$\Delta \dot{U}_{B1} = \Delta \dot{U}_{B2} = \Delta \dot{U}_{B0} = \dot{U}_B \times \frac{Z_1}{Z_1 + Z_2} = \frac{\dot{U}_B}{2}$$

$$3\dot{U}_0 = 3\Delta \dot{U}_{B0} = \frac{3\dot{U}_B}{2}$$

母线电压互感器开口零序电压相电压为 100V，故 $3\dot{U}_0 = 150V$。考虑测量误差，1、2 号主变压器零序过压保护可能动作，也可能不动作。

（5）变电站终端侧单相断线时，因为正序、负序、零序电流通过断线侧阻抗产生压降且序分量和不为零，所以断线相仍有电压。

6. 如图 2-24 所示，保护装置三相电压采用线路 TV，F 点接地故障时，分析 DL 保护 F_0（零序方向元件）动作行为。其中：零序电压采用补偿后电压 $U_0' = U_0 - jI_0 X_{com}$，$X_{com} = X_C$（$X_C$ 为串补容抗，安装于 DL 侧）。

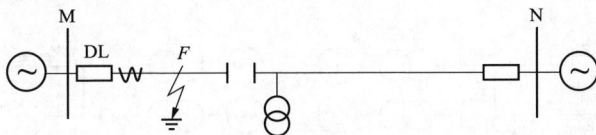

图 2-24　系统接线图

答：

设接入保护的电流、电压分别为 $\dot{I}_0$、$\dot{U}_0$，故障等效电路图如图 2-25 所示。

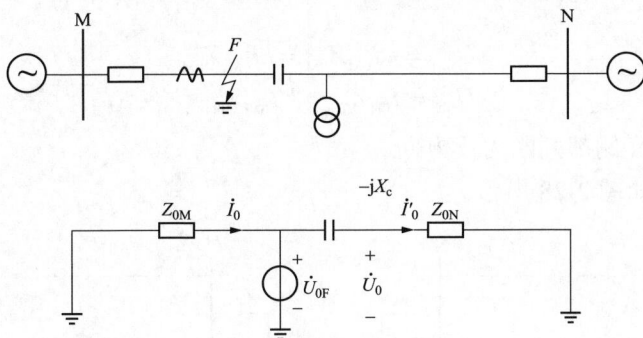

图 2-25　故障等效电路图

因串补仅补偿线路部分电抗，故障点右侧综合阻抗 $Z_{0N} - jX_C$ 仍为感性，$\dot{I}_0$ 与 $\dot{I}_0'$ 反相位，设 $\dot{I}_0' = -K\dot{I}_0(K>0)$。

补偿后 $U_0' = U_0 - jI_0 X_{com} = -K\dot{I}_0 Z_{0N} - j\dot{I}_0 X_C = -\dot{I}_0(KZ_{0N} + jX_C)$，式中 $K>0$，M 侧零序方向元件判为正向。

7. 请阅读下列材料：

架空输电线路中有同塔（杆）双回架设，也有不同电压等级线路在某部分同塔（杆）并架，这些同塔（杆）架设的线路中存在零序互感，距离越近零序互感越大。当其中一回线路故障，另外一回线路零序方向保护可能误动也可能不误动，具体取决于两线路之间是电的联系强还是磁的联系强：在两端方向能够正确判别情况下，当电的联系强磁的联系弱，即"强电弱磁"，另一回线路零序方向保护不误动；当电的联系弱，磁的联系强，即"强磁弱电"，另一回线路零序方向保护会误动。

假设两回线路零序方向均能正确判别，根据上述结论，在图 2-26 Ⅱ 线故障的 4 种情况下，对 Ⅰ 线两侧的零序方向保护进行判断，并利用公式推导证明。（MN 母线外零序阻抗 $Z_{0M} = Z_{0N}$）

答：

（1）零序网络如图 2-27 所示。

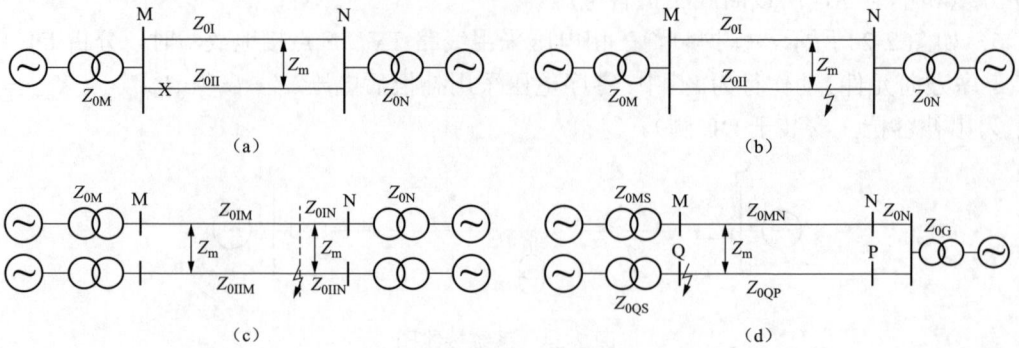

图 2-26 系统示意图

（a）Ⅱ线在"X"处单相断线；（b）Ⅱ线单相接地（靠近 N 侧）；

（c）Ⅱ线单相接地（靠近 N 侧）；（d）Ⅱ线单相接地（Q 母线出口）

$$U_{0M} = -I_{0M}Z_{0M} = kI_{0MI}Z_{0M}$$
$$U_{0N} = I_{0N}Z_{0N} = k'I_{0NI}Z_{0N}$$

此时Ⅰ线 M、N 侧都判断为反方向。

（2）零序网络如图 2-28 所示。

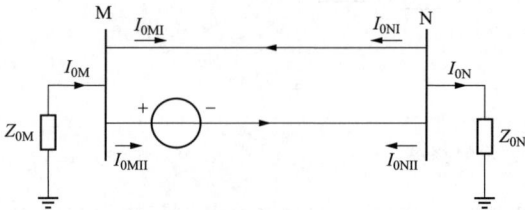

图 2-27 零序网络图（a）

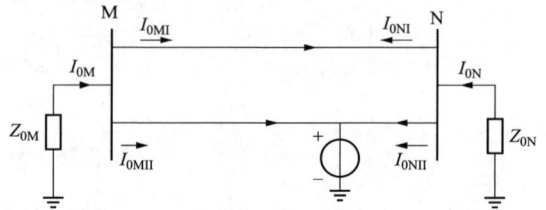

图 2-28 零序网络图（b）

$Z_{0M} = Z_{0N}$，k 点靠近 N 侧，根据电流流向，Ⅰ线的零序电流应该是 M 流向 N，得到

$$U_{0M} = -I_{0M}Z_{0M} = -kI_{0MI}Z_{0M}$$
$$U_{0N} = -I_{0N}Z_{0N} = k'I_{0NI}Z_{0N}$$

此时Ⅰ线 M 侧判为正方向、N 侧判为反方向；若 MN 线路电流流向由 N 流向 M，则 N 侧判为正方向、M 侧判为反方向。

（3）零序网络图如图 2-29 所示。

只针对线路Ⅰ进行分析，假设 N 侧互感产生电压大于 M 侧，当前参考方向下，电流实际流向为 M 流向 N，得到

$$U_{0M} = -I_{0M}Z_{0M} = -kI_{0MI}Z_{0M}$$
$$U_{0N} = I_{0N}Z_{0N} = k'I_{0NI}Z_{0N}$$

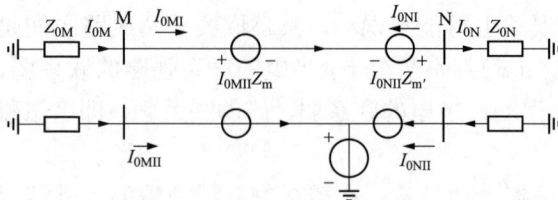

图 2-29 零序网络图（c）

Ⅰ线 MN 侧都判为正方向。若电流方向由 N 流向 M，结果一致。

（4）零序网络图如图 2-30 所示。

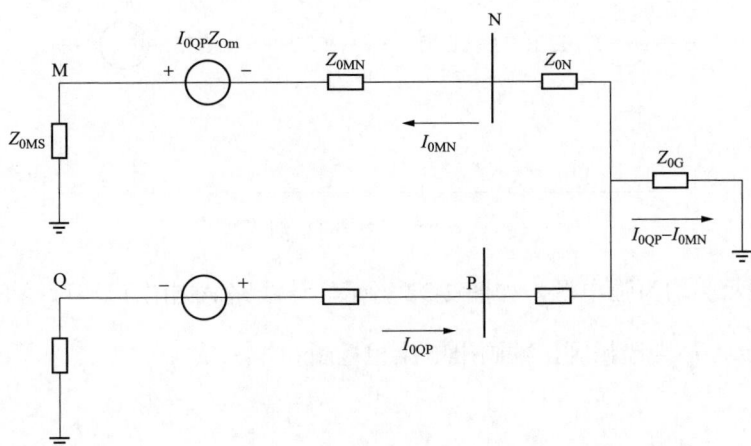

图 2-30 零序网络图（d）

$$-(I_{0QP}Z_{0G} - I_{0MN}Z_{0G}) + I_{0MN}Z_{0N} - I_{0QP}Z_{0m} + I_{0MN}Z_{0MS} + I_{0MN}Z_{0MN} = 0$$

可得

$$I_{0QP} = I_{0MN}\frac{Z_{0G} + Z_{0N} + Z_{0MN} + Z_{0MS}}{Z_{0G} + Z_{0m}}$$

因

$$U_{0N} = -I_{0MN}Z_{0N} + (I_{0QP} - I_{0MN})Z_{0G}$$

$$U_{0N} = \frac{Z_{0G}(Z_{0MN} + Z_{0MS}) - Z_{0m}(Z_{0G} + Z_{0N})}{Z_{0G} + Z_{0m}}I_{0MN}$$

当 $Z_{0G}(Z_{0MN} + Z_{0MS}) - Z_{0m}(Z_{0G} + Z_{0N}) < 0$ ，零序判正方向。

$$Z_{0m} > \frac{Z_{0G}(Z_{0MN} + Z_{0MS})}{Z_{0G} + Z_{0N}}$$

结论判断：对于（1）和（2），由于双回线两侧直接电的联系较强，属于"强电弱磁"，一回线路故障另一回线路不动作。对于（3），两线路没有直接的电气联系，属于"强磁弱电"，一回线短路会造成另一回线误动；对于（4），两线路一端有电气联系，需要分析是磁场联系强还是电的联系强，磁场强则误动，电场强则不误动。

8. 线路光纤电流差动保护可以接收对侧的电流电压，构成双端测距，线路发生经过渡电阻的单一故障时，已知 M、N 两侧的正序电流电压 $\dot{U}_m$、$\dot{U}_n$、$\dot{I}_m$、$\dot{I}_n$，线路全长为 D，每千米正序阻抗为 Z，计算 M 侧故障测距结果。

答：

单一故障时正序网络如图 2-31 所示。

设 M 侧测距结果为 D_m（单位：km），可得

$$\begin{cases} \dot{U}_{1F} = \dot{U}_m - \dot{I}_m \times D_m \times Z \\ \dot{U}_{1F} = \dot{U}_n - \dot{I}_n \times (D - D_m) \times Z \end{cases}，可得 D_m = \frac{\dot{U}_m - \dot{U}_n + \dot{I}_n \times D \times Z}{(\dot{I}_m + \dot{I}_n)Z}$$

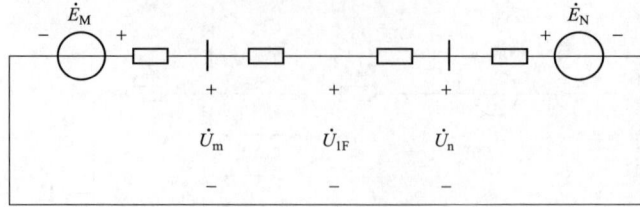

图 2-31　正序网络图

9. 某线路两侧均为强电源，如图 2-32 所示，该线路 A 相出口和母线 B、C 相同时接地故障时，确定 $\mathrm{Arg}\dfrac{\dot{I}_0}{\dot{I}_2}$ 选相区，并画出电流相量图。

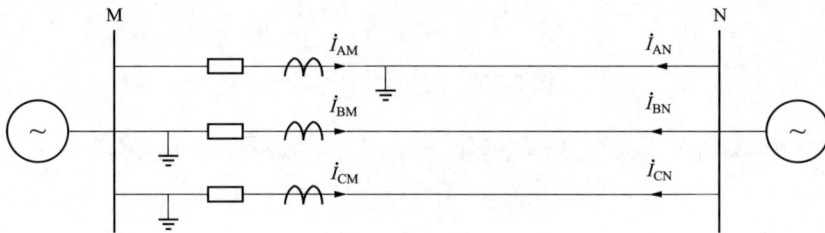

图 2-32　故障示意图

答：

故障电流相量图如图 2-33 所示。此时相当于在同一点发生三相短路，但流入保护的电流不具备三相短路电流的特征，设故障支路三相电流为 $\dot{I}_{FA}$、$\dot{I}_{FB}$、$\dot{I}_{FC}$，故障前三相电流为 $\dot{I}_{A|0|}$、$\dot{I}_{B|0|}$、$\dot{I}_{C|0|}$。

$$\begin{cases} \dot{I}_{AM} = C_1\dot{I}_{FA} + \dot{I}_{A|0|} \\ \dot{I}_{BM} = -(1-C_1)\dot{I}_{FB} + \dot{I}_{B|0|} \\ \dot{I}_{CM} = -(1-C_1)\dot{I}_{FC} + \dot{I}_{C|0|} \end{cases}$$

其中，C_1 为 M 侧正序电流分支系数。

由于 $\dot{I}_{A|0|}$、$\dot{I}_{B|0|}$、$\dot{I}_{C|0|}$ 为对称正序分量，计算负序、零序电流时不起作用。只需对下列三式进行负序、零序电流计算。

$$\begin{cases} \dot{I}'_{AM} = C_1\dot{I}_{FA} \\ \dot{I}'_{BM} = -(1-C_1)\dot{I}_{FB} \\ \dot{I}'_{CM} = -(1-C_1)\dot{I}_{FC} \end{cases}$$

$$3\dot{I}_{0M} = C_1\dot{I}_{FA} - (1-C_1)(\dot{I}_{FB} + \dot{I}_{FC}) = C_1\dot{I}_{FA} - (1-C_1)(-\dot{I}_{FA}) = \dot{I}_{FA}$$

$$3\dot{I}_{2aM} = \dot{I}_{AM} + a^2\dot{I}_{BM} + a\dot{I}_{CM} = 3\dot{I}_{0M} = \dot{I}_{FA}$$

由于 $\dot{I}_0 = \dot{I}_{2a} = \dfrac{\dot{I}_{FA}}{3}$，可得 $\arg\dfrac{\dot{I}_0}{\dot{I}_2} = 0°$，根据区域图 2-34，$-60° < \arg\dfrac{\dot{I}_0}{\dot{I}_2} < 60°$ 时选 A 区；$60° < \arg\dfrac{\dot{I}_0}{\dot{I}_2} < 180°$ 时选 B 区；$180° < \arg\dfrac{\dot{I}_0}{\dot{I}_2} < 300°$ 时选 C 区可得，选相元件选 A 区。

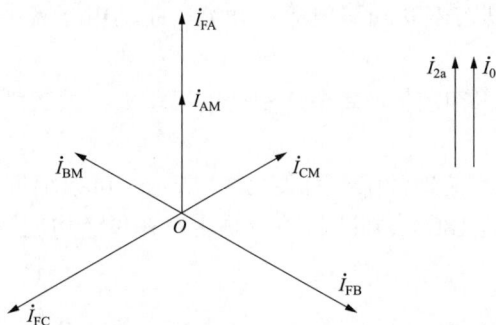

图 2-33　故障电流相量图

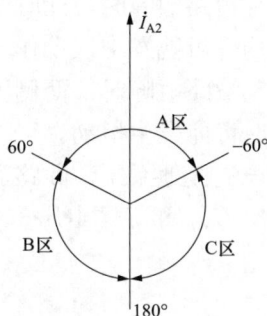

图 2-34　选相元件区域图

10. 防止 220kV 弱馈线路光纤电流差动保护拒动的措施是什么？对于保护装置用电压引自两侧母线 TV 的线路，在线路由单侧带电空充、另一侧开关检修的运行方式下，应采取什么措施防止线路光纤电流差动保护拒动？

答：

（1）为解决 220kV 弱馈线路在发生区内短路后，弱电侧由于三相电流为零、又无电流的突变，启动元件不启动引起差动保护拒动问题，在纵联电流差动保护中除了有两相电流差突变量启动元件、零序电流启动元件和不对应启动元件外，再增加一个"低压差流启动元件"，启动条件为：①差流元件动作；②差流元件的动作相或动作相间的电压小于 0.65 倍的额定电压；③收到对侧的允许信号。

（2）对于保护装置用电压引自母线 TV 的线路，在线路由单侧带电空充、另一侧开关检修的运行方式下，需将检修侧开关的操作电源按正常方式投入，确保 TWJ=1 有效开入保护装置，可靠开放差动保护功能。

11. 某线路微机零序方向继电器的灵敏角是 $\varphi_L = -110°$，动作范围为 $\theta = -110° \pm 80°$，自产 $3\dot{U}_0$，$3\dot{I}_0$ 取自 TA 中性线，从母线流向被保护线路方向定为电流的正方向。线路有功功率送 50MW，无功功率为零，如果在 A 相 TA 开路同时又恰逢 TV 二次回路故障 AB 相断线，试用相量图说明此时零序方向元件的动作状态。

答：

（1）$3\dot{I}_0 = \dot{I}_B + \dot{I}_C = -\dot{I}_A$；$3\dot{U}_0 = \dot{U}_c$。

（2）由于只送有功不送无功，$\dot{I}_A$ 与 $\dot{U}_A$ 同相，$3\dot{I}_0$ 与 $\dot{U}_A$ 反相。画出相量图如图 2-35 所示。$3\dot{I}_0$ 落在动作区内，故继电器动作。

12. 某输电线路光纤分相电流差动保护，一侧 TA 变比为 1200/5，另一侧 TA 变比为 600/1，因不慎误将 1200/5 的二次额定电流错设为 1A，说明正常运行和发生故障时会出现哪些问题？

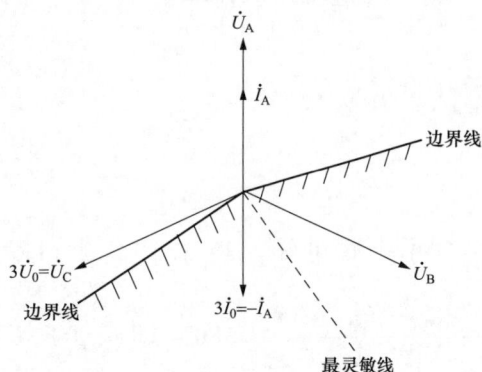

图 2-35　故障相量图

答：

（1）正常运行时，因为有差流存在，所以当线路负荷电流达到一定值时，差流会告警。

（2）外部短路故障时，此时线路两侧测量到的差动回路电流均增大，制动电流减小，故两侧保护均有可能发生误动作。

（3）内部短路故障时，两侧测量到的差动回路电流均减小，制动电流增大，故灵敏度降低，严重时可能发生拒动。

13．大电流接地系统，线路 MN 上发生 A 相接地故障，如图 2-36 所示，可以根据 M 处故障相电压 U_{MA} 和零序电压 $3U_0$ 相位是否相差 $180°$ 来判断故障点是否存在过渡电阻 R_g，证明上述结论。

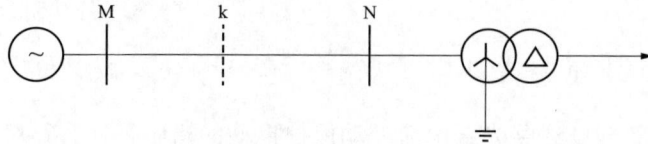

图 2-36　系统接线示意图

答：

线路 MN 上发生 A 相接地故障时序网图如图 2-37 所示。由序网图可得

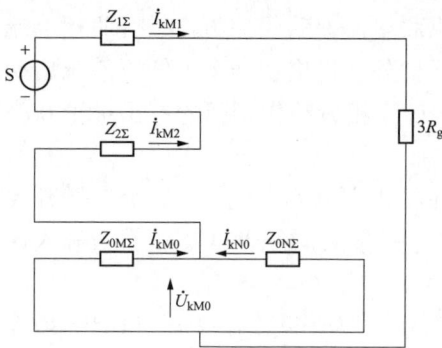

图 2-37　复合序网图

$$\dot{I}_{kM1} = \dot{I}_{kM2} = \dot{I}_{k0}$$

M 侧故障相电压为

$$\begin{aligned}\dot{U}_{MA} &= \dot{U}_{MA1} + \dot{U}_{MA2} + \dot{U}_{MA0} + \dot{U}_{Rg}\\&= \dot{I}_{kA1} \cdot Z_{ML1} + \dot{I}_{kA2} \cdot Z_{ML2} + \dot{I}_{kAM0}\\&\quad \cdot Z_{ML0} + \dot{I}_{kA} \cdot R_g\end{aligned}$$

其中　$\dot{I}_{kA} = \dot{I}_{kA1} + \dot{I}_{kA2} + \dot{I}_{kA0} = 3\dot{I}_{k0}$，　$\dot{I}_{kMA0} = C_{0M}\dot{I}_{kA0}$，$C_{0M}$ 为 M 侧零序分配系数。

M 侧零序电压 $3\dot{U}_{M0} = -C_{0M}\dot{I}_{k0} \cdot Z_{0M\Sigma}$

假设系统正序阻抗与负序阻抗相等，正序、负序、零序阻抗角相等，可得故障相母线相电压及零序电压相位关系为

$$\arg\frac{\dot{U}_{MA}}{3\dot{U}_0} = \frac{2Z_{ML1} + Z_{ML0} + 3R_g}{-C_{0M}Z_{0M\Sigma}}$$

由上式可知，当 M 侧非出口发生金属性单相接地故障时，$R_g = 0$，$\arg\dfrac{\dot{U}_{MA}}{3\dot{U}_0} = \dfrac{2Z_{ML1} + Z_{ML0} + 3R_g}{-C_{0M}Z_{0M\Sigma}} = 180°$，即 $\dot{U}_{MA}$ 与 $3\dot{U}_{M0}$ 相位相反（M 侧出口发生金属性单相接地故障时母线电压很小无法比较相位关系）；

线路发生非金属性单相接地故障时，$R_g \neq 0$，则 $\arg\dfrac{\dot{U}_{MA}}{3\dot{U}_0} = \dfrac{2Z_{ML1} + Z_{ML0} + 3R_g}{-C_{0M}Z_{0M\Sigma}} < 180°$，即 $\dot{U}_{MA}$ 与 $3\dot{U}_{M0}$ 相位不相反。

综上，$\dot{U}_{MA}$ 与 $3\dot{U}_{M0}$ 相位是否反相为判断是否经过渡电阻接地的直观方法。

14. 某 110kV 线路设置了三段式距离保护，Ⅰ段 0.7Ω，动作时间 0s；Ⅱ段 1.2Ω，动作时间 1.5s；Ⅲ段动作 3.6Ω，时间为 3s；TV 断线逻辑投入；距离保护采用了带记忆的极化电压并经振荡闭锁。相邻线路发生故障正确跳闸，负荷转移至本线路。在本线保护启动 2400ms 后，本线 TV 空开跳闸，请分析本线距离保护动作情况。

答：

距离Ⅰ段跳闸，距离Ⅱ、Ⅲ段时间未到，不动作。

当相邻线路发生故障时，本线保护启动，保护返回前退出 TV 断线判别逻辑，160ms 后，装置投入振荡闭锁逻辑，2400ms 后本线 TV 空开跳闸，三相电压为零，电压满足对称短路开放元件条件：$-0.03U_n < U_{os} < 0.08U_n$，经 100～200ms 延时开放距离Ⅰ段、Ⅱ段保护振荡闭锁，从而在 2500～2600ms 后，电压为零时，带记忆的极化电压阻抗动作特性包含原点，测量阻抗满足距离Ⅰ段定值，距离Ⅰ段动作跳闸。

15. 工频变化量阻抗继电器工作电压 $\Delta \dot{U}_{OP}$ 定义为 $\Delta \dot{U}_{OP} = \Delta(\dot{U}_m - \dot{I}_m Z_{set})$，短路点电压变化量为 $\Delta \dot{U}_F$，保护动作条件为 $|\Delta \dot{U}_{OP}| > |\Delta \dot{U}_F|$。请问：

（1）试分析正方向故障、反方向故障动作特性，绘制阻抗特性图。

（2）判断正方向出口短路时是否有死区。

（3）说明保护过渡电阻为什么有自适应功能。

答：

（1）正方向短路时，计算示意图如图 2-38 所示。

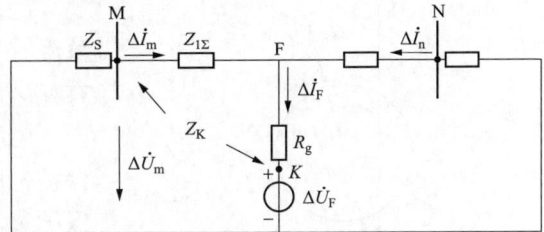

图 2-38　正向短路等效电路图

$$|\Delta \dot{U}_{OP}| > |\Delta \dot{U}_F|$$

$$|-\Delta \dot{I}_m(Z_S + Z_{set})| > |\Delta \dot{I}_m(Z_S + Z_K)|$$

$$|Z_S + Z_{set}| > |Z_S + Z_K|$$

将幅值比较方程变为相位比较方程，可得

$$90° < \arg \frac{Z_K - Z_{set}}{Z_K + 2Z_S + Z_{set}} < 270°$$

动作特性如图 2-39 所示。

反方向短路时，计算示意图如图 2-40 所示。

$$|\Delta \dot{U}_{OP}| > |\Delta \dot{U}_F|$$

$$|\Delta \dot{I}_m(Z_R - Z_{set})| > |\Delta \dot{I}_m(-Z_R - Z_K)|$$

$$|Z_R - Z_{set}| > |-Z_S - Z_K|$$

将幅值比较方程变为相位比较方程，可得

$$90° < \arg \frac{-Z_K - 2Z_R + Z_{set}}{-Z_K - Z_{set}} < 270°$$

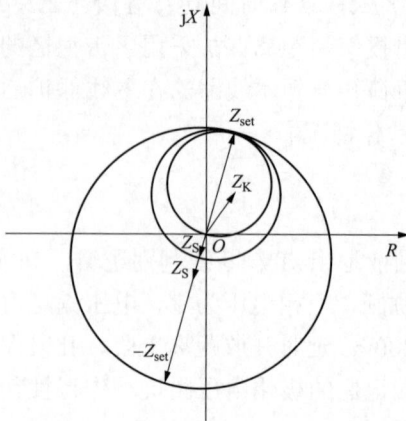

图 2-39　正向短路动作特性

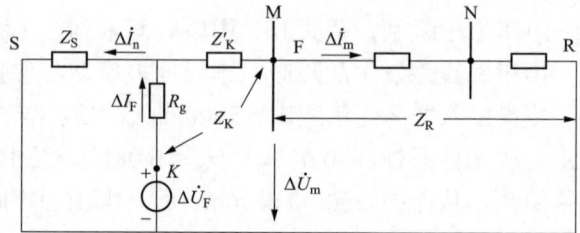

图 2-40　反相短路等效电路图

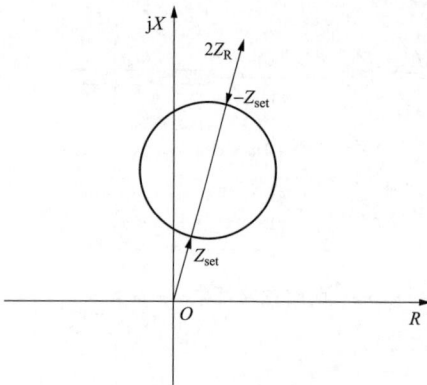

图 2-41　反向短路动作特性

动作特性如图 2-41 所示。

（2）通过特性图可知，正方向短路时特性圆向第Ⅲ象限有很大偏移，动作区包含原点，正方向出口时没有死区。

（3）工频变化量阻抗继电器在 R 方向上有更多的保护范围，所以在区内经过渡电阻短路更不易拒动，保护过渡电阻的能力很强。当保护背后运行方式变小时，过渡电阻附加分量 $\left(\dfrac{\Delta \dot{I}_\mathrm{F}}{\Delta \dot{I}_\mathrm{m}}\right) R_\mathrm{g}$ 增大，但动作特性圆由于 Z_S 的增大，特性圆向第Ⅲ象限移动，特性圆直径增大，特性圆在 R 轴上的分量随之增大，保护过渡电阻的能力也随之提高。

16. 如果阻抗继电器的动作方程为 $90° \leqslant \arg \dfrac{Z_\mathrm{J} - Z_\mathrm{zd}}{Z_\mathrm{J}} \leqslant 270°$，式中 Z_J 为测量阻抗，Z_zd 为整定阻抗。请问：

（1）在阻抗复数平面上画出它的动作特性。

（2）写出继电器用电压形式实现的动作方程（即用加在继电器上的电压 U_J、电流 I_J 和整定阻抗 Z_zd 表达的动作方程）。

（3）说明该继电器在防止正方向出口短路可能会拒动（出现死区）、在反方向出口短路可能会误动方面应采取什么措施?采取措施后，请画出正向短路和反向短路时的暂态动作特性（保护反方向的阻抗为 $Z_\mathrm{s} \angle \varphi$，正方向的所有阻抗为 $Z_\mathrm{R} \angle \varphi$，保护的整定阻抗为 $Z_\mathrm{zd} \angle \varphi$）。

答：

（1）动作特性如图 2-42 所示。

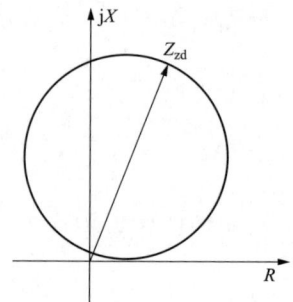

图 2-42　阻抗继电器动作特性图

（2）$90° \leqslant \arg \dfrac{U_J - I_J Z_{zd}}{U_J} \leqslant 270°$

（3）应采取的措施为：对极化电压（U_J）进行记忆，即用短路前的电压作为极化电压，此时，正、反方向的动作方程分别为

$$90° \leqslant \arg \dfrac{Z_J - Z_{zd}}{Z_J + Z_s} \leqslant 270° \quad（正向）$$

$$90° \leqslant \arg \dfrac{Z_J - Z_{zd}}{Z_J - Z_R} \leqslant 270° \quad（反向）$$

继电器正方向和反方向短路的暂态特性如图 2-43 所示。

由图 2-43 可见，正向故障时，坐标原点在动作特性内，所以正向出口短路消除了死区，反向故障时，动作特性远离坐标原点，防止了反向出口短路继电器误动。

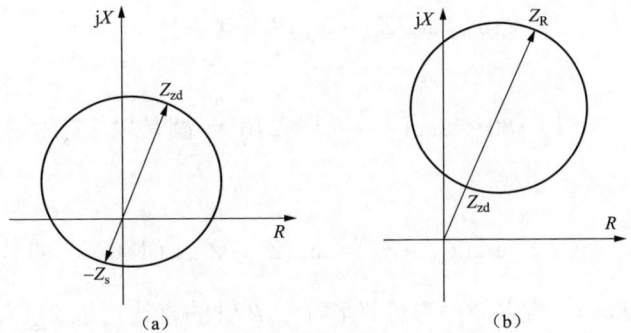

图 2-43　故障时阻抗继电器的动作特性

（a）正方向；（b）反方向

17. 某方向距离继电器的Ⅲ段在阻抗平面上的动作特性由三个等直径的圆组成，三个圆相互半重叠，并沿线路阻抗方向依次排列，如图 2-44 所示。设整定阻抗为 Z_{set}，其阻抗角与线路阻抗角相等。请分别写出该距离继电器阻抗形式的相位比较和幅值比较动作判据。

答：

阻抗继电器动作方程分为两大类，一类为幅值比较方程，$|\dot{A}| > |\dot{B}|$，另一类为相位比较方程，$\varphi_1 < \arg\left(\dfrac{\dot{C}}{\dot{D}}\right) < \varphi_2$。幅值比较方程与相位比较方程两者等效，依据平行四边形法则，$\begin{cases} \dot{C} = \dot{B} - \dot{A} \\ \dot{D} = \dot{B} + \dot{A} \end{cases}$，两者可以互相转换。

设三圆所示动作区分别为 A、B、C，那么各自的动作判

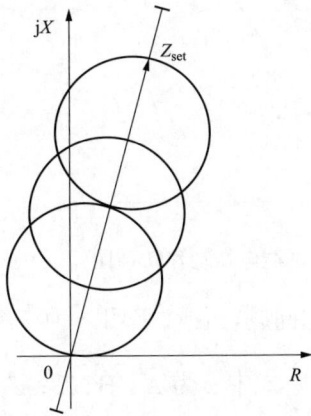

图 2-44　阻抗继电器动作特性图　据为：

A：相位判据 $90° < \arg \dfrac{Z - \dfrac{1}{2} Z_{set}}{Z} < 270°$，幅值判据 $\left| Z - \dfrac{1}{4} Z_{set} \right| < \left| \dfrac{1}{4} Z_{set} \right|$

B：相位判据 $90° < \arg \dfrac{Z - \dfrac{3}{4} Z_{set}}{Z - \dfrac{1}{4} Z_{set}} < 270°$，幅值判据 $\left| Z - \dfrac{1}{2} Z_{set} \right| < \left| \dfrac{1}{4} Z_{set} \right|$

C：相位判据 $90° < \arg \dfrac{Z - Z_{set}}{Z - \dfrac{1}{2} Z_{set}} < 270°$，幅值判据 $\left| Z - \dfrac{3}{4} Z_{set} \right| < \left| \dfrac{1}{4} Z_{set} \right|$

图 2-44 动作区域为综合动作判据：$A \cup B \cup C$ 形成。

18．设 Z_x 为固定阻抗值，阻抗角与整定阻抗 Z_{set} 的阻抗角相等，Z_m 为测量阻抗，按以下动作方程作出 Z_m 的动作特性，并以阴影线表示 Z_m 的动作区。

（1） $180° < \arg \dfrac{Z_m - Z_{set}}{Z_m + Z_x} < 270°$

（2） $210° < \arg(Z_{set} - Z_m) < 330°$

答：

（1）$180° < \arg \dfrac{Z_m - Z_{set}}{Z_m + Z_x} < 270°$ 半圆是以 $-Z_x$ 和 Z_{set} 为直径的右半圆，动作特性如图 2-45 所示。

（2） $\arg(Z_{set} - Z_m) = \arg(Z_m - Z_{set}) + 180°$。动作方程变为 $30° < \arg \dfrac{Z_m - Z_{set}}{R} < 150°$，

$R = 1$，是以 Z_{set} 的实部平行于 R 轴的直线，以 Z_{set} 为基准点，左侧为向上 $30°$ 倾斜的直线，右侧为向上 $30°$ 倾斜的直线所构成的动作区域，动作特性如图 2-46 所示。

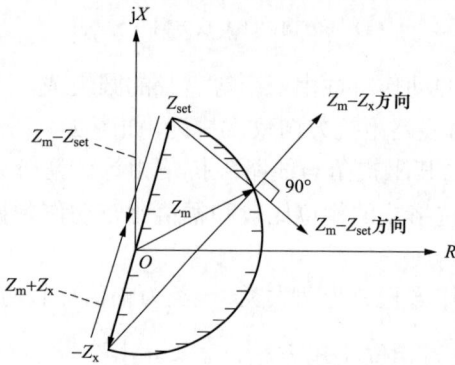

图 2-45　阻抗继电器动作特性图　　　　图 2-46　阻抗继电器动作特性图

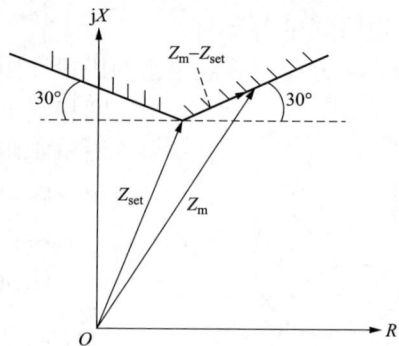

19．为了防止接地距离在区外经过渡电阻短路时产生的超越问题，往往采用一种零序电抗继电器。其动作方程为 $90° \leq \arg \dfrac{\dot{U}_\varphi - (\dot{I}_\varphi + K3\dot{I}_0)Z_{set}}{\dot{I}_0 e^{j(90°+\theta)}} \leq 270°$，式中 φ 为 A、B、C；Z_{set} 为整定阻抗；$\theta < 0°$。请问：

（1）在阻抗复数平面上画出它的动作特性并说明它的动作区。

（2）简要说明为什么该继电器在防止区外经过渡电阻短路时的超越问题具有一定的自适应功能。

答：

（1）上式可演化为

$$180° + \theta \leq \arg \dfrac{Z_J - Z_{zd}}{\dfrac{\dot{I}_0}{\dot{I}_\varphi + K3\dot{I}_0}} \leq 360° + \theta$$

$$180° + \theta \leq \arg \dfrac{Z_J - Z_{zd}}{Re^{j\alpha}} \leq 360° + \theta$$

$$180° + \theta + \alpha \leqslant \arg \frac{Z_J - Z_{zd}}{R} \leqslant 360° + \theta + \alpha$$

注：式中 Z_J 为测量阻抗，$\alpha = \arg \dfrac{\dot{I}_0}{\dot{I}_\varphi + K3\dot{I}_0}$。

如果：$\theta + \alpha < 0°$，由于 α 较小，一般情况下动作特性如图 2-47 所示。其中，直线下方为动作区。

如果 $\theta + \alpha > 0$，动作特性如图 2-48 所示。其中，直线下方为动作区。

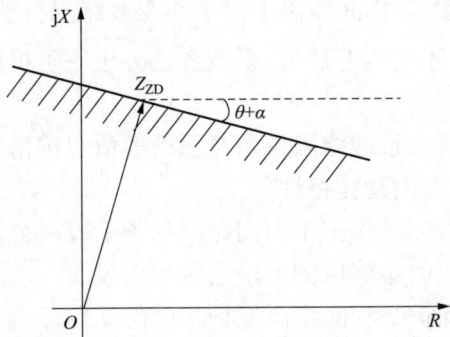

图 2-47　$\theta + \alpha < 0°$ 时阻抗继电器动作特性图　　图 2-48　$\theta + \alpha > 0$ 时阻抗继电器动作特性图

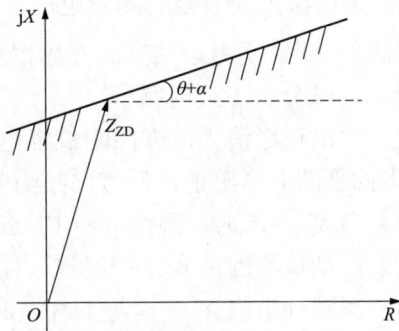

（2）因为 α 与过渡电阻产生的附加阻抗的阻抗角近似相等，所以具有一定的自适应功能。

20. 某 220kV 馈线，负荷侧接有 YN/d11 变压器（变压器中性点接地），当该线路发生 A 相接地故障时，设系统正、负序阻抗相等，正、负、零序阻抗角相等，$\dot{U}_{OP.A0} = \dot{U}_{A0} - (1+3K)\dot{I}_{A0}Z_{set}$，$\dot{U}_{OP.A2} = \dot{U}_{A2} - \dot{I}_{A2}Z_{set}$；$\dot{U}_{A0}$、$\dot{U}_{A2}$ 为保护安装处 A 相的零序、负序电压；$\dot{I}_{A0}$、$\dot{I}_{A2}$ 为保护安装处 A 相的零序、负序电流；Z_{set} 为线路整定阻抗；K 为零序补偿系数。试分析线路负荷侧使用电压电流序分量选相元件的选相结果。（提示：$\arg \dfrac{\dot{U}_{OP.A0}}{\dot{U}_{OP.A2}} = \arg \dfrac{\dot{I}_{A0}}{\dot{I}_{A2}}$，即电压、电流序分量选相元件具有与序电流选相元件相同的工作原理）

答：

实际 $\dot{U}_{OP.A0}$、$\dot{U}_{OP.A2}$ 为整定阻抗末端 A 相的零序电压、负序电压。线路发生 A 相接地故障时，设 Z_{T0} 为母线背后变压器的零序阻抗，则对于负荷侧有

$$\dot{U}_{A0} = -\dot{I}_{A0}Z_{T0}$$

$$\dot{U}_{OP.A0} = -\dot{I}_{A0}[Z_{T0} + (1+3K) \cdot Z_{set}]$$

由于 $\dot{I}_{A2} = 0$，可得 $\dot{U}_{OP.A2} = \dot{U}_{KA2}$（其中 $\dot{U}_{KA2}$ 为故障点负序电压）。

由于 $\dot{I}_{A0} = C_0 \dfrac{\dot{I}_{KA}}{3}$、$\dot{U}_{KA2} = -\dot{I}_{KA2}Z_{\Sigma2} = -\dfrac{\dot{I}_{KA}}{3}Z_{\Sigma2}$，（其中，$\dot{I}_{KA}$ 为故障点 A 相电流，$Z_{\Sigma2}$ 为故障点负序等值阻抗，C_0 为负荷侧零序分配系数），所以有 $\arg \dfrac{\dot{U}_{OP.A0}}{\dot{U}_{OP.A2}} = \arg \dfrac{\dot{I}_{A0}}{\dot{I}_{A2}} =$

$$\arg\left[C_0 \frac{Z_{T0} + (1+3K) \cdot Z_{set}}{Z_{\Sigma2}}\right] \approx 0°。$$

选相区为 A 区。同时负荷侧因 BC 相线电流为零，BC 相线电压幅值较高，BC 相阻抗元件不动作，因此选 A 相接地故障。

21. 系统如图 2-49 所示，NP 线路 N 侧站内装有一台串补电容装置 X，若串补电容线路侧 F1 点发生相间短路故障，假设故障期间串补正常运行（MOV 和放电间隙未动作），线路空载。保护 1、保护 2 距离保护是采用记忆电压 $\dot{U}_{[0]}$ 作为极化量的方向阻抗圆（记忆消失后，采用保护安装处的测量电压 $\dot{U}_j$ 作为极化量），相间距离 I 段按 50%线路阻抗整定，阻抗灵敏角 90°，不考虑装置和互感器采样误差（不考虑互感），系统各部分正序阻抗如图 2-49 所示。试分析下列问题：

（1）写出记忆消失前方向阻抗继电器动作方程，设线路阻抗角及系统等值阻抗角均为 a，在阻抗平面上画出正、反方向故障时阻抗继电器的动作特性。

（2）当 $X_c = -j5$ 时，画图分析 F1 点相间短路故障时保护 1 相间距离保护 I 段在记忆功能消失前后动作特性，并分析正常运行时保护 1 相间距离保护 I 段是否可以投入。

（3）画图分析当 X_c 分别等于 $-j5$ 和 $-j10$ 时，保护 2 相间距离保护 I 段的动作行为。

（4）若系统各部分零序阻抗和正序阻抗相位和大小一致，试分析当 X_c 分别等于 $-j10$ 和 $-j25$ 时，保护 3 的零序方向继电器在采用 TV1 和 TV2 有何不同；若存在不正确动作风险，可采取何措施。

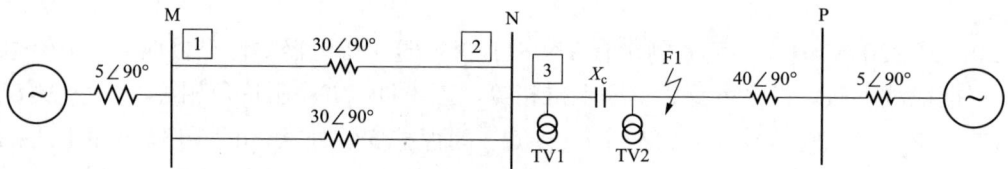

图 2-49 系统接线示意图

答：

（1）采用记忆电压 $U_{[0]}$ 作为极化量的方向阻抗继电器动作方程为

$$90° \leqslant \arg\frac{U_{op}}{U_{[0]}} \leqslant 270°$$

式中 U_{op}——工作电压，$U_{op} = U_j - I_j \times Z_{set}$；

Z_{set}——表示整定阻抗；

$U_{[0]}$——保护安装处故障前电压（因故障前线路空载，正方向故障时，$U_{[0]}$ 可用故障后电源电动势表示 $U_{[0]} = U_j - I_j \times Z_s$；反方向故障时，$U_{[0]}$ 可用故障后电源电动势表示 $U_{[0]} = U_j - I_j \times Z_R$）；

U_j——保护的测量电压，相间故障时 $U_j = I_j \times Z_j$；

I_j——保护的测量电流；

Z_j——保护测量阻抗；

Z_s——保护安装处故障点反方向系统等值阻抗；

Z_R——保护安装处正方向系统等值阻抗。

正方向故障时保护动作方程为

$$90°<\arg\frac{Z_j-Z_{set}}{Z_j+Z_s}<270°$$

反方向故障时保护动作方程为

$$90°<\arg\frac{Z_j-Z_{set}}{Z_j-Z_R}<270°$$

阻抗平面上画出正、反方向故障时阻抗继电器的动作特性如图 2-50 所示。

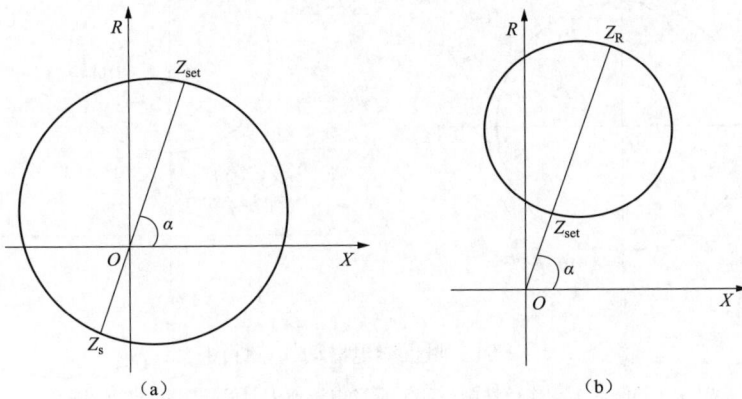

图 2-50　故障时阻抗继电器的动作特性

（a）正方向；（b）反方向

（2）保护 1 距离保护 I 段 $Z_I=0.5\times Z_{MN}=15\angle90°$，故障点 F1 在保护 1 的正方向。

保护 1 反方向系统等值阻抗 $Z_s=2\times5\angle90°=10\angle90°$；

F1 点故障，记忆功能消失前后保护 1 动作特性圆见图 2-51（a）。

F1 点故障时，保护 1 的测量阻抗为 $Z_j=30\angle90°-2\times5\angle90°=20\angle90°$。

记忆功能消失前，保护 1 的动作特性圆是以 Z_s+Z_{set} 为直径的圆，如图 2-51 中实线圆所示。

因为 20＞15，所以保护 1 相间距离 I 段将正确不动作。

记忆功能消失后，保护 1 的测量阻抗不变，动作特性圆是以 Z_{set} 为直径的圆，如图 2-51 中虚线圆所示。

因为 20＞15，所以保护 1 相间距离 I 段不动作。

当 $X_c=-j5$ 时，F1 点故障保护 1 记忆功能消失前后，按线路 50%阻抗整定的相间距离保护 I 段将不会误动作，可正常投入运行。

（3）保护 2 相间距离保护 I 段 $Z_I=0.5$，$Z_{MN}=15\angle90°$，F1 点故障。

当 $X_c=-j5$ 时，保护 2 的测量阻抗为 $Z_j=2X_c=10\angle90°$

当 $X_c=-j10$ 时，保护 2 的测量阻抗为 $Z_j=2X_c=20\angle90°$

1）记忆电压消失前：

F1 点故障，记忆功能消失前保护 2 动作特性圆见图 2-51（b）。

故障点 F1 在保护 2 的反方向，保护 2 安装处正方向系统等值阻抗为

$$Z_R = 2 \times 5 \angle 90° + 30 \angle 90° = 40 \angle 90°$$

保护 2 距离保护动作特性阻抗圆是以 $Z_R - Z_{set}$ 为直径的圆。

因为 10＜15，20＜40，所以在记忆功能消失前，按线路阻抗 50%整定的保护 2 相间距离 I 段，在 $X_c = -j5$ 时正确不动作，在 $X_c = -j10$ 时将误动。

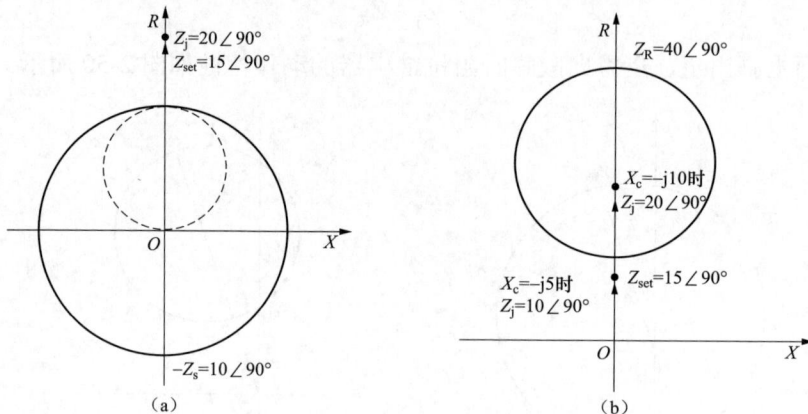

图 2-51　阻抗继电器动作特性图

（a）保护 1 动作特性圆；（b）记忆电压消失前保护 2 动作特性圆

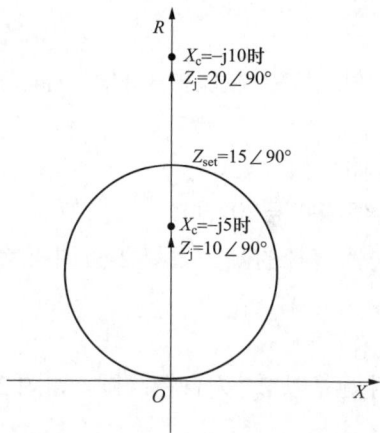

图 2-52　记忆电压消失后保护 2 动作特性圆

2）记忆电压消失后：

保护 2 距离保护动作特性阻抗圆是以 Z_{set} 为直径的圆。

F1 点故障，记忆功能消失后保护 2 动作特性圆如图 2-52 所示。

因为 10＜15，20＞15，所以记忆电压消失后，按线路阻抗 50%整定的保护 2 相间距离 I 段，在 $X_c = -j5$ 将误动；在 $X_c = -j10$ 时正确不动作。

（4）F1 点故障时，保护 3 零序方向继电器是否能够正确动作，关键看保护所采用 TV 在故障点反方向上的系统等值阻抗。当系统等值阻抗呈感性时，零序方向继电器可以正确动作；当系统等值阻抗呈容性时，零序方向继电器将会拒动作。

当保护 3 采用 TV1 时，无论 $X_c = -j10$ 或 $-j25$，其反方向系统等值阻抗均为 j20，呈感性，零序方向继电器可以正确动作。

当保护 3 采用 TV2 时，若 $X_c = -j10$，其反方向系统等值阻抗均为 j10，呈感性，零序方向继电器可以正确动作。

当保护 3 采用 TV2 时，若 $X_c = -j25$，其反方向系统等值阻抗均为$-j5$，呈容性，零序方向继电器将拒动。

22．220kV 双侧电源系统如图 2-53 所示，系统阻抗标么值已注明，$X_{1M} = X_{1N} = 0.3$，$X_{0M} = X_{0N} = 0.4$，线路参数 $X_{1L} = 0.5$，$X_{0L} = 1.35$，$\dot{E}_M = \dot{E}_N = 1$，基准电压为 230kV，基准容量为 1000MVA。某日，系统中某处故障切除后发生振荡，当两侧电源系统夹角摆至 $\dot{E}_M$ 超前 $\dot{E}_N$ 120°时，在振荡中心处发生 A 相金属性接地故障，试分析以下问题：

（1）已知保护 M 振荡闭锁不对称开放条件为 $|\dot{I}_2| + |\dot{I}_0| > 0.5|\dot{I}_1|$，请问故障时 M 保护装置振荡闭锁能否开放？

（2）若不能开放，请定性说明保护如何动作？

答：

（1）系统振荡时发生故障，可看成是振荡时的负荷状态与故障时的故障分量的叠加，设 $\dot{E}_{NA} = 1\angle 30°$，则 $\dot{E}_{MA} = 1\angle 150°$。振荡时故障的相量图如图 2-54 所示。

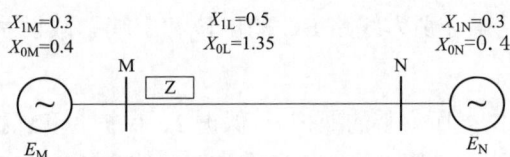

图 2-53 系统示意图

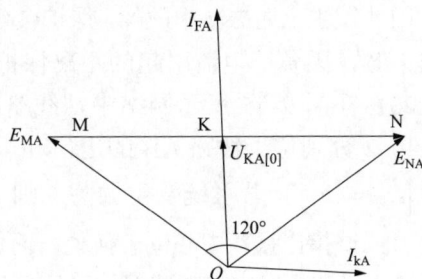

图 2-54 振荡时相量图

纵向正序阻抗为

$$X_{11} = X_{1M} + X_{1L} + X_{1N} = 0.3 + 0.5 + 0.3 = 1.1$$

振荡中心 A 相金属性短路时 M 侧分配系数为

$$C_1 = C_2 = C_0 = 0.5$$

综合正序阻抗为

$$X_{1\Sigma} = X_{11} / 4 = 0.275$$

综合零序阻抗为

$$X_{0\Sigma} = (X_{0M} + X_{0L} + X_{0N}) / 4 = (0.4 + 1.35 + 0.4) / 4 = 0.5375$$

总阻抗为

$$X_{\Sigma} = X_{1\Sigma} + X_{2\Sigma} + X_{0\Sigma} = 0.275 + 0.275 + 0.5375 = 1.0875$$

负荷分量为

$$\dot{I}_{FA} = (\dot{E}_{MA} - \dot{E}_{NA}) / (jX_{11}) = (1\angle 150° - 1\angle 30°) / (j1.1) = 1.575\angle 90° \text{(A)}$$

故障分量为

$$\dot{I}_{KA1} = \dot{I}_{KA2} = \dot{I}_{KA0} = \frac{1}{2}(\dot{E}_{MA} + \dot{E}_{NA}) / (jX_{\Sigma}) = \frac{1}{2}(1\angle 150° + 1\angle 30°) / (j1.0875) = 0.46 \text{(A)}$$

M 侧的负序、零序电流分量为

$$I_2 = I_0 = 0.5 \times 0.46 = 0.23 \,(\text{A})$$

M 侧的正序电流分量为

$$I_1 = \sqrt{1.575^2 + 0.23^2} = 1.592 \,(\text{A})$$

流过 M 侧的电流为

$$\left|\dot{I}_2\right| + \left|\dot{I}_0\right| = 0.23 + 0.23 = 0.46 < 0.5\left|\dot{I}_1\right| = 0.796$$

因此，M 处保护振荡闭锁不能开放。

（2）对于开放条件 $\left|\dot{I}_2\right| + \left|\dot{I}_0\right| > 0.5\left|\dot{I}_1\right|$，当 $\dot{E}_\text{M}$ 与 $\dot{E}_\text{N}$ 夹角较大时，负荷电流比较大，故障点电压较低，因此故障分量较小，上式无法满足。

当 $\dot{E}_\text{M}$ 与 $\dot{E}_\text{N}$ 夹角变小时，负荷电流比较小，故障点电压较大，故障分量较大，单相接地时，有 $I_1 = I_2 = I_0$，因此 $\left|\dot{I}_2\right| + \left|\dot{I}_0\right| > 0.5\left|I_1\right|$ 满足。

因此发生上述振荡中故障，保护会延时开放振荡闭锁。这样做，同时可以避免 $\dot{E}_\text{M}$ 与 $\dot{E}_\text{N}$ 夹角较大时，因负荷电流引起的距离保护误动。

23．在图 2-55 所示网络中，线路阻抗 $0.4\Omega/\text{km}$，全系统阻抗角均等于 $70°$。图 2-55 中，1、2 分别位于线路 AB 的出口和末端；3、4 分别为线路 BC 的出口和末端。假设系统电势 $\left|\dot{E}_\text{m}\right| = \left|\dot{E}_\text{n}\right|$，若系统发生振荡，则

（1）试指出振荡中心位于何处，而保护 1（1 处所安装的保护）、保护 2、保护 3 和保护 4 的距离 I 段和 II 段中有哪些保护可能受振荡的影响。（假设线路 I 段定值取线路全长的 80%）

（2）若振荡周期取 2s，对于保护 1 的距离 II 段，若其定值为 60Ω，求可能使其测量元件误动的 δ 角的范围及误动时间；若该段保护延时为 0.5s，确认能否误动。

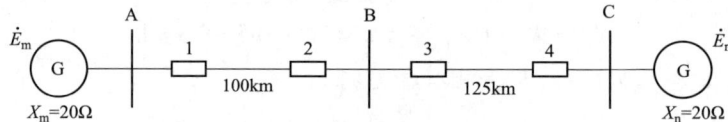

图 2-55　系统接线示意图

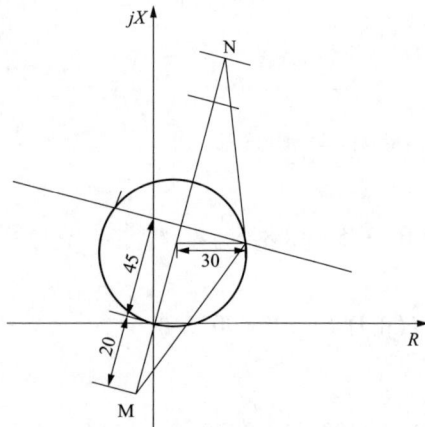

图 2-56　振荡过程中保护阻抗特性轨迹图

答：

（1）振荡中心位于 BC 线路距 B 侧 12.5km 处，保护 1 的 II 段，保护 3 的 I、II 段，保护 4 的 II 段受影响。

（2）保护 1 的距离 II 段，若其定值为 60Ω，绘制动作特性图（见图 2-56）。

保护圆半径为 30Ω，振荡中心距保护 1 距离为 $65\Omega - 20\Omega - 30\Omega = 15\Omega$，可求出振荡轨迹动作角 $\delta = \arcsin\left(\dfrac{15\Omega}{30\Omega}\right) = 30°$，动作时间 $t_\delta = \dfrac{2 \times 30}{360} = 0.167\text{s}$ $< 0.5\text{s}$，不会误动。

24. 已知 110kV 系统接线图如图 2-57 所示，110kV 甲变电站、110kV 乙光伏站、110kV 丙光伏站为三端 T 接运行方式。某日，110kV 光伏丙站 10kV 电缆线路上发生 AB 相间故障时，110kV 乙光伏站、110kV 丙光伏站开关跳闸，系统侧 110kV 甲变电站侧断路器未跳闸。请回答以下问题：

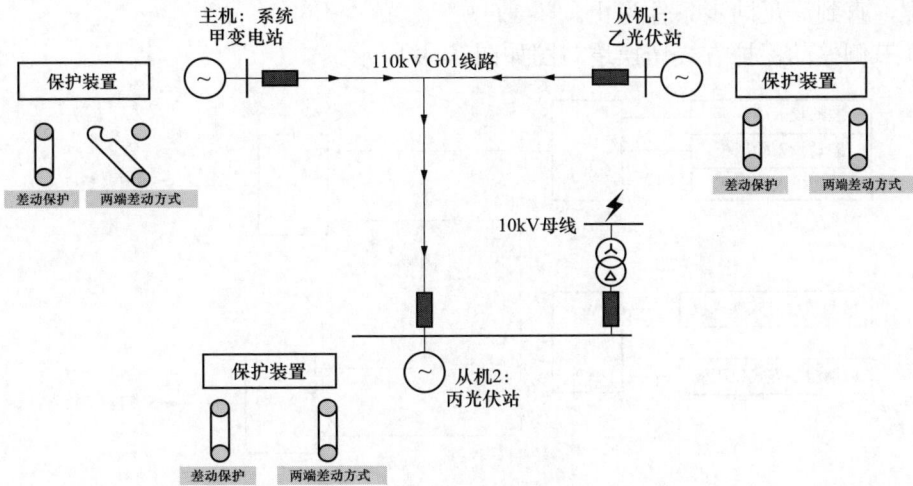

图 2-57 系统接线示意图

（1）请画出 T 接线路三端光差的输电线路保护装置光纤联系图，说明差动同步过程。

（2）请说明三侧差动保护投退逻辑，并画出差动保护方式切换逻辑图。

（3）请分析单一光纤通道异常对保护动作行为的影响。

（4）请分析本次事件的原因。

答：

（1）T 接线路三端光差的输电线路保护装置光纤联系图如图 2-58 所示。

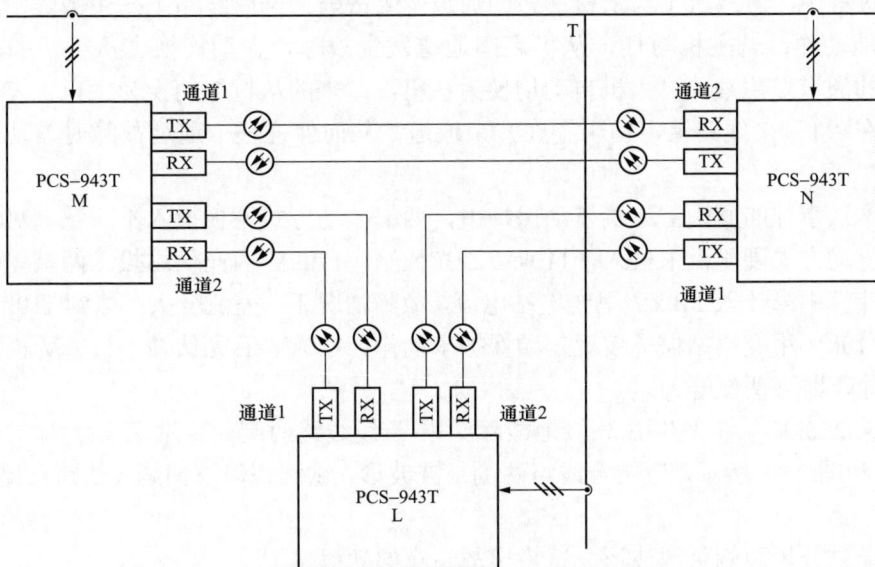

图 2-58 光纤联系图

其中一侧为主机（M 侧），作为参考端，另两侧分别为从机 1（N 侧）、从机 2（L 侧），作为同步端。主从机由装置自动形成，不需整定。三侧以同步方式交换信息，参考端采样间隔固定，并在每一采样间隔中固定向对侧发送一帧信息。两个同步端随时调整采样间隔，与参考端保持同步，如果满足同步条件，就向两个对侧传输三相电流采样值；否则，启动同步过程，直到满足同步条件为止。

（2）三侧差动保护方式切换逻辑图如图 2-59 所示。

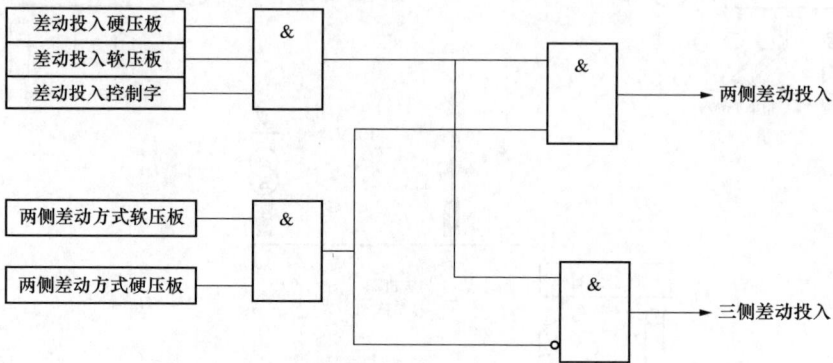

图 2-59　三侧差动保护方式切换逻辑图

在三侧保护装置中，没有两侧差动投入或者仅有一侧装置投入两侧差动方式，则三侧装置处于三侧差动方式；当三侧保护装置中，有两侧保护装置的两侧差动投入时，此时这两侧的差动保护处于两侧差动方式下，未投入两侧差动方式侧的差动保护处于退出状态，若第三侧保护装置的两侧方式压板投入，不会影响之前另外两侧保护装置的两侧差动方式，同时保护装置会发出"两侧差动方式错"告警。

（3）单一光纤通道异常对保护动作行为的影响。

运行过程中，若从机 1 与从机 2 之间通道发生故障，同时线路上发生故障，分相差动保护仍然能动作；若主机与任一从机之间通道发生故障，自动切换主从机，如主机与从机 1 之间的通道发生故障，主机自动切换为从机，原来的从机 2 切换为主机，差动保护仍起作用。在"T"接线路上，由于存在冗余通道，从而保证任一通道故障时差动保护仍然投入。

（4）本次事件的原因：三端差动保护中，两端差动方式压板投入不一致，110kV 甲变电站两端差动方式硬压板未投入，110kV 乙光伏站、110kV 丙光伏站投入两端差动方式，导致差流计算中未计入 110kV 甲变电站电流，故障情况下，差流变大，达到 110kV 线路差流定值，110kV 甲变电站保护装置差动保护未动，110kV 乙光伏站、110kV 丙光伏站差动保护动作，跳开两侧开关。

25. 某 220kV 系统发生 B 相接地故障，甲-乙线线路两侧（甲站/乙站）保护动作录波如图 2-60 和图 2-61 所示，请结合线路两侧录波波形，试回答以下问题（线路两侧的 TA 变比相同）：

（1）通过分析两侧录波波形，试指出故障点的大概位置。

（2）保护在故障中动作是否正常？试分析造成该现象的可能原因并提出现场检查重点。

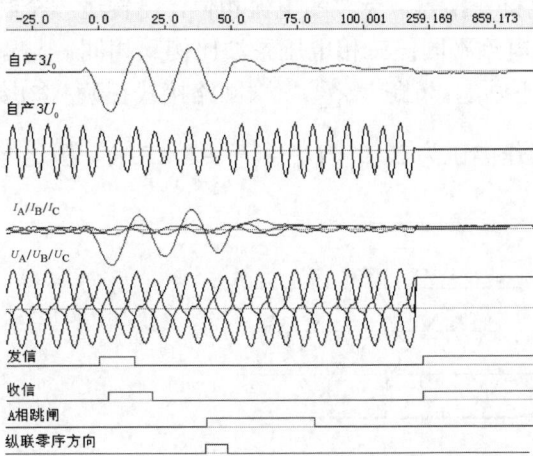

图 2-60 甲站故障录波（故障时 B 相电流最大） 图 2-61 乙站故障录波（故障时 B 相电流最大）

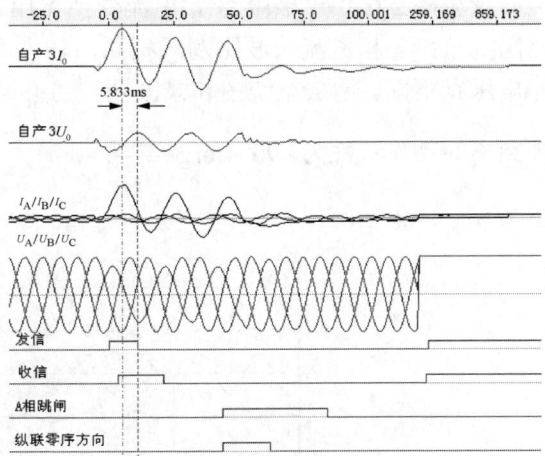

答：

（1）通过比较线路两侧的 B 相电流，发现 $\dot{I}_{B甲} = -\dot{I}_{BZ}$，所以 B 相电流为穿越性电流，故障点在区外。

分析乙站侧录波可得 $\arg(3I_0 / 3U_0) = (5.833 / 20) \times 360° = 105°$。

$12° < \arg(3I_0 / 3U_0) < 192°$ 为正方向，所以故障点在乙站的正方向，在甲站线路保护的背后。

（2）保护动作不正常。

通过分析故障录波图可知，甲站的零功方向判为正方向故障，与实际不符。自产零序电压异常，是造成零功方向判据异常的原因。通过分析发现，甲站 A、B、C 相电压都有较大畸变，含较高的三次谐波。对于交流插件内的小 TV，只有当励磁电流中存在所需要的三次谐波分量，才能使主磁通呈正弦波，使相电势呈正弦波。

若中性线（N600）接触不良或断开，带有零序性质的三次谐波将没有通道，转换出的相电势将含有较高的三次谐波分量；在系统短路故障时，将产生错误的 $3U_0$。因此建议现场检查中性线（N600）接触是否可靠。

26．某 110kV 系统接线图如图 2-62 所示，在其中一回线发生两相金属性接地故障时，508 断路器距离保护 I 段反向误动作，方向接地距离定值按躲开变压器其他侧母线故障整定，I 段定值 7.2Ω，K=0.6；故障报告知非故障相电流为 6.66A。

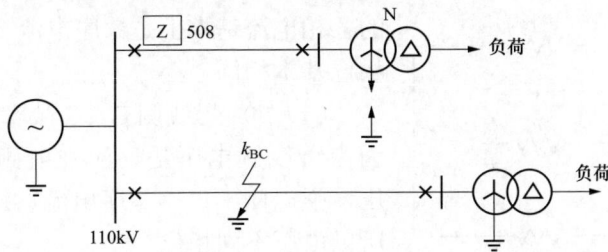

图 2-62 系统接线图

录波图 2-63 中：保护装置电流变换器用电抗变换器，录波图电流相位，已转过一个线路阻抗角；三相电流录波比例尺相同，与零序电流不同；三相电压录波比例尺相同，与零序电压有不同。请依系统图和录波图，回答如下问题：（提示：①二次回路接线正确；②接地距离的动作特性为 $-90° < \arg\dfrac{\dot{U}_{OP\Phi}}{\dot{U}_{P\Phi}} < 90°$，工作电压为 $\dot{U}_{OP\Phi} = \dot{U}_\Phi - (\dot{I}_\Phi + K \times 3\dot{I}_0)$，极化电压为 $\dot{U}_{P\Phi} = -\dot{U}_{1\Phi}$。）

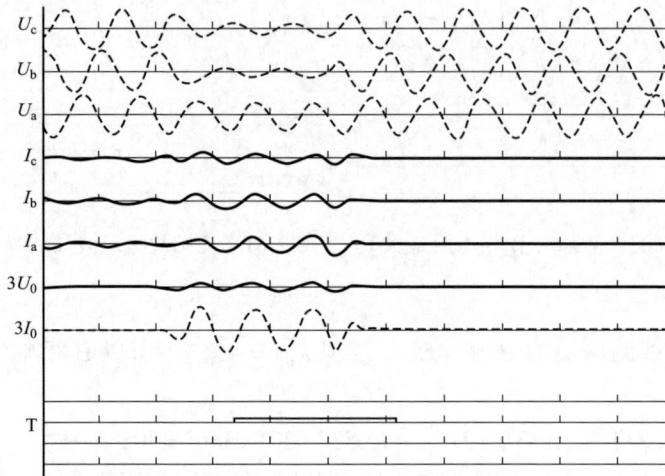

图 2-63　508 断路器故障录波图

（1）N 点的不接地变压器的放电间隙在故障时是否被击穿？

（2）故障时流过 508 断路器的电流为什么大小基本相等，相位基本相同？

（3）为什么 508 母线侧 B、C 故障相电压并不同相位？

（4）画出两相接地故障复合序网，写出非故障相电压表示式，定性说明在如此系统网络结构下，非故障母线相电压为什么会下降。

（5）根据接地距离的动作特性，在电压平面定性分析 508 距离保护会误动，并假定故障前后正序电压相位不变。

答：

（1）N 点的不接地变压器的放电间隙在故障时被击穿。

（2）因为 N 点为负荷侧，负荷的正、负序阻抗比变压器的零序阻抗大得多，因而负荷侧分到的正、负序电流远小于零序电流，故负荷侧的各相电流基本上是零序电流，所以大小基本相等，相位基本相同。

（3）508 母线侧 B、C 故障相电压并不同相位。因为母线侧电压是反应强电侧母线到故障点的电压，强电侧不仅有零序电流，还有正、负序电流，所以电压不同相位。

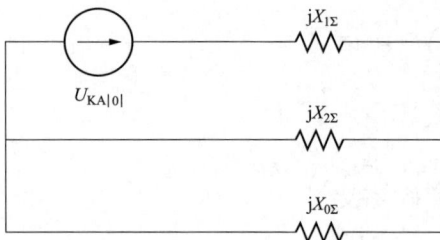

图 2-64　复合序网图

（4）两相接地故障的复合序网如图 2-64 所示。

$$\dot{U}_{AK} = 3 \times \frac{X_{0\Sigma}//X_{2\Sigma}}{X_{1\Sigma} + X_{0\Sigma}//X_{2\Sigma}} \dot{U}_{KA|0|}$$

$$= \frac{3X_{0\Sigma}}{X_{1\Sigma} + 2X_{0\Sigma}} \dot{U}_{KA|0|}$$

$$= \dot{U}_{KA|0|} + \frac{X_{0\Sigma} - X_{1\Sigma}}{X_{1\Sigma} + 2X_{0\Sigma}} \dot{U}_{KA|0|}$$

当 $X_{0\Sigma} = X_{1\Sigma}$ 时，非故障相电压故障点的电压不变化。

当 $X_{0\Sigma} < X_{1\Sigma}$ 时，非故障相电压故障点的电压下降。

当 $X_{0\Sigma} > X_{1\Sigma}$ 时，非故障相电压故障点的电压上升。

当 $X_{0\Sigma} < X_{1\Sigma}$ 时，该系统非故障相电压故障点的电压下降，U_{KA} 电压会下降。

非故障相 A 相的母线电压 $U_{MA} = U_{KA} + (I_{MA} + K3I_0)Z_{MK1} = E_M - I_{MA}Z_S$，$E_M$ 为 M 侧的等效电源电势；Z_S 为 M 侧母线背后阻抗。因为故障点非故障相下降较多，所以母线电压也下降较多。

（5）508 接地距离继电器 I 段误动作分析。

依动作条件可在电压平面作出距离保护的工作电压动作区。为简化分析，从故障录波图可见，U_{MA} 与 $I_A \times Z_L$（录波电流已向前转过线路阻角）同相因此可以得知，非故障 A 相电流落后电压线路阻抗角。该断路器保护定值已伸入变压器内，为 7.2Ω，电流为 $6.66A$，$(1+3K)I_A Z_{zd} = 2.8 \times 6.66 \times 7.2 = 134V$，非故障 A 相工作电压与故障前 A 相电压相反，A 相接地距离继电器反方向误动作。因此 508 线路定值过大是此次事故的主要原因。误动相量分析图如图 2-65 所示。

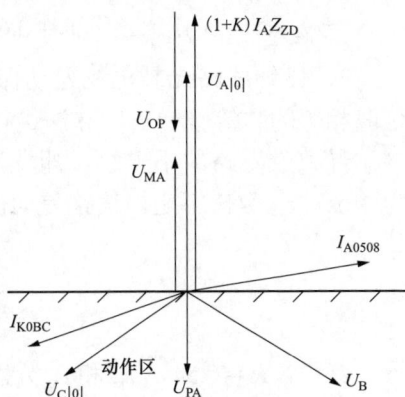

图 2-65 短路相量分析图

四、计算分析题

1. 单侧电源供电的大电流接地系统如图 2-66 所示，保护安装处 P 接地距离 II 段定值为 15Ω，正序和零序灵敏角为 $70°$，零序补偿系数为 0.6，接地距离偏移角为 $0°$，接地距离保护采用阻抗方向圆特性。MN 线路全长 20km，每千米线路阻抗 0.5Ω。故障前线路空载，在距离 M 侧 12km 的地方发生 A 相经过渡电阻接地，此时保护记录的 A 相故障电流为 $1\angle60°A$。请问：

（1）过渡电阻最大为多少时，仍然在接地距离 II 段保护范围内。

（2）保护安装处记录的 A 相电压为多少？

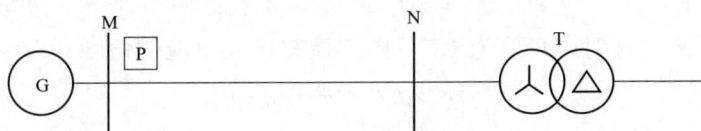

图 2-66 系统接线图

答：

（1）设短路点为 K，则 $Z_K = 12 \times 0.5\angle70° = 6\Omega\angle70°$，$Z_{set} - Z_K = 9\Omega\angle70°$。

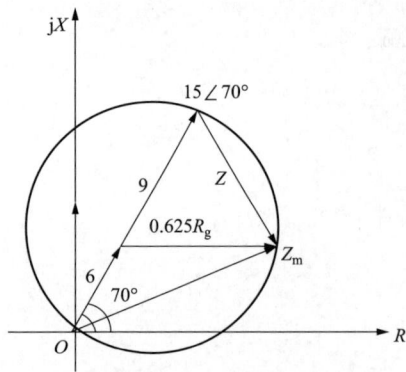

图 2-67　阻抗保护动作特性图

因这种接线方式对侧零序不流通，则故障点电流 $\dot{I}_k$ 等于 M 侧 A 相电流 $\dot{I}_a$，也等于 M 侧零序电流 $3\dot{I}_0$。

单侧电源的空载线路测量阻抗 $Z_m = Z_k + \dfrac{\dot{I}_k}{\dot{I}_a + K \times 3\dot{I}_0} \times R_g = 6\angle 70° + 0.625 R_g$，如图 2-67 所示，连接 Z_{set} 和 Z_m 的端点，设所连接的虚线的大小为 Z，$Z_m^2 + Z^2 = 15^2$。

根据图 2-67，并结合余弦定理可得

$$6^2 + (0.625 R_g)^2 - 2 \times 6 \times 0.625 R_g \times \cos(180° - 70°) + 9^2 + (0.625 R_g)^2 - 2 \times 9 \times 0.625 R_g \times \cos 70° = 15^2$$

解得 $R_g = 12.61\Omega$，即过渡电阻最大为 12.61Ω 时，仍然在接地距离 II 段保护范围内。

（2）保护安装处的 A 相电压为

$$\dot{U}_{ma} = (1 + K)\dot{I}_a \times Z_m = (1 + 0.6) \times 1\angle 60° \times (6\angle 70° + 0.625 \times 12.61) = 18.275\angle 89.6°(\text{V})$$

2. 已知线路光纤电流差动保护使用复用光纤通道，两侧保护装置采用基于通道收发延时相等的"等腰梯形"算法进行数据同步。但实际中因某线路光纤通道路由采用自愈环网，导致收发路由不一致，即发送路由延时 t_{d1} 和接收路由延时 t_{d2} 不相等。其中，t_{d1} 固定为 3ms，t_{d2} 数值不定。线路差动保护的动作方程如下：

$$\begin{cases} \left| \dot{I}_M + \dot{I}_N \right| > K \times \left(\left| \dot{I}_M - \dot{I}_N \right| \right) \\ \left| \dot{I}_M + \dot{I}_N \right| > 600\text{A} \end{cases}$$

其中，$K = 0.51$，$\dot{I}_M$ 和 $\dot{I}_N$ 分别为线路两侧电流。

在负荷电流情况下（一次系统线路两侧电流一致），因收发延时不一致导致差动保护动作方程满足时，试求：

（1）t_{d2} 的最小值。

（2）t_{d2} 为最小值情况下的负荷电流幅值？（$\tan 27° \approx 0.51$，$\sin 27° \approx 0.45$）

答：

（1）保护装置确定的通道延时为 $\dfrac{t_{d1} + t_{d2}}{2}$。

由于收发延时不等造成的同步调整时间误差 ΔT 为

$$\Delta T = \left| t_{d1} - \frac{t_{d1} + t_{d2}}{2} \right| = \left| t_{d2} - \frac{t_{d1} + t_{d2}}{2} \right| = \frac{|t_{d1} - t_{d2}|}{2}$$

50Hz 的交流量 1ms 对应角度为 18°，同步调整误差对应的角度 θ 为

$$\theta = 18° \times \Delta T = 9° \times |t_{d1} - t_{d2}|$$

差动电流为 $\left| \dot{I}_M + \dot{I}_N \right| = 2I\sin\dfrac{\theta}{2}$，制动电流为 $\left| \dot{I}_M - \dot{I}_N \right| = 2I\cos\dfrac{\theta}{2}$，当满足第一个动作方程时，有 $2I\sin\dfrac{\theta}{2} > K \times 2I\cos\dfrac{\theta}{2}$，即 $\theta > 2\arctan K$，可得 $\theta > 54°$，t_{d2} 的最小值为 9ms。

（2）$\theta=54°$时，根据差动电流$|\dot{I}_\mathrm{M}+\dot{I}_\mathrm{N}|=2I\sin\dfrac{\theta}{2}>600\mathrm{A}$，可得负荷电流约为 667A 时差动动作。

3. 如图 2-68 所示，线路 MN 配置有一套复用 2M 双通道光纤纵联差动保护作为线路主保护，保护装置每周波采样 24 点，两端保护装置采用"乒乓原理"进行采样时刻同步调整。若该差动保护投入采样值差动和傅氏差动，采样值差动动作原理为：当差动电流连续 3 点采样值的差大于采样值差动定值（装置整定为 800A）后差动保护动作；傅氏差动定值为 600A。保护 A 通道收发路由一致单向传输延时相同为 3ms，B 通道收发路由一致单向传输延时相同为 6ms。现 M 站错将 A 通道收信与 B 通道收信交叉，因装置版本较早，装置未报通道异常，同时线路空载状态该问题未被及时发现，此时若 L1 线路中点处发生 C 相单相接地故障，L1 线路空载运行，不考虑电容电流、互感器误差。

（1）请根据"乒乓原理"计算线路 MN 两侧差动保护在 A、B 通道收信交叉后，装置所测得电流相位偏差是多少度？

（2）K_1 点故障流过 MN 线路的穿越性故障电流有效值至少达到多少时傅氏差动门槛动作？

（3）K_1 点故障流过 MN 线路的穿越性故障电流有效值至少达到多少时采样值差动门槛动作？

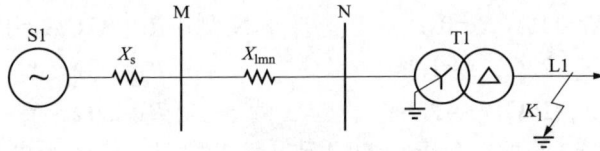

图 2-68 系统接线示意图

答：

（1）采用"乒乓原理"时，MN 线路差动保护测得的传输延时：$(6+3)/2=4.5\mathrm{ms}$。

测试传输延时和实际延时的时间差：$6-4.5=1.5\mathrm{ms}$，$4.5-3=1.5\mathrm{ms}$。

装置用对侧 6ms 前的数据与本侧 4.5ms 前的数据进行比较；或装置用对侧 3ms 前的数据与本侧 4.5ms 前的数据进行比较。

装置所测得的电流相位偏差为 1.5ms 所对应的工频电角度：$1.5\times18°=27°$。

（2）设 K_1 点故障时流过线路 MN 的穿越性故障电流为 I_k，则傅氏差动所测得差流为

$$I_\mathrm{d}=I_\mathrm{k}\times\cos\omega t-I_\mathrm{k}\times\cos(\omega t-27°)=-2\times I_\mathrm{k}\times\sin(\omega t-13.5°)\times\sin13.5°$$

差流有效值为

$$2\times I_\mathrm{k}\times\sin13.5°$$

当 $2\times I_\mathrm{k}\times\sin13.5°=600\mathrm{A}$，$I_\mathrm{k}=1285\mathrm{A}$ 时，傅氏差动动作。

（3）设 K_1 点故障时流过线路 MN 的穿越性故障电流为 I_k'，则采样值差动所测得差流为

$$I_\mathrm{d}'=I_\mathrm{k}'\times\cos\omega t-I_\mathrm{k}'\times\cos(\omega t-27°)=-2\times I_\mathrm{k}'\times\sin(\omega t-13.5°)\times\sin13.5°$$

差流有效值为

$$2 \times I_k' \times \sin13.5°$$

若采样值差动门槛动作，则至少要连续三点采样值大于采样值差动门槛。连续两个采样点间相位差为 $\Delta\theta = \dfrac{360°}{24} = 15°$。当 $(\omega t - 13.5°)$ 分别等于 $75°$、$90°$ 和 $105°$ 时，连续三点采样值差最大。

因此，当 $\sqrt{2} \times 2 \times I_k' \times \sin13.5° \times \sin75° = 800\text{A}$，$I_k' = 1255\text{A}$ 时，傅氏差动动作。

4. 500kV 双端电源系统，500kV PM 双线和 MN 线均配置两套分相电流差动保护，但因 M 侧保护失去通信电源，双重化配置的保护差动功能均告警，所有线路 CVT 变比为 500/0.1，TA 变比为 4000/1，一二次阻抗比为 1.25。系统和线路阻抗如图 2-69 所示（均为二次值，单位 Ω，下同）。$\dot{E}_P = \dot{E}_M = \dot{E}_N = 60.5\angle0°\text{V}$。

500kV 线路反时限方向零流保护采用标准反时限曲线，反时限方向零流 TEF 的 $3I_0$ 动作门槛为 0.25A/3.02s 动作，0.5A/1.71s 动作，1.0A/1.19s 动作，1.1A/1.14s 动作，1.2A/1.10s 动作，大于 1.5A 时，动作时间均为 1.0s。

MN 线两套线路保护后备保护均配置三段式相间、接地距离和反时限方向零流保护 TEF，接地距离阻抗均为四边形特性，四边形电阻线角度为线路正序阻抗角；MN 线两侧接地距离Ⅰ段、Ⅱ段和Ⅲ段的电阻 R、电抗 X 的定值和延时 t 如下：

M 侧：$R_1=7Ω$、$X_1=11Ω$，$t_1=0\text{s}$；　　　N 侧：$R_1=7Ω$、$X_1=11Ω$，$t_1=0\text{s}$；

　　　　$R_2=14Ω$、$X_2=22Ω$，$t_2=1.2\text{s}$；　　　　　　$R_2=14Ω$、$X_2=22Ω$，$t_2=0.8\text{s}$；

　　　　$R_3=22Ω$、$X_3=26Ω$，$t_3=2.4\text{s}$；　　　　　　$R_3=22Ω$、$X_3=26Ω$，$t_3=2.4\text{s}$。

PM 双线的两套线路保护后备保护均配置三段式相间、接地距离和反时限方向零流保护 TEF，第一套线路保护的接地距离为圆特性，第二套线路保护的接地距离为四边形特性。PM 双线 P 侧线路保护圆特性的接地距离Ⅱ段定值 $Z=44Ω$，延时 $t_2=1.0\text{s}$，负荷限制阻抗线 $R=42Ω$，负荷限制阻抗线的角度为线路正序阻抗角；四边形特性的接地距离Ⅱ段定值和延时为 $R=42Ω$、$X=44Ω$，$t_2=1.0\text{s}$，负荷限制阻抗线的角度为 $60°$。

线路 MN 在 M 侧出口（0%处，k 点）发生 A 相经过渡电阻 R_g 接地，$R_g=11Ω$（二次值）。试回答以下问题：

（1）画出序网图。

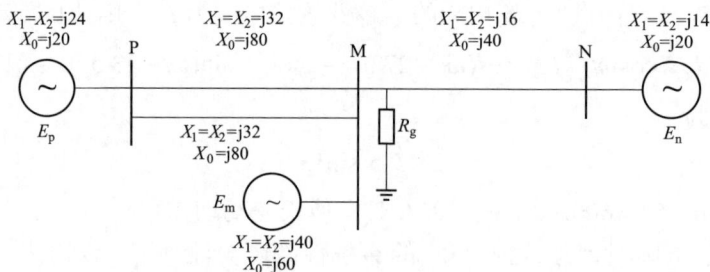

图 2-69　系统接线及参数示意图

（2）故障点 k 的电压和故障电流。

（3）MN 线路两侧保护的接地距离保护和反时限方向零流保护动作情况。

（4）PM 双线 P 侧保护接地距离 II 段的动作情况。

（提示：零序补偿系数 $K = \dfrac{Z_0 - Z_1}{3Z_1}$ ）

答：

（1）序网图如图 2-70 所示。

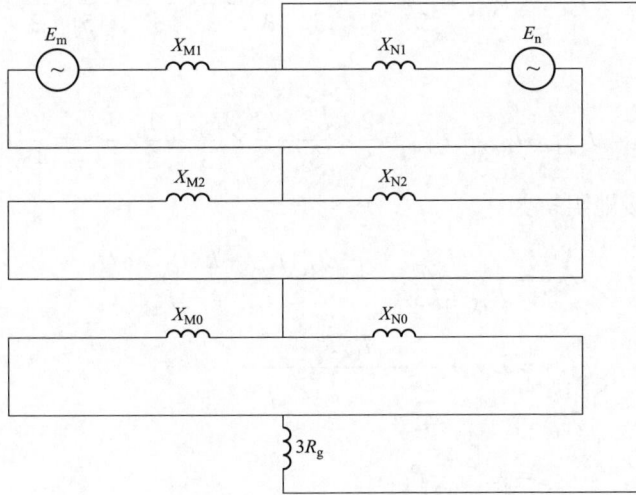

图 2-70 复合序网图

$$X_{\Sigma 1} = X_{M1} // X_{N1} = j20 // j30 = j12$$

$$X_{\Sigma 2} = X_{M2} // X_{N2} = j20 // j30 = j12$$

$$X_{\Sigma 0} = X_{M0} // X_{N0} = j30 // j60 = j20$$

$$\dot{I}_{kA1} = \dot{I}_{kA2} = \dot{I}_{kA0} = \frac{\dot{E}}{jX_{\Sigma 1} + jX_{\Sigma 2} + jX_{\Sigma 0} + 3R_g}$$

$$\frac{\dot{I}_{kA}}{3} = \dot{I}_{kA1} = \dot{I}_{kA2} = \dot{I}_{kA0} = \frac{\dot{E}}{j44 + 33}$$

（2）流经故障点的故障电流 $\left| \dot{I}_{kA} \right| = \left| \dfrac{60.5}{33 + j44} \right| \times 3 = 1.1 \times 3 = 3.3\,\text{A}$（二次值）；

故障点的电压 $\left| \dot{U}_{kA} \right| = \left| \dfrac{11}{33 + j44} \right| \times 3 \times 60.5 = \dfrac{3}{5} \times 60.5 = 36.3\,\text{V}$（二次值）。

（3）根据 M、N 两侧正序、负序、零序的阻抗，两侧的电流为

$$\dot{I}_{MA1} = \dot{I}_{MA2} = \frac{3}{5} \frac{\dot{I}_{kA}}{3} , \quad \dot{I}_{MA0} = \frac{2}{3} \frac{\dot{I}_{kA}}{3}$$

$$\dot{I}_{NA1} = \dot{I}_{NA2} = \frac{2}{5} \frac{\dot{I}_{kA}}{3} , \quad \dot{I}_{NA0} = \frac{1}{3} \frac{\dot{I}_{kA}}{3}$$

线路 MN 和 PM 的零序补偿系数分别是

$$k = \frac{Z_0 - Z_1}{3Z_1} = \frac{40 - 16}{3 \times 16} = \frac{1}{2}$$

$$k = \frac{Z_0 - Z_1}{3Z_1} = \frac{80 - 32}{3 \times 32} = \frac{1}{2}$$

M 侧故障电流为

$$\dot{I}_{MA} = \dot{I}_{MA1} + \dot{I}_{MA2} + \dot{I}_{MA0} = \frac{3}{5} \times \frac{\dot{I}_{kA}}{3} + \frac{3}{5} \times \frac{\dot{I}_{kA}}{3} + \frac{2}{3} \times \frac{\dot{I}_{kA}}{3} = \frac{28}{15} \times \frac{\dot{I}_{kA}}{3} = \frac{28}{45} \dot{I}_{kA}$$

N 侧故障电流为

$$\dot{I}_{NA} = \dot{I}_{NA1} + \dot{I}_{NA2} + \dot{I}_{NA0} = \frac{2}{5} \times \frac{\dot{I}_{kA}}{3} + \frac{2}{5} \times \frac{\dot{I}_{kA}}{3} + \frac{1}{3} \times \frac{\dot{I}_{kA}}{3} = \frac{17}{45} \dot{I}_{kA}$$

M 侧保护测量接地阻抗为

$$Z_{Mj} = \frac{\dot{U}_{MA}}{\dot{I}_{MA} + k3\dot{I}_{0M}} = \frac{Z_{Mk}(\dot{I}_{MA} + k3\dot{I}_{0M}) + \dot{U}_{kA}}{\dot{I}_{MA} + k3\dot{I}_{0M}}$$

$$= Z_{Mk} + \frac{\dot{I}_{kA}R_g}{\frac{28}{45}\dot{I}_{kA} + \frac{1}{2} \times \frac{2}{3}\dot{I}_{kA}}$$

$$= j0 + \frac{45}{43}R_g$$

$Z_{Mj} \approx 11.51 + j0\,\Omega$（二次值）类似可得

$$Z_{Nj} = \frac{\dot{U}_{NA}}{\dot{I}_{NA} + k3\dot{I}_{0N}} = \frac{Z_{Nk}(\dot{I}_{NA} + k3\dot{I}_{0N}) + \dot{U}_{kA}}{\dot{I}_{NA} + k3\dot{I}_{0N}}$$

$$= Z_{Nk} + \frac{\dot{I}_{kA}R_g}{\frac{17}{45}\dot{I}_{kA} + \frac{1}{2} \times \frac{1}{3}I_{kA}}$$

$$= j16 + \frac{90}{49}R_g$$

$Z_{Nj} \approx 20.20 + j16\,\Omega$（二次值）

$$\left| \dot{I}_{kA} \right| = \left| \frac{60.5}{33 + j44} \right| \times 3 = 1.1 \times 3 = 3.3\,(A)（二次值）$$

$$3\dot{I}_{M0} = 3 \times \frac{2}{3} \times \left| \dot{I}_{kA0} \right| = 3 \times \frac{2}{3} \times \left| \frac{\dot{I}_{kA}}{3} \right| = 2.2\,(A)（二次值）$$

$$3\dot{I}_{N0} = 3 \times \frac{1}{3} \times \left| \dot{I}_{kA0} \right| = 3 \times \frac{1}{3} \times \left| \frac{\dot{I}_{kA}}{3} \right| = 1.1\,(A)（二次值）$$

1）对于 M 侧后备保护：①距离 I 段不动作；②距离 II 段能够动作，但动作延时为 1.2s，没有动作出口；③距离III段启动；④TEF 反时限零序保护动作，动作时间为 1s。

2）对于 N 侧后备保护：①距离Ⅰ段不动作；②距离Ⅱ段不动作；③距离Ⅲ段启动；④TEF 反时限零序保护动作启动，动作时间为 1.14s。

（4）PM1 线和 PM2 线零序补偿系数与 MN 线相同，同时 PM1 线和 PM2 线 P 侧接地距离保护对故障点 k 的助增系数为 4，保护测量接地阻抗为

$$Z_{Pj} \approx 4 \times 11.51 + j32 = 46.4 + j32$$

因此，圆特性接地距离Ⅱ段不动作，四边形特性恰好在动作区内，延时 1.0s 保护动作。四边形阻抗继电器动作特性图如图 2-71 所示。

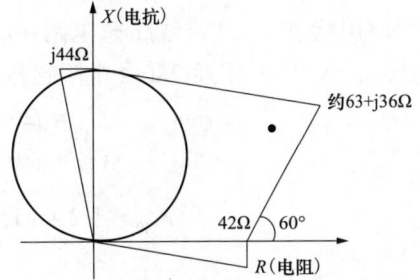

图 2-71　四边形阻抗继电器动作特性图

5. 500kV MN1 线和 MN2 线均配置两套光纤电流差动保护、三段式后备距离和反时限零序过流（差动保护投入电容电流补偿功能），线路两侧 TA 变比：3000/1，TV 变比：500/0.1。系统和线路阻抗如图 2-72 所示（均为二次值，单位 Ω），$\dot{E}_M = \dot{E}_N = 60\angle 0° \text{ V}$（二次值）。MN 两侧变电站均采用 GIS 设备（开关分闸时间不大于 20ms），开关两侧均有电流互感器（保护用电流互感器绕组按规范配置）。MN 为长线路，M 侧线路开关装设合闸电阻（开关分闸时，自动投入；开关合闸时，自动退出），合闸电阻一次值为 280Ω（二次值 168Ω），MN 线路两侧边开关重合闸均投入"单重"方式（重合闸时间均为 0.9s），线路两侧中开关重合闸均停用。

MN1 线和 MN2 线的第一套线路保护差动低定值为 0.28A（分相差动和零序差动），分相差动延时 25ms 动作，零序差动延时 50ms 动作，差动高定值为 0.42A，延时 0ms 动作，第二套线路保护差动低定值为 0.28A（零序差动），延时 100ms 动作，差动高定值为 0.40A，延时 0ms 动作。

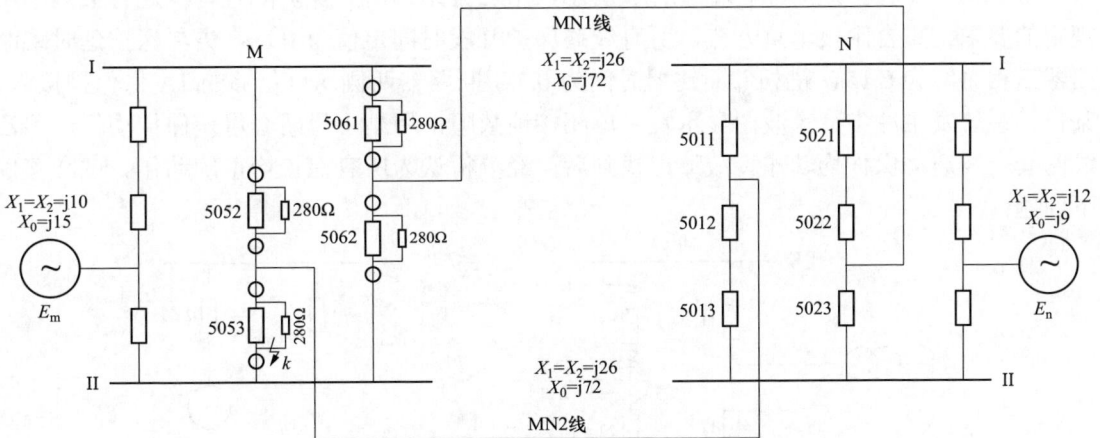

图 2-72　系统接线图

如故障点 k（A 相）发生绝缘击穿后对地故障，请分析说明保护的动作情况和一次设备的状态变化。

答：

故障点 k 发生故障，500kV Ⅱ母线母差保护动作，跳开 500kV Ⅱ母线的开关，闭锁

5053 开关重合闸；同时线路 MN 2 线线路差动动作，M 侧接地距离 Ⅰ 段动作，跳开 5052 开关三相（重合闸停用状态），同时跳开 N 侧 5011 开关 A 相，跳开 5012 开关三相（重合闸停用状态），此时线路充电两相状态；0.9s 后，N 侧 5011 开关重合闸动作，重合于 A 相故障，发生 A 相经 280Ω 电阻接地故障，此时是 N 单侧电源系统故障。

$$X_{\Sigma1} = j26 + j(10+26)//j12 = j26 + j9 = j35$$

$$X_{\Sigma2} = j26 + j(10+26)//j12 = j26 + j9 = j35$$

$$X_{\Sigma0} = j72 + j(15+72)//j9 = j72 + j\frac{87\times9}{96} = j80.15625$$

$$\frac{I_{kA}}{3} = I_{kA1} = I_{kA2} = I_{kA0} = \frac{\dot{E}}{jX_{\Sigma1} + jX_{\Sigma2} + jX_{\Sigma0} + 3R_g}$$

$$|I_{kA}| = \left|\frac{60}{3\times168 + j(35+35+80.15625)}\right|\times3 = \left|\frac{60}{504 + j150.15625}\right|\times3 = 0.342(A)$$

短路电流 0.342A 即为线路保护装置差动电流，大于差动低定值（0.28A），小于差动高定值（0.42A、0.4A），因此 MN2 线第一套分相差动保护延时 25ms 动作，跳开 MN2 线 N 侧的 5011 开关三相。

考虑开关分闸时间，因第一套分相差动保护已经把故障切除，第一套零序差动保护（延时 50ms）未动作出口。

MN2 线第二套差动保护能启动（延时 100ms 动作），但因第一套差动保护已经把故障切除，所以未动作出口。

此外，短路电流 0.342A 即为 M 侧 500kV Ⅱ 母保护装置差动电流，若大于母差定值则 500kV Ⅱ 母差动保护动作，否则不动作。

6. 某 500kV 系统接线图如图 2-73 所示，甲乙两站的所有保护配置均满足有关规程及规定的要求，重合闸投单重方式，所有线路保护 Ⅱ 段时间定值为 0.6s，失灵保护延时跳断路器三相时间为 0.15s，跳相邻断路器时间为 0.3s，断路器两侧均有足够的 TA 供保护接入。某日，系统发生冲击，录波图显示发生单相接地故障，甲站 Ⅰ 母两套母差保护动作，甲乙线两套全线速动保护均动作。故障点找到后，经分析认为所有保护均正确动作。试回答以下问题：

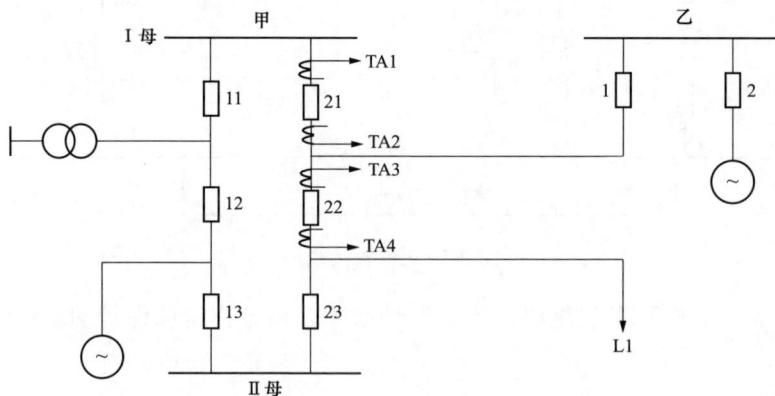

图 2-73　系统接线图

（1）指出单相接地故障点的位置。

（2）根据故障点位置，分析各相关保护及断路器的动作情况。

（3）若在本次故障中甲站 22 断路器拒动，分析各保护及断路器的动作行为。

答：

（1）故障点位于如下①或②所述位置。①21 断路器和 TA1 之间。②21 断路器和 TA2 之间。

（2）当故障点位于①位置时，甲站母差保护动作三相跳开 11、21 断路器，并闭锁甲乙线 21 断路器重合闸。甲站甲乙线差动保护动作单跳 22 断路器故障相，乙站甲乙线差动保护动作单跳断路器 1 故障相，两侧断路器经重合闸时间后重合成功。

当故障点位于②位置时，甲站母差保护动作三相跳开 11、21 断路器，并闭锁甲乙线 21 断路器重合闸。甲站甲乙线差动保护动作单跳 22 断路器故障相，乙站甲乙线差动保护动作单跳 1 断路器故障相。若为瞬时接地故障，两侧断路器经重合闸时间后重合成功；若为永久故障，则 22 及乙侧 1 断路器重合后保护加速三相跳闸。

由于故障点位于甲乙线甲侧出口处，甲侧除差动保护动作外，接地距离Ⅰ段及零序电流Ⅰ段均有可能同时动作。

（3）若故障点位于①位置时，虽然 22 断路器拒动，但母差保护动作，使 21 断路器三跳，切除故障，22 断路器失灵保护不会动作。

若故障点位于②位置时，虽然母差保护动作，使 21 断路器三跳，但故障并未切除。甲乙线路保护动作后，22 断路器故障相拒动，22 断路器失灵保护动作，先瞬时跟跳本断路器故障相，延时 0.15s 后发三跳令，非故障相断路器跳开，延时 0.3s 后三跳 23 断路器。同时启动甲乙线及 L1 线远跳，乙站 1 断路器在单相跳闸后重合闸动作前又三相跳闸不重合，L1 线对侧断路器三相跳闸不重合。

7. 某 500kV MN 线路正序阻抗 Z_1=j40Ω，零序阻抗 Z_0=j130Ω，线路全长 153km。线路发生 A 相故障，从录波图上读得同一时刻线路 M 侧 A 相电压为 $252\angle 0°$ kV，A 相电流为 $3.9\angle -72.25°$ kA，零序电流 $3I_0$ 为 $4.4\angle -72.25°$ kA；N 侧 A 相电压为 $196\angle 0°$ kV，A 相电流为 $15.4\angle -72.25°$ kA，零序电流 $3I_0$ 为 $16.8\angle -72.25°$ kA。问：

（1）如线路 M 侧采用单端电流电压量计算，则故障点距离 M 侧多少千米？

（2）如线路 M 侧采用双端电流电压量计算，则故障点距离 M 侧多少千米？

答：

（1）

$$K_z = \frac{Z_0 - Z_1}{3Z_1} = \frac{j130 - j40}{3 \times j40} = 0.75$$

$$\dot{U}_{MA} = 252\angle 0° \text{ (kV)}$$

$$\dot{I}_{MA} = 3.9\angle -72.25° \text{ (kA)}$$

$$3\dot{I}_{0M} = 4.4\angle -72.25° \text{ (kA)}$$

$$I_{jM} = I_{MA} + K3I_{0M} = (3.9 + 0.75 \times 4.4)\angle -72.25° = 7.2\angle -72.25° \text{ (kA)}$$

$$U_{NA} = 196\angle 0° \text{ (kV)}$$

$$I_{NA} = 15.4 \angle -72.25° \, (kA)$$

$$3I_{0N} = 16.8 \angle -72.25° \, (kA)$$

$$I_{jN} = I_{NA} + K3I_{0N} = (15.4 + 0.75 \times 16.8) \angle -72.25° = 28.0 \angle -72.25° \, (kA)$$

M 侧接地阻抗元件的测量阻抗为

$$Z_{jM} = \frac{U_M}{I_{jM}} = \frac{252 \angle 0°}{7.2 \angle -72.25°} = 35.0 \angle 72.25° \, (\Omega)$$

N 侧接地阻抗元件的测量阻抗为

$$Z_{jN} = \frac{U_N}{I_{jN}} = \frac{196 \angle 0°}{28.0 \angle -72.25} = 7.0 \angle 72.25° \, (\Omega)$$

M 侧单端测距的故障点距离为

$$\frac{Z_{jM}}{Z_1} \times 153 = \frac{35}{40} \times 153 = 133.875 \, (km)$$

（2）设故障点过渡电阻的电压 U_k，得到

$$
\begin{aligned}
Z_{jM} + Z_{jN} &= \frac{U_M}{I_{jM}} + \frac{U_N}{I_{jN}} = \frac{U_{Mk} + U_k}{I_{jM}} + \frac{U_{Nk} + U_k}{I_{jN}} \\
&= \frac{U_{Mk}}{I_{jM}} + \frac{U_{Nk}}{I_{jN}} + \frac{(I_{MA} + I_{NA})Z_R}{I_{jM}} + \frac{(I_{MA} + I_{NA})Z_R}{I_{jN}} \\
&= Z_1 + \frac{(I_{MA} + I_{NA})Z_R}{I_{jM}} + \frac{(I_{MA} + I_{NA})Z_R}{I_{jN}}
\end{aligned}
$$

设 $a = \dfrac{I_{MA} + I_{NA}}{I_{jM}}$，$b = \dfrac{I_{MA} + I_{NA}}{I_{jN}}$，得到

$$a = \frac{I_{MA} + I_{NA}}{I_{jM}} = \frac{3.9 \angle -72.25° + 15.4 \angle -72.25°}{7.2 \angle -72.25°} = 2.6806$$

$$b = \frac{I_{MA} + I_{NA}}{I_{jN}} = \frac{3.9 \angle -72.25° + 15.4 \angle -72.25°}{28 \angle -72.25°} = 0.6893$$

$$a + b = \frac{I_{MA} + I_{NA}}{I_{jM}} + \frac{I_{MA} + I_{NA}}{I_{jN}} = \frac{I_{jM} + I_{jN}}{I_{jM} I_{jN}}(I_{MA} + I_{NA})$$

接地电阻 $Z_R = \dfrac{Z_{jM} + Z_{jN} - Z_1}{a + b}$，得到

$$Z_R = \frac{35 \angle 72.25° + 7 \angle 72.25° - j40}{3.370} \approx 3.8 \angle 0.0° \, (\Omega)$$

双端测距 M 侧到故障点阻抗为

$$Z'_{jM} = \frac{U_M - U_k}{I_{jM}} = \frac{U_M}{I_{jM}} - aZ_R$$

$$Z'_{jM} = 35.0\angle 72.25° - 2.6806 \times 3.8\angle 0.0°$$
$$= 10.6703 + j33.3339 - 10.1863 = 0.484 + j33.3339 = 33.3374\angle 89.2°(\Omega)$$

双端测距 N 侧到故障点阻抗为

$$Z'_{jN} = \frac{U_N - U_k}{I_{jN}} = \frac{U_N}{I_{jN}} - bZ_R$$

双端测距故障点距 M 侧距离为

$$\frac{Z'_{jM}}{Z_1} \times 153 = \frac{33.3374}{40} \times 153 = 127.5156 \text{ (km)}$$

8. 某线路 MN 发生 C 相高阻接地故障，系统接线图如图 2-74 所示。线路差动保护跳闸，M 侧保护 PCS-931A-G 测距为 25km。现已获取故障后 20ms 的两侧电压电流值（同一时刻）如下：

M 侧：$U_a = 62.1V\angle 0°$，$U_b = 61.5V\angle -121°$，$U_c = 60.5V\angle -242°$，$I_a = 0.49A\angle 0°$，$I_b = 0.51A\angle -122°$，$I_c = 0.55A\angle -245°$，$3I_0 = 0.06A\angle 107.5°$。

N 侧：$I_a = 0.49A\angle -179.6°$，$I_b = 0.51A\angle 58°$，$I_c = 0.36A\angle -65°$，$3I_0 = 0.12A\angle 118.5°$。

请问：通过 M 侧电压和两侧电流分析计算，本次保护故障测距是多少，保护测距误差是多少？（已知线路每千米零序、正序阻抗分别为 $Z_0 = 1.032\angle 80°\Omega$、$Z_1 = 0.341\angle 80°\Omega$，线路全长 52km。）

答：

线路零序补偿系数为

$$K = \frac{Z_0 - Z_1}{3Z_1} = 0.6755$$

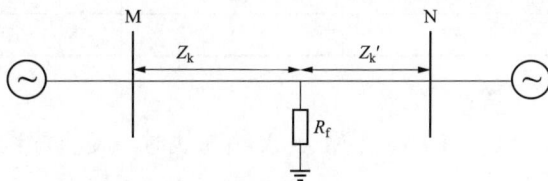

图 2-74　系统接线图

故障电压与故障电流关系为 $U_{MC} = Z_k \times (I_C + K \times 3I_0) + R_f \times (I_{MC} + I_{NC})$，即

$$60.5\angle 242° = Z_k \times (0.55\angle -245° + 0.6755 \times 0.06\angle 107.5°) +$$
$$R_f \times (0.55\angle -245° + 0.36\angle -65°)$$

设 L_k 为 M 侧到故障点的距离，对上式化简可得

$$318.42\angle 3° = L_k \times 0.341\angle 80° \times (2.8947 + 0.2133\angle -7.5°) + R_f$$
$$318.42\angle 3° = L_k \times (0.9871\angle 80° + 0.0727\angle 72.5°) + R_f$$

取两侧虚部相同，得

$$16.665 = L_k \times 1.041，\quad L_k = 16 \text{(km)}$$

计算的测距结果为 16km，保护测距误差为 9km。

9. 系统接线如图 2-75 所示，各元件参数全部为折算到 220kV 侧的有名值且各序阻抗角相同，负荷电流 $I_F=1000A$。线路 L1、L2、L3、L4 零序 II 段定值均为 500A/0.6s；零序 III 段均不经方向，定值 300A/2.6s；零序过流加速段 500A；单重方式，重合闸时间 0.9s；II 段保护闭锁重合闸控制字为 0；各断路器三相不一致时间为 1.6s，分闸时间为 30ms，合闸时间为 100ms。保护用电压互感器全部为母线电压互感器。

试画出 L1 线路 M 侧 A 相首端断线时的序网图，计算各线路零序电流，分析各线路零序保护的动作行为（不考虑两侧电势夹角变化，不考虑纵联保护、距离保护动作，不考察各中间继电器动作时间，保护具备线路断线正确选相的能力）。

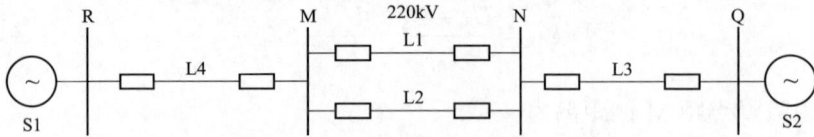

图 2-75　系统接线图

元件参数见表 2-2。

表 2-2　　　　　　　　　　　　　　元　件　参　数　表

元件	正序电抗	负序电抗	零序电抗	零序互感
L1	12	12	30	12
L2	12	12	30	12
L3	9	9	25	
L4	7	7	19	
S1	1	1	2	
S2	1	1	2	

答：

（1）L1 线路 M 侧 A 相断线时，复合序网如图 2-76 所示。

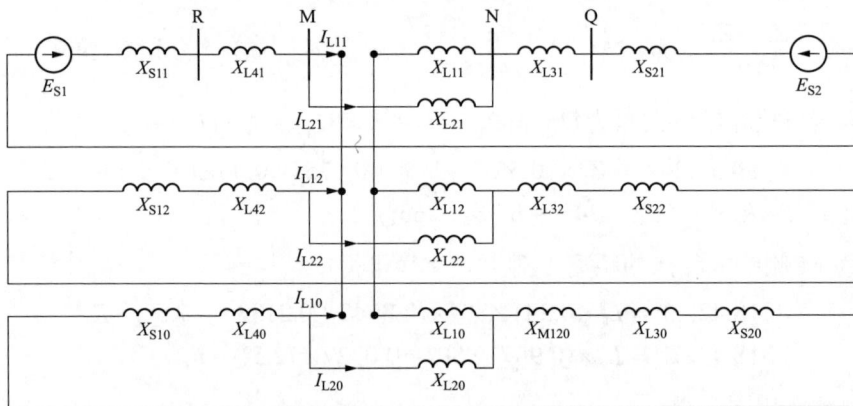

图 2-76　复合序网图

其中，$X_{M120} = 12$，$X_{L10} = 30 - 12 = 18$，$X_{L20} = 30 - 12 = 18$。

计算各序综合阻抗分别为

$$X_{1\Sigma} = (X_{L31} + X_{S21} + X_{S11} + X_{L41})//(X_{L21}) + X_{L11} = (9+1+1+7)//12 + 12 = 19.2$$

$$X_{2\Sigma} = (X_{L32} + X_{S22} + X_{S12} + X_{L42})//(X_{L22}) + X_{L12} = (9+1+1+7)//12 + 12 = 19.2 = X_{1\Sigma}$$

$$X_{0\Sigma} = (X_{L30} + X_{S20} + X_{S10} + X_{L40} + X_{M120})//(X_{L20}) + X_{L10}$$
$$= (25+2+2+19+12)//18 + 18 = 31.8$$

（2）计算各线路零序电流。

L1 线路零序电流为

$$3X_{L10} = 3I_F \times \frac{X_{1\Sigma}}{2X_{0\Sigma} + X_{1\Sigma}} = 3 \times 1000 \times \frac{19.2}{2 \times 31.8 + 19.2} = 696(A)$$

L2 线路零序电流为

$$3X_{L20} = 3X_{L10} \times \frac{X_{L30} + X_{S20} + X_{S10} + X_{L40} + X_{M120}}{X_{L30} + X_{S20} + X_{S10} + X_{L40} + X_{M120} + X_{L20}}$$

$$= 696 \times \frac{25 + 2 + 2 + 19 + 12}{25 + 2 + 2 + 19 + 12 + 18} = 535(A)$$

L3、L4 线路零序电流为

$$696 - 535 = 161(A)$$

（3）各线路零序电流保护动作分析。

第一种情况：线路断线，各线路零序电流保护动作分析。

L3、L4 线路两端零序电流为 161A，小于 2 段定值（500A），不动作；L2 线路两端零序电流（535A）大于定值（500A），但两侧零序方向均在反方向，不动作；L1 线路两端零序电流 696A，大于 2 段及加速段定值（500A），用母线 TV 为正方向，因 2 段保护闭锁重合闸控制字为 0，两侧零序保护选相动作经 0.6s 跳 A 相，L1 线两侧 A 相跳闸后仍然处于单相断线的状态，零序电流无变化。

等待重合闸期间，零序 Ⅱ 段退出，MN 两侧 0.9s 后重合，重合后零序电流仍然存在，零序后加速动作（单相重合时零序加速时间延时为 60ms），两侧三跳，零序 Ⅲ 段虽然在非全相时缩短 0.5s 后为 2.1s，但考虑分闸合闸时间后故障总持续时间大约为：0.6+0.9+0.03+0.1+0.06+0.03=1.72s＜2.1s，零序 Ⅲ 段不会动作。

第二种情况：断路器偷跳，各线路零序电流保护动作分析。

M 侧 L1 线路不对应启动重合闸，0.9s 发重合闸命令。M 侧 L1 线路因有开关跳位，进入等待重合闸的非全相状态，零序 Ⅱ 段退出，零序 Ⅲ 段缩短 0.5s 为 2.1s，等待重合闸期间无保护动作。如重合闸成功（1s），则断路器恢复正常运行，但因对侧 0.6s 跳开 A 相，线路非全相零序后加速动作跳三相，M 侧 L1 线路断路器三相不一致保护动作时间不到，不动作。

N 侧 L1 线路零序电流 696A，大于 Ⅱ 段定值（500A），用母线 TV 为正方向，零序保护 0.6s 选相动作跳 A 相。保护启动重合闸，1.5s（0.9s 后）发合闸令，等待重合闸期间零序 Ⅱ 段退出，零序 Ⅲ 段缩短 0.5s 为 2.1s，无保护动作。1s 时，M 侧断路器三相跳闸，线路非全相状态解除，1.6s N 侧重合成功。

10．500kV 输电系统如图 2-77 所示。其中，MN 双回线路为电缆线路，各元件阻抗均为二次值有名值（单位为 Ω），$\dot{E}_M = \dot{E}_N = 57\angle 0°V$。线路各端均配置光纤差动保护、三段相间和接地距离保护、反时限方向零流保护。各线路距离保护采用图 2-78 所示多边形动作特性元件，接地距离保护和相间距离保护阻抗整定值如图 2-78 所示，Ⅱ 段和 Ⅲ 段时间定值分别整定为 0.4s 和 1.6s。零序反时限过流元件动作方程为

$$t(3I_0) = \frac{0.14}{(3I_0 / I_p)^{0.02} - 1} T_p$$

式中：I_p 整定为 0.4A，T_p 整定为 0.4s。

某日，MNⅡ线光纤通道因故退出运行，期间在其线路末端保护范围内发生 A 相经过渡电阻 R_g 接地故障。问：

（1）请画出复合序网图。

（2）计算 MNⅡ线保护 1 和保护 2 的测量阻抗。

（3）若过渡电阻 R_g 为 30Ω，请分析 MNⅡ线线路保护距离保护和零序保护的动作行为。

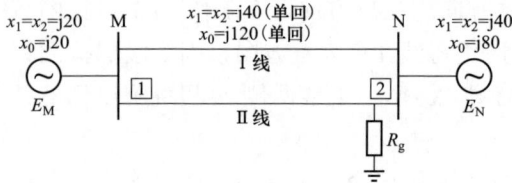

图 2-77　系统接线及参数示意图

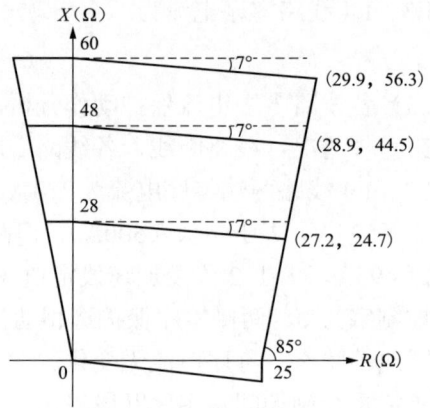

图 2-78　阻抗继电器动作特性图

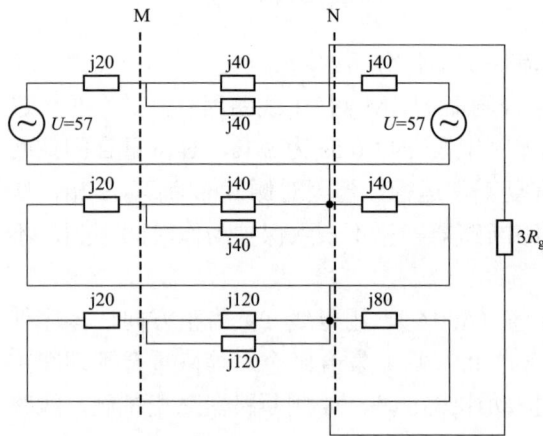

图 2-79　复合序网图

答：

（1）复合序网图如图 2-79 所示。

（2）线路等效阻抗 $x_{L1} = x_{L2} = $ j40 // j40 $=$ j20，$x_{L0} = $ j120 // j120 $=$ j60，因此各序网络总阻抗为

$$x_{\Sigma 1} = (j20 + x_{L1}) // j40 = j20$$

$$x_{\Sigma 2} = (j20 + x_{L2}) // j40 = j20$$

$$x_{\Sigma 0} = (j20 + x_{L0}) // j80 = j40$$

总故障电流为

$$\dot{I}_{kA} = 3\frac{\dot{E}}{x_{\Sigma 1} + x_{\Sigma 2} + x_{\Sigma 0} + 3R_g} = 3 \times \frac{57\angle 0°}{3R_g + j80}$$

对于 MNⅡ线，M、N 侧的电流分别为

$$\dot{I}_{MA} = \frac{\dot{I}_{kA}}{4}, \quad \dot{I}_{NA} = \frac{3\dot{I}_{kA}}{4}$$

因此，MNⅡ线 M 侧的测量阻抗为

$$Z_{Mj} = Z_{MN} + \frac{\dot{U}_{R_g}}{(1+k)\dot{I}_{MA}} = Z_{MN} + \frac{\dot{I}_k R_g}{\left(1+\frac{2}{3}\right)\frac{1}{4}\dot{I}_k} = j40 + \frac{12}{5}R_g$$

MNⅡ线 N 侧的测量阻抗为

$$Z_{Nj} = \frac{\dot{U}_{R_g}}{(1+k)\dot{I}_{NA}} = \frac{\dot{I}_k R_g}{\left(1+\frac{2}{3}\right)\frac{3}{4}\dot{I}_k} = \frac{4}{5}R_g$$

（3）当过渡电阻为 30Ω 时，$Z_{Mj} = j40 + 72$，在距离Ⅲ段保护范围外，距离保护不动作；$Z_{Nj} = 24$，距离Ⅰ段动作，0s 断开 MNⅡ线 N 侧开关，电缆线路不重合。

由上述可得，MNⅡ线 N 侧开关跳闸前，M 侧零序电流为

$$I_{M3I_0} = \frac{I_{kA}}{4} = \frac{1}{4} \times \left|3\frac{57\angle 0°}{3R_g + j80}\right| = 0.355A < 0.4A$$

M 侧零序反时限保护不启动，即

$$I_{N3I_0} = \frac{3I_{kA}}{4} = \frac{3}{4} \times \left|3\frac{57\angle 0°}{3R_g + j80}\right| = 1.065A > 0.4A$$

N 侧零序反时限保护启动。

MNⅡ线 N 侧开关动作后，M 侧保护 1 测量的接地阻抗为

$$Z_{Mj} = Z_{MN} + \frac{\dot{I}_{MA} R_g}{(1+k)\dot{I}_{MA}} = j40 + \frac{1}{1+\frac{2}{3}} \times 30 = j40 + 18$$

在距离Ⅱ段保护范围内，0.4s 动作。

零序网络中的双回线不再是并联关系，零序电压源在 MNⅡ线 N 侧。

其等效阻抗为

$$x_{\Sigma 1} = j20//(20+j40) + j40 = j56$$

$$x_{\Sigma 2} = j20//(20+j40) + j40 = j56$$

$$x_{\Sigma 0} = j20//(20+j80) + j120 = j138.2$$

$$I_{M3I_0} = \left|3\frac{57\angle 0°}{3R_g + (j56 + j56 + j138.2)}\right| = 0.643A > 0.64A$$

零序反时限保护启动，动作时间为 $t(3I_0) = \frac{0.14}{(3I_0/I_p)^{0.02}-1}T_p = 5.87s$。

此时，故障已有距离保护Ⅱ段动作切除，故 MNⅡ线 M 侧零序反时限保护不动作。

11. 输电系统如图 2-80 所示。在线路的 70%（距 M 端）处发生单相（B 相）经过渡电阻接地故障，$R=10Ω$，计算 M 端 1 处距离保护的测量阻抗，并校验 M 端 1 处正序极化阻抗继电器Ⅰ段（注：$K_{rel} = 0.8$；未考虑相邻线补偿）是否能够动作。系统各元件的参数如下：

发电机： $S_N = 120\text{MVA}$ ， $E_1 = 1.67$ ， $X_1 = 0.9$ ， $X_2 = 0.45$ 。

变压器 T1： $S_N = 60\text{MVA}$ ， $U_s\% = 10.5$ ， $k_{T1} = 10.5/115$ ；T2： $S_N = 60\text{MVA}$ ， $U_s\% = 10.5$ ， $k_{T2} = 115/6.3$ 。

线路 L 每回路 $L=100\text{km}$ ， $X_1 = 0.4\Omega/\text{km}$ ，每回输电线路本身的零序电抗为 $X_0 = 0.8\Omega/\text{km}$ ，两回平行线路间零序互感抗为 $0.4\Omega/\text{km}$ 。

负荷 LD-1： $S_N = 40\text{MVA}$ ， $X_1 = 1.2$ ， $X_2 = 0.35$ 。

基准： $S_B = 100\text{MVA}$ ， $U_B = U_{AV}$ 。

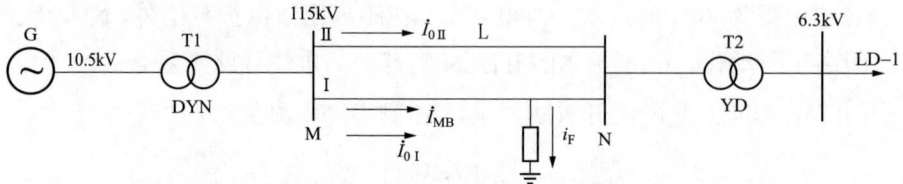

图 2-80　系统示意图

部分测量数据在上述基准下的标幺值，方向见图 2-80。

M 母线故障后的正序电压为

$$\dot{U}_{B1} = 1.33\angle 88°$$

Ⅰ 回线路 B 相故障后电流为

$$\dot{I}_B = 1.8\angle 9°$$

M 端 Ⅰ 、Ⅱ 回线路的零序电流分别为

$$\dot{I}_{0I} = 0.613\angle 10°$$

$$\dot{I}_{0II} = 0.322\angle 10°$$

答：

（1）参数标幺值计算。

接地电阻标幺值为

$$R = 10 \times S_B/U_{AV}^2 = 0.0756$$

单位线路正序阻抗标幺值为

$$X_{L1} = 0.003$$

单位线路零序阻抗标幺值为

$$X_{L0} = 0.006$$

单位线路零序互感阻抗标幺值为

$$X_{0m} = 0.003$$

变压器 T1 零序阻抗标幺值为

$$X_{T1} = \frac{U_{S1}}{100} \times \frac{U_N^2}{S_N} \times \frac{S_B}{U_B^2} = 0.175$$

（2）计算故障点电流。

根据零序网络图（见图 2-81），故障点电流为

$$\dot{I}_{\mathrm{F}} = 3 \times (\dot{I}_{0\mathrm{I}} + \dot{I}_{0\mathrm{II}}) = 2.805\angle 10°$$

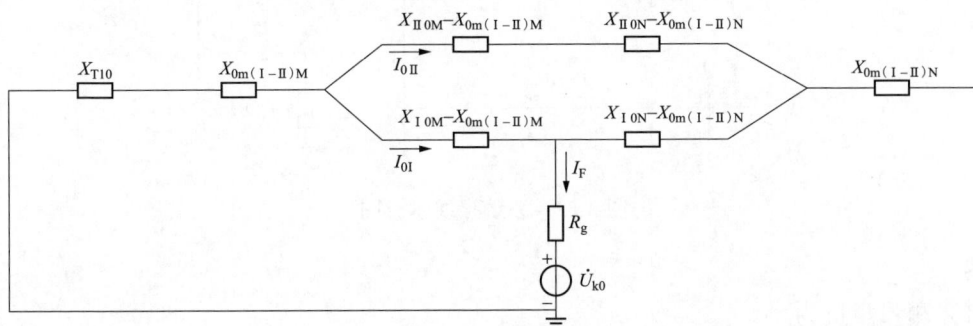

图 2-81　故障零序网络图

（3）保护安装处电压计算。

$$\dot{U}_{\mathrm{B}} = x_1 \times 70 \times (\dot{I}_{\mathrm{B}} + k \times 3 \times \dot{I}_{0\mathrm{I}}) + x_{\mathrm{om}} \times 70 \times \dot{I}_{0\mathrm{II}} + R \times \dot{I}_{\mathrm{F}} = 0.61\angle 79°$$

则测量阻抗为

$$Z_{\mathrm{m}} = \frac{\dot{U}_{\mathrm{B}}}{\dot{I}_{\mathrm{B}} + k \times 3 \times \dot{I}_{0\mathrm{I}}} = \frac{0.61\angle 79°}{1.8\angle 9° + 0.613\angle 10°} = 0.25\angle 69.73°$$

（4）正序极化阻抗继电器的动作情况。

整定定值为

$$Z_{\mathrm{set}} = 0.003 \times 100 \times 80\% = 0.24$$

动作方程为

$$90° < \arg\frac{\dot{U}_{\mathrm{B}} - (\dot{I}_{\mathrm{B}} + k \times 3 \times \dot{I}_{0\mathrm{I}}) \times Z_{\mathrm{set}}}{\dot{U}_{1\mathrm{B}}} < 270°$$

得

$$\dot{U}_{\mathrm{OP}} = \dot{U}_{\mathrm{B}} - (\dot{I}_{\mathrm{B}} + k \times 3 \times \dot{I}_{0\mathrm{I}}) \times Z_{\mathrm{set}} = 0.211\angle 7°$$

则知

$$\arg\frac{\dot{U}_{\mathrm{B}} - (\dot{I}_{\mathrm{B}} + k \times 3 \times \dot{I}_{0\mathrm{I}}) \times Z_{\mathrm{set}}}{\dot{U}_{1\mathrm{B}}} = 7° - 88° = -81°$$

阻抗继电器不动作。

12．如图 2-82 所示，在线路 L1 的 M 侧装有按 $U_\Phi / (I_\Phi + k \times 3I_0)$ 接线的接地距离保护（$k=2/3$），阻抗元件的动作特性为最大灵敏角等于 80° 的方向圆，一次整定阻抗为 $Z_{\mathrm{zd}} = 20\angle 80°\Omega$。在 K 点发生 A 相经电阻接地短路故障。问：

（1）计算 A 相阻抗元件的测量阻抗值。

（2）该阻抗元件是否会动作？并用阻抗相量图说明之。

注：①全电流 I_1 与 I_2 同相；②Z_{L1} 为线路 L_1 的线路正序阻抗，Z_{L3k} 为线路母线 N 到故

障点 K 的线路正序阻抗。$Z_{L1} = 5\angle 80°\Omega$，$Z_{L3k} = 10/3\angle 80°\Omega$。

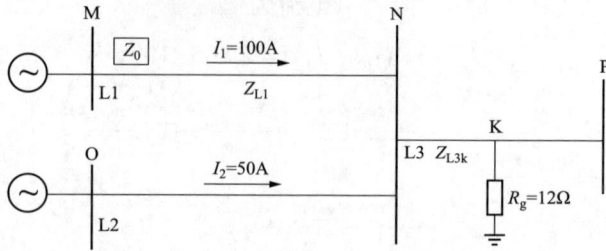

图 2-82　系统接线示意图

答：

（1）测量阻抗为

$$Z_{ca} = Z_{L1} + \frac{[(I_1 + I_2) + k(I_1 + I_2)]Z_{L3k}}{I_1 + kI_1} + \frac{(I_1 + I_2)R_g}{I_1 + kI_1}$$

$$= Z_{L1} + \frac{[(I_1 + 0.5I_1) + k(I_1 + 0.5I_1)]Z_{L3k}}{I_1(1 + k)} + \frac{(I_1 + 0.5I_1)R_g}{I_1(1 + k)}$$

$$= Z_{L1} + 1.5Z_{L3k} + \frac{1.5R_g}{1 + k}$$

$$= (5 + 1.5 \times 3.33)\angle 80° + 1.5 \times 12 \times \frac{3}{5}$$

$$= 10\angle 80° + 10.8 (\Omega)$$

（2）该阻抗元件不会动作。因为在 K 点短路时，阻抗元件允许的接地电阻为 10Ω，而测量的 K 点接地电阻为 10.8Ω，所以不会动作。阻抗相量图如图 2-83 所示。

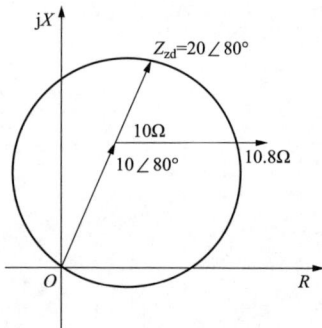

图 2-83　故障阻抗相量图

13. 220kV 平行双回线如图 2-84 所示，L1 线 N 侧 A 相开关发生偷跳重合成功，在 L1 线 N 侧开关等待重合的非全相运行期间，L2 线纵联零序方向保护误动跳两侧 A 相开关重合成功，试分析其可能的误动原因。（已知双回线零序阻抗相等 $Z_{L0} = 18\angle 80°\Omega$，两线互阻抗 $Z_{m0} = 3\angle 80°\Omega$，M 侧系统零序阻抗 $Z_{M0} = 2\angle 80°\Omega$，N 侧系统零序阻抗 $Z_{N0} = 3\angle 80°\Omega$。L2 线零序方向元件比相式为 $175° < \arg\dfrac{\dot{U}_0 - \dot{I}_0 \cdot Z_{COM}}{\dot{I}_0} < 325°$。其中：$Z_{COM}$ 是补偿阻抗，当零序电压小于 0.5V 时投入补偿阻抗，补偿阻抗整定为 $Z_{COM} = 7\angle 80°\Omega$。）

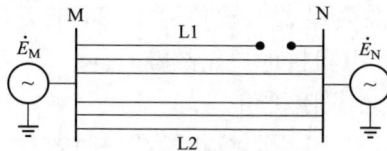

图 2-84　系统接线图

答：

画出 L1 线非全相运行期间零序等值网络图如图 2-85 所示。

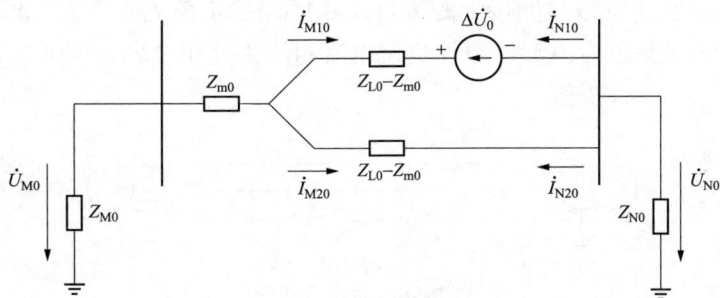

图 2-85　零序网络图

$$\dot{I}_{M20} = -\dot{I}_{M10}\frac{Z_{M0}+Z_{N0}+Z_{m0}}{Z_{L0}-Z_{m0}+Z_{M0}+Z_{N0}+Z_{m0}} = -\dot{I}_{M10}\frac{Z_{M0}+Z_{N0}+Z_{m0}}{Z_{L0}+Z_{M0}+Z_{N0}}$$

$$\dot{U}_{M0} = -(\dot{I}_{M10}+\dot{I}_{M20})Z_{M0}$$

$$\frac{\dot{U}_{M0}}{\dot{I}_{M20}} = -\left(\frac{\dot{I}_{M10}}{\dot{I}_{M20}}+1\right)Z_{M0} = -\left(-\frac{Z_{M0}+Z_{N0}+Z_{L0}}{Z_{L0}+Z_{M0}+Z_{N0}}+1\right)Z_{M0} = 4\angle 80°$$

$$\frac{\dot{U}_{N0}}{\dot{I}_{N20}} = -\left(\frac{\dot{I}_{N10}}{\dot{I}_{N20}}+1\right)Z_{N0} = -\left(-\frac{Z_{M0}+Z_{N0}+Z_{L0}}{Z_{m0}+Z_{M0}+Z_{N0}}+1\right)Z_{N0} = 6\angle 80°$$

由于非全相运行期间两侧零序电压偏低，L2 线 M 侧零序功率方向元件若投入补偿阻抗则判据式为

$$175° < \arg\frac{\dot{U}_{M0}-\dot{I}_{M20}Z_{COM}}{\dot{I}_{M20}} < 325°$$

$$\frac{\dot{U}_{M0}-\dot{I}_{M20}Z_{COM}}{\dot{I}_{M20}} = 4\angle 80° - 7\angle 80° = 3\angle 260°$$

因此 L2 相 M 侧零序方向元件判正方向。

同理可得 L2 线 N 侧零序方向元件动作方程式，即

$$175° < \arg\frac{\dot{U}_{N0}-\dot{I}_{N20}Z_{COM}}{\dot{I}_{N20}} < 325°$$

$$\frac{\dot{U}_{N0}-\dot{I}_{N20}Z_{COM}}{\dot{I}_{N20}} = 6\angle 80° - 7\angle 80° = 1\angle 260°$$

因此，L2 线 N 侧零序方向元件也判正方向。

综上所述，L2 线零序纵联方向保护误动可能的原因为，两侧零序电压在 L1 线非全相运行期间数值较低（小于 0.5V），使得 L2 线两侧零序方向元件均投入了补偿阻抗，由于补偿阻抗整定值偏大，导致两侧零序方向元件均判正方向而误动；同时 L1 线 A 相负荷电流转移至 L2 线，A 相电流上升，出现零序电流，保护装置启动，L2 线选跳 A 相并重合成功。

14. 220kV 双侧电源系统如图 2-86 所示，系统阻抗标幺值已注明，$X_{1SM} = X_{1SN} = 0.3$，

$X_{0SM} = X_{0SN} = 0.4$，线路参数 $X_{1L} = 0.5$，$X_{0L} = 1.35$，$\dot{E}_M = \dot{E}_N = 1$，基准电压为 230kV，基准容量为 1000MVA。某日，线路 MN 的 N 站侧出口发生 A 相金属性接地故障，故障时线路差动保护因故退出，线路两侧接地距离以及零序保护定值见表 2-3。线路投入单相重合闸方式，重合闸时间整定为 0.8s，不计负荷电流和线路分布电容，请通过计算分析两侧保护动作情况。

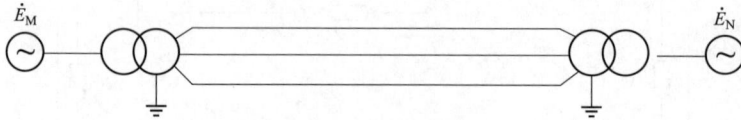

图 2-86 系统接线图

表 2-3   线路两侧保护定值

定值项	接地距离 I 段		接地距离 II 段		接地距离III 段		零序 II 段	
	定值	时间	定值	时间	定值	时间	定值	时间
M 侧	18.5Ω	0	39.7Ω	1.0s	52.9Ω	3.0s	1500A	0.6s
N 侧	18.5Ω	0	39.7Ω	1.0s	52.9Ω	3.0s	1500A	0.6s

注 以上定值均为一次值。

答：

（1）N 侧出口故障，N 侧距离 I 段动作后，单相跳开 N 侧开关。

（2）N 侧开关跳开后属于断线相再接地的复杂故障，不能应用简单序网图来计算，此处利用回路方程来计算分析，此时短路情况可看成 A 相断线状态和断线接地附加状态的叠加，如图 2-87 和图 2-88 所示。

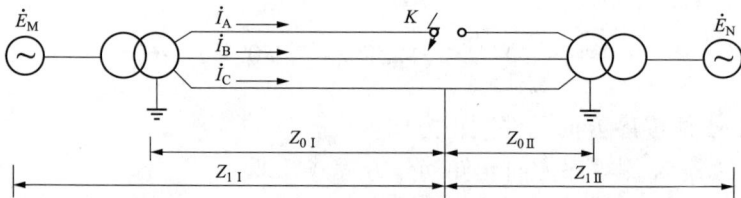

图 2-87 A 相断线状态

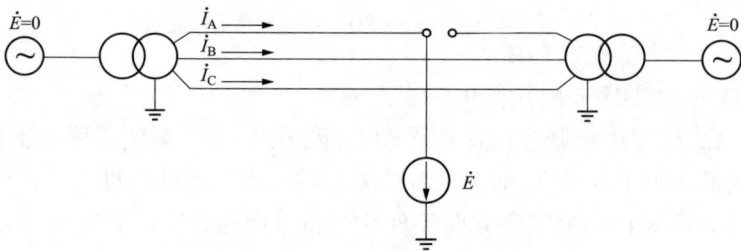

图 2-88 断线接地附加状态

接地的支路中引入两个方向相反、大小相同于 $\dot{E}$ 的电动势。然后，就可以将短路状态分解为短路前负荷状态和短路附加状态。短路前的负荷状态中线路无电流，因此无需计算。

短路附加状态仅在故障支路有电动势 $\dot{E}$，令故障相电流为 $\dot{I}_A$。两健全相电流相等（因为故障相对它们的互感是相同的），令 $\dot{I} = \dot{I}_B = \dot{I}_C$。根据短路附加状态电路模型，联列方程求解：

线路自感阻抗 $Z_L = \dfrac{Z_0 + 2Z_1}{3}$；线路互感阻抗 $Z_M = \dfrac{Z_0 - Z_1}{3}$。

$$\begin{cases} Z_{LI}\dot{I}_A + 2Z_{MI}\dot{I} = \dot{E} \\ Z_{MI}\dot{I}_A + (Z_{LI} + Z_{MI} + Z_{LII} + Z_{MII})\dot{I} = 0 \end{cases}$$

K 点左侧和 K 点右侧均等效成各相自感为 Z_L，相间互感为 Z_M 的三相等效电路。

K 点 M 侧 $\begin{cases} Z_{1M\Sigma} = 0.3 + 0.5 = 0.8 \\ Z_{0M\Sigma} = 0.4 + 1.35 = 1.75 \\ Z_{LI} = \dfrac{2Z_{1M\Sigma} + Z_{0M\Sigma}}{3} = 1.117 \\ Z_{MI} = \dfrac{Z_{0M\Sigma} - Z_{1M\Sigma}}{3} = 0.317 \end{cases}$

K 点 N 侧 $\begin{cases} Z_{1N\Sigma} = 0.3 \\ Z_{0N\Sigma} = 0.4 \\ Z_{LII} = \dfrac{2Z_{1N\Sigma} + Z_{0N\Sigma}}{3} = 0.333 \\ Z_{MII} = \dfrac{Z_{0N\Sigma} - Z_{1N\Sigma}}{3} = 0.033 \end{cases}$

解得：$\dot{I}_A = 0.995$，$\dot{I} = -0.175$。

因此，M 侧 $\dot{I}_{MA} = 0.995 \times 2.51\text{kA} = 2497\text{A}$，$\dot{I}_{MB} = \dot{I}_{MC} = -0.175 \times 2.51\text{kA} = -439\text{A}$，M 侧 $3\dot{I}_0 = \dot{I}_{MA} + \dot{I}_{MB} + \dot{I}_{MC} = 1619\text{A}$。

综合以上分析可知，线路两侧保护动作情况：N 侧距离 I 段动作跳开 A 相；

M 侧零序 II 段 0.6s 动作跳开三相（控制字"II 段保护闭锁重合闸"为"1"时）；

M 侧零序 II 段 0.6s 动作跳开 A 相（控制字"II 段保护闭锁重合闸"为"0"时）；

N 侧重合闸动作，重合不成功。

15. 如图 2-89 所示系统，某联络线距 M 侧 20km 处发生 BC 相经过渡电阻的短路故障。已知：线路阻抗参数 $(0.0695+\text{j}0.394)$ Ω/km（一次值）；线路 M 侧保护安装处相间方向阻抗继电器，整定阻抗 $Z_{set} = 9.5\Omega$（一次值），整定阻抗角 $\varphi_{set} = 80°$，圆特性偏移角 $\theta_{set} = 15°$，方向阻抗继电器过原点；故障时 M 侧故障电流 $I_{MBC} = 3200\text{A}$（一次值），N 侧故障电流 $I_{NBC} = 4800\text{A}$（一次值）。假设故障点两侧有相同的等值阻抗角，在不计负荷电流的情况下，过渡电阻为 3Ω（一次值）时，试问：

（1）此时 M 侧 BC 相方向阻抗继电器（过原点）测量阻抗为多少？

（2）此时 M 侧 BC 相方向阻抗继电器是否能动作？

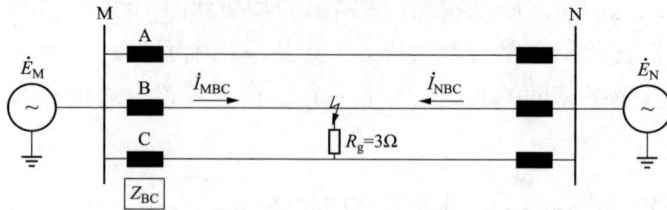

图 2-89　系统接线图

答：

（1）$R=3$ 时，M 到短路点的阻抗为 M 侧，即

$$Z'_{M} = (0.0695 + j0.394) \times 20\text{km} = 8\angle 80°(\Omega)$$

方向阻抗继电器的测量阻抗为

$$Z_{M} = 8e^{j80°} + (3200 + 4800) \times \frac{3}{2} / 3200 = 9.4e^{j56.9°}(\Omega)$$

（2）继电器在 $e^{j56.9°}$ 上的动作阻抗动作直径 $|Z_Z| = \dfrac{9.5}{\cos15°} = 9.835\Omega$，最大灵敏角为 65°，在 56.9° 上的动作阻抗 $Z_D = 9.835 \times \cos(65 - 56.9)° = 9.74\Omega$ 处于动作状态。

16．如图 2-90 所示，甲站与丁站背后均为无穷大系统，两侧系统幅值相等，系统等值正序阻抗、零序阻抗为 0，经过甲乙线、乙丙线及丙丁线相连，线路的单位阻抗为 $Z_1 = 0.358e^{j75°}\Omega/\text{km}$，线路长度如图 2-90 所示。各站距离 I 段为方向圆，按照保护线路全长 80% 整定，零序补偿系数 k 实测均为 $1/\sqrt{3}$。某日系统发生振荡，M 侧频率升高为 50.4Hz，N 侧系统频率降低为 49.6Hz。试求：

（1）振荡周期。

（2）若不经振荡闭锁，乙站 DL1 距离 I 段在一个振荡周期内误动的时间。

（3）在振荡过程中，乙丙线上距离乙站 32km 处发生金属性两相接地故障，仅使用不对称开放元件的乙站 DL1 距离 I 段最多延迟多长时间才动作？

（该保护采用的不对称开放元件为 $|\dot{I}_2| + |\dot{I}_0| > 0.5|\dot{I}_1|$）

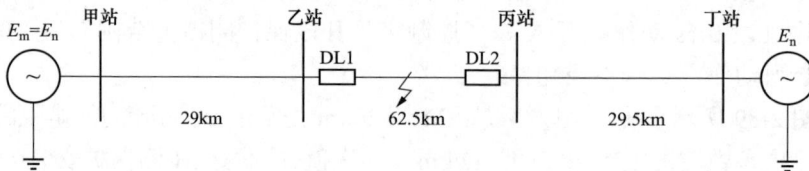

图 2-90　系统接线图

答：

（1）两侧频率差 50.4–49.6=0.8Hz，振荡周期为 1/0.8=1.25s。

（2）距离 I 段按照 80% 整定，因此保护范围为 62.5×0.8=50km，半径为 25km 的圆。振荡中心距离乙站(28+62.5+29.5)/2–28=32km 处。

利用勾股定理，可以算出穿过阻抗圆的弦长，即图 2-91 中 W_1、W_2 为 48km。

当两侧电势角差为 $2\arctan\dfrac{60}{24}=136.4°$ 开始误动，直到 223.6° 结束。经历时间为 $t=$ $\dfrac{\theta_{w2}-\theta_{w1}}{360°}\times T=\dfrac{236°-136.4°}{360°}\times 1.25=0.303\text{s}$。

（3）乙丙线上，距离乙站 32km 处即为振荡中心，振荡中心示意图如图 2-92 所示。

假设当两侧系统电势角差为 δ 时发生两相接地短路，则振荡中心的故障前电压大小为 $E_n\cos\dfrac{\delta}{2}$，两侧系统电势差为 $2E_n\sin\dfrac{\delta}{2}$。负荷电流与故障电流角度差为 90°，相互垂直。

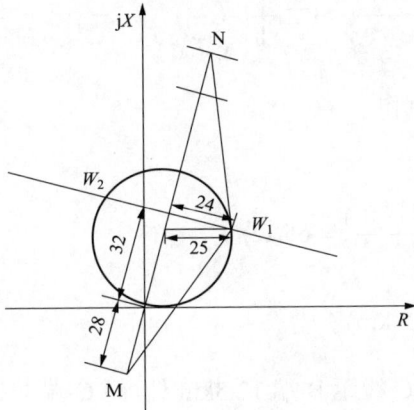

图 2-91 振荡过程中保护动作轨迹图

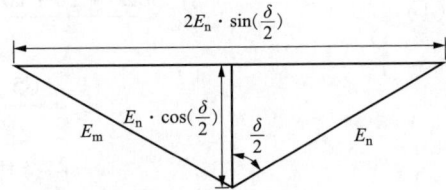

图 2-92 振荡中心示意图

由于是振荡中心，且线路零序补偿系数相同，根据 $k=\dfrac{z_0-z_1}{3z_1}$ 得到

$$Z_{m1}=Z_{n1}, \quad Z_{m0}=Z_{n0}=(1+\sqrt{3})Z_{m1}, \quad Z_{\Sigma1}=Z_{\Sigma2}=0.5Z_{m1}, \quad Z_{\Sigma0}=\frac{1+\sqrt{3}}{2}Z_{m1}$$

根据两侧分配系数相等，可以列出当不对称开放元件临界动作时，满足

$$\left|\dot{I}_{m2}\right|+\left|\dot{I}_{m0}\right|=0.5\left|\dot{I}_{m1}+\dot{I}_{loa}\right|, \quad 2\left|\dot{I}_{m1}\right|=\left|\dot{I}_{m1}+j\dot{I}_{loa}\right|, \quad 4\dot{I}_{m1}^2=\dot{I}_{m1}^2+\dot{I}_{loa}^2$$

将故障时 M 侧的正序电流，负荷电流代入，则有

$$\sqrt{3}\frac{E_n\cos\dfrac{\delta}{2}}{Z_{\Sigma1}+Z_{\Sigma2}//Z_{\Sigma0}}=\frac{2E_n\sin\dfrac{\delta}{2}}{Z_{m1}+Z_{n1}}$$

$$\tan\frac{\delta}{2}=\frac{\sqrt{3}}{2}\frac{2Z_{m1}}{\dfrac{Z_{m1}}{2}\left(1+\dfrac{1+\sqrt{3}}{1+1+\sqrt{3}}\right)}=1$$

当 δ 为 90° 时，不对称开放元件临界动作。

若恰好在 90° 时发生两相接地故障，需要等到 270° 时才能开放，因此最多延迟 0.625s。

17. 在图 2-93 所示网络中，线路阻抗 0.4Ω/km，全系统阻抗角均等于 70°，其中 1、2

分别位于线路 AB 的出口和末端；3、4 分别为线路 BC 的出口和末端。假设系统电势 $\left|\dot{E}_{m}\right|=\left|\dot{E}_{n}\right|$，若系统发生振荡，则：

（1）试指出振荡中心位于何处，而保护 1（1 处所安装的保护）、保护 2、保护 3 和保护 4 的距离 I 段和 II 段中有哪些保护可能受振荡的影响。（假设线路 I 段定值取线路全长的 80%）

（2）若振荡周期取 2s，对于保护 1 的距离 II 段，若其定值为 60Ω，求可能使其测量元件误动的 δ 角的范围及误动时间；若该段保护延时为 0.6s，确认能否误动。

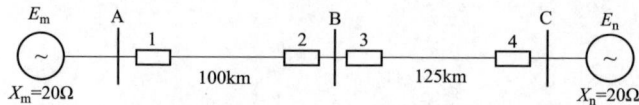

图 2-93　系统接线图

答：

（1）
$$Z_z = \frac{20+20+100\times0.4+125\times0.4}{2} = 65(\Omega)$$

$$L_z = \frac{65-20}{0.4} = 112.5(km)$$

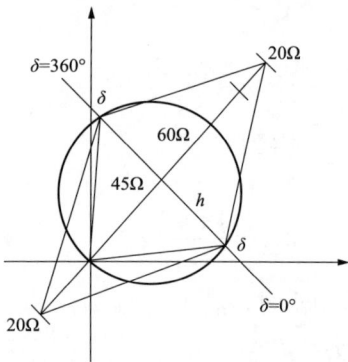

图 2-94　阻抗测量图

振荡中心位于 BC 线距 B 端 12.5km 处，距 C 端 112.5km 处。保护 1 距离 II 段、保护 4 距离 II 段和保护 3 距离 I 段、II 段受振荡影响。

（2）若保护 1 的距离 II 段阻抗定值为 60Ω，则可得振荡时的测量阻抗如图 2-94 所示。

由图 2-94 可得 $h=\sqrt{45\times(60-45)}=26\Omega$，$\tan\dfrac{\delta}{2}=\dfrac{65}{26}=$ 2.5，所以 $\dfrac{\delta}{2}=\arctan 2.5=68°$，$\delta=136°$。

可能误动的时间为

$$T_\delta = \frac{(360-136)-136}{360}\times 2 = 0.488(s)$$

若保护 1 距离 II 段延时为 0.6s，由于其可能误动时间为 0.488s，小于 0.6s，不会误动。

18．系统接线如图 2-95 所示，系统综合参数如图所示，系统各处阻抗角相同，线路 MN 区外 Z_k 阻抗为 2 处发生三相短路，同时系统发生周期为 1.0s 的振荡，M 处保护距离 II 段定值为 12，时间为 0.5s，不考虑振荡闭锁情况下，请问距离保护是否会发生误动？

［提示：两圆相交公共弦公式，其中 a、b 为两圆半径，c 为两圆圆心距。$L=\sqrt{(a+b+c)(a+b-c)(a+c-b)(b+c-a)}\div c$ ］。

答：

利用戴维南定理算出 N 侧等效网络为

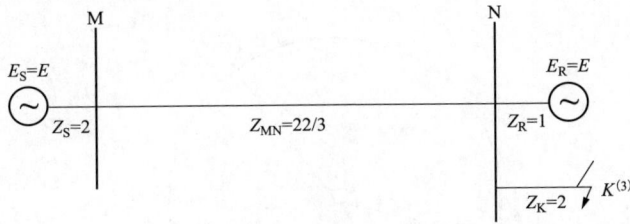

图 2-95 系统接线图

$$Z_{ep} = \frac{1}{\dfrac{1}{Z_R} + \dfrac{1}{Z_K}} = \frac{2}{3}$$

$$E_{ep} = \frac{\dfrac{E}{Z_R}}{\dfrac{1}{Z_R} + \dfrac{1}{Z_K}} = \frac{2}{3}E$$

等效系统如图 2-96 所示。

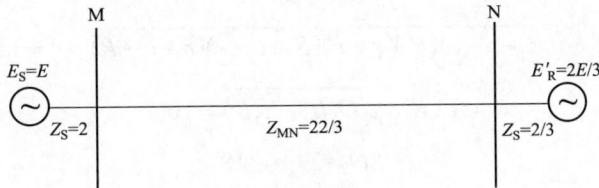

图 2-96 等效电路图

$$Z_{1\Sigma} = 2 + \frac{22}{3} + \frac{2}{3} = 10$$

$$I = \frac{E_S - \dot{E}_R'}{Z_{1\Sigma}} = \frac{E - \dfrac{2}{3}Ee^{-\delta}}{Z_{1\Sigma}}$$

$$U_M = E - I \times Z_S$$

$$Z_M = \frac{U_M}{I} = \frac{E}{\dfrac{E - \dfrac{2}{3}Ee^{-\delta}}{Z_{1\Sigma}}} - Z_S = \frac{Z_{1\Sigma}}{1 - \dfrac{2}{3}e^{-\delta}} - Z_S$$

当 $\delta = 0°$ 时，处于最远点 $Z_M = 3Z_{1\Sigma} - Z_S = 28$。

当 $\delta = 180°$ 时，处于最近点 $Z_M = 0.6Z_{1\Sigma} - Z_S = 4$。

阻抗轨迹及保护区域示意图如图 2-97 所示。

振荡上组圆直径为最远点至最近点距离半径为

$$R = (28-4)/2 = 12$$

阻抗圆半径为定值一般为

$$r = 12/2 = 6$$

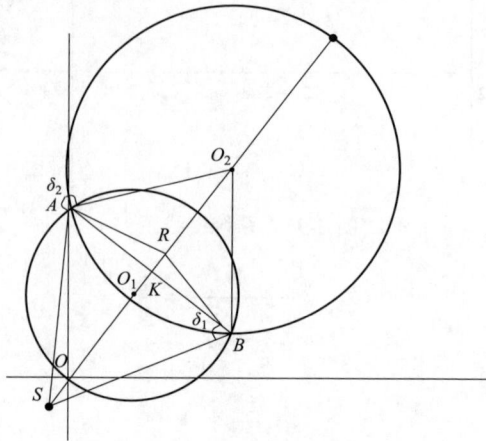

图 2-97 阻抗轨迹及保护区域示意图

两圆心距离为

$$O_1O_2=c=10$$

$$AB = \sqrt{(R+r+c)(R+r-c)(R+c-r)(r+c-R)} \div c = 11.97$$

$$O_2K = \sqrt{O_2B^2 - KB^2} = 10.4$$

$$SO_2=2+16=18$$

$$SK=7.6$$

$$RK=2.4$$

$$SB = \sqrt{SK^2 + KB^2} = 9.674$$

$$RB = \sqrt{RK^2 + KB^2} = 6.448$$

$$\delta_1 = \arccos\frac{SB^2 + RB^2 - SR^2}{2 \times SB \times RB} = 76.63°$$

$$\delta_2 = 360 - \delta_1 = 286.37°$$

振荡轨迹处于圆内时间为

$$t = \frac{\delta_2 - \delta_1}{360} \times T = 0.591\text{s} > 0.5\text{s}$$

因此，距离Ⅱ段保护会误动。

19. 220kV 双侧电源系统如图 2-98 所示。其中，M 侧变电站为智能站，采用模采网跳方式，两套保护过程层网络完全独立。M 侧线路的 A 套智能终端装置电源和操作电源处于失电状态，其余保护及智能终端正常运行，两套线路保护均采用单重方式。M 侧第一套线路保护虚回路如图 2-99 所示。请开展以下场景的保护动作行为分析。

（1）该线路在 0 时刻发生 A 相接地故障，保护瞬时出口动作，两套线路保护动作前一帧 GOOSE 报文均为 StNum=1，SqNum=10。试分别列出两套线路保护装置动作后发出的第一帧 GOOSE 报文 StNum 和 SqNum 及报文内容。

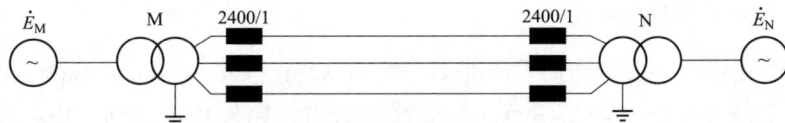

图 2-98 系统接线图

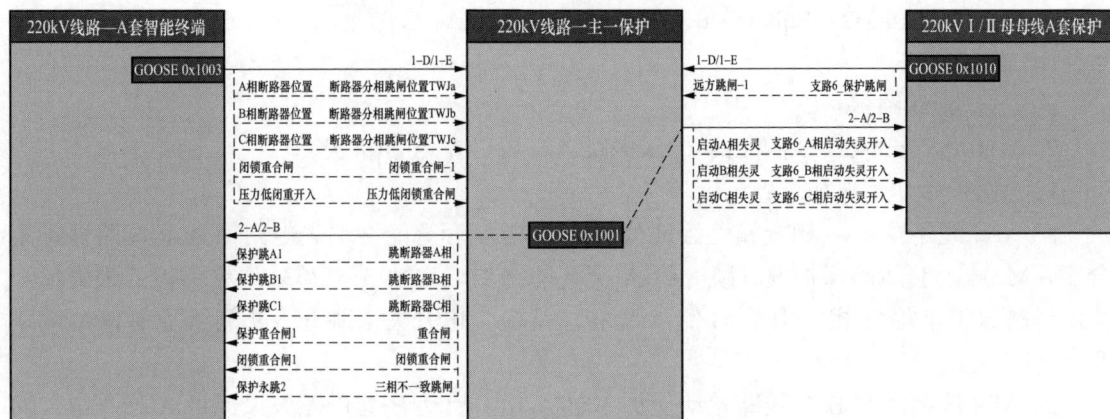

图 2-99 第一套线路保护虚回路（第二套与第一套虚回路相同）

（2）系统阻抗标幺值已注明，$X_{1SM} = X_{1SN} = 0.03$，$X_{0SM} = X_{0SN} = 0.06$，线路参数 $X_{1L} = 0.05$，$X_{0L} = 0.135$，$E_M = E_N = 1$，基准电压为 230kV，基准容量为 100MVA。线路 MN 中点发生 A 相金属性接地故障，M 侧线路及母差保护定值见表 2-4，线路负荷电流 800A 且在故障前后保持不变，不计输电线路分布电容，请通过计算分析两侧保护动作情况。

表 2-4   M 侧 保 护 定 值

支路保护	定值项	定值	单位
M 侧线路主一保护	分相差动电流定值	0.25	A
	零序差动电流定值	0.2	A
	零序过流Ⅲ段	0.15	A
	零序过流Ⅲ段时间	4.2	s
	单相重合闸时间	0.8	s
M 侧线路主二保护	分相差动电流定值	0.25	A
	零序差动电流定值	0.2	A
	零序过流Ⅲ段	0.15	A
	零序过流Ⅲ段时间	4.2	s
	单相重合闸时间	0.8	s
M 侧 220kV 母线失灵保护	MN 线路失灵相电流	0.3	A
	失灵相低电压	46	V
	失灵零序电压闭锁	6	V
	失灵负序电压	3	V
	失灵跟跳时间值	0.15	s
	跳母联时限	0.25	s
	跳母线时限	0.4	s

注 以上定值均为二次值。

答：

（1）两套线路保护装置动作后发出的第一帧 GOOSE 报文 StNum 和 SqNum 及报文内容。

1）第一套线路保护（两个考点：智能终端失电线路保护重合闸放电，B、C 相有流，保护跳令不返回）。

T=0ms StNum=2 SqNum=0 保护跳 A、B、C，启母差 A、B、C 相失灵，发闭锁重合闸。

2）第二套线路保护。

T=0ms StNum=2 SqNum=0 保护跳 A，启母差 A 相失灵。

（2）保护动作情况如下：

1）MN 线路发生 A 相金属性接地故障，M 侧 A 套智能终端失电闭锁 A 套线路保护重合闸，M 侧 A 套线路保护发三跳令给 A 套智能终端，启动 A 套母差失灵保护三相失灵，N 侧线路保护单跳 A 相。由于 M 侧 A 套智能终端失电开关未跳开，N 侧 A 套智能终端跳开 A 相开关。

2）MN 线路两侧 B 套线路差动保护单跳 A 相，启动 B 套母差失灵保护 A 相失灵，启动重合闸。两侧 B 套智能终端跳开 A 相开关。

3）M 侧 A 套母线失灵保护，收到 A 套线路保护三相启动失灵开入，失灵相电流满足动作条件，经计算失灵零序电压满足开放条件，失灵保护 0.15s 出口跟跳 MN 线路三相开关，M 侧 A 套智能终端失电 BC 相开关未跳开，通过 A 套线路保护发远跳给 N 侧保护，N 侧保护三跳，N 侧 A 套智能终端跳开 BC 相开关，闭锁 N 侧线路保护重合闸，M 侧失灵保护返回。

4）M 侧 B 套线路保护经 0.8s 延时重合闸动作，B 套智能终端合上 A 相开关，最终状态 M 侧 ABC 相开关运行，N 侧 ABC 相开关分开。

分析过程如下：

1）MN 线路中点故障，故障电流 6341A，大于差动电流定值 600A，两侧差动保护动作跳 A 相。

2）两侧 A 相开关跳开后，线路非全相运行，如图 2-100 所示。此时的零序网络如图 2-101 所示。

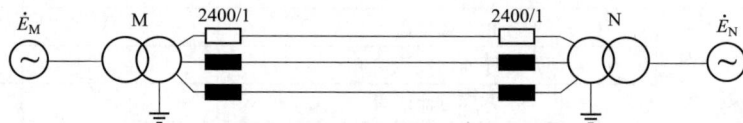

图 2-100 系统接线图

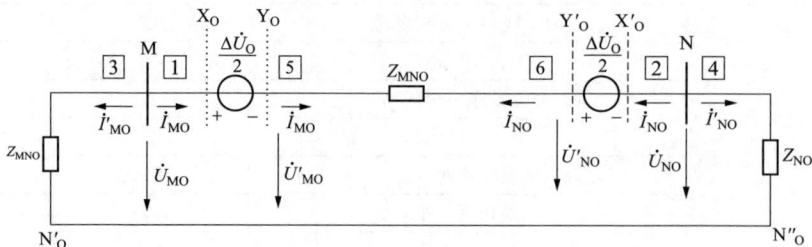

图 2-101 单相两断相口非全相运行时的零序网络

当不计输电线路分布电容时，两个断相口合并为一个断相口，复合序网如图 2-102 所示，可求得该断相口的正序、负序和零序纵向阻抗为

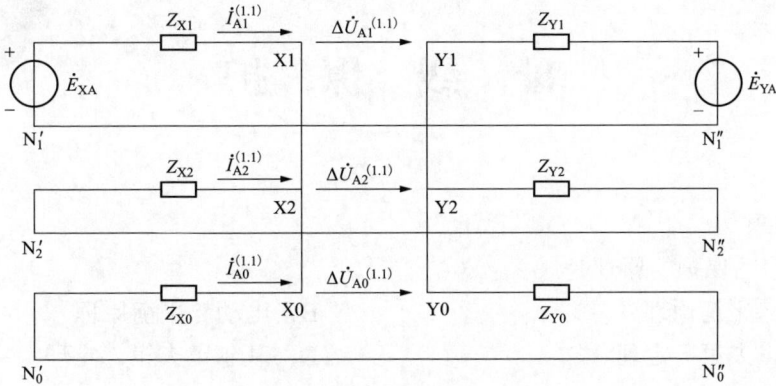

图 2-102 A 相断线时的复合序网

$$Z_{11} = Z_{22} = 0.03 + 0.03 + 0.05 = 0.11$$

$$Z_{00} = 0.06 + 0.06 + 0.135 = 0.255$$

$$\dot{I}_0 = -\cfrac{\cfrac{1}{Z_{00}}}{\cfrac{1}{Z_{11}} + \cfrac{1}{Z_{22}} + \cfrac{1}{Z_{00}}} \dot{I}_{10a\cdot A} = \cfrac{\cfrac{1}{0.255}}{\cfrac{1}{0.11} + \cfrac{1}{0.11} + \cfrac{1}{0.255}} \times 800 = -142(\text{A})$$

$$3\dot{U}_{M0} = -3\dot{I}_{M0}\dot{Z}_{M0}\frac{1}{n_{ct}} = 3 \times 142 \times 0.06 \times 529/2200 = 13521/2200 = 6.14(\text{V})$$

$$\dot{I}_2 = -\cfrac{\cfrac{1}{Z_{23}}}{\cfrac{1}{Z_{11}} + \cfrac{1}{Z_{22}} + \cfrac{1}{Z_{00}}} \dot{I}_{10a\cdot A} = \cfrac{\cfrac{1}{0.11}}{\cfrac{1}{0.11} + \cfrac{1}{0.11} + \cfrac{1}{0.255}} \times 800 = -329(\text{A})$$

$$\dot{U}_{M2} = -\dot{I}_{M2}\dot{Z}_{M2}\frac{1}{n_{ct}} = 329 \times 0.03 \times 529/2200 = 5221/2200 = 2.4(\text{V})$$

3）M 母线零序电压 6.14V＞6V，满足零序电压开放条件（负序电压 2.4V＜3V，不满足负序电压开放条件，可不校核负序电压）。

4）线路负荷电流 800A＞失灵相电流定值 0.3×2400=720A 满足失灵启动电流条件。

第三章

母 线 保 护

一、选择题

1. 母线差动保护的原理是（　　）。

A. 磁动势平衡原理 　　　　　　　　B. 电动势平衡原理

C. 基尔霍夫第一定理 　　　　　　　D. 基尔霍夫第二定理

答案： C

解析： 母线差动保护就是将母线当作一个节点，根据流入与流出母线的电流是否相等，判断是母线区内或区外故障，其实质就是基尔霍夫第一定理。

2. 双母单分段接线系统母线保护不计入大差电流的支路有（　　）。

A. 母联支路 　　　　　　　　　　　B. 分段支路

C. 线路支路 　　　　　　　　　　　D. 主变压器支路

答案： AB

解析： 大差电流是包含除母联断路器和分段断路器以外的母线所有支路的电流，其作用是区分母线内还是母线外故障。

3. 母线故障时，关于母差保护 TA 饱和程度，以下说法正确的是（　　）。

A. 故障初期 TA 就饱和，以后 TA 饱和程度逐步减弱

B. 故障初期 TA 保持线性传变，以后饱和程度逐步减弱

C. 故障初期 TA 保持线性传变，以后 TA 开始饱和

D. 以上均不正确

答案： C

解析： TA 饱和时存在以下特点：①TA 二次电流波形发生畸变，TA 二次电流中含有大量的谐波分量电流；②发生短路故障时，即使 TA 发生饱和，但是 TA 是在短路发生一段时间以后才开始饱和的，在短路初始一段时间内 TA 一、二次电流总有一段正确传变的时间；③即使 TA 处于非常严重的饱和状态，TA 二次电流也不可能完全为零，在 TA 饱和时每一周波内总有一段时间一、二次电流是线性传变的；④即使在稳态短路电流的情况下，TA 的变比误差（幅值误差）小于 10%，但是在短路暂态过程中由于短路电流中的非周期分量影响，其误差往往大于 10%。

4. 母线差动保护采用电压闭锁元件的主要目的是（　　）。

A. 系统发生振荡时，母线差动保护不会误动

B. 区外发生故障时，母线差动保护不会误动

C. 由于误碰出口继电器而不至于造成母线差动保护误动

D．以上均正确

答案：C

解析：电压闭锁元件的主要目的是：①防止由于人员误碰造成母线差动保护或失灵保护误动出口；②防止母线差动保护或失灵保护由于出口元件损坏或受到外部干扰时误动出口。

5．双母线差动保护的复合电压（U_0、U_1、U_2）闭锁元件还要求闭锁每一断路器失灵保护，这一做法的原因是（　　）。

A．断路器失灵保护选择性能不好

B．防止断路器失灵保护误动作

C．断路器失灵保护原理不完善

D．断路器失灵保护必须采用复合电压闭锁元件选择母线

答案：B

解析：复合电压闭锁元件的作用是防止失灵保护出口继电器误动而造成误跳断路器，

其动作判据为 $\begin{cases} U_\phi \leqslant U_{OP} \\ 3U_0 \geqslant U_{0OP} \\ U_2 \geqslant U_{2OP} \end{cases}$。

6．关于两个具有两段折线式差动保护的动作灵敏度的比较，下列说法正确的是（　　）。

A．初始动作电流小的差动保护动作灵敏度高

B．初始动作电流较大，但比率制动系数较小的差动保护动作灵敏度高

C．当拐点电流及比率制动系数分别相等时，初始动作电流小者，其动作灵敏度高

D．以上均正确

答案：C

解析：母线保护差动元件比率特性如图 3-1 所示，由图 3-1 可以看出，折线上方面积越大则动作灵敏度越高，折线由拐点电流、比率制动系数和初始动作电流三个因素决定，所以在拐点电流及比率制动系数分别相等时，初始动作电流小者，其动作灵敏度高。

7．在微机母线差动保护的 TA 饱和鉴别方法中，基于 TA 一次故障电流过零点附近存在线性传变区原理构成的方法是（　　）。

A．同步识别法

B．谐波制动原理

C．自适应阻抗加权抗饱和法

D．基于采样值的重复多次判别法

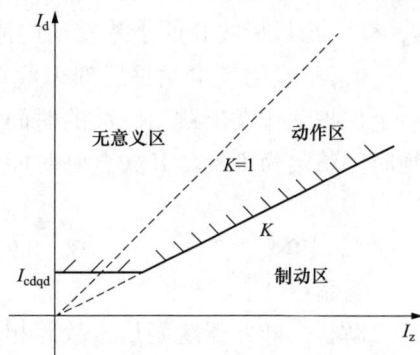

图 3-1　差动元件比率特性图

答案：D

解析：①同步识别法：当母线区内发生故障时，各出线元件上的电流将发生很大的变化。各连接元件电流的相量和（差动电流）、标量和有很大的变化量，这两个电流的变化量

是同时出现的。因为 TA 即使饱和也是在短路过了一段时间以后才饱和的，所以各连接元件电流的相量和的电流变化量是短路过了一段时间以后才出现的，相量和的电流变化量与标量和的电流变化量是不同时出现的。②谐波制动原理：TA 饱和时差电流的波形将发生畸变，其中会有大量的谐波分量。利用区外故障 TA 饱和后在每个周波内的线性传变区内无差流，而区内故障 TA 饱和时，无论是否工作在线性传变区一直有差流，区别区内、外故障后，再利用谐波制动防止区外故障误动。③自适应阻抗加权抗 TA 饱和法：利用故障后 TA 即使饱和也不是短路后立即饱和的原理。④基于采样值的重复多次判别法：若在对差流一个周期的连续 R 次采样值判别中，有 S 次及以上不满足差动元件的动作条件，认为是外部故障 TA 饱和，继续闭锁差动保护；若在连续 R 次采样值判别中有 M 次以上满足差动元件的动作条件时，判为区内故障或发生区外故障转区内故障，立即开放差动保护（$M>S$）。

8．双母线配置有微机母差保护，母线连接方式如图 3-2 所示，线路 L2 进行倒闸操作，在操作过程中隔离开关 P 已合上，将两条母线跨接。此时 I 母发生故障，故障点的总短路电流为 I_f。假设有电流 I_x 经隔离开关 P 流入 I 母，则此时 II 母的小差

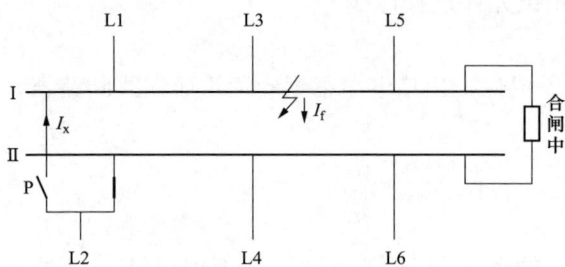

图 3-2　主接线图

差动电流是（　　）。

A．I_x 　　　　　B．$I_f - I_x$ 　　　　　C．0 　　　　　D．$I_f + I_x$

答案：A

解析：假设母联电流互感器极性指向 II 母，流过母联的电流为 I_0，I 母发生故障，I 母的小差差动电流 $I_{dI} = I_1 + I_3 + I_5 + I_0$，II 母的小差差动电流 $I_{dII} = I_2 + I_4 + I_6 - I_0$。当 I_x 经隔离开关 P 流入 I 母母线，$I_0 = I_2 + I_4 + I_6 - I_x$，I 母的小差差动电流 $I_{dI} = I_1 + I_3 + I_5 + I_2 + I_4 + I_6 - I_x$，母线 II 的小差差动电流 $I_{dII} = I_2 + I_4 + I_6 - (I_2 + I_4 + I_6 - I_x) = I_x$。

9．某联络变电站采用双母线接线，其中一回运行线路发生单相瞬时故障，从故障发生至保护动作发出跳闸脉冲的时间为 40ms，断路器从收跳令到灭弧的时间为 60ms，重合闸时间整定为 0.8s，开关合闸时间为 100ms，从故障发生至故障相母线电压恢复的时间为（　　）。

A．1.0s 　　　　　B．0.9s 　　　　　C．0.1s 　　　　　D．0.04s

答案：C

解析：断路器跳闸后，故障相母线电压就恢复正常，所以从故障发生至故障相母线电压恢复的时间包括保护动作发出跳闸脉冲的时间 40ms 和断路器从收跳令到灭弧的时间 60ms，总计 0.1s。

10．双母线的电流差保护，当故障发生在母联断路器与母联 TA 之间时，即死区故障，此时应该（　　）。

A．启动远方跳闸　　　　　　　　　　B．启动母联失灵或死区保护

C．启动失灵保护及远方跳闸　　　　　D．远方跳闸

答案：B

解析：母联断路器和母联 TA 之间称作死区，死区短路故障可由母联失灵保护带较长的延时跳开 TA 侧母线上各断路器才能被切除，为缩短故障切除时间，专设了母联死区保护。

11．微机型双母线母差保护中使用的母联断路器电流取自 II 母侧电流互感器，并列运行时，若母联断路器与电流互感器之间发生故障，将造成（　　　）。

A．I 母差动保护动作，切除故障，I 母失压，II 母差动保护不动作，II 母不失压

B．I 母差动保护动作，I 母失压，但故障没有切除，随后 II 母差动保护动作切除故障，II 母失压

C．I 母差动保护动作，I 母失压，但故障没有切除，随后失灵保护动作切除故障，II 母失压

D．双母线大差动保护动作，两条母线均失压

答案：B

解析：母联断路器电流取自 II 母侧电流互感器，母联断路器与电流互感器之间发生故障，I 母存在小差电流，II 母无小差电流，I 母差动保护动作跳开 I 母上的所有断路器和母联断路器，I 母失压。因为故障是在母联断路器和 II 母侧电流互感器之间，所以故障未被切除，母联断路器跳开后母联电流不计入差动电流。此时 II 母小差动作，II 母差动保护动作跳开 II 母上所有断路器，故障切除，II 母失压。

12．220kV 双母接线形式的变电站开展 220kV 线路倒闸操作时（靠母线侧两把隔离开关均为合位），如果此时母联断路器与母联 TA 之间发生故障（母联 TA 靠 II 母侧），此时母差的动作行为是（　　　）。

A．先跳 I 母，而后母联死区保护动作跳 II 母

B．先跳 II 母，而后母联死区保护动作跳 I 母

C．跳 II 母

D．同时跳 I、II 母

答案：D

解析：在倒闸操作时（靠母线侧两把隔离开关均为合位），若发生母线区内故障，故障电流会通过已经合上的隔离开关流入故障点，此部分电流不计入 I、II 母小差，从而导致 I、II 母小差都动作，母线差动保护将同时跳 I、II 母，而与母联 TA 在哪侧无关。

13．对于双母线接线方式的变电站，当某一连接元件发生故障且断路器拒动时，失灵保护动作应首先跳开（　　　）。

A．拒动断路器所在母线上的所有断路器　　　B．母联断路器

C．所有断路器　　　D．以上均不正确

答案：B

解析：失灵保护动作后 1 时限跟跳失灵断路器，2 时限跳母联断路器，3 时限跳开失灵断路器所在母线上其他断路器。

14．关于失灵保护的描述，下列说法不正确的是（　　　）。

A．主变压器保护动作，主变压器 220kV 开关失灵，启动 220kV 母线保护

B．主变压器电气量保护动作，主变压器 220kV 开关失灵，启动 220kV 母线保护

C．220kV 母线差动保护动作，主变压器 220kV 开关失灵，延时跳主变压器各侧开关

D．主变压器 35kV 开关无失灵保护

答案：A

解析：主变压器非电量保护动作后不启动失灵保护。

15．双母线接线的断路器失灵保护动作的充要条件是（　　　）。

A．失灵保护电压闭锁回路开放，本站有保护装置动作且超过失灵保护整定时间仍未返回

B．失灵保护电压闭锁回路开放，故障元件的电流持续时间超过失灵保护整定时间仍未返回，且故障元件的保护装置曾动作

C．失灵保护电压闭锁回路开放，本站有保护装置动作，且该保护装置和与之相对应的失灵电流判别元件的持续动作时间超过失灵保护整定时间仍未返回

D．本站有保护装置动作，且该保护装置和与之相对应的失灵电流判别元件的持续动作时间超过失灵保护整定时间仍未返回

答案：C

解析：双母线接线的断路器失灵保护由失灵启动元件、延时元件、运行方式识别元件和复合电压闭锁元件四部分构成。

16．220kV 及以上电压等级的母联（分段）断路器应按断路器配置过流保护，保护功能宜集成于母线保护或独立配置。过流保护（　　　）电压闭锁，具备瞬时和延时跳闸功能，并（　　　）启动母联（分段）失灵保护。

A．不经，应　　　　B．不经，不应　　　　C．经，应　　　　D．经，不应

答案：A

解析：母联过流保护不经复合电压闭锁并启失灵。

17．关于双母线接线的母差保护，下列说法正确的是（　　　）。

A．大差的比率制动系数通常比Ⅰ、Ⅱ母小差的比率制动系数略小，其主要原因是大差动是启动元件，小差动是选择元件

B．在用母联对另一空母线充电时，通常将母差保护短时闭锁，这是防止母差保护在充电期间受干扰而造成的误动

C．在母联对另一个空母线充电时，将母差保护短时闭锁可防止充电时死区内的短路故障造成母差的动作

D．以上均不正确

答案：C

解析：双母线分列运行时，大差元件的动作灵敏度下降，所以应采用比率制动低值；大差元件受双母线运行方式影响，而小差不受母线运行方式影响，故而大差的比率制动系数略小于小差比率制动系数；在利用母联对另一母线充电时，若在母联死区内发生故障将会造成运行母线误动，在充电时母联充电保护是投入的，可由母联充电保护切除故障，为避免母线保护误动将运行母线切除可将母差保护短时闭锁。

18．线路断路器失灵保护的启动回路由（　　　）组成。

A．保护动作出口触点和断路器失灵判别元件（电流元件）构成"与"回路

B．保护动作出口触点和断路器失灵判别元件（电流元件）构成"或"回路

C．母线差动保护（Ⅰ母或Ⅱ母）出口继电器动作触点和断路器失灵判别元件（电流元件）构成"与"回路

D．母线差动保护（Ⅰ母或Ⅱ母）出口继电器动作触点和断路器失灵判别元件（电流元件）构成"或"回路

答案：A

解析：线路保护动作且同时满足线路断路器任一相有电流且时间大于断路器失灵判别延时时间，再经复合电压开放后切除所在母线上连接元件。

19．$\frac{3}{2}$ 断路器接线每组母线宜装设两套母线保护，同时母线保护应（　　）电压闭锁环节。

A．设置

B．不设置

C．一套设置、一套不设置

D．以上均不正确

答案：B

解析：$\frac{3}{2}$ 断路器接线母线保护不设置电压闭锁，考虑电压闭锁需要有负序和零序电压，就需要三相式 TV，500kV 母线都是单相式 TV，无法构成负序和零序；$\frac{3}{2}$ 断路器接线母线保护误动不会影响供电，且闭锁元件增多后，容易造成保护拒动。

20．母联充电保护是（　　）。

A．母线故障的后备保护

B．利用母联或分段断路器给另一母线充电的保护

C．利用母线上任一断路器给母线充电的保护

D．母线故障的主保护

答案：B

解析：母联充电保护是利用母联或分段断路器给另一母线充电的保护，保证在一组母线或某一段母线有故障时能快速而有选择地切除。

21．双母线接线系统在运行倒闸过程中会出现同一断路器的两个隔离开关同时闭合的情况，如果此时Ⅰ母发生故障，母线保护应（　　）。

A．切除两条母线

B．切除Ⅰ母

C．切除Ⅱ母

D．两条母线均不切除

答案：A

解析：在倒闸操作时（靠母线侧两把隔离开关均为合位），若发生母线区内故障，故障电流会通过已经合上的隔离开关流入故障点，此部分电流不计入Ⅰ、Ⅱ母小差，从而导致Ⅰ、Ⅱ母小差都动作，母线差动保护将同时跳Ⅰ、Ⅱ母。

22．220kV 母线分列运行时，母联开关与母联 TA 之间发生故障，BP-2C 母线差动保护经（　　）延时确认分列状态，母联电流不计入小差电流，由母线差动保护切除母联死区故障。

A．100ms

B．50ms

C．150ms

D．300ms

答案：C

解析：母线并列运行（母联开关合位）发生母联死区故障，母线差动保护动作切除一段母线及母联开关，装置检测母联开关处于分位后，经150ms延时确认分列状态，母联电流不计入小差电流，由母线差动保护切除母联死区故障；母线分列运行时，母联开关与母联TA之间发生故障，由于母联（分段）开关分位已确认，故障母线差动保护满足动作条件，直接切除故障母线。

23．断路器失灵保护的电流判别元件的动作和返回时间均不宜大于（　　），其返回系数也不宜低于0.9。

A．10ms　　　　　　B．15ms　　　　　　C．20ms　　　　　　D．30ms

答案：C

解析：《继电保护和安全自动装置技术规程》（GB/T 14285—2023）第5.6.2.3条规定：断路器失灵保护电流判别元件的动作时间和返回时间均不应大于20ms。

24．220kV双母线接线母线故障，母线差动保护动作，由于母联断路器拒动，由母联失灵保护消除母线故障，符合评价规程的是（　　）。

A．母线差动保护和母联失灵保护应分别评价为"正确动作"

B．母线差动保护不予评价，母联失灵保护评价为"正确动作"

C．母线差动保护评价为"不正确动作"，母联失灵保护评价为"正确动作"

D．母线差动保护评价为"正确动作"，母联失灵保护评价为"不正确动作"

答案：A

解析：《电力系统继电保护及安全自动装置运行评价规程》（DL/T 623—2010）第6.2.4条规定：双母线接线母线故障，母线差动保护动作，由于母联断路器拒跳，由母联失灵保护消除母线故障，母线差动保护和母联失灵保护应分别评价为"正确动作"。

25．微机母线差动保护有（　　）特点。

A．TA变比可不一样　　　　　　B．母线运行方式变化可自适应

C．必须使用辅助变流器　　　　　　D．必须经电压闭锁

答案：AB

解析：母线差动保护应允许使用不同变比的TA，并通过软件自动校正；双母线接线的母线差动保护，通过隔离开关辅助触点自动识别母线运行方式时，应对隔离开关辅助触点进行自检且具有开入电源掉电记忆功能。当与实际位置不符时，发"隔离开关位置异常"告警信号，常规变电站应能通过模拟盘校正隔离开关位置。

26．母线差动保护TV二次断线后（　　）。

A．闭锁保护　　　　　　B．不闭锁保护

C．延时发告警信号　　　　　　D．退出复合电压闭锁

答案：BCD

解析：母线差动保护检测出TV二次断线后，应经延时发出告警信号，不闭锁保护但退出复合电压闭锁（相当于复合电压闭锁开放保护）。

27．母联开关位置触点接入母差保护，作用是（　　）。

A．母联失灵保护的启动判别问题　　　　　　B．母线差动保护死区问题

C．母线分列运行时的选择性问题　　　　　D．母线并列运行时的选择性问题

答案：BC

解析：母联断路器断开后大差元件的动作灵敏度下降，将母联开关位置触点接入母线差动保护，在母联断路器断开时，母线差动保护自动将大差元件的制动系数减小；母联死区保护动作条件之一为母联断路器已跳开（TWJ=1）。

28．比率差动构成的母线差动保护中，若大差电流不返回，其中有一个小差差动电流动作不返回，母联电流越限，则可能的情况是（　　　）。

A．母联断路器失灵

B．短路故障在死区范围内

C．母联电流互感器二次回路断线

D．其中的一条母线上发生了短路故障，有电源的一条出线断路器发生了拒动

答案：AB

解析：母联死区范围故障的现象为母线差动保护发跳令后母联断路器已跳开（TWJ=1），但是母联 TA 任一相仍有电流且大差比率差动元件和小差比率差动元件动作后一直不返回；母联断路器失灵的现象为保护动作跳母联开关后母联任一相仍一直有电流且保护不返回。

29．对分相断路器，母联死区保护所需的开关位置辅助触点应采用（　　　）。

A．三相动合触点串联　　　　　B．三相动合触点并联

C．三相动断触点串联　　　　　D．三相动断触点并联

答案：BC

解析：母联死区保护动作条件之一为母联断路器已跳开（TWJ=1，HWJ=0）；母联死区保护通过接入的开关位置判断断路器是否已跳开，对于分相断路器只有三相位置都是分位，母联死区保护才判断母联在分位，因此需要将三相动断触点串联接入装置；若任意一相未跳开母联死区保护仍判断母联在合位，因此需要将三相动合触点并联接入装置。

30．当发生母线短路故障时，在暂态过程中，关于母差保护差动回路的特点，以下说法正确的是（　　　）。

A．直流分量大

B．暂态误差大

C．不平衡电流最大值不在短路最初时刻出现

D．不平衡电流最大值出现在短路最初时刻

答案：ABC

解析：因为构成母线差动保护电流互感器的励磁阻抗是电感性的，励磁电流不会突变，在短路最初的瞬间全部一次电流传变到二次，所以不平衡电流为零。其后直流分量流入励磁阻抗，电流互感器误差增大，不平衡电流也随之增大。当直流分量衰减后，不平衡电流减小为稳态不平衡电流。

31．对于双母线接线方式的电源侧变电站，当某一出线发生故障且断路器拒动时，应由（　　　）切除电源。

A．失灵保护

B．本站的变压器后备保护和上一级电源线路的后备保护

C. 对侧线路保护

D. 本侧线路保护

答案：AB

解析：当发生故障且断路器拒动时，首先应由断路器失灵保护动作，失灵保护无法隔离故障时，再由本站的变压器后备保护和上一级电源线路的后备保护动作，隔离故障。

32. 双母线接线母线保护装置会点亮母线互联信号灯的情况可能为（   ）。

A. 母联开关处于合位　　　　　　　B. 母线互联压板投入

C. 母联两把隔离开关均处于合位　　D. 线路两把隔离开关均处于合位

答案：BD

解析：母线互联后不进行故障母线的选择，一旦发生故障同时切除两段母线，点亮母线互联信号灯可能为：强制投入母线互联压板和母线经线路两把隔离开关互联。

33. 当与接收线路保护 GOOSE 断链时，母差保护采集线路保护失灵开入应（   ）。

A. 清 0　　　　B. 保持前值　　　　C. 置 1　　　　D. 取反

答案：A

解析：在母线保护装置与智能终端或间隔保护装置 GOOSE 断链情况下，除失灵开入外，其他 GOOSE 开入保持在中断之前的状态，失灵开入清零处理。

34. 为提高母差保护的动作可靠性，在保护中设置有（   ）。

A. 启动元件　　　　　　　　　　　B. 复合电压元件

C. TA 二次回路断线闭锁元件　　　D. TA 饱和检测元件

答案：ABCD

解析：提高母差保护动作可靠性的措施包含：设置启动元件及复合电压元件、TA 饱和检测、TA 断线闭锁、TV 断线监视、母线运行方式识别、大差元件比率制动系数自动调整、母线各连接单元 TA 变比不同时的调整。

35. 母线保护装置的复式比率系数 K_r 选值越大（   ）。

A. 在区内故障时允许流出母线的电流占总故障电流的份额越小

B. 在区内故障时允许流出母线的电流占总故障电流的份额越大

C. 在区外故障时允许故障支路的最大 TA 误差越小

D. 在区外故障时允许故障支路的最大 TA 误差越大

答案：AD

解析：复式比率系数 $K_r = \dfrac{I_d}{I_r - I_d} = \dfrac{\left|\sum\limits_{i=1}^{n} I_i\right|}{\sum\limits_{i=1}^{n}|I_i| - \left|\sum\limits_{i=1}^{n} I_i\right|}$，故障时母线上的总电流是一定的，

也就是 I_r 的值是确定的，I_d 与流出母线的电流占总故障电流份额的增大而减小，成反比关系。在 I_r 确定的情况下，K_r 选值越大，则要求 I_d 越大，因此流出母线的电流占总故障电流的份额应越小。最大 TA 误差越大则产生的差动电流 I_d 也越大，根据复式比率系数的计算公式可以看出，K_r 选值越大，在区外故障保护不误动的情况下所允许的差动电流也越大，即所允许的最大 TA 误差越大。

36．500kV 母线保护动作后，下列说法正确的是（　　）。

A．对闭锁式保护作用于纵联保护停信，对允许式保护作用于纵联保护发信

B．闭锁断路器重合闸

C．启动断路器失灵保护

D．启动母联充电保护

答案：BC

解析：500kV 母线一般为 $\frac{3}{2}$ 接线，当母线上发生故障时母线保护动作后，应闭锁断路器重合闸；母线故障跳母线上所连断路器，若断路器不能跳开则无法隔离故障，所以应当启动断路器失灵保护。

37．在母线差动保护中，下列说法正确的是（　　）。

A．内部短路故障时，TA 饱和有可能使母差保护拒动

B．外部短路故障时，TA 饱和有可能使母差保护误动

C．双母线分列运行时，应采用比率制动高值

D．大差动的比率制动系数通常比Ⅰ、Ⅱ母的小差动的比率制动系数略小，其主要原因是大差动是起动元件，小差动是选择元件

答案：AB

解析：母线区外故障时，饱和的 TA 其二次电流波形相对一次电流波形产生缺损，差动元件的动作电流就是这部分缺损的电流，将造成保护误动；母线区内故障时，饱和的 TA 不能线性传变一次电流，使差动电流降低，会影响差动元件的灵敏度，将导致保护拒动；双母线分列运行时大差元件的动作灵敏度下降，应采用比率制动低值；大差元件受双母线运行方式影响，而小差不受母线运行方式影响，故而大差的比率制动系数略小于小差比率制动系数。

38．假设主接线为双母线，L2 挂接于Ⅰ母，L3 挂接于Ⅱ母。正常运行时，L1（母联）、L2、L3 流过正常的负荷电流（大于 $0.04 I_n$）。若此时母线保护报母联互联，可能的原因是（　　）。

A．母联 TA 极性接反

B．L2 或 L3 间隔的隔离开关辅助触点异常断开

C．母联 TA 变比设置错误

D．L2 或 L3 间隔的Ⅰ、Ⅱ母隔离开关辅助触点接反

答案：ACD

解析：双母线接线方式，当两段母线小差电流越限，且大差小于 $0.08 I_n$ 时，发母线互联信号，即"有小差、无大差"时母线保护报互联。

39．某变电站 220kV 双母线接线，Ⅱ母线上长期带有一条空充线路 L1，电流并未接入母差保护，隔离开关辅助触点接触不良，由于线路长期空载，以上异常均未被及时发现。下列正确的说法是（　　）。

A．Ⅰ母线上短路故障时，差动保护能可靠切除故障

B．Ⅱ母线上短路故障时，差动保护能可靠切除故障

C. 除线路 L1 间隔之外，在其他间隔上（母差保护范围外）发生短路故障时，母差保护能可靠不动作

D. 线路 L1 发生短路故障时，跳 Ⅱ 母线上所有开关（包括母联）

答案： ABC

解析： 空充线路 L1 长期空载，线路 L1 对母线内部故障无影响，所以 Ⅰ、Ⅱ 母线短路故障差动保护都能可靠切除故障；线路 L1 长期空载，在除线路 L1 间隔的其他间隔故障，L1 间隔无电流流过不影响母线保护装置的故障判别；线路 L1 短路故障，但电流并未接入母差保护，母线保护装置内产生差流，此时母线保护动作应先跳开无隔离开关位置开入的支路（L1）和母联间隔，跳开线路 L1 间隔后故障已被隔离，母线保护动作返回。

40．关于断路器失灵保护，以下描述正确的是（ ）。

A. 故障切除后，启动失灵的保护出口返回时间应不大于 30ms，失灵判别元件的动作时间和返回时间均不应大于 20ms

B. 从时间上判别断路器失灵故障的存在，失灵保护动作时间的整定原则是大于故障元件的保护动作时间和断路器跳闸时间之和

C. 常规变电站线路支路有高抗、过电压及远方跳闸保护等需要三相启动失灵时，采用操作箱内 TJR 触点启动失灵保护

D. 电压闭锁元件中的低电压闭锁定值需要考虑最小运行方式下的灵敏度问题

答案： AC

解析：《继电保护和安全自动装置技术规程》（GB/T 14285—2023）第 4.9.2.2 条规定：断路器失灵保护电流判别元件的动作时间和返回时间均不应大于 20ms；失灵保护的动作时间应为故障元件断路器跳闸时间和继电保护返回时间之和再加一定的裕度；线路间隔应采用保护分相动作触点作为分相跳闸启动失灵开入，操作箱三跳（TJR）动作触点作为三相跳闸启动失灵开入；低电压闭锁定值需要考虑最大运行方式下的灵敏度问题。

41．已知某母线接线如图 3-3 所示，各间隔支路正常运行，母线保护（NSR-371）小差比率制动系数为 0.5，大差比率制动系数为 0.3，母联 TA 极性与 Ⅰ 母上所有支路一致，基准 TA 变比为 1800/1，则当 A 相大差制动电流为 5A 时，满足大小差同时动作临界值的竞赛 Ⅰ 线、1 号主变压器、母联 A 相电流分别为（ ）。

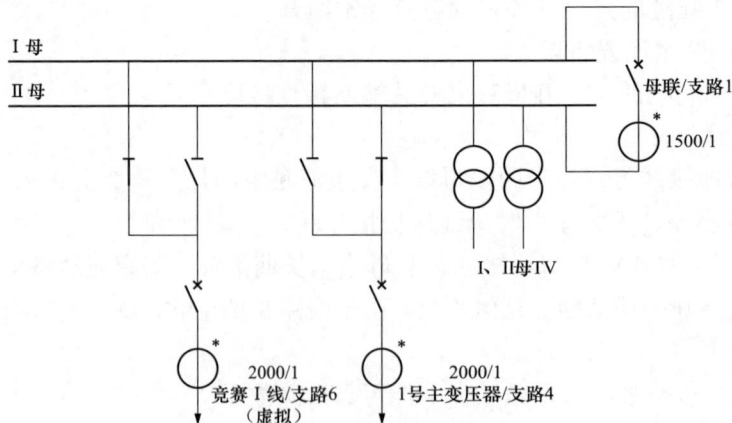

图 3-3 系统接线图

A．2.925∠0°、1.575∠180°、1.296∠180°　　B．2.925∠0°、1.575∠180°、6.3∠180°

C．2.925∠0°、1.575∠0°、1.296∠180°　　D．2.925∠0°、1.575∠0°、6.3∠180°

答案：AB

解析：将选项中各支路电流归算至基准电流下：2.925×2000/1800=3.25，1.575×2000/1800=1.75，1.296×1500/1800=1.08，6.3×1500/1800=5.25。比率差动元件的动作判据为：$\begin{cases} I_d = I_{dest} \\ I_d = KI_r \end{cases}$，$I_d = \left| \sum_{i=1}^{n} \dot{I}_i \right|$，$I_r = \sum_{i=1}^{n} |\dot{I}_i|$，根据差动电流和制动电流的计算公式可得：选项 C、D 的大差差动电流等于制动电流，所以大差比率制动系数为 1，大于临界值 0.3；选项 A：Ⅰ母小差制动系数 K=2.17/4.33=0.5，Ⅱ母小差制动系数 K=0.67/2.83=0.24；选项 B：Ⅰ母小差制动系数 K=2/8.5=0.24，Ⅱ母小差制动系数 K=3.5/7=0.5。

二、判断题

1．在双母线系统中，电压切换的作用是为了保证二次电压与一次电压的对应。　　（　　）

答案：√

解析：对于双母线系统上所连接的电气元件，在两组母线分列运行时，为了保证其一次系统和二次系统在电压上保持对应，以免发生保护或自动装置误动、拒动，要求保护及自动装置的二次电压回路随同主接线一起进行切换。用隔离开关辅助触点启动电压切换中间继电器，利用其触点实现电压回路的自动切换。

2．母线差动保护的暂态不平衡电流比稳态不平衡电流大。　　　　　　　　（　　）

答案：√

解析：短路电流暂态过程中含有非周期分量，电流互感器的暂态误差比稳态误差大得多。

3．不论何种母线接线方式，当某一出线断路器发生拒动时，失灵保护只需跳开该母线上的其他所有断路器。　　（　　）

答案：×

解析：断路器失灵保护动作不仅需跳开该母线上的其他所有断路器，还应启动线路保护远跳，跳开对侧断路器。

4．母线充电保护只是在对母线充电时才投入使用，充电完毕后要退出。　　（　　）

答案：√

解析：母线充电保护是一段母线为另一段母线合闸充电时，快速而有选择地断开有故障的母线，在母联（分段）断路器上设置的单一的过电流保护。母线正常合环运行时，母联（分段）断路器会流过负荷电流，可能会大于充电保护定值而误动，所以应在充电完毕后退出。

5．母线差动保护的电压闭锁环节应加在母差总出口回路。　　　　　　　（　　）

答案：×

解析：复合电压闭锁元件采用出口继电器触点的闭锁方式，复合电压闭锁元件触点分别串联在差动元件出口继电器的各出口触点回路中。

6．双母线接线方式下母联断路器合闸运行，母线差动保护的动作死区在母联断路器与母联 TA 之间。　　（　　）

答案：√

解析： 对于双母线或单母线分段的母线差动保护，当故障发生在母联断路器与母联 TA 之间时，断路器侧的母线差动保护会误动，而 TA 侧的母线差动保护会拒动，所以一般把母联断路器与母联 TA 之间这一段范围称作死区。

7. 双母线接线方式的母线保护中母联充电保护不应启动断路器失灵保护。 （ ）

答案：×

解析： 在利用母联对另一母线充电时，为避免母线保护误动将运行母线切除，由母联充电保护切除故障，为使在母线发生短路故障而母联断路器失灵时失灵保护能可靠切除故障，因此母联充电保护动作后，应立即去启动断路器失灵保护。

8. 双母线接线的母线差动保护采用电压闭锁元件是因为有二次回路切换问题；$\frac{3}{2}$ 断路器接线的母线差动保护不采用电压闭锁元件是因为没有二次回路切换问题。 （ ）

答案：×

解析： 双母线接线方式下，利用电压闭锁元件来防止差动继电器误动或误碰出口中间继电器造成母线保护误动；$\frac{3}{2}$ 断路器接线母线保护不采用电压闭锁，考虑电压闭锁需要有负序和零序电压，就需要三相式 TV，500kV 母线都是单相式 TV，无法构成负序和零序，且闭锁元件增多后，容易造成保护拒动。

9. 在母线发生短路故障或故障点在断路器与电流互感器之间时，在母线保护动作后，应立即去启动失灵保护。 （ ）

答案：√

解析： 为使在母线发生短路故障而断路器拒动或故障点在断路器与 TA 之间时，失灵保护能可靠切除故障，因此母线保护动作后，应立即去启动失灵保护。

10. 母线差动保护与失灵保护共用出口回路时，闭锁元件的灵敏系数应按失灵保护的要求整定。 （ ）

答案：√

解析： 与母线差动保护共用跳闸出口回路的失灵保护不装设独立的闭锁元件。应共用母线差动保护的闭锁元件。闭锁元件的灵敏度应按失灵保护的要求整定。

11. 当母线内部故障有电流流出时，应增大差动元件的比率制动系数，以确保内部故障时母线保护正确动作。 （ ）

答案：×

解析： 母线内部故障有电流流出时，根据差动电流和制动电流的计算公式可得到大差差动电流减小、制动电流不变的结论，而差动电流的减小将导致比率制动系数减小，灵敏度下降，为确保内部故障母线保护能正确动作，应适当减小大差元件的比率制动系数以提高母差保护的灵敏度。

12. 母联（分段）失灵保护、母联（分段）死区保护可不经电压闭锁元件控制。 （ ）

答案：×

解析： 在母线保护中，母线差动保护、断路器失灵保护、母联死区保护、母联失灵保护都要经复合电压闭锁。

13．在 500kV 母线差动保护中（电缆跳闸方式），按间隔独立接入的 500kV 断路器失灵联跳触点采用双开入接入方式，间隔双开入同时存在时，经 20ms 短延时跳母线所有断路器。　　　　　　　　　　　　　　　　　　　　　　　　　　　　　（　　）

答案：×

解析： 间隔双开入同时存在时，经 30ms 短延时跳母线所有断路器；间隔仅单开入存在，同时本间隔相电流条件满足，经 30ms 短延时跳母线所有断路器；间隔仅单开入存在，首先经 30ms 短延时跟跳本间隔，若本间隔持续有流，再经 150ms 长延时跳母线所有断路器。

14．母线保护中，线路支路 TA 断线闭锁所有的大差和小差保护。　　　　（　　）

答案：×

解析： 线路支路 TA 断线只需要闭锁断线相大差以及该支路所在母线的小差。

15．失灵保护是一种后备保护，当设备发生故障时，若保护拒动时可依靠失灵保护隔离故障。　　　　　　　　　　　　　　　　　　　　　　　　　　　　　　　（　　）

答案：×

解析： 断路器失灵保护在故障元件的继电保护装置动作而其断路器拒动时，它能以较短的时限切除与故障元件接于同一母线的其他断路器，以便尽快地将停电范围限制到最小。若故障元件的继电保护装置拒动将无法启动断路器失灵保护。

16．对于超高压系统，当变电站母线发生故障，在母线差动保护动作切除故障的同时，变电站出线对端的线路保护亦应可靠地跳开三相断路器。　　　　　　　　　　（　　）

答案：×

解析： $\frac{3}{2}$ 断路器接线母线保护动作不启动远跳，因为 $\frac{3}{2}$ 断路器接线，当母线上故障时，母线保护动作跳开边断路器后，中断路器还可以继续带线路运行。若断路器与电流互感器之间发生故障时，由母线保护启动失灵保护，失灵保护动作后启动远跳，跳开对端断路器。

17．断路器失灵保护的延时定值需要与其他保护的时限进行配合。　　　　（　　）

答案：×

解析： 断路器失灵保护的延时不需要与其他保护的时限进行配合，因为失灵保护是在其他保护动作后才开始启动计时。

18．由于母线差动保护装置中采用了复合电压闭锁功能，所以当发生 TA 断线时，保护装置将延时发 TA 断线信号，不需要闭锁母差保护。　　　　　　　　　　　　（　　）

答案：×

解析： 复合电压闭锁元件是防止差动继电器误动或误碰出口中间继电器造成母线保护误动；母线差动保护中除母联（分段）外 TA 断线时应延时发出告警信号并将母差保护闭锁，母联（分段）断路器 TA 断线，不应闭锁母线差动保护，因为母联（分段）TA 断线时大差元件在区外短路时并不会误动，母联（分段）TA 断线后发生断线相故障，先跳开母联（分段），延时跳故障母线。

19．失灵保护的动作时间应大于故障元件断路器跳闸时间和继电保护返回时间之和。

（　　　）

答案：√

解析：失灵保护动作的条件之一为：保护装置动作后该保护装置和与之相对应的失灵电流判别元件的持续动作时间超过失灵保护整定时间仍未返回，所以失灵保护的动作时间应为故障元件断路器跳闸时间和继电保护返回时间之和再加一定的裕度。

20．双母线接线的断路器失灵保护要以较短时限先切母联断路器，再以较长时限切故障母线上的所有断路器。

（　　　）

答案：√

解析：失灵保护动作后，一时限跟跳失灵断路器，二时限跳母联断路器，三时限跳开失灵断路器所在母线上其他断路器。

三、简答题

1．双母线接线的微机母差保护具有大差和小差，小差能区分故障母线，为什么还要设大差？

答：

（1）母线进行倒闸操作时，两段母线被隔离开关短接，此时若发生区外故障，小差会出现较大的差流，而大差没有，有大差闭锁就不会误动；

（2）微机母差保护利用隔离开关辅助触点位置识别母线的连接状态，若辅助触点接触不良，小差会出现较大的差流，有大差闭锁就不会误动；

（3）大差判别区内和区外故障，小差选择故障母线，二者设立的目的不同。

2．电流互感器二次回路一相开路，是否会造成母差保护误动作？

答：

电压闭锁元件投入时，如系统无扰动，电压闭锁元件不动作，此时电流断线闭锁元件动作，母差保护不会误动作；如电流断线时，电压闭锁元件正好动作或没有投入，则母差保护会误动作。

3．为什么母线差动保护的暂态不平衡电流的最大值不是出现在短路的最初时刻？

答：

因为构成母差保护的电流互感器的励磁阻抗是电感性的，励磁电流不会突变，在短路最初的瞬间全部一次电流传变到二次，所以不平衡电流几乎为零。其后直流分量流入励磁阻抗，电流互感器误差增大，不平衡电流也随之增大。当直流分量衰减后，不平衡电流减小为稳态不平衡电流。

4．某变电站为双母线接线方式，当其中一段母线的电压互感器异常或检修时可否不改变一次运行方式，用正常母线上的电压互感器二次并列代替异常母线电压回路？

答：

不可用正常母线上的电压互感器二次并列代替异常母线电压回路。其原因是：如果异常母线失灵保护或变压器后备保护动作后第一时限先跳开母联开关，那么此时正常母线上的电压互感器将不能正确反应异常母线的电压状况，造成复压闭锁元件返回，失灵保护无法再动作切除其他线路，变压器复压闭锁后备保护无法切除变压器主开关。

5. 简述双母双分段线接线变电站的母差保护、断路器失灵保护，分段支路不应经复合电压闭锁的原因。

答:

双母双分段接线的变电站分段断路器左右两侧各配置两套母线保护，相互之间不交互信息，当分段断路器和 TA 之间发生先断线后接地故障时（故障点靠近分段断路器），故障母线差动元件满足动作条件，但电压闭锁元件不满足动作条件，另一侧母线保护差动元件不动作，但电压闭锁元件开放，将导致两套母线差动保护均拒动，若跳分段断路器不经电压闭锁，则可先跳分段，再启动分段失灵保护切除故障，因此母线保护跳分段支路不应经复电压闭锁。

6. 说明双母线接线时的失灵保护其复合电压闭锁元件应有一定的延时返回时间的原因。

答:

双母线接线的每段母线上均设置有一组 TV，正常运行时其失灵保护的两套复合电压闭锁元件分别接在各自母线上的 TV 二次，但当一条母线上的 TV 检修时，两套复合电压闭锁元件将由同一个 TV 供电。若 I 母上的 TV 检修，与 I 母连接的系统内出现短路故障 I 母所连的某一出线的断路器失灵，此时失灵保护动作，以短延时跳开母联，由于失灵保护的两套复合电压闭锁元件均由 II 母 TV 供电，而在母联开关跳开后 II 母电压恢复正常，复合电压元件不会动作，失灵保护无法将接在 I 母上的断路器跳开。为了确保失灵保护能可靠切除故障，复合电压闭锁元件有一定延时返回时间是必要的。

7. $\frac{3}{2}$ 接线方式下，为什么重合闸及断路器失灵保护必须单独设置？

答:

$\frac{3}{2}$ 接线方式下重合线路时，由于两个断路器都要进行重合，且两个断路器的重合还有一个顺序问题，因此重合闸不应设置在线路保护装置内，而应按断路器单独设置。每个断路器失灵保护跳闸对象也不一样，所以失灵保护也应按断路器单独设置。因此，一般在 $\frac{3}{2}$ 接线方式中，把重合闸和断路器失灵保护做在单独的一个装置内，每一个断路器配置一套该装置。

8. 为什么设置母线充电保护？

答:

母线差动保护应保证在一组母线或某一段母线合闸充电时，快速而有选择地断开有故障的母线。为了更可靠地切除被充电母线上的故障，在母联（分段）断路器上设置相电流或零序电流保护，作为母线充电保护。母线充电保护接线简单，在定值上可保证高的灵敏度。在有条件的地方，该保护可以作为专用母线单独带新建线路充电的临时保护；母线充电保护只在母线充电时投入，当充电正常后，应及时停用。

9. 为什么 220kV 及以上系统要装设断路器失灵保护，其作用是什么？

答:

220kV 以上的输电线路一般输送的功率大，输送距离远。为提高线路的输送能力和系统的稳定性，往往采用分相断路器和快速保护。由于断路器存在操作失灵的可能性，当线路发生故障而断路器又拒动时，将给电网带来很大威胁，故应装设断路器失灵保护装置，有选择地将失灵拒动的断路器所在母线上的其他断路器断开，以减少设备损坏，缩小停电范围，提高系统的安全稳定性。

10．试说明在双母线母差保护中，为什么大差继电器要设置高、低两个比率制动系数。

答：

大差继电器设置高、低两个比率制动系数是为了适应母联开关分位运行和合位运行两种工况。

（1）当母联开关分位运行时，对大差继电器来说，任一母线发生故障，正常母线上进出的电流对差动电流没有作用，对制动电流有增大的作用，大差继电器的灵敏度会降低，因此为保证大差继电器的灵敏度，必须使用比较低的制动系数。

（2）当母联开关合位运行时，无论故障发生在Ⅰ母还是Ⅱ母上，两条母线上的电流都同时作用于差动电流和制动电流，大差继电器的灵敏度不受影响，使用较高的制动系数。

四、计算分析题

1．对于采用复式比率差动的母线保护装置，若只考虑母线区内故障时流出母线的电流最多占总故障电流的 25%，复式比率系数 K_r 整定为多少最合适？

答：

差动电流为 I_d（母线上各元件的相量和），制动电流为 I_r（母线上各元件的标量和），

复式比率系数 $K_r = \dfrac{I_d}{I_r - I_d} = \dfrac{\left|\sum\limits_{i=1}^{n} I_i\right|}{\sum\limits_{i=1}^{n}\left|I_i\right| - \left|\sum\limits_{i=1}^{n} I_i\right|}$。

根据题目已知流出母线的电流占总故障电流的 25%，设总故障电流 I 是流入故障点的电流，则流出母线的电流为 25%I。

已知流进、流出母线的电流，则 $I_d = I - 25\%I = 75\%I$，$I_r = I + 25\%I = 125\%I$，所以复式比率系数为 $K_r = \dfrac{I_d}{I_r - I_d} = \dfrac{75\%I}{125\%I - 75\%I} = 1.5$。

2．以图 3-4 为例说明母联断路器状态对差动元件动作灵敏度的影响。

答：

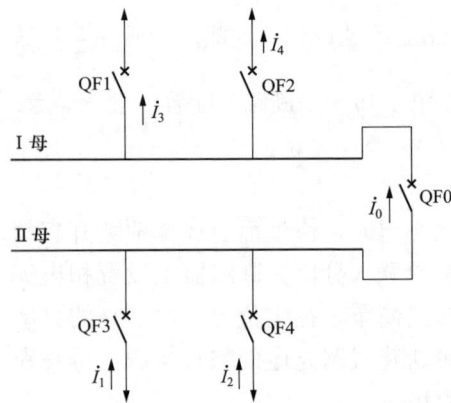

图 3-4　双母线主接线图

当母联运行时，Ⅰ母发生短路故障，Ⅰ母小差元件的差流为 $|\dot{I}_3| + |\dot{I}_4| + |\dot{I}_0| = |\dot{I}_3| + |\dot{I}_4| + |\dot{I}_1| + |\dot{I}_2|$，Ⅰ母小差元件的制动电流也为 $|\dot{I}_3| + |\dot{I}_4| + |\dot{I}_1| + |\dot{I}_2|$，两者之比为 1。大差元件的差流与制动电流与Ⅰ母小差相同，两者之比也为 1。

当母联断开时Ⅰ母发生短路故障时，Ⅰ母小差元件的差流为 $|\dot{I}_3| + |\dot{I}_4|$，制动电流也为 $|\dot{I}_3| + |\dot{I}_4|$，两者之比为 1。而大差元件的制动电流仍

为 $\left|\dot{I}_3\right|+\left|\dot{I}_4\right|+\left|\dot{I}_1\right|+\left|\dot{I}_2\right|$，但差流却只有 $\left|\dot{I}_3\right|+\left|\dot{I}_4\right|$，大差元件的动作灵敏度大大下降。

3. 双母线接线系统母联 TA 靠 I 母侧，母联断路器一次实际位置在分位，但由于隔离开关位置故障原因，母线保护装置通过接入的开关位置触点判断母联断路器在合位，此时母联死区发生接地故障，保护如何动作？

答：

当母联实际在分位，二次判断在合位时，死区发生接地故障，由于母联 TA 靠 I 母侧，I 母小差没有差动电流，I 母电压降低，复合电压闭锁开放。II 母小差有差动电流，II 母电压正常，复合电压闭锁不开放。因母线区内故障大差电流满足动作条件，母线差动保护动作，大差动作跳母联，但母联实际在分位，且一直流过故障电流，启动母联失灵保护，经过失灵延时 I 母差动动作切除故障，而 II 母差动因复合电压闭锁不动作。

4. 重负荷下发生母线内经高电阻短路时，试分析对比率制动特性的母差保护有什么影响？

答：

对保护的灵敏度有影响。对所有稳态量的差动保护来说，负荷电流不会产生动作电流，而只能产生制动电流。在重负荷下发生母线内经高电阻短路时，由于差动电流不大而制动电流较大，将影响差动保护动作的灵敏度。因此，可以采用工频变化量母线差动保护，以提高在重负荷下母线内部经高电阻短路的灵敏度。

5. 为什么不需要考虑相间距离保护与对侧断路器失灵保护在时间上进行配合？

答：

在 220kV 及以上电网中用的是分相操作的断路器，只考虑断路器一相拒动。这样在 220kV 电网中，任何相间故障在断路器一相拒动时都转化为保留的单相故障。此时需依靠零序电流保护启动断路器失灵保护，而用相间距离保护与对侧失灵保护配合并无实际意义。

在 110kV 电网中，线路都采用三相操动机构，但 110kV 电网继电保护的配置原则是远后备，即依靠上一级保护装置的动作来断开下一级未能断开的故障，因而没有设置断路器失灵保护的必要。

6. 为简化二次回路，220kV 母线及失灵保护技术规范要求"变压器间隔失灵仅采用电气量保护跳闸触点作为三相跳闸启动失灵开入"，请分析该做法可能存在的隐患，并提出两种改进措施。

答：

（1）存在的隐患：当 220kV 线路间隔失灵出口跳闸，同时主变压器间隔开关失灵时，无法继续启动失灵保护，无法实现失灵联跳主变压器三侧开关，存在多个断路器失灵情况下故障不能快速隔离的风险。

（2）改进措施：①220kV 母线保护装置失灵动作跳闸出现 220kV 主变压器间隔断路器失灵时，装置内部逻辑应能判断失灵间隔，再次启动失灵，并实现联跳相应主变压器三侧断路器；②220kV 主变压器间隔启动失灵采用并接电气量保护动作触点和操作箱三跳（TJR）动作触点作为三相跳闸启动失灵开入给 220kV 母线及失灵保护装置。

7. 某枢纽变电站 220kV 双母线接线合环运行。其中，甲乙 I、II 线为同杆并架双回线路，物理参数一致，分别运行于 220kV Ⅰ、Ⅱ母。220kV A 套母线保护因故退出，B 套母线保护正常运行，甲乙Ⅰ、Ⅱ线接入 220kV B 套母线保护的隔离开关位置触点相互接反。当 220kV Ⅰ母发生两相短路故障时，试分析相关保护及断路器的动作行为及原因。（不考虑断路器失灵）

答：

（1）220kV Ⅰ母小差动作跳Ⅰ母上除了甲乙Ⅰ线外所有断路器（含母联断路器）及甲乙Ⅱ线断路器（相应线路对侧可能三跳）。

（2）甲乙Ⅰ线未跳闸，Ⅰ母故障未切除。Ⅰ、Ⅱ母分列运行（如Ⅱ母有较大穿越电流，大差或Ⅱ母小差可能不动作，由甲乙Ⅰ线乙侧相间距离Ⅱ段保护延时切除故障，保住了Ⅱ母运行），Ⅱ母小差动作，如Ⅱ母与系统联系仍紧密，Ⅱ母电压闭锁元件开放，则Ⅱ母小差动作跳Ⅱ母上除了甲乙Ⅱ线外的所有断路器及甲乙Ⅰ线断路器（相应线路对侧可能三跳），故障切除；如Ⅱ母与系统联系不紧密，Ⅱ母电压闭锁元件无法开放，则Ⅱ母差动无法出口，只能由甲乙Ⅰ线乙侧相间距离Ⅱ段保护延时切除故障。

8. 某 220kV 变电站采用双母线接线方式，220kV 出线保护配置均为双套差动保护。220kV 出线 L1 发生单相故障，重合于故障后两侧开关跳开，隔离故障，随后，出线 L1 因雷击导致本站开关单相纵向击穿，并发生接地故障。

（1）故障后，线路差流达到定值，请分析出线 L1 差动保护能否满足动作条件及原因。

（2）L1 线开关单相纵向击穿同时，母差误动。在分析保护动作行为过程中，发现与出线 L1 在同一段母线上的出线 L2 保护收到对侧的远方跳闸信号。上述现象是否合理，请分析原因。

答：

（1）L1 线两侧开关均在分位，雷击开关纵向击穿后，本侧电流启动元件动作，差动动作电流达到定值，则发差动允许信号给对侧，对侧开关在三相跳开状态，向本侧差动发差动允许信号，线路差动保护能够动作出口。

（2）L1 线故障，差动保护动作后，因开关纵向击穿，开关拒动后由母差失灵保护动作后跳本母线相关开关。出线 L2 的 TJR 继电器开入本线路差动保护向对侧发远跳信号，对侧收到远跳信号后三跳不重，所以对侧差动保护永跳出口驱动 TJR 继电器跳闸的同时会开入对侧的装置再向本侧发远跳信号。因此，本侧线路保护会收到对侧的远方跳闸信号。

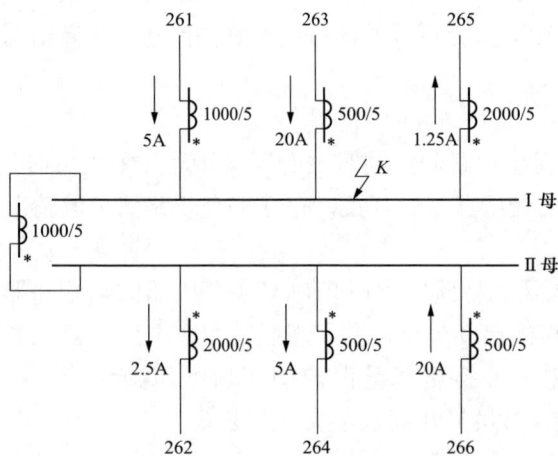

图 3-5 主接线图

9. 某站 220kV 为双母线接线，母差保护型号为 BP-2B，已知差动动作值为 2A，比率高值 $K_H = 0.7$，比率低值 $K_L = 0.5$，TA 基准变比为 2000/5。某日两段母线并列运行时，站内Ⅰ母 K 点发生 A 相接地故障，故障电流（二次值）、TA 变比如图 3-5 所示，试计算Ⅰ母小差差动电流值、大差差动电流值，并校验Ⅰ母差动是否能动作。

答：

依题目可求得：母联一次流过500A电流，方向由Ⅱ母流向Ⅰ母。已知基准变比为2000/5，则Ⅰ母小差差动电流为

$$I_{d1} = \frac{5}{2} + \frac{20}{4} + \frac{2.5}{2} - 1.25 = 7.5(A)$$

Ⅰ母小差制动电流为

$$I_{r1} = \frac{5}{2} + \frac{20}{4} + \frac{2.5}{2} + 1.25 = 10(A)$$

则$I_{d1} = 7.5A > 2A$，大于启动值。同时

$$I_{d1} = 7.5A > K_H \times (I_{r1} - I_{d1}) = 0.7 \times (10 - 7.5) = 1.75(A)$$

因此，Ⅰ母小差满足动作条件。

大差差动电流为

$$I_d = \frac{5}{2} + \frac{20}{4} + \frac{20}{4} - 2.5 - \frac{5}{4} - 1.25 = 7.5(A)$$

大差制动电流为

$$I_r = \frac{5}{2} + \frac{20}{4} + \frac{20}{4} + 2.5 + \frac{5}{4} + 1.25 = 17.5(A)$$

则$I_d = 7.5A > 2A$，大于启动值。

$$I_d = 7.5A > K_H \times (I_r - I_d) = 0.7 \times (17.5 - 7.5) = 7(A)$$

大差元件满足动作条件。

结论：Ⅰ母差动动作。

10. 某变电站220kV母线接线方式为双母线接线，220kV母线配置BP-2C型母差及失灵保护装置，L1为母联间隔，L2及L4为电源间隔，L3及L5为负荷支路。各间隔TA变比相同，全部为1200/5，间隔及母联TA极性如图3-6所示。母线区内发生A相故障，故障前母联开关一次处于分位，图3-7中自上至下的通道1～通道7依次为故障期间Ⅰ母A相电压、Ⅱ母A相电压及L1、L2、L3、L4、L5间隔A相电流，波形图标识了T1时刻及T2时刻的波形幅值。

（1）220kV母线差动保护动作特性方程为

$$\begin{cases} I_d \geqslant I_{dset} \\ I_d / (I_r - I_d) \geqslant K_r \end{cases}$$

$$\begin{cases} I_d = \left| \sum_{i=1}^{n} I_i \right| \\ I_r = \sum_{i=1}^{n} |I_i| \end{cases}$$

式中 I_i——母线上各支路二次电流的矢量；

I_d——差动电流；

I_r——制动电流；

167

I_{dset} ——差电流定值；

K_r ——比率制动系数（当整定 $K_r=2$ 时，请定量分析母线区内故障允许的汲出电流百分比）。

（2）请根据图 3-7 的电压及电流波形，分析故障点位置。

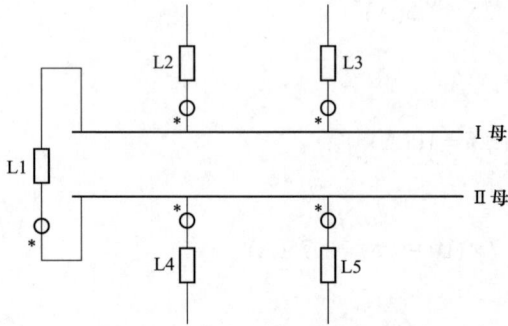

图 3-6　主接线及 TA 配置图

（3）假设故障前母联开关二次辅助触点 TWJ 异常，母线保护装置认为母联开关为合，经计算差流门槛及比率都满足动作条件，请分析母线保护装置的动作行为。

答：

（1）定量计算汲出电流百分比。

考虑区内故障，假设差动电流为 1，流出母线电流的百分比为 E_{xt}，流入母线的电流为 $1+E_{xt}$，则 $I_d=1$，$I_r=1+2E_{xt}$，分别代入特性方程。

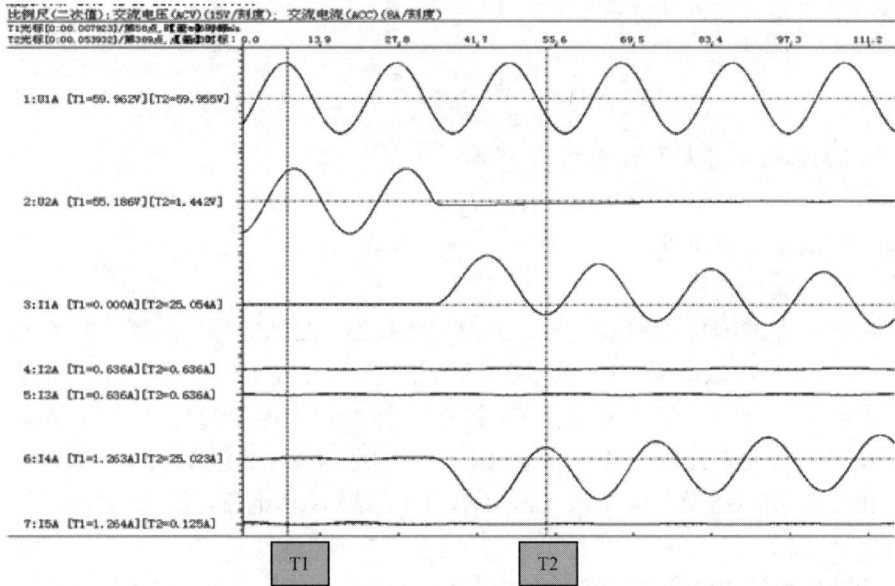

图 3-7　故障录波图

对于复式比率差动元件：由 $I_d/(I_r-I_d)\geqslant K_r$ 得 $1/2E_{xt}\geqslant K_r$，$E_{xt}\leqslant 1/(2K_r)$。

综上所述，母线发生区内故障时，即使有故障电流流出母线，汲出电流满足上式的条件时，复式比率差动元件仍能可靠动作。

当 $K_r=2$ 时 $E_{xt}=25\%$。

（2）分析故障点位置。

根据波形分析Ⅰ母上两个间隔 L2 及 L3 电流较小，为负荷电流，且Ⅰ母电压正常，因此故障点不在Ⅰ母。Ⅱ母母线电压异常，且间隔 L4 电流变大，因此故障点应在Ⅱ母，而母联电流极性与 L4 极性相反，因此故障点在母联死区位置。

（3）分析母线保护动作行为。

故障前母联开关一次处于分位，而二次为合位，则母联电流计入小差电流，计算Ⅰ母小差，L1+L2+L3=L1电流，Ⅰ母小差满足差动动作条件；计算Ⅱ母小差L1+L4+L5=0，Ⅱ母小差不满足门槛值。

大差满足动作条件，Ⅰ母差流满足动作条件，但是电压闭锁，Ⅱ母电压开放但是Ⅱ母差流不满足动作条件，因此Ⅰ母及Ⅱ母小差都不动作，此时大差差流满足动作条件，两段母线任一电压开放，大差动作跳母联开关。

母联开关一次已经为断开状态，此时大差动作启动母联失灵，母联失灵保护动作，Ⅱ母电压开放，跳开Ⅱ母。

11. 某变电站 220kV 侧接线方式采用双母线接线，如图 3-8 所示，其中 L1 为母联间隔，L2 为电源间隔，L3、L4 及 L5 为负荷间隔。220kV 母线保护基准变比 2000/1，各间隔MU 采样频率均为 4000Hz，具体参数如下：

L1：变比 2000/1，MU 实际延时 750μs；

L2：变比 2000/1，MU 实际延时 1500μs；

L3；变比 3000/1，MU 实际延时 1500μs；

L4：变比 2000/1，MU 实际延时 1500μs；

L5：变比 2500/1，MU 实际延时 1500μs。

运行中 L5 支路 MU 延时误配置为 750μs。

请分析：

（1）正常运行中，母线保护是否存在差流，并说明原因。

（2）某日运行时，L2 支路同时向 L3、L4 及 L5 供电，测得 L2 支路三相二次电流 0.75A，L3 和 L4 支路三相二次电流 0.2A，试计算母差保护此时的大差、Ⅰ母和Ⅱ母小差。

答：

（1）正常运行中是会存在差流，由于 L5 支路延时设置错误，导致 L5 支路与其他间隔采样不同步，采样值存在角差从而产生差流。

（2）各支路一次电流分别为

图 3-8 主接线图

$$I_{L2} = 0.75 \times 2000 = 1500(A)$$

$$I_{L3} = 0.2 \times 3000 = 600(A)$$

$$I_{L4} = 0.2 \times 2000 = 400(A)$$

由于一次电流平衡，得出

$$I_{L5} = I_{L2} - I_{L3} - I_{L4} = 1500 - 600 - 400 = 500(A)$$

差流计算如下：

1）大差（基准变比下 I_{L5} 支路及其他三个支路相量差的二次值）为

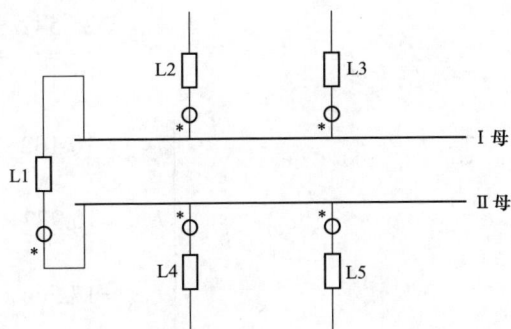

$$I_{L2} - I_{L3} - I_{L4} = I_{L5} = 500 / 2000 = 0.25(A)$$

相量角差为

$$\delta_0 = \frac{360°}{4000/50} = 4.5°$$

$$\delta = \frac{1500 - 750}{250} \times 4.5° = 13.5°$$

$$I_d = 2 \times 0.25 \times \sin\frac{13.5°}{2} = 0.059(A)$$

2）Ⅰ母小差（Ⅰ母各间隔延时设置正确，不存在角差，Ⅰ母小差）为

$$I_{1X} = I_{L2} - I_{L1} - I_{L3} = 0(A)$$

3）Ⅱ母小差，即延时误配置支路 L5 在Ⅱ母，Ⅱ母小差与大差相同为 0.059A。

12．某 220kV 母线为双母线接线，共有四回联络线，甲、乙线运行于Ⅱ母，丙、丁线运行于Ⅰ母，母联开关合位。某日该站 220kV 母线区域发生故障，录波图如图 3-9 所示，试根据录波图绘制必要的故障电流分布图，分析母线区域发生什么故障？（已知各线路 TA 极性指向线路，母联 TA 极性指向Ⅰ母线。）

答：

由录波图可得

$$I_{MA} = 27.729 \times \frac{2500}{5} = 13865\angle0°(A)$$

$$I_{MC} = 25.542 \times \frac{2500}{5} = 12771\angle0°(A)$$

Ⅰ母支线：

$$\begin{cases} I_{丙A} = 10.102 \times \dfrac{2500}{5} = 5051\angle0°(A) \\[2mm] I_{丙C} = 10.927 \times \dfrac{2500}{5} = 5464\angle180°(A) \\[2mm] I_{丁A} = 17.564 \times \dfrac{2500}{5} = 8782\angle0°(A) \\[2mm] I_{丁C} = 18.359 \times \dfrac{2500}{5} = 9180\angle180°(A) \end{cases}$$

Ⅱ母支线：

$$\begin{cases} I_{甲A} = 18.517 \times \dfrac{1250}{5} = 4630\angle0°(A) \\[2mm] I_{甲C} = 17.794 \times \dfrac{1250}{5} = 4449\angle180°(A) \\[2mm] I_{乙A} = 34.018 \times \dfrac{1250}{5} = 8505\angle0°(A) \\[2mm] I_{乙C} = 32.918 \times \dfrac{1250}{5} = 8230\angle180°(A) \end{cases}$$

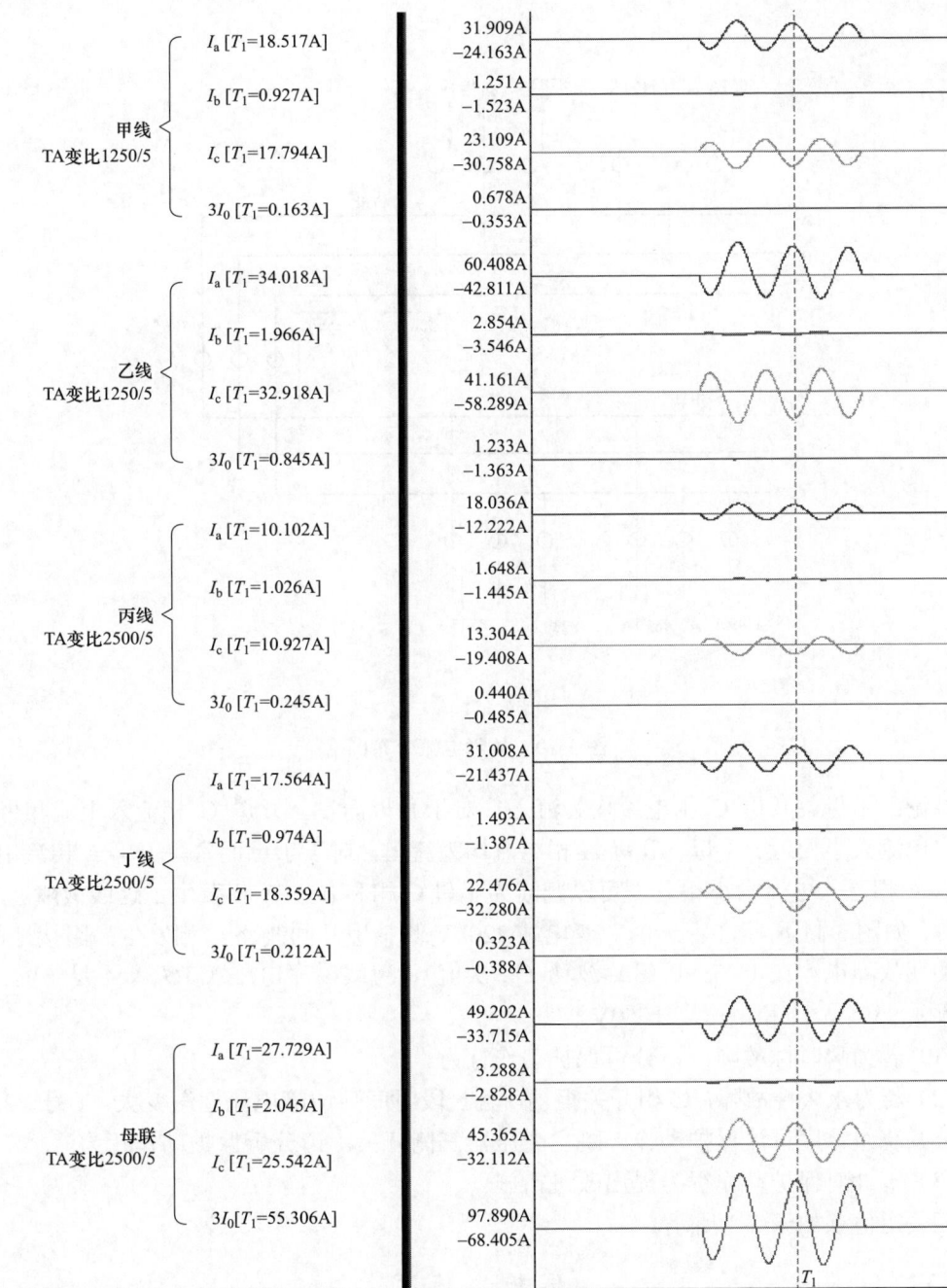

甲线
TA变比1250/5

$I_a [T_1=18.517A]$ — 31.909A / −24.163A

$I_b [T_1=0.927A]$ — 1.251A / −1.523A

$I_c [T_1=17.794A]$ — 23.109A / −30.758A

$3I_0 [T_1=0.163A]$ — 0.678A / −0.353A

乙线
TA变比1250/5

$I_a [T_1=34.018A]$ — 60.408A / −42.811A

$I_b [T_1=1.966A]$ — 2.854A / −3.546A

$I_c [T_1=32.918A]$ — 41.161A / −58.289A

$3I_0 [T_1=0.845A]$ — 1.233A / −1.363A

丙线
TA变比2500/5

$I_a [T_1=10.102A]$ — 18.036A / −12.222A

$I_b [T_1=1.026A]$ — 1.648A / −1.445A

$I_c [T_1=10.927A]$ — 13.304A / −19.408A

$3I_0 [T_1=0.245A]$ — 0.440A / −0.485A

丁线
TA变比2500/5

$I_a [T_1=17.564A]$ — 31.008A / −21.437A

$I_b [T_1=0.974A]$ — 1.493A / −1.387A

$I_c [T_1=18.359A]$ — 22.476A / −32.280A

$3I_0 [T_1=0.212A]$ — 0.323A / −0.388A

母联
TA变比2500/5

$I_a [T_1=27.729A]$ — 49.202A / −33.715A

$I_b [T_1=2.045A]$ — 3.288A / −2.828A

$I_c [T_1=25.542A]$ — 45.365A / −32.112A

$3I_0[T_1=55.306A]$ — 97.890A / −68.405A

T_1

图 3-9 录波图

Ⅰ母：A 相流出母线电流为 $5051\angle 0° + 8782\angle 0° = 13833\angle 0°$

C 相流入母线电流为 $5464\angle 180° + 9180\angle 180° = 14644\angle 180°$

Ⅱ母：A 相流出母线电流为 $4630\angle 0° + 8505\angle 0° = 13135\angle 0°$

C 相流入母线电流为 $4449\angle 180° + 8230\angle 180° = 12679\angle 180°$

故障电流分布图如图 3-10 所示。

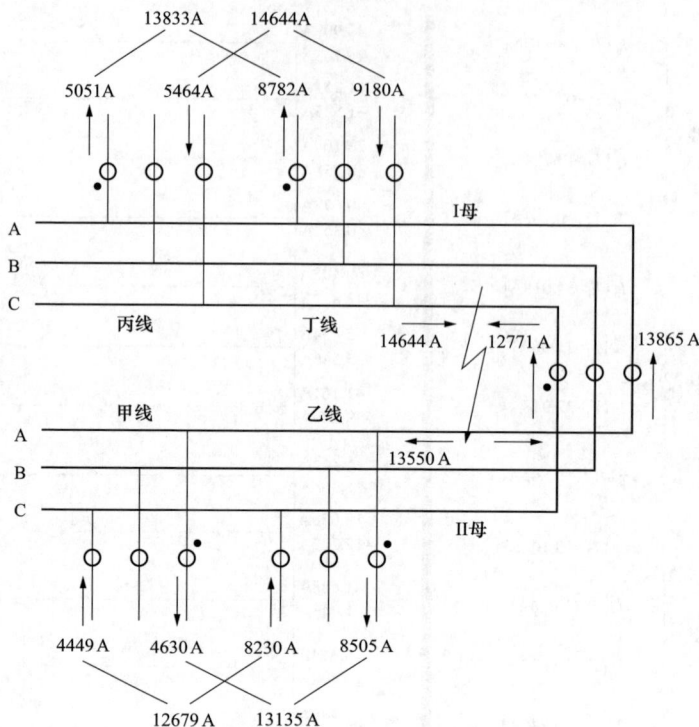

图 3-10　故障电流分布图

结论：Ⅰ母、Ⅱ母 C 相电流均为流入，对于Ⅱ母而言，Ⅱ母 C 相流入电流和母联 C 相流出电流大小相近。Ⅰ母、Ⅱ母 A 相电流均为流出，对于Ⅰ母而言，Ⅰ母 A 相流出电流和母联 A 相流入电流大小相近。可以判断为Ⅰ母 C 相和Ⅱ母 A 相发生了跨线故障。

13. 如图 3-11 所示，某 500kV 变电站 220kV 侧某甲Ⅱ回线路 C 相发生高阻接地故障，故障初期故障电流在 0.17～0.18A 波动（二次值），母线零序电压（$3U_0$）不足 6V，负序电压不足 3V，故障相电压高于 50V。

（1）若为瞬时性故障，请分析保护动作行为。

（2）若为永久性故障，C 相开关拒动，且一段时间后故障电流逐渐变大，1 号、2 号变压器公共绕组零序过流保护动作，跳主变压器三侧开关。请分析保护动作行为。

（3）请针对保护动作行为提出改进措施。

相关定值项如表 3-1 所示。

表 3-1　　　　　　　　　　　　　　　保　护　定　值　项

支路保护	定值项	定值	单位
线路主一保护	差动定值启动值	0.16	A
	零序过流Ⅲ段	0.1	A
	零序过流Ⅲ段时间	4.8	s
线路主二保护	分相差动电流定值	0.24	A
	零序差动电流定值	0.19	A

支路保护	定值项	定值	单位
线路主二保护	零序过流Ⅲ段	0.1	A
	零序过流Ⅲ段时间	4.8	s
主变压器保护	公共绕组零序过流定值	0.13	A
	零序过流时间	3.2	s
220kV 母线失灵保护	某甲Ⅱ回失灵相电流	0.12	A
	失灵相低电压	46	V
	失灵零序电压闭锁	6	V
	失灵负序电压	3	V
	跳母联时限	0.2	s
	跳母线时限	0.45	s

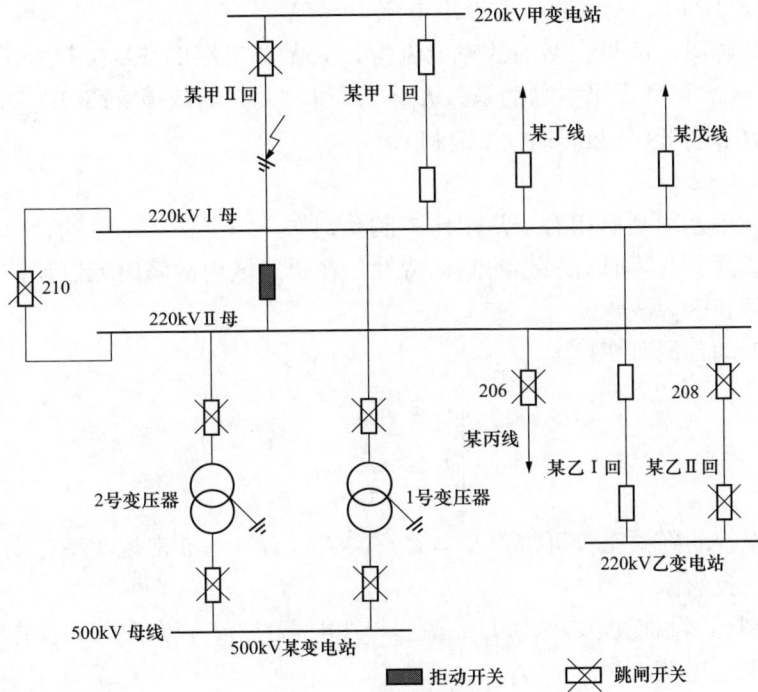

图 3-11 系统运行图

答：

（1）线路主一保护满足差动定值启动值，线路主二保护不满足分相差动电流定值与零序差动电流定值，因此仅线路主一保护动作，跳开 C 相开关，单跳单重。

（2）线路保护动作后，发跳闸命令跳 C 相开关，因为 C 相开关拒动，所以启动母差失灵保护。但线路间隔开关失灵经复压闭锁，母线零序电压、负序电压、相电压均不满足定值，因此失灵保护不动作，最终满足主变压器保护公共绕组零序过流定值，主变压器保护跳闸。

（3）措施：

1）完善 220kV 失灵保护复压闭锁逻辑，提高线路高阻故障失灵保护灵敏度；

2）优化 220kV 失灵保护零负序电压闭锁元件的取值原则；

3）主变压器加装中性点小电抗。

14. 母线保护中常规比率差动元件的动作判据为 $\begin{cases} I_d = I_{dest} \\ I_d = KI_r \end{cases}$，复式比率差动元件的动作

判据为 $\begin{cases} I_d = I_{dest} \\ I_d = K(I_r - I_d) \end{cases}$。其中：$I_d = \left| \sum_{i=1}^{n} \dot{I}_i \right|$，$I_r = \sum_{i=1}^{n} \left| \dot{I}_i \right|$（$\dot{I}_i$ 为母线上各支路二次电流，I_{dest}

为差电流启动定值，K 为常规比率制动系数、K_r 为复式比率制动系数）。

（1）复式比率差动元件的动作判据相对于常规比率差动元件的动作判据优点是什么？假定常规比率制动系数 $K = 0.6$，试求复式比率制动系数 K_r 值使得复式比率差动动作判据和常规比率差动动作判据一致。

（2）区内故障时，母线总故障电流为 6000A，试求常规比率制动系数 $K = 0.7$ 和复式比率制动系数 $K_r = 0.7$ 时，允许的最大汲出电流。

（3）区外故障时，故障支路的故障电流为 I_K，故障支路的 TA 误差为 δ，试求常规比率制动系数 $K = 0.5$ 和复式比率制动系数 $K_r = 0.5$ 时，允许的故障支路 TA 的负误差 δ 范围（不考虑不平衡电流和区外故障时 TA 饱和）。

答：

（1）复式比率差动判据相对于常规比率制动判据，由于在制动量的计算中引入了差电流，使其在母线区外故障时有极强的制动特性，在母线区内故障时无制动，因此能更明确地区分区外故障和区内故障。

复式比率差动判据可变换为

$$\begin{cases} I_d \geq I_{dest} \\ I_d \geq \dfrac{K_r}{1+K_r} I_r \end{cases}$$

与常规比率差动判据比较可得，$K_r = K/(1-K)$，$K_r = 1.5$ 常规比率差动和复武比率差动特性实质是一致的。

（2）区内故障，设总故障电流为 I_K，流出母线电流的为 I_J，则流入母线的电流为 $I_K + I_J$，差流 $I_d = I_K$，制动电流 $I_r = I_K + 2I_J$。

对于常规比率差动元件：$I_K \geq 0.7(I_K + 2I_J)$，解得 $I_J \leq 1285.7A$。

对于复式比率差动元件：$I_K \geq 0.7(I_K + 2I_J - I_K)$，解得 $I_J \leq 4285.7A$。

允许的最大汲出电流分别为 1285.7A 和 4285.7A。

根据以上分析，母线发生区内故障时，即使有故障电流流出母线，在汲出电流小于最大汲出电流的条件下，常规比率差动元件和复式比率差动元件仍能可靠动作。

（3）区外故障，故障支路的故障电流为 I_K，即穿越故障电流为 I_K，考虑故障支路负误差，则差动电流 $I_d = |I_K \cdot \delta|$，制动电流 $I_r = |I_K + I_K(1-\delta)|$。

对于常规比率差动元件，即

$$|I_K \cdot \delta| < 0.5|I_K + I_K \cdot (1-\delta)|$$

解得 $\delta < 2/3 = 66.7\%$。

对于复式比率差动元件，即

$$|I_K \cdot \delta| < 0.5|I_K + I_K \cdot (1-\delta) - I_K \cdot \delta|$$

解得 $\delta < 1/2 = 50\%$。

根据以上分析，母线发生区外故障时，在不考虑 TA 饱和的情况下，常规比率差动元件和复式比率差动元件对于故障支路 TA 的负误差 δ 允许范围相对较大，进而保证区外故障时母线保护不误动。

15. 某 220kV 双母线接线变电站 220kV 甲线、220kV 乙线故障录波图如图 3-12 和图 3-13 所示。故障时，220kV 甲线运行在 220kV I 母，现场检查二次设备无异常，所有保护动作行为正确。220kV 系统运行方式接线如图 3-14 所示。请结合录波图波形特点分析故障情况及保护动作情况，并根据分析结果画出简要一次接线图及故障点位置。

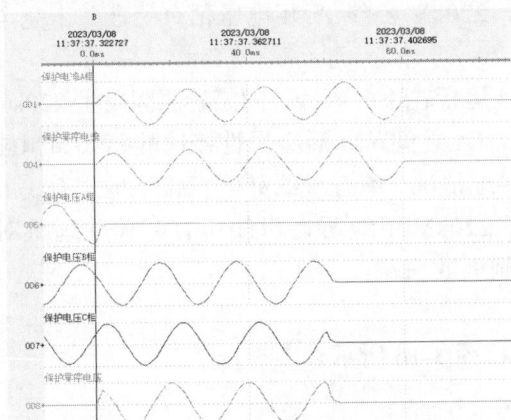

图 3-12　220kV 甲线保护装置录波

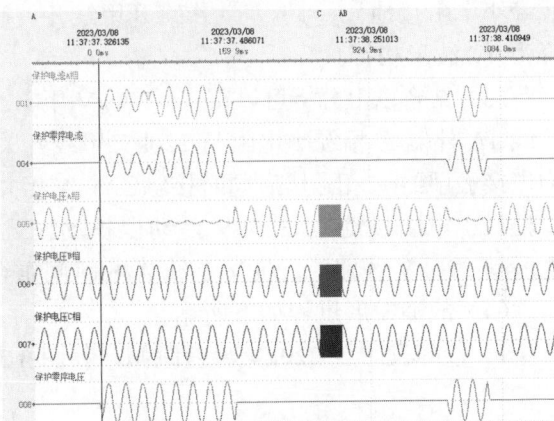

图 3-13　220kV 乙线保护装置录波

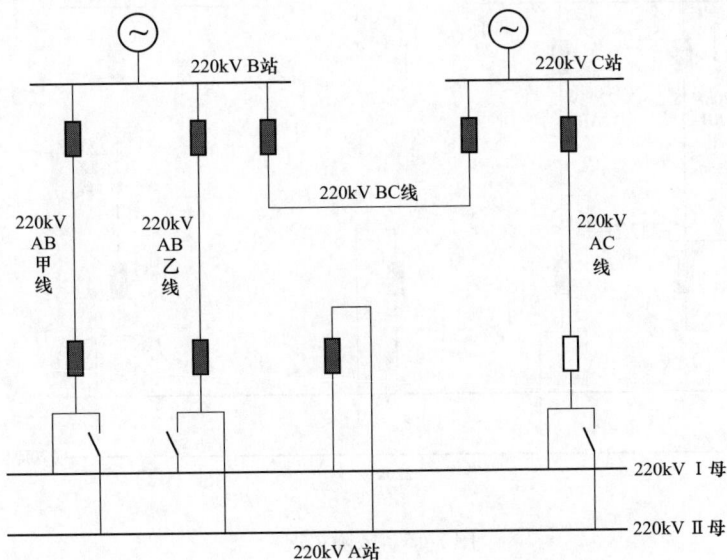

图 3-14　220kV 系统运行方式接线图

答：

（1）从故障录波图可以看出，220kV 甲、乙线保护启动时间均为 11:37:37:322ms 左右，可知应该是同一故障原因导致保护启动。故障时，甲线保护 A 相电压为零，故障点应靠近母线出口，发生 A 相金属性接地短路。从图 3-12 中可以看出，故障发生 65ms 后保护三相电压为零，220kV I 母电压消失，推测应是 220kV 母差保护动作跳开 220kV I 母上所有开关，并远跳对侧所有 220kV 线路，对侧 220kV 线路保护收到远方跳闸命令后跳开开关，与故障录波图中母线电压消失后 10ms 仍有故障电流相吻合，因此判断 220kV 甲线应该是在本侧开关与 TA 之间发生金属性接地故障。

（2）220kV 乙线波形为：A 相出口处发生接地后重合于故障三相跳闸。但是从故障录波图可以看出，故障发生 150ms 保护动作，快速保护（差动、距离 I 段）并没有在故障发生后立即切除故障，在 65ms（220kV 甲线开关跳闸）左右 A 相电流存在较小突变，说明甲线跳闸后，乙线电流存在重新分配，因此推测甲乙线故障点之间存在一个小电阻（或乙线经小电阻接地），与母差动作跳开甲线开关后，220kV 乙线 A 相电压稍有上升并未完全降为 0V 波形相符。

（3）结合以上分析可以得出：220kV 甲、乙线运行在不同母线，因某种原因发生 220kV 乙线 TA 外侧 A 相经小电阻与 220kV 甲线开关至 TA 之间跨线后金属性接地故障（如飘挂物先接触甲线 A 相，然后同时接触乙线 A 相并接地情况，或者甲线死区直接接地，乙线出口处经小电阻接地），220kV 差动保护动作跳开 220kV 甲线所在母线所有开关并远跳对侧所有 220kV 线路，220kV 乙线 A 相跳闸重合闸失败三跳。

（4）故障发展过程如下所示。

1）故障发生至 220kV 母差跳闸，如图 3-15、图 3-16 所示。

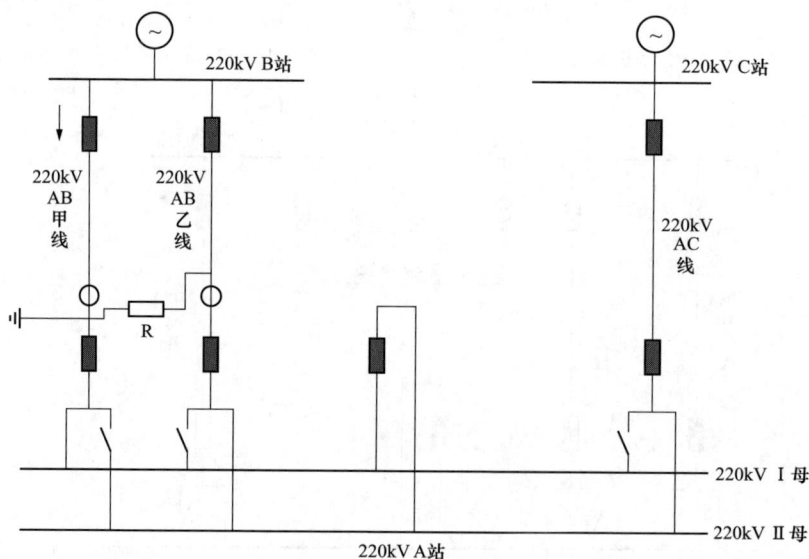

图 3-15　故障情况一

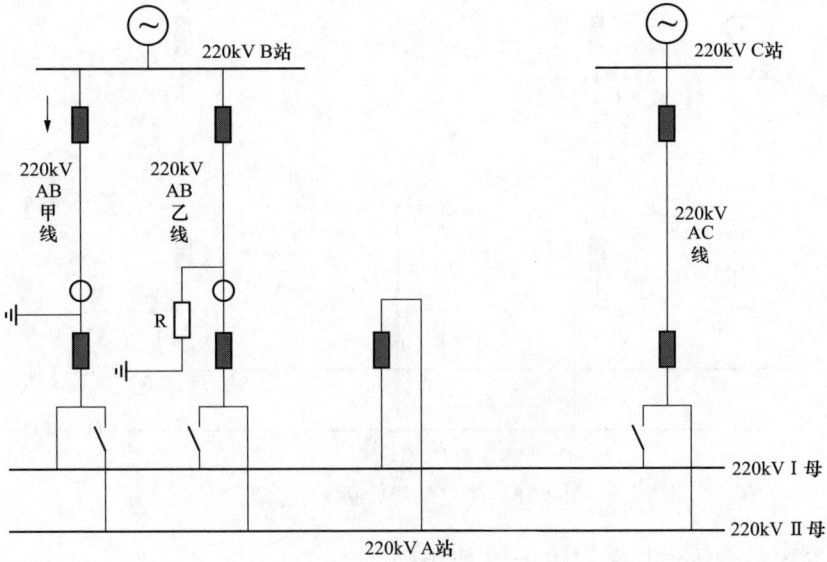

图 3-16 故障情况二

2) 220kV Ⅰ 母母差跳闸后,如图 3-17、图 3-18 所示。

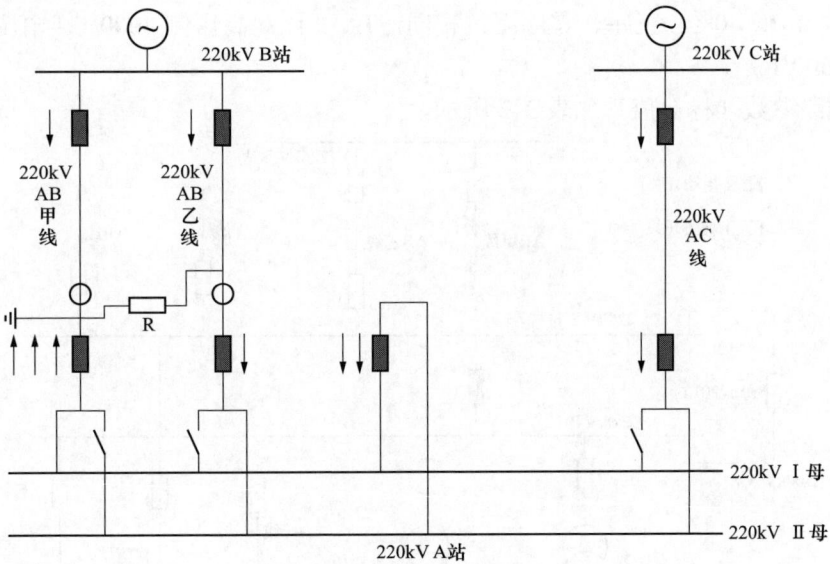

图 3-17 母差跳闸时系统示意图

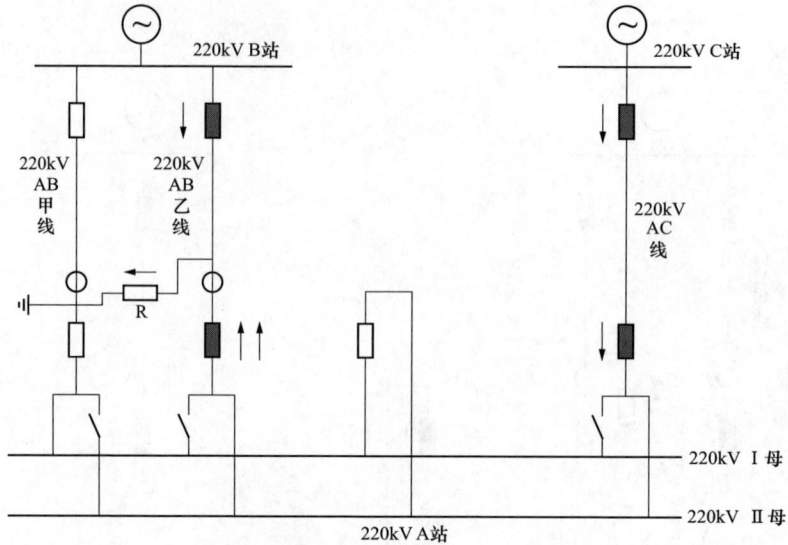

图 3-18　母差跳闸后系统示意图

16．某变电站系统拓扑图如图 3-19 所示。

（1）系统运行参数。

系统基准值：$S_B = 100\text{MVA}$，$U_B = 525\text{kV}$、230kV；500kV 母线系统正序、零序等值电抗 $X\text{s}_1 = 0.01$，$X\text{s}_0 = 0.01$；所有 220kV 站为负荷，不考虑电源上送。所有保护定值整定正确。

（2）系统各元件参数。

主变压器参数：容量 1000MVA，变比 525kV/230kV/35kV，短路电压：高-中 20%、高-低 60%、中-低 40%，正序、零序阻抗相同，TA 变比：高压侧 4000/1，中压侧 3000/1，公共绕组 1500/1。

（3）线路参数（标幺值）如表 3-2 所示。

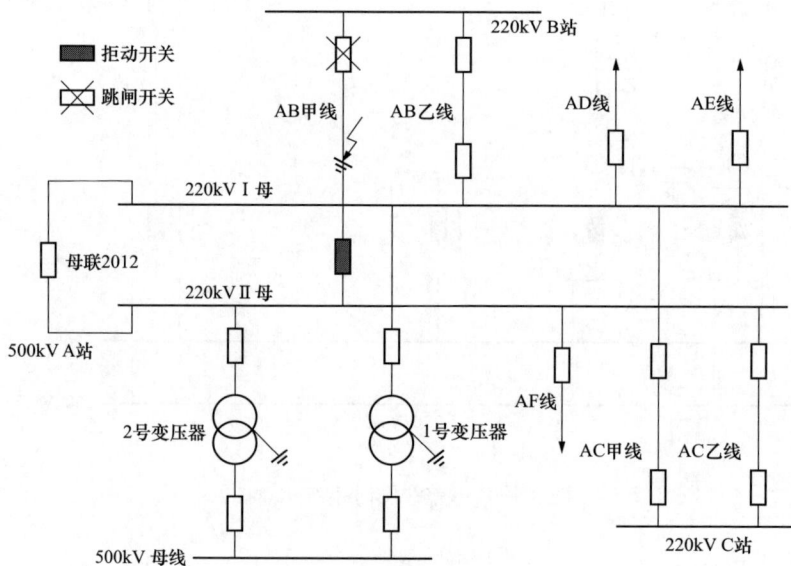

图 3-19　变电站系统运行图

表 3-2 线 路 参 数

参数名称	AB 甲	AB 乙	AC 甲	AC 乙	AD 线	AE 线	AF 线
线路正序电抗	0.12	0.12	0.05	0.05	0.1	0.1	0.1
线路零序电抗	0.4	0.4	0.14	0.14	0.3	0.3	0.3
220kV 主变压器零序电抗	0.32		0.17		0.24	0.24	0.24

（4）主要设备定值（除标注外电流为一次值、电压为二次值、阻抗为二次值）如表 3-3～表 3-5 所示。

表 3-3 A 站 220kV 母线保护部分定值

序号	名称	定值	序号	名称	定值
1	基准 TA 一次值	2400A	8	失灵跟跳时间值	0.15s
2	基准 TA 二次值	1A	9	失灵跳母联时间值	0.25s
3	差动启动电流值	2880A	10	失灵跳母线时间值	0.4s
4	TA 断线告警电流值	144A	11	失灵低电压闭锁值	40V
5	TA 断线闭锁电流值	192A	12	失灵零序电压闭锁值 $3U_0$	6V
6	母联分段失灵电流值	400A	13	失灵负序电压闭锁值 U_2	4V
7	母联分段失灵时间值	0.2s	14	线路支路失灵相电流值	720A

表 3-4 A 站 220kV 线路保护部分定值（所有出线定值相同）

序号	名称	定值	序号	名称	定值
1	变化量启动电流	240A	5	零序过流Ⅱ段时间	4s
2	零序启动电流定值	240A	6	零序过流Ⅲ段定值	300A
3	差动动作电流定值	400A	7	零序过流Ⅲ段时间	5.5s
4	零序过流Ⅱ段定值	500A	8	零序加速段定值	500A

表 3-5 A 站 500kV 主变压器部分定值

序号	名称	定值	备注
1	高零序过流定值	1700A	定时限、指向主变压器
2	高零序过流时间	5s	跳各侧
3	高零序反时限基准电流	300A	不带方向
4	高零序反时限时间常数	1.2s	跳各侧
5	中零序过流定值	300A	定时限、指向主变压器
6	中零序过流时间	4s	跳各侧
7	公共绕组零序过流定值	350A	定时限、不带方向
8	公共绕组零序过流时间	6.5s	跳各侧
9	公共绕组零序反时限基准电流	300A	不带方向
10	公共绕组零序反时限时间常数	1.5s	跳各侧

说明：零序反时限方程 $t(3I_0) = \dfrac{0.14}{(3I_0/I_{\mathrm{p}})^{0.02}-1} T_{\mathrm{p}}$，$I_{\mathrm{p}}$ 为基准电流，T_{p} 为时间常数。

AB 甲线距离 A 站 1/4 处发生 A 相经过渡电阻 $R_{\mathrm{g}}=120\Omega$ 永久性接地故障，该线两侧差动保护动作跳 A 相重合，两侧加速跳三相，A 站侧因开关 A 相机构问题未跳开 A 相。请回答：

（1）通过故障计算，说明保护动作行为。

（2）针对保护动作行为，提出改进建议。

答：

（1）计算该故障下 B 站侧 AB 甲线开关跳开后，其余开关未跳开前的 220kV 母线电压、流过线路与主变压器的零序电流。

主变压器三侧电抗

$$X_{\mathrm{T1}} = 1/2 \times (0.2+0.6-0.4) \times 100/1000 = 0.02，\quad X_{\mathrm{T2}} = 0，\quad X_{\mathrm{T3}} = 0.04$$

故障点综合电抗

$$X_{\Sigma1} = X_{\Sigma2} = 0.01+0.02/2+0.12/4 = 0.05$$

AB 乙线、AC～AF 线零序

$$X_{\mathrm{L0}} = 0.72//(0.14/2+0.17)//(0.54/3) = 0.09$$

$$X_{\Sigma0} = 0.4/4 + 0.09//[(0.01+0.01)//0.02] = 0.1+0.009 = 0.109$$

$$R_{\mathrm{g}} = 120 \times 100/230^2 = 0.2268$$

$$I_0 = I_1 = I_2 = 1/(\mathrm{j}0.05 \times 2 + \mathrm{j}0.109 + 3 \times 0.2268) = 1.4047$$

1）220kV 母线失灵保护动作行为。

$I_{\mathrm{AK}} = 1.4047 \times 3 \times 100 \times 1000/230/\sqrt{3} = 1057.83\mathrm{A}$，故障相电流大于失灵启动电流值 720A。

220kV 母线零序电压：$U_{\mathrm{m0}} = 1.4047 \times 0.009 = 0.01264$。

一次值 $3U_{\mathrm{m0}} = 0.01264 \times 3 \times 230/\sqrt{3} = 5.0365\mathrm{kV}$（二次值=一次值/2200=2.29V，低于定值 6V）。

220kV 母线负序电压：$U_{\mathrm{m2}} = 1.4047 \times 0.02 = 0.02809$。

一次值 $U_{\mathrm{m2}} = 0.02809 \times 230/\sqrt{3} = 3.73\mathrm{kV}$（二次值=一次值/2200=1.7V，低于定值 4V）。因此，因失灵复压不开放，220kV 母线失灵保护不动作。

2）220kV 相邻线零序电流保护动作行为。

AB 乙线、AC～AF 线零序电流总和：$3I_{\mathrm{L0}} = 3 \times 1.4047 \times [0.01/(0.01+0.09)] \times 100 \times 1000/230/\sqrt{3} = 106\mathrm{A}$，低于零序电流定值，线路零序保护无法动作。

3）500kV 两台主变压器零序电流保护动作行为。

主变压器中压侧零序一次值 $I_{\mathrm{TM0}} = 1.4047 \times [0.09/(0.01+0.09)]/2 \times 100 \times 1000/230/\sqrt{3} = 158.67\mathrm{A}$，$3I_{\mathrm{TM0}} = 476\mathrm{A}$，高于中侧零序电流保护定值，但属于反方向故障，保护不动作。

主变压器高压侧零序一次值 $I_{\mathrm{TH0}} = 1.4047 \times 0.9/2/2 \times 100/525/\sqrt{3} = 34.757\mathrm{A}$，$3I_{\mathrm{TH0}} = 104\mathrm{A}$，低于高侧零序电流保护定值，保护不动作。

主变压器公共绕组零序一次值 $3I_{\mathrm{TN0}} = 476-104 = 372\mathrm{A}$，高于公共绕组侧零序电流保护定值，代入反时限零序动作方程的时间为 48.86s，比定时限零序保护时间 6.5s 长，因此由定时限零序保护 6.5s 跳主变压器三侧。

综上，保护最终动作行为：两台 500kV 主变压器公共绕组定时限零序电流保护 6.5s 跳两台主变压器三侧开关。

（2）改进建议：

1）降低母线失灵复压（零序电压、负序电压）闭锁定值；

2）主变压器中性点加装小电抗（提高主变压器等效零序阻抗，减少公共绕组零序电流值，提高 220kV 母线零序电压，便于母线失灵保护复压开放）；

3）主变压器公共绕组定时限零序电流保护由跳三侧开关改为跳 220kV 母联开关；

4）修正母线失灵保护复压闭锁逻辑，由固定电压开放改为小电压变化量开放。

17. 某 220kV 电站事故前运行方式如图 3-20 所示，母联二 2012、分段二 2024 运行，1 号发电机-变压器组 2001 运行在 Ⅰ 母，1 号变压器间隙接地，2051、2052、2054、1 号启动备用变压器 2007 运行在 Ⅱ 母，2057 运行在 Ⅲ 母，2013、2034 冷备用。

某日凌晨 1:00，值班人员通过监控后台发现母联二 2012 开关、1 号发电机-变压器组 2001 开关跳闸。主网侧无任何保护和开关动作。

1 号发电机-变压器组故障录波显示如图 3-21 所示。

假设保护动作正确，试分析：

（1）请分析 t_0-t_1 之间主变压器、启动备用变压器的电流成因，并根据分析作主变压器相量图。

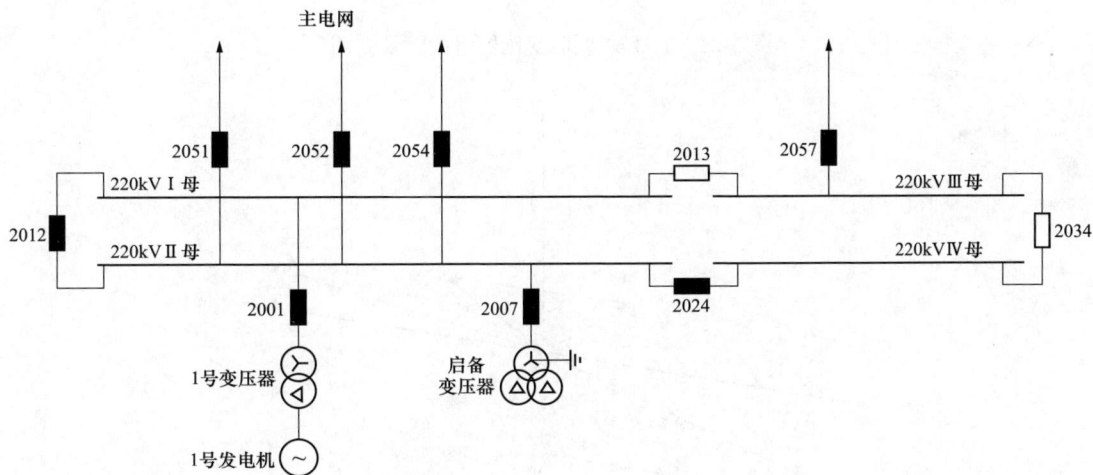

图 3-20 事故前运行方式图

（2）请分析 t_1-t_2 之间主变压器各相电流成因。

（3）请简要描述故障发生过程和保护动作行为。最终会由什么保护隔离故障？

答：

（1）Ⅰ 段母线区内故障，启动备用变压器中性点接地运行，电流三相大小方向相同，为零序电流；变压器中性点不接地，只能传递正序、负序分量，与负荷分量叠加产生如

图 3-21 波形。BC 相电流与 A 相电流相位近似相反，电流相量图如图 3-22 所示。

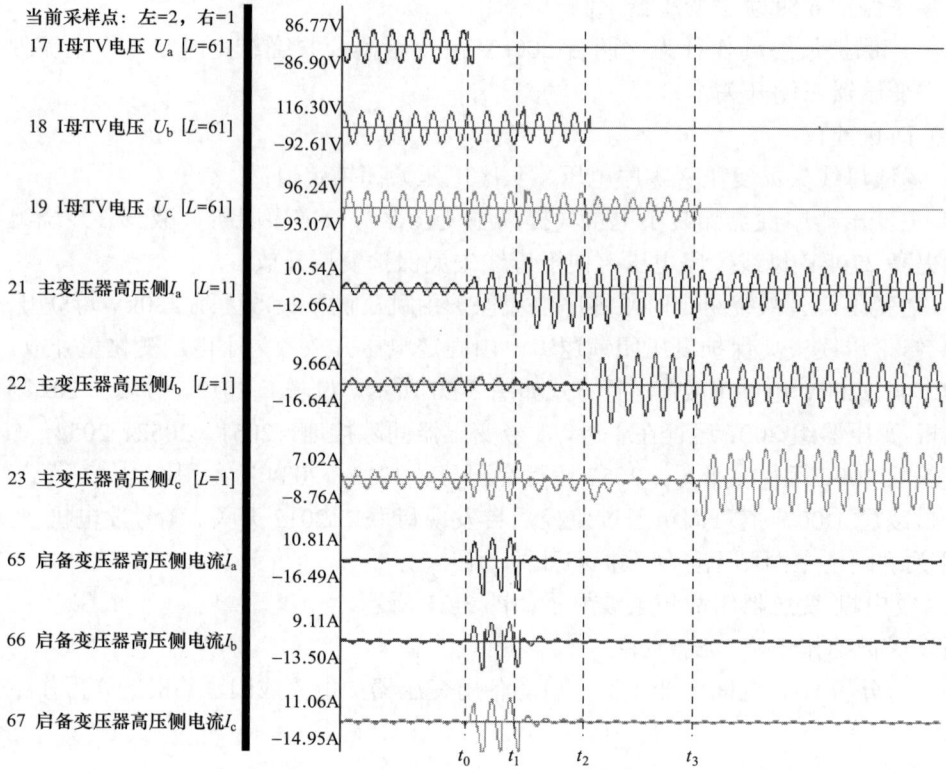

当前采样点：左=2，右=1

17 I母TV电压 U_a [L=61]　86.77V / −86.90V

18 I母TV电压 U_b [L=61]　116.30V / −92.61V

19 I母TV电压 U_c [L=61]　96.24V / −93.07V

21 主变压器高压侧I_a [L=1]　10.54A / −12.66A

22 主变压器高压侧I_b [L=1]　9.66A / −16.64A

23 主变压器高压侧I_c [L=1]　7.02A / −8.76A

65 启备变压器高压侧电流I_a　10.81A / −16.49A

66 启备变压器高压侧电流I_b　9.11A / −13.50A

67 启备变压器高压侧电流I_c　11.06A / −14.95A

t_0　t_1　t_2　t_3

图 3-21　1 号发电机-变压器组故障录波图

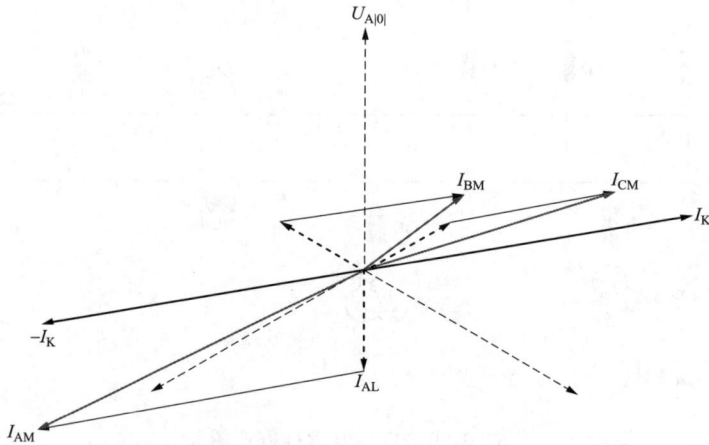

图 3-22　电流相量图

（2）母线保护动作跳开 2012 开关，而 2001 开关未跳开，但故障已与主网隔离，成为不接地系统。系统示意图如图 3-23 所示。主变压器 $3U_0$ 升高，间隙击穿，成为接地系统，叠加零序电流后故障相电流增大，B、C 相一次电流为零，而图 3-22B、C 相具有大小、方向近似相同的滞后 I_{AM} 的二次电流，该站二次回路有问题。

原因：主变压器 TA 二次回路 N 线发生两点接地，主变压器间隙击穿后，故障电流使 N 线两接地点，产生较大的电位差，使得 TA 绕组阻抗降低。此附加电势相位与 TA 二次 A 相电流反相位，导致 B、C 相产生大小、方向相的滞后 I_{AM} 的二次电流。

（3）故障起始为 A 相接地短路，故障正负序电流与负荷电流叠加，形成 A、C 相电流增大的特征；母线保护动作跳开 2012 开关后，主变压器间隙击穿，电厂侧提供正序、负序、零序电流，主变压器 A 相短路电流增大；三个半周波后发展为 AB 两相短路；再经六个周波，发展为 ABC 三相短路，故障未切除。可由 2001 失灵保护跳主变压器电厂侧开关或作用于停机切除故障。

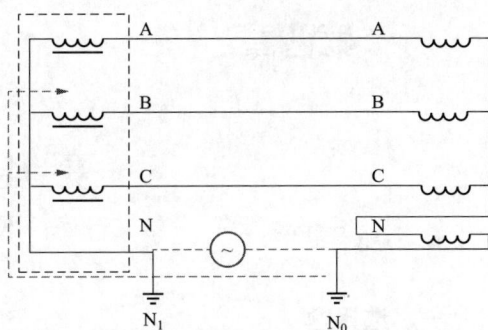

图 3-23　系统示意图

第四章

变压器保护

一、选择题

1. 变压器的过电流保护，加装复合电压闭锁元件是为了（　　）。

A．提高过电流保护的可靠性　　　　B．提高过电流保护的灵敏性

C．提高过电流保护的选择性　　　　D．提高过电流保护的快速性

答案：B

解析：复合电压闭锁过电流保护，是由复合电压元件、过电流元件及时间元件构成，作为保护设备及相邻设备相间短路故障的后备保护。当变压器相电压低于整定值，或负序电压大于整定值及任一相电流达到过电流元件整定值时，保护动作。加装复合电压闭锁元件，过电流元件按躲变压器最大负荷电流整定，提高了过电流保护的灵敏性；若不加装复合电压闭锁元件，负荷潮流较大时会误动。

2. （　　）是将变压器的 Y 侧绕组作为保护对象，在每相 Y 侧绕组的两端（自耦变压器用三端）均设置电流互感器而实现的分相差动保护。

A．比率差动保护　　　　　　　　B．分侧差动保护

C．零序比率差动保护　　　　　　D．工频变化量差动保护

答案：B

解析：分侧差动保护是将变压器的各侧绕组分别作为被保护对象，在各侧绕组的两端设置电流互感器而实现差动保护。在三绕组自耦变压器上，可实现将高压侧、中压侧绕组作为保护对象的高、中压侧分相差动保护。该保护的优点是：不受变压器励磁电流、励磁涌流、带负载调压及过励磁的影响；与变压器纵差保护相比，其动作灵敏度高、构成简单（不需要设置涌流闭锁元件及差动速断元件）。其缺点是：由于只接变压器一侧的绕组，故对变压器同相绕组的匝间短路无保护作用。另外，保护范围比纵差保护小。

3. 在旁路开关转带主变压器开关（通过开关的负荷不为 0）的操作中，有主变压器差动保护切换至套管 TA 和旁路 TA 两种情况，关于 TA 切换过程中差动保护是否产生差流，下列说法正确的是（　　）。

A．两种情况下的 TA 切换均不会产生差流

B．前者会产生差流，后者如操作顺序得当则可不产生差流

C．前者不会产生差流，后者会产生差流

D．两者都避免不了要产生差流

答案：B

解析：如图 4-1 所示：1LH 为主变压器高压侧 TA，2LH 为旁路 TA，3LH 为套管 TA。

当切换至套管 TA 时，无论是先短接高压侧 TA 电流或接入套管 TA 电流，均会产生差流；若切换至旁母 TA，可先在保护屏并接高压侧 TA 和旁母 TA，此时再操作旁母代供主变压器不会产生差流。

4. 主变压器纵差保护一般取（　　）谐波电流元件作为过激磁闭锁元件，谐波制动比越（　　），差动保护躲变压器过激磁的能力越强。

　　A. 3 次，大

　　B. 5 次，大

　　C. 5 次，小

　　D. 2 次，小

答案：C

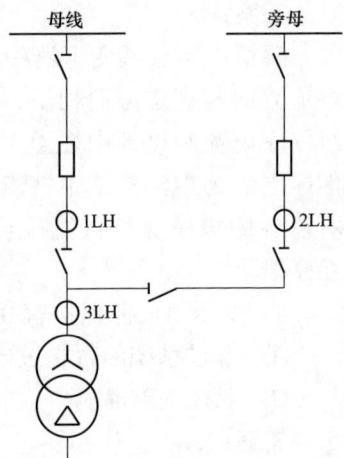

图 4-1　系统接线图

解析：变压器过励磁时，励磁电流中的五次谐波分量大大增加，所以采用五次谐波制动元件作为变压器差动保护的过励磁闭锁元件，且谐波制动比越小，差动保护越能可靠躲变压器过励磁。

5. 标准化变压器保护装置为提高切除自耦变压器内部单相接地短路故障的可靠性，可配置由高中压和公共绕组 TA 构成的分侧差动保护，如在分侧差动保护范围内发生匝间短路故障，分侧差动保护的动作行为是（　　）。

　　A. 短路匝数较多时，差动保护会动作　　　　B. 差动保护不会动作

　　C. 差动保护会动作　　　　　　　　　　　　D. 短路匝数较少时，差动保护会动作

答案：B

解析：分侧差动保护只保护变压器一侧的绕组，不能反应变压器同相绕组的匝间短路。

6. 变压器额定容量为 120/120/90MVA，联结组别为 YN/YN/d11，额定电压为 220/110/11kV，高压侧 TA 变比为 600/5，中压侧 TA 变比为 1200/5，低压侧 TA 变比为 6000/5，差动保护 TA 二次均采用星形接线，差动保护高、中、低二次平衡电流正确的是（　　）。

　　A. 2.6A/2.6A/9.1A　　　　　　　　　　　　B. 2.6A/2.6A/3.9A

　　C. 2.6A/2.6A/5.2A　　　　　　　　　　　　D. 4.5A/4.5A/5.2A

答案：C

解析：高压侧电流为 $I_H = S_N / \sqrt{3}U_H = 120 / \sqrt{3} / 220 \times 1000 = 314.9A$，二次值为 314.9/120 =2.62A。

　　中压侧电流为 $I_M = S_N / \sqrt{3}U_M = 120 / \sqrt{3} / 110 \times 1000 = 629.9A$，二次值为 629.9/240=2.62A。

　　低压侧电流为 $I_L = S_N / \sqrt{3}U_L = 120 / \sqrt{3} / 11 \times 1000 = 6298.6A$，二次值为 6298.6/1200= 5.2A。

7. 220kV 自耦变压器零序方向保护的电流互感器不能安装在（　　）。

　　A. 变压器中性点　　　　　　　　　　　　　B. 220kV 侧

　　C. 110kV 侧　　　　　　　　　　　　　　　D. 公共绕组

答案：A

解析：当自耦变压器中压侧发生接地故障时，公共绕组零序电流和接地中性点零序电流方向与规定方向相反，即由中性点流向变压器；当高压侧发生接地故障时，公共绕组零序电流和接地中性点零序电流方向与规定方向可能一致、也可能相反，甚至中性点零序电流为零，接地中性点零序电流流向很大程度上受中压侧系统零序阻抗大小影响，所以各侧零序保护只能接至其出口电流互感器构成的零序回路而不能接在中性点电流互感器上。

8. 变压器间隙保护有 0.3～0.5s 的动作延时，其目的是（　　）。

A. 躲过系统的暂态过电压　　　　　　　B. 与线路保护 I 段相配合

C. 躲过励磁涌流　　　　　　　　　　　D. 作为变压器的后备保护

答案：A

解析：间隙保护是用流过变压器中性点的间隙电流及 TV 开口三角电压作为危及中性点安全判据来实现的。当变压器中性点经间隙接地时，若系统发生接地故障，也会在中性点产生较高的暂态过电压，暂态过电压持续时间较短不会直接对变压器绝缘造成危害，此时变压器间隙电压保护应有 0.3～0.5s 的延时保证此时不误动。

9. 变压器一次绕组为 YN/d11，其微机型分相差动保护 TA 按 Y/Y 连接，由软件在高压侧移相。在差动保护高压侧 A 相通电流校定值时，则（　　）。

A. A 相差动元件动作　　　　　　　　　B. A、B 两相差动元件动作

C. A、C 两相差动元件动作　　　　　　D. A、B、C 三相差动元件动作

答案：C

解析：TA 接线为星形接线、软件在高压侧移相时，输入差动保护的电流为两相电流差。以 YN/d11 为例，$\dot{I}_A = \dot{I}_a - \dot{I}_b$、$\dot{I}_B = \dot{I}_b - \dot{I}_c$、$\dot{I}_C = \dot{I}_c - \dot{I}_a$（$\dot{I}_A$、$\dot{I}_B$、$\dot{I}_C$ 分别为输入差动保护的计算电流，$\dot{I}_a$、$\dot{I}_b$、$\dot{I}_c$ 分别为差动二次三相电流），当高压侧输入 A 相电流时，各相差流为 $\dot{I}_A = \dot{I}_a$、$\dot{I}_B = 0$、$\dot{I}_C = -\dot{I}_a$。

10. 变压器一次绕组为 YN/d1，两侧 TA 的接线为星形接线，软件在星形侧相位补偿，高压侧平衡系数等于 1.5。保护启动电流 $I_{dz0} = 3A$、拐点电流 $I_{zd0} = 4A$、斜率 $S = 0.5$，采用最大值制动。高低压侧 A 相同时接入相位相反的 25A 电流，则（　　）。

A. A 相差动动作　　　　　　　　　　　B. B 相差动动作

C. C 相差动动作　　　　　　　　　　　D. 三相差动都不动作

答案：B

解析：当变压器的联接组别为 YN/d1 时，在 Y 侧三个差动元件的输入电流分别为 $\dot{I}_A = \dot{I}_a - \dot{I}_c$，$\dot{I}_B = \dot{I}_b - \dot{I}_a$，$\dot{I}_C = \dot{I}_c - \dot{I}_b$。当 $\dot{I}_{ah} = 25\angle 0°$，$\dot{I}_{al} = 25\angle 180°$ 时，高压侧为 $\dot{I}_{AH} = \dot{I}_a - \dot{I}_c = 25\angle 0°$，$\dot{I}_{BH} = \dot{I}_b - \dot{I}_a = -25\angle 0° = 25\angle 180°$，$\dot{I}_{CH} = \dot{I}_c - \dot{I}_b = 0$；低压侧为 $\dot{I}_{AL} = 25\angle 180°$，$\dot{I}_{BL} = 0$、$\dot{I}_{CL} = 0$；各相差为 $I_{Acd} = \dot{I}_{AH} \times K + \dot{I}_{AL} = 25\angle 0° \times 1.5 + 25\angle 180° = 12.5\angle 0°$，$I_{Bcd} = \dot{I}_{BH} \times K + \dot{I}_{BL} = 25\angle 180° \times 1.5 + 0 = 37.5\angle 180°$，$I_{Ccd} = 0$；各相制动电流（取最大值）为 $I_{Azd} = 37.5$，$I_{Bzd} = 37.5$，$I_{Czd} = 0$。

因此，仅 B 相差动电流在动作区。

11．如果一台三绕组自耦变压器接线组别为 YN/YN/d11，各侧额定电压为 525/230/35kV，设该变压器高、中压侧额定容量为 S_N，按中、低压绕组传输功率来推算，则低压绕组的最大可能容量为（　　）。

A．$0.56S_N$　　　　　B．$0.43S_N$　　　　　C．$0.26S_N$　　　　　D．$0.15S_N$

答案： A

解析： 设自耦变压器高压侧与中压侧的变比为 K_{HM}，则高压侧、中压侧与低压侧之间的额定容量之比为 $1{:}1{:}\left(1-\dfrac{1}{K_{HM}}\right)$。代入变压器变比参数，低压侧的额定容量为

$$\left(1-\frac{1}{K_{HM}}\right)S_N=\left(1-\frac{1}{525/230}\right)S_N=0.56S_N。$$

12．三相变压器如图 4-2 所示，高压侧 XYZ 绕组与低压侧 xyz 绕组相对应，该变压器接线组别为（　　）。

A．Y/d-1　　　　　B．Y/d-3

C．Y/d-5　　　　　D．Y/d-7

答案： B

图 4-2　三相变压器接线图

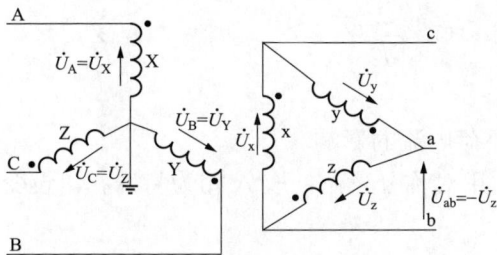

解析： 由变压器高低压侧绕组同名端定义绘出变压器两侧绕组电压相量（见图 4-3）及电压相量图（见图 4-4），低压侧 U_{ab} 滞后高压侧 U_{AB} 90°，即该变压器接线组别为 Y/d-3。

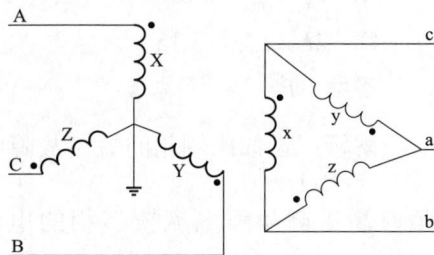

图 4-3　三相变压器高低压侧绕组电压相量

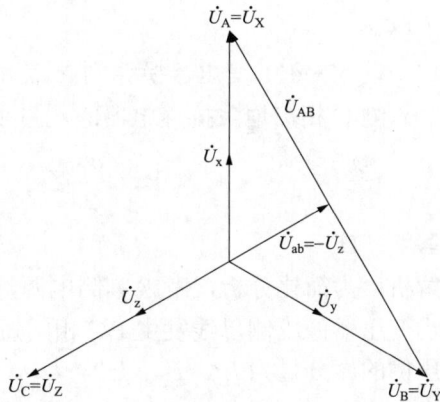

图 4-4　三相变压器高低压侧电压相量图

13．变压器差动保护需要特殊考虑相位平衡，相位平衡主要有两种方式，即以 d 侧为基准和以 Y0 侧为基准，在相间短路时，Y0→d 转换方式比 d→Y0 转换方式的灵敏度（　　）。

A．相同　　　　　　　　　　　　　B．低

C．高　　　　　　　　　　　　　　D．以上都有可能

答案： C

解析： 设低压侧 AB 相间短路故障时，故障电流 $\dot{I}_a=-\dot{I}_b=\dot{I}_k$，则高压侧故障电流为

$\dot{I}_A = \dot{I}_C = -\dfrac{1}{\sqrt{3}}I_k$，$\dot{I}_B = \dfrac{2}{\sqrt{3}}I_k$。因区内故障，低压侧不参与差流计算，Y0→d 转换方式计算差流为 $\left|\dfrac{\dot{I}_A - \dot{I}_B}{\sqrt{3}}\right| = I_k$，d→Y0 转换方式计算差流为 $\left|\dot{I}_A - \dot{I}_0\right| = \dfrac{1}{\sqrt{3}}I_k$，可以看出前者计算差流大于后者，所以 Y0→d 转换方式比 d→Y0 转换方式的灵敏度高。

14．有一台组别为 YN/d11 变压器，假设低压侧母线三相短路故障为 I_d，高压侧过电流保护定值为 I_{gdz}，低压侧过电流定值为 I_{ddz}。高压侧过电流保护灵敏度、高压侧过电流保护对低压侧过电流保护的配合系数分别是（　　）。

A．I_d / I_{gdz}、0.85
B．$I_d / 2I_{gdz}$、1.15
C．$2I_d / I_{gdz}$、1.15
D．$I_d / 2I_{gdz}$、0.85

答案：B

解析：设低压侧相间短路故障时，故障电流为 I_k，则有 $I_k = \dfrac{\sqrt{3}}{2}I_d$，且低压侧相间故障时高压侧故障电流较小相的电流值为 $\dfrac{1}{\sqrt{3}}I_k = \dfrac{1}{2}I_d$，则高压侧过电流保护灵敏度为 $I_d / 2I_{gdz}$。低压侧三相短路故障时高低压侧短路电流均为 I_d；而当低压侧相间短路故障时低压侧故障电流为 I_k，高压侧故障电流较大相的电流值为 $\dfrac{2}{\sqrt{3}}I_k$，需考虑低压侧相间故障时高低压侧故障电流比值最大为 $\dfrac{2}{\sqrt{3}}$，即高压侧过电流保护对低压侧过电流保护的配合系数为 1.15。

15．设 YN/d11 变压器换算到 Y 侧的二次阻抗为 Z，当三角形侧发生 BC 相间短路故障时，Y 侧 C 相接地阻抗继电器的测量阻抗大小为（　　）。

A．无穷大
B．$\dfrac{\sqrt{3}}{2}Z$
C．$\dfrac{2}{\sqrt{3}}Z$
D．Z

答案：D

解析：为简化分析，考虑单侧电源，不计负荷电流的影响。

当变压器低压侧母线发生 BC 相间短路时，用对称分量法，取 A 相为特殊相，设变压器低压侧的序分量为 I_1'、I_2'、U_1'、U_2'，则有

$$I_1' = -I_2', \quad U_1' = U_2'$$

将△侧的序分量折算到 Y 侧，则线路电源侧保护安装处的序分量 $\dot{I}_1$、$\dot{I}_2$、$\dot{U}_1$、$\dot{U}_2$ 分别为（变压器为 YN/d11 接线）

$$\dot{I}_1 = I_1' e^{-j30°}$$

$$\dot{I}_2 = I_2' e^{j30°} = -I_1' e^{-j30°}$$

$$\dot{U}_1 = (U_1' + I_1' Z_B) e^{j30°}$$

$$\dot{U}_2 = U_2' e^{j30°} + \dot{I}_2 Z_B = U_1' e^{j30°} - I_1' e^{j30°} Z_B$$

保护安装处的 C 相电压、电流分别为

$$\dot{U}_C = \dot{U}_1 e^{j120°} + \dot{U}_2 e^{-j120°} = U_1'(e^{j90°} + e^{-j90°}) + I_1' Z_B (e^{j90°} - e^{-j90°})$$

$$= 0 + 2I_1' Z_B e^{j90°} = j2I_1' Z_B$$

$$\dot{I}_C = \dot{I}_1 e^{j120°} + \dot{I}_2 e^{-j120°} = I_1'(e^{j90°} - e^{-j90°}) = 2I_1' e^{j90°} = j2I_1'$$

保护安装处 C 相接地距离（零序电流为 0）测量阻抗为

$$Z_C = \frac{\dot{U}_C}{\dot{I}_C} = \frac{j2I_1' Z_B}{j2I_1'} = Z_B = Z$$

16．变压器比率制动差动保护中，制动分量的主要作用是（　　）。

A．躲励磁涌流　　　　　　　　　　　　B．在内部故障时提高保护的可靠性

C．在外部故障时提高保护的安全性　　　D．在内部故障时提高保护的快速性

答案：C

解析：变压器比率制动差动保护在外部故障时，故障电流为穿越电流，制动电流远大于差动电流，不会误动作，能提高差动保护在外部故障时的安全性。

17．YN/d11 接线的变压器装有微机差动保护，其 Y 侧电流互感器的二次电流相位补偿是通过微机软件实现的。现整定 Y 侧二次基准电流 $I_e = 5A$，差动动作电流定值 $I_{zd} = 0.4I_e$，试验时用单相法从 Y 侧模拟 AB 相短路，其动作电流应为（　　）左右。

A．$\sqrt{3}$ A　　　　B．$\dfrac{\sqrt{3}}{2}$ A　　　　C．1A　　　　D．2A

答案：A

解析：差动动作电流值为 $I_{zd} = 0.4I_e = 2A$，而该保护相位补偿通过 Y 侧进行补偿，且进行单相法试验时仅 Y 侧通入电流，△侧无电流，因通入电流 $\dot{I}_a = -\dot{I}_b$，则装置计算差流 $I_A = \dfrac{\dot{I}_a - \dot{I}_b}{\sqrt{3}} = \dfrac{2I_a}{\sqrt{3}}$，则有 $\dfrac{2I_a}{\sqrt{3}} = 2A$，所以通入电流为 $\sqrt{3}$ A。

18．变压器励磁涌流与变压器充电合闸初相角有关，当初相角为（　　）时，励磁涌流最大。

A．120°　　　　　　B．90°　　　　　　C．60°　　　　　　D．0°

答案：D

解析：空投变压器瞬间变压器铁芯中的磁通与外加电压的关系为

$$\Phi = -\frac{U_m}{W \cdot \omega} \cos(\omega t + \alpha) + \left(\frac{U_m}{W \cdot \omega} \cos\alpha + \Phi_s \right) e^{-\frac{t}{T}}$$

式中　W——变压器空投侧绕组的匝数；

　　　Φ——铁芯中的磁通；

　　　U_m——电源电压的幅值；

　　　α——合闸角；

　　　ω——角速度；

　　　Φ_s——合闸前铁芯中的剩磁通；

　　　T——时间常数。

由上式可以看出，影响励磁涌流大小的因素主要如下：

（1）电源电压越高，励磁涌流越大；

（2）当合闸角为0°时，励磁涌流大，当合闸角为90°时，励磁涌流较小；

（3）合闸之前剩磁越大，励磁涌流越大。

此外，励磁涌流的大小还与变压器的结构、铁芯材料及设计的工作磁密有关。变压器的容量越小，空投时励磁涌流与其额定电流之比越大。

19．对于采用间断角原理判别励磁涌流的变压器保护，变压器正常运行时其间断角约为（   ）。

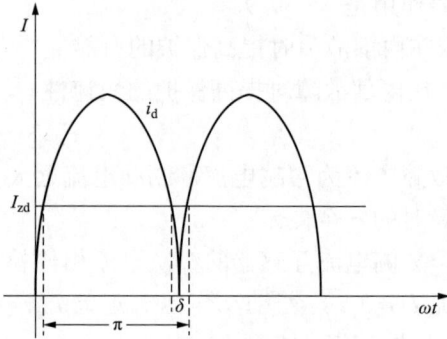

A. 0°   B. 90°

C. 180°   D. 360°

答案：D

解析：如图4-5所示，I_{zd}为制动电流（直流），其中包括直流门坎值折算成的制动电流量；i_d是流过差动元件的差流（将负半波反向后）；δ是间断角。间断角的物理意义是：在差流的半个周期内，差动量小于制动量对应的角度。变压器正常运行时差流很小，i_d很小，而I_{zd}较大，I_{zd}直线将在顶点的上方。此时$\delta \approx 360°$，且$I_{dz} < I_{dz0}$，保护可靠不动作。

图 4-5　分析图

20．变电站切除一台中性点直接接地的负荷变压器，若在该变电站某条出线上发生两相接地故障时，该故障点的正序电流相较于切除变压器前发生相同故障的正序电流（   ）。

A. 变大   B. 变小

C. 不变   D. 可能变大，可能变小

答案：B

解析：两相接地故障时，故障点正序电流$I_{KA1} = \dfrac{U_{KA}}{Z_{\varepsilon1} + Z_{\varepsilon2} // Z_{\varepsilon0}}$，当变电站切除一台中性点直接接地的负荷变压器时，$Z_{\varepsilon1}$和$Z_{\varepsilon2}$不变，$Z_{\varepsilon0}$变大，则$I_{KA1}$变小。

21．某110kV变电站，变压器为YN/d11，用110kV侧TV与10kV侧TV进行核相，接线正确的是（   ）。

A. 高压侧A相与低压侧A相之间电压约为30V

B. 高压侧A相与低压侧C相之间电压约为82V

C. 高压侧A相与低压侧B相之间电压约为100V

D. 高压侧A相与低压侧B相之间电压约为115V

答案：A

解析：110kV侧TV与10kV侧TV的二次电压幅值均为$100/\sqrt{3}$，做出Yd11变压器高低压侧二次电压相量图如图4-6所示。

有高压侧A相与低压侧A相之间电压约为$100/\sqrt{3} \times 2 \times \sin15° = 30$V，有高压侧A相与低压侧B相之间电压约为$100/\sqrt{3} \times 2 \times \sin45° = 82$V，有高压侧 A 相与低压侧 C 相之间电压约为 $100/\sqrt{3} \times 2 \times$

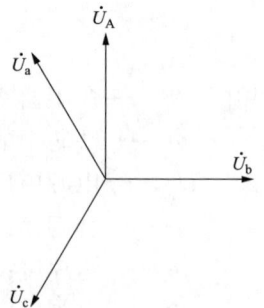

图 4-6　变压器高低压侧
二次电压相量图

sin75°=111.5V。

22. 在带有规定负荷的 YN/d11 接线的变压器微机纵差保护中，下列说法正确的是（　　）。

A．YN 侧保护区外接地时，差动回路中有零序电流

B．YN 侧保护区内接地时，差动回路中有零序电流

C．YN 侧一相绕组断线时，差动回路中有零序电流

D．YN 侧 A 相 TA 二次断线时，差动回路中有零序电流

答案：D

解析：YN/d11 接线的变压器差动装置计算差流 $I_{dA} = \left| \dfrac{\dot{I}_A - \dot{I}_B}{\sqrt{3}} - \dot{I}_a \right|$，无论 YN 侧保护区

内、区外接地或 YN 侧一相绕组断线时，$\dfrac{\dot{I}_A - \dot{I}_B}{\sqrt{3}}$ 将高压侧零序电流消除、低压侧电流 I_a 无

零序电流，差动回路中无零序电流；YN 侧 A 相 TA 二次断线时，高压侧 $\dfrac{\dot{I}_A - \dot{I}_B}{\sqrt{3}}$ 计算结果

含 B 相零序电流，而低压侧电流 $\dot{I}_a$ 无零序电流，从而使得差动回路中有零序电流。

23. 变压器为 YN/d11 接线，对于该变压器的微机纵差保护，两侧电流互感器均为星形接线，下列说法正确的是（　　）。

A．YN 侧保护区单相接地时，因故障电流中有零序分量电流，所以差动回路中也有一定量的零序分量电流

B．在额定运行情况下，d 侧 A 相绕组断线，差动保护一定会动作

C．在额定运行情况下，YN 侧 A 相绕组断线，差动保护一定会动作

D．在外部短路故障时，差动回路中的不平衡电流主要由两侧电流互感器二次阻抗不完全匹配、分接头调整因素造成

答案：D

解析：YN/d11 接线的变压器差动装置计算差流 $I_{dA} = \left| \dfrac{\dot{I}_A - \dot{I}_B}{\sqrt{3}} - \dot{I}_a \right|$，无论 YN 侧保护区

内、区外接地时，$\dfrac{\dot{I}_A - \dot{I}_B}{\sqrt{3}}$ 将高压侧零序电流消除、低压侧电流 $\dot{I}_a$ 无零序电流，差动回路中

无零序电流。在外部短路故障时，差动回路中的不平衡电流主要由两侧电流互感器二次阻抗不完全匹配、分接头调整因素造成。YN 侧或 d 侧 A 相绕组断线时，差流随负荷电流增大而增大，在额定运行情况下，差动保护是否动作取决于该变压器的微机纵差保护比率制动特性。

24. 在并网状态下，发电机向电网送出有功功率，吸收电网无功功率的运行状态称为（　　）。

A．迟相运行　　　　B．进相运行　　　　C．调相运行　　　　D．电动机运行

答案：B

解析：在并网状态下，发电机向电网同时送出有功功率和无功功率的运行状态称为迟相运行；发电机向电网送出有功功率，吸收电网无功功率的运行状态称为进相运行；发电

机吸收电网的有功功率维持同步运行，向电网送出无功功率的运行状态称为调相运行；发电机同时吸收电网的有功功率和无功功率维持同步运行的状态称为电动机运行。

25．发电机的同步电抗 X_d、暂态电抗 X_d' 和次暂态电抗 X_d'' 的大小关系为（　　）。

A．$X_\mathrm{d}<X_\mathrm{d}'<X_\mathrm{d}''$
B．$X_\mathrm{d}''<X_\mathrm{d}'<X_\mathrm{d}$

C．$X_\mathrm{d}'<X_\mathrm{d}''<X_\mathrm{d}$
D．$X_\mathrm{d}<X_\mathrm{d}''<X_\mathrm{d}'$

答案：B

解析：发电机的同步电抗 X_d、暂态电抗 X_d' 和次暂态电抗 X_d'' 的大小关系为 $X_\mathrm{d}''<X_\mathrm{d}'<X_\mathrm{d}$。

26．下列发电机的保护中，不能反映匝间故障的是（　　）。

A．发电机纵差
B．发电机裂相横差

C．发电机不完全差动
D．发电机单元件横差

答案：A

解析：发电机纵差保护在原理上只反映绕组中性点与机端电流之差，而匝间短路主要发生在发电机的同一相绕组上，从该绕组中性点与机端电流互感器上测得的电流幅值相等，相位相差180°，故纵差保护不反映匝间短路。

27．大型发电机-变压器组非全相保护，主要由（　　）。

A．灵敏的负序或零序电流元件与非全相判别回路构成

B．灵敏的负序或零序电压元件与非全相判别回路构成

C．灵敏的相电流元件与非全相判别回路构成

D．灵敏的相电压元件与非全相判别回路构成

答案：A

解析：大型发电机-变压器组非全相保护，主要由灵敏的负序或零序电流元件与非全相判别回路构成。

28．发电机低电压过电流保护，电流元件应接在（　　）电流互感器二次回路上。

A．发电机出口
B．发电机中性点

C．变压器低压侧
D．变压器高压侧

答案：B

解析：发电机低电压过电流保护，电流元件应接在发电机中性点电流互感器二次回路上。

29．变压器差动保护不能取代瓦斯保护，其正确的原因是（　　）。

A．差动保护不能反映油面降低的情况

B．差动保护受灵敏度限制，不能反映轻微匝间故障，而瓦斯保护能反映

C．差动保护不能反映绕组的断线故障，而瓦斯保护能反映

D．瓦斯保护可以反映区内所有故障

答案：ABC

解析：瓦斯保护能反映变压器油箱内的任何故障，如铁芯过热烧伤、油面降低等，但差动保护对此无反映。又如变压器绕组发生少数线匝的匝间短路，虽然短路匝内短路电流很大会造成局部绕组严重过热产生强烈的油流向油枕方向冲击，但表现在相电流上其量值

却并不大，因此差动保护没有反映，但瓦斯保护对此却能灵敏反映，这就是差动保护不能代替瓦斯保护的原因。

30．与变压器平衡系数有关的参数是（　　　）。

A．变压器容量

B．变压器各侧 TA 变比

C．变压器各侧额定电压

D．变压器接线方式

答案：BCD

解析：YN/YN/d11 变压器纵差保护各侧之间的平衡系数（以低压侧为基准值）如表 4-1 所示。

表 4-1　　　　　　　　　　变压器纵差保护平衡系数

项目名称	各侧系数		
	高压侧（H）	中压侧（M）	低压侧（L）
TA 接线	Y	Y	Y
TA 二次额定电流	$\dfrac{S_N}{\sqrt{3}U_H n_H}$	$\dfrac{S_N}{\sqrt{3}U_M n_M}$	$\dfrac{S_N}{\sqrt{3}U_L n_L}$
各相差动元件的计算电流	$\dfrac{S_N}{\sqrt{3}U_H n_H}$	$\dfrac{S_N}{\sqrt{3}U_M n_M}$	$\dfrac{S_N}{\sqrt{3}U_L n_L}$
对低压侧的平衡系数	$\dfrac{U_H n_H}{\sqrt{3}U_L n_L}$	$\dfrac{U_M n_M}{\sqrt{3}U_L n_L}$	1

平衡系数与变压器容量无关。

31．变压器差动保护中，防止励磁涌流影响的措施有（　　　）。

A．采用二次谐波制动

B．采用间断角判别

C．采用五次谐波制动

D．采用波形对称原理

答案：ABD

解析：励磁涌流的主要特征有：①波形有很大的非周期分量，往往使涌流偏向时间轴的一侧；②包含大量的高次谐波，而以二次谐波为主；③涌流波形之间出现间断。针对以上三种特征，可分别采用波形对称原理、二次谐波制动、间断角判别防止励磁涌流影响。

32．为了解决变压器支路失灵时电压闭锁元件灵敏度不足的问题，关于母线保护的解除复压闭锁开入，下列说法正确的有（　　　）。

A．智能变电站取消了解除复压闭锁开入，主变压器保护"启动失灵"GOOSE 命令的同时启动失灵和解除电压闭锁

B．智能变电站和常规变电站都不要接解除复压闭锁开入，主变压器元件固定解除复压闭锁

C．智能变电站和常规变电站都需要接解除复压闭锁开入

D．常规变电站需要接解除复压闭锁开入，变压器保护不同继电器的"跳闸触点"至母线保护的"启动失灵"和"解除复压闭锁"开入

答案：AD

解析：常规变电站需要接解除复压闭锁开入，变压器保护不同继电器的"跳闸触点"

至母线保护的"启动失灵"和"解除复压闭锁"开入。智能变电站取消了解除复压闭锁开入，主变压器保护"启动失灵"GOOSE 命令的同时启动失灵和解除电压闭锁。

33．变压器空载合闸时有励磁涌流出现，其励磁涌流的特点为（　　）。

A．含有明显的非周期分量电流

B．波形出现间断、不连续，间断角一般在 65° 以上

C．含有明显的 2 次及偶次谐波

D．变压器容量越大，励磁涌流相对额定电流倍数也越大

答案：ABC

解析：励磁涌流有以下特点：①包含有很大成分的非周期分量，往往使涌流偏于时间轴的一侧；②包含有大量的高次谐波分量，并以二次谐波为主；③波形出现间断，间断角一般在 65° 以上。

34．不受励磁涌流影响的变压器差动保护有（　　）。

A．分相差动保护　　　　　　　　　B．分侧差动保护

C．纵联差动保护　　　　　　　　　D．零序差动保护

答案：BD

解析：分相差动保护，某相的涌流闭锁元件只对本相的差动元件有闭锁作用，而对其他相无闭锁作用，分相差动保护空投变压器时容易误动；纵联差动保护只要一相满足涌流闭锁条件，立刻将三相差动元件全部闭锁，空投变压器时发生内部故障，则有可能拒动或延缓动作；分侧差动保护和零序差动保护由于其接线结构，不受励磁电流的影响。

35．电力变压器差动保护在稳态情况下的不平衡电流的产生原因有（　　）。

A．各侧电流互感器型号不同

B．变压器的励磁涌流

C．改变变压器调压分接头

D．电流互感器实际变比与计算变比不同

答案：ACD

解析：电力变压器差动保护在稳态情况下的不平衡电流的产生原因：①由于变压器各侧电流互感器型号不同，即各侧电流互感器的励磁电流不同而引起误差进而产生的不平衡电流；②由于实际的电流互感器变比和计算变比不同引起的不平衡电流；③由于改变变压器调压分接头引起的不平衡电流；④变压器本身的励磁电流造成的不平衡电流。

在暂态情况下，电力变压器差动保护的不平衡电流的产生原因：由于短路电流的非周期分量，主要为电流互感器的励磁电流，使其铁芯饱和，误差增大而引起不平衡电流。

36．高、中压侧均接入大电流接地系统的三绕组自耦变压器，变压器接线组别为 YN/YN/d11。当发生单相接地短路故障时，高中压侧系统零序等值阻抗大小不确定时，关于公共绕组零序电流，下列说法正确的是（　　）。

A．故障点在中压侧时，公共绕组零序电流肯定从中性点流向变压器

B．故障点在中压侧时，公共绕组零序电流方向不确定

C．故障点在高压侧时，公共绕组零序电流肯定从大地流向变压器

D．故障点在高压侧时，公共绕组零序电流方向不确定

答案：AD

解析：中压侧发生接地故障时，自耦变压器高压侧零序电流有名值一定小于中压侧零序电流值，公共绕组零序电流和接地中性点零序电流方向与规定方向相反，即由中性点流向变压器。

高压侧发生接地故障时，当$(K_{12}-1)X_{T3}>X_{T2}+X_{20}$时，有$(\dot{I}_{02})_{有名值}>(\dot{I}_{01})_{有名值}$，公共绕组零序电流和接地中性点零序电流方向与规定方向一致，即由变压器流向中性点；当$(K_{12}-1)X_{T3}=X_{T2}+X_{20}$时，有$(\dot{I}_{02})_{有名值}=(\dot{I}_{01})_{有名值}$，公共绕组零序电流和接地中性点零序电流均为零；$(K_{12}-1)X_{T3}<X_{T2}+X_{20}$时，有$(\dot{I}_{02})_{有名值}$小于$(\dot{I}_{01})_{有名值}$，公共绕组零序电流和接地中性点零序电流方向与规定方向相反，即由中性点流向变压器。

37．YN/d11 接线升压变压器的变比为 1，不计负荷电流情况下，YN 侧单相接地时，则△侧三相电流为（　　　）。

A．最小相电流为 0

B．最大相电流等于 YN 侧故障相电流的$\dfrac{1}{\sqrt{3}}$

C．最大相电流等于 YN 侧故障相电流

D．△侧三相无流

答案：AB

解析：YN 侧 A 相单相接地时，则 YN 侧、△侧电流相量图如图 4-7 和图 4-8 所示。

YN 侧：

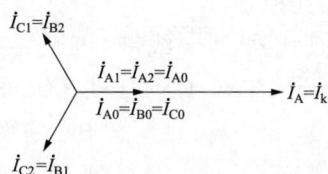

图 4-7　YN 侧电流相量图

△侧：

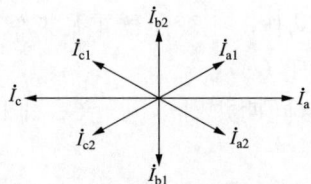

图 4-8　△侧电流相量图

由相量图可知，△侧$|\dot{I}_a|=|\dot{I}_c|=\dfrac{1}{\sqrt{3}}I_k$，$|\dot{I}_b|=0$。

38．关于单侧电源双绕组变压器和三绕组变压器的相间短路后备保护，下列说法正确的是（　　　）。

A．相间短路后备保护宜装于各侧

B．非电源侧保护带三段时限，用第一时限断开本侧母联或分段断路器，缩小故障影响范围

C．非电源侧保护用第二时限断开各侧断路器

D．电源侧保护带一段时限，断开变压器各侧断路器

答案：ABD

解析：单侧电源双绕组变压器和三绕组变压器的相间短路后备保护：①相间短路后备保护宜装于各侧；②非电源侧保护带三段时限，用第一时限断开本侧母联或分段断路器，缩小故障影响范围，第二时限断开本侧断路器，第三时限断开各侧断路器；③电源侧保护带一段时限，断开变压器各侧断路器。

39．关于变压器保护，下列说法正确的是（　　　）。

A．变压器电气量保护与非电量保护的出口回路分开

B．电气量保护动作后启失灵并解除失灵保护电压闭锁，非电量保护不启动失灵保护

C．电气量保护和非电量保护的电源回路独立

D．双套电气量保护的跳闸回路分别作用于断路器的两个跳闸线圈，而一套非电量保护同时作用于断路器的双线圈

答案：ABCD

解析：非电量保护动作后不能随故障消失而立即返回，不应启动失灵保护，因此变压器电气量保护和非电量保护的出口回路需分开。电气量保护是双套，分别对应两个跳闸线圈，非电量保护仅一套，同时作用于断路器的两个跳闸线圈。电气量保护和非电量保护的电源回路为满足 $N-1$ 要求且应相互独立。

40．110kV 内桥接线的降压变压器，"一线带一变"运行，低压侧无电源，两台主变压器的差动及高后备保护使用进线开关 TA，此时需要闭锁桥开关备投的有（　　　）。

A．主变压器差动保护动作　　　　　　B．主变压器高后备保护动作

C．主变压器重瓦斯保护动作　　　　　D．进线开关手动分闸

答案：ABCD

解析：110kV 内桥接线的降压变压器，"一线带一变"运行，低压侧无电源，两台主变压器的差动及高后备保护使用进线开关 TA，此时需要闭锁桥开关备投的有主变压器差动保护动作、主变压器高后备保护动作、主变压器重瓦斯保护动作、进线开关手动分闸。

41．发电机实现并列的方法有（　　　）。

A．准同期并列　　　B．自同期并列　　　C．非同期并列　　　D．同步并列

答案：AB

解析：发电机实现并列的方法有准同期并列和自同期并列。

42．发电机通过变压器与无穷大电网并列运行，稳定概念通常用功角特性解释，功与角的正确含义是（　　　）。

A．功指的是发电机发出的无功功率

B．功指的是发电机发出的有功功率

C．角指的是发电机次暂态电动势与无穷大电网电压间的相角差

D．角指的是发电机空载电动势与无穷大电网电压间的相角差

答案：BD

解析：发电机功与角的含义是：功指的是发电机发出的有功功率；角指的是发电机空载电动势与无穷大电网电压间的相角差。

43．关于 YN/d11 接线变压器三角侧短路，下列说法正确的有（　　　　）。

A．在变压器三角侧发生 B、C 两相短路时，星型侧装设的 CA 相间阻抗继电器的测量阻抗为 $(Z_T + Z_L) + jZ_{1\Sigma} / \sqrt{3}$

B．在变压器三角侧发生 B、C 两相短路时，星型侧装设的 CA 相间阻抗继电器的测量阻抗为 $(Z_T + Z_L) - jZ_{1\Sigma} / \sqrt{3}$

C．在变压器三角侧发生 B、C 两相短路时，星型侧装设的 A 相接地阻抗继电器的测量阻抗为 $(Z_T + Z_L) - jZ_{1\Sigma} / \sqrt{3}$

D．在变压器三角侧发生 B、C 两相短路时，星型侧装设的 A 相接地阻抗继电器的测量阻抗为 $(Z_T + Z_L) + jZ_{1\Sigma} / \sqrt{3}$

答案：A

解析：保护安装处接地距离（零序电流为 0）、相间距离继电器测量阻抗为

$$Z_A = \frac{\dot{U}_A}{\dot{I}_A} = \frac{\sqrt{3}U_1' - jI_1'(Z_L + Z_T)}{-jI_1'} = Z_L + Z_T + j\sqrt{3}\frac{U_1'}{I_1'}$$

$$Z_{CA} = \frac{\dot{U}_C - \dot{U}_A}{\dot{I}_C - \dot{I}_A} = \frac{-\sqrt{3}U_1' + j3I_1'(Z_L + Z_T)}{-j3I_1'} = Z_L + Z_T + j\frac{U_1'}{\sqrt{3}I_1'}$$

其中，$\dfrac{U_1'}{I_1'} = Z_{1\Sigma}$ 为故障点看出去的系统正序等值阻抗。

二、判断题

1．新安装的变压器在第一次充电时，为防止变压器差动因 TA 极性接反造成误动，比率差动保护应退出，但需投入差动速断保护和重瓦斯保护。　　　　　（　　　）

答案：×

解析：新装变压器的冲击合闸试验是检验主变压器躲励磁涌流的能力，需投入比率差动保护，在主变压器空载合闸时是否能可靠闭锁。

2．为躲励磁涌流，变压器差动保护采用二次谐波制动。二次谐波制动系数越小，躲励磁涌流的能力越强。　　　　　　　　　　　　　　　　　　　　　　　（　　　）

答案：√

解析：励磁涌流的特征之一为包含大量的高次谐波，而以二次谐波为主，二次谐波制动系数越小，变压器差动保护越能可靠闭锁。

3．变压器的分侧差动保护不需要经励磁涌流判据的闭锁。　　　　　　（　　　）

答案：√

解析：分侧差动保护是将多绕组变压器的各个绕组及其引线，分别看作是一个独立的单元。不论来自变压器哪一侧的励磁涌流，都要流过差动保护的两组电流互感器，并得到平衡，而不会流到差回路，因此分侧差动保护不受励磁涌流的影响，也不受过励磁和调压的影响。

4．变压器如果是带负载合闸，由于副边电流的去磁作用，铁芯较难饱和，因而难以产生很大的励磁涌流。 （　　）

答案：√

解析：变压器空载合闸时，电压施加在变压器上，铁芯中的磁场强度会随着时间的推移而逐渐增大，直到铁芯饱和，由于铁芯中的存储磁能需要被释放出来，空载合闸时就会产生励磁涌流；而带负载合闸，副边电流具有去磁作用，完成磁电转换，铁芯较难饱和，不会产生很大的励磁涌流。

5．在谐波制动的变压器纵差保护中设置差动速断元件的主要原因是：为了防止在区内故障较高的短路水平时，由于电流互感器的饱和产生高次谐波量增加，从而使涌流判别元件误判断为励磁涌流，致使差动保护拒动。 （　　）

答案：√

解析：在变压器严重内部故障时，短路电流很大的情况下，TA 严重饱和使交流暂态传变严重恶化，TA 的二次侧基波电流为零，高次谐波分量增大，反应二次谐波的判据误将比率制动原理的差动保护闭锁，无法反映区内短路故障，只有当暂态过程经一定时间 TA 退出暂态饱和，比率制动原理的差动保护才会动作，从而影响了比率差动保护的快速动作，配置差动速断保护，可以作为辅助保护以加快保护在内部严重故障时的动作速度。

6．具有二次谐波制动的变压器分相差动保护，其制动方式可以采用分相制动方式，也可以采用"或门"制动（即一相制动三相）方式。前者有利于躲励磁涌流；后者有利于空投变压器且发生内部故障时，快速切除变压器。 （　　）

答案：×

解析：具有二次谐波制动的变压器分相差动保护，其制动方式可以采用分相制动方式，也可以采用"或门"制动（即一相制动三相）方式。因采用分相制动方式，二次谐波未达到的相差动保护仍能动作，前者有利于空投变压器且发生内部故障时快速切除变压器；后者任一相二次谐波达到定值均闭锁三相差动保护，有利于躲励磁涌流。

7．一台变压器的变电站，当该变压器退出运行时，可以不更改两侧线路保护定值，此时，不要求两回线相互之间的整定配合有选择性。 （　　）

答案：√

解析：一台变压器的变电站，当该变压器退出运行时，可以不更改两侧线路保护定值，此时，不要求两回线相互之间的整定配合有选择性。

8．设置变压器差动速断元件的主要原因是防止区内故障 TA 饱和产生高次谐波致使差动保护拒动或延缓动作。 （　　）

答案：√

解析：在变压器严重内部故障时，短路电流很大的情况下，TA 严重饱和使交流暂态传变严重恶化，TA 的二次侧基波电流为零，高次谐波分量增大，反应二次谐波的判据误将比率制动原理的差动保护闭锁，无法反映区内短路故障，只有当暂态过程经一定时间 TA 退出暂态饱和，比率制动原理的差动保护才会动作，从而影响了比率差动保护的快速动作，配置差动速断保护，可以作为辅助保护以加快保护在内部严重故障时的动作速度。

9．变压器复合电压方向过流保护采用各侧复合电压或逻辑是为了提高该保护的灵敏

度。 （ ）

答案：√

解析：变压器的复合电压方向过电流保护中，当主变压器低压侧故障时，可能高压侧复压元件不能达到定值去开放过电流元件，因此采用各侧复合电压或逻辑，可通过低压侧复压元件开放高压侧复合电压方向过电流保护，从而提高该保护的灵敏度。

10. 三绕组自耦变压器一般三侧绕组应装设过负荷保护，至少要在公共绕组装设过负荷保护。 （ ）

答案：√

解析：自耦变压器高、中、低三个绕组的电流分布、过载情况与三侧之间传输功率的方向有关，因而自耦变压器的最大允许负载（最大通过容量）和过载情况除与各绕组的容量有关外，还与其运行方式直接相关。特别是高、低压侧同时向中压侧侧传输功率时，会在三侧均未过载的情况下，其公共绕组却已过载。因此，三绕组自耦变压器一般三侧绕组应装设过负荷保护，至少要在公共绕组装设过负荷保护。

11. 对于 Y/△接线的变压器，当变压器△侧出口发生两相短路故障，若将 Y 侧保护的低电压元件接入相间电压，则该元件能正确反映故障相间电压。 （ ）

答案：×

解析：对于 Y/△接线的变压器，当变压器△侧出口发生两相短路故障时，若将 Y 侧保护的低电压元件接入相间电压，某两相相间电压可能为 0，高压侧复压元件可能不能灵敏动作，若接单相电压则能正确反映。

12. Y/d-9 变压器，Y 侧三相电流为 I_A、I_B、I_C，d 侧三相电流为 I_a、I_b、I_c。在 Y 侧电流做相位校正，与 I_a 进行差动计算的电流是 $(I_A - I_B)/\sqrt{3}$。 （ ）

答案：×

解析：Y/d-9 变压器，I_a 超前 I_A 90°，则与 I_a 进行差动计算的电流是 $(I_B - I_C)/\sqrt{3}$。

13. 变压器差动保护对绕组匝间短路没有保护作用。 （ ）

答案：×

解析：当某一相内部绕组匝间轻微短路时，差动保护不动作；某两相绕组匝间短路时，差动保护可以动作。

14. 当变压器差动保护中的 2 次谐波制动方式采用分相制动时，躲励磁涌流的能力比其他 2 次谐波制动方式要高。 （ ）

答案：×

解析：采用分相制动的励磁涌流闭锁判据，故障相和非故障相互不影响，非故障相不会延误故障相的动作速度，从而在空投于故障时能够快速响应；若空投变压器时只要有一相涌流小而达不到闭锁要求时，容易发生误动。

15. 变压器发 TA 断线时，应闭锁差动保护。 （ ）

答案：×

解析：TA 二次回路开路，将在开路点的两侧产生很高的电压，危及人身及二次设备安全，变压器的容量越大 TA 变比越大，TA 二次回路开路的危害越严重，因此，当差动保护

TA 二次开路时，差动保护动作切除变压器是防止人身伤害及损坏设备的有效办法。

16．如果变压器阻抗角为 80°，不考虑负荷电流和线路电阻，在大电流接地短路时，零序电流超前零序电压 100°。　　　　　　　　　　　　　　　　　　（　）

答案：√

解析：大电流接地系统中，零序电流与零序电压的相位关系和变压器及有关之路的零序阻抗 φ 有关。正向故障时，零序电流超前零序电压 180°−φ；零序阻抗角 80°，零序电流超前零序电压 100°。

17．发电机转子一点接地保护动作后一般作用于停机。　　　　　　　　（　）

答案：×

解析：发电机转子一点接地保护动作后一般作用于告警。

18．发电机低电压过流保护的低电压元件是区别故障电流和正常负荷电流，提高整套保护灵敏度的措施。　　　　　　　　　　　　　　　　　　　　　　（　）

答案：√

解析：发电机低电压过流保护的低电压元件是区别故障电流和正常负荷电流，提高整套保护灵敏度的措施。

19．发电机反时限负序电流保护是发电子转子负序烧伤的唯一主保护，所以该保护的电流动作值和时限与系统后备保护无关。　　　　　　　　　　　　　　　　　（　）

答案：√

解析：发电机反时限负序电流保护是发电机转子负序烧伤的唯一主保护，所以该保护的电流动作值和时限与系统后备保护无关。

三、简答题

1．请在图 4-9 中完成 YN/d1 三相变压器的接线，并写出在软件中采用两种方法进行相位补偿的计算公式。（Y 和△侧的三相电流分别为 I_A^Y、I_B^Y、I_C^Y 和 $I_A^\triangle$、$I_B^\triangle$、$I_C^\triangle$；补偿后的 Y 和△侧的三相电流分别为 I_{MA}、I_{MB}、I_{MC} 和 I_{NA}、I_{NB}、I_{NC}。补偿计算的公式允许直接用各侧一次电流表达）

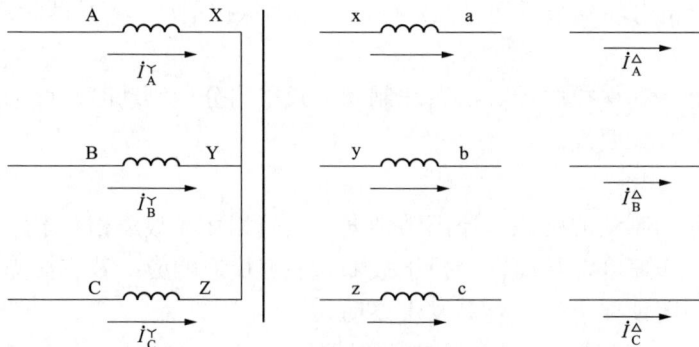

图 4-9　变压器一次接线图

答：

YN/d1 三相变压器一次接线图如图 4-10 所示。

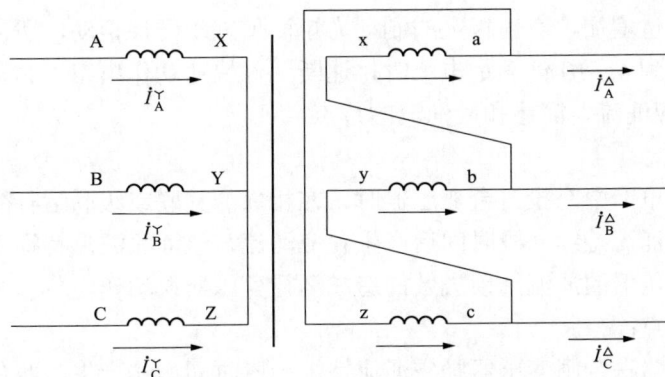

图 4-10 YN/d1 三相变压器一次接线图

相位补偿有下面两种方法：

（1）Y 侧：

$$\begin{cases} I_{MA} = (I_A^Y - I_C^Y) \\ I_{MB} = (I_B^Y - I_A^Y) \\ I_{MC} = (I_C^Y - I_B^Y) \end{cases} \quad \text{或} \quad \begin{cases} I_{MA} = (I_A^Y - I_C^Y)/\sqrt{3} \\ I_{MB} = (I_B^Y - I_A^Y)/\sqrt{3} \\ I_{MC} = (I_C^Y - I_B^Y)/\sqrt{3} \end{cases}$$

△侧：

$$\begin{cases} I_{NA} = I_A^\triangle \\ I_{NB} = I_B^\triangle \\ I_{NC} = I_C^\triangle \end{cases}$$

（2）Y 侧：

$$\begin{cases} I_{MA} = I_A^Y - I_0^Y \\ I_{MB} = I_B^Y - I_0^Y \\ I_{MC} = I_C^Y - I_0^Y \end{cases}$$

△侧：

$$\begin{cases} I_{NA} = I_A^\triangle - I_B^\triangle \\ I_{NB} = I_B^\triangle - I_C^\triangle \\ I_{NC} = I_C^\triangle - I_A^\triangle \end{cases} \quad \text{或} \quad \begin{cases} I_{NA} = (I_A^\triangle - I_B^\triangle)/\sqrt{3} \\ I_{NB} = (I_B^\triangle - I_C^\triangle)/\sqrt{3} \\ I_{NC} = (I_C^\triangle - I_A^\triangle)/\sqrt{3} \end{cases}$$

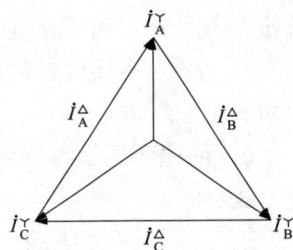

图 4-11 YN/d1 接线变压器
高低压侧电流相量图

相位转换时考虑两种方式：Y－△和△－Y，除不除 $\sqrt{3}$ 仅对幅值有影响。Y/△－1 高低压侧相量图如图 4-11 所示。

2．谐波制动的变压器保护中为什么要设置差动速断元件？

答：

设置差动速断元件的主要原因是：为防止在较高的短路电流水平时，因为电流互感

201

器饱和时高次谐波量增加，产生极大的制动力矩而使差动元件拒动，所以设置差动速断元件，当短路电流达到4～10倍额定电流时，速断元件快速动作出口。

3．什么是和应涌流？简述和应涌流的特点。

答：

和应涌流是当电网中空投一台变压器时，在相邻的并联或级联运行变压器中产生的涌流。在合闸变压器涌流持续一段时间后产生和应涌流，该涌流波形特征不明显且持续时间很长，容易导致变压器的涌流闭锁失效，造成运行变压器误动作。

和应涌流的特点：

（1）运行变压器在合闸变压器励磁涌流持续一段时间后才产生，两台变压器的涌流交替出现、方向相反，且不会重叠。

（2）励磁涌流的最大值发生在合闸后的很短时间内，而和应涌流的幅值是随时间逐步增大到最大值，随后又不断衰减。

（3）出现和应涌流时，两台变压器的相互作用使得涌流的衰减过程较单个变压器合闸时间要慢得多。

（4）当空载合闸，变压器励磁涌流处于峰值附近，母线电压瞬时值较低，此时不产生和应涌流；当励磁涌流处于间断期间，母线电压瞬时值较高，运行变压器在母线电压的直流分量和高电压的共同作用下，将产生和应涌流。

4．在大电流接地系统中的变压器中性点是否接地取决于什么因素？

答：

变压器中性点是否接地一般考虑如下因素：

（1）保证零序保护有足够的灵敏度和较好的选择性，保证接地短路电流的稳定性。

（2）为防止过电压损坏设备，应保证在各种操作和自动掉闸使系统解列时，不致造成部分系统变为中性点不接地系统。

（3）变压器绝缘水平及结构决定的接地点（如自耦变压器和绝缘有要求的变压器中性点必须直接接地运行）。

5．三相三柱式变压器与三相五柱式变压器的零序阻抗的主要区别是什么？

答：

三相三柱式变压器零序磁通无法在铁芯内流通，将流经变压器外壳，零序励磁阻抗不能视为∞，可等效为第四绕组（△接线），因此零序阻抗小于正序阻抗；三相五柱式变压器零序磁通始终在铁芯内流通，零序励磁阻抗可视为∞，因此零序阻抗等于正序阻抗。

6．简述变压器零序纵联差动保护的应用与特点。

答：

变压器星形接线的一侧，如中性点直接接地，则可装设变压器零序纵联差动保护。零序差动回路由变压器中性点侧零序电流互感器和变压器星形侧电流互感器的零序回路组成。该保护对变压器绕组接地故障反应较灵敏。同样，对自耦变压器也可设置零序纵联差动保护，要求高压侧、中压侧和中性点侧的电流互感器应采用同类型电流互感器。

运行经验说明，零序纵联差动保护用工作电压和负荷电流检验零序纵联差动保护接线的正确性较困难。在外部发生接地故障，容易由于极性接错而造成误动作。

7. 试定量分析自耦变压器高压侧发生接地故障时零序电流分布特点。

答：

自耦变压器高压侧母线单相接地时，零序等值电路如图 4-12 所示。

由图 4-12 求得

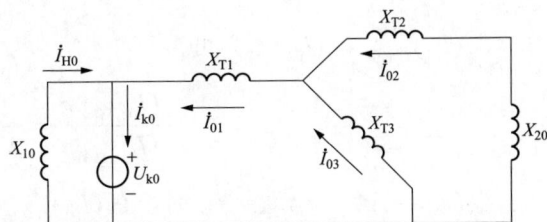

图 4-12 零序等值电路

$$\dot{I}_{k0} = \frac{\dot{U}_{k0}}{Z_{\varepsilon0}}$$

$$Z_{\varepsilon0} = j(X_{10}//X_{T0}), X_{T0} = X_{T1} + [X_{T3}//(X_{T2} + X_{20})]$$

同时，可求得

$$\dot{I}_{H0} = \frac{X_{T0}}{X_{10} + X_{T0}}\dot{I}_{k0}$$

$$\dot{I}_{01} = \frac{X_{10}}{X_{10} + X_{T0}}\dot{I}_{k0}$$

中压侧零序电流、低压侧零序电流分别为

$$\dot{I}_{02} = \frac{X_{T3}}{X_{T3} + X_{T2} + X_{20}}\dot{I}_{01}$$

$$\dot{I}_{03} = \frac{X_{T2} + X_{20}}{X_{T3} + X_{T2} + X_{20}}\dot{I}_{01}$$

为求得公共绕组、接地中性点电流，必须先将 $\dot{I}_{01}$、$\dot{I}_{02}$ 转换为有名值，即

$$(\dot{I}_{01})_{\text{有名值}} = \dot{I}_{01}\frac{S_B}{\sqrt{3}U_{1B}}$$

$$(\dot{I}_{02})_{\text{有名值}} = \frac{X_{T3}}{X_{T3} + X_{T2} + X_{20}} \cdot \dot{I}_{01} \cdot \frac{S_B}{\sqrt{3}U_{2B}}$$

其中，U_{1B}、U_{2B} 分别是高压侧、中压侧的基准电压。自耦变压器高、中压侧变比为

$$K_{12} = \frac{U_{1B}}{U_{2B}}$$

根据 $\dot{I}_{01}$、$\dot{I}_{02}$ 的流向，公共绕组中的电流为

$$(\dot{I}_{00})_{\text{有名值}} = (\dot{I}_{02})_{\text{有名值}} - (\dot{I}_{01})_{\text{有名值}} = \dot{I}_{01} \cdot \frac{(K_{12} - 1)X_{T3} - (X_{T2} + X_{20})}{X_{T3} + X_{T2} + X_{20}} \cdot \frac{S_B}{\sqrt{3}U_{1B}}$$

接地中性点电流为

$$(\dot{I}_{\mathrm{N}})_{\text{有名值}} = 3(\dot{I}_{00})_{\text{有名值}} = 3\dot{I}_{01} \cdot \frac{(K_{12}-1)X_{\mathrm{T3}} - (X_{\mathrm{T2}} + X_{20})}{X_{\mathrm{T3}} + X_{\mathrm{T2}} + X_{20}} \cdot \frac{S_{\mathrm{B}}}{\sqrt{3}U_{\mathrm{1B}}}$$

由 $(\dot{I}_{01})_{\text{有名值}}$、$(\dot{I}_{02})_{\text{有名值}}$ 可得

$$\frac{(\dot{I}_{02})_{\text{有名值}}}{(\dot{I}_{01})_{\text{有名值}}} = \frac{K_{12}X_{\mathrm{T3}}}{X_{\mathrm{T3}} + X_{\mathrm{T2}} + X_{20}}$$

当 $(K_{12}-1)X_{\mathrm{T3}} > X_{\mathrm{T2}} + X_{20}$ 时，有 $(\dot{I}_{02})_{\text{有名值}} > (\dot{I}_{01})_{\text{有名值}}$，公共绕组零序电流和接地中性点零序电流方向与规定方向一致，即由变压器流向中性点；当 $(K_{12}-1)X_{\mathrm{T3}} = X_{\mathrm{T2}} + X_{20}$ 时，有 $(\dot{I}_{02})_{\text{有名值}} = (\dot{I}_{01})_{\text{有名值}}$，公共绕组零序电流和接地中性点零序电流均为零；$(K_{12}-1)X_{\mathrm{T3}} < X_{\mathrm{T2}} + X_{20}$ 时，有 $(\dot{I}_{02})_{\text{有名值}} < (\dot{I}_{01})_{\text{有名值}}$，公共绕组零序电流和接地中性点零序电流方向与规定方向相反，即由中性点流向变压器。自耦变压器高压侧零序电流并不一定最大，公共绕组零序电流和接地中性点零序电流流向不确定，这与中压侧系统零序阻抗的大小密切相关。

8．试定量分析自耦变压器中压侧发生接地故障时零序电流分布特点。

答：

自耦变压器中压侧母线单相接地时，零序等值电路如图 4-13 所示。

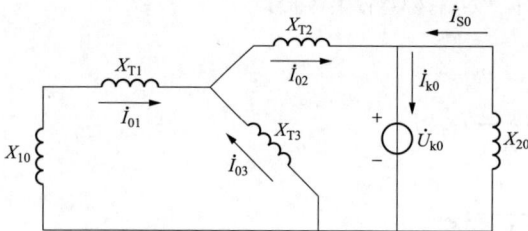

图 4-13 零序等值电路

由图 4-13 求得

$$\dot{I}_{\mathrm{k0}} = \frac{\dot{U}_{\mathrm{k0}}}{Z_{\varepsilon 0}}$$

$$Z_{\varepsilon 0} = \mathrm{j}(X_{20}//X_{\mathrm{T0}}), \quad X_{\mathrm{T0}} = X_{\mathrm{T2}} + [X_{\mathrm{T3}}//(X_{\mathrm{T1}} + X_{10})]$$

同时，可求得

$$\dot{I}_{\mathrm{S0}} = \frac{X_{\mathrm{T0}}}{X_{20} + X_{\mathrm{T0}}}\dot{I}_{\mathrm{k0}}$$

$$\dot{I}_{02} = \frac{X_{20}}{X_{20} + X_{\mathrm{T0}}}\dot{I}_{\mathrm{k0}}$$

高压侧零序电流、低压侧零序电流分别为

$$\dot{I}_{01} = \frac{X_{\mathrm{T3}}}{X_{\mathrm{T3}} + X_{\mathrm{T1}} + X_{10}}\dot{I}_{02}$$

$$\dot{I}_{03} = \frac{X_{\mathrm{T1}} + X_{10}}{X_{\mathrm{T3}} + X_{\mathrm{T1}} + X_{10}}\dot{I}_{02}$$

为求得公共绕组、接地中性点电流，必须先将 $\dot{I}_{01}$、$\dot{I}_{02}$ 转换为有名值为

$$(\dot{I}_{01})_{\text{有名值}} = \dot{I}_{01}\frac{S_{\mathrm{B}}}{\sqrt{3}U_{\mathrm{1B}}} = \frac{X_{\mathrm{T3}}}{X_{\mathrm{T3}} + X_{\mathrm{T1}} + X_{10}} \cdot \dot{I}_{02} \cdot \frac{S_{\mathrm{B}}}{\sqrt{3}U_{\mathrm{1B}}}$$

$$(\dot{I}_{02})_{有名值} = \dot{I}_{02} \frac{S_B}{\sqrt{3}U_{2B}}$$

其中，U_{1B}、U_{2B} 分别是高压侧、中压侧的基准电压。自耦变压器高、中压侧变比为

$$K_{12} = \frac{U_{1B}}{U_{2B}}$$

根据 $\dot{I}_{01}$、$\dot{I}_{02}$ 的流向，公共绕组中的电流为

$$(\dot{I}_{00})_{有名值} = (\dot{I}_{01})_{有名值} - (\dot{I}_{02})_{有名值}$$

$$= -\dot{I}_{02} \cdot \frac{K_{12}(X_{T1}+X_{10})+(K_{12}-1)X_{T3}}{K_{12}(X_{T3}+X_{T1}+X_{10})} \cdot \frac{S_B}{\sqrt{3}U_{2B}}$$

接地中性点电流为

$$(\dot{I}_N)_{有名值} = 3(\dot{I}_{00})_{有名值} = -3\dot{I}_{02} \cdot \frac{K_{12}(X_{T1}+X_{10})+(K_{12}-1)X_{T3}}{K_{12}(X_{T3}+X_{T1}+X_{10})} \cdot \frac{S_B}{\sqrt{3}U_{2B}}$$

由上述分析可知，不论高压侧系统阻抗大小如何变化，中压侧发生接地故障时，自耦变压器高压侧零序电流有名值一定小于中压侧零序电流值，从而公共绕组零序电流和接地中性点零序电流方向与规定方向相反，即由中性点流向变压器。

9．在如图 4-14 所示系统中，Ⅰ、Ⅱ两台发电机-变压器组容量、参数完全相同，但Ⅰ号变压器中性点接地，Ⅱ号变压器中性点不接地。M 母线对侧没有电源也没有中性点接地的变压器。各元件的各序阻抗角相同，短路前没有负荷电流。在 MN 线路上发生 A 相单相接地短路，请回答下述问题：（1）P、Q 处有没有零序电流？为什么？（2）P、Q 处 B、C 相上为什么有电流？该电流与 A 相电流什么相位关系？为什么？（3）P 处 A 相电流大还是 Q 处 A 相电流大？为什么？

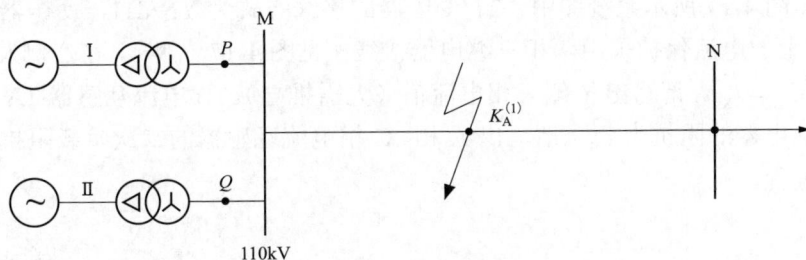

图 4-14　系统图

答：

（1）P 处有零序电流，因为变压器中性点接地。Q 处没有零序电流，因为变压器中性点不接地。

（2）故障线路中 A 相的正序、负序、零序电流大小、相位都相同，故障线路中 B、C 相电流为零。上述正序、负序电流在Ⅰ、Ⅱ机组中平均分配，但零序电流只流入Ⅰ号变压器，不流入Ⅱ号变压器。因为两台机组正序、负序电流与零序电流分配系数不相等，所以 P 处的 B、C 相电流不为零，但相位与 A 相电流相同。Q 处的 B、C 相电流也不为零，相

位与 A 相电流相反。

（3）由于上述相同原因，P 处电流中有零序电流，所以 P 处的 A 相电流大于 Q 处的 A 相电流，大一倍。

P、Q 处电流相量图如图 4-15 和图 4-16 所示。

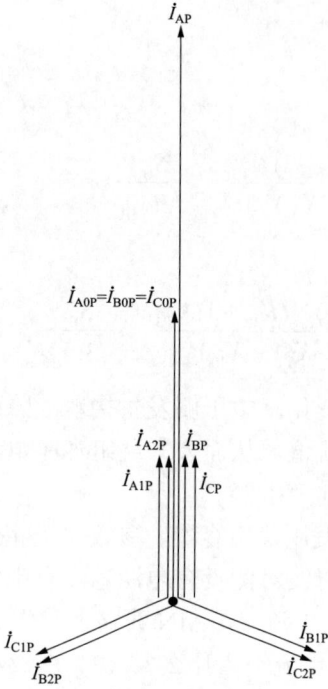

图 4-15　P 处电流相量图

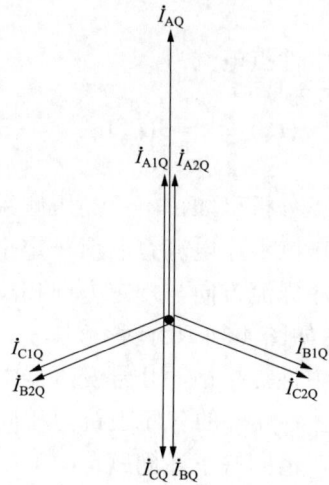

图 4-16　Q 处电流相量图

10. 在如图 4-17 所示系统图中，2T 变压器的接线方式为 YN/d11，变压器的变比设为 1。M 侧线路上的电流保护采用两相三继电器接线（见图 4-17 右侧）。在△侧发生 BC 两相短路，$I_B^\triangle = -I_C^\triangle = I_K$。请写出 Y 侧三相电流值（无需推导）。设电流互感器 TA 二次电缆的阻抗为 Z_L，继电器的阻抗为 Z_K，请写出 A 相、C 相电流互感器的二次负载阻抗值是多少？并写出计算过程。

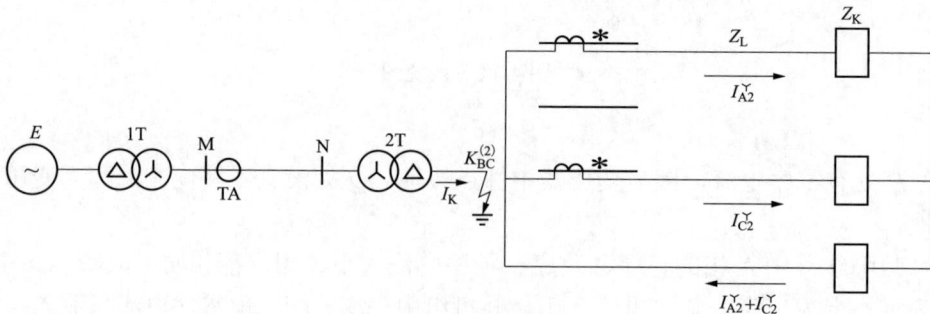

图 4-17　系统图

答：

（1）$I_C^Y = -2I_K/\sqrt{3}$ $I_A^Y = I_B^Y = I_K/\sqrt{3}$。

（2）A 相电流互感器的二次负载为

$$Z_A = \frac{I_{A2}^Y(Z_L+Z_K) + (I_{A2}^Y + I_{C2}^Y)(Z_L+Z_K)}{I_{A2}^Y} = \frac{I_{A2}^Y(Z_L+Z_K) - I_{A2}^Y(Z_L+Z_K)}{I_{A2}^Y} = 0$$

C 相电流互感器的二次负载为

$$Z_C = \frac{I_{C2}^Y(Z_L+Z_K) + (I_{A2}^Y + I_{C2}^Y)(Z_L+Z_K)}{I_{C2}^Y} = \frac{I_{C2}^Y(Z_L+Z_K) + 0.5I_{C2}^Y(Z_L+Z_K)}{I_{C2}^Y} = 1.5(Z_L+Z_K)$$

11．某 YN/d11 变压器差动保护采用星形侧转角。各侧电流极性均以指向变压器为正。在投运带负荷试验时，系统无故障，保护误动作。故障报告显示 B、C 两相出现幅值相同的差动电流，A 相差动电流幅值是 B、C 相差动电流幅值的两倍。检查保护装置定值整定无误，检查试验报告电流互感器极性、变比试验无误。从保护装置端子排通入平衡电流，装置无异常。从保护装置端子排测量 TA 盘上盘下直阻，未见异常，绝缘正常，TA 回路接地点唯一。请通过相量图分析误动原因。

答：

通过各项检查内容，怀疑故障是由高压侧 TA 或低压侧 TA 相序接错导致。若是低压侧两相接错，则应有一相差流为 0；若是低压侧三相均接错，则三相差流应相等，排除低压侧接错的可能。若是高压侧三相均接错，三相差流应相等，排除此可能。综上，应是高压侧某两相接反。

Y－△公式为

$$I_A^Y = (I_a^Y - I_b^Y)/\sqrt{3}$$
$$I_B^Y = (I_b^Y - I_c^Y)/\sqrt{3}$$
$$I_C^Y = (I_c^Y - I_a^Y)/\sqrt{3}$$

画出正常时的高低压侧电流相位图，如图 4-18 所示。

差流 A 相是 B、C 两相的两倍，A 相应是特殊相。转角公式中，A 相是由 a、b 两相相减，怀疑是高压侧 AB 两相接反。

当星侧将 TA 二次的 A、B 相电流接反后，装置经过相位补偿后的电流为

$$I_A^Y = (I_a^Y - I_b^Y)/\sqrt{3}\ 与\ I_A^\triangle\ 大小相等方向相同$$
$$I_B^Y = (I_b^Y - I_c^Y)/\sqrt{3}\ 与\ I_B^\triangle\ 大小相等方向滞后\ 120°$$
$$I_C^Y = (I_c^Y - I_a^Y)/\sqrt{3}\ 与\ I_C^\triangle\ 大小相等方向超前\ 120°$$

如图 4-19 所示相量图，A 相差动电流幅值是 B、C 相差动电流幅值的两倍。

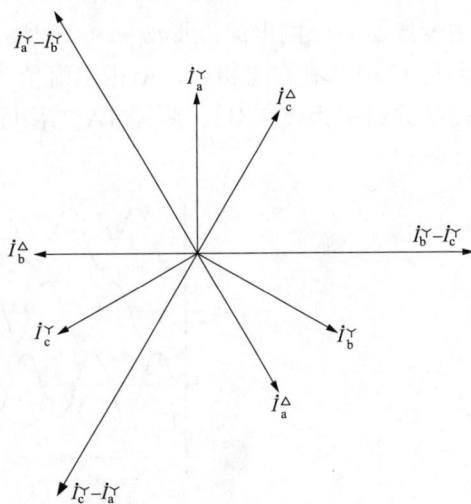

图 4-18　高低压侧电流相量图

207

结论：因为高压侧 AB 两相电流交叉接反，导致变压器保护误动作。

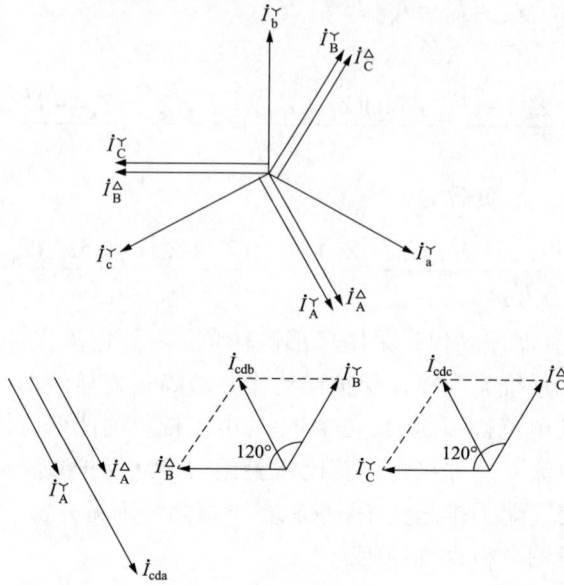

图 4-19　差动电流相量图

12. 某变电站 110kV 变压器因 TA 二次回路异常，导致主变压器差动保护误动作。该主变压器高压侧电流波形如图 4-20 所示（跳闸时 A 相电流与 B 相电流大小相等方向相同，而与 C 相电流方向相反，A 相电流值为 C 相的一半），低压侧电流为正常运行波形。变压器接线组别为 YN/d11，两侧 TA 二次回路均采用 Y 型接线，保护程序采用 Y—△ 差流平衡计算。

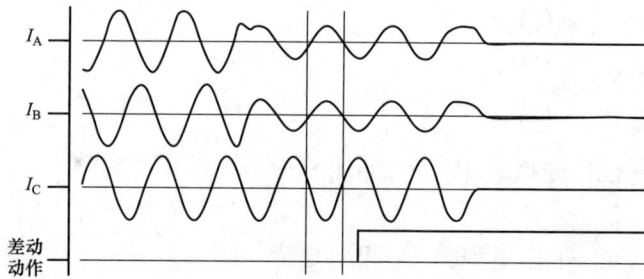

图 4-20　主变压器高压侧电流波形图

（1）请结合电流波形，画出高压侧电流相量图。

（2）分析 TA 二次回路异常情况，并画出示意图。

（3）计算分析变压器差动保护三相差流大小关系。

答：

（1）相量图如图 4-21 所示。

（2）差动保护动作的原因是高压侧差动 TA 二次 A、

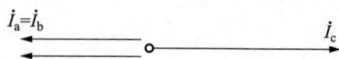

图 4-21　主变压器高压侧电流相量图

B 两相在 TA 端子箱与保护装置之间的范围内发生短接，

如图 4-22 所示。

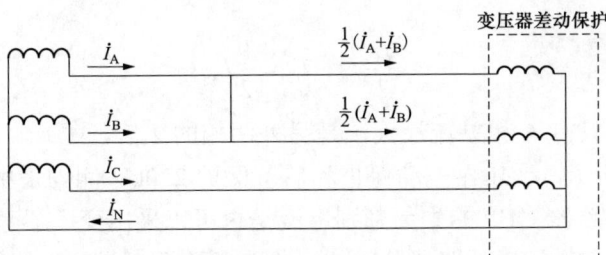

图 4-22　主变压器高压侧 TA 二次短接示意图

TA 是电流源，内阻很大。当 TA 二次发生两相短路时，该两相电流不会经 TA 内部相互构成回路，而是两相电流相加之后，经各自的负载及三相 TA 的中性线 N 流回各自 TA。因为 TA 二次三相负载基本相等，即 $Z_a=Z_b=Z_c$，所以 A、B 两相的和电流在 Z_a、Z_b 中的分配电流相等。

（3）保护测量的 A、B、C 相电流值为 $I_a = I_b = -\dfrac{1}{2}I_C$，$I_c = I_C$，其相量关系如图 4-23 所示。

图 4-23 中，$\dot{I}_A$、$\dot{I}_B$、$\dot{I}_C$ 分别为主变压器高压侧 TA 二次电流，$\dot{i}_a$、$\dot{i}_b$、$\dot{i}_c$ 分别为高压侧输入保护装置的三相电流。I'_A、I'_B、I'_C 分别为低压侧三相电流。

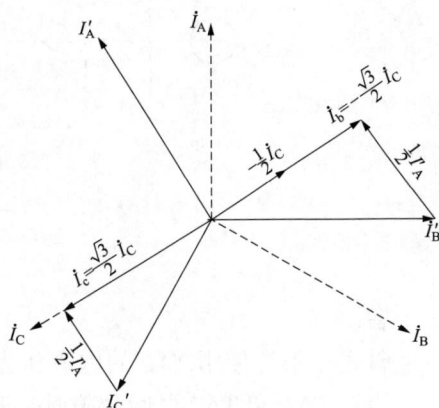

图 4-23　电流相量图

TA 二次回路异常前差动电流平衡计算公式分别为

A 相：
$$(\dot{I}_a - \dot{I}_b)/\sqrt{3} = I'_A$$

B 相：
$$(\dot{I}_b - \dot{I}_c)/\sqrt{3} = I'_B$$

C 相：
$$(\dot{I}_c - \dot{I}_a)/\sqrt{3} = I'_C$$

TA 二次回路异常后高压侧电流计算值为

A 相：
$$(\dot{I}_a - \dot{I}_b)/\sqrt{3} = 0$$

B 相：
$$(\dot{I}_b - \dot{I}_c)/\sqrt{3} = \frac{\sqrt{3}}{2}\dot{i}_c$$

C 相：
$$(\dot{I}_c - \dot{I}_a)/\sqrt{3} = \frac{\sqrt{3}}{2}\dot{i}_c$$

TA 二次回路异常前后低压侧计算值不变，与高压侧异常前相同，所以 TA 二次回路异常后变压器两侧的差流为

A 相：
$$0 - I'_A = -I'_A$$

B 相：
$$-\frac{\sqrt{3}}{2}\dot{I}_{c} - I'_{B} = \frac{1}{2}I'_{A}$$

C 相：
$$\frac{\sqrt{3}}{2}\dot{I}_{c} - I'_{C} = \frac{1}{2}I'_{A}$$

因此，三相差流只有 A 相差流最大，是另外两相的 2 倍。

13．如图 4-24 所示，变压器差动保护和后备保护 220kV 侧均采用 QF1 断路器电流互感器 TA1，试分析断路器 QF1 的失灵判别电流是否可以采用变压器套管 TA2 的电流？若存在问题，是否可以采用 QF1 断路器分闸位置作为断路器失灵动作的闭锁条件来弥补？为什么？

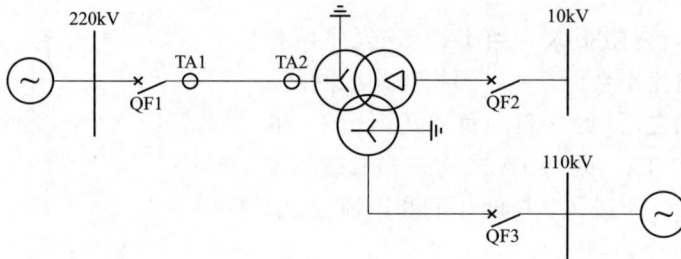

图 4-24　系统图

答：

首先，不能使用 TA2 的电流作为断路器 QF1 的失灵保护判别电流。

当在 TA1 和 TA2 之间故障时，若 QF1 断路器失灵，变压器保护动作跳开 QF2 和 QF3 断路器后，TA2 将无电流流过，此时 QF1 断路器失灵保护将会拒动，故障只能靠 220kV 线路后备保护来切除，导致故障范围扩大。

当在 TA1 和 TA2 之间故障时，若 QF3 断路器失灵，变压器保护动作跳开 QF1 和 QF2 断路器后，因 110kV 侧有电源，TA2 将仍有电流输出，此时差动保护动作不返回，将导致 QF1 断路器失灵误动，主变压器保护动作解除 220kV 母差保护复压闭锁功能后，220kV 母线失灵保护功能将会误动，导致故障范围扩大。

其次，不能采用 QF1 断路器分闸位置作为断路器失灵动作的闭锁条件来弥补。因为现场实际存在断路器机械连杆脱落、断裂，或断路器处于分闸位置、断口击穿等情况。此时将导致断路器失灵保护拒动，势必引起故障范围的扩大，因此断路器 QF1 的失灵判别电流不能采用 TA2 的电流，只能采用 TA1 的电流。

14．如图 4-25 所示，YN/d11 主变压器空载，d 侧 BC 相间短路故障时，写出主变压器高压侧阻抗继电器的测量阻抗表达式 Z_{Ja}、Z_{Jb}、Z_{Jc}。

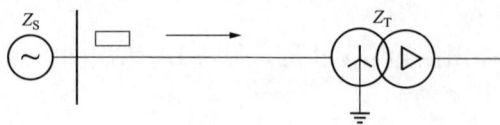

图 4-25　系统图

答：

d 侧相间故障，Y 侧 $I_0 = 0$；

设高压侧三相电流为 $\dot{I}_A$、$\dot{I}_B$、$\dot{I}_C$，高压侧三相电源电动势为 $\dot{E}_A$、$\dot{E}_B$、$\dot{E}_C$；低压侧三相电流为 $\dot{I}_a$、$\dot{I}_b$、$\dot{I}_c$，低压侧看到的三相等值电

源电动势为 $\dot{E}_\mathrm{a}$、$\dot{E}_\mathrm{b}$、$\dot{E}_\mathrm{c}$。

$$Z_\mathrm{Ja} = \frac{\dot{U}_\mathrm{A}}{\dot{I}_\mathrm{A}} = \frac{\dot{E}_\mathrm{A} - \dot{I}_\mathrm{A}Z_\mathrm{S}}{\dot{I}_\mathrm{A}} = \frac{\dot{E}_\mathrm{A}}{\dot{I}_\mathrm{A}} - Z_\mathrm{S} = \frac{\dot{E}_\mathrm{ac}/\sqrt{3}}{\dot{I}_\mathrm{ac}/\sqrt{3}} - Z_\mathrm{S} = \frac{\dot{E}_\mathrm{ac}}{\dot{I}_\mathrm{ac}} - Z_\mathrm{S} = \frac{\dot{E}_\mathrm{bc}\mathrm{e}^{\mathrm{j}60°}}{\frac{1}{2}\dot{I}_\mathrm{bc}} - Z_\mathrm{S}$$

$$= 2(Z_\mathrm{S} + Z_\mathrm{T})\mathrm{e}^{\mathrm{j}60°} - Z_\mathrm{S} = Z_\mathrm{T} + \mathrm{j}\sqrt{3}(Z_\mathrm{S} + Z_\mathrm{T})$$

同理，可得

$$Z_\mathrm{Jb} = \frac{\dot{E}_\mathrm{ba}}{\dot{I}_\mathrm{ba}} - Z_\mathrm{S} = \frac{\dot{E}_\mathrm{bc}\mathrm{e}^{-\mathrm{j}60°}}{\frac{1}{2}\dot{I}_\mathrm{bc}} - Z_\mathrm{S} = 2(Z_\mathrm{S} + Z_\mathrm{T})\mathrm{e}^{-\mathrm{j}60°} - Z_\mathrm{S} = Z_\mathrm{T} - \mathrm{j}\sqrt{3}(Z_\mathrm{S} + Z_\mathrm{T})$$

$$Z_\mathrm{Jc} = \frac{\dot{E}_\mathrm{cb}}{\dot{I}_\mathrm{cb}} - Z_\mathrm{S} = (Z_\mathrm{S} + Z_\mathrm{T}) - Z_\mathrm{S} = Z_\mathrm{T}$$

15．变电站主接线如图 4-26 所示，变压器接线组别 YNd11，高压侧无电压互感器，低压侧电压互感器二次为 $100/\sqrt{3}$ V。某日 110kV 线路 2 进行了部分杆塔改造工作，送电后在变电站进行低压侧二次核相。已知变电站内原一、二次设备接线正确，U_a1、U_b1、U_c1 为 10kV Ⅰ 母电压，U_a2、U_b2、U_c2 为 10kV Ⅱ 母电压，核相结果如下：测量 10kV Ⅰ 母电压相电压、相间电压均正确；测量 10kV Ⅱ 母电压相电压、相间电压均正确；测量 10kV Ⅰ 母与 Ⅱ 母之间电压为 $U_\mathrm{a1} - U_\mathrm{a2} = 57.7\mathrm{V}$，$U_\mathrm{b1} - U_\mathrm{b2} = 115.4\mathrm{V}$，$U_\mathrm{c1} - U_\mathrm{c2} = 57.7\mathrm{V}$。

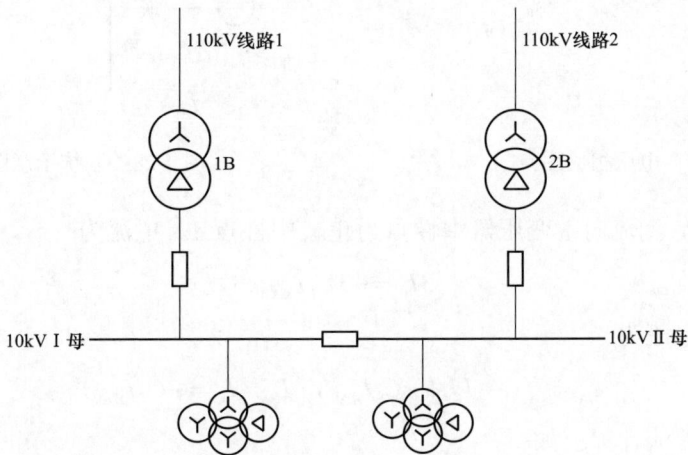

图 4-26 变电站主接线图

试求：

（1）画出电压相量图。

（2）具体分析存在的问题。

答：

（1）电压相量图如图 4-27 所示，其中 $\dot{U}_\mathrm{A}$、$\dot{U}_\mathrm{B}$、$\dot{U}_\mathrm{C}$ 为高压侧电压，$\dot{U}_\mathrm{a1}$、$\dot{U}_\mathrm{b1}$、$\dot{U}_\mathrm{c1}$ 为正常的 10kV Ⅰ 母电压，$\dot{U}_\mathrm{a2}$、$\dot{U}_\mathrm{b2}$、$\dot{U}_\mathrm{c2}$ 为异常的 10kV Ⅱ 母电压。

（2）通过相量图分析，2 号主变压器低压侧电压变为负序。系统通入主变压器的电压为负序电压。$\dot{U}_{a2}$ 方向由 $\dot{U}_A - \dot{U}_B$ 变 $\dot{U}_A - \dot{U}_C$，$\dot{U}_{b2}$ 方向由 $\dot{U}_B - \dot{U}_C$ 变成 $\dot{U}_C - \dot{U}_B$，$\dot{U}_{c2}$ 方向由 $\dot{U}_C - \dot{U}_A$ 变成 $\dot{U}_B - \dot{U}_A$。以上说明线路 2 因施工导致 B 相与 C 相接反。

16. YNd11 接线变压器星形侧的"滤零"方法有：①用两相电流差滤除差动电流中的零序电流；②用星形侧相电流减去 $3I_0/3$ 来滤除差动电流中的零序电流（$3I_0$ 分别取自星形侧 TA 自产和星形侧中性点 TA）。YNd11 变压器的星形侧中性点接地，假设星形侧区内 K 点发生 A 相单相接地故障，C_S 为系统侧零序分配系数，C_T 为变压器侧零序分配系数。$C_S + C_T = 1$，忽略 d 侧电流。请通过分析计算，比较不同"滤零"方式的差动保护灵敏度的高低。

答：

系统示意图如图 4-28 所示。

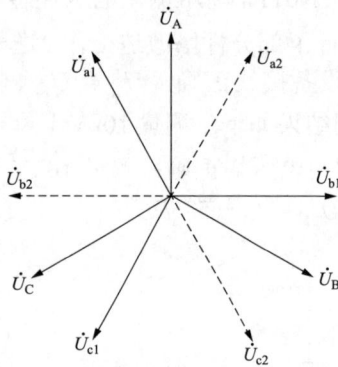

图 4-27 电压相量图

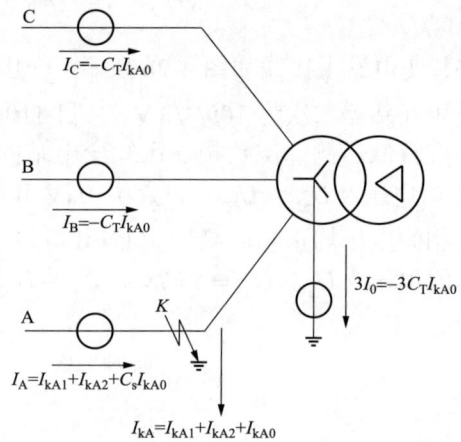

图 4-28 系统示意图

各电流均以 Y 侧流向主变压器中性点为正，中性点 TA 电流为

$$3\dot{I}_0 = -3C_T \dot{I}_{KA0}$$

星形侧三相电流为

$$\dot{I}_A = \dot{I}_{KA1} + \dot{I}_{KA2} + C_S \dot{I}_{KA0}, \quad \dot{I}_B = \dot{I}_C = -C_T \dot{I}_{KA0}$$

星形侧三相差流计算值如下：

（1）用两相电流差"滤零"时，最大相差流为

$$\dot{I}_{dA} = \frac{\dot{I}_A - \dot{I}_B}{\sqrt{3}} = \frac{\dot{I}_{KA1} + \dot{I}_{KA2} + C_S \dot{I}_{KA0} + C_T \dot{I}_{KA0}}{\sqrt{3}} = \frac{\sqrt{3}}{3} \dot{I}_{KA}$$

（2）用星形侧相电流减去 $\dfrac{3I_0}{3}$ 来滤除差动电流中的零序电流（取自星形侧 TA 自产），最大相差流为

$$\dot{I}_{dA} = \dot{I}_A - \frac{3\dot{I}_0}{3} = \dot{I}_A - \frac{\dot{I}_A + \dot{I}_B + \dot{I}_C}{3} = \frac{2\dot{I}_{KA1} + 2\dot{I}_{KA2} + 2C_S \dot{I}_{KA0} + 2C_T \dot{I}_{KA0}}{3} = \frac{2}{3} \dot{I}_{KA}$$

（3）用星形侧相电流减去 $\dfrac{3\dot{I}_0}{3}$ 来滤除差动电流中的零序电流（取自星形侧中性点 TA），最大相差流为

$$\dot{I}_{dA} = \dot{I}_A - \frac{3\dot{I}_0}{3} = \dot{I}_{KA1} + \dot{I}_{KA2} + C_S\dot{I}_{KA0} - \frac{-3C_T\dot{I}_{KA0}}{3} = \dot{I}_{KA}$$

由上述分析可知：YN/d11 接线变压器星形侧区内单相接地故障，用星形侧相电流减去 $\dfrac{3\dot{I}_0}{3}$ 来滤除差动电流中的零序电流（取自星形侧中性点 TA）时，差动保护的灵敏度最高。两相电流差"滤零"的差动保护灵敏度最低。

17. 已知一台主变压器为 YN/d11 接线，变比为 225/37，额定容量为 180MVA。主变压器差动保护用高低侧 TA 变比分别为 2000/5、3000/5。试求低压侧 A 相 TA 断线时，差动保护误动作时的高压侧最小负荷电流（假设负荷功率因数为 0.866）。已知差动保护在 Y 侧滤零，在 D 侧转角。制动电流（I_r）取两侧差流计算电流绝对值之和的 1/2，比率制动特性如图 4-29 所示（其中 $I_{qd} = 0.4I_e$，$I_{r1} = 0.5I_e$、$I_{r2} = 6I_e$、$K_1 = 0.2$、$K_2 = 0.5$、$K_3 = 0.7$）。

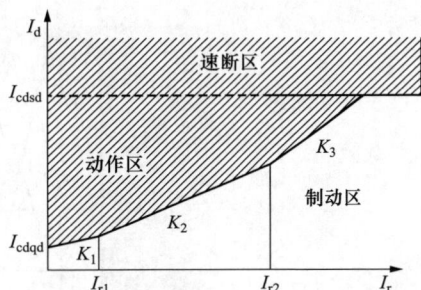

图 4-29　变压器差动保护比率制动特性

答：

高压侧额定电流为

$$I_{He} = \frac{S}{\sqrt{3}U_H} = \frac{180000}{\sqrt{3} \times 225} = 462(A)$$

差动保护高压侧计算电流为

$$\dot{I}_{HA} = \dot{I}_{HA} - I_0 = \dot{I}_{HA}$$

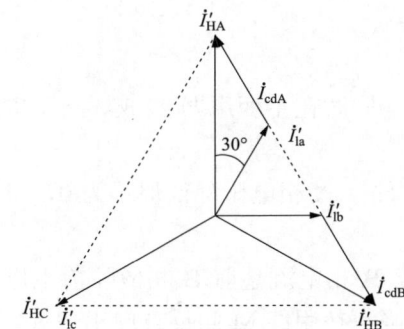

图 4-30　变压器低压侧
TA 断线电流相量图

同理，B、C 相相同。设差动保护动作时的电流为 I_P，统一归算至标幺值状态下，则低压侧差动计算电流为

$$\dot{I}_{la} = (\dot{I}_{la} - \dot{I}_{lc})/\sqrt{3} = -\dot{I}_{lc}/\sqrt{3} = -0.577I_P$$

同理，B 相 $0.577I_P$，C 相 I_P。变压器低压侧 TA 断线电流相量图如图 4-30 所示。

应用余弦定理，由此得 A 相差动电流为 $0.577I_P$，B 相为 $0.577I_P$。C 相为 0，A 相制动电流为 $0.5(I_P + 0.577I_P) = 0.789I_P$。

由此，得差动电流与制动电流的动作曲线为 $I_{cd} = 0.731I_r$。该直线与动作方程曲线相交点，$I_r = 1.08I_e$，$I_{cd} = 0.791I_e$，$0.791I_e = 0.577I_P$，得 $I_P = 1.37$，$I_e = 1.37 \times$ 462 = 633A。

综上所述，当高压侧最小负荷电流为 633A 时，差动保护误动。

18. 如图 4-31 所示，故障前某 220kV 母线 M 共有甲乙两回线路及一台主变压器运行。故障后，调取甲线 M 侧故障录波如图 4-32 所示。请根据录波图分析系统发生什么故障，并分析说明故障点位置在哪里。（已知甲乙线重合闸均停用，保护使用母线 TV 电压）

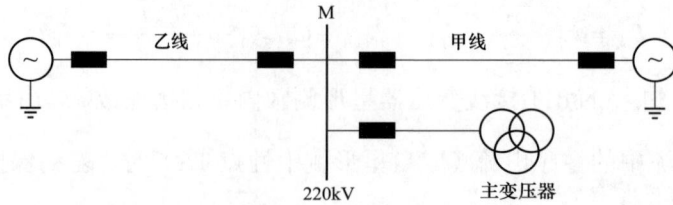

图 4-31　系统图

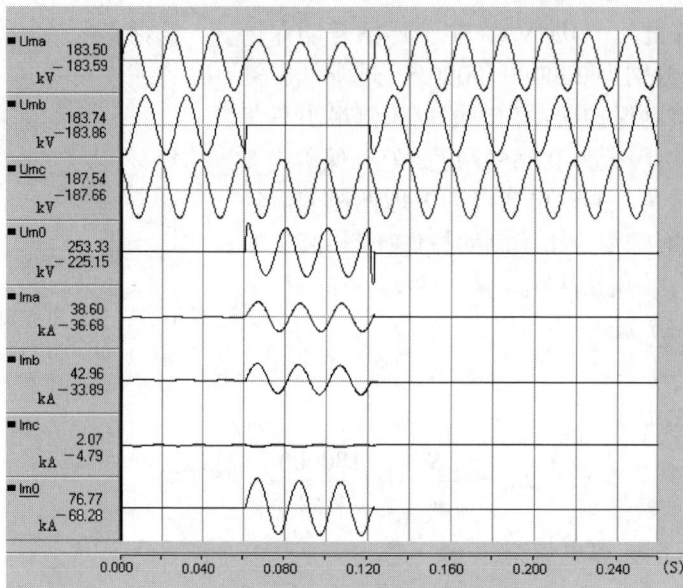

图 4-32　甲线 M 侧故障录波

答：

（1）甲线正方向出口处发生经 A 相过渡电阻接地故障，同时在主变压器 220kV 高压侧出口处发生 B 相金属性接地故障。

（2）从图 4-32 可以看出，A 相电压与 A 相电流基本同相，A 相电压降低但不为 0，可以知道故障点在甲线出口处且经过渡电阻接地。

（3）将 B 相电压等周期向故障时间段延伸，可以看出 B 相电流超前 B 相故障前电压约 85°，同时母线电压在故障期间为零，可以知道 B 相故障点在甲线 M 侧反方向出口处，又由于故障切除后母线电压恢复，因此母差保护未动作，乙线线路保护未动作，所以故障点只可能在主变压器 220kV 高压侧出口处，主变压器保护动作切除 B 相故障。

19. 某日，变压器保护完成改造，送电带负荷后差动保护动作，检查发现定值整定参数误将 YN/d11 设定为 YN/d1，同时 YN 侧 B 相 TA 极性接反。变压器容量为 50MVA、变比为 $115\pm2\times2.5\%/10.5$kV、YN/d11 接线，110kV 侧 TA 变比 600/1A，10kV 侧 TA 变比

3000/1A，两侧 TA 接成星形，差动保护 YN 侧移相。该变压器差动保护比率制动特性如图

4-33 所示，$\dot{I}_1$、$\dot{I}_2$ 为两侧流入差动回路的电流。已知差动、制动电流表达式为 $\begin{cases} I_{op} = \left| \dot{I}_1 + \dot{I}_2 \right| \\ I_{res} = \dfrac{\left| \dot{I}_1 \right| + \left| \dot{I}_2 \right|}{2} \end{cases}$。

（1）画出保护装置设定 YN/d11 和 YN/d1 时感受到两侧差动回路电流的相量图。

（2）写出相量图表达式。

（3）计算在带负荷时差动保护动作 YN 侧的最小一次电流（差流告警不影响差动保护动作）。

答：

（1）B 相极性正确时，保护装置设定 YN/d11 和 YN/d1 时，两侧差动回路电流的相量图如图 4-34～图 4-36 所示。

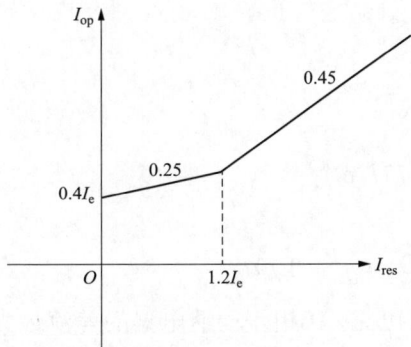

图 4-33 变压器差动保护比率制动特性

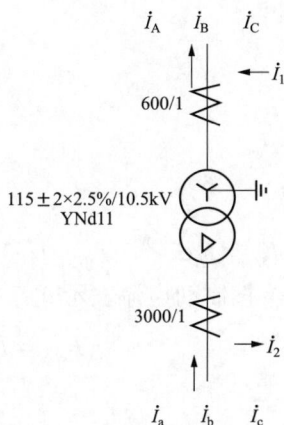

图 4-34 变压器两侧电流图

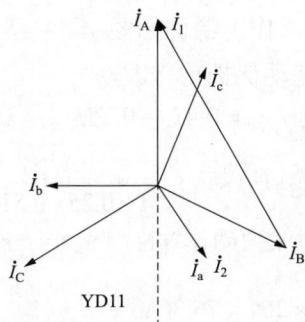

图 4-35 YN/d11 差流相量图

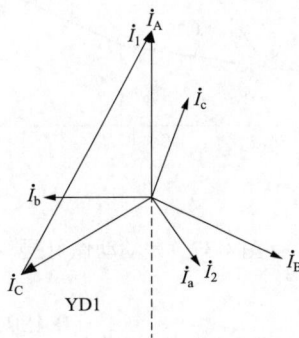

图 4-36 YN/d1 差流相量图

（2）保护参数设定为 YN/d11 时，D11 侧 $\dot{I}_2$：$\dot{I}_a$，$\dot{I}_b$，$\dot{I}_c$，YN 侧 $\dot{I}_1$：$\dfrac{\dot{I}_A - \dot{I}_B}{\sqrt{3}}$，$\dfrac{\dot{I}_B - \dot{I}_C}{\sqrt{3}}$，

$\dfrac{\dot{I}_C - \dot{I}_A}{\sqrt{3}}$，$\dot{I}_2$ 与 $\dot{I}_1$ 幅值相等方向相反。

保护参数设定为 YN/d1 时：D1 侧 $\dot{I}_2$：$\dot{I}_a$，$\dot{I}_b$，$\dot{I}_c$　YN 侧 $\dot{I}_1$：$\dfrac{\dot{I}_A - \dot{I}_C}{\sqrt{3}}$，$\dfrac{\dot{I}_B - \dot{I}_A}{\sqrt{3}}$，$\dfrac{\dot{I}_C - \dot{I}_B}{\sqrt{3}}$，$\dot{I}_2$ 幅值与相位无变化。

（3）D11 侧进入差动回路电流为

A 相：
$$-\frac{\dot{I}_A - \dot{I}_B}{\sqrt{3}} = I_A e^{-j150}$$

B 相：
$$-\frac{\dot{I}_B - \dot{I}_C}{\sqrt{3}} = I_A e^{j90}$$

C 相：
$$-\frac{\dot{I}_C - \dot{I}_A}{\sqrt{3}} = I_A e^{-j30}$$

YN 侧进入差动回路电流为

A 相：
$$\frac{\dot{I}_A - \dot{I}_C}{\sqrt{3}} = I_A e^{-j30}$$

B 相：
$$\frac{-\dot{I}_B - \dot{I}_A}{\sqrt{3}} = \frac{I_A}{\sqrt{3}} e^{j120}$$

C 相：
$$\frac{\dot{I}_C + \dot{I}_B}{\sqrt{3}} = \frac{I_A}{\sqrt{3}} e^{j180}$$

所以 $I_{dA} = I_A e^{-j90}$，　$I_{dB} = 1.53 I_A e^{j100}$，　$I_{dC} = 0.577 I_A e^{-j60}$。

于是，按制动电流表示式，得到制动电流为

$$I_{resA} = I_A，\quad I_{resB} = 0.79 I_A，\quad I_{resC} = 0.79 I_A$$

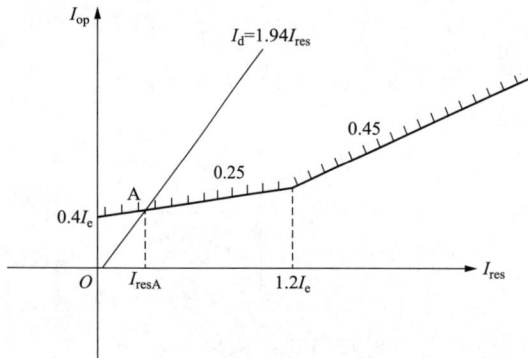

图 4-37　差动动作范围

可见，B 相差动继电器的差流最大，只需分析 B 相即可。

（4）确定差动保护动作时的 YN 侧电流。

因为 $I_{opB} = I_{dB} = 1.53 I_A$，　$I_{resB} = 0.79 I_A = 0.516 I_{dB}$，作出特性如图 4-37 所示斜线，显然 A 点差动保护动作。

因为 $I_{opB} = 0.4 I_e + 0.25 I_{resB} = 0.4 I_e + 0.25 \times 0.516 I_{opB}$，所以 $I_{opB} = \dfrac{0.4 I_e}{1 - 0.25 \times 0.516} = 0.459 I_e$。

差动保护动作 YN 侧最小一次电流为

$$I_{YN} = 0.459 / 1.53 \times \frac{50 \times 10^3}{\sqrt{3} \times 115} = 0.3 \times 251 = 75.3(A)$$

四、计算分析题

1. 某台 YN/d11 接线变压器，变压器容量为 120MVA，高压侧（Y 侧）的额定电压为 230kV，TA 变比为 600/5，低压侧（△侧）的额定电压为 10.5kV，TA 变比为 4000/5。该变压器的差动保护装置在低压侧进行软件移相，各侧 TA 极性端在母线侧，其相关定值如下：差动启动电流 I_{cdqd} 为 $0.4 I_e$、比率差动制动系数 K_{b1} 为 0.5。由于误将变压器的接线方式整定为 Y/d1，当主变压器低压侧发生区外 AB 两相短路且短路电流二次值为 7.143A 时，不考虑负荷电流，请计算高、低压侧的各相二次电流的大小及方向，并计算装置的各相稳态比率差动元件能否动作。已知稳态比率差动动作方程为（I_d 为差动电流，I_r 为制动电流）。

$$
\begin{cases}
I_d > 0.2I_r + I_{cdqd} & I_r \leqslant 0.5I_e \\
I_d > K_{b1}[I_r - 0.5I_e] + 0.1I_e + I_{cdqd} & 0.5I_e \leqslant I_r \leqslant 6I_e \\
I_d > 0.75[I_r - 6I_e] + K_{b1}[5.5I_e] + 0.1I_e + I_{cdqd} & I_r > 6I_e \\
I_r = \dfrac{1}{2}\sum_{i=1}^{m}|I_i| & \\
I_d = \left|\sum_{i=1}^{m} I_i\right| &
\end{cases}
$$

答：

因为各侧的 TA 极性端在各自母线侧，所以方向为母线流向主变压器为正。

计算高、低压侧的额定电流为

$$I_{eh} = 120000/(\sqrt{3} \times 230 \times 120) = 2.51(A)$$

$$I_{el} = 120000/(\sqrt{3} \times 10.5 \times 800) = 8.248(A)$$

低压侧的各相电流为

$\dot{I}_a = 7.143/8.248I_e\angle180° = 0.866I_e\angle180°$；　$\dot{I}_b = 7.143/8.248I_e\angle180° = 0.866I_e\angle180°$；　$\dot{I}_c = 0$；

高压侧的各相电流为

$$\dot{I}_A = 0.866I_e/\sqrt{3} = 0.5I_e\angle0° = 1.255\angle0°(A)$$

$$\dot{I}_B = 0.866I_e \times 2/\sqrt{3} = 1I_e\angle180° = 2.51\angle180°(A)$$

$$\dot{I}_C = 0.866I_e/\sqrt{3} = 0.5I_e\angle0° = 1.255\angle0°(A)$$

按差动保护在低压侧软件移相的调整方法，计算高、低压侧调整后的电流（按 YN/d1 计算），即

$$\dot{I}_A' = \dot{I}_A - I_0 = 0.5I_e\angle0°$$

$$\dot{I}_B' = \dot{I}_B - I_0 = 1I_e\angle180°$$

$$\dot{I}_C' = \dot{I}_C - I_0 = 0.5I_e\angle0°$$

$$\dot{I}_a' = (\dot{I}_a - \dot{I}_b)/\sqrt{3} = 1I_e\angle180°$$

$$\dot{I}_b' = (\dot{I}_b - \dot{I}_c)/\sqrt{3} = 0.5I_e\angle0°$$

$$\dot{I}_c' = (\dot{I}_c - \dot{I}_a)/\sqrt{3} = 0.5I_e\angle0°$$

各相差流和制动电流的计算式为

$$I_{dA} = 0.5I_e\angle180°$$

$$I_{dB} = 0.5I_e\angle180°$$

$$I_{dC} = 1I_e\angle0°$$

$$I_{rA} = 0.75I_e$$

$$I_{rB} = 0.75I_e$$

$$I_{rC} = 0.5I_e$$

$I_r = 0.75$ 时的差动制动相电流为 $0.5(0.75 - 0.5) + 0.1 + 0.4 = 0.625$，大于 A 相和 B 相的差流值，因此 A 相和 B 相稳态比率差动元件不动作。

$I_r = 0.5$ 时的差动制动相电流为 $0.1 + 0.4 = 0.5$，小于 C 相的差流值，因此 C 相稳态比率差动元件动作。

2. 某变压器容量 $S_N = 120$MVA，YN/YN/d11 接线，额定电压为 220/121/10.5kV，高压侧 TA 变比为 630/5，中压侧 TA 变比为 1250/5，低压侧 TA 变比为 4000/5，微机差动保护采用 d 侧移相方式，保护装置采用南瑞继保 PCS-978 设备，主变压器差动保护 TA 二次均采用全星形接线。现进行平衡试验，主变压器高低压侧运行（中压侧开关停电检修），模拟主变压器高压侧区外发生 AC 相间故障，要求主变压器差流为 0；主变压器高压侧 AC 两相一次电流分别为 315A；用三相电流继电保护测试仪做差流平衡，如何加二次电流试验量做平衡？动作方程如下

$$\begin{cases} I_d > 0.2I_r + I_{cdqd} & I_r \leqslant 0.5I_e \\ I_d > K_{b1}[I_r - 0.5I_e] + 0.1I_e + I_{cdqd} & 0.5I_e \leqslant I_r \leqslant 6I_e \\ I_d > 0.75[I_r - 6I_e] + K_{b1}[5.5I_e] + 0.1I_e + I_{cdqd} & I_r > 6I_e \\ I_r = \dfrac{1}{2}\sum_{i=1}^{m}|I_i| \\ I_d = \left|\sum_{i=1}^{m}I_i\right| \end{cases}$$

答：

主变压器高压侧 AC 两相一次电流分别为 315A，主变压器高压侧 AC 二次电流分别为 $(315/630) \times 5 = 2.5$A。

计算电流平衡系数如下：

一次额定电流为

$$I_{eH} = \frac{120 \times 1000}{\sqrt{3} \times 220} = 314.98(\text{A})$$

$$I_{eL} = \frac{120 \times 1000}{\sqrt{3} \times 10.5} = 6598.48(\text{A})$$

二次额定电流为

$$I_{eH} = \frac{314.98}{630/5} = 2.499(\text{A})$$

$$I_{eL} = \frac{6598.48}{4000/5} = 8.248(\text{A})$$

电流平衡系数为

220kV 侧，$\qquad\qquad K_{b1} = 1$（基本侧）

10.5kV 侧，
$$K_{b2} = \frac{2.499}{8.248} = 0.303$$

模拟主变压器高压侧区外发生 AC 相间故障，设高压侧 $\dot{I}_{AH} = 2.5\angle 0°$；$\dot{I}_{CH} = 2.5\angle 180°$，则

$$\dot{I}'_{AH} = \frac{1}{3}(\dot{I}_{AH} + \dot{I}_{BH} + \dot{I}_{CH}) = 2.5\angle 0°$$

$$\dot{I}'_{BH} = \dot{I}_{BH} - \frac{1}{3}(\dot{I}_{AH} + \dot{I}_{BH} + \dot{I}_{CH}) = 0$$

$$\dot{I}'_{CH} = \dot{I}_{CH} - \frac{1}{3}(\dot{I}_{AH} + \dot{I}_{BH} + \dot{I}_{CH}) = 2.5\angle 180°$$

低压侧根据平衡系数归算，得到

$$\dot{I}'_{al} = 2.5\angle 180°/0.303 = 8.25\angle 180°$$

$$\dot{I}'_{bl} = 0/0.303 = 0$$

$$\dot{I}'_{cl} = 2.5\angle 0°/0.303 = 8.25\angle 0°$$

根据故障分析：YN 侧发生相间短路时，d 侧三相均有电流通过，对应于故障相的两相中的超前相电流最大（YN 侧 AC 相短路时，d 侧对应于故障相的两相中的超前相为 C 相），数值等于故障相电流的 $2/\sqrt{3}$ 倍，其余两相电流大小相等，方向相同，数值等于故障相电流的 $1/\sqrt{3}$ 倍，方向与最大一相的电流相反。

得到

$$\dot{I}_{al} = 8.25\angle 180°/\sqrt{3} = 4.76\angle 180° = \dot{I}_{bl}$$

$$\dot{I}_{cl} = 8.25\angle 180°/\sqrt{3} \times 2 = 9.527\angle 0°$$

高压侧 $\dot{I}_{AH} = 2.5\angle 0°$，$\dot{I}_{CH} = 2.5\angle 180°$，高压侧加电流 A 进 C 出（使用实验仪的一相），低压侧 $\dot{I}_{al} = 4.76\angle 180°$，$\dot{I}_{bl} = 4.76\angle 180°$，$\dot{I}_{cl} = 9.527\angle 0°$；低压侧加电流 A、B 相使用实验仪的同一相，电流串接；C 相使用实验仪最后一相。

3．已知一台主变压器 YN/d1 接线，变比为 220/35kV，额定容量为 240MVA。主变压器差动保护用高压侧 TA 变比为 3200/5，低压侧 TA 变比为 4000/5，两侧 TA 采用星形接法，差动保护采用 d 侧移相方式。制动电流 I_r 取两侧差流计算电流绝对值之和的 1/2，比率制动特性如图 4-38 所示（其中 $I_{qd} = 0.5I_e$，$I_{r1} = 0.5I_e$，$I_{r2} = 6I_e$，$K_1 = 0.2$、$K_2 = 0.5$、$K_3 = 0.7$）。因设备参数定值未认真核对，错将接线组别整定成 YN/d11，某日该主变压器低压侧区外母线处发生 BC 相间短路。试分别计算分析：

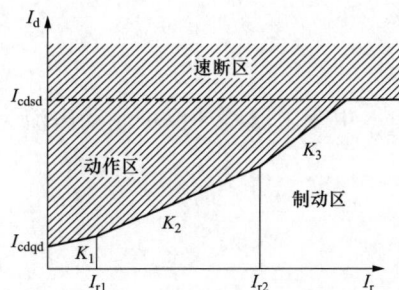

图 4-38　变压器差动保护比率制动特性

（1）计算低压侧最小的一次短路电流，使差动保护刚好满足动作条件。

（2）画出此时主变压器差动保护用高、低压侧各序、各相电流相量图。

（3）上级线路电源处装有距离保护，请分析并利用公式证明 Y 侧哪一相阻抗继电器能正确反应保护安装处至故障点的测量阻抗。

答：

（1）假设 BC 相间短路故障电流为 I，则低压侧电流为

$$\dot{I}_a = 0 , \quad \dot{I}_b = I\angle 0° , \quad \dot{I}_c = I\angle 180°$$

高压侧电流为

$$\dot{I}_A = -\frac{\dot{I}_a - \dot{I}_b}{\sqrt{3}} = \frac{I}{\sqrt{3}}$$

$$\dot{I}_B = -\frac{\dot{I}_b - \dot{I}_c}{\sqrt{3}} = -\frac{2I}{\sqrt{3}}$$

$$\dot{I}_C = -\frac{\dot{I}_c - \dot{I}_a}{\sqrt{3}} = \frac{I}{\sqrt{3}}$$

高压侧无零序电流，高压侧差流即是各相电流。

低压侧按 YN/d11 转角后，低压侧差流为

$$\dot{I}_{da} = \frac{\dot{I}_a - \dot{I}_c}{\sqrt{3}} = \frac{I}{\sqrt{3}}$$

$$\dot{I}_{db} = \frac{\dot{I}_b - \dot{I}_a}{\sqrt{3}} = \frac{I}{\sqrt{3}}$$

$$\dot{I}_{dc} = \frac{\dot{I}_c - \dot{I}_b}{\sqrt{3}} = -\frac{2I}{\sqrt{3}}$$

主变压器差动保护差流为

$$I_{dA} = \left| \dot{I}_A + \dot{I}_{da} \right| = \frac{2I}{\sqrt{3}}$$

$$I_{dB} = \left| \dot{I}_B + \dot{I}_{db} \right| = \frac{I}{\sqrt{3}}$$

$$I_{dC} = \left| \dot{I}_C + \dot{I}_{dc} \right| = -\frac{I}{\sqrt{3}}$$

主变压器差动保护制动电流为

$$I_{rA} = \frac{1}{2}\left(\left| \dot{I}_A \right| + \left| \dot{I}_{da} \right| \right) = \frac{I}{\sqrt{3}}$$

$$I_{rB} = \frac{1}{2}\left(\left| \dot{I}_B \right| + \left| \dot{I}_{db} \right| \right) = \frac{3I}{2\sqrt{3}}$$

$$I_{rC} = \frac{1}{2}\left(\left| \dot{I}_C \right| + \left| \dot{I}_{dc} \right| \right) = \frac{3I}{2\sqrt{3}}$$

A 相差动电流与制动电流之比最大，为 2，最容易动作。刚好动作时有 $\frac{2I_{rA} - 0.5}{I_{rA}} = 0.2$，解得 $I_{rA} = 0.278$。

此时对应的低压侧一次电流为

$$I_1 = \sqrt{3} \times 0.278 \times \frac{240000}{\sqrt{3} \times 35} = 1906.29(\text{A})$$

（2）主变压器差动保护用高、低压侧各序、各相电流相量图如图 4-39～图 4-41 所示。

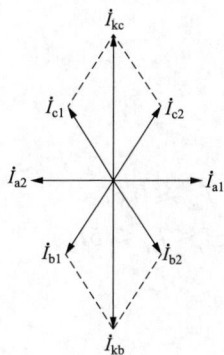

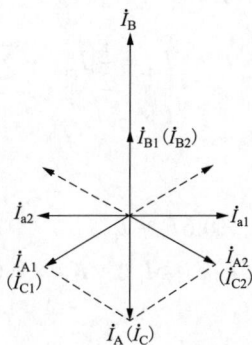

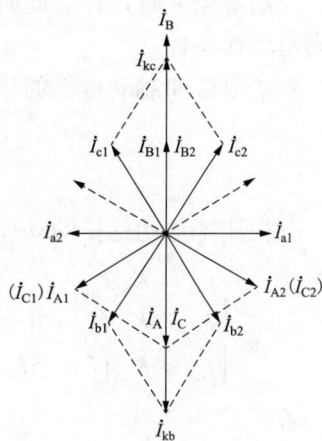

图 4-39　低压侧电流相量图　　图 4-40　高压侧电流相量图　　图 4-41　高、低压侧各相、序电流

（3）故障点有 $U_{A1} = U_{A2}$。主变压器高压侧电压为

$$
\begin{aligned}
U_{YB} &= (U_{B1} + I_{B1}Z_T)e^{j30°} + (U_{B2} + I_{B2}Z_T)e^{-j30°} \\
&= (U_{B1}e^{j30°} + U_{B2}e^{-j30°}) + (I_{B1}e^{j30°} + I_{B2}e^{-j30°})Z_T \\
&= (U_{A1}e^{-j120°}e^{j30°} + U_{A2}e^{j120°}e^{-j30°}) + (I_{B1}e^{j30°} + I_{B2}e^{-j30°})Z_T \\
&= I_{mB}Z_T
\end{aligned}
$$

则 Y 侧保护安装处的测量阻抗为

$$Z_{mB} = \frac{U_{mB}}{I_{mB}} = Z_L + \frac{U_{YB}}{I_{mB}} = Z_L + Z_T$$

因此，Y 侧 B 相阻抗继电器能够正确测量。

4. 已知容量为 20MVA/20MVA/10MVA 的 110kV 三绕组变压器，额定电压为 110kV/38.5kV/11kV，接线方式为 YN/YN/d11，差动保护高压、中压、低压各侧开关 TA 变比分别为 200/5、600/5、2000/5。主变压器差动保护电流互感器二次均采用星形接线。请问：

（1）计算变压器差动保护各侧一次额定电流及二次额定电流，并以高压侧为基准，计算变压器中、低压侧平衡系数。

（2）已知差动保护的动作曲线如图 4-42 所示，最小动作电流 $I_{CD} = 0.5I_e$（I_e 为变压器高压侧二次额定电流）。现中压侧 TA 存在发热缺陷，计划临

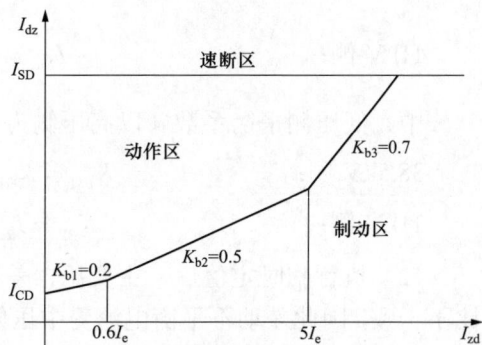

图 4-42　变压器差动保护比率制动特性

时更换为 300/5 的 TA，调度按新的 TA 变比下发临时定值单，TA 尚未更换定值执行人员就执行了临时定值单。假设在执行临时定值单前正常运行时的差动保护中差流为 0，请问执行临时定值后主变压器差动保护中的差动不平衡电流受哪侧负荷电流影响最大？在运行中，忽略负荷电流的影响，在中压侧发生区外三相故障时，流过高压侧的二次故障电流达到 2 倍额定电流时，计算此时变压器差动保护的差动电流和制动电流，并判断差动保护是否满足动作条件。

差动电流和制动电流的计算方法为

$$I_{dz} = \sum_{i=1}^{N} \dot{I}_i \ ; \quad I_{zd} = \frac{1}{2}\left|\dot{I}_{max} - \sum \dot{I}_i\right|$$

分相比率差动保护的动作判据为

$$\begin{cases} I_{dz} \geq K_{b1}I_{zd} + I_{CD} & I_{zd} \leq 0.6I_e \\ I_{dz} \geq K_{b2}(I_{zd}-0.6I_e) + K_{b2}\times 0.6I_e + I_{CD} & 0.6I_e < I_{zd} \leq 5I_e \\ I_{dz} \geq K_{b3}(I_{zd}-5I_e) + K_{b2}(5I_e-0.6I_e) + K_{b1}\times 0.6I_e + I_{CD} & 5I_e < I_{zd} \end{cases}$$

答：

（1）按 $I_{1e} = S_e/\sqrt{3}U_e$ 计算变压器各侧额定电流一次值，在计算中需取变压器各侧三相最大额定容量。

110kV 侧：
$$I_{1eH} = \frac{20\times 1000}{\sqrt{3}\times 110} = 105(A)$$

38.5kV 侧：
$$I_{1eM} = \frac{20\times 1000}{\sqrt{3}\times 38.5} = 300(A)$$

11kV 侧：
$$I_{1eL} = \frac{20\times 1000}{\sqrt{3}\times 11} = 1050(A)$$

按 $I_{2e} = I_e/n_{TA}$ 计算变压器各侧额定电流二次值，即

110kV 侧：
$$I_{2eH} = \frac{105}{200/5} = 2.63(A)$$

38.5kV 侧：
$$I_{2eM} = \frac{300}{600/5} = 2.5(A)$$

11kV 侧：
$$I_{2eL} = \frac{105}{2000/5} = 2.63(A)$$

中、低压侧平衡系数（以高压侧为基准，高压侧平衡系数为 1）

38.5kV 侧：
$$K_{PM} = I_{2eH}/I_{2eM} = 2.63/2.5 = 1.05$$

11kV 侧：
$$K_{PL} = I_{2eH}/I_{2eL} = 2.63/2.63 = 1$$

（2）执行临时定值后，主变压器差动保护用于计算中压侧的 TA 变比与实际的 TA 变比不一致，因此差动不平衡电流受中压侧负荷电流影响最大。运行中忽略负荷电流的影响，在中压侧发生区外三相故障时，差流仅受高、中压侧区外故障电流的影响，此时高、中压侧故障电流为反向的穿越电流。三相故障时，两侧相位校正计算对差流的大小没影响，故

只需考虑平衡系数的影响。此情况下，高、中压侧一次电流及二次电流按照中压侧 TA 实际变比（即问题 1 中计算的 K_{PM}）计算差流仍然是平衡的，不计传变误差等差流为 0。

高压侧二次故障电流为 $2I_e$（I_e 为变压器高压侧二次额定电流），则中压侧二次故障电流为

$$1.05I = 2I_e$$

$$I = -1.9I_e$$

装置中压侧按 TA 变比 300/5 计算得出的平衡系数为

$$K'_{PM} = 2.63/(2.5 \times 2) = 0.53$$

保护差动电流大小为

$$2I_e - 0.53 \times 1.9I_e = 1I_e$$

保护制动电流大小为

$$0.5 \times (2I_e + 0.53 \times 1.9I_e) = 1.5I_e$$

制动电流介于 $0.6I_e$ 和 $5I_e$ 之间，计算保护动作特性中制动电流为 $1.5I_e$ 时，制动特性曲线上对应的动作电流，根据保护比率制动公式可得

$$0.5I_e + 0.2 \times 0.6I_e + 0.5 \times (1.5I_e - 0.6I_e) = 1.07I_e$$

$1I_e < 1.07I_e$，不满足差动保护动作条件，差动保护不会误动。

5. 某 220kV 变电站扩建 2 号主变压器启动过程中进行带负荷测试时，保护录波图如图 4-43 所示。现场设备情况：2 号主变压器高压侧额定容量为 150MVA，低压侧额定容量为 75MVA，接线方式为 YN/YN/d11，高、中、低压侧额定电压分别为 230、115、10.5kV。现场带负荷测试时只有高低压两侧开关合上，低压侧投入三组额定电压 10kV、额定容量为 7200kvar 电容器组带负荷测试，带负荷后变低母线电压为 10.5kV。

已知：装置内定值与实际一致，保护装置差动启动动作电流为 $0.5I_e$，差流告警定值为 $0.15I_e$，保护装置的差动保护动作方程如下：

$$\begin{cases} I_d > 0.2I_r + I_{cdqd} & I_r \leqslant 0.5I_e \\ I_d > K_{b1}[I_r - 0.5I_e] + 0.1I_e + I_{cdqd} & 0.5I_e \leqslant I_r \leqslant 6I_e \\ I_d > 0.75[I_r - 6I_e] + K_{b1}[5.5I_e] + 0.1I_e + I_{cdqd} & I_r > 6I_e \\ I_r = \dfrac{1}{2}\sum_{i=1}^{m}|I_i| \\ I_d = \left|\sum_{i=1}^{m} I_i\right| \end{cases}$$

请计算并回答以下问题：

（1）计算带负荷时，2 号主变压器保护装置各相差流是多少 I_e，主变压器差流告警是否动作？

（2）计算造成 2 号主变压器稳态比率差动保护临界动作负荷是多少？

（3）分析造成本次保护差流异常的原因，并列出所有导致该情况的具体情形。

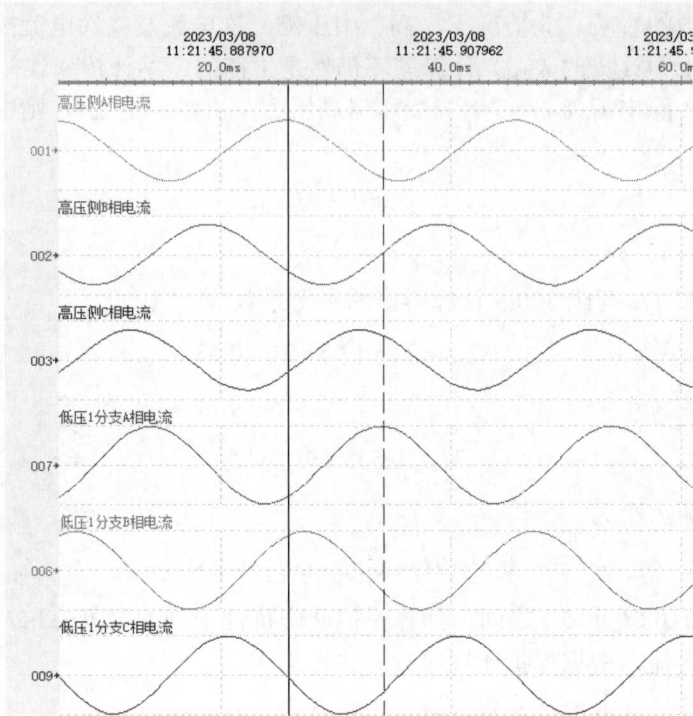

图 4-43　2 号主变压器带负荷测试变高、变低波形

答：

（1）从故障录波图可以看出，高压侧、低压侧三相电流均为负序电流，高压侧电流超前低压侧电流 150°。

2 号主变压器带三台电容器组时负荷 $Q = 3 \times 7200 \times \left(\dfrac{10.5}{10}\right)^2 = 23814\text{kVA}$，为变压器额定容量的 16%。

流入保护装置的高、低压侧电流。

高压侧电流为

$$\begin{cases} \dot{I}_{\text{HA}} = 0.16 I_{\text{eh}} \angle 0° \\ \dot{I}_{\text{HB}} = 0.16 I_{\text{eh}} \angle 120° \\ \dot{I}_{\text{HC}} = 0.16 I_{\text{eh}} \angle -120° \end{cases}$$

低压侧电流为

$$\begin{cases} \dot{I}_{\text{LA}} = 0.16 I_{\text{el}} \angle -150° \\ \dot{I}_{\text{LB}} = 0.16 I_{\text{el}} \angle -30° \\ \dot{I}_{\text{LC}} = 0.16 I_{\text{el}} \angle 90° \end{cases}$$

按照 YN/YN/d11 主变压器接线方式，具体内容如下：

低压侧折算至高压侧电流为

$$\begin{cases} \dot{I}'_{LA} = \dfrac{1}{\sqrt{3}}(\dot{I}_{LA} - \dot{I}_{LC}) = 0.16I_{el}\angle{-120°} \\[2mm] \dot{I}'_{LB} = \dfrac{1}{\sqrt{3}}(\dot{I}_{LB} - \dot{I}_{LA}) = 0.16I_{el}\angle 0° \\[2mm] \dot{I}'_{LC} = \dfrac{1}{\sqrt{3}}(\dot{I}_{LC} - \dot{I}_{LB}) = 0.16I_{el}\angle 120° \end{cases}$$

现场带负荷时 2 号主变压器保护装置显示差流为

$$\begin{cases} I_{CDA} = \left| \dot{I}_{HA} + \dot{I}'_{LA} \right| = 0.16I_e \\[2mm] I_{CDB} = \left| \dot{I}_{HB} + \dot{I}'_{LB} \right| = 0.16I_e \\[2mm] I_{CDC} = \left| \dot{I}_{HC} + \dot{I}'_{LC} \right| = 0.16I_e \end{cases}$$

大于差流告警定值：$0.15I_e$，2 号主变压器保护装置应发出差流异常告警信号。

（2）根据上述分析可以得出，2 号主变压器各相制动电流为

$$\begin{cases} I_{ZDA} = \dfrac{1}{2}\left(\left| \dot{I}_{HA} \right| + \left| \dot{I}'_{LA} \right| \right) = 0.16I_e \\[2mm] I_{ZDB} = \dfrac{1}{2}\left(\left| \dot{I}_{HB} \right| + \left| \dot{I}'_{LB} \right| \right) = 0.16I_e \\[2mm] I_{ZDC} = \dfrac{1}{2}\left(\left| \dot{I}_{HC} \right| + \left| \dot{I}'_{LC} \right| \right) = 0.16I_e \end{cases}$$

上述运行方式下，主变压器保护各相差动电流与额定电流比值等于与主变压器运行负荷与额定容量之比相同，主变压器保护制动电流与差动电流相等，比率制动曲线斜率等于 1。

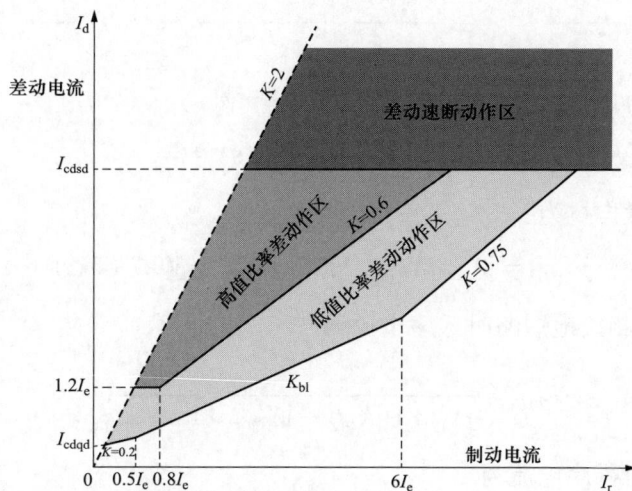

图 4-44 差动保护动作区

由图 4-44 可知，由于主变压器保护制动电流与差动电流相等，比率制动曲线等于 1，

会与稳态比率差动曲线第二段相交。设 2 号主变压器负荷电流为 kI_e，则制动电流与差动电流均为 kI_e，$kI_e = 0.5I_e + 0.1I_e + 0.5 \times (kI_e - 0.5I_e)$，求得 $k = 0.7$。因此当负荷升至 $0.7 \times 150\text{MVA} = 105\text{MVA}$ 时，2 号主变压器稳态比率差动保护临界动作。

（3）本次异常情况出现的原因是主变压器高、低压侧开关的二次 TA 存在相同类型的相序错误，但一次相序并未出错。因为一次相序错误并不会影响差动保护，不需要对二次回路做相应改变，一次相序若出错，二次相序未出错，高压侧电流滞后低压侧电流 150°。具体情形为：高低压侧 TA 二次回路同时发生 AB、BC 或 CA 相反接。

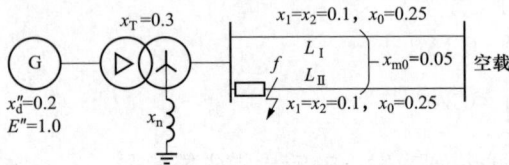

图 4-45　系统图

6．如图 4-45 所示系统，各元件参数为统一基准下的标幺值（x_{m0} 为线路的零序互感电抗），变压器采用 YN/d11 接法。已知线路 L_{II} 首端 f 点发生单相接地短路时变压器中性点的入地电流是发生两相接地短路时变压器中性点入地电流的 1.5 倍，两种情况下线路 L_{II} 首端的断路器均断开。试计算：

（1）变压器中性点接地电抗 X_n 的标幺值。

（2）当同一故障点发生 CA 相间短路时，试计算变压器△侧各相电压的大小。

答：

（1）求变压器 T1 中性点接地电抗的标幺值。

以故障特殊相为参考相，f 点故障时系统正序、负序和零序等值电路如图 4-46 所示。

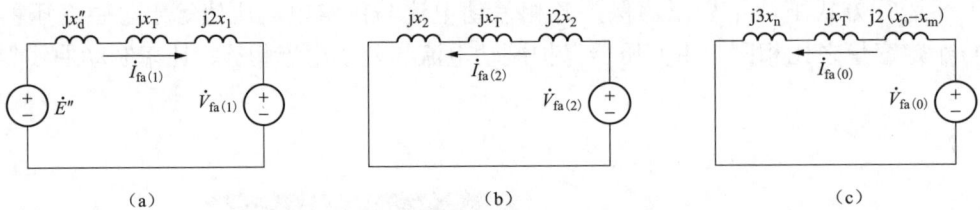

图 4-46　等值电路图

（a）正序；（b）负序；（c）零序

故障口各序等效电抗为

$$jX_{ff(1)} = j0.7; \quad jX_{ff(2)} = j0.7; \quad jX_{ff(0)} = j(0.7 + 3x_n)$$

设 $\dot{E}'' = 1.0$，单相接地短路时零序电流为

$$\dot{I}_{fA(0)}^{(1)} = \frac{\dot{E}''}{jX_{ff(1)} + jX_{ff(2)} + jX_{ff(0)}} = \frac{1.0}{1.4 + X_{ff(0)}}$$

两相接地短路时零序电流为

$$\dot{I}_{fA(0)}^{(1,1)} = \frac{jX_{ff(2)}}{j(X_{ff(2)} + X_{ffv(0)})} \frac{\dot{E}''}{jX_{ff(1)} + j(X_{ff(2)} // X_{ff(0)})} = \frac{0.7}{0.7 + X_{ff(0)}} \frac{1.0}{0.7 + \dfrac{0.7X_{ff(0)}}{0.7 + X_{ff(0)}}}$$

由 $3\dot{I}_{fA(0)}^{(1)} = 1.5 \times 3\dot{I}_{fA(0)}^{(1,1)} \Rightarrow X_{ff(0)} = 2.8 \Rightarrow x_n = 0.7$

（2）计算变压器 T1 的 △ 侧各相电压。

以 B 为参考相，$\alpha = e^{j120°}$，$\dot{V}_f^{(0)} = j1.0$，则

$$\dot{I}_{fB(1)}^{(2)} = -\dot{I}_{fB(2)}^{(2)} = \frac{\dot{E}''}{jX_{ff(1)} + jX_{ff(2)}} = \frac{1.0}{1.4} = \frac{5}{7}$$

$$\dot{V}_{fB(1)}^{(2)} = \dot{V}_{fA(2)}^{(2)} = \dot{E}'' - \dot{I}_{fB(1)}^{(2)} jX_{ff(1)} = j1.0 - \frac{5}{7} \times j0.7 = j0.5, \quad \dot{V}_{fB(0)}^{(2)} = 0$$

或因正负序参数相同，得到

$$\dot{V}_{fB(1)}^{(2)} = \dot{V}_{fA(2)}^{(2)} = \frac{1}{2}\dot{V}_f^{(0)} = j\frac{1}{2}$$

变压器 △ 侧（即发电机侧）经转角变换前的各序电压为

$$\dot{V}_{GB(1)} = \dot{E}'' - jX_d''\dot{I}_{fB(1)}^{(2)} = j1.0 - j0.2 \times \frac{5}{7} = j\frac{6}{7}$$

$$\dot{V}_{GB(2)} = -jX_2\dot{I}_{fB(2)} = -j0.2 \times \left(-\frac{5}{7}\right) = j\frac{1}{7}$$

转角变换后，变压器 △ 侧各相电压分别为

$$\begin{cases} \dot{V}_{Ga} = a\dot{V}_{Gb(1)} + a^2\dot{V}_{Gb(2)} = a\dot{V}_{GB(1)}e^{j30°} + a^2\dot{V}_{GB(2)}e^{-j30°} = j\frac{6}{7}\left(-\frac{\sqrt{3}}{2} + j\frac{1}{2}\right) + j\frac{1}{7}\left(-\frac{\sqrt{3}}{2} - j\frac{1}{2}\right) \\ \qquad = -j\frac{\sqrt{3}}{2} - \frac{5}{14} \\ \dot{V}_{Gb} = \dot{V}_{Gb(1)} + \dot{V}_{Gb(2)} = \dot{V}_{GB(1)}e^{j30°} + \dot{V}_{GB(2)}e^{-j30°} = j\frac{6}{7}\left(\frac{\sqrt{3}}{2} + j\frac{1}{2}\right) + j\frac{1}{7}\left(\frac{\sqrt{3}}{2} - j\frac{1}{2}\right) = j\frac{\sqrt{3}}{2} - \frac{5}{14} \\ \dot{V}_{Gc} = a^2\dot{V}_{Gb(1)} + a\dot{V}_{Gb(2)} = a^2\dot{V}_{GB(1)}e^{j30°} + a\dot{V}_{GB(2)}e^{-j30°} = j\frac{6}{7}(-j) + j\frac{1}{7}(j) = \frac{5}{7} \end{cases}$$

7. 某变电站系统如图 4-47 所示。

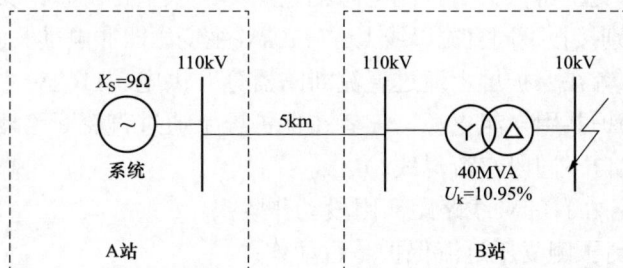

图 4-47　系统图

已知：A 站系统等值阻抗为 9Ω；110kV 线路长度为 5km，线路阻抗为 0.4Ω/km；B 站 110kV 变压器为 YN/d11 接线，额定容量为 40MVA，额定电压为 110/10.5kV，阻抗电压为 10.95%。相关保护部分定值如表 4-2、表 4-3 所示。

表 4-2   110kV 线路 A 站侧保护部分定值

序号	定值名称	整定值	备注
1	相间及接地距离Ⅰ段定值	1Ω	一次值
2	相间及接地距离Ⅱ段定值	10Ω	一次值
3	相间及接地距离Ⅱ段时间定值	0.3s	
4	相间及接地距离Ⅲ段定值	75Ω	一次值
5	相间及接地距离Ⅲ段时间定值	1.5s	

表 4-3   B 站 110kV 变压器高压侧后备保护部分定值

序号	定值名称	整定值	备注
1	复合电压闭锁负序相电压定值	4V	
2	复合电压闭锁相间低电压定值	70V	
3	复合电压闭锁方向过电流定值	303A	一次值
4	复合电压闭锁过流时间	1.2s	跳主变压器各侧
5	过流保护投入	1	
6	过流经复合电压闭锁	1	
7	过流保护经方向闭锁	0	
8	过流保护方向指向	0	
9	过流保护经其他侧复压闭锁	1	

B 站 110kV 主变压器配置主后独立的变压器保护。某日，B 站 10kV 母线发生三相短路故障，同时一段直流母线失电，主变压器低压侧后备保护装置失电。

（1）请简要说明主后独立的变压器保护用直流电源配置原则。

（2）请根据已知参数，分析该故障由哪套保护动作隔离。

（3）分析保护动作是否合理，不合理请分析原因，提出改进建议。

答：

（1）主后独立的变压器保护用直流电源配置原则：双重化配置，其中高压侧后备保护和低压侧后备保护分别接在不同直流母线上。（110kV 主变压器非电量保护宜与高压侧后备保护共用一组电源，二者在保护屏上通过直流断路器分开供电。110kV 主变压器差动保护宜与中、低压侧后备保护共用一组电源，三者在保护屏上通过直流断路器分开供电。两组保护装置电源应分别取自不同段直流母线。）

（2）该故障由 A 站 110kV 线路距离Ⅲ段动作隔离。

1）首先，分析高压侧复压过流保护是否动作：

①由已知参数计算，该 110kV 线路阻抗为

$$Z_{L} = 0.4 \times 5 = 2(\Omega)$$

②由图 4-47 中参数计算，该主变压器阻抗为

$$Z_{k} = (U_{k}\% / 100) \times (U^{2} / S_{e}) = (10.95 / 100) \times (110^{2} / 40) = 33.12(\Omega)$$

③该主变压器低压侧发生三相短路时，流过主变压器高压侧的短路电流为

$$I_k = 110 \times 1000 / 1.732 / (9 + 2 + 33.12) = 1439.49A$$

大于高后备过流定值 303A。

④该站 110kV 母线等值阻抗计算该主变压器低压侧出口发生三相短路时，主变压器高压侧母线电压二次值为

$$U_e[Z_k / (Z_k + X_s)] = 100 \times [33.12 / (33.12 + 9 + 2)] = 75.06(V)$$

母线电压 75.06＞70（复合电压闭锁相间低电压定值），高压侧复压不开放。

⑤因为一段直流母线失压引起该主变压器低压侧后备保护断电，所以低压侧后备保护复压不能开放高后备复压。

因为复压未开放，所以高压侧后备复压过流保护不动作。

2）然后，分析上一级保护，即 A 站 110kV 线路保护是否动作。

A 站侧 110kV 线路保护测量阻抗值为

$$Z_j = Z_L + Z_k = 2 + 33.12 = 35.12(\Omega)$$

①测量阻抗值大于距离Ⅰ段定值 1Ω，所以 110kV 线路距离Ⅰ段不动作。

②测量阻抗值大于距离Ⅱ段定值 10Ω，所以 110kV 线路距离Ⅱ段不动作。

③测量阻抗值小于距离Ⅲ段定值 75Ω，经延时，110kV 线路距离Ⅲ段动作。

故障满足 A 站侧 110kV 线路保护距离Ⅲ段保护动作条件，保护动作隔离故障。

（3）分析保护动作的合理性，并分析原因提出改进建议。

1）保护动作不合理。

2）主变压器低压侧后备保护失电拒动，故障应由主变压器高压侧后备保护动作隔离。但是实际却由 110kV 线路距离Ⅲ段动作隔离故障。

3）改进建议。

①将变压器保护改造为主后一体的装置，并且实现双重化配置，高压侧复压闭锁取高压侧、低压侧或关系。

②低后备保护开放高压侧复压的动作触点改为动断触点，确保装置失电后能够自动开放高压侧复压。

③按要求做好直流系统运维,如定期开展蓄电池核容、直流系统改造等措施，防止直流母线失压。

④将高压侧过流定值按照躲过最大事故过负荷整定，高压侧复压过流保护改为纯过流保护，取消复压闭锁。

8．某 110kV 内桥接线变电站如图 4-48 所示。主变压器为 YN/d11 接线，差动保护在高压侧转角，高压侧转角公式为 $\dot{I}_A = \dot{I}_a - \dot{I}_b$、$\dot{I}_B = \dot{I}_b - \dot{I}_c$、$\dot{I}_C = \dot{I}_c - \dot{I}_a$，差动保护启动值为 180A（一次值）。其内桥 113 开关 TA 接入 1 号变压器差动保护的二次绕组电流 B、C 两相在保护装置上错误的接反了。初始运行方式为 152 经 2 号主变压

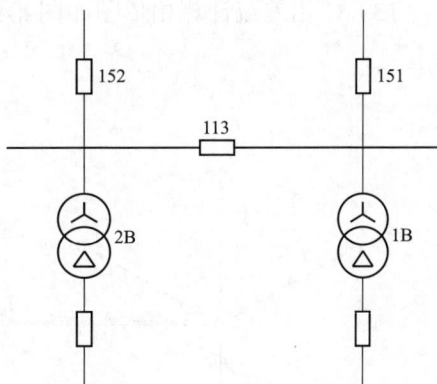

图 4-48 变电站主接线图

229

器带全站负荷，151、113 均为热备用。后因 152 需停电，将运行方式改为 151 经 113 带 2 号主变压器带全站负荷，此时负荷电流为 60A（一次值）。首先合环合上 151 和 113，再断开 152 开关。当操作断开 152 开关步骤后，1 号变压器差动保护跳开 1 号主变压器各侧，试分析差动保护是否该动作，差动保护选相为哪一相。

答：

（1）分析 1 号主变压器 151 和 113 开关的电流，因 1 号主变压器不带负荷，151 开关电流与 113 开关电流大小相等、方向相反，且 113 开关电流的 B、C 相电流接反，做出相量图（见图 4-49）。

（2）分析 1 号主变压器三相差流，因 1 号主变压器不带负荷，只需计算高压侧电流差流。

1）A 相差流计算相量图如图 4-50 所示。

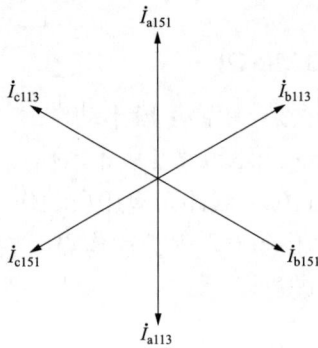

图 4-49　151、113 电流相量图

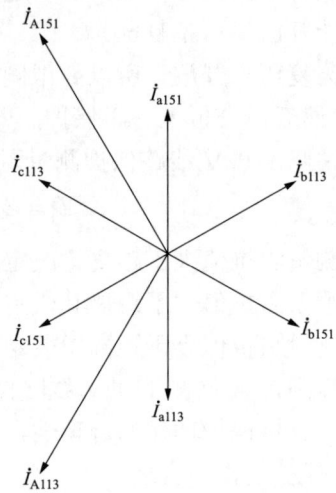

图 4-50　1 号主变压器 A 相差流相量图

因为 $\dot{I}_A = \dot{I}_{A151} + \dot{I}_{A113} = 60 \times 1.732 = 103.9A < 180A$，所以 A 相不动作。

2）B 相差流计算相量图如图 4-51 所示。

因为 $\dot{I}_B = \dot{I}_{B151} + \dot{I}_{B113} = 60 \times 1.732 \times 2 = 207.8A > 180A$，所以 B 相差动保护动作。

3）C 相差流计算相量图如图 4-52 所示。

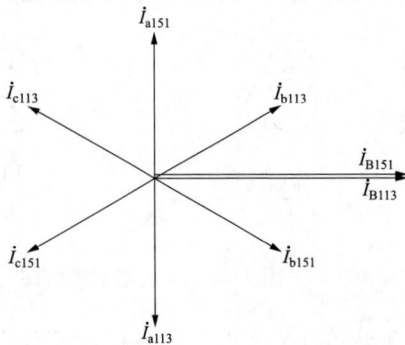

图 4-51　1 号主变压器 B 相差流相量图

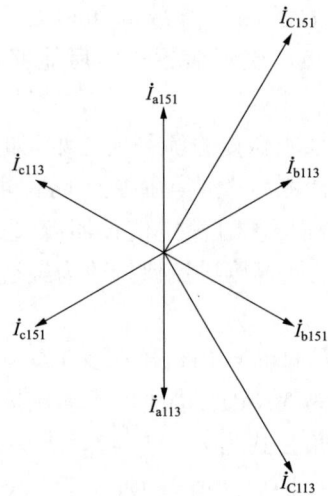

图 4-52　1 号主变压器 C 相差流相量图

因为 $\dot{I}_C = \dot{I}_{C151} + \dot{I}_{C113} = 60 \times 1.732 = 103.9\text{A} < 180\text{A}$ ，所以 C 相不动作。

综上，因 113 开关接入 1 号主变压器差动保护的 B、C 两相电流接反，在负荷电流 60A（一次值）时，会导致 1 号主变压器差动保护动作。选相为 B 相。

9. 已知三相自耦变压器容量为 180/180/90MVA，电压为 220/110/35kV，短路电压比（折算至变压器全容量全电压基准下）测得 $X_{12} = 17\%$ ，$X_{23} = 21\%$ ，$X_{13} = 38\%$ ；系统等值电源 $S_N = 250\text{MVA}$ ，正负序等值阻抗 $X_{S1} = X_{S2} = 0.18$ ，零序等值阻抗 $X_{S0} = 0.24$ ，T2 变压器容量 $S_N = 50\text{MVA}$ 。电压为 110/10.5kV，$U_d = 10.5\%$ ，110kV 输电线路 $X_{L1} = X_{L2} = 0.04\Omega/\text{km}$ ，$X_{L0} = 3X_{L1}$ ，线路全长 40km。如图 4-53 所示，变压器中压侧发生 A 相单相接地故障，试计算出流经中性点零序电流的大小和方向。

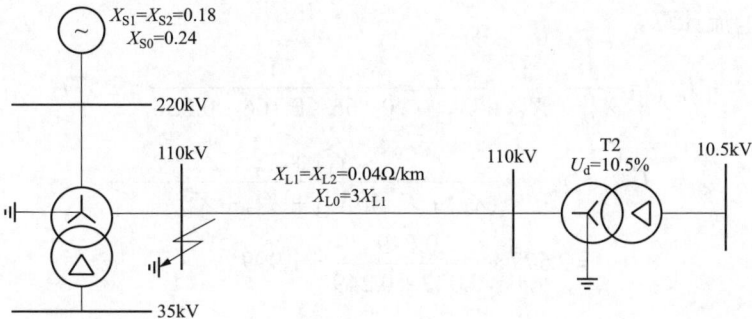

图 4-53 系统图

答：

设基准容量 $S_B = 100\text{MVA}$ ，$U_{B1} = 220\text{kV}$ ，$U_{B2} = 110\text{kV}$ 。

（1）计算出各元件阻抗标幺值。

1）将自耦变各侧阻抗归算至基准容量的标幺值为

$$\begin{aligned}
X_{T1}^* &= 0.5 \times (X_{12} + X_{13} - X_{23}) \times S_B/S_e \\
&= 0.5 \times (0.17 + 0.38 - 0.21) \times 100/180 \\
&= 0.094
\end{aligned}$$

$$\begin{aligned}
X_{T2}^* &= 0.5 \times (X_{12} + X_{23} - X_{13}) \times S_B/S_e \\
&= 0.5 \times (0.17 + 0.21 - 0.38) \times 100/180 \\
&= 0
\end{aligned}$$

$$\begin{aligned}
X_{T3}^* &= 0.5 \times (X_{13} + X_{23} - X_{12}) \times S_B/S_e \\
&= 0.5 \times (0.38 + 0.21 - 0.17) \times 100/180 \\
&= 0.117
\end{aligned}$$

2）系统阻抗归算至基准容量的标幺值为

$$X_{S1}^* = X_{S2}^* = 0.18 \times S_B/S_N = 0.18 \times 100/250 = 0.072$$

$$X_{S0}^* = 0.24 \times S_B/S_N = 0.24 \times 100/250 = 0.096$$

3）110kV 线路阻抗归算至基准容量的标幺值为

$$X_{L1}^* = X_{L2}^* = X_{L1} \times S_B/U_{B2}^2 = 0.04 \times 40 \times 100/12100 = 0.013$$

$$X_{L0}^* = 3X_{L1}^* = 0.039$$

4）T2 变压器阻抗归算至基准容量的标幺值为

$$X_T^* = X_T \times S_B/S_e = 0.105 \times 100/50 = 0.21$$

（2）各序综合阻抗。

$$X_{\Sigma 1}^* = X_{\Sigma 2}^* = X_{S1}^* + X_{T1}^* + X_{T2}^* = 0.072 + 0.094 + 0 = 0.166$$

$$\begin{aligned}
X_{\Sigma 0}^* &= [(X_{S0}^* + X_{T1}^*)//X_{T3}^* + X_{T2}^*]//(X_{L0}^* + X_T^*) \\
&= [(0.096+0.094)//0.117 + 0]//(0.039 + 0.21) \\
&= 0.072//0.249 = 0.056
\end{aligned}$$

（3）短路电流计算。

$$I_{KA0}^* = \frac{1}{X_{\Sigma 1}^* + X_{\Sigma 2}^* + X_{\Sigma 0}^*} = \frac{1}{0.166 + 0.166 + 0.056} = 2.577$$

$$\begin{aligned}
I_{K0M}^* &= I_{KA0}^* \times \frac{X_{L0}^* + X_T^*}{(X_{S0}^* + X_{T1}^*)//X_{T3}^* + X_{T2}^* + X_{L0}^* + X_T^*} \\
&= 2.577 \times \frac{0.249}{0.072 + 0.249} = 1.999
\end{aligned}$$

$$I_{K0H}^* = I_{K0M}^* \times \frac{X_{T3}^*}{X_{S0}^* + X_{T1}^* + X_{T3}^*} = 1.999 \times \frac{0.117}{0.096 + 0.094 + 0.117} = 0.762$$

折算成中压侧有名值，即

$$I_{K0M} = I_{K0M}^* \times \frac{S_B}{\sqrt{3}U_{B2}} = 1.999 \times \frac{100 \times 1000}{\sqrt{3} \times 110} = 1049.2(A)$$

折算成高压侧有名值，即

$$I_{K0H} = I_{K0H}^* \times \frac{S_B}{\sqrt{3}U_{B1}} = 0.762 \times \frac{100 \times 1000}{\sqrt{3} \times 220} = 199.97(A)$$

所以流经中性点零序电流为

$$3I_0 = 3 \times (I_{K0M} - I_{K0H}) = 3 \times (1049.2 - 199.97) = 2547.69(A)$$

中性点零序电流流向为由地流向中性点。

10．如图 4-54 所示，设系统内各元件正、负序阻抗相等，主变压器接线组别 YNd11，变比 110/10，变压器阻抗保护阻抗灵敏角固定为 80°，若主变压器低压侧母线发生 BC 相间短路，试分析阻抗保护动作行为（其他保护不考虑）。

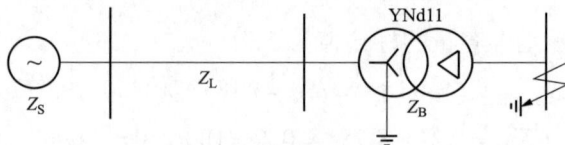

图 4-54　系统图

各元件阻抗后备保护定值及各元件折算到 110kV 侧的阻抗有名值见表 4-4 和表 4-5。

表 4-4　　　　　　　　　　　　各元件阻抗后备保护定值

厂站	保护功能	阻抗定值	时间定值	阻抗角
M 母线处线路保护	接地距离Ⅲ段	10Ω	1.8s	/
	接地距离Ⅲ段四边形	19Ω		/
	正序灵敏角	/	/	80°
主变压器高后备保护	指向主变压器相间阻抗定值	6Ω	0.6s	/
	指向母线相间阻抗定值	11Ω	0.6s	/

表 4-5　　　　　　　　　各元件折算到 110kV 侧的阻抗有名值　　　　　　　　（Ω）

设备名称	正序阻抗	负序阻抗	零序阻抗
Z_L	6∠80°	6∠80°	18∠80°
Z_S	5∠80°	5∠80°	5∠80°
Z_B	4∠80°	4∠80°	12∠80°

答：

（1）主变压器高后备相间阻抗保护。

1）故障点的正、负序综合阻抗为

$$Z_{\Sigma 1} = Z_{\Sigma 2}$$

$$Z_{\Sigma 1} = 6 + 5 + 4 = 15\angle 80°$$

2）三个相间阻抗继电器测量阻抗分别为

$$Z_{ab} = 5\angle 80° + \infty = \infty$$

$$Z_{bc} = 5\angle 80° - j15\angle 80° / \sqrt{3}$$

$$Z_{ca} = 5\angle 80° + j15\angle 80° / \sqrt{3}$$

3）作图分析，由图 4-55 可见三个相间阻抗继电器均落于圆外非动作区，因此主变压器高后备的相间阻抗保护不动作。

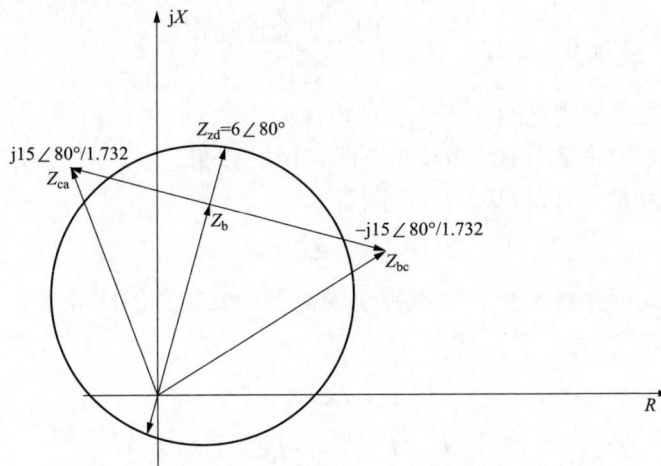

图 4-55　各相间阻抗动作情况

（2）M 处线路接地距离保护。

1）接地阻抗继电器测量阻抗分别为

$$Z_a = 5\angle 80° + 6\angle 80° - j15\sqrt{3}\angle 80°$$

$$Z_b = 5\angle 80° + 6\angle 80° + j15\sqrt{3}\angle 80°$$

$$Z_c = 5\angle 80° + 6\angle 80° = 11\angle 80°$$

2）作图分析，由图 4-56 可见三个接地距离继电器中，Z_a、Z_b 均落于圆外非动作区，不能动作；故障相中的滞后相 Z_c 落于动作区内，作为远后备最终 1.8s 切除故障。

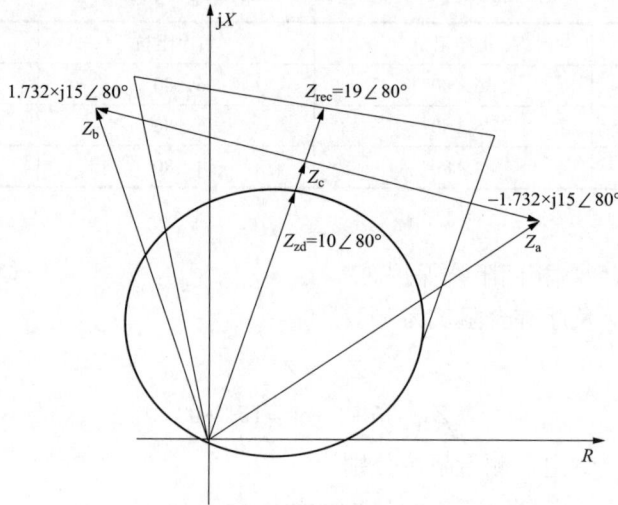

图 4-56 各接地阻抗动作情况

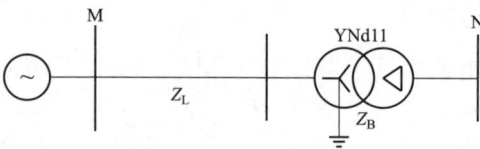

图 4-57 系统图

11. 如图 4-57 所示，当变压器低压侧 N 侧母线发生 BC 相间短路时，若 M 侧阻抗定值为 $Z_L + Z_B$，试计算线路 M 侧的各相接地距离继电器测量阻抗、各相间距离继电器测量阻抗，并说明是否会误动作。

答：

为简化分析，考虑单侧电源，不计负荷电流的影响。

当变压器低压侧母线发生 BC 相间短路时，用对称相量法，取 A 相为特殊相，设变压器低压侧的序分量为 I_1'，I_2'，U_1'，U_2'，则有

$$I_1' = -I_2', \quad U_1' = U_2'$$

将△侧的序分量折算到 Y 侧，则线路电源侧保护安装处的序分量 $\dot{I}_1$、$\dot{I}_2$、$\dot{U}_1$、$\dot{U}_2$ 为（变压器为 YNd11 接线）

$$\dot{I}_1 = I_1'e^{-j30°}$$

$$\dot{I}_2 = I_2'e^{j30°} = -I_1'e^{j30°}$$

$$\dot{U}_1 = [U_1' + I_1'(Z_L + Z_B)]e^{-j30°}$$

$$\dot{U}_2 = U_2' e^{j30°} + \dot{I}_2(Z_L + Z_B) = U_2' e^{j30°} - I_1' e^{j30°}(Z_L + Z_B)$$

保护安装处的各相电压、电流为

$$\dot{U}_A = \dot{U}_1 + \dot{U}_2 = U_1'(e^{-j30°} + e^{j30°}) + I_1'(Z_L + Z_B)(e^{-j30°} - e^{j30°})$$

$$= \sqrt{3}U_1' + I_1'(Z_L + Z_B)e^{-j90°} = \sqrt{3}U_1' - jI_1'(Z_L + Z_B)$$

$$\dot{U}_B = \dot{U}_1 e^{-j120°} + \dot{U}_2 e^{j120°} = U_1'(e^{-j150°} + e^{j150°}) + I_1'(Z_L + Z_B)(e^{-j150°} - e^{j150°})$$

$$= -\sqrt{3}U_1' + I_1'(Z_L + Z_B)e^{-j90°} = -\sqrt{3}U_1' - jI_1'(Z_L + Z_B)$$

$$\dot{U}_C = \dot{U}_1 e^{j120°} + \dot{U}_2 e^{-j120°} = U_1'(e^{j90°} + e^{-j90°}) + I_1'(Z_L + Z_B)(e^{j90°} - e^{-j90°})$$

$$= 0 + 2I_1'(Z_L + Z_B)e^{j90°} = j2I_1'(Z_L + Z_B)$$

$$\dot{I}_A = \dot{I}_1 + \dot{I}_2 = I_1'(e^{-j30°} - e^{j30°}) = I_1' e^{-j90°} = -jI_1'$$

$$\dot{I}_B = \dot{I}_1 e^{-j120°} + \dot{I}_2 e^{j120°} = I_1'(e^{-j150°} - e^{j150°}) = I_1' e^{-j90°} = -jI_1'$$

$$\dot{I}_C = \dot{I}_1 e^{j120°} + \dot{I}_2 e^{-j120°} = I_1'(e^{j90°} - e^{-j90°}) = 2I_1' e^{j90°} = j2I_1'$$

保护安装处接地距离（零序电流为0）、相间距离继电器测量阻抗为

$$Z_A = \frac{\dot{U}_A}{\dot{I}_A} = \frac{\sqrt{3}U_1' - jI_1'(Z_L + Z_B)}{-jI_1'} = Z_L + Z_B + j\sqrt{3}\frac{U_1'}{I_1'}$$

$$Z_B = \frac{\dot{U}_B}{\dot{I}_B} = \frac{-\sqrt{3}U_1' - jI_1'(Z_L + Z_B)}{-jI_1'} = Z_L + Z_B - j\sqrt{3}\frac{U_1'}{I_1'}$$

$$Z_C = \frac{\dot{U}_C}{\dot{I}_C} = \frac{j2I_1'(Z_L + Z_B)}{j2I_1'} = Z_L + Z_B$$

$$Z_{AB} = \frac{\dot{U}_A - \dot{U}_B}{\dot{I}_A - \dot{I}_B} = \frac{2\sqrt{3}U_1'}{0} = \infty$$

$$Z_{BC} = \frac{\dot{U}_B - \dot{U}_C}{\dot{I}_B - \dot{I}_C} = \frac{-\sqrt{3}U_1' - j3I_1'(Z_L + Z_B)}{-j3I_1'} = Z_L + Z_B - j\frac{U_1'}{\sqrt{3}I_1'}$$

$$Z_{CA} = \frac{\dot{U}_C - \dot{U}_A}{\dot{I}_C - \dot{I}_A} = \frac{-\sqrt{3}U_1' + j3I_1'(Z_L + Z_B)}{j3I_1'} = Z_L + Z_B + j\frac{U_1'}{\sqrt{3}I_1'}$$

由以上分析可知，C 相接地距离继电器测量阻抗处于动作边界。

12. 某变压器的比率制动特性以 YN 侧为基本侧时，制动特性斜率 $S = 0.4$，最小动作电流为 2A，拐点电流为 3A，如图 4-58 所示。

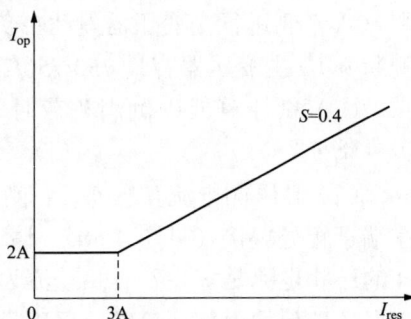

图 4-58 变压器差动保护比率制动特性

动作电流 I_{op}，制动电流 I_{res} 可表示为

$$\dot{I}_{op} = \left| \dot{I}_1 + \dot{I}_2 \right|$$

$$\dot{I}_{res} = \frac{1}{2}\left(\left| \dot{I}_1 \right| + \left| \dot{I}_2 \right| \right)$$

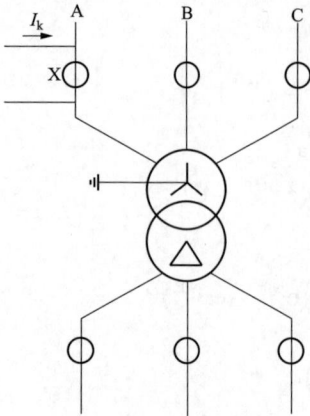

图 4-59　变压器接线图

而 $\dot{I}_1$、$\dot{I}_2$ 分别为变压器两侧折算到基本侧的流入差动回路的电流。设该变压器为 YNd11 接线，差动保护采用△侧移相方式；YN 侧 TA 变比为 600/5，若在图 4-59 示中"X"处断开，仅在该 TA 一次侧通以 $I_k = 2400A$ 电流时，试求 YN 侧流入差动回路的电流，并求该差动保护的灵敏度。

答：

（1）YN 侧流入差动回路的电流分别为

$$I_{ad} = \frac{I - I_0}{N_{TA}} = \frac{2400 - 2400/3}{600/5} = 13.33(A)$$

$$I_{bd} = \frac{0 - I_0}{N_{TA}} = \frac{0 - 2400/3}{600/5} = 6.67(A)$$

$$I_{cd} = \frac{0 - I_0}{N_{TA}} = \frac{0 - 2400/3}{600/5} = 6.67(A)$$

（2）灵敏度。

A 相灵敏度为

$$I_{res} = \frac{1}{2} I_{ad} = 6.67 > 3(A)$$

则

$$I_{op} = 2 + 0.4 \times (6.67 - 3) = 3.47(A)$$

$$K_{sen} = 13.33 / 3.47 = 3.84$$

B、C 相灵敏度相同，即

$$I_{res} = \frac{1}{2} I_{bd} = 3.34 > 3(A)$$

则

$$I_{op} = 2 + 0.4 \times (3.34 - 3) = 2.136(A)$$

$$K_{sen} = 6.67 / 3.47 = 3.12$$

13. YN/YN/d11 的 500kV 主变压器，用 500kV 和 35kV 侧进行主变压器差动带负荷试验（220kV 侧断开），主变压器容量 750/750/240MVA。

（1）试计算低压侧满负荷时，高压侧电流为多少倍 I_e？

（2）高压侧电流互感器（Y 侧）TA 的 B、C 相在端子箱处短接（见图 4-60），请计算此时保护感知的三相电流是多少？三相差流为多少 I_e？已知：主变压器保护内部计算差流采用星转角（标幺值计算），二次 TA 采用星形接线。

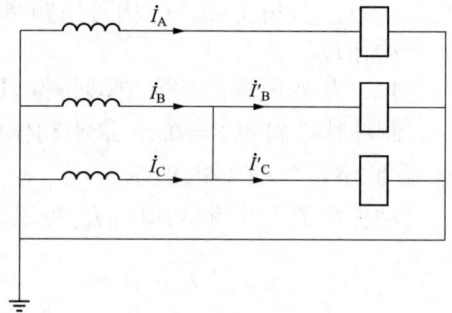

图 4-60　高压侧电流互感器接线图

答：

（1）主变压器容量 750/750/240MVA，低压侧满负荷时，高压侧电流为 $I_A = I_B = I_C = 240/750 = 0.32I_e$

（2）因电流回路阻抗主要由电缆决定，得到

$$\dot{I}_B = \dot{I}_C = -\frac{\dot{I}_A}{2}$$

$$\begin{cases} \dfrac{\dot{I}_{AB}}{\sqrt{3}} = \dfrac{\dot{I}_A - \dot{I}_B}{\sqrt{3}} = \dfrac{\sqrt{3}}{2}I_A \\ \dfrac{\dot{I}_{BC}}{\sqrt{3}} = 0 \\ \dfrac{\dot{I}_{CA}}{\sqrt{3}} = -\dfrac{\sqrt{3}}{2}I_A \end{cases}$$

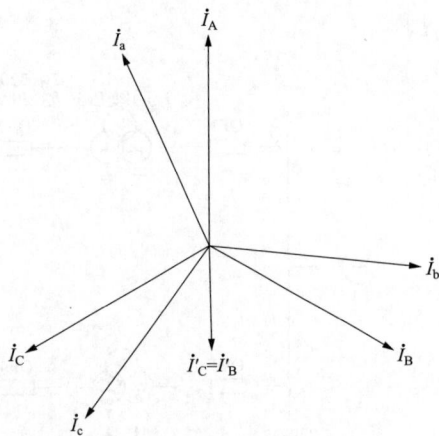

图 4-61　高、低压侧电流相量图

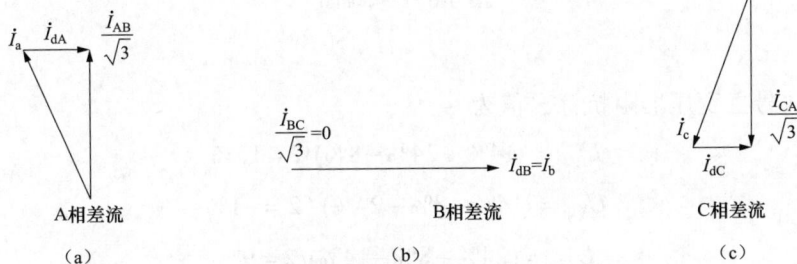

图 4-62　各相差流相量图

（a）A 相差流；（b）B 相差流；（c）C 相差流

由图 4-61、图 4-62 得

$$\begin{cases} I_{dA} = I_{dC} = 0.16I_e \\ I_{dB} = 0.32I_e \end{cases}$$

14．某 220kV 变电站（A 站）的 110kV 送出系统局部电网如图 4-63 所示。已知：1、2 号主变压器压器参数相同，即 $S_N = 180MVA$，$U_N = 230/115/37kV$，$U_{k高-中}\% = 14\%$，$U_{k高-低}\% = 24\%$，$U_{k中-低}\% = 8\%$；3、4 号主变压器参数相同，即 $S_N = 90MVA$，$U_N = 115/10.5kV$，$U_{k高-低}\% = 18\%$；1 号主变压器和 3 号主变压器中性点直接接地，2 号主变压器中性点经间隙接地，4 号主变压器中性点不接地。线路阻抗和相关线路、主变压器零序电流保护（均带方向）定值如图所示。假设：等值电源 S_1 为无穷大系统（$X_0 = X_1 = 0$），不计所有元件电阻，变压器 $X_0 = X_1 = X_2$，不考虑距离保护动作。请问：

（1）取基准容量 $S_B = 100MVA$，基准电压 $U_B = 230$、115、37kV，求所有线路和主变压器阻抗标幺值。

（2）若线路 L1 末端（即 D 站出口处）A 相接地故障，计算流过保护 1 和保护 2 的故障电流。

（3）若此时保护 1 因出口压板未投拒动，请计算分析相关保护动作切除故障的整个过程。

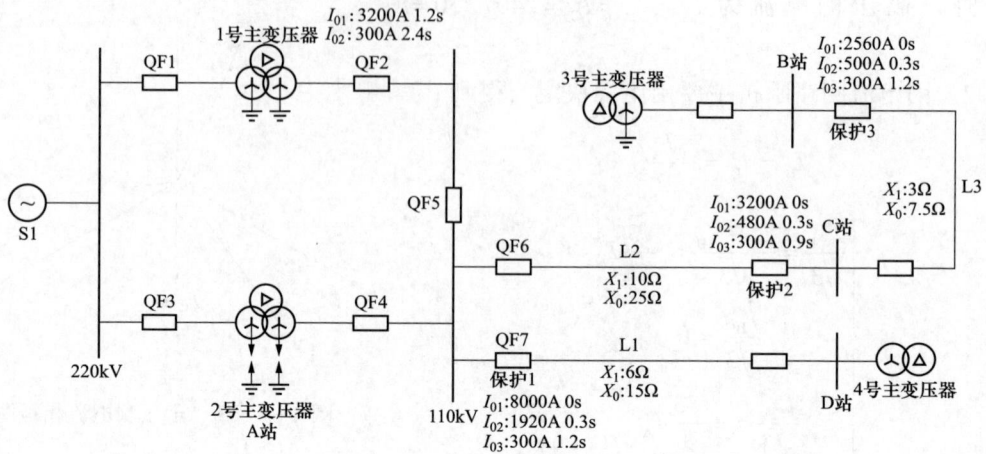

图 4-63　系统图

答：

（1）1、2 号主变压器阻抗标幺值为

$$U_{k高} = (14\% + 24\% - 8\%)/2 = 15\%$$

$$U_{k中} = (14\% + 8\% - 24\%)/2 = -1\%$$

$$U_{k低} = (24\% + 8\% - 14\%)/2 = 9\%$$

则

$$X_{t1高} = 15\% \times \frac{100}{180} = 0.0833$$

$$X_{t1中} = -1\% \times \frac{100}{180} = -0.0056$$

$$X_{t1低} = 9\% \times \frac{100}{180} = 0.05$$

3、4 号主变压器阻抗标幺值为

$$X_{t3} = X_{t4} = 18\% \times \frac{100}{90} = 0.2$$

L1 阻抗标幺值为

$$X_1 = 6 \times \frac{100}{115^2} = 0.0454 ， \quad X_0 = 15 \times \frac{100}{115^2} = 0.1134$$

L2 阻抗标幺值为

$$X_1 = 10 \times \frac{100}{115^2} = 0.0756 ， \quad X_0 = 25 \times \frac{100}{115^2} = 0.1890$$

L3 阻抗标幺值为

$$X_1 = 3 \times \frac{100}{115^2} = 0.0227 , \quad X_0 = 7.5 \times \frac{100}{115^2} = 0.0567$$

（2）故障点正序综合阻抗为

$$X_1 = (0.0833 - 0.0056) / 2 + 0.0454 = 0.0843$$

故障点零序综合阻抗为

$$X_0 = (0.05//0.0833 - 0.0056)//(0.2 + 0.0567 + 0.1890) + 0.1134$$
$$= 0.0256//0.4457 + 0.1134 = 0.1376$$

流过保护 1 的正、负、零序电流为

$$I_1 = I_2 = I_0 = \frac{1}{0.0843 \times 2 + 0.1376} \times \frac{100 \times 100}{\sqrt{3} \times 115} = 1640(\text{A})$$

故障电流为

$$3 \times 1640 = 4920(\text{A})$$

由于流过保护 2 的正、负序电流为零，所以流过保护 2 的故障电流仅有零序分量，即

$$1640 \times \frac{0.0256}{0.0256 + 0.4457} = 89(\text{A})$$

（3）由于流过保护 2、保护 3 的电流为 $3I_0 = 3 \times 89 = 267\text{A}$，未达到 300A 的定值，因此保护 2、保护 3 不会动作。

保护 1 零序 II 段动作，但由于出口压板未投开关未跳开，此时 1 号主变压器中压侧流过电流

$$3I_0 = 4920 - 3 \times 89 = 4563 > 3200(\text{A})$$

因此，1 号主变压器中压侧零序电流保护 I 段 1.2s 动作跳开 110kV 母分开关（QF5）；A 站 110kV 母分开关跳开后，1 号主变压器保护返回。由于 2 号主变压器经间隙接地，零序电流全部由 3 号主变压器提供，此时零序网发生变化，重新计算故障电流如下：

故障点正序综合阻抗为

$$X_1 = 0.0833 - 0.0056 + 0.0454 = 0.1231$$

故障点零序综合阻抗为

$$X_0 = 0.1134 + 0.2 + 0.0567 + 0.1890 = 0.5591$$

流过保护 1 的正、负、零序电流为

$$I_1 = I_2 = I_0 = \frac{1}{0.01231 \times 2 + 0.5591} \times \frac{100 \times 100}{\sqrt{3} \times 115} = 623(\text{A})$$

故障点电流为

$$3 \times 623 = 1869(\text{A})$$

流过保护 2 的故障电流仅有零序分量，所以流过保护 2 的故障电流为

$$3I_0 = 3 \times 623 = 1869(\text{A})$$

0.3s 后，保护 2、保护 3 的零序 Ⅱ 段同时动作跳闸。保护 2、保护 3 动作跳闸后，故障变成不接地系统单相接地，A 站 110kV 母线零序电压很高，2 号主变压器中性点间隙击穿，间隙零序保护动作切除 2 号主变压器三侧。

15．如图 4-64 所示，220kV 甲站 110kV 双母并列运行：1 号主变压器 101 开关、甲戊线 103 开关、甲己线 106 开关在 Ⅰ 母运行；2 号主变压器 102 开关、甲乙线 110 开关、甲丙线 109 开关、甲丁线 105 开关在 Ⅱ 母运行，母联 100 开关合环运行。1 号主变压器高、中压侧中性点直接接地运行，2 号主变压器高、中压侧中性点经间隙接地运行。

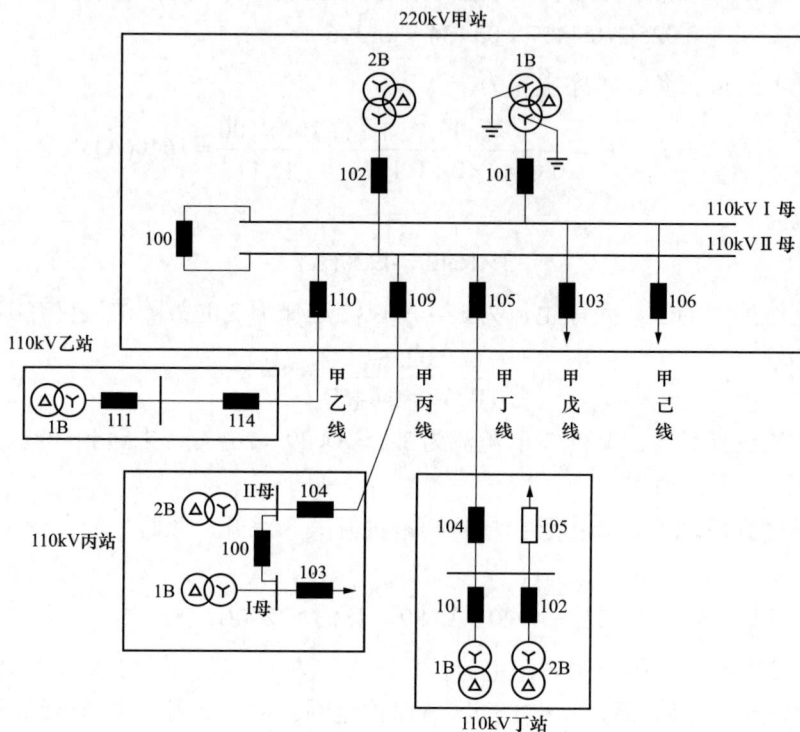

图 4-64　系统图

××××年××月××日 00 时 02 分 45 秒 640 毫秒，220kV 甲站 1 号主变压器中后备零序过流 Ⅱ 段一时限动作出口，跳开 110kV 母联 100 开关。

00 时 02 分 46 秒 115 毫秒，110kV 甲丙线保护零序 Ⅰ 段动作出口跳闸，重合成功。

00 时 02 分 47 秒 673 毫秒，110kV 甲乙线保护相间距离 Ⅱ 段动作出口跳闸，重合成功。

00 时 04 分 36 秒 412 毫秒，110kV 丙站 1 号主变压器高后备间隙过压动作，跳开 1 号主变压器两侧开关；00 时 04 分 36 秒 417 毫秒，110kV 丙站 2 号主变压器高后备间隙过压动作，跳开 2 号变压器两侧开关。

00 时 04 分 36 秒 416 毫秒，110kV 丁站 1 号主变压器高后备间隙过压动作，跳开 1 号主变压器两侧开关。

00 时 04 分 36 秒 416 毫秒，110kV 丁站 2 号主变压器高后备间隙过压动作，跳开 2 号主变压器两侧开关；00 时 04 分 36 秒 462 毫秒，110kV 乙站 1 号主变压器高后备间隙过压动作，跳开 1 号主变压器两侧开关；00 时 04 分 36 秒 512 毫秒，220kV 甲站 2 号主变压器中后备零序过压动作，跳开 2 号变压器三侧开关，具体事故信息如表 4-6 所示。

表 4-6　　　　　　　　　　　　　　事 故 信 息

启动时间	站名（间隔）	保护动作情况	备注
00:02:43:930	甲站：1 号主变压器	1 号主变压器中后备零序Ⅱ段一时限动作出口，跳开母联 100 开关	中压侧零序Ⅱ段定值：10A，一时限 1.7s 跳分段
00:02:44:074	甲站：甲乙线 110 开关	相间距离Ⅱ段动作，跳开甲乙线 110 开关	甲乙线相间距离定值：3.7 欧，1.5s
	甲站：甲乙线 110 开关	重合闸动作，开关重合成功	重合闸定值：5s
00:02:45:953	甲站：甲丙线 109 开关	零序过流Ⅰ段动作，跳开甲丙线 109 开关	零序Ⅰ段定值：3A，0.15s，投方向
	甲站：甲丙线 109 开关	重合闸动作，开关重合成功	重合闸定值：5s
00:04:36:008	甲站：2 号主变压器	间隙过压动作出口，跳开主变压器三侧	定值：180V，0.5s
00:04:35:932	乙站：1 号主变压器	间隙过压动作出口，跳开主变压器两侧	定值：180V，0.5s
00:04:35:936	乙站：2 号主变压器	间隙过压动作出口，跳开主变压器两侧	定值：180V，0.5s
00:04:35:936	丙站：2 号主变压器	间隙过压动作出口，跳开主变压器两侧	定值：180V，0.5s
00:04:35:964	丙站：1 号主变压器	间隙过压动作出口，跳开主变压器两侧	定值：180V，0.5s

通过分析以上事故信息，简要回答以下问题：

（1）简述故障点位置范围、故障类型以及发生转换过程。

（2）故障过程中以上各保护动作结果是否正确？

（3）导致不正确动作的可能原因是什么？

答：

根据保护动作情况，故障分为两阶段。

（1）第一阶段：1 号主变压器中后备零序过流Ⅱ段一时限动作，随后Ⅱ母 110kV 甲丙线保护零序Ⅰ段动作出口，110kV 甲乙线保护相间距离Ⅱ段动作出口。可以分析出：第一发生的是接地故障；第二故障点在 110kV 甲乙线或 110kV 甲丙线上。因为故障不可能在Ⅰ母或者Ⅰ母的出线上，故障也不可能在Ⅱ母上，如果在Ⅱ母上，第一 110kV 母差会动作，第二线路保护不会动，第三重合不可能会成功。

110kV 甲丙线保护零序Ⅰ段动作出口时，110kV 母联 100 开关已经跳开，假如故障点在 110kV 甲丙线上，Ⅱ段母线上没有其他接地点，保护不可能动作，所以故障点应该在 110kV 甲乙线上，110kV 甲丙线保护零序Ⅰ段会动作。其中，110kV 甲丙线保护零序Ⅰ段动作是因为母联 100 开关跳开后，不接地系统发生接地短路导致中性点电压升高，丙站主变压器中性点击穿，110kV 甲丙线保护零序Ⅰ段误动。

发生接地短路，110kV 甲乙线接地和零序保护不动，而是相间距离Ⅱ段动作，其原因是接地和零序保护有问题，故障发展为相间故障以后，相间距离 II 段动作。

通过以上分析：导致不正确动作的可能原因是 110kV 甲乙线接地和零序保护定值、压板、电流电压回路存在缺陷，导致接地故障时保护拒动，主变压器保护越级动作。

1）110kV 甲乙线接地距离和零序保护拒动；

2）1 号主变压器中后备零序过流 II 段越级动作；

3）110kV 甲丙线保护零序 I 段误动作；

4）110kV 甲乙线保护相间距离 II 段正确动作。

（2）第二阶段：110kV 甲乙线再次发生接地故障，由于 220kV 甲站 II 母此时为不接地系统，各变电站主变压器中性点间隙电压正确动作。

16．YNd11 两卷变压器系统图如图 4-65 所示，容量为 60MVA，高压侧额定电压为 110kV，低压侧额定电压为 10.5kV，短路电压比为 20%，低压侧经接地变压器（接线形式为 YNd11）直接接地，接地变压器接于低压侧母线，接地变压器零序阻抗为 1.1Ω，变压器高压侧接无穷大系统，低压侧不带负荷，低压侧区内发生 A 相接地故障时，各侧电流指向变压器为正，计算故障点故障电流、高压侧三相电流、低压侧三相电流、低压侧三相电压和三相纵差差流的相量值。（计算结果可使用标幺值或有名值，纵差转角方式采用 Y 转△）

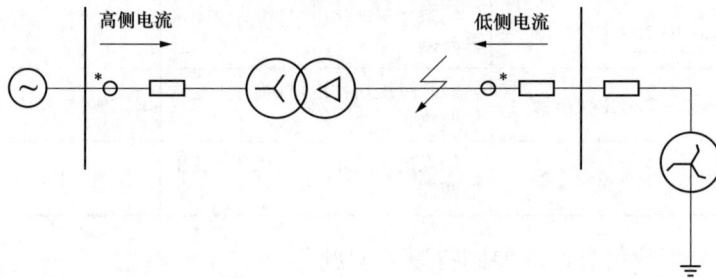

图 4-65　系统图

答：

取 $S_B = 60\text{MVA}$，$U_B = 110\text{kV}$，$I_B = \dfrac{S_B}{\sqrt{3}U_B}$，$Z_B = \dfrac{U_B}{\sqrt{3}I_B}$。

（以下取标幺值）

正序阻抗为

$$Z_1 = X_T = 0.2$$

负序阻抗为

$$Z_2 = X_1 = 0.2$$

零序阻抗为

$$Z_0 = Z_{J0} = \frac{1.1 \times \left(\dfrac{110}{10.5}\right)^2}{Z_B} = 1.1 \times \frac{60}{10.5^2} = 0.6$$

A 相接地故障特征为

$$I_{fb} = I_{fc} = 0 \ ; \ U_{fa} = 0$$

序分量特征为

$$I_{f1} = I_{f2} = I_{f0}$$

取 $\dot{E} = E\angle 0° = 1\angle 0°$，即

$$I_{f1} = I_{f2} = I_{f0} = \frac{\dot{E}}{\mathrm{j}(Z_1 + Z_2 + Z_0)} = \frac{1\angle 0°}{\mathrm{j}(0.2 + 0.2 + 0.6)} = 1\angle -90°$$

$$\dot{U}_{f1} = \mathrm{j}(Z_2 + Z_0)\dot{I}_{f1} = 0.8\angle 0°$$

$$\dot{U}_{f2} = -\mathrm{j}Z_2\dot{I}_{f1} = 0.2\angle 180°$$

$$\dot{U}_{f0} = -\mathrm{j}Z_0\dot{I}_{f1} = 0.6\angle 180°$$

$$\dot{U}_A = \dot{U}_{f1} + \dot{U}_{f2} + \dot{U}_{f0} = 0$$

$$\dot{U}_B = \alpha^2\dot{U}_{f1} + \alpha\dot{U}_{f2} + \dot{U}_{f0} = 0.8\angle -120° + 0.2\angle -60° + 0.6\angle 180° = 1.249\angle 224°$$

$$\dot{U}_C = \alpha^2\dot{U}_{f1} + \alpha\dot{U}_{f2} + \dot{U}_{f0} = 0.8\angle -120° + 0.2\angle 60° + 0.6\angle 180° = 1.249\angle 134°$$

其中，$\alpha = \mathrm{e}^{\mathrm{j}120°}$，因为接地变只流过零序电流，且接线形式为 YNd11，所以低压侧 TA 只流过零序电流，高压侧只流过正负序电流，得到

$$\dot{I}_{LA} = \dot{I}_{LB} = \dot{I}_{LC} = \dot{I}_{f0} = 1\angle -90°$$

$$\dot{I}_{H1} = \dot{I}_{f1}e^{\mathrm{j}30°} = 1\angle -120°$$

$$\dot{I}_{H2} = \dot{I}_{f2}e^{\mathrm{j}30°} = 1\angle -60°$$

$$\dot{I}_{H0} = 0$$

$$\dot{I}_{HA} = \dot{I}_{H1} + \dot{I}_{H2} + \dot{I}_{H0} = \sqrt{3}\angle -90°$$

$$\dot{I}_{HB} = \alpha^2\dot{I}_{H1} + \alpha\dot{I}_{H2} + \dot{I}_{H0} = \sqrt{3}\angle 90°$$

$$\dot{I}_{HC} = \alpha\dot{I}_{H1} + \alpha^2\dot{I}_{H2} + \dot{I}_{H0} = 0$$

$$\dot{I}_{dA} = (\dot{I}_{HA} + \dot{I}_{HB})/\sqrt{3} + \dot{I}_{LA} = 3\angle -90°$$

$$\dot{I}_{dB} = (\dot{I}_{HB} + \dot{I}_{HC})/\sqrt{3} + \dot{I}_{LB} = 0$$

$$\dot{I}_{dC} = (\dot{I}_{HC} + \dot{I}_{HA})/\sqrt{3} + \dot{I}_{LC} = 0$$

以下取有名值，即

$$\dot{I}_{LA} = \dot{I}_{f0} = \frac{60}{\sqrt{3}\times 10.5}\times 1\angle -90° = 3.3\angle -90°(\mathrm{kA})$$

$$\dot{I}_{LB} = \dot{I}_{f0} = 3.3\angle -90°(\mathrm{kA})$$

$$\dot{I}_{LC} = \dot{I}_{f0} = 3.3\angle -90°(\mathrm{kA})$$

$$\dot{I}_{HA} = \dot{I}_{Hf1} + \dot{I}_{Hf2} + \dot{I}_{Hf0} = \frac{60}{\sqrt{3}\times 110}\times \sqrt{3}\angle -90° = 0.55\angle -90°(\mathrm{kA})$$

$$\dot{I}_{HB} = \alpha^2\dot{I}_{Hf1} + \alpha\dot{I}_{Hf2} + \dot{I}_{Hf0} = \frac{60}{\sqrt{3}\times 110}\times \sqrt{3}\angle 90° = 0.55\angle 90°(\mathrm{kA})$$

$$\dot{I}_{HC} = \alpha\dot{I}_{Hf1} + \alpha^2\dot{I}_{Hf2} + \dot{I}_{Hf0} = 0$$

$$\dot{I}_{dA} = (\dot{I}_{HA} - \dot{I}_{HB})/\sqrt{3} + k\dot{I}_{LA} = 1.1\angle -90°/\sqrt{3} + 10.5/110\times 3.3\angle -90° = 0.95\angle -90°(\mathrm{kA})$$

$$\dot{I}_{dB} = (\dot{I}_{HB} + \dot{I}_{HC})/\sqrt{3} + k\dot{I}_{LB} = 0$$

$$\dot{I}_{dC} = (\dot{I}_{HC} + \dot{I}_{HA})/\sqrt{3} + k\dot{I}_{LC} = 0$$

$$k = \dot{U}_L/\dot{U}_H$$

17. 某 110kV 终端系统接线如图 4-66 所示。其中，甲侧配置线路保护，乙侧不配置线路保护，主变压器配置微机保护。

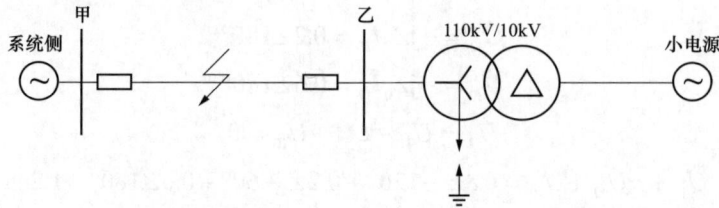

图 4-66　系统图

某次线路故障时乙侧的故障录波图如图 4-67 所示，电压为乙侧 110kV 母线电压、电流为主变压器 110kV 侧电流。请根据录波图分析回答：

（1）线路发生何种故障？

（2）T_1 时刻发生何种事件，导致主变压器高压侧电流消失？

（3）T_1 至 T_2 时段，母线电压为何发生变化？

（4）T_2 时刻发生何种事件，使得主变压器高压侧又出现电流；T_2 至 T_3 时段电流电压为何同时逐渐衰减？

（5）T_4 时刻系统发生何种事件，此时主变压器高压侧电流呈现何种特性？

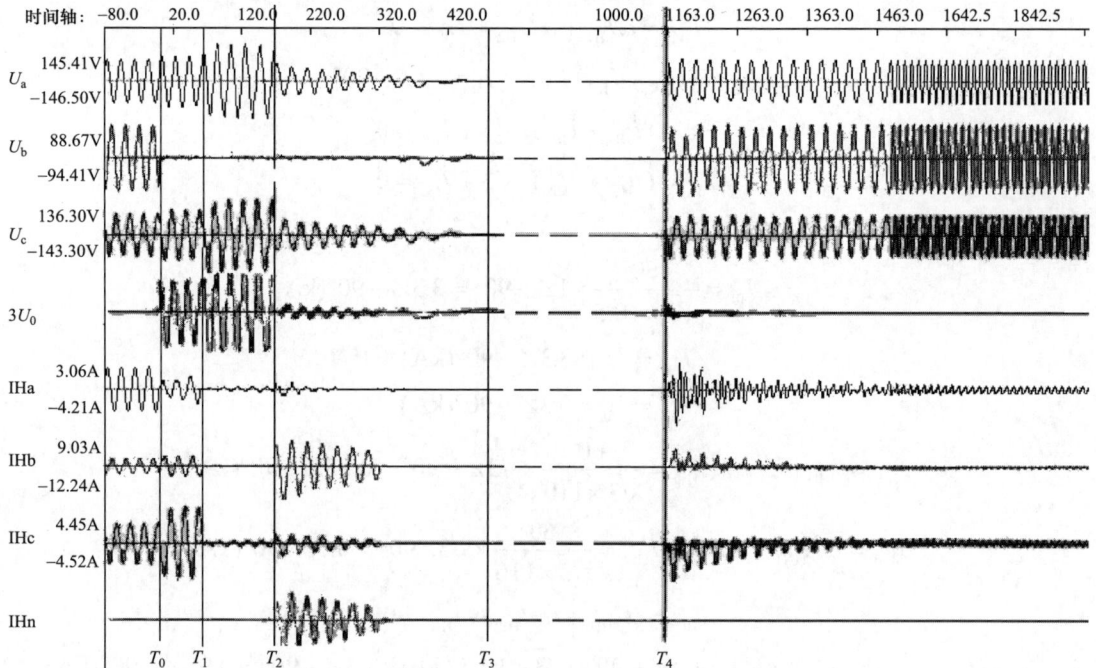

图 4-67　线路乙侧故障录波

答：

（1）线路发生 B 相瞬时性接地故障。

（2）T_1 时刻，甲侧线路保护动作跳开甲侧断路器。虽然 B 相故障仍然存在，但因乙侧与主网解列而成为不接地系统，故主变压器高压侧电流消失。

（3）甲侧线路保护动作跳开甲侧断路器后，乙侧与主网解列而成为不接地系统。因 B 相接地故障仍然存在，在小电源的作用下，110kV 母线 C、A 相上升，母线零序电压上升，主变压器中性点电压偏移。

（4）T_2 时刻，主变压器中性点间隙击穿，系统恢复成接地系统，在小电源作用下，主变压器 110kV 侧又出现故障电流。小系统无法长期单独运行，电流、电压逐步衰减直至小电源解列。

（5）T_4 时刻，甲侧线路保护重合成功。此时主变压器高压侧电流呈现励磁涌流特性。

18. 已知一台主变压器为 YN/YN/d11 接线，变比 225/115/37，三侧额定容量 180/180/180MVA。主变压器差动保护用高中低三侧 TA 变比分别为 2000/5、2000/5、3000/5。试计算低压侧 A 相 TA 断线时，差动保护各相差流标幺值及动作情况（低压侧负荷电流 2700A，中压侧空载）。已知差动保护在 Y 侧滤零，在 d 侧转角。制动电流（I_r）取三侧差流计算电流绝对值之和的 1/2，比率制动特性如图 4-68 所示（其中 $I_{qd} = 0.5I_e$，$I_{r1} = 0.5I_e$、$I_{r2} = 6I_e$、$K_1 = 0.2$、$K_2 = 0.5$、$K_3 = 0.7$）。

图 4-68　变压器差动保护比率制动特性

答：

（1）写出差动保护动作方程为

$$\begin{cases} I_d > 0.2I_r + I_{qd}, \ I_r < I_{r1} \\ I_d > 0.2I_r + I_{qd} + 0.5(I_r - I_{r1}), \ I_{r1} \leqslant I_r < I_{r2} \\ I_d > 0.2I_r + I_{qd} + 0.5(I_{r2} - I_{r1}) + 0.7(I_r - I_{r2}), \ I_{r2} \leqslant I_r \end{cases}$$

（2）低压侧 A 相 TA 断线时，负荷电流为

$$I = \frac{I_a}{\dfrac{S_B}{\sqrt{3}U_{B3}}} = \frac{2700}{\dfrac{1800 \times 1000}{\sqrt{3} \times 37}} = 0.96I_e$$

A 相的制动电流与差动电流为

$$I_{da} = \left| (\dot{I}_A - \dot{I}_0) + \frac{\dot{I}_a - \dot{I}_c}{\sqrt{3}} \right| = \left| (0.96I_e \angle 0° - 0) + \frac{0 - 0.96I_e \angle -30°}{\sqrt{3}} \right| = 0.554I_e$$

$$I_{ra} = \frac{\left| (\dot{I}_A - \dot{I}_0) \right| + \left| \dfrac{\dot{I}_a - \dot{I}_c}{\sqrt{3}} \right|}{2} = \frac{\left| (0.96I_e \angle 0° - 0) \right| + \left| \dfrac{0 - 0.96I_e \angle -30°}{\sqrt{3}} \right|}{2} = 0.758I_e$$

当制动电流 $I_{ra} = 0.758I_e$ 时，需要的差流动作值为

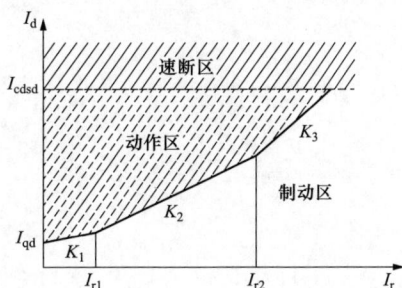

$$I'_{da} = 0.2I_{r1} + I_{qd} + 0.5(I_{ra} - I_{r1}) = 0.2 \times 0.5I_e + 0.5I_e + 0.5 \times (0.758I_e - 0.5I_e) = 0.729I_e$$

因为 $I_{da} < I'_{da}$，可见，虽然差动电流大于启动门槛，但是由于制动作用，A 相差动不动作。

（3）低压侧 A 相 TA 断线时，B、C 相的制动电流和差动电流 $I_{rb} = 0.758I_e$，$I_{db} = 0.554I_e$。

当制动电流 $I_{rb} = 0.758I_e$ 时，需要的差流动作值 $I'_{db} = 0.729I_e$。

因为 $I_{db} < I'_{db}$，可见，虽然差流大于启动门槛，但是由于制动作用，B 相差动不动作。

$$I_{rc} = 0.96I_e, \quad I_{dc} = 0I_e$$

由此可见，此时 C 相制动电流最大，C 相差流为零，因此 C 相差动元件不动作。

第五章

二次回路与反措

一、选择题

1. 关于微机保护的二次回路抗干扰措施，以下描述正确的是（　　　）。

A. 强电和弱电回路不得合用同一根电缆

B. 电缆芯在开关场及主控室同时接地

C. 双屏蔽层的二次电缆，外屏蔽层应两端接地

D. 单屏蔽层的二次电缆，屏蔽层应两端接地

答案： ACD

解析： 根据继电保护规程相关要求，在二次回路中应采用下列抗干扰措施：

（1）在电缆敷设时，应充分利用自然屏蔽物的屏蔽作用，必要时，可与保护用电缆平行设置专用屏蔽线。

（2）采用铠装铅包电缆或屏蔽电缆。单屏蔽层的二次电缆，屏蔽层应两端接地；双屏蔽层的二次电缆，外屏蔽层应两端接地，内屏蔽层宜一点接地。

（3）强电和弱电回路不得合用同一根电缆。

（4）保护用电缆与电力电缆不应同层敷设。

（5）保护用电缆敷设路径应尽可能离开高压母线及高频暂态电流的入地点，如避雷器和避雷针的接地点，以及并联电容器、电容式电压互感器、结合电容及电容式套管等设备。

2. 继电保护所使用的电流互感器，其稳态变比误差及角误差的范围是（　　　）。

A. 稳态变比误差不大于 10%，角误差不大于 3°

B. 稳态变比误差不大于 10%，角误差不大于 7°

C. 稳态变比误差不大于 5%，角误差不大于 3°

D. 稳态变比误差不大于 5%，角误差不大于 7°

答案： B

解析： 用于保护的电流互感器的准确度要求为：

（1）普通保护：5P 级、10P 级。正常情况下（在额定电流下），5P 级的变比误差为 ±1%，10P 级的变比误差为 ±3%；在额定准确限值一次电流下，5P 级的变比误差为 ±5%，10P 级的变比误差为 ±10%。

（2）特殊保护：TPX 级、TPY 级、TPZ 级。正常情况下（在额定电流下），TPX 级的变比误差为 ±0.5%，TPY 级的变比误差为 ±1%、TPZ 级的变比误差为 ±1%；在额定准确限值一次电流下，TPX 级、TPY 级、TPZ 级的变比误差均为 ±10%。

一次电流与二次电流相量的相位差称为电流互感器的相位差，也称角误差，其单位通

常用 min 或 crad 表示，一般角误差为 7°。

3．关于继电保护用二次回路，以下说法正确的是（　　）。

A．来自开关场的电压互感器二次回路的 4 根引入线和互感器开口三角绕组的 2 根引入线均应使用各自独立的电缆，不得共用

B．电流互感器的二次回路必须分别并且只能有一点接地，独立的且与其他互感器二次回路没有电的联系的电流互感器二次回路，宜在开关场实现一点接地

C．对双重化配置的保护的电流回路、电压回路、直流电源回路、双跳闸线圈的控制回路等，两套系统不应合用同一根电缆

D．为避免形成寄生回路，在任何情况下均不得并接第一、第二组跳闸回路

答案：ABCD

解析：《电力系统继电保护及安全自动装置反事故措施要点》《继电保护和安全自动装置技术规程》（GB/T 14285—2023）要求：来自开关场的电压互感器二次回路的 4 根引入线和互感器开口三角绕组的 2 根引入线均应使用各自独立的电缆，不得共用。

《继电保护和安全自动装置技术规程》（GB/T 14285—2023）、《电力系统继电保护及安全自动装置反事故措施要点》《火力发电厂、变电站二次接线设计技术规程》（DL/T 5136—2012）要求：电流互感器的二次回路必须分别并且只能有一点接地。独立的且与其他互感器二次回路没有电的联系的电流互感器二次回路，宜在开关场实现一点接地。由几组电流互感器绕组组合且有电路直接联系的回路，电流互感器二次回路宜在第一级和电流处一点接地。备用电流互感器二次绕组应在开关场短接并一点接地。

为满足保护冗余配置，设计规范要求：对双重化配置的保护的电流回路、电压回路、直流电源回路、双跳闸线圈的控制回路等，两套系统不应合用同一根电缆。

4．电力系统短路故障电流互感器发生饱和时，关于二次电流波形特征说法正确的是（　　）。

A．波形失真，伴随谐波出现

B．过零点提前，波形缺损

C．二次电流的饱和点可在该半周期内任何时刻出现，随一次电流大小而变

D．一次电流越大时，过零点提前越多

答案：ABD

解析：电流互感器饱和分为稳态饱和和暂态饱和，饱和后二次电流的特点如下：

（1）非线性：当铁芯饱和时，其磁导率会发生变化，从而导致磁通密度与磁场强度之间不再呈线性关系。因此在饱和区域内，二次电流与一次电流之间不再呈线性关系。波形失真，伴随谐波出现。

（2）非对称性：当铁芯饱和时，因为磁通密度与磁场强度之间不再呈线性关系，所以正、负半周中二次电流的大小和相位会发生变化，从而导致非对称，波形偏向时间轴的一侧，波形过零点提前，并且二次电流越大，饱和越严重，过零点提前越多。

（3）非稳态性：当一次电流经过饱和区域时，二次电流的大小和相位都会发生变化。因此在饱和区域内，二次电流处于一个非稳态的状态。

（4）非精确性：因铁芯饱和引起的非线性、非对称、非稳态等特性，导致二次电流的

准确度下降。

5. 某变电站站内直流系统电压为 220V。在 220kV 母线保护检验工作完毕后、投入出口连接片之前，通常用万用表测量跳闸连接片电位。当断路器分别处于分闸位置和合闸位置时，连接片上端正确的状态应该是（　　）。

A．分闸时，对地为+110V 左右；合闸时，对地为–110V 左右

B．分闸时，对地为–110V 左右；合闸时，对地为+110V 左右

C．分闸、合闸时，均为–110V 左右

D．分闸、合闸时，均为+110V 左右

答案： C

解析： 母线保护跳闸出口采用操作箱 TJR 继电器，直流系统正常运行情况下，只要操作箱正常带电，TJR 继电器均带负电，因此无论断路器分别处于分闸位置还是合闸位置，跳闸连接片上端的电位都是–110V。

6. 出口继电器作用于断路器跳（合）闸线圈时，其触点回路中串入的电流自保持线圈应满足的条件包括（　　）。

A．自保持电流大于额定跳（合）闸电流的一半左右，线圈压降小于 5%额定值

B．出口继电器的电压启动线圈与电流自保持线圈的相互极性关系正确

C．电流与电压线圈间的耐压水平不低于交流 1500V、1min 的试验标准（出厂试验为交流 2000V、1min）

D．电流自保持线圈接在出口触点与断路器控制回路之间

答案： BD

解析：《继电保护和安全自动装置技术规程》（GB/T 14285—2023）要求：

对于单出口继电器，可以在出口继电器跳（合）闸触点回路中串入电流自保持线圈，并满足如下条件：

（1）自保持电流不应大于额定跳（合）闸电流的 50%，线圈压降小于额定值的 5%。

（2）出口继电器的电压启动线圈与电流自保持线圈的相互极性关系正确。

（3）电流与电压线圈间的耐压水平不低于交流 1000V、1min 的试验标准（出厂试验应为交流 2000V、1min）。

（4）电流自保持线圈接在出口触点与断路器控制回路之间。

7. 某电流互感器的变比为 1500/1，二次接入负载阻抗 5Ω（包括电流互感器二次漏抗及电缆电阻），电流互感器伏安特性试验得到的一组数据为电压 120V 时，电流为 1A。试问当其一次侧通过的最大短路电流为 30000A 时，其变比误差（　　）规程要求。

A．满足
B．不满足

C．无法确定
D．以上均不正确

答案： A

解析：

方法 1：

某点伏安特性 $I_0 = 1A$，$U_2 = 120V$。

故障电流折算到二次侧为 $30000/1500 = 20A$，按 $I_0 = 1A$ 计算，$U_2' = (20-1) \times 5 = 95V$，

小于 120V，TA 合格。

方法 2：

根据 $I_0 = 1A$，$U_2 = 120V$，计算变比误差为 $(20-19)/20 = 5\%$，小于规程 10%的要求，TA 合格。

8. 500kV 线路保护、母差保护、断路器失灵保护用电流互感器二次绕组推荐配置原则说法正确的是（　　）。

A．线路保护宜选用 TPY 级

B．母差保护可根据保护装置的特定要求选用适当的电流互感器

C．断路器失灵保护可选用 TPS 级

D．断路器失灵保护宜选用 TPY 级

答案： ABC

解析：《继电保护和安全自动装置技术规程》（GB/T 14285—2023）、《互感器　第 2 部分：电流互感器的补充技术要求》（GB/T 20840.2—2014）明确继电保护用电流互感器二次绕组配置原则：

（1）电流互感器二次绕组的配置应满足《电流互感器和电压互感器选择及计算导则》（DL/T 866—2015）的要求。

（2）500kV 线路保护、母差保护、断路器失灵保护用电流互感器二次绕组推荐配置原则：①线路保护宜选用 TPY 级；②母差保护可根据保护装置的特定要求选用适当的电流互感器；③断路器失灵保护可选用 TPS 级或 5P 等二次电流可较快衰减的电流互感器，不宜使用 TPY 级。

9. 变电站直流系统处于正常状态，某 110kV 线路断路器处于断开位置，控制回路正常带电，利用万用表直流电压档测量该线路纵联保护跳闸出口连接片的对地电位，出口连接片处于断开状态，正确的状态应该是（　　）。

A．连接片上口对地电压为+110V 左右　　　B．连接片上口对地电压为−110V 左右

C．连接片下口对地电压为+220V 左右　　　D．连接片下口对地电压为 0V 左右

答案： AD

解析： 110kV 线路保护装置的跳闸点，直接接至操作箱的跳闸出口回路中，在直流系统正常运行情况下，110kV 线路断路器处于断开位置，操作箱跳闸回路断开，分闸位置继电器将直流电源正电+110V 引入出口连接片上口。因为出口连接片处于断开状态，所以连接片下口对地电压为 0V 左右。

10. 在操作箱中，关于断路器位置继电器线圈接法，下列说法正确的是（　　）。

A．TWJ 在跳闸回路中，HWJ 在合闸回路中

B．TWJ 在合闸回路中，HWJ 在跳闸回路中

C．TWJ、HWJ 均在跳闸回路中

D．TWJ、HWJ 均在合闸回路中

答案： B

解析： 分闸位置继电器 TWJ 用来监视断路器合闸回路是否接通，故 TWJ 在合闸回路中；合闸位置继电器 HWJ 用来监视断路器分闸回路是否接通，故 HWJ 在分闸回路中。

11．电力系统短路故障时，电流互感器饱和是需要时间的。下列因素与饱和时间有关的是（　　）。

A．电流互感器剩磁越大，饱和时间越长

B．二次负载阻抗减小，可增长饱和时间

C．饱和时间受短路故障时电压初相角影响

D．饱和时间受一次回路时间常数影响

答案：BCD

解析：影响电流互感器饱和时间的因素有：

（1）剩磁。铁芯有剩磁时，将会加重饱和程度和缩短开始饱和时间。

（2）负载阻抗大小。电流互感器的输出会受到负载阻抗的影响。其中，互感器准确限值电流倍数 $K_X = \dfrac{U_g}{I_{2N}(Z_H + Z)}$（$U_g$ 为电流互感器伏安特性拐点电压，I_{2N} 为电流互感器二次额定电流，Z_H 为电流互感器二次额定负载阻抗，Z 为电流互感器内部阻抗）。当电流互感器二次负载阻抗减小时，互感器准确限值电流倍数提高，抗饱和能力增强，同时可增长饱和时间。

（3）二次输出电流大小。电流互感器二次电流输出直接影响饱和时间，二次电流越大，饱和时间越短。而二次电流大小与一次电流及一次回路时间常数有关。

（4）电流方向。受短路故障时电压初相角影响，当电流变化方向与电流互感器的二次额定电流方向相反时，互感器二次输出电流减小，从而造成饱和时间变长；当电流变化方向与电流互感器的二次额定电流方向相同时，互感器二次输出电流增大，可以缩短饱和时间。

12．在确定各类保护装置电流互感器二次绕组分配时，应考虑（　　）。

A．消除保护死区

B．分配接入保护的互感器二次绕组时，还应特别注意避免运行中一套保护退出时可能出现的电流互感器内部故障死区问题

C．为避免油纸电容型电流互感器底部事故时扩大影响范围，应将接母差保护的二次绕组设在一次母线的 L1 侧

D．双套保护任意选取两个二次绕组分别接入保护装置

答案：ABC

解析：电流互感器绕组分配选择：

（1）在继电保护装置交流电流回路设计过程中，应严格按照文件的要求，进行继电保护用电流互感器二次绕组的选型和配置，防止出现保护死区。

（2）为防止主保护存在动作死区，两个相邻设备保护之间的保护范围应完全交叉；同时应注意避免当一套保护停用时，出现被保护区内故障时的保护动作死区。当线路保护或主变压器保护使用串外电流互感器时，配置的 T 区保护亦应与相关保护的保护范围完全交叉。

（3）为防止电流互感器二次绕组内部故障时，本断路器跳闸后故障仍无法切除或断路器失灵保护因无法感受到故障电流而拒动，断路器保护使用的二次绕组应位于两个相邻设

备保护装置使用的二次绕组之间。

（4）为避免油纸电容型电流互感器底部事故时扩大影响范围，应将接母差保护的二次绕组设在一次母线的 L1 侧。

13．电压互感器二次回路中，（　　）不应接有开断元件（熔断器、自动开关等）。

A．电压互感器的中性线　　　　　　　B．电压互感器的开口三角回路

C．电压互感器开口三角绕组引出的试验线　　D．以上均不正确

答案：AB

解析：电压互感器二次侧应在各相回路和开口三角绕组的试验芯上配置保护用的熔断器或自动开关。开口三角绕组回路、电压互感器中性线正常情况下无电压，故不应装设保护设备。熔断器或自动开关应尽可能靠近二次绕组的出口处装设，以减小保护死区。

14．电压互感器验收内容包括（　　）。

A．所有绕组的极性　　　　　　　　　B．所有绕组变比

C．各绕组的准确级（级别）　　　　　D．二次绕组直流电阻

答案：ABCD

解析：电压互感器验收项目包括电压互感器线圈直流电阻测试、电压互感器变比测试、电压互感器接线组别试验、电压互感器线圈绝缘电阻测试、电压互感器交流耐压测试、电压互感器极性、准确度等级及二次回路检验。

15．电流互感器 10%误差不满足要求时，可采取的措施有（　　）。

A．增加二次电缆截面

B．串接备用电流互感器使允许负载增加 1 倍

C．改用伏安特性较高的二次绕组

D．降低电流互感器变比

答案：ABC

解析：从电流互感器准确限值方面考虑，互感器准确限值电流倍数 $K_X = \dfrac{U_g}{I_{2N}(Z_H + Z)}$

（U_g 为电流互感器伏安特性拐点电压，I_{2N} 为电流互感器二次额定电流，Z_H 为电流互感器二次额定负载阻抗，Z 为电流互感器内部阻抗），当增大二次电缆的截面积后，电流互感器二次负载阻抗 Z_H 减小，准确限值电流倍数提高；改用伏安特性较高的二次绕组，互感器拐点电压 U_g 增大，准确限值电流倍数提高；提高电流互感器的变比，电流互感器二次额定电流 I_{2N} 减小，准确限值电流倍数提高。

电流互感器 10%误差曲线图表示了不同短路电流倍数下满足 10%误差要求的允许最大阻抗。当互感器不满足要求时，可以增加允许最大阻抗。保证互感器满足 10%误差要求。

16．某 P 型电流互感器，二次接纯电阻负载，若不计铁芯损耗和绕组漏抗，在某一正弦电流作用下铁芯处线性范围内，当该正弦电流大小不变仅频率降低时，则相角误差 δ、变比误差 ε 的变化是（　　）。

A．δ 值增大、ε 值不变　　　　　B．δ 值不变、ε 值增大

C．δ、ε 值均不变　　　　　　　D．δ、ε 值均增大

答案：D

解析：当电源频率降低时，电流互感器内部的磁通变化频率也随之降低，会使得电流互感器的变比误差和角度误差随之增大。这种效应是因为高频时磁通变化较快，能够在一定程度上弥补电流互感器内部的变化。相反，电源频率越低，电流互感器内的变化就越显著，导致变比误差和角度误差增大。此外，当电源频率降低到很低时，次级线圈中可能会有电压谐波成分，这也可能导致变比误差和角度误差的增加。

17. 电压互感器及其回路的检验应满足（　　）。

A. 二次回路接线及接地检查应满足 TV 二次中性点在开关场接地点应闭合，如有必要可加装放电器接地

B. 检查放电器的安装时，击穿峰值电压应大于 $50I_{max}$V

C. 测量二次压降小于 3%U_e

D. 用 1000V 绝缘电阻表检查 TV 二次绕组对外壳及绕组间、全部二次回路对地及同一电缆内的各芯间的绝缘电阻大于 2MΩ

答案：C

解析：《电力系统继电保护及安全自动装置反事故措施要点》《继电保护和安全自动装置技术规程》（GB/T 14285—2023）也明确要求：

（1）经控制室零相小母线（N600）连通的几组电压互感器二次回路，只应在控制室将 N600 一点接地，各电压互感器二次中性点在开关场地接地点应断开；为保证接地可靠，各电压互感器的中性线不得接有可能断开的断路器或接触器等。

（2）已在控制室一点接地的电压互感器二次绕组，如认为必要，可以在开关场将二次绕组中性点经氧化锌阀片接地，其击穿电压峰值应大于 $30I_{max}$V（220kV 及以上系统中击穿电压峰值应大于 800V），其中 I_{max} 为电网接地故障时通过变电站的可能最大接地电流有效值，单位为 kA。如果安装氧化锌避雷器，必须加强巡视，定期检查，发现异常马上更换。

对二次回路连接导线截面积的选择：交流电压回路导线截面积选择，应按照允许压降考虑。对于电能计量仪表，运行时有电压互感器至表计输入端的电压降不得超过电压互感器二次额定电压的 0.5%；对于其他测量仪表，在正常负荷下，压降不能超过 3%；当全部测量仪表及保护装置均投入运行时，压降也不得超过 3%。

《继电保护和电网安全自动装置检验规程》（DL/T 995—2016）中明确的电压互感器二次绕组绝缘检查方法：用 1000V 绝缘电阻表检查 TV 二次绕组对外壳及绕组间、全部二次回路对地及同一电缆内的各芯间的绝缘电阻大于 1MΩ。

18. 某一电流互感器的变比为 1200/5，某一次侧通过最大三相短路电流 4800A，如测得该电流互感器某一点的伏安特性为 $I_c = 3$A 时，$U_2 = 150$V，计算二次接入 3Ω 负载阻抗（包括电流互感器二次漏抗及电缆电阻）时，其变比误差为（　　）。

A. 3.5%　　　　　　B. 7.5%　　　　　　C. 12.5%　　　　　　D. 15%

答案：D

解析：某点伏安特性 $I_c = 3$A，$U_2 = 150$V。故障电流折算到二次侧为 4800/240=20A，按 $I_c = 3$A 计算，变比误差为 $(20-17)/20 = 15\%$。

19. 针对 P 型电流互感器、TPY 型电流互感器来说，下列说法正确的是（　　）。

A．TPY 电流互感器因铁芯有小气隙，故铁芯不会发生饱和

B．P 型电流互感器铁芯剩磁大、TPY 型电流互感器铁芯剩磁小

C．当一次电流因开关跳闸强迫为零后，P 型 TA 二次电流衰减要比 TPY 型二次电流衰减慢得多，因为 P 型 TA 二次回路时间常数比 TPY 型二次回路时间常数大得多

D．TPY 电流互感器因铁芯有小气隙，铁芯会发生饱和

答案： B

解析： 一般 P 类保护用电流互感器仅考虑在稳态短路电流情况下保证具有规定的准确性，TP 类保护用电流互感器则要求在规定工作循环的暂态条件下保证规定的准确性，因此，TP 类电流互感器与 P 类电流互感器相比，具有良好的抗饱和性能。

TPY 级在铁芯中设置了一定的非磁性间隙，其相对非磁性间隙长度（实际非磁性间隙长度与铁芯磁路长度之比值）大于 0.1%，剩磁不超过饱和磁通的 10%。由于限值了剩磁，TPY 级适用于双循环和重合闸情况，适用于带重合闸的线路保护。但因为磁阻、储能以及磁通变化量不同，所以二次回路的电流值较高且持续时间较长，不宜用于断路器失灵保护。

20．保护用电流互感器安装位置的选择，主要需考虑的因素包括（　　）。

A．消除保护死区　　　　　　　　　B．靠近保护装置

C．尽量缩小电流互感器本身故障造成的影响　　D．尽量靠近母线

答案： AC

解析： 电流互感器安装位置考虑：

（1）为防止主保护存在动作死区，两个相邻设备保护之间的保护范围应完全交叉；同时应注意避免当一套保护停用时，出现被保护区内故障时的保护动作死区。当线路保护或主变压器保护使用串外电流互感器时，配置的 T 区保护亦应与相关保护的保护范围完全交叉。

（2）为防止电流互感器二次绕组内部故障时，本断路器跳闸后故障仍无法切除或断路器失灵保护因无法感受到故障电流而拒动，断路器保护使用的二次绕组应位于两个相邻设备保护装置使用的二次绕组之间。

21．设电流互感器变比为 200/1，故障录波器预设正弦电流波形基准值（峰值）为 1.0A/mm。在一次故障中录得电流正半波为 17mm，负半波为 3mm，电流一次值的直流分量和交流分量分别为（　　）。

A．990A，1000A　　　　　　　　B．1000A，990A

C．1414A，1400A　　　　　　　　D．1400A，1414A

答案： D

解析： 电流波形基准峰值为 1.0A/mm，则有效值基准为 $\dfrac{1}{\sqrt{2}}\text{A/mm}$；直流分量为 $I_- = \dfrac{17-3}{2}\times1.0\times\dfrac{200}{1} = 1400\text{A}$；交流分量为 $I_\sim = \dfrac{17+3}{2}\times1.0\times\dfrac{1}{\sqrt{2}}\times\dfrac{200}{1} = 1414\text{A}$。

22．某电流互感器一次侧通入正弦交流电流 I_1，二次侧在纯电阻负载下测得的电流为 I_2，在不计二次绕组漏抗及铁芯损失的情况下，若测得的相角误差为 7°，此时的变比误差

ε 为（　　）。

　　A．–0.12%　　　　　　B．–0.07%　　　　　　C．–0.75%　　　　　　D．–0.08%

答案：C

解析：二次电流互感器等效电路图如图 5-1 所示。

$$\dot{I}_1 = \dot{I}_2 + \dot{I}_e$$

不计二次绕组漏抗且负载为纯电阻，分析图如图 5-2 所示，即

$$\dot{I}_2 R = \dot{I}_e \mathrm{j} X_e$$

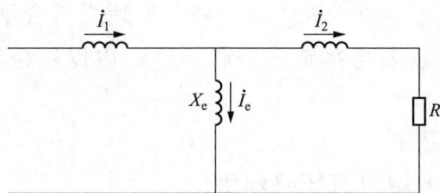

图 5-1　等效电路图　　　　　　　　　　　　　图 5-2　分析图

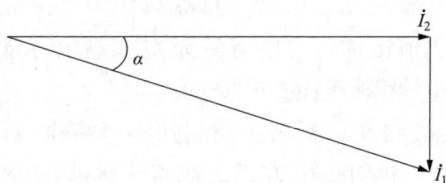

$$\dot{I}_e = \frac{R}{X_e}\dot{I}_2 \angle -90°$$

令 $\dot{I}_2 = 1$，$\dot{I}_1 = \dfrac{1}{\cos\alpha} = \dfrac{1}{\cos 7°} = 1.0075$，变比误差为 $\varepsilon = \dfrac{1-1.0075}{1}\times 100\% = -0.75\%$。

23．在中性点不接地系统中，电压互感器的变比为，$10.5\text{kV}/\sqrt{3}\,/100\text{V}/\sqrt{3}\,/100\text{V}/3$，当互感器一次端子发生单相金属性接地故障时，第三绕组（开口三角）的电压为（　　）。

　　A．100V　　　　　　B．100V/$\sqrt{3}$　　　　　　C．300V　　　　　　D．$100\sqrt{3}$ V

答案：A

解析：对于中性点不接地系统，开口三角电压为

$$3\dot{U}_0 = \dot{U}_A + \dot{U}_B + \dot{U}_C$$

线路发生单相金属性接地故障，$\dot{U}_{A0} = \dot{U}_{B0} = \dot{U}_{C0} = \dfrac{100}{3}\text{V}$，$3\dot{U}_0 = 100\text{V}$。

24．两只装于同一相且变比相同、容量相等的套管型电流互感器，在二次绕组串联使用时（　　）。

　　A．容量和变比都增加一倍　　　　　　　　B．变比增加一倍，容量不变

　　C．变比不变，容量增加一倍　　　　　　　D．变比、容量都不变

答案：C

解析：电流互感器的变比是一次电流与二次电流之比。两个电流互感器的二次绕组串联后，二次回路内的额定电流不变，一次电路内的额定电流也没有变，故其变比也保持不变。

电流互感器二次输出容量计算公式为 $S_{2N} = I_{2N}^2 Z_{2N}$。其中，I_{2N} 为互感器二次额定电流，Z_{2N} 为互感器二次额定负载阻抗。二次绕组串联后，电流互感器的匝数增加一倍，二次感应电势增加一倍，额定负载阻抗 Z_{2N} 也增加一倍，二次额定电流 I_{2N} 不变，互感器的容量增加了一倍，即每一个二次绕组只承担二次负荷的一半，从而误差也就减小了，容易满足准

确度的要求。

25．蓄电池与硅整流充电机并联于直流母线上作浮充电运行，当断路器合闸时，突增的大电流负荷（　　）。

A．主要由蓄电池承担　　　　　　B．主要由硅整流充电机承担

C．蓄电池和硅整流充电机各承担 1/2　　D．无法确定

答案：A

解析：一般情况下，直流母线所带的负荷是相对稳定的，不管直流负荷有多少，在充电机运行情况下，直流负荷全部由充电机来带。

硅整流充电机接于直流母线上作浮充电运行，采用恒压限流充电法。当断路器合闸时，瞬间电流很大，可能导致充电机输出容量不够，所以要与蓄电池并联运行，以提供稳定的负荷电流和瞬时的冲击电流。

26．220V 断路器控制回路直流供电电源应采用（　　）。

A．辐射供电方式，在直流馈线屏处，分别经专用直流断路器供电

B．环形供电方式，两段直流电源分别供电

C．环形供电方式，两段直流电源并列供电

D．以上均不正确

答案：A

解析：直流系统馈电网络有两种供电方式：环形供电和辐射供电。在大型直流网络中，环形供电网络操作切换较复杂、寻找接地故障点也较困难；环形供电网络路径较长，电缆压降也较大。因此，变电站直流系统的馈线网络应采用辐射供电方式，不宜采用环形供电方式。

27．当用拉路法查找直流系统接地时，下列原则错误的是（　　）。

A．先信号、后操作照明部分　　　　B．从次要负荷到重要负荷

C．先室内后室外　　　　　　　　　D．先负荷后电源

答案：C

解析：拉路顺序的原则是先拉信号回路及照明回路，最后拉操作回路；先拉室外馈线回路，后拉室内馈线回路。

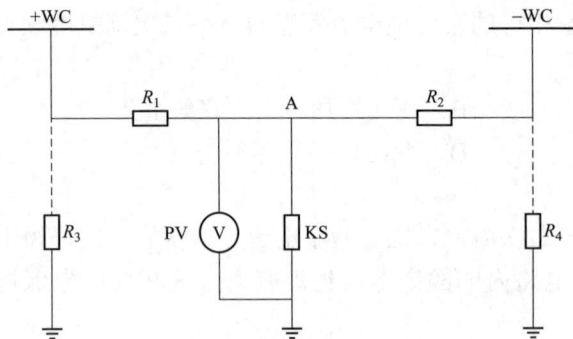

图 5-3　原理示意图

R_1、R_2—监测装置内的附加电阻；R_3、R_4—直流电源两极对地的绝缘电阻；KS—电压信号继电器；PV—直流电压表；+WC、−WC—直流电源的正、负极母线

28．微机绝缘监测仪采用（　　）原理，实时监测正负直流母线的对地电压和绝缘电阻。

A．平衡桥

B．全桥整流

C．半桥整流

D．注入低频信号

答案：A

解析：直流绝缘检测装置是根据电桥平衡原理构成的。其检测原理的示意图如图 5-3 所示。

正常情况下，直流系统正、负两极对地的绝缘电阻 $R_3 = R_4$，由于装置内电阻 $R_1 = R_2$，因此在由 R_1、R_2、R_3、R_4 构成的四臂电桥中 $R_1 R_4 = R_2 R_3$，满足电桥平衡条件。A 点的电位与地电位相等，直流电压表的指示等于零。信号继电器 KS 两端无电压，它不动作。

当某一极对地的绝缘电阻下降或直接接地时，$R_3 \neq R_4$，故 $R_1 R_4 \neq R_2 R_3$，电桥平衡被破坏，A 点对地产生电压，信号继电器 KS 动作，发出告警信号。

29. 当发生交流电源消失情况下，直流系统为（　　）提供直流电源。

A. 检修箱
B. 事故照明
C. 交流不停电电源
D. 事故润滑油泵

答案：BCD

解析：当发生交流电源消失后，充电机退出运行，此时直流系统由蓄电池为事故照明、交流不停电电源、事故润滑油泵和保护装置、安全自动装置及测控装置等提供直流电源。

30. 直流系统监控单元告警功能的常见硬触点输出信号有（　　）。

A. 交流输入异常
B. 直流母线电压异常
C. 监控单元故障
D. 蓄电池组熔断器熔断

答案：ABCD

解析：变电站直流屏技术规范要求：硬触点输出信号有充电装置出口开关位置、充电装置出口保护电器动作、母联开关位置、蓄电池回路熔断器熔断、蓄电池输出开关位置、馈线空气开关位置、馈线空气开关跳闸、交流输入异常、直流母线电压异常、监控单元故障等。

31. 在直流总输出回路及各直流分路输出回路装设直流熔断器或小空气开关时，上下级配合应满足（　　）。

A. 有选择性要求
B. 无选择性要求
C. 视具体情况而定
D. 以上均不正确

答案：A

解析：为保证直流系统回路短路故障后不越级跳闸，要求在直流总输出回路及各直流分路输出回路装设直流熔断器或小空气开关时，上下级配合有选择性，新建厂站在投产前完成直流系统级差配合试验。

32. 若绝缘监测装置中不平衡桥的电阻阻值增大，其切换时导致的直流母线电压波动（　　）。

A. 增大
B. 减小
C. 不变
D. 无影响

答案：B

解析：直流系统正常运行时，绝缘监察装置四臂电桥中 $R_1 R_4 = R_2 R_3$。当切换直流母线时，$R_3 \neq R_4$，故理论上 $R_1 R_4 \neq R_2 R_3$。若绝缘监测装置中不平衡桥的电阻阻值增大，即 R_1、R_2 增大，$R_1 R_4$ 与 $R_2 R_3$ 增大，装置中性点与地电位接近相等，直流电压表的指示降低，导致的直流母线电压波动减小。

33．电流启动的防跳继电器，其电流线圈额定电流的选择应与断路器跳闸线圈的额定电流相配合，并保证动作的灵敏系数不小于（　　　）。

A．1.5　　　　　　B．1.8　　　　　　C．2.0　　　　　　D．3.0

答案：C

解析：《电力系统继电保护及安全自动装置反事故措施要点》要求：有多个出口继电器可能同时跳闸时，宜由防止跳跃继电器 TBJ 实现自保持，防跳继电器应为快速动作的继电器，其动作电流小于跳闸电流的 50%，线圈压降小于额定值的 10%。跳闸电流至少为动作电流的 2 倍，灵敏系数要大于 2.0。

34．（　　　）保护各支路的电流互感器，应优先选用误差限制系数和饱和电压较高的电流互感器。

A．母线差动

B．变压器差动

C．发电机-变压器组差动

D．以上均不正确

答案：ABC

解析：母线差动保护、变压器差动保护、发电机-变压器组差动保护，考虑在近区发生短路故障后，电流互感器饱和严重，导致差动保护误动作的情况，因此母线差动、变压器差动和发电机-变压器组差动保护各支路的电流互感器，应优先选用误差限制系数和饱和电压较高的电流互感器。

35．电网 220kV 及以上变电站保护运行设备反事故措施，对于继电保护"$N{-}1$"防拒动检查及要求的内容有（　　　）。

A．双重化配置的两套保护装置的电流应分别取自电流互感器互相独立的绕组、交流电压取自电压互感器互相独立的绕组

B．单套配置的主变压器、高抗非电量保护、断路器保护、母差保护、失灵保护等应动作于断路器的两组跳闸线圈

C．独立配置 500kV 断路器失灵保护通过母差保护跳闸时，应同时启动两套母差保护联跳边开关

D．采用单通道的保护，保护通道设备电源（如 FOX-41A）应与对应的保护装置电源取自同一段直流母线

答案：ABCD

解析：继电保护"$N{-}1$"要求主要包括：

（1）双重化配置的两套保护装置的电流应分别取自电流互感器互相独立的绕组、交流电压取自电压互感器互相独立的绕组。

（2）双重化配置的两套保护装置跳闸回路应相互独立，动作于断路器的不同跳闸线圈。已运行设备双重化配置的每套保护也可以同时跳两个线圈时，两组跳闸回路接线之间应无寄生回路。

（3）双重化配置的两套保护与断路器的两组跳闸线圈一一对应时，其保护电源和控制电源必须取自同一组直流电源。

（4）互为冗余配置的两套主保护、两套安稳装置、两组跳闸回路、两套通道设备等的直流供电电源必须取自不同段直流母线，两组直流之间不允许直流回路采用自动切换。两

套保护装置与其他保护、设备配合的回路应遵循相互独立的原则。

（5）采用单通道的保护，保护通道设备电源（如 FOX-41A）应与对应的保护装置电源取自同一段直流母线。

（6）采用双通道的保护，两个保护通道设备电源使用的直流电源应相互独立，分别取自不同通信电源母线段；不同保护的数字接口装置或载波机电源直流空气开关应相互独立。

（7）线路保护、远跳装置的双通道的设备、路由、光缆应满足"N-1"要求。

（8）若断路器操动机构箱内或保护操作箱内有两组压力闭锁回路，两组压力闭锁回路直流电源应分别与对应跳闸回路共用同一路控制电源。若断路器操动机构箱内或保护操作箱内只有一组压力闭锁回路，电源消失时跳闸回路压力触点应处于闭合状态。

36. 应严防电压互感器的反充电。这是因为反充电将使电压互感器严重过载，如变比为 220/0.1 的电压互感器，它所接母线的对地绝缘电阻虽有 1MΩ，但换算至二侧的电阻只有（　　），相当于短路。

A. 0.21Ω　　　　　　B. 0.45Ω　　　　　　C. 0.12Ω　　　　　　D. 0.54Ω

答案：A

解析：根据能量守恒 $S_1 = S_2$，$\dfrac{U_1^2}{Z_1} = \dfrac{U_2^2}{Z_2}$，得到 $Z_2 = \dfrac{U_2^2}{U_1^2} \times Z_1 = \left(\dfrac{0.1}{220}\right)^2 \times 1 \times 10^6 \approx 0.21\Omega$。

37. 继电器动合触点是指（　　）。

A. 正常时触点断开　　　　　　　　　　B. 继电器线圈带电时触点断开
C. 继电器线圈不带电时触点断开　　　　D. 短路时触点断开

答案：C

解析：继电器动合触点是指继电器线圈不带电时触点断开；继电器动断触点是指继电器线圈不带电时触点闭合。

38. 电流互感器的不完全星形接线，在运行中（　　）。

A. 不能反映所有的接地　　　　　　　　B. 对相间故障反应不灵敏
C. 对反应单相接地故障灵敏　　　　　　D. 能够反应所有的故障

答案：A

解析：两相星形接线，如图 5-4 所示。

这种接线由两相电流互感器组成，与三相星形接线相比，缺少了一支电流互感器，因此也称为不完全星形接线。它用于小电流接地系统的测量和保护回路，由于该系统没有零序电流，另外一相电流可以通过计算得出，所以该接线可以测量三相电流、有功功率、无功功率、电能等。反映各类相间故障，不能完全反应接地故障。

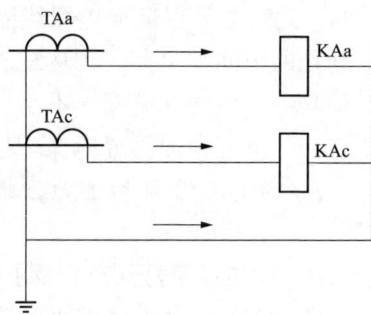
图 5-4　两相星形接线图

39. 某变电站电压互感器的开口三角侧 B 相接反，则正常运行时，如一次侧运行电压为 110kV，开口三角的输出为（　　）。

A. 0V　　　　　　B. 100V　　　　　　C. 200V　　　　　　D. 220V

答案：C

解析：开口三角电压为 $3\dot{U}_0 = \dot{U}_A + \dot{U}_B + \dot{U}_C$，开口三角 B 相接反后，$\dot{U}_B$ 反相位，因此，开口三角电压为 $3\dot{U}_0' = \dot{U}_A - \dot{U}_B + \dot{U}_C$，正常运行时，$\dot{U}_A + \dot{U}_B + \dot{U}_C = 0$，$\dot{U}_A + \dot{U}_C = -\dot{U}_B$，所以，接反后，开口三角电压为 $3\dot{U}_0' = -2\dot{U}_B = 200\text{V}$。

40．由开关场至控制室的二次电缆采用屏蔽电缆且要求屏蔽层两端接地是为了降低（　　）。

A．开关场的空间电磁场在电缆芯线上产生感应，对静态型保护装置造成干扰

B．相邻电缆中信号产生的电磁场在电缆芯线上产生感应，对静态型保护装置造成干扰

C．本电缆中信号产生的电磁场在相邻电缆芯线上产生感应，对静态型保护装置造成干扰

D．由于开关场与控制室的地电位不同，在电缆中产生干扰

答案：ABC

解析：采用屏蔽电缆且屏蔽层可靠接地，可以有效抑制静电干扰。使用屏蔽层屏蔽电缆的抗干扰原理如图 5-5 所示。

图 5-5 中，由耦合电容 C_1 传递给二次回路的干扰信号被电缆的屏蔽层屏蔽，并通过接地点传入地网。

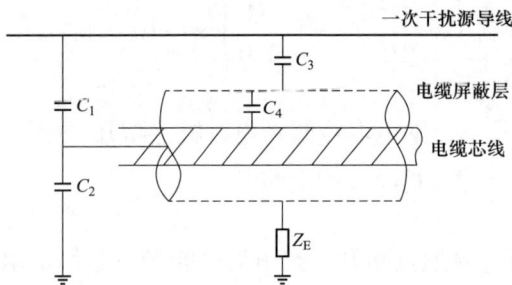

图 5-5　屏蔽层屏蔽电缆的抗干扰原理

41．按要求，长电缆驱动的重瓦斯出口中间继电器的特性应满足的是（　　）。

A．动作电压在 $50\% \sim 70\% U_e$

B．动作时间在 $10 \sim 35\text{ms}$

C．启动功率不小于 5W

D．动作电压在 $55\% \sim 70\% U_e$

答案：BCD

解析：跳闸出口继电器的启动电压在直流额定电压的 $55\% \sim 70\%$。对于动作功率较大的中间继电器（例如 5W 以上），如为快速动作的需要，则允许动作电压略低于额定电压的 50%，此时必须保证继电器线圈的接线端子有足够的绝缘强度。由变压器、电抗器瓦斯保护动作的中间继电器，因连线长、电缆电容大，为避免电源正极接地误动作，应采用较大启动功率的中间继电器（不小于 5W），但不要求快速动作。

42．下列中提高继电保护抗干扰措施的是（　　）。

A．考虑到单端接地无法避免静电耦合干扰，保护室至开关场二次电缆的屏蔽层应两端接地

B．除电缆屏蔽层外，保护装置和屏柜门体也应接入保护室内的等电位接地网

C．分散布置的保护小室之间的等电位地网相互独立，不应再通过铜排（缆）相互连接

D．用于定子接地保护的发电机中性点电压互感器二次侧接地点应在定子接地保护柜内一点接地

答案： BD

解析： 选项 A 参考知识点反措要求二次电缆采用铠装铅包电缆或屏蔽电缆，单屏蔽层的二次电缆，其屏蔽层应两端接地，双屏蔽层的二次电缆，外屏蔽层应两端接地。

选项 C 根据《电气装置安装工程接地装置施工及验收规范》（GB 50169—2016）第 4.9.2 条，分散布置的就地保护小室、通信室与集控室之间的等电位接地网，应使用截面面积不小于 $100mm^2$ 的铜排或铜缆可靠连接。

43. 关于断路器控制回路，下列说法正确的有（　　）。

A. 220kV 断路器应具备两组独立的断路器合闸压力闭锁回路

B. 断路器的合闸回路监视采用 TWJ 分相监视，且 TWJ 应能监视包括"远方/就地"切换把手、断路器辅助触点、合闸线圈等的完整合闸回路

C. 液压操动机构的"压力低闭锁重合闸"触点应接入操作箱的"压力低闭锁重合闸"开入回路，且应使用压力低动合触点

D. 液压操动机构的"压力低闭锁重合闸"、弹簧操动机构的"弹簧未储能"触点应接入操作箱的"压力低闭锁重合闸"开入回路

答案： B

解析： 220kV 断路器只具备一组合闸回路，断路器只提供一组压力低闭锁重合闸辅助节点时，压力低闭锁重合闸回路应选用第一路直流供电，而不应经操作箱直流电源切换提供。

新建、改扩建工程，压力低禁止跳、合闸功能应由断路器本体实现，为提高可靠性，应选用能提供两组完全独立的压力闭锁触点的断路器，两组压力闭锁回路分别采用第一、二路直流供电。若断路器操动机构箱内或保护操作箱内只有一组压力闭锁回路，电源消失时，跳闸回路压力触点应处于闭合状态，即压力低动断触点。

当重合闸为"三重或综重"方式时，弹簧操动机构的"弹簧未储能"触点应接入操作箱的"压力低闭锁重合闸"开入回路，当重合闸为"单重"方式时，弹簧操动机构的"弹簧未储能"触点不接入操作箱的"压力低闭锁重合闸"开入回路。

44. 已在控制室一点接地的电压互感器二次线圈，宜在开关场将二次线圈中性点经放电间隙或氧化锌阀片接地，其击穿电压峰值应大于 $30 \cdot I_{max}$ V。其中，I_{max} 为（　　）。

A. 电网接地故障时，通过变电站的可能最大接地电流峰值

B. 站内接地故障时，通过变电站的可能最大接地电流峰值

C. 站内接地故障时，通过变电站的可能最大接地电流有效值

D. 电网接地故障时，通过变电站的可能最大接地电流有效值

答案： D

解析： 已在控制室一点接地的电压互感器二次绕组，如认为必要，可以在开关场将二次绕组中性点经氧化锌阀片接地，其击穿电压峰值应大于 $30I_{max}$ V（220kV 及以上系统中击穿电压峰值应大于 800V）。其中 I_{max} 为电网接地故障时通过变电站地可能最大接地电流有效值，单位为 kA。

45. 关于变电站直流系统中空气开关、熔断器选择原则，下面说法正确的是（　　）。

A. 空气开关、熔断器选择应满足上、下级配合及动作选择性要求

B. 各直流馈线上均应设置熔断器或空气开关

C. 熔断器装设在空气开关上一级时，熔断器额定电流应为空气开关额定电流 4 倍以上

D. 空气开关装设在熔断器上一级时，空气开关额定电流应为熔断器额定电流 4 倍以上

答案： ABD

解析： 为防止因直流空气开关（直流熔断器）不正确动作（熔断）而扩大事故，应注意做到：

（1）直流总输出回路、直流分路均装设熔断器时，熔断器应分级配置，逐级配合。

（2）直流总输出回路装设熔断器，直流分路装设小空气开关时，必须确保熔断器与小空气开关有选择性地配合。

（3）直流总输出回路、直流分路均装设小空气开关时，必须确保上、下级小空气开关有选择性地配合。

（4）空气开关装设在熔断器上一级时，空气开关额定电流应为熔断器额定电流 4 倍以上。

46．与多模光纤相比，单模光纤（　　　）。

A. 带宽大、衰耗大、传输距离近、传输特性好

B. 带宽小、衰耗小、传输距离远、传输特性差

C. 带宽小、衰耗小、传输距离远、传输特性好

D. 带宽大、衰耗小、传输距离远、传输特性好

答案： D

解析： 与多模光纤相比，单模光纤只传输一种模式，纤芯直径较细，具有带宽大、衰耗小、传输距离远和传输特性好的特点。

二、判断题

1．断路器的"跳跃"现象一般是在跳闸、合闸回路同时接通时才发生，回路设置是将断路器闭锁到合闸位置。　　　　　　　　　　　　　　　　　　　　（　　　）

答案： ×

解析： 断路器的"跳跃"现象一般是在跳闸、合闸回路同时接通时才发生，为防止断路器反复分合，回路设置是将断路器闭锁到分闸位置。

2．退运二次芯缆原则上可以不拆除，只要剪掉裸露部分并进行绝缘包扎、固定好，但是严禁芯缆两侧不同步拆除。　　　　　　　　　　　　　　　　　　　（　　　）

答案： ×

解析： 为防止退运二次芯缆对运行回路及设备造成影响，一般要求对二次设备退运芯缆应按如下方法处置：

（1）退运二次芯缆原则上要求进行撤除。

（2）确有撤除困难时，退运芯缆应两端解开，剪断裸露部分，再进行绝缘包扎并固定好。

（3）严禁芯缆两侧不同步拆除。

3．TJR、TJQ 触点应接入"远方跳闸"和"其他保护动作停信"回路，以实现在母线保护和失灵保护动作时，线路对侧保护可靠、快速动作。　　　　　　　　　（　　　）

答案：×

解析：操作箱 TJR 为启动失灵、不启动重合闸，主要用于母差保护、主变压器电气量保护、失灵保护，应接入"远方跳闸"和"其他保护动作停信"回路，以实现在母线保护和失灵保护动作时，线路对侧保护可靠、快速动作；操作箱 TJQ 为启动失灵、启动重合闸，一般用得比较少，不应接入"远方跳闸"回路。

4．运行中的厂站，运行值班人员应每半年进行一次 N600 接地线电流值的测试，并做好相应数据记录。若新测量的电流值超过上一次测量值 20mA 时，运行值班人员应立即通知保护人员进行专项检查，确保电压互感器二次回路仅一点接地。　　　　（　　）

答案：√

解析：电压互感器二次回路接地情况运行管理要求：运行中的厂站，运行值班人员应每半年进行一次 N600 接地线电流值的测试，并做好相应数据记录。若新测量的电流值超过上一次测量值 20mA 时，运行值班人员应立即通知保护人员进行专项检查，确保电压互感器二次回路仅一点接地，同时将检查整改情况报相应调度机构。对于各电压等级 N600 分别接地的情况，每个接地点均应测试。

5．采用油压、气压作为操动机构的断路器，压力低闭锁重合闸触点应接入操作箱。
　　　　（　　）

答案：√

解析：当线路发生永久性故障，保护装置正确动作跳开断路器，重合后加速动作再次跳开该断路器，完成一次"分-合-分"的循环过程。此时该断路器操动机构的压力会降低，如果压力降低至闭锁合闸，就会断开合闸回路，断路器操作箱内的 TWJ（跳闸位置继电器）就会失磁返回，保护装置就会认为断路器在合位，重合闸开始充电。如果断路器操动机构的打压时间大于断路器重合闸时间，重合闸就会在断路器操动机构恢复至正常压力前充满电，为再次重合做好准备，若没有把闭锁重合闸触点引入保护装置，待到断路器机构压力值恢复到正常压力时，合闸回路接通，TWJ 重新励磁动作，触点闭合，保护装置会判定为断路器由合位变成分位，重合闸会再次动作，使断路器错误的再次重合于故障，然后断路器再加速跳闸，就类似出现于断路器"跳跃"的现象。

对于分相操作断路器，断路器采用单相重合闸或者综合重合闸，压力低闭锁还关系到保护的跳闸逻辑，当断路器操动机构压力下降到闭锁重合闸定值以下时，闭锁重合闸，同时沟通三相跳闸回路。

6．断路器应使用断路器本体的三相不一致保护，宜采用断路器本体的防止断路器跳跃功能，断路器和操作箱的防止断路器跳跃功能不能同时投入。　　　　（　　）

答案：√

解析：断路器三相不一致保护分为电气量三相不一致保护和本体三相不一致保护，电气量三相不一致保护将三相跳位继电器辅助触点作为开关量输入保护装置，同时判断三相电流状态，将以上两个状态作为三相不一致保护的启动条件，同时引入零序和负序电流作为辅助判据来闭锁三相不一致保护的出口。本体三相不一致保护仅通过断路器位置启动保护，在轻负荷或空载运行时，电气量三相不一致保护存在一定的死区。因此，电气量三相不一致保护不能替代本体三相不一致保护，采用分相操动机构的开关，本体应具备三相不一致保护功能，并确保投入。

操作箱中的防跳回路与断路器中的防跳回路一般不同时使用，如果同时使用，断路器中的防跳继电器可能会造成因"寄生"回路而自保持，无法复归。至于是拆除操作箱中的防跳回路，还是拆除断路器本体的防跳回路，要视操作箱与断路器中的具体接线情况，一般建议采用断路器本体防跳回路，保证断路器在就地操作时也具备防跳功能。在采用断路器本体防跳时，需要研究保护出口是否有保持功能，否则操作箱中的防跳继电器电流保持回路应予以保留。

7. 开关液压机构在压力下降过程中，依次发压力降低闭锁合闸、压力降低闭锁重合闸、压力降低闭锁跳闸信号。　　　　　　　　　　　　　　　　　　　（　　）

答案：×

解析：断路器液压操动机构在压力逐渐下降过程中，依次发压力降低闭锁重合闸、压力降低闭锁合闸、压力降低闭锁跳闸信号。

压力降低闭锁重合闸是为了防止开关合后拒分，造成损坏。由于保护动作后由断路器切除故障，断路器靠 SF_6 气体来灭弧，压力低影响灭弧能力，所以故障后重合闸动作再合闸，合于故障又要分闸，断路器可能分不了，灭不了弧，造成开关爆炸，后果严重，因此压力低首先应先闭锁重合闸。

另外，开关在压力低的情况下合闸会进一步降低开关内部的绝缘性能，甚至发生绝缘击穿，如果开关合闸成功，还来不及打压的情况下发生故障，开关可能无法跳开，扩大事故范围。

为保证系统发生故障后，开关尽可能有效跳闸切除故障，所以压力低在最后一级发压力降低闭锁跳闸信号。

8. 在常规变电站中，保护功能投退的软、硬压板应一一对应，采用"与门"逻辑，"停用重合闸"控制字、软压板和硬压板三者为"与门"逻辑。　　　　　　　（　　）

答案：×

解析：保护功能投退的硬压板和软压板是一一对应的（沟通三跳转换把手和硬压板功能一样），采用"与门"逻辑，即硬压板投入，软压板置1，该功能才能有效投入，否则退出。

唯一特殊的是"停用重合闸"，用的是"或门"逻辑，硬压板、软压板、控制字只要有一个置1，停用重合闸功能就投入。

9. 根据要求，防止直接远方跳闸回路因通道干扰引起误动作，本侧在收到对侧远方直接跳闸信号时，本侧在经就地判别确认后再去进行跳闸，以提高安全性。　（　　）

答案：√

解析：远方跳闸是一种直接跳闸命令，易受通道干扰信号导致保护误动作，所以当收到远方跳闸信号时，通常还需要经过就地判别装置，提高远方跳闸保护的安全性而不降低可靠性。

《继电保护和安全自动装置技术规程》（GB/T 14285—2023）要求：为提高远方跳闸的安全性，防止误动作，执行端应设置故障判别元件。

10．对经长电缆跳闸的回路，应采取防止长电缆分布电容影响和防止出口继电器误动的措施。 （ ）

答案：√

解析：变电站直流系统正负极对地均是绝缘的，如果发生直流接地故障，必须及时消除，否则一旦发展成两点接地就可能造成保护误动、拒动等严重后果。

但操作箱及电压切换箱中许多继电器或一些光耦开入，如 SHJ、STJ、TJR、非电量触点开入等启动回路来自本屏外，甚至是开关场地。因此，使用的控制电缆较长，存在着一定的分布电容，这样在直流系统正、负极对地之间将有两个可观的电容。当发生交直流串扰或一点接地时，实质上交直流串扰就等效为直流回路串入交流电源一点接地，导致分布电容形成放电回路使得保护误动。

11．在带电的电压互感器二次回路上工作，应采取下列安全措施：①严格防止电压互感器二次侧短路或接地。工作时应使用绝缘工具，戴绝缘手套，必要时，应停用有关保护装置；②二次侧接临时负载，必须装有专用的隔离开关和熔断器。 （ ）

答案：√

解析：在带电的电压互感器二次回路上工作，应采取下列安全措施：①严格防止电压互感器二次侧短路或接地。工作时应使用绝缘工具，戴绝缘手套，必要时，应停用有关保护装置。②二次侧接临时负载，必须装有专用的隔离开关和熔断器。③工作时有专人监护，严禁将二次回路的接地点断开。

12．在电压互感器开口三角绕组输出端不应装熔断器，而应装设自动开关，以便开关跳开时发信号。 （ ）

答案：×

解析：在电压互感器开口三角绕组输出端不应装熔断器或自动开关。因电压互感器的开口三角绕组两端正常运行时无电压，即使装设了熔断器或自动开关，发生相间短路，也不会使熔断器或自动开关跳开，并且熔断器及自动开关的状态无法监视，若熔断器损坏而未发现，则使用外部 $3U_0$ 的保护将不会动作。

13．跳闸连接片的开口端应装在下方，接到断路器的跳闸线圈回路。 （ ）

答案：×

解析：跳闸连接片安装有如下要求：

（1）跳闸连接片的开口端应装在上方，接到断路器的跳闸回路。

（2）跳闸连接片在落下过程中必须和相邻的跳闸连接片有足够的距离，以保证在操作跳闸连接片时不会碰到相邻的跳闸连接片。

（3）检查并确认跳闸连接片在拧紧螺栓后可靠地接通回路。

（4）穿过保护屏的跳闸连接片导电杆必须有绝缘套，并距屏孔有明显距离。

（5）检查跳闸连接片在拧紧后不会接地。

14．直流回路两点接地可能造成断路器误跳闸。 （ ）

答案：√

解析：当控制回路中发生两点接地时，可能造成断路器的拒跳和误跳，断路器的简化跳闸回路如图 5-6 所示。

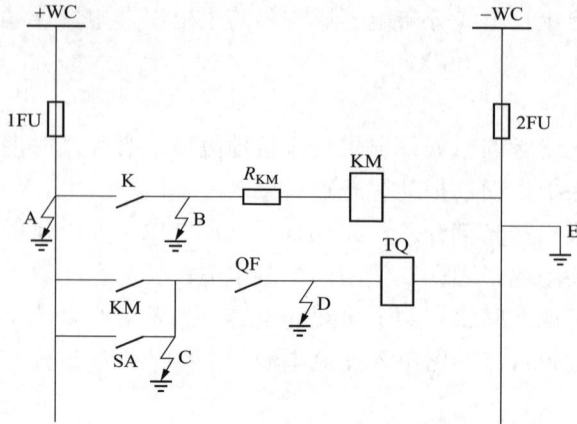

图 5-6 跳闸回路图

K—继电保护出口继电器的动合触点；A、B、C、D、E—接地点位置；KM—跳闸中间继电器；SA—控制开关触点；TQ—断路器的跳闸线圈；R_{KM}—电阻；1FU、2FU—熔断器或快速开关；QF—断路器辅助触点，断路器在合位时闭合；+WC、−WC—控制回路的直流正、负小母线

由图 5-6 可以看出：当 A、B 两点接地或 A、C 两点接地，或 A、D 两点接地时，跳闸线圈 TQ 将有电流流过，致使断路器跳闸；而当 C、E 两点接地、或 B、E 两点接地、或 D、E 两点接地时，可导致断路器拒跳，或由于跳闸中间继电器不能启动而在保护动作后，断路器不能跳闸现象发生。

另外，当图 5-6 中的 A、E 两点同时发生接地时，将造成直流电源的正极与负极之间的短路故障，致使熔断器（或快速开关）1FU、2FU 熔断（或快速开关跳闸），导致控制回路直流电源消失。

15. 操作箱面板的跳闸信号灯应在保护动作跳闸时点亮、在手动跳闸时不亮。 （   ）

答案：√

解析：操作箱的跳闸信号灯为保护动作出口跳闸信号灯，正常运行时不亮，只有跳闸事故才点亮，通知专业人员检查相关的保护动作报告。

16. 在双母线系统中，电压切换的作用是为了保证二次电压与一次电压的对应。 （   ）

答案：√

解析：对于双母线系统上所连接的电气元件，在两组母线分开运行时（例如母线联络断路器断开），为了保证其一次系统和二次系统在电压上保持对应，以免发生保护或安全自动装置误动、拒动，要求保护及安全自动装置的二次电压回路随同一次系统一起进行切换，用隔离开关两个辅助触点并联后去启动电压切换中间继电器，实现电压回路的自动切换。

17. 为保证设备及人身安全、减少一次设备故障时对继电保护及安全自动装置的干扰，所有电压互感器的中性线必须在开关场就地接地。 （   ）

答案：×

解析：电压互感器二次回路必须有且仅有一点接地。接地的目的主要是防止一次高电压通过互感器绕组之间的电容耦合到二次侧，可能对人身和二次设备造成威胁。

18. 当需将保护的电流输入回路从电流互感器二次侧断开时，必须有专人监护，使用绝缘工具，并站在绝缘垫上，断开电流互感器二次侧后，便用短路线妥善、可靠地短接电流互感器二次绕组。 （   ）

答案：×

解析：在带电的电流互感器二次回路上工作时，应：

（1）禁止将电流互感器二次侧开路（光电流互感器除外），"断开电流互感器二次侧后，便用短路线妥善可靠地短接电流互感器二次绕组"应为先短接电流互感器二次绕组再断开互感器二次侧。

（2）短路电流互感器二次绕组应使用短路片或短路线，禁止用导线缠绕。

（3）在电流互感器与短路端子之间的导线上进行工作，应有严格的安全措施，并填用"二次措施单"。必要时申请停用相关保护装置、安全自动装置或自动化监控系统。

（4）工作中禁止将互感器二次回路的永久接地点断开。

19．不能以检查 $3\dot{U}_0$ 回路是否有不平衡电压的方法来确认 $3\dot{U}_0$ 回路良好。　　　（　　）

答案：√

解析： 正常运行情况下，$3\dot{U}_0$ 回路是没有电压的，因此不能以检查 $3\dot{U}_0$ 回路是否有不平衡电压的方法来确认 $3\dot{U}_0$ 回路良好。

20．当断路器在跳合闸时，跳合闸线圈的电压降均不宜过大，要留有足够的裕度。

（　　）

答案：×

解析： 断路器跳、合闸线圈必须要有足够的电压，才能保证断路器可靠跳、合闸，要求断路器跳、合闸线圈的电压降均不小于电源电压的 90%才算合格。

三、简答题

1．某常规变电站阀控蓄电池组，单体电池额定电压 2V，以浮充电方式运行。

请简要回答：

(1) 蓄电池单体浮充端电压测量和全核对性放电试验的周期。

(2) 蓄电池组的全核对放电试验放电要求、停止放电条件。

(3) 如何判断蓄电池组是否合格。

(4) 若该变电站改造为智能站，对蓄电池要求有什么变化，并简述原因。

答：

（1）蓄电池组所有的单体浮充端电压测量周期为每月 1 次。全核对性放电试验周期为：新安装的蓄电池组，应进行全核对放电试验；此后每 2 年 1 次；运行 4 年后，每年 1 次。

（2）采取恒流放电方式，当蓄电池组任意一个单体端电压下降到 1.8V 时，停止放电。

（3）合格条件：放电容量不低于蓄电池组的额定容量。放电容量为放电时间乘以恒流放电电流值。如不满足要求，隔 1～2h 后，对蓄电池进行充电，再次进行全核对性放电，反复 3 次，如果放电容量仍达不到 80%的额定容量，则蓄电池应更换。

（4）增加蓄电池组的额定容量。增加的交换机等智能站设备数量较多且需持续供电。

2．图 5-7 为一条 220kV 线路保护的电压切换回路，图 5-8 为相应的信号回路，当本线路由Ⅰ母倒至Ⅱ母运行时，如遇到隔离开关位置异常的极端情况，会导致Ⅰ、Ⅱ母电压非正常并列且不被发现的情况，请问：

（1）分析是何种隔离开关位置异常的极端情况会导致Ⅰ、Ⅱ母电压非正常并列且发现不了。可以采取什么样的解决措施？

（2）在母线分列运行方式下，Ⅰ、Ⅱ母电压非正常并列可能导致什么样的恶劣后果？

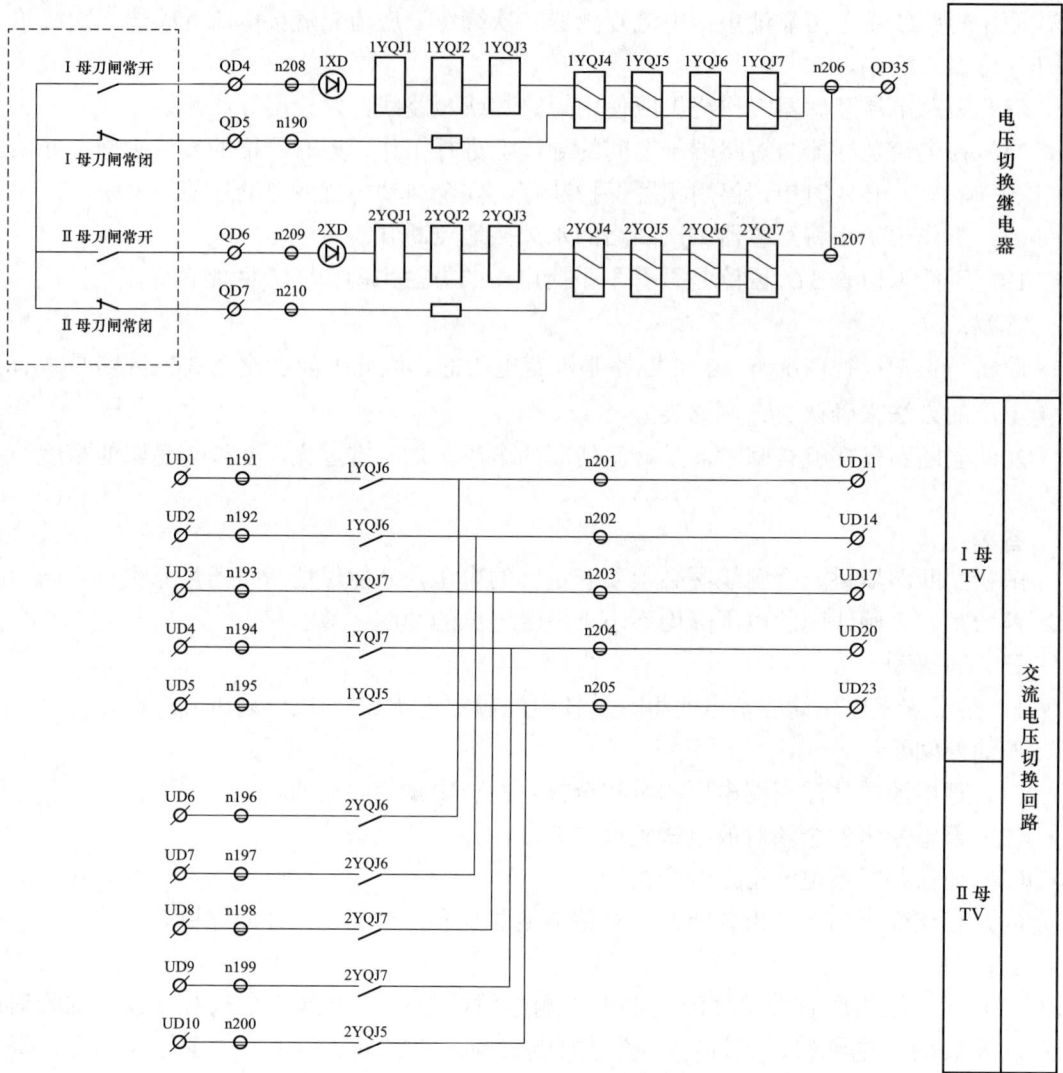

图 5-7　交流电压切换原理图

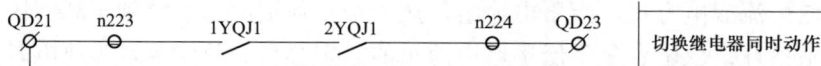

图 5-8　切换继电器同时动作原理图

答:

(1) I 母隔离开关动断触点没有闭合,导致两母电压非正常并列。在图 5-8 中,"切换继电器同时动作"信号由于采用单位置继电器触点,所以发现不了此现象。

解决措施:可以用双位置继电器 1YQJ4-1YQJ7 和 2YQJ4-2YQJ7 中富余的两个动合触点分别替换图 5-8 中的单位置继电器 1YQJ1 和 2YQJ1 这两个动合触点,如图 5-9 所示,在电压切换回路异常时及时发出告警信号。

图 5-9　电压切换回路异常简图

(2) 当母线分列运行方式下(母联开关在分位):

I、II 母电压非正常并列,由于两母线的相位和幅值都有可能不一样,图 5-7 中两个母线电压之间有矢量差，两个电压切换继电器的触点又都闭合，相当于两个不同的电压源之间处于短路状态，特别是在母线近区发生故障时尤为严重，导致交流切换回路有很大电流，甚至烧毁电路板，导致二次电压采样异常，引起相关的保护及安全自动装置不正确动作。

3．从继电保护安全可靠的角度，简述双重化继电保护配置的含义。

答：

（1）双重化配置的每套保护采用主保护和后备保护一体化的微机型继电保护装置，应含有能反应被保护设备各种故障的保护功能。

（2）双重化配置的每套保护与其相关电压切换装置、通信接口装置单独组屏。

（3）双重化配置保护采用两个不同供货商的设备。

（4）双重化配置的每套保护电流应分别取自电流互感器的不同绕组，二次回路之间应相互独立，且保护范围应当完全交叉与重叠，避免一套保护检修时，出现保护死区。

（5）双重化配置的每套保护电压应分别取自电压互感器的不同绕组，二次回路之间应相互独立。

（6）双重化配置的每套保护应分别动作于断路器的一组跳闸线圈，两组跳闸回路之间应相互独立。

（7）双重化配置的每套保护的通道应遵循完全独立的原则配置，包括电源、设备及通信路由的独立，以防止单点中断引起两套保护同时退出。

（8）双重化配置的保护所采用的直流电源应取自不同段直流母线，且两组直流之间不允许采用自动切换。

（9）双重化配置的两套保护与断路器的两组跳闸线圈一一对应时，其保护电源和控制电源必须取自同一组直流电源。

4．对断路器控制回路有哪些基本要求？

答：

（1）应有对控制电源的监视回路。断路器的控制电源最为重要，一旦失去电源，断路器便无法操作。因此，无论何种原因，当断路器控制电源消失时，应发出声、光信号，提示值班人员及时处理。对于遥控变电站，一发现断路器控制电源消失，应发出遥信。

（2）应监视断路器跳闸、合闸回路的完好性。当跳闸或合闸回路故障时，应发出断路器控制回路断线信号。

（3）应有防止断路器"跳跃"的电气闭锁装置，发生"跳跃"对断路器是非常危险的，容易引起机构损伤，甚至引起断路器的爆炸，故必须采取闭锁措施。断路器的"跳跃"现象一般是在跳闸合闸回路同时接通时才发生。"防跳"回路的设计应使得断路器出现"跳跃"时，将断路器闭锁到跳闸位置。

（4）跳闸、合闸命令应保持足够长的时间，并且当跳闸或合闸完成后，命令脉冲应能自动解除。因断路器的机构动作需要有一定的时间，跳闸、合闸时主触头到达规定位置也要有一定的行程，这些加起来就是断路器的固有动作时间，以及灭弧时间。命令保持足够长的时间就是保障断路器能可靠的跳闸、合闸。为了加快断路器的动作，增加跳闸、合闸线圈中电流的增长速度，要尽可能减小跳闸、合闸线圈的电感量。为此，跳闸、合闸线圈都是按短时带电设计的。因此，跳合闸操作完成后，必须自动断开跳闸、合闸回路，否则，跳闸或合闸线圈会烧坏。通常由断路器的辅助触点自动断开跳闸、合闸回路。

（5）对于断路器的合闸、跳闸状态，应有明显的位置信号。当故障自动跳闸、自动合闸时，应有明显的动作信号。

（6）断路器的操作动力消失或不足时，例如弹簧机构的弹簧未拉紧，液压或气压机构的压力降低等，应闭锁断路器的动作，并发出信号。SF_6 气体绝缘的断路器，当 SF_6 气体压力降低而断路器不能可靠运行时，也应闭锁断路器的动作并发出信号。

（7）在满足上述要求的条件下，力求控制回路接线简单，采用的设备和使用的电缆最少。

5．电压互感器二次中性线两点接地，在系统正常运行或系统中发生两相短路时，对保护装置的动作行为是否有影响？

答：

电压互感器二次中性线两点接地，在系统正常运行时，由于三相电压对称，无零序分量，不会造成站内两点之间产生的电位差，因此不会对保护装置的测量电压及其动作行为产生影响。同理，在系统发生相间故障时，只要不是接地故障，就不会对保护装置的动作行为产生影响。

6．为什么要限制电压互感器的二次负荷，电压互感器二次熔丝（或快分开关）应如何选择？

答：

电压互感器的准确等级是相对一定的负荷定的，增加电压互感器的二次负荷，二次电压会降低，其测量误差增大。同时，增加负荷会使电压互感器至控制室的二次电缆压降也相应增大。

（1）熔断器的熔丝必须保证在二次电压回路内发生短路时，其熔断的时间小于保护装置的动作时间。

（2）熔断器的容量应满足在最大负荷时不熔断，一般电压互感器的二次侧熔丝（快分开关）应按最大负荷电流的 1.5 倍选择。

7．某变电站有两套相互独立的直流系统，同时出现了直流接地告警信号。其中，第一组直流电源为正极接地，第二组直流电源为负极接地。现场利用拉、合直流熔断器的方法检查直流接地情况时发现：在当断开某断路器（该断路器具有两组跳闸线圈）的任一控制电源时，两套直流电源系统的直流接地信号又同时消失，请问如何判断故障的大致位置，为什么？

答：

（1）因为任意断开一组直流电源接地现象消失，所以直流系统可能没有接地。

（2）故障原因为第一组直流系统的正极与第二组直流系统的负极短接。

（3）两组直流短接后形成一个端电压为 440V 的电池组，中点对地电压为零。

（4）每一组直流系统的绝缘监察装置均有一个接地点，短接后直流系统中存在两个接地点，因此一组直流系统的绝缘监察装置判断为正极接地，另一组直流系统的绝缘监察装置判断为负极接地。

8．直流电源双重化的意义是什么？新建变电站直流系统初次上电的步骤及注意事项是什么？

答：

反措需要，保证在特殊情况下，失去一组直流时，保证一套保护和一个跳闸回路有工作电源。所以，两套直流系统之间不能有任何电的联系；两套保护和两个跳闸回路使用的电源要一一对应；两套直流系统相互之间不是互为备用的关系。所以直流失电切换回路应尽可能取消，包括 GPS 对时系统、通信系统（假如使用站内直流）。

上电步骤及注意事项：保证回路绝缘正常的情况下，按顺序先进行第一组直流分屏上电，测量电源极性、极间电压、单极对地电压，同时检查第二组直流回路中没有直流分量；然后是各支路上电，进行同样的工作；再然后拉开第一组直流，进行第二组直流上电，进行同样的工作，主要是保证两组直流之间没有任何电的联系。

9．影响铅酸蓄电池容量的因素有哪些？

答：

影响铅酸蓄电池容量的因素有：

（1）放电率太高会使极板深层的有效物质不能参加化学反应，而极板表面的有效物质会急剧变化，生成的硫酸铅很容易堵塞极板的小孔，造成内阻增加，电压下降快，使电池不能放出全部容量。

（2）温度越高（不超过 35℃），稀硫酸的黏度越低，活动力越强，内阻越小，使蓄电池有效电压升高，增加输出容量。

（3）适当地增加电解液的数量和电解液的浓度，可以增加其容量（但必须要在允许范围内）。如果电解液液面过低或密度过低，则会使电池容量减少。

（4）多次欠充时，极板深处的硫酸铅不能还原，变成惰性硫酸铅，使极板的有效物质减少，从而使容量减小，甚至损坏极板。

10．在进行两段直流母线切换操作时，对蓄电池组有什么基本要求？

答：

（1）在进行两段直流母线切换操作时，蓄电池组不得脱离直流母线。

（2）在切换过程中，允许两组蓄电池短时、并列运行。

11．某变电站因 380V AC 串入 110V DC，导致主变压器重瓦斯保护动作跳闸。

（1）请在图 5-10 基础上画图，并用文字说明重瓦斯保护动作的原因。

（2）交流串入直流时，列举哪些回路最容易误动作。

（3）为防范交流串入直流时保护误动作，可以采取哪些技术措施？

答：

（1）如图 5-11 所示，交流搭接到直流系统负极，交流系统经直流负极、瓦斯重动继电器和 L 电缆及其对地分布电容形成回路。瓦斯重动继电器在交流电源驱动下动作。

图 5-10 重瓦斯回路图

（2）继电器前连接有长电缆的回路容易误动，如变压器、电抗器的非电量保护。

（3）要求易受影响的和重要回路中的继电器：动作时间宜大于 10ms，动作功率大于 5W。缩短电缆长度。

12．某 500kV 站 3/2 接线的边开关配置 SAS550 型独立式 SF_6 TA，如图 5-12 所示，设备布置为母线→开关→TA→线路，一次导体为 2 匝并联。

（1）请分别简述等电位连接点设在 TA 的线路侧和开关侧的情况下，该 TA 发生内部绝缘故障时，保护动作情况及对系统影响。

（2）请问等电位连接点应如何选择？并说明理由。

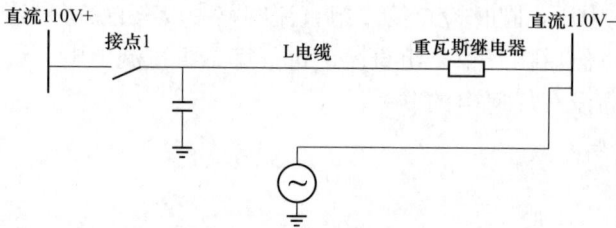

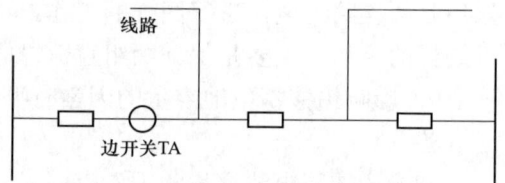

图 5-11　重瓦斯回路图　　　　　　图 5-12　3/2 接线的边开关配置 TA 图

答：

（1）保护动作情况。

如 TA 等电位连接点在 TA 的开关侧，则：

1）母差保护动作，线路保护不动；

2）母线跳开，故障未消除；

3）开关失灵和死区保护动作，跳开线路，故障隔离。

如 TA 等电位连接点在 TA 的线路侧，则：

1）母差保护不动作，线路保护动作；

2）跳开线路，故障隔离。

（2）等电位连接点设在开关侧的情况下，相当于死区故障，导致跳闸范围扩大、故障持续时间加长，故等电位连接点应设在 TA 的线路侧。

13. 某开关控制电源两联空气开关因质量原因自动脱扣，无法继续使用。更换时，现场使用两个单联空气开关替代。更换完成后，依次合上两个单联空气开关，开关跳闸。事故后检查，一次设备未发生故障，二次回路无异常。请画图分析跳闸原因，并给出措施。

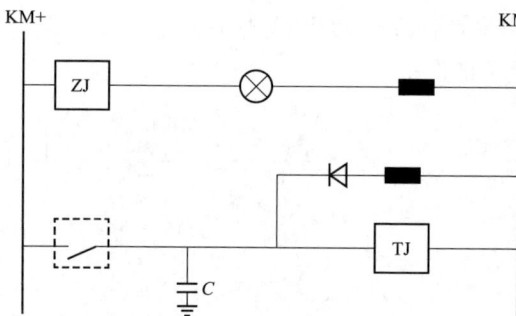

答：

（1）原因分析：合上单联的空气开关时，先合正极，再合负极。如图 5-13 所示，先合正极时，跳闸继电器 TJ 正电端接有较长电缆，存在较大对地电容，电源正极通过电源监视回路对电容充电。由于合空气开关正、负极之间存在一定时间间隔，在合负极前，

图 5-13　跳闸回路示意图

对地电容储存较大的能量，合上控制电源负极后，TJ 继电器两端电压近似为控制电源正、负极电压，对地电容通过 TJ 继电器放电，造成 TJ 继电器误动作，开关跳闸。

（2）防范措施：①合控制电源时，先合负极、后合正极；断控制电源时，先断正极、后断负极。②对经长电缆跳闸的回路，应通过计算校核，若不满足条件，可改为光纤传输信号。

14. 为什么要进行电流互感器伏安特性试验？在测量电流互感器伏安特性的过程中应该注意什么？

答：

电流互感器做伏安特性试验的目的是：

（1）了解电流互感器本身的磁饱和状况，应符合要求。

（2）伏安特性试验是发现线匝、层间短路的有效方法，特别是当二次绕组短路圈数很少时效果更加显著。

试验时应注意以下要求：

（1）在测量电流互感器伏安特性的全过程中，不允许在升压中途降压，要求试验电压稳定不得中断电流。

（2）有的电流互感器由于剩磁的影响致使伏安特性改变。此时，应将试验电压先升到最高值再逐渐降低，以进行去磁。如一次效果不大，可进行多次，然后恢复。

（3）应使用线电压减少电源谐波分量带来的测量误差。

（4）测量点应足够画出平滑曲线。

15．某 110kV 弹簧操动机构断路器控制回路如图 5-14 所示，请回答以下问题。

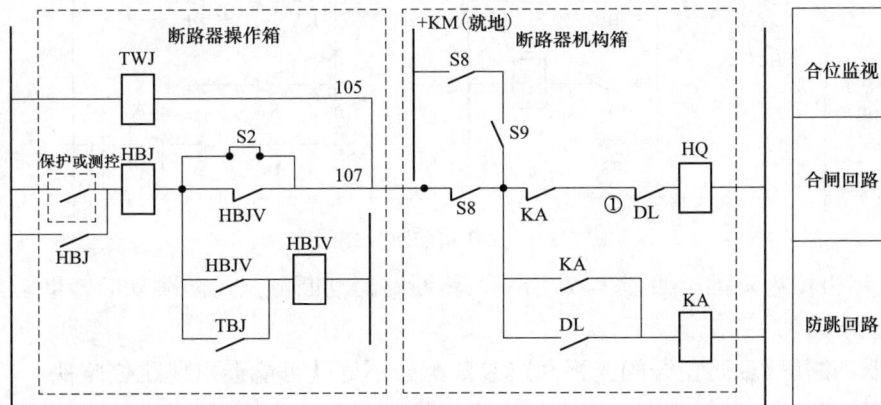

图 5-14　110kV 弹簧操动机构断路器控制回路

TWJ—跳位监视继电器；DL—断器辅助接点；TBJV—操作箱防跳继电器；S9—机构箱就地合闸按钮；

HJ—合闸接点；KA—断路器机构箱防跳继电器；S2—取消操作箱防跳回路，需将此处短接；

S8—机构箱远方/就地切换把手；TBJ/HBJ—跳/合闸保持继电器

（1）请分析上述防跳回路存在的问题。

（2）针对上述问题。请提出分别采用远方、就地、远方/就地防跳解决方案并对方案中涉及改变的部分做出原因解释及说明。

（3）当采用就地机构箱防跳标准设计时，某公司断路器部分型号产品采用了并接弹簧未储能启动防跳继电器，请问这样做的目的是什么，存在什么问题？

答：

（1）存在问题：

1）由图 5-14 可知，仅应用机构箱防跳，由于跳位监视回路与防跳回路继电器参数配合不恰当，产生寄生回路，故导致断路器在合闸位置时，跳位监视继电器启动，进而导致操作箱显示断路器的分位、合位指示灯同时亮起。

2）断路器合闸又跳开后，防跳继电器动作并与跳位监视回路形成寄生，有可能导致防跳继电器无法自行返回，持续断开断路器合闸回路，导致断路器无法合闸。当开关在分闸位置时，由于防跳继电器动作断开合闸回路导致 TWJ 继电器不动作，开关控制回路断线告警动作。

3）由于弹簧未储能节点没有串进控制回路，未储能情况下合闸或者防跳试验过程中，合闸线圈一直励磁，进而导致线圈烧毁。

（2）三种方式：

1）采用操作箱防跳。将图 5-15 中 S2 短接线取消，将机构箱防跳回路从回路中解除，这样本体防跳不起作用，采用操作箱防跳。

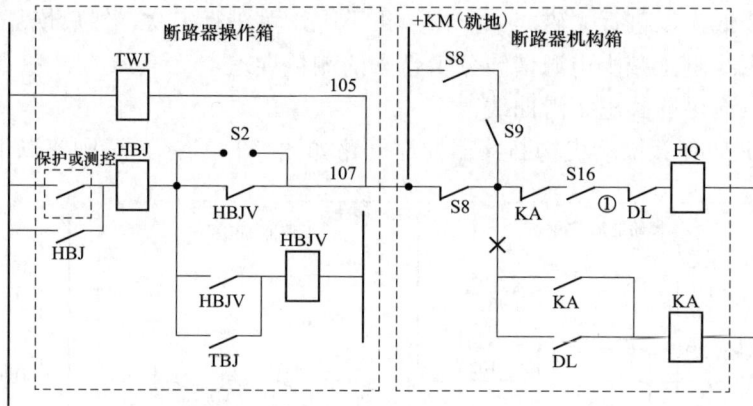

图 5-15　操作箱防跳控制回路

2）采用机构箱防跳。如图 5-16 所示，将断路器动断触点与防跳动断辅助触点串联接入合闸监视回路。

断路器动断触点：防止合闸监视回路参数配合不好就可能会出现跳位监视 TWJ 继电器动作的情况，此时会出现跳闸、合闸灯全亮的异常现象，确保开关断开后，合闸监视回路与防跳回路断开。

防跳继电器动断触点：防止防跳试验（合闸于故障）开关跳开后，当 TWJ 监视回路与开关本体防跳回路继电器参数匹配时，导致防跳继电器可能励磁并自保持，使开关分闸后不能再次合闸。

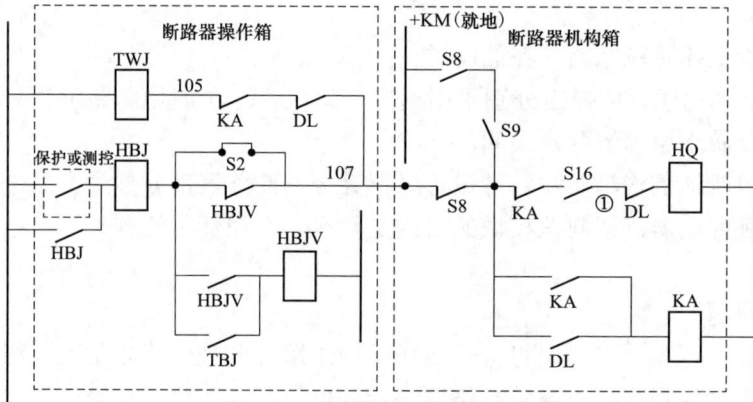

图 5-16　机构防跳控制回路

3）采用远方/就地操作把手进行切换。如图 5-17 所示，取消 S2 的短接线，将 S8 远方/就地操作把手接入本体防跳继电器启动回路，当在远方时采用操作箱防跳，在就地时采用就地机构箱防跳。

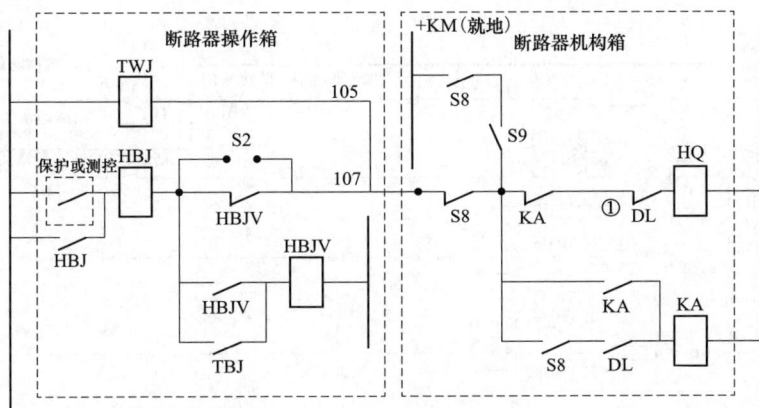

图 5-17 切换功能防跳控制回路

（3）防止在断路器防跳试验中或者合闸于永久性故障时，由于防跳继电器不能快速断开合闸回路导致断路器出现跳跃或者分闸、合闸线圈烧毁。当断路器在分闸位置时，电机电源异常或弹簧机构异常导致的弹簧未储能时，跳位监视回路与防跳回路导通，由于参数配合或者回路配合等原因进而导致 TWJ=1，不能发出开关控制回路断线。

16. 某站 220kV 分相断路器为气动机构，防跳回路采用操作箱防跳，本体三相不一致由于历史因素未配置自保持回路，开关三相在合闸位置。在开展开关防跳功能检查时，继保人员在测控屏一直按着合闸按钮，在保护屏模拟 A 相保护动作跳开 A 相开关，A 相开关跳开未合上，B、C 相发生多次跳跃，现场检查发现开关 BC 相合闸线圈烧坏，请回答如下问题：

（1）试分析造成该情况的原因。

（2）继保人员应该如何开展防跳功能检查？

（3）当采用断路器防跳时，为什么防跳回路要串入开关动断触点、本体防跳继电器动断触点？

答：

（1）继保人员在测控屏一直按着合闸按钮，在保护屏模拟 A 相保护动作跳开 A 相开关，A 相开关跳开，操作箱 A 相防跳起作用，断开 A 相合闸回路，操作箱 B、C 相防跳未动作，经过 2s 左右，开关本体三相不一致动作，跳开 B、C 相开关，在开关跳开的过程中，由于合闸按钮一直导通，此时当开关动断触点闭合时 BC 相合闸回路导通，开关立即合上。若时间较久，则 BC 相开关会短时间出现多次跳开合上，进而极有可能导致分合闸线圈烧坏。

（2）在开展断路器防跳功能检查时，若采用操作箱防跳，不应采用单相跳闸，而应采用三相跳闸试验，确保每一相防跳继电器都动作。

对于采用本体防跳，不应仅仅用开关跳开后是否合上来确定防跳功能是否正常，应当现场检查防跳继电器是否动作及开关的动作行为来确定防跳回路功能正常。

（3）正常情况下，开关在分位合开关后，断路器动合触点闭合，此时会形成图 5-18 加粗标记的寄生回路。如果回路参数配合不好就可能会出现跳位监视 TWJ 继电器动作的情况，此时会出现跳合闸灯全亮的异常现象，因此需要串入断路器动断触点 S01，确保开关断开后，合闸监视回路与防跳回路断开。

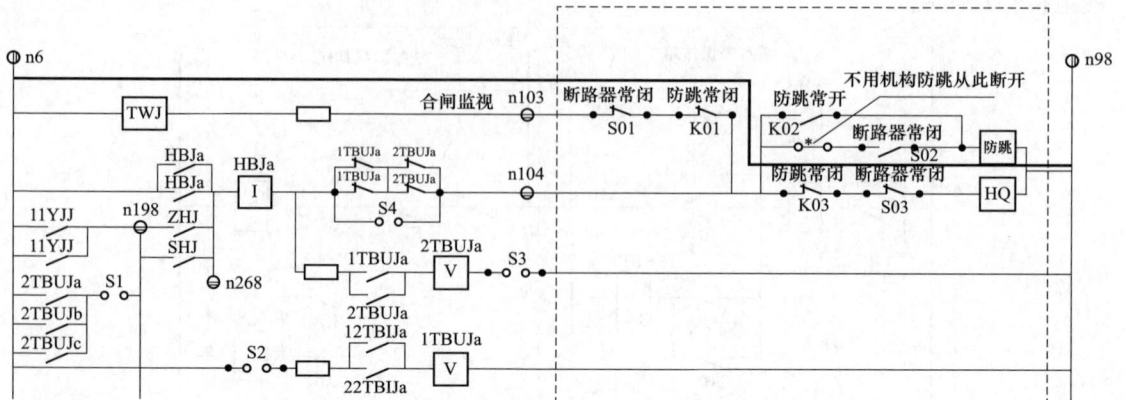

图 5-18　110kV 弹簧操动机构断路器控制回路

仅串入断路器动断触点 S01 后，当开关在合位，S01 动断触点断开，避免了跳合闸灯全亮的问题，防跳试验中开关跳开后，当 TWJ 监视回路与开关本体防跳回路继电器参数匹配时，导致防跳继电器可能励磁并自保持，使开关分闸后不能再次合闸。

四、计算分析题

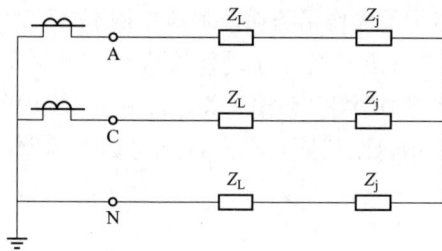

图 5-19　不完全星形接线图

1. 如图 5-19 所示，某 35kV 电流互感器按不完全星形接线，从 A、C 和 A、N 处测得的二次回路负载阻抗均为 3.46Ω，该电流互感器的变比为 600/5，一次通过的最大三相短路电流为 5160A，如测得该电流互感器某电伏安特性为 $I_0 = 3A$，$U_2 = 150V$，请定量分析该电流互感器的变比误差是否满足规程要求。

答：

三相短路时 TA 二次负载为

$$Z_{fh} = \frac{\dot{I}_a(Z_L + Z_j) + (\dot{I}_a + \dot{I}_c)(Z_L + Z_j)}{\dot{I}_a} = \sqrt{3}(Z_L + Z_j) = \sqrt{3} \times 3.46 / 2 = 3(\Omega)$$

方法 1：某点伏安特性 $I_0 = 3A$，$U_2 = 150V$。

故障电流折算到二次侧为 5160/120 = 43A，按 $I_0 = 3A$ 计算，$U_2' = (43 - 3) \times 3 = 120V$，小于 150V，TA 合格。

方法 2：即使以 $I_0 = 3A$，$U_2 = 150V$ 计算变比误差：$(43 - 40) / 43 = 6.98\%$，小于规程 10% 的要求，TA 合格。

2. 电压互感器二次绕组和辅助绕组接线以及电流回路二次接线如图 5-20 和图 5-21 所示，请问：

（1）图 5-20 中，电压互感器二次绕组和辅助绕组接线有何错误，为什么？

（2）图 5-21 中，电流回路接线有何错误，为什么？

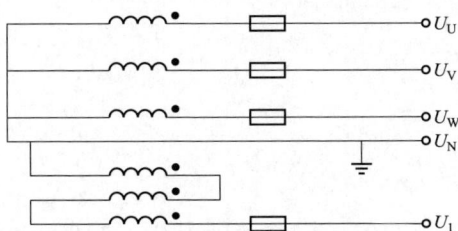

图 5-20　电压互感器接线图

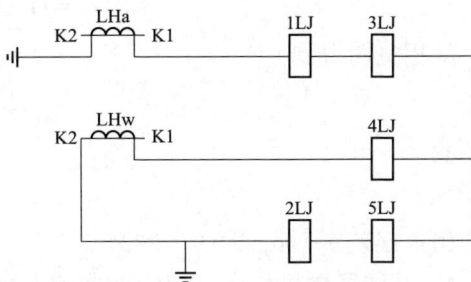

图 5-21　电流互感器接线图

答：

（1）图 5-20 中接线错误有两处：①二次绕组中性线和辅助绕组中性线应分别独立从开关场引至控制室后，在控制室将两根中性线接在一块并可靠接地，对于图 5-20 中接线，在一次系统发生接地故障时，开口三角 $3U_0$ 电压有部分压降落在中性线电阻上，致使微机保护的自产 $3U_0$ 因含有该部分压降而存在误差，零序方向保护可能发生误动和拒动；②开口三角引出线不应装设熔断器，因为即便装了，在正常情况下，由于开口三角无压，两根引出线间发生短路也不会熔断起保护作用，相反若熔断器损坏而又不能及时发现，在发生接地故障时，$3U_0$ 又不能送到控制室供测量和保护用。

（2）图 5-21 中接线错误，应将两个互感器的 K2 在本体短接后，用一根导线引至端子箱然后一点接地，图 5-21 中接线对 LHa 来说是经过两个接地点和接地网构成回路，若出现某一点接地不良，就会出现 LH 开路现象，同时也增加了 LHa 的二次负载阻抗。

3．系统故障时，电流互感器一次侧流过正弦交流电流 I_1，二次侧测得的电流为 I_2。如图 5-22 所示，已知二次侧为纯电阻负载，在不计二次绕组漏抗及铁芯损失的情况下，若电流互感器变比误差为 10%，试求此时的相角误差 δ。

答：

二次负载为纯电阻载，且不计二次绕组漏抗及铁芯损失，可得误差由励磁电流大引起，可画相量图。如图 5-23 所示，因为

$$\frac{I_1 - I_2}{I_1} = 10\%$$

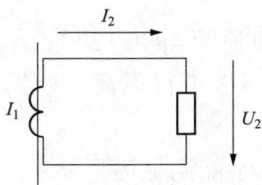

图 5-22　连接示意图

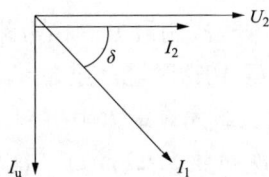

图 5-23　相量图

所以

$$I_2 = (1 - 10\%)I_1 = 90\%I_1$$

从相量图得到

$$I_2 = I_1 \cos \delta$$

故

$$\cos \delta = 0.9$$

相角误差 $\delta = \arccos 0.9 = 25.8°$。

4. 某线路微机零序方向继电器的灵敏角是 $\phi_L = -110°$，动作范围为 $\theta = -110° \pm 80°$，自产 $3\dot{U}_0$，$3\dot{I}_0$ 取自 TA 中性线，从母线流向被保护线路方向定为电流的正方向。线路有功功率为 50MW，无功功率为零，如果在 A 相 TA 开路同时又恰逢 TV 二次回路故障 AB 相断线，试用相量图说明此时零序方向元件的动作状态。

答：

$$3\dot{I}_0 = \dot{I}_B + \dot{I}_C = -\dot{I}_A; \quad 3\dot{U}_0 = \dot{U}_C$$

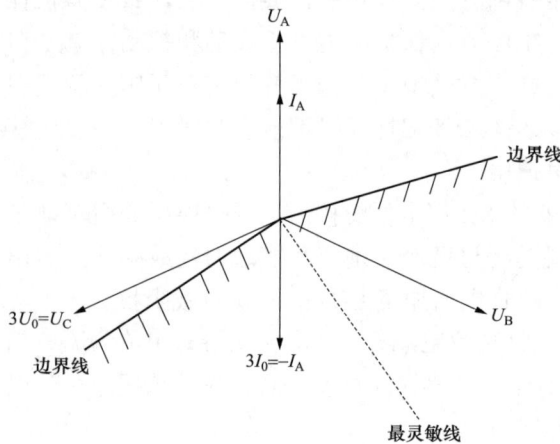

图 5-24　相量图

由于只送有功不送无功，$\dot{I}_A$ 与 $\dot{U}_A$ 同相，$3\dot{I}_0$ 与 $\dot{U}_A$ 反相。画出相量图如图 5-24 所示，$3\dot{I}_0$ 落在动作区内，故继电器动作。

5. 某运行变比为 600/5 的电流互感器（铭牌参数为 [600-1200] /5，精度 10P20，一次侧调整变比），测得该电流互感器的伏安特性如表 5-1 所示。实测二次负载是 5.2Ω，经计算通过最大三相短路电流 4800A，请分析该电流互感器是否满足运行要求。若不满足请提出可行措施并计算验证。

电流互感器的伏安特性如表 5-1 所示。

表 5-1　　　　　　　　　　电流互感器伏安特性表

电流（A）	1	2	3	4	5
电压（V）	48	96	130	180	210

答：

（1）根据一次侧最大三相短路电流 4800A 时，二次电流为 4800/120=40A。

假设正好 10%误差，励磁电流 $40 \times 10\% = 4A$，据表 5-1 查得电流互感器二次压降为 180V，二次负载允许最大阻抗=180/(40−4)=5Ω。

实测二次负载 5.2Ω 超过二次负载允许最大阻抗 5Ω，不能满足运行要求。

（2）可采取的措施。

1）根据 TA 铭牌参数，该 TA 变比可调整，考虑一次侧调整为 1200A，则最大电流时的二次电流=4800/240=20A，假设正好 10%误差，励磁电流=20×10%=2A。

据表 5-1 查得电流互感器二次压降为 96V，二次负载允许最大阻抗=96/(20−2)=5.333Ω＞5.2Ω，故调整 TA 一次侧变比即可满足运行要求。

2）另外可考虑：①减少电流互感器所连保护设备及测量仪表，减少二次负载阻抗；②增大电流互感器连接导线的截面积，减少二次负载阻抗；③缩短连接电流互感器的导线长度，减少二次负载阻抗。

6. 某一电流互感器的变比为 600/5，其一次侧通过的最大三相短路电流为 6600A，如测得该电流互感器某一点的伏安特性为 $I_1 = 3A$ 时，$U_2 = 150V$，当该电流互感器二次接入 $R = 4\Omega$（包括二次绕组电阻）时，在不计铁芯损失、二次绕组漏抗以及铁芯饱和的情况下，计算该电流互感器的变比误差和相角误差。

答：

故障电流折算到二次侧，有 $I_1' = \dfrac{6600}{120} = 55A$；

励磁电抗 $\mathrm{j}x_\mu$ 由题意得，$\mathrm{j}x_\mu = \mathrm{j}\dfrac{150}{3} = \mathrm{j}50\Omega$；

按题意得角误差 $\delta = \arctan\dfrac{R}{x_\mu} = \arctan\dfrac{4}{50} = 4.6°$；

二次电流 $I_2 = I_1' \times \left|\dfrac{\mathrm{j}x_\mu}{R + \mathrm{j}x_\mu}\right| = 55 \times \left|\dfrac{\mathrm{j}50}{4 + \mathrm{j}50}\right| = 54.82A$；

综上，变比误差 $\varepsilon = \dfrac{54.82 - 55}{55} = -0.3\%$。

7. 某变电站有两套直流系统，直流电压均为 220V，由于某种原因 1KM 的负极与 2KM 的正极之间误接入 $10k\Omega$ 的等效电阻 R，两套直流系统绝缘监视参数如图 5-25 所示。试分别计算 1、2 组直流电源正、负极对地电位应为多少？

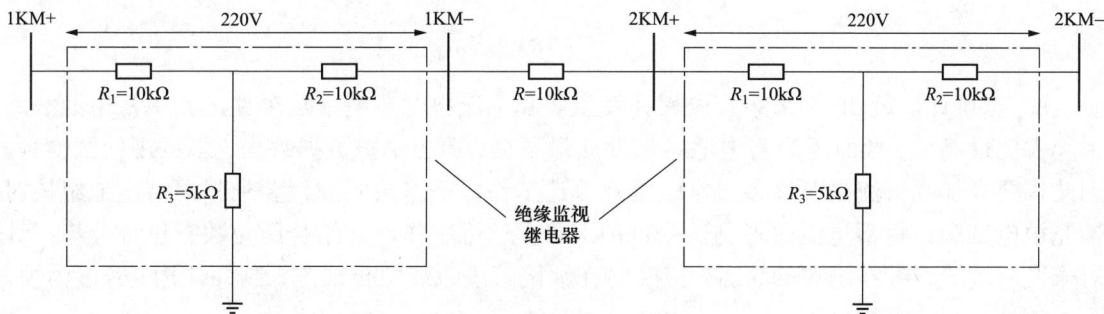

图 5-25 直流系统等效电路图

答：

通过分析图 5-25 所示电路可以看出，当第一组直流电源的负极与第二组直流电源的正极之间有电阻 R 时，由于两个直流对称，在电阻 R 正中间应有一个虚拟零电位。因此等效电路图如图 5-26 如示。

忽略右侧电路，并连接两个电位，如图 5-27 所示。

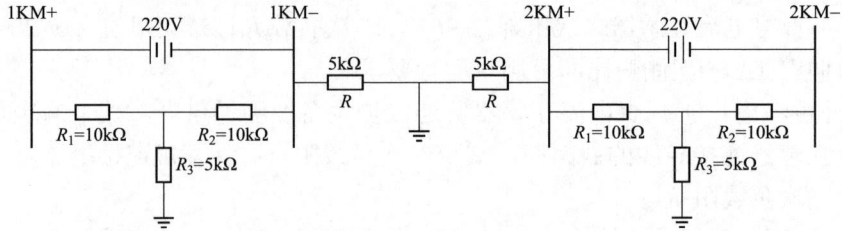

图 5-26　直流系统等值电路

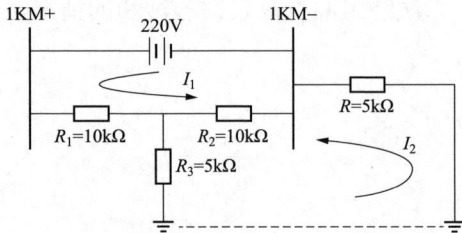

图 5-27　直流系统简化等值电路

采用回路电流法进行分析，即

$$\begin{cases} I_1(R_1+R_2)-I_2R_2=220 \\ I_2(R+R_2+R_3)-I_1R_2=0 \end{cases}$$

代入阻抗值，得到

$$\begin{cases} 20I_1-10R_2=220 \\ 20I_2-10I_1=0 \end{cases}$$

求得 $I_2=\dfrac{220}{30}=\dfrac{22}{3}(\text{mA})$，$I_1=\dfrac{44}{3}(\text{mA})$

故

$$U_{1(-)}=-I_2R=-\frac{22}{3}\times 5=-36.7(\text{V})$$

$$U_{1(+)}=220-36.7=183.3(\text{V})$$

同理可求得

$$U_{2(+)}=36.7(\text{V})$$

$$U_{2(-)}=-183.3(\text{V})$$

8．据统计，近 20 年来系统内累计发生多起直流电源典型事故事件，其中蓄电池故障引起占比最高，主要原因为蓄电池零部件质量不良、历史维护数据缺失、未按规程试验等。因此，要求加强直流电源设备日常运维及改造工作，严格按照规程要求开展蓄电池组核对性充放电试验；将蓄电池内阻测试项目加入日常巡维工作，并结合历史数据进行分析；针对未及时消缺或存在隐患的设备，应及时在缺陷管理系统上报缺陷，制订计划，开展消缺。

请结合材料分析：

（1）请写出表示铅酸蓄电池充电、放电时电化学过程的化学方程式。

（2）论述蓄电池极板在组合时为什么正极板要夹在两片负极板之间。

（3）若试验发现某只蓄电池容量不足 80%，需如何处理？

答：

（1）化学方程式。

放电：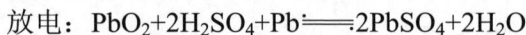

充电：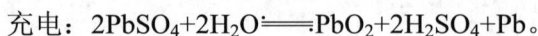

（2）原因：正极板在充电与放电循环过程中膨胀与收缩现象严重，夹在两片负极板之间，使正极板两面都起化学反应，产生同样的膨胀与收缩，减少正极板弯曲和变形，从而延长使用寿命。而负极板膨胀与收缩现象不太严重。

（3）处理：

1）单节蓄电池活化：使用活化仪对蓄电池进行活化处理，单体蓄电池活化后容量至80%以上，安装回原蓄电池组，检查单体蓄电池电压，3个月后再次试验整组蓄电池容量达标。

2）更换单节蓄电池：选用同厂家、同型号（宜用同批次），且内阻水平与原蓄电池组内阻水平相当的蓄电池进行单节更换。

3）整组蓄电池修复：添加修复液进行修复或者其他方式进行修复，使得蓄电池容量达到标称容量的80%以上。

4）整组蓄电池更换：对于以下3种情况建议整组更换：一是蓄电池定期容量核容结果未到额定容量的80%，且不能修复的蓄电池；二是蓄电池组运行满8年；三是异常或故障蓄电池数量达到一定比例（12V蓄电池为15%及以上，2V蓄电池为7%及以上）。

9．变比为1000/5、5P20、25VA的电流互感器，二次绕组电阻测得 $R_{in}=1.4\Omega$，在不计二次绕组漏抗、不计铁芯未饱和时的励磁电流情况下，当二次负载阻抗 $R_{loa}=2\Omega$ 时，稳态下综合误差不超过该电流互感器允许值（5%）的最大一次电流为多少？

答：

（1）额定二次阻抗，即

$$R_{2N}=\frac{25}{5^2}=1(\Omega)$$

（2）二次侧的饱和电势（综合误差5%时），即

$$E_{2.sat}=MI_{1N}(R_{in}+R_{2N})\frac{I_{2N}}{I_{1N}}=20\times5\times(1.4+1)=240(V)$$

（3）$R_{loa}=2\Omega$ 时，二次电势为

$$E_2=I_1(R_{in}+R_{loa})\frac{I_{2N}}{I_{1N}}=I_1\times(1.4+2)\times\frac{5}{1000}=\frac{17}{1000}I_1(V)$$

（4）为保证误差不超过允许值，$E_2\leqslant E_{2.sat}$，即

$$\frac{17}{1000}I_1\leqslant240$$

$$I_{1.max}=\frac{240\times1000}{17}=14117.6(A)$$

10．某500kV系统接线如图5-28所示，MN线路保护三相电压取自线路TV，但TV运行期间发生C相二次熔丝熔断，同时发生M侧母线B相金属性接地故障。已知 $\dot{E}_S=\dot{E}_R$，M侧线路保护A相电压 $\dot{U}_{AM}=60\angle0°\ V$（二次值），流过保护的短路电流 I_k 为20kA（一次值）线路TA变比为4000/1A，零序补偿系数按0.5计算，短路阻抗为纯电感性，TV二次回路阻抗接线如图5-29所示，其相间负载和相负载相同。请问：

（1）M 侧线路保护 C 相电压是多少？

（2）当线路保护 I 段接地距离阻抗为方向圆特性，整定值为 $25\angle90°\ \Omega$（二次值）时，C 相接地距离阻抗元件能否动作？（不考虑 TV 断线时阻抗保护闭锁）

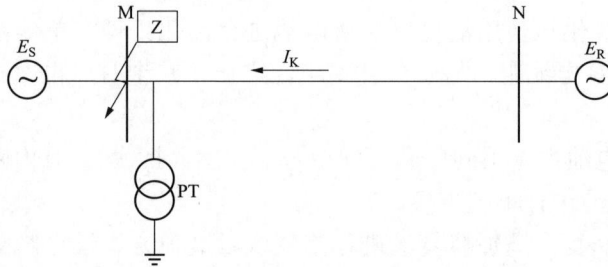

图 5-28　系统接线图

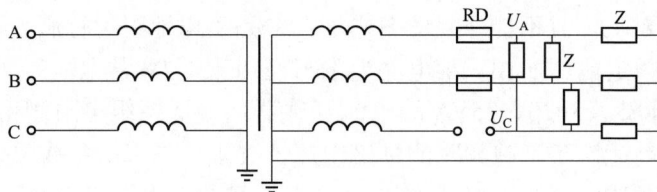

图 5-29　TV 接线图

答：

（1）因 C 相二次熔丝熔断，且母线 B 相发生金属性接地，$\dot{U}_{BM}=0\angle0°\ V$，对 TV 二次回路进行简化计算，如图 5-30、图 5-31 所示，求得 $\dot{U}_{CM}$。

可得：

$$\dot{U}_{CM}=\dot{U}_{AM}\times\frac{\frac{1}{2}Z}{Z+\frac{1}{2}Z}=\frac{1}{3}\dot{U}_{AM}(V)$$

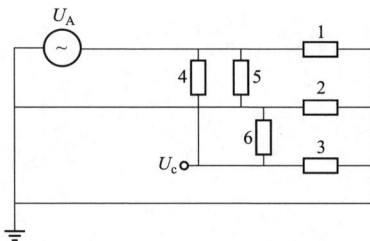

图 5-30　TV 二次回路

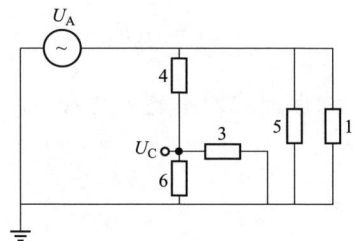

图 5-31　简化后的 TV 二次回路

（2）保护安装处 C 相测量阻抗为

$$Z_{cj}=\frac{\dot{U}_{cj}}{I_{cj}+3kI_0}=\frac{\frac{1}{3}U_a}{kI_{kb}}=\frac{\frac{1}{3}\times60}{0.5\times\frac{20000}{4000}\cdot e^{-j30°}}=8\angle30°(\Omega)$$

M 侧母线 B 相金属性接地故障，流过保护安装处的故障电流由 R 侧电源提供，所以 I_{kb} 超前 E_B90^0，C 相电压和 B 相电流相位，如图 5-32 所示。

已知 I 段接地距离阻抗整定值为 j25Ω（二次值），则

$$Z'_{zd} = 25 \times \cos(90° - 30°) = 12.5(\Omega)$$

$$Z_{cj} < Z'_{zd}$$

所以，如图 5-33 所示，C 相接地距离测量阻抗元件能动作。

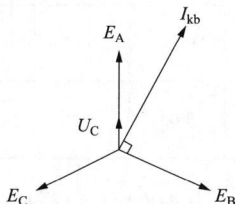

图 5-32 电流相位图

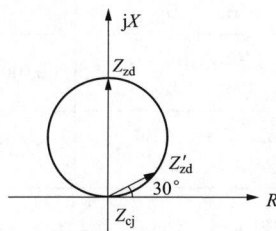

图 5-33 整定阻抗与测量阻抗关系

11. 一条线路出口配置有并联电抗器，线路破口进新建的 N 站，即线路 L1。新建一条同路径、同型号的线路 L2，如图 5-34 所示。新设备投运试验，需要进行相量检查，完善表 5-2。

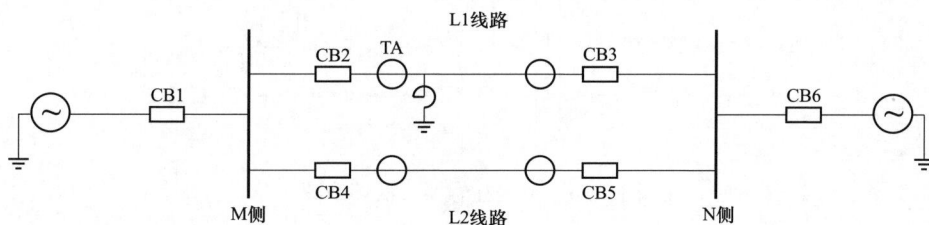

图 5-34 一次主接线图

表 5-2   检 查 表

序号	处于合位的开关	各开关 A 相电流二次幅值和二次相角 （单位为安培，相角以各侧 A 相电压为基准）							
		CB2		CB3		CB4		CB5	
		幅值	相角	幅值	相角	幅值	相角	幅值	相角
1	CB3、CB6	/	/	0.01	−90°	/	/	/	/
2	CB5、CB6	/	/	/	/	/	/	0.05	
3	CB2、CB4、 CB5、CB6				/				
4	CB2、CB3、 CB4、CB5、CB6								

注：电流互感器二次极性均以流出母线为正，变比均相同。

答：检查结果见表 5-3。

表 5-3 检 查 结 果

序号	处于合位的开关	各开关 A 相电流二次幅值和二次相角 （单位为安培，相角以各侧 A 相电压为基准）							
		CB2		CB3		CB4		CB5	
		幅值	相角	幅值	相角	幅值	相角	幅值	相角
1	CB3、CB6	/	/	0.01	−90°	/	/	/	/
2	CB5、CB6	/	/	/	/	/	/	0.05	90°
3	CB2、CB4、 CB5、CB6	0.01	−90°	/	/	0.01	90°	0.04	90°
4	CB2、CB3、CB4、 CB5、CB6	0.03	−90°	0.02	90°	0.03	90°	0.02	90°

12. 如图 5-35 所示，电压互感器 TV 的二次额定线电压为 100V，负载阻抗均为 Z，当星形接线的二次绕组 C 相熔断器熔断时：①试计算负载处 C 相电压及相间电压 U_{bc}、U_{ca} 的大小，并画出其相量图（电压互感器二次电缆阻抗忽略不计）；②某方向继电器接入 U_{ca} 电压和 I_b 电流，继电器的灵敏角为 90°，动作区为 0°～180°。如果当时送有功 100MW，送无功 100Mvar，发生上述 TV 断线时，该继电器是否可能动作？为什么？

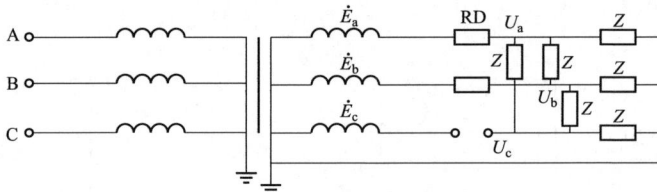

图 5-35 电压互感器二次接线图

答：

$$\dot{I}_c = \dot{I}_a + \dot{I}_b = \frac{\dot{U}_b - \dot{U}_c}{Z} + \frac{\dot{U}_a - \dot{U}_c}{Z}$$

$$\dot{U}_c = \dot{I}_c \times Z = (\dot{U}_b - \dot{U}_c) + (\dot{U}_a - \dot{U}_c)$$

$$3\dot{U}_c = \dot{U}_a + \dot{U}_b$$

$$\dot{U}_c = \frac{\dot{U}_a + \dot{U}_b}{3} = \frac{1}{3}(57.7\angle 0° + 57.7\angle -120°) = 9.62 - j16.66 = 19.24\angle -60°$$

$$U_c = 19.24V$$

$$\dot{U}_{bc} = \dot{U}_b - \dot{U}_c = \dot{E}_b + \frac{\dot{E}_c}{3} = 0.88\dot{E}_a e^{-j139°} \quad U_{bc} = 51V$$

$$\dot{U}_{ca} = \dot{U}_c - \dot{U}_a = -\dot{E}_a + \frac{\dot{E}_c}{3} = 0.88\dot{E}_a e^{-j161°} \quad U_{ca} = 51V$$

相量图如图 5-36 所示。

因为送有功 100MW，送无功 100Mvar，I_b 滞后 E_b 角度为 45°，而 U_{ca} 滞后 E_b 角度为 161°−120°=41°，即 U_{ca} 超前 I_b 角度为 4°。由相量图（见图 5-36）可见，I_b 落入继电器动作

区（边缘），故继电器可能动作。

13．某不接地系统发生单相接地故障，测量母线 TV 二次开口三角电压约为 100V（二次额定值：100/3V），星形绕组每相对地电压均在 58V 左右（二次额定值 57.74V）。试分析：

（1）正确的电压幅值应该是多少？

（2）该 TV 二次回路存可能存在的问题是什么，并通过计算证明分析结果（TV 二次三相负载相同）。（提示：TV 二次回路有一处缺陷）

图 5-36 相量图

答：

（1）不接地系统发生单相接地故障，开口三角有 100V 左右电压属正常现象，但是星形绕组故障相电压应为 0V 左右，另两相对地电压应上升 $\sqrt{3}$ 倍，在 100V 左右。

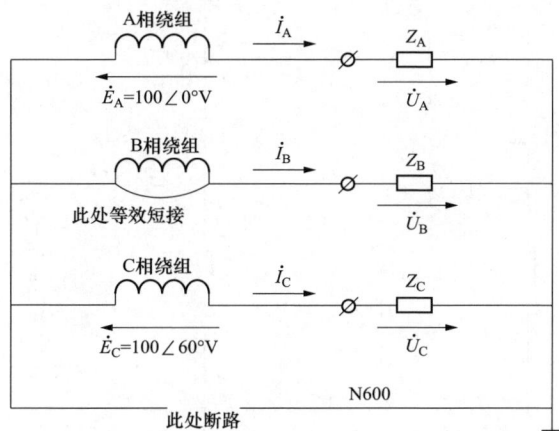

图 5-37 等效电路图

（2）现三相对地电压幅值存在异常，可能为 TV 二次星形绕组中性线断线引起。

假设系统发生 B 相接地故障，分析如下：

因系统 B 相发生接地故障，B 相 TV 一次侧被对地短接，因此忽略 TV 漏抗，其星形绕组 B 相二次侧可等效为短接。假设 N600 回路发生断线，如图 5-37 所示，计算三相负载阻抗上电压 $\dot{U}_A$、$\dot{U}_B$、$\dot{U}_C$，设三相负载 $Z_A = Z_B = Z_C = Z$。

由叠加原理可得三相电流为

$$\dot{I}_A = \frac{2\dot{E}_A}{3Z} - \frac{\dot{E}_C}{3Z} \qquad \dot{I}_B = -\frac{\dot{E}_A}{3Z} - \frac{\dot{E}_C}{3Z} \qquad \dot{I}_C = \frac{2\dot{E}_C}{3Z} - \frac{\dot{E}_A}{3Z}$$

因此

$$\dot{U}_A = \dot{I}_A \cdot Z = \frac{2\dot{E}_A}{3} - \frac{\dot{E}_C}{3} = \frac{200\angle 0°}{3} - \frac{100\angle 60°}{3} = 57.74\angle -30°(V)$$

$$\dot{U}_B = \dot{I}_B \cdot Z = -\frac{\dot{E}_A}{3} - \frac{\dot{E}_C}{3} = -\frac{100\angle 0°}{3} - \frac{100\angle 60°}{3} = 57.74\angle -150°(V)$$

$$\dot{U}_C = \dot{I}_C \cdot Z = \frac{2\dot{E}_C}{3} - \frac{\dot{E}_A}{3} = \frac{200\angle 60°}{3} - \frac{100\angle 0°}{3} = 57.74\angle 90°(V)$$

可见计算结果与故障现象相符，因此判断为 TV 二次回路发生如图 5-37 所示的中性线 N600 断线故障。

14．220kV 甲乙线重合闸方式为甲侧投单重、乙侧投停用。某日甲乙线发生近区 A 相接地故障，乙站侧两套差动保护动作、距离 I 段动作三相跳闸，未重合；甲站侧两套差动保护动作跳 A 相、紧接着三相跳闸。乙站断路器辅助保护"跟跳本断路器"控制字投入，乙站相关保护部分如图 5-38 所示（第二组跳闸线圈相关图类似，此处略）。请解释甲站侧

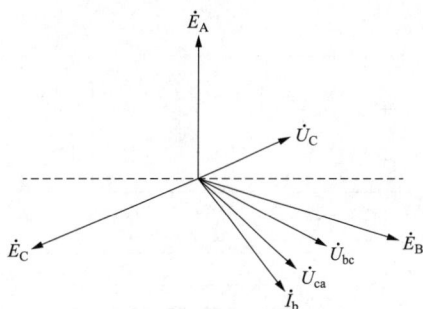

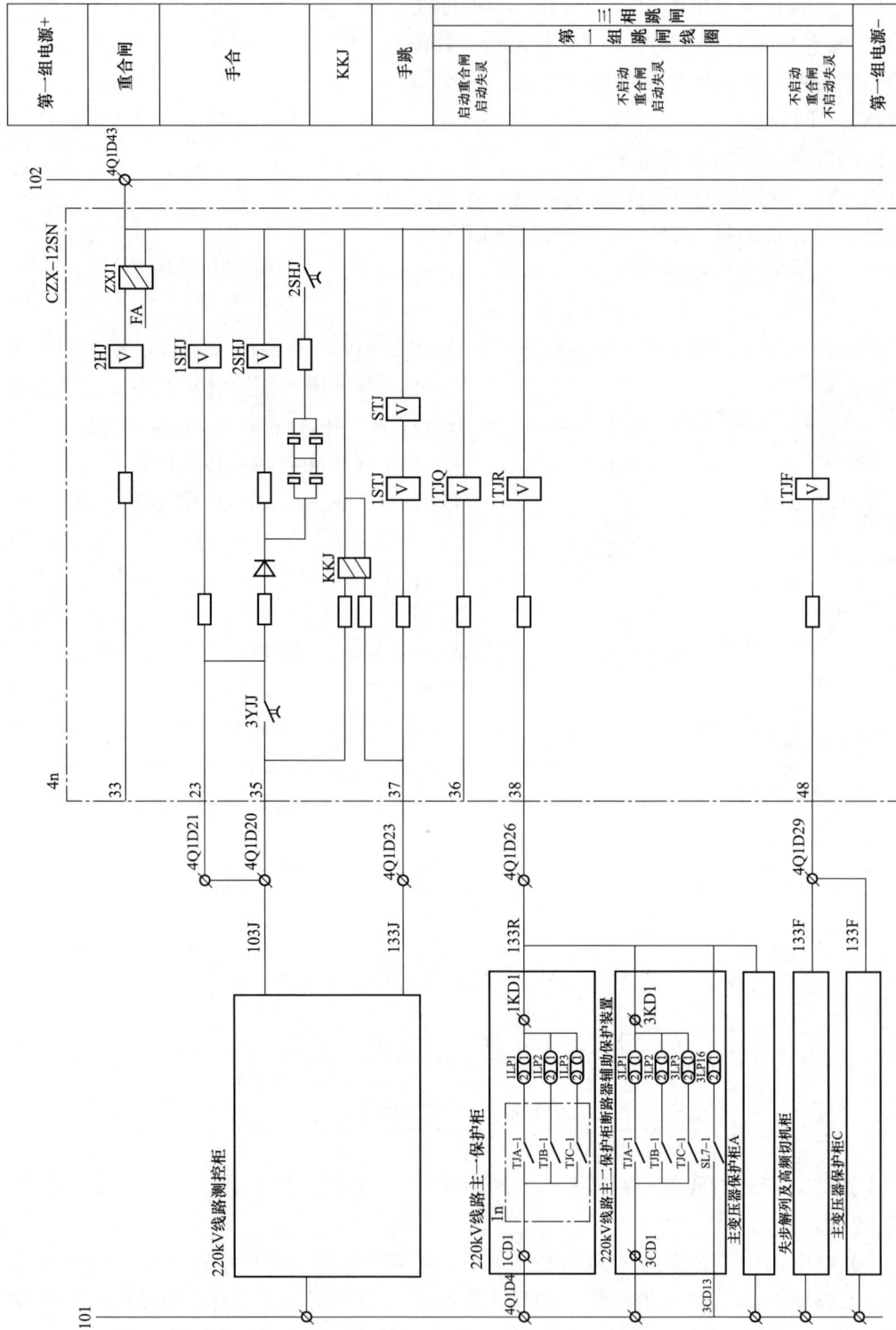

图 5-38　操作箱原理接线图

未重合原因并提供整改建议。

答：

（1）原因：乙站线路（主一、主二）保护动作触点与断路器辅助保护跟跳动作触点均接入操作箱 TJR 继电器。当主一、主二保护动作时，发远跳命令，甲站收到远跳令后三跳、闭锁重合闸。

（2）整改措施：①乙站线路（主一、主二）保护动作触点拆除原有接入 TJR、改接至其他触点（见图 5-38 中 TJQ）；②乙站断路器辅助保护跟跳动作触点拆除原有接入 TJR、改接至其他触点（如图 5-38 所示中 TJQ）。

第六章

整 定 计 算

一、选择题

1. 电力系统继电保护的选择性，除了取决于继电保护装置本身的性能外，还要求满足：由电源算起，越靠近故障点的继电保护的故障启动值（　　）。

A．相对越小，动作时间越长　　　　　　B．相对越大，动作时间越短

C．相对越灵敏，动作时间越短　　　　　D．相对越可靠，动作时间越长

答案：C

解析：《3kV～110kV 电网继电保护装置运行整定规程》（DL/T 584—2017）第 5.3.1 条，选择性是指首先由故障设备或线路本身的保护切除故障，当故障设备或线路本身的保护或断路器拒动时，才允许由相邻设备、线路的保护或断路器失灵保护切除故障。

2. 当某一段线路检修停运时，为改善保护配合关系，如有可能，可以用（　　）中性点接地变压器台数的办法来抵消线路停运时对零序电流分配的影响。

A．增加　　　　　B．减少　　　　　C．不改变　　　　　D．以上均可

答案：A

解析：当某一段线路检修停运时，由其与系统联系的等值零序阻抗变大，为改善保护配合关系，如有可能，可以用增加中性点接地变压器台数的办法来抵消线路停运时对零序电流分配的影响。

3. 继电保护是以常见运行方式为主来进行整定计算和灵敏度校核的。所谓常见运行方式是指（　　）。

A．正常运行方式下，任意一回线路检修

B．正常运行方式下，与被保护设备相邻近的一回线路或一个元件检修

C．正常运行方式下，与被保护设备相邻近的一回线路检修并有另一回线路故障被切除

D．正常运行方式下，系统所有元件均投入运行

答案：B

解析：《220kV～750kV 电网继电保护装置运行整定规程》（DL/T 559—2018）第 3.3 条，常见运行方式是指正常全接线运行方式和被保护设备相邻近的一回线或一个元件检修的正常检修方式。

4. 助增电流的存在，对距离继电器的影响是（　　）。

A．使距离继电器的测量阻抗减小，保护范围增大

B．使距离继电器的测量阻抗增大，保护范围减小

C．使距离继电器的测量阻抗增大，保护范围增大

D．使距离继电器的测量阻抗减小，保护范围减小

答案： B

解析：

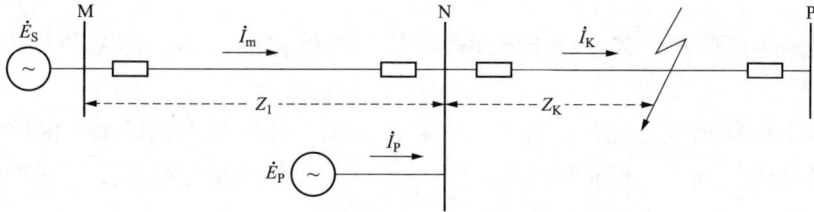

图 6-1 系统示意图

如图 6-1 所示，M 母线处距离保护测量阻抗 $Z_{\mathrm{m}} = \dfrac{U_{\mathrm{m}}}{I_{\mathrm{m}}} = \dfrac{\dot{I}_{\mathrm{m}} Z_1 + \dot{I}_{\mathrm{K}} Z_{\mathrm{K}}}{\dot{I}_{\mathrm{m}}}$，其中 $\dot{I}_{\mathrm{K}} = \dot{I}_{\mathrm{m}} + \dot{I}_{\mathrm{P}}$，

由此可得：$Z_{\mathrm{m}} = Z_1 + \left(1 + \dfrac{\dot{I}_{\mathrm{P}}}{\dot{I}_{\mathrm{m}}}\right) Z_{\mathrm{K}}$，显然受助增影响，距离继电器的测量阻抗增大了。在整

定阻抗值不变的情况下，测量阻抗变大，则保护范围缩小。

5．汲出电流的存在，对距离继电器的影响是（　　）。

A．使距离继电器的测量阻抗减小，保护范围增大

B．使距离继电器的测量阻抗增大，保护范围减小

C．使距离继电器的测量阻抗增大，保护范围增大

D．使距离继电器的测量阻抗减小，保护范围减小

答案： A

解析：

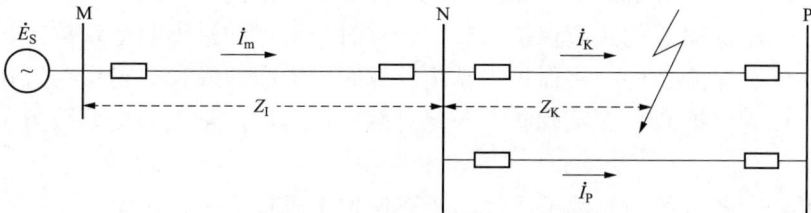

图 6-2 系统示意图

如图 6-2 所示，M 母线处距离保护测量阻抗 $Z_{\mathrm{m}} = \dfrac{U_{\mathrm{m}}}{I_{\mathrm{m}}} = \dfrac{I_{\mathrm{m}} Z_1 + I_{\mathrm{K}} Z_{\mathrm{K}}}{I_{\mathrm{m}}}$，其中 $I_{\mathrm{K}} = I_{\mathrm{m}} - I_{\mathrm{P}}$，

由此可得 $Z_{\mathrm{m}} = Z_1 + \left(1 - \dfrac{I_{\mathrm{P}}}{I_{\mathrm{m}}}\right) Z_{\mathrm{K}}$。显然受汲出影响，距离继电器的测量阻抗减小了。在整

定阻抗值不变的情况下，测量阻抗减小，则保护范围增大。

6．对于保护支路与配合支路成辐射型的网络，零序分支系数与（　　）。

A．接地故障类型有关 　　　　　　　　B．接地过渡电阻大小有关

C．接地故障类型无关 　　　　　　　　D．接地变压器数目无关

答案：C

解析：零序分支系数等于保护支路零序电流与配合支路零序电流的比值，对于辐射型网络，不同接地故障类型不改变网络结构，因此不影响两者的比值，仅影响零序电流的大小。

7. 某接地距离保护装置在设定零序电流补偿系数 K 时，不慎将 K 值增大了 3 倍，下列说法正确的是（　　）。

A. 使测量阻抗增大，保护区伸长　　　　B. 使测量阻抗增大，保护区缩短

C. 使测量阻抗减小，保护区缩短　　　　D. 使测量阻抗减小，保护区伸长

答案：D

解析：由于测量阻抗 $Z_m = \dfrac{U_\varphi}{I_\varphi + 3KI_0}$，当 K 增加 3 倍时，测量阻抗 Z_m 比实际阻抗减小。在整定阻抗值固定的情况下，测量阻抗变小，则保护范围伸长。

8. 电网正常方式下在低压母线三相短路，短路电流如图 6-3 所示，以下说法正确的是（　　）。

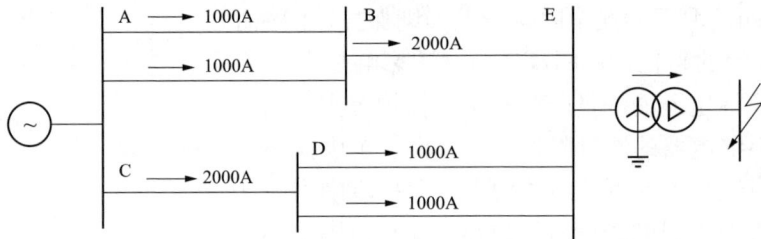

图 6-3　系统示意图

A. 保护 A 对保护 B 的距离保护，整定计算时应考虑的最小助增系数为 1

B. 保护 A 对保护 B 的距离保护，整定计算时应考虑的最小助增系数为 2

C. 保护 C 对保护 D 的距离保护，整定计算时应考虑的最大分支系数为 0.5

D. 保护 C 对保护 D 的距离保护，整定计算时应考虑的最大分支系数为 1

答案：A

解析：距离保护 II 段与相邻下级线路距离保护 I 段整定配合式为

$$Z_{DZ.AII} \leqslant K_k \times (Z_l + K_z \times Z'_{DZ.BI})$$

从整定配合公式可以看出，距离保护在整定配合中，应选取可能出现的最小助增系数。距离保护的助增系数 $K_z = \dfrac{I_{流过故障点短路电流}}{I_{流过保护安装处短路电流}}$。

保护 A 对保护 B 的距离保护，出现最小助增系数的运行方式为，AB 单回线运行，BE 运行，$K_z = 1$。

保护 C 对保护 D 的距离保护，出现最小助增系数的运行方式为，CD 运行、DE 双回线并列运行，$K_z = \dfrac{1000}{2000} = 0.5$。

9. 110kV 某线路正序阻抗为 $Z_1 = 0.174 + j0.985 = 1\angle 80°\Omega$，零序阻抗为 $Z_0 = 1.026 +$

j2.82 $= 3\angle70°\Omega$ ，互感阻抗为零序阻抗的 0.6 倍，其保护型号为 CSC-163AN，考虑互感影响时，电抗零序补偿系数为（　　）。

A．0.67，距离阻抗定值整定应考虑互感影响

B．0.23，距离阻抗定值整定应考虑互感影响

C．0.62，距离阻抗定值整定应考虑互感影响

D．以上答案均不正确

答案：C

解析：CSC-163AN 保护的电抗零序补偿系数 $K_R = \dfrac{X_0 - X_1}{3X_1} = \dfrac{2.82 - 0.985}{3 \times 0.985} = 0.62$，零序补偿系数在上述公式中未考虑零序互感，整定时应采用感受阻抗或在可靠系数、灵敏系数中考虑零序互感影响。

10．某 110kV 线路保护装置的距离保护功能采用四边形特性原理，如图 6-4 所示，投入负荷限制电阻 R_{DZ}，下述选项描述不正确的是（　　）。

注：选项中 $Z_{fh.min}$ 为最大负荷电流对应的最小负荷阻抗，K_k 为可靠系数，K_{fh} 为返回系数，K_{zqd} 为自启动系数，α_{fh} 为负荷阻抗角。

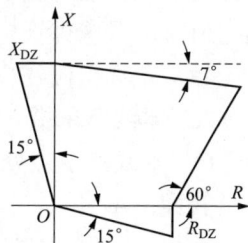

图 6-4　四边形阻抗特性图

A．$R_{DZ} = Z_{fh.min} / (K_k \cdot K_{fh} \cdot K_{zqd})$

B．$R_{DZ} = K_k \times (\cos\alpha_{fh} - \sin\alpha_{fh} / \tan 60°) \times Z_{fh.min}$

C．R_{DZ} 不需要按保相邻变压器低压侧故障有灵敏度整定

D．距离保护投入时，该保护的负荷限制电阻 R_{DZ} 不能按退出整定

答案：A

解析：负荷限制电阻定值是负荷阻抗与电阻线相交后在 R 轴上的投影，$R_{DZ} = K_k \times (\cos\alpha_{fh} - \sin\alpha_{fh} / \tan 60°) \times Z_{fh.min}$，它是按躲最小负荷阻抗整定的，四边形特性距离保护的负荷电阻线是构成阻抗特性的一边，不能按退出整定。

11．确保 220kV 及 500kV 线路单相接地时线路保护能可靠动作，允许的最大过渡电阻值分别是（　　）。

A．100Ω，100Ω

B．100Ω，200Ω

C．100Ω，300Ω

D．100Ω，150Ω

答案：C

解析：《220kV～750kV 电网继电保护装置运行整定规程》（DL/T 559—2018）第 5.4.4 条：接地故障保护最末一段（例如零序电流末段），应以适应下述短路点接地电阻值的接地故障为整定条件：220kV 线路，100Ω；330kV 线路，150Ω；500kV 线路，300Ω；750kV 线路，400Ω。对应于上述条件，零序电流保护最末一段的动作电流定值一般不应大于 300A（一次值），对不满足精确工作电流要求的情况，可适当抬高定值。

12．距离保护 Ⅱ 段整定值与下一线路 Ⅰ 段相配合时，必须考虑（　　）。

A．过渡电阻的影响

B．分支（外汲）电流的影响

C．二次断线的影响

D．系统振荡的影响

答案：B

解析：分支（外汲）电流的影响会引起助增系数变化。阻抗继电器在助增电流的作用下继电器的测量阻抗加大，在整定距离Ⅱ、Ⅲ段定值时要将助增系数的影响考虑进去。为了在有助增电流时保护范围不要缩小太多，保护的定值可以适当增大。但保护定值也不能增大太多，应保证在助增电流最小时与相邻线路的保护仍有配合关系，所以在整定计算中应考虑最小的助增系数。

阻抗继电器在外汲电流的作用下继电器的测量阻抗减小。在整定阻抗不变的情况下，阻抗继电器测量阻抗的减少意味着保护范围的伸长，如果外汲电流越大，保护范围伸长得越多。由于距离保护Ⅱ、Ⅲ段的保护范围是伸到相邻线路中去的，为使在有外汲电流时保护范围伸长仍能与相邻线路保护有配合关系，定值应适当缩短，所以在整定距离Ⅱ、Ⅲ段的定值时应考虑外汲电流的影响。

13．距离Ⅲ段在作为近后备保护时，按（　　　）短路的条件来校验。

A．本线路末端 　　　　　　　　　　　B．下一条线路

C．本线路中点处 　　　　　　　　　　D．下一条线路中

答案：A

解析：距离Ⅲ段在作为近后备保护时，按本线路末端短路的条件来校验。近后备保护是当主保护拒动时，由本电力设备或线路的另一套保护来实现后备的保护；当断路器拒动时，由断路器失灵保护来实现后备保护。远后备保护是当主保护或断路器拒动时，由相邻电力设备或线路的保护来实现的后备保护。

14．距离Ⅱ段的动作值应按助增系数 K_z 为最小的运行方式来确定，目的是保证保护的（　　　）。

A．速动性 　　　　B．选择性 　　　　C．灵敏性 　　　　D．可靠性

答案：B

解析：距离Ⅱ段的动作值应按助增系数 K_z 为最小的运行方式来确定，目的是保证保护的选择性。保护整定时都是按躲最大短路电流来的，距离保护最小助增系数对应流过保护安装处的最大短路电流，也就是考虑最小助增系数的运行方式下距离Ⅱ段不会误动。

15．某220kV线路甲侧TA变比为1250/1A，乙侧TA变比为1200/5A，两侧保护距离Ⅱ段一次侧定值均为22Ω，则甲、乙两侧距离Ⅱ段二次侧定值分别为（　　　）。

A．38.7Ω，201.7Ω 　　　　　　　　　B．12.5Ω，12.0Ω

C．2.5Ω，2.4Ω 　　　　　　　　　　D．12.5Ω，2.4Ω

答案：D

解析：

$$Z_{二次阻抗} = \frac{U_{二次电次}}{I_{二次电次}} = \frac{U_{一次电次}/n_{TV}}{I_{一次电次}/n_{TA}} = Z_{一次阻抗} \times \frac{n_{TA}}{n_{TV}}$$

甲侧距离Ⅱ段二次阻抗定值 $= 22 \times \dfrac{1250}{2200} = 12.5\,(\Omega)$，乙侧距离Ⅱ段二次阻抗定值 $= 22 \times \dfrac{240}{2200} = 2.4\,(\Omega)$。

16．如图6-5所示，各线路均配置有阶段式零序电流保护，当保护Ⅰ和保护Ⅱ进行配

合时，为求得最大分支系数，应考虑的方
式为（ ）停运。

A．线路 MP

B．线路 PN

C．线路 NQ

D．线路 PM

答案：B

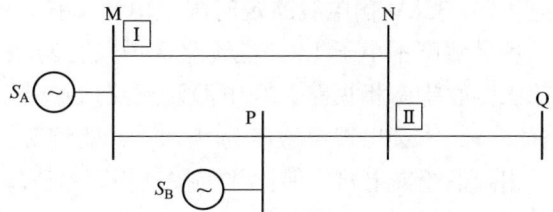

图 6-5　系统示意图

解析：分支系数 $K_{fz} = \dfrac{I_{MN}}{I_{NQ}} = \dfrac{I_{NQ} - I_{PN}}{I_{NQ}} = 1 - \dfrac{I_{PN}}{I_{NQ}}$，当 $I_{PN} = 0$ 时，K_{fz} 值最大，即线路 PN
停运时。

17．某长线路最小负荷阻抗为 $100\Omega\angle30°$，线路的正序灵敏角为 75°，按照图 6-6 原理
躲负荷阻抗的继电器，当最小负荷阻抗位于直线 A 上时，R_{ZD} 为（ ）。

A．69.8Ω　　　　　　B．71.2Ω　　　　　　C．73.2Ω　　　　　　D．70.8Ω

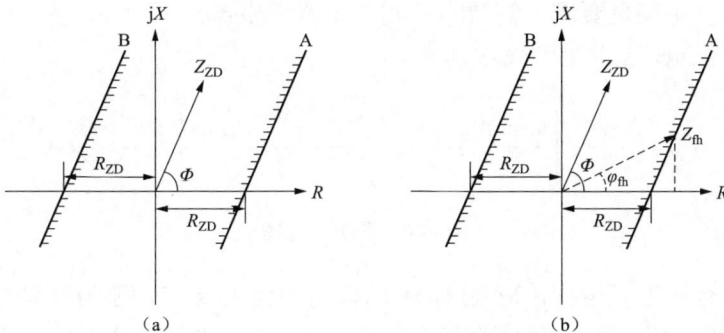

图 6-6　阻抗继电器动作特性图

（a）原理图；（b）分析图

答案：C

解析：图 6-6 中画出最小负荷阻抗线与直线 A 相交，过交点作垂直于 R 轴的辅助线，可得

$$R_{ZD} = Z_{fh\,min} \times \left(\cos\varphi - \frac{\sin\varphi}{\tan\varphi} \right) = 100 \times \left(\cos30° - \frac{\sin30°}{\tan75°} \right) = 73.2(\Omega)$$

18．某 110kV 线路 TYD 装设于线路 C 相，线路保护型号为 PCS-943，其固定角度差
整定值正确的是（ ）。

A．0°　　　　　　B．120°　　　　　　C．240°　　　　　　D．30°

答案：B

解析：固定角度差定值：用于检同期方式，同期电压 U_s 可接入相或相间电压，该定值
指检同期时同期电压 U_s 相对于保护电压 U_A 的角度，PCS-943 的整定值如表 6-1 所示。

表 6-1　　　　　　　　　　PCS-943 整 定 值

同期电压相别	A	B	C	AB	BC	CA
整定值（°）	0	240	120	30	270	150

19．35kV 输电线路定时限过电流保护一般按躲负荷电流整定，同时规程要求校核其远后备灵敏度不小于 1.2。在线路保护只有两相有电流继电器配置时，经 Yd11 连接的变压器低压侧发生两相短路，则电源侧线路保护装置定时限过电流保护对变压器的远后备灵敏度有（ ）会出现灵敏度为（ ）的情况。此时，若灵敏度不满足要求，可采取改接为三相式电流继电器式保护并可按三相短路校验灵敏度。［设 Yd11 变压器低压侧三相短路时，电源侧定时限过流保护灵敏度为 $K_{lm}^{(3)}$ ］

A．2/3，$K_{lm}^{(3)}$　　B．2/3，$K_{lm}^{(3)}/2$　　C．1/3，$K_{lm}^{(3)}/2$　　D．1/3，$K_{lm}^{(3)}/2$

答案：D

解析：Yd11 连接的变压器低压侧两相故障时，星型侧对应故障相中的滞后相电流最大，为三相短路电流值 $I_k^{(3)}$，另外两相为 $I_k^{(3)}/2$。以星型侧配置 AB 两相电流互感器为例，低压侧 AB、CA 相间故障时，星型侧分别是 B 相和 A 相测到三相短路电流值；而低压侧 BC 相间故障时，星型侧仅 B 相能测到三相短路电流的 1/2。也就是说，有 1/3 的情况会出现灵敏度为三相短路灵敏度的 1/2 情况。因此，线路保护只有两相有电流继电器时，则对变压器的远后备灵敏度不满足要求，需改为三相式电流继电器。

20．某线路供电示意图如图 6-7 所示。

图 6-7　系统示意图

采用单相重合闸方式运行，M 侧 BH1 动作时间为 1.5s，N 侧 BH2 动作时间为 2s。考虑两侧保护均瞬时动作时，两侧重合闸时间整定为 0.7s；若双侧高频保护退出运行，两侧重合闸时间应整定为（ ）。（注：BH1 为有足够灵敏度的延时段）

A．M 侧 2.7s，N 侧 2.2s　　　　　　B．M 侧 2.2s，N 侧 2.7s

C．M 侧 2.7s，N 侧 3.2s　　　　　　D．M 侧 3.2s，N 侧 2.7s

答案：A

解析：

双侧电源线路重合闸时间的计算公式为

$$T_{set.min} = T_n + T_d + \Delta t - T_k$$

式中　T_n ——对端保护对全线故障有足够灵敏度的延时段动作时间；

　　　T_d ——断电时间，是短路点熄弧时间和短路点去游离时间之和；

　　　Δt ——裕度时间；

　　　T_k ——断路器的固有合闸时间。

由题干可知，$T_d + \Delta t - T_k = 0.7s$。

21．线路第 I 段保护范围最稳定的是（ ）。

A．零序电流保护　　　　　　　　　　B．相间距离保护

C．相电流保护　　　　　　　　　　　D．接地距离保护

答案：B

解析： 相电流保护是原理最简单的保护，但因其受系统运行方式变化影响较大仅用作 35kV 及以下系统的主保护。零序电流保护整定简单，但影响零序电流大小的因素很多，如接地数目多少、发电机开机数目、接地故障类型、短路点的远近。接地距离保护的测量阻抗计算中引入了 $3I_0$，因此上述对零序电流大小影响的因素也影响接地阻抗的测量结果。对于相间距离 I 段因只保护本线路的一部分，它的测量阻抗完全不受运行方式变化的影响。

22．某 110kV 系统最大短路电流为 20kA，为保证保护正确动作的最佳 TA 选择为（　　　）。

A．600/5，10P20

B．1000/5，10P20

C．2000/5，10P20

D．1000/5，10P10

答案： C

解析： 设 TA 一次额定值为 I_{n1}，准确限值系数为 B，最大短路电流为 I_{kmax}，则判据为 $0.8 \times B \times I_{n1} > I_{k.max}$，按此选择合适的 B 与 I_{n1}。

23．220kV 变压器的零序过压保护采用自产零序电压，零序过压定值整定为（　　　）。

A．57.7V　　　　　B．100V　　　　　C．120V　　　　　D．180V

答案： C

解析： 根据《大型发电机变压器继电保护整定计算导则》（DL/T 684—2012）的相关要求，零序过电压保护动作值按下式整定，即

$$U_{0.max} < U_{op.0} \leqslant U_{sat}$$

式中　　$U_{op.0}$——零序过电压保护动作值；

$U_{0.max}$——在部分中性点接地的电网中发生单相接地时，保护安装处可能出现的最大零序电压；

U_{sat}——用于中性点直接接地系统的电压互感器，在失去中性点时发生单相接地可能出现的最低二次电压。

220kV 电压互感器变比为 $\dfrac{220}{\sqrt{3}} \Big/ \dfrac{100}{\sqrt{3}} \Big/ 100$，自产零序在保护装置内部通过公式 $3\dot{U}_0 = \dot{U}_A + \dot{U}_B + \dot{U}_C$ 合成，间隙零序电压取自产 $3U_0$ 时，变比为 $\dfrac{220}{\sqrt{3}} \Big/ \dfrac{100}{\sqrt{3}}$。考虑相绕组不饱和，二次侧可能输出的电压为 $3U_0 = 173V$。

在中性点直接接地系统中，单相接地时变压器中性点的稳态过电压为 $U_b = \dfrac{K_x}{2 + K_x} U_{xg}$

其中：$K_x = \dfrac{x_0}{x_1} \leqslant 3$，$U_{xg}$ 系统稳态运行最高相电压。将 $K_x = 3$、$U_{xg} = \dfrac{1.15 \times 220}{\sqrt{3}} = 146\text{kV}$

代入上式可得，$U_b = \dfrac{3}{2 + 3} \times 146 = 87.6\text{kV}$。要求 $3U_0$ 在 $3 \times 87.6\text{kV}$ 时间隙保护不应动作。对应自产零序电压变比 $\dfrac{220}{\sqrt{3}} \Big/ \dfrac{100}{\sqrt{3}}$ 的 $3U_0$ 二次电压为 $3 \times \left(87.6 \times \dfrac{100}{220}\right) = 120\text{V}$。

因此，间隙零序电压一般整定为 $3U_{0dz} = 120V$。

24．为增加装置动作可靠性，防止误动及提高电流元件的灵敏度，可投入过电流保护

的（　　）。低电压定值按躲过保护安装处最低运行电压整定，可取二次值线电压 70V，负序电压按躲过电压互感器的不平衡负序电压整定，可取相电压 4～8V。

A．复压闭锁元件　　　　　　　　　　B．低电压元件

C．负序电压元件　　　　　　　　　　D．零序电压元件

答案：A

解析：提高电流元件的灵敏度，电流定值整定较小，可能躲不过最大负荷电流，此时投入低电压和负序电压组合的复压闭锁元件可以有效防止过负荷引起的过电流误动。对称三相短路时，母线电压会急剧降低；不对称短路时，会出现负序电压。因此，复压闭锁元件可以在故障时可靠开放，过负荷时因低电压和负序电压可靠闭锁元件，防止过流保护因过负荷误动，提高电流元件的灵敏度。

25．采用单相重合闸的线路断路器，其本体及电气量三相不一致保护动作时间应可靠躲单相重合闸动作时间整定，不大于（　　）。

A．1.25s　　　　B．2.5s　　　　C．1.0s　　　　D．2.0s

答案：D

解析：一般线路单相重合闸时限为 1～1.5s，同时为使零序电流保护最末段延时不至于太长，规定本体及电气量三相不一致保护动作时间应不大于 2.0s。

26．110kV 母线差动保护的电压闭锁元件中，负序电压一般可整定为（　　）。

A．2～4V　　　　B．2～6V　　　　C．8～12V　　　　D．≤2V

答案：B

解析：《220kV～750kV 电网继电保护装置运行整定规程》（DL/T 559—2018）第 7.2.9.3 条：低电压或负序及零序电压闭锁元件的整定，按躲过最低运行电压整定，在故障切除后能可靠返回，并保证对母线故障有足够的灵敏度，一般可整定为母线最低运行电压的 60%～70%。负序、零序电压闭锁元件按躲过正常运行最大不平衡电压整定，负序电压（U 相电压）可整定为 2～6V，零序电压（$3U_0$ 可整定为 4～8V）。

27．某 35kV 线路装有三相电流互感器，小方式下该线路末端三相短路故障电流为 300A，其电流互感器变比 100/5，限时电流速断电流定值 10A（二次值）。其小方式下线路末端故障最小灵敏系数约为（　　）。

A．1.2　　　　B．1.3　　　　C．1.4　　　　D．1.5

答案：B

解析：保护灵敏系数允许按常见运行方式下的单一不利故障类型进行校验。取小方式下线路末端两相短路电流进行校验。

小方式下线路末两相短路电流一次值 $I_{k.min}^{(2)} = \frac{\sqrt{3}}{2} \times I_{k.min}^{(3)} = \frac{\sqrt{3}}{2} \times 300 = 259.8A$，限时电流速断电流定值一次值 $I_{DZ} = 10 \times \frac{100}{5} = 200A$，最小灵敏系数 259.8/200=1.3。

28．关于助增系数，下列说法错误的是（　　）。

A．在辐射状电网中，助增系数的大小与短路点在相邻线路上的位置无关，短路点可选在相邻线路上的任意点

B．在整定距离Ⅱ、Ⅲ段时，要将助增系数的影响考虑进去，保护的定值可以适当整大一些，这样可以防止在有助增电流时的保护范围不会缩得太多

C．在相邻线路发生短路只有助增电流时，其运行方式应考虑保护背后电源为最小运行方式

D．在相邻线路发生短路既有助增又有汲出电流时，计算距离Ⅱ、Ⅲ定值时应取最大助增系数

答案：CD

解析： 在辐射状电网中，助增系数的大小与短路点在相邻线路上的位置无关，所以短路点可以选在相邻线路上的任意点，通常都选在相邻线路的末端。在整定距离Ⅱ、Ⅲ段时，要将助增系数的影响考虑进去，为了在有助增电流时保护范围不要缩小得太多，保护定值可适当增大，但保护定值也不能增大得太多，应保证在助增电流最小时与相邻线路保护仍有配合关系，所以在整定计算中应考虑最小的助增系数。为求得最小助增系数，其运行方式应考虑保护背后电源为最大运行方式，助增电源为最小运行方式。

如果在相邻线路上发生短路时，既有助增又有外汲电流，在计算距离Ⅱ、Ⅲ段定值时应取最小助增系数，也就是助增最小、外汲电流最大的运行方式。也就是，保护背后的电源应取最大运行方式，助增电源应取最小运行方式，外汲电流应取最大的运行方式。

29．电网继电保护不能兼顾选择性、速动性和灵敏性要求时，可以按（　　）原则合理取舍。

A．局部电网服从整个电网

B．下一级电网服从上一级电网

C．局部问题自行处理

D．尽量照顾局部电网和下级电网的需要

答案：ABCD

解析：《220kV～750kV 电网继电保护装置运行整定规程》（DL/T 559—2018）第 4.4 条：电网继电保护的运行整定，应以保证电网全局的安全稳定运行为根本目标。电网继电保护的整定应满足速动性、选择性和灵敏性要求。当由于电网运行方式、装置性能等原因，不能兼顾速动性、选择性或灵敏性要求时，应在整定时合理取舍。

30．断路器失灵保护断开故障元件所在母线所有断路器的动作延时应整定为（　　）。

A．0.4s　　　　　B．0.2～0.25s　　　　　C．0.5～1s　　　　　D．≥0.5s

答案：AB

解析： 断路器失灵保护经电流判别的动作时间（从启动失灵保护算起）应在保证断路器失灵保护动作选择性的前提下尽量缩短，应大于断路器动作时间和保护返回时间之和，再考虑一定的时间裕度。双母线等单开关接线方式下，可经 1 时限（0.2～0.3s）动作于断开母联或分段断路器，2 时限（0.4～0.5s）动作于断开与拒动断路器连接在同一母线上的所有断路器。

31．关于电气化铁路供电线路，以下说法错误的是（　　）。

A．采用三相电源对电气化铁路负荷供电的线路，可装设与一般线路相同的保护

B．采用两相电源对电气化铁路负荷供电的线路，可装设两段式距离、两段式电流

保护

C. 两相电源供电线路供电产生的不对称分量和冲击负荷可能会使线路保护装置频繁启动，必要时，可增设保护装置快速复归的回路

D. 两相电源供电线路供电在电网中造成的谐波分量可能导致线路保护装置误动，必要时，可退出可能误动的保护

答案：D

解析：电气化铁路负荷供电线路如果为三相架设时，其线路参数及参数测试与现行常规线路一样，因此可装设与一般线路相同的保护。电气化铁路作为单相整流型负荷时使电力系统中出现了较大的负序分量和谐波分量，对于电气化铁路供电系统产生的谐波分量，只有正、负序谐波分量，没有零序分量。谐波使得电流电压发生畸变，影响继电保护的正确动作，微机保护在 A/D 转换回路之前都有低通滤波器来抑制谐波。较大的高次谐波电流分量能显著地延缓潜供电流的熄灭，导致单相重合闸失败。谐波除了影响继电保护的正确动作外，对接入系统的旋转电机和电力变压器的运行也带来不同程度的影响。因此谐波源在接入电力系统时，均必须满足《电力系统谐波管理规定》的相关要求，以限制谐波对电力系统继电保护装置运行的影响。

32. 图 6-8 中相邻 A、B 两线路，线路 A 长度为 100km，因通信故障使 A、B 的两套快速保护均退出运行。在距离 B 母线 80km 的 K 点发生三相金属性短路，流过 A、B 保护的相电流如图 6-8 所示。忽略线路电阻，已知线路单位长度电抗为 0.4Ω/km，线路 TV 变比：220/0.1kV，A 处距离保护定值（二次值）分别为 TA（1200/5），Z_I=3.5Ω，Z_{II}=18Ω，t=0.5s；B 处距离保护定值（二次值）分别为 TA（600/5），Z_I=1.2Ω，Z_{II}=2.4Ω，t=0.5s。

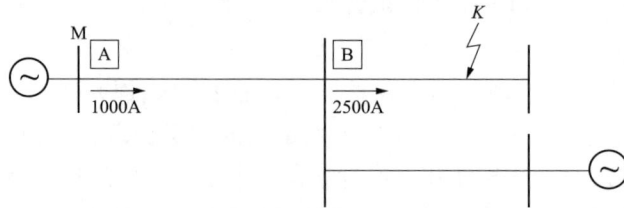

图 6-8　系统示意图

不考虑开关拒动，则 A 处与 B 处相间距离保护的动作情况为（　　）。

A. B 保护距离 I 段动作

B. B 保护距离 I 段不动作

C. B 保护距离 II 段动作，A 保护不动作

D. A 保护、B 保护距离 II 段同时动作

答案：BD

解析：保护 A 在 K 点故障时的测量阻抗一次值，即

$$Z_{mA} = \frac{1000 \times (0.4 \times 100) + 2500 \times (0.4 \times 80)}{1000} = 120(\Omega)$$

保护 A 测量阻抗二次值，即

$$Z_{mA} = 120 \times \frac{240}{2200} = 13.1\,(\Omega)$$

由此可知，$Z_{mA} > Z_{IA}$，保护 A 距离 I 段不动作。$Z_{mA} < Z_{IIA}$，保护 A 距离 II 段经 0.5s 延时后动作。

保护 B 在 K 点故障时的测量阻抗一次值，即

$$Z_{mB} = \frac{2500 \times (0.4 \times 80)}{2500} = 32\,(\Omega)$$

保护 B 测量阻抗二次值，即

$$Z_{mB} = 32 \times \frac{120}{2200} = 1.75\,(\Omega)$$

由此可知，$Z_{mB} > Z_{IB}$，保护 B 距离 I 段不动作。$Z_{mB} < Z_{IIB}$，保护 B 距离 II 段经 0.5s 延时后动作。

33. 在高压 3/2 断路器接线系统中，当线路检修相应出线隔离开关拉开且开关合环运行时，需投入短引线保护。关于短引线保护，以下说法正确的是（ ）。

A．短引线保护动作电流按正常运行时的不平衡电流，可靠系数不小于 2

B．短引线保护动作电流按正常运行时的最大负荷电流，可靠系数不小于 2

C．金属性短路灵敏系数不小于 1.5

D．金属性短路灵敏系数不小于 2

答案：AC

解析：《220kV～750kV 电网继电保护装置运行整定规程》（DL/T 559—2018）第 17.2.12 条：3/2 断路器接线系统当线路或变压器检修相应出线开关拉开，开关合环运行时投入的短引线保护动作电流应躲正常运行时的不平衡电流，可靠系数不小于 2，并按母线最小故障类型校验灵敏度，灵敏系数不小于 1.5。

34. 某 110kV 线路所供负荷为牵引变压器，站内牵引变压器接线方式为 V/V0（V/V6），考虑最不利故障类型对线路距离保护的影响时，距离保护 II 段应考虑的折算系数是（ ）。

A．1   B．2   C．3   D．4

答案：C

解析：牵引变压器不同供电形式及接线型式下阻抗折算系数见表 6-2。

表 6-2 阻 抗 折 算 系 数 表

供电形式	两相供电	三相供电
牵引变压器接线型式	单相牵引变压器	V/V（V/X）接法牵引变压器
测量阻抗折算系数 k_{min}	2	3
测量阻抗折算系数 k_{max}	2	1
电网侧计算公式 I_{min}	$\frac{\sqrt{3}}{2} \times \frac{E_x}{(Z_L + Z_{s.max} + Z_T/2)}$	$\frac{\sqrt{3}}{2} \times \frac{E_x}{(Z_L + Z_{s.max} + Z_T)}$
电网侧计算公式 I_{max}	$\frac{\sqrt{3}}{2} \times \frac{E_x}{(Z_L + Z_{s.min} + Z_T/2)}$	$\frac{\sqrt{3}}{2} \times \frac{E_x}{(Z_L + Z_{s.min} + Z_T/3)}$

二、判断题

1. 接地距离保护的零序电流补偿系数 K 应按线路实测的正序阻抗 Z_1、零序阻抗 Z_0，用式 $K=(Z_0-Z_1)/3Z_1$ 计算获得，装置整定值应小于或接近计算值。　　　　（　　）

答案： √

解析： 接地距离继电器的测量阻抗 $Z_{DZ} = \dfrac{U_\varphi}{I_\varphi + 3KI_0}$，影响接地距离计算准确度的因素较多，为避免保护发生超越，K 值整定取值时应小于或接近计算值。

2. 零序功率方向继电器在线路正方向出口发生单相接地故障时的灵敏度高于在线路中间发生单相接地故障时的灵敏度。　　　　（　　）

答案： √

解析： 零序网络是无源网络，仅在故障点作用于相应的零序电动势，因此零序电压在故障点处最高，远离故障点逐渐降低。保护安装在线路的首末端即出口处，因此零序功率方向继电器更灵敏。

3. 在同一套保护装置中，闭锁、启动、方向判别和选相等辅助元件的动作灵敏度，应大于所控制的测量、判别等主要元件的灵敏度。　　　　（　　）

答案： √

解析：《220kV～750kV 电网继电保护装置运行整定规程》（DL/T 559—2018）第 5.4.5 条：在同一套保护装置中，闭锁、启动、方向判别和选相等辅助元件的动作灵敏度，应大于所控制的测量、判别等主要元件的动作灵敏度。例如，零序功率方向元件的灵敏度，应大于被控零序电流保护的灵敏度。

4. 在主接线为一个半断路器接线方式下，一定要配置短引线保护，而且正常运行时需要投入运行。　　　　（　　）

答案： ×

解析： 短引线保护正常运行时需要退出。短引线是 3/2 接线方式中，自线路隔离开关到边开关与中开关之间的部分。线路运行时，短引线在线路保护的范围内。当线路检修结束投入运行，线路主保护随即投入，短引线部分故障仍然由线路保护来有选择性地切除，否则会造成无选择性跳闸。

5. 对中低压侧接有并网小电源的变压器，如变压器小电源侧的过电流保护不能在变压器其他侧母线故障时可靠切除故障，则应由小电源并网线的保护装置切除故障。　　　　（　　）

答案： √

解析： 对中低压侧接有并网小电源的变压器，变压器阻抗较大，可能存在小电源侧的过电流保护不能在变压器其他侧母线故障时灵敏度不足的情况，则应由小电源并网线的保护装置切除故障。

6. 为尽量减少因保护动作失配而造成的负荷损失，110kV 系统保护失配点应尽量靠近 220kV 变电站 110kV 母线，并注意双回线与单回线定值的配合。　　　　（　　）

答案： ×

解析： 为尽量减少因保护动作失配而造成的负荷损失，110kV 系统保护失配点应尽量远离 220kV 变电站 110kV 母线。若失配点放在 220kV 变电站 110kV 母线，一旦故障造成保护非选择性动作，导致 220kV 变电站 110kV 母线停电范围较大。

7．继电保护动作速度越快越好，灵敏度越高越好。 （ ）

答案：×

解析：为保证选择性，对相邻设备和线路有配合要求的保护和同一保护内有配合要求的两元件，其灵敏系数及动作时间，在一般情况下应相互配合，并非保护动作速度越快越好，灵敏度越高越好。

8．单相重合闸时间的整定，主要是以保证第Ⅱ段保护能可靠动作来考虑的。 （ ）

答案：×

解析：单相重合闸时间的整定，除了要考虑故障点熄弧时间和周围介质去游离时间外，还应考虑大于断路器及操动机构复归原状准备好再次动作的时间，以及两侧保护装置以不同时限切除故障的可能性及潜供电流的影响。

9．电力系统中的保护相互之间应进行配合。根据配合的实际状况，通常可将之分为完全配合、不完全配合、完全不配合三类。 （ ）

答案：√

解析：按配合情况，继电保护配合关系分为：

（1）完全配合：动作时间及灵敏系数均配合；

（2）不完全配合：动作时间配合，在保护范围的部分区域灵敏系数不配合；

（3）完全不配合：动作时间及灵敏系数均不配合。

10．实现选择性的整定原则是越靠近故障点的保护装置动作灵敏度越大，动作时间越短。 （ ）

答案：√

解析：为保证选择性，对相邻设备和线路有配合要求的保护和同一保护内有配合要求的两元件，其灵敏系数及动作时间，在一般情况下应相互配合。最靠近故障点的继电保护的动作值最灵敏，动作时间最短。

11．若阻抗继电器的整定范围超出本线路，由于对侧母线上电源的助增作用，将使得感受阻抗变小，造成超越。 （ ）

答案：×

解析：对侧母线上电源不直接影响本侧测量阻抗。

12．电流分支系数是指在相邻线路短路时，流过本线路短路电流占流过故障点短路电流的分数。 （ ）

答案：×

解析：电流分支系数是指在相邻线路短路时，流过本线路短路电流与流过相邻线路短路电流的比值。

13．采用单相重合闸的线路零序电流保护的最末一段动作时间要躲过重合闸周期。（ ）

答案：√

解析：采用单相重合闸的线路的零序电流保护的最末一段动作时间要躲过重合闸周期，防止在重合闸动作前，线路非全相运行期间产生的零序电流使零序保护误动作。

14．三相重合闸后加速和单相重合闸的后加速，应加速对线路末端故障有足够灵敏度

的保护段。如果躲不开后合侧断路器合闸时三相不同期产生的零序电流，则两侧的后加速
保护在整个重合闸周期中均应带 0.1s 延时。 （ ）

答案： √

解析： 带 0.1s 延时是为了防止由于合侧断路器合闸时三相不同期产生的零序电流引起
后加速保护误动。

15. 对于终端站具有小水电或自备发电机的线路，当主供电源线路故障时，为保证主
供电源能重合成功，应将它们解列。 （ ）

答案： √

解析： 双侧电源线路一般选用一侧检无压（具备检同期功能），另一侧检同期或检线
路有压母线无压重合闸方式。

16. 校核 220kV 主变压器 110kV 侧阻抗保护定值对 110kV 出线线末灵敏系数时，应
按小方式下 220kV 单台变运行方式进行校核。 （ ）

答案： ×

解析： 应按小方式下 220kV 多台变并列运行方式进行校核。

由于 $K_{sen} = \dfrac{Z_{OP}}{K_Z \times Z_L}$，其中 K_Z 应取最大助增系数，最大助增出现在多台变压器并列运

行时。

17. 采用复式比率差动原理的母线保护，其动作判据为 $I_d \geqslant I_{dset}$ 和 $I_d \geqslant K_r \times (I_r - I_d)$，

式中 $I_d = \left| \sum_{i=1}^{n} \dot{I}_i \right|$，$I_r = \left| \sum_{i=1}^{n} \dot{I}_i \right|$，$i = 1，2，\cdots，n$ 为母线上各支路电流。I_{dset} 为差电流定值，K_r

为比率制动系数。若考虑区内故障有 15% 的总故障电流流出母线，若比率制动系数 K_r 取整

数，则 K_r 整定为 3。 （ ）

答案： √

解析： 对于有汲出电流条件下复式比率差动原理比率制动系数的整定，以最简单 2 个
支路（$n=2$）示例说明。I_1、I_2、I_f 记为支路 1、支路 2、故障点的电流标幺值（方向假定
以流入故障点为正），取 $I_f = 1$，$I_1 = 1.15$（流入母线），$I_2 = -0.15$（流出母线），满足题中
要求的 15% 流出母线。此时有 $I_d = I_1 + I_2 = 1.15 - 0.15 = 1$，$I_r = |I_1| + |I_2| = 1.15 + 0.15 = 1.3$，
$I_r - I_d = 0.3$，故 $K_r \leqslant I_d / (I_r - I_d) = 1 / 0.3 = 3.3$，取整即为 3。

18. 相间和接地故障的延时段后备保护主要应保证选择性和灵敏性要求，在不能兼顾
的情况下，优先保证选择性。 （ ）

答案： ×

解析： 3～110kV 电网继电保护的整定不能兼顾选择性、灵敏性和速动性的要求，则应在
整定时，保证规定的灵敏系数要求。220～750kV 电网，当由于系统运行方式、装置性能等原
因而不能兼顾速动性、选择性或灵敏性要求时，应在整定时合理取舍，并执行如下原则：

（1）局部电网服从整个电网。

（2）下一级电网服从上一级电网。

（3）局部问题自行处理。

（4）尽量照顾局部电网和下级电网的需要。

三、简答题

1. 整定计算时若不考虑零序互感，存在哪些风险？实际整定时有哪些对策？

答：

（1）整定计算时若不考虑零序互感，无延时段零序Ⅰ段和距离Ⅰ段保护易出现保护超越情况，可能发生保护误动风险；而灵敏段的灵敏度会下降，严重情况下可能会导致灵敏度不足，发生保护拒动风险。

（2）实际整定中可采取如下对策：

1）原始参数上报时须明确线路同塔并架或其他造成较大互感的情况，包括同杆长度、线型及其同名端等，线路参数实测应含互感参数的测试。

2）整定分析计算软件应具备零序互感处理能力，分析计算时能计及零序互感的影响。

3）无延时零序Ⅰ段和距离Ⅰ段保护整定时应防止保护超越，零序Ⅰ段整定应确保"考虑互感影响时"可靠躲过同塔线路背景下的"区外最大零序电流"。接地距离Ⅰ段整定应采用最小感受阻抗（有一回线接地挂检）。实际整定中距离Ⅰ段、零序Ⅰ段的可靠系数取较小值，必要时可退出零序Ⅰ段。

4）灵敏度校核时，零序保护校核基础是"考虑互感影响时"的"最小零序电流"，距离保护的核算基础是保护安装处的最大感受阻抗（双回同时运行）。

2. 在保护整定计算中助增系数应如何取值？分支系数的大小与什么有关？

答：

"分支系数"和"助增系数"互为倒数。

（1）在距离保护整定计算中，取配合时应取最小的助增系数；保灵敏度时应取最大的助增系数。分支系数的大小与网络接线方式、系统的运行方式有关，系统运行方式变化时，分支系数随之变化。

（2）对零序电流分支系数的选择，要通过各种运行方式和线路对侧断路器跳闸前或跳闸后等各种情况进行比较，选取其最大值。在复杂的环网中，分支系数的大小与故障点的位置有关，在考虑与相邻线路零序电流保护配合时，按理应利用图解法，选用故障点在被配合段保护范围末端时的分支系数。但为了简化计算，可选用故障点在相邻线路末端时的可能偏高的分支系数，也可选用与故障点位置有关的最大分支系数。如被配合的相邻线路是与本线路有较大零序互感的平行线路，应考虑相邻线路故障在一侧断路器先断开时的保护配合关系。

3. 110kV 线路配置 CSC161A 保护，TA 变比 600/5A。相间阻抗Ⅲ段定值为 40Ω（一次值），相间电阻 R_{DZ} 定值取 18Ω（一次值），电抗定值近似取阻抗定值。

（1）如图 6-9 所示，简述四边形中各边界值（R、X）的含义及整定原则。

（2）当负荷阻抗为 $2\angle20°\Omega$（二次值）时，线路保护的相间阻抗Ⅲ段元件能否动作？要求根据其动作特性进行定量计算分析。

答：

（1）四边形中各边界值（R、X）的含义及整定原则 X

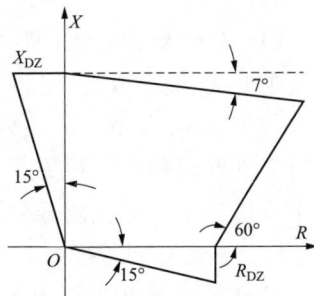

图 6-9 CSC161A 的
距离保护特性

和 R 可以分别独立整定，分别为距离保护电抗定值、负荷限制电阻定值。其中，X_{DZ} 按保护范围整定；R_{DZ} 按躲事故过负荷情况下的负荷阻抗对应的电阻整定。

（2）动作行为分析。

相间阻抗Ⅲ段定值折算到二次侧的整定阻抗为

$$Z_{Ⅲ} = 40 \times \frac{600 / 5}{110000 / 100} = 4.36\,(\Omega)$$

相间电阻 R_{DZ} 定值取折算到二次侧的整定阻抗为

$$R_{DZ} = 18 \times \frac{600 / 5}{110000 / 100} = 1.96\,(\Omega)$$

（3）题设明确电抗定值近似取阻抗定值，因此电抗取 4.36Ω，电阻为 1.96Ω，在测量阻抗角方向上，根据正弦定理，动作阻抗为

$$1.96/\sin 40° = Z_{op}/\sin 120°$$
$$Z_{op} = 2.64\,(\Omega)$$

故继电器动作。

4. 如图 6-10 所示电网接线，220kV A 变电站 220kV 1、2 号主变压器并列运行（两台主变压器参数完全相同），220kV 1 号主变压器高、中压侧中性点均接地运行，220kV 2 号主变压器高、中压侧中性点不接地运行；110kV L1、L2 线并列运行（L1、L2 线路参数完全相同），110kV B 站、C 站 110kV 主变压器均不接地运行。请计算 110kV L1 线距离保护灵敏度段定值与 220kV 1 号主变中压侧阻抗保护定值反配助增系数 K_z 最小值为多少，并说明理由。

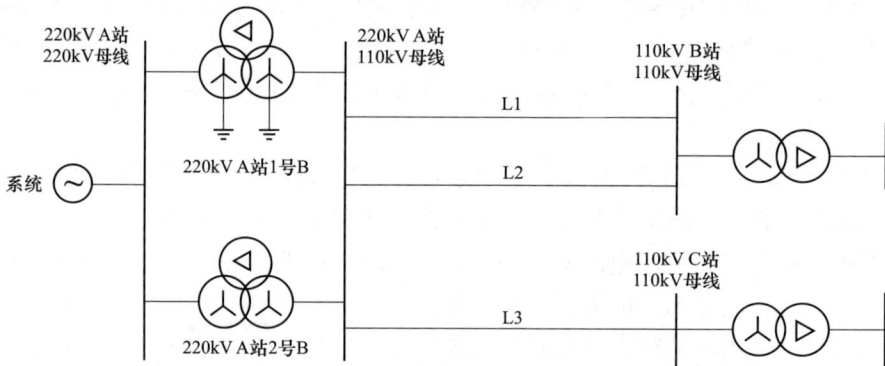

图 6-10 系统接线图

答：

（1）110kV 出线 L1 距离保护灵敏度段定值与 220kV 1 号主变压器中压侧阻抗保护定值反配时 K_z 最小值为 0.5。

（2）理由：110kV L1 线距离保护灵敏度段定值应满足各种可预见方式的要求，计算定值时应选取可预见运行方式为：①220kV 两台变并列运行。②1 号主变压器单独运行或两台主变压器中、低压侧分列运行。③110kV L1、L2 线并列运行。④110kV L1 线单独运行或 L1、L2 线分列运行。

助增系数 K_z 根据以上 4 种可预见运行方式，可分别组合为：①A、C 组合方式时，$K_z=1$；②A、D 组合方式时，$K_z=2$；③B、C 组合方式时，$K_z=0.5$；④B、D 组合方式时，$K_z=1$；

因此 K_z 最小值为 0.5。

5. 如图 6-11 所示系统中，不考虑线路停运，在整定 MN 线路 M 侧距离保护与下一级线路保护配合时，若短路点设在 P 母线上，应选取的助增系数为多少？

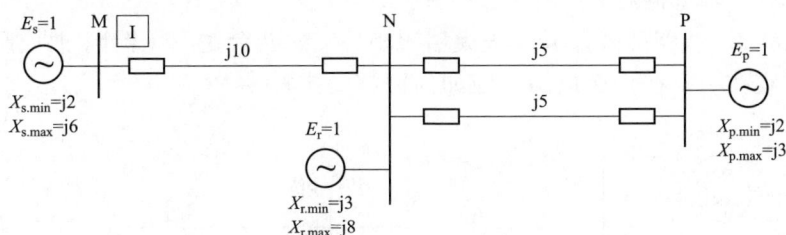

图 6-11 系统接线图

答：

方法 1：

（1）整定计算应选用最小助增系数，此时系统需要 E_s 取大方式，E_r 取小方式，不受 E_p 影响。

（2）通过图形可知，由于助增系数不受 E_p 影响，因此不考虑 E_p 电源作用时，P 处故障流入 N 处的电流与流入 P 处的电流相等，假定电流为 I，其中流入 N 处的电流由 E_s 与 E_r 提供，流过 MN 线路电流 I_1 与电源 E_r 提供电流 I_r 的关系为

$$\frac{I_1}{I_r} = \frac{X_{r.max}}{X_{s.min} + X_{MN}} = \frac{8}{12}$$

经推导得

$$I_1 = 8/20I = 0.4I$$

（3）流入 P 处电流由双回线提供且双回线对称，则双回线流过的电流 I_2 为 $0.5I$。

（4）最小助增系数：$K_z = I_2/I_1 = 0.5I/0.4I = 1.25$。

方法 2：

（1）整定 MN 线路 M 侧距离保护与下一级线路保护配合时（假设为本级 II 段与相邻下一级 I 段配合）公式为 $Z_{DZII} \leqslant K_K \times (Z_1 + K_z \times Z'_{DZI})$，从该式可看出 K_z 应选用最小助增系数。

（2）该运行方式下，通过图形可知，由于助增系数不受 E_p 影响，因此不考虑 E_p 电源作用时，P 处故障流入 N 处的电流与流入 P 处的电流相等，假定电流为 1，根据电路理论，得到

$$K_Z = \frac{0.5I_{NP}}{I_{MN}} = \frac{0.5 \times 1}{\dfrac{X_r}{X_S + X_{MN} + X_r} \times 1} = 0.5 \times \frac{X_S + X_{MN} + X_r}{X_r}$$

则

$$K_{Zmin} = 0.5 \times \left(1 + \frac{X_{s.min} + X_{MN}}{X_{r.max}}\right) = 0.5 \times \left(1 + \frac{2+10}{8}\right) = 1.25$$

6. 如图 6-12 所示系统中，正常方式下，110kV 同杆并架双回线 L1、L2 并列运行。

试问：

（1）如改为两台 220kV 主变压器接地，L1、L2 零序高阻段及主变压器零序最末段如何整定？可能存在什么问题？

（2）为防止 L3 线路故障，开关失灵情况下，A 站两台主变压器同时跳闸，L1、L2 在目前运行方式安排上存在什么风险？应如何调整安排？

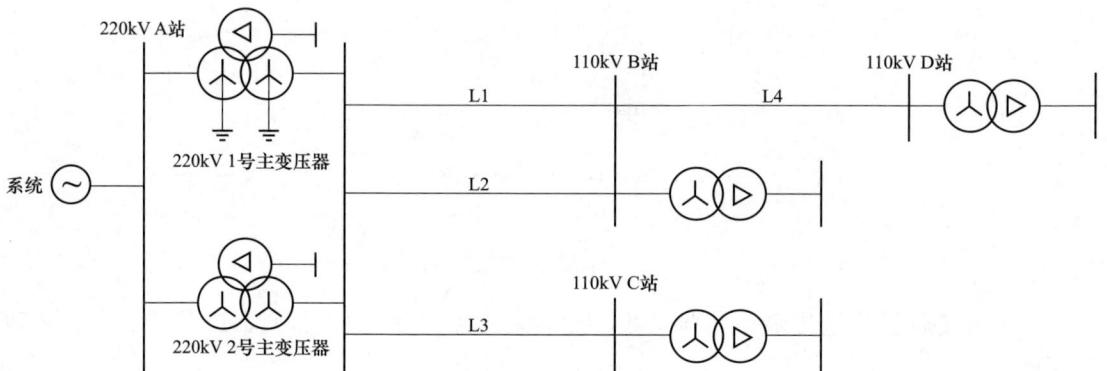

图 6-12　系统接线图

答：

（1）两台主变压器接地后，如果每台主变压器按 150A 整定，则线路需要按 135A 整定。主变压器 N–1 时，需要切换主变压器保护定值，恢复 300A 整定。两台主变压器接地后，如果每台主变压器按 300A 整定，则线路需要按 135A 整定。主变压器 N–1 时，不需要切换主变压器保护定值，但主变压器零序最末段保护高阻故障灵敏度不足。

（2）110kV 并列运行双回线路应运行于 220kV 变电站同一段 110kV 母线，否则有外部母联效果。可采取双回线路运行于不同母线且其中一回线路负荷侧开关切开热备用，即采取一主一备运行方式，通过 110kV 线路备自投提高供电可靠性，保护整定亦相对简单。

7. 已知某双回线电网结构（见图 6-13），其中 110kV B 站单母接线未配置备自投，110kV AB 甲乙线同杆并架双回路合环运行。

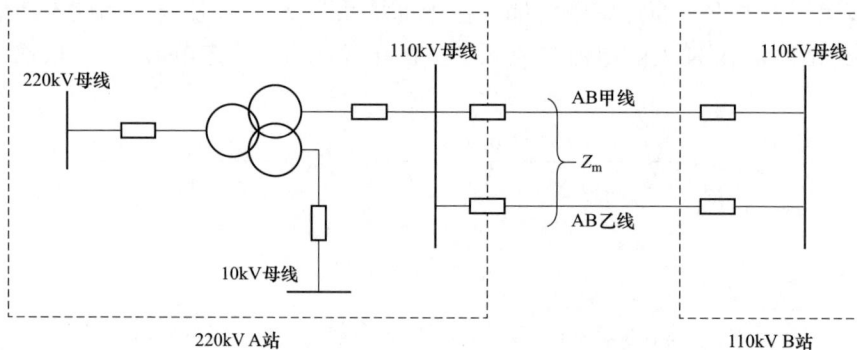

图 6-13　系统示意图

对于该双回线，请回答以下问题：

（1）整定计算时若不考虑零序互感，存在哪些风险？

（2）双回线路之间的定值配合应如何考虑？

（3）电源侧距离Ⅲ段应如何整定？可能存在什么问题？

（4）重合闸方式应如何选取？

答：

（1）整定计算时若不考虑零序互感，无延时段零序Ⅰ段和距离Ⅰ段保护会出现保护范围超越，存在保护越级动作风险；而灵敏段的灵敏度会下降，甚至可能会导致灵敏度不足，存在保护拒动风险。

（2）双回线路之间的定值配合考虑：

1）若双回线负荷端无小电源：电源侧 220kV A 站 110kV AB 甲线保护定值与 110kV B 站 110kV AB 乙线保护定值配合，不考虑负荷侧 110kV B 站出线保护定值与其下一级 220kV A 站其他出线配合。

2）若双回线路负荷端有小电源：此种方式下，110kV B 站 110kV AB 甲乙线保护延时需小于 220kV A 站 110kV AB 甲乙线一个延时，同时又需大于 220kV A 站其他 110kV 出线一个延时，导致无法配合，因此当负荷段有电源时，由于保护定值无法配合，建议配置光差保护或双回线分列运行方式。

（3）电源侧距离Ⅲ段按躲最小负荷阻抗并对变低母线故障有灵敏度整定。因双回线助增影响，保变低灵敏度与躲负荷阻抗取值冲突，应投入负荷电阻线功能。若线路保护不具备四边形或负荷电阻线功能，根据电网实际取舍，并做好风险揭示。

（4）重合闸检定方式：

1）电源侧。负荷侧有小电源时，投"检母线有压线路无压+检同期"方式；负荷侧无小电源时，投"不检定"方式。

2）负荷侧。有小电源时，投"检同期+检线路有压母线无压"方式；无小电源时，投"不检定"方式。

8. 根据"对侧 110kV 线路距离保护Ⅲ（Ⅳ）段对本站 110kV 主变压器低压侧母线故障不满足灵敏度要求的、主变压器保护拒动可能导致二级及以上电力安全事件的，应优先完成直流电源双重化改造的要求"，某线路保护 PCS-943N 距离Ⅲ（Ⅳ）段保护定值整定计算过程中，接地距离保护Ⅲ段定值 Z_{ZD}（二次值）按"躲最大负荷电流"应整定不大于 100Ω，按"保相邻变压器低压侧有灵敏度"应整定不小于 150Ω。已知该保护 TA 二次额定值为 1A，接地距离Ⅲ段定值上限为 200Ω。距离元件动作特性如图 6-14 所示。

问：

（1）请说明接地距离保护Ⅲ段定值 Z_{ZD}、接地Ⅲ段四边形 Z_{REC} 定值如何取值。

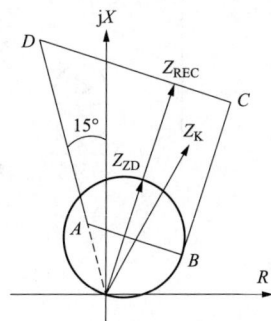

图 6-14 距离元件动作特性示意图

（2）请说明造成"对侧 110kV 线路距离保护Ⅲ（Ⅳ）段对本站 110kV 主变压器低压侧母线故障不满足灵敏度要求"问题的主要原因。该线路是否存在这一问题？

（3）试说明交直流电源双重化改造对"110kV 主变压器低压侧母线故障"的作用，以及与线路距离保护Ⅲ（Ⅳ）段的关系。

答：

（1）接地距离保护Ⅲ段定值 Z_{ZD}"躲最大负荷电流"整定不大于 100Ω，接地Ⅲ段四边形 Z_{REC} 按"保相邻变压器低压侧有灵敏度"整定不小于 150Ω。

（2）由于距离保护定值存在定值上限 200Ω，"保相邻变压器低压侧有灵敏度"要求大于 200Ω 时，按上限整定将存在不满足灵敏度要求的问题。该线路不存在这一问题。

（3）110kV 主变压器低压侧母线故障时存在较大的直流电源失电风险，直流电源双重化改造可以满足交直流电源 N–1 条件下的故障可靠切除。部分 110kV 线路距离保护Ⅲ（Ⅳ）段确无法满足"保相邻变压器低压侧有灵敏度"时，交直流电源双重化改造后可满足对"110kV 主变压器低压侧母线故障"的近后备原则。

《继电保护和安全自动装置技术规程》（GB/T 14285—2006）"4.1.5 当采用远后备方式时，在短路电流水平低且对电网不致造成影响的情况下（如变压器或电抗器后面发生短路，或电流助增作用很大的相邻线路上发生短路等），如果为了满足相邻线路保护区末端短路时的灵敏性要求，将使保护过分复杂或在技术上难以实现时，可以缩小后备保护作用的范围。必要时，可加设近后备保护。"

9．如图 6-15 所示 110kV 系统，L1 与 L2 为同杆并架线路，L3 与 L1 为部分平行线路，请回答如下问题：

（1）L2 在正常运行、停运、接地挂检方式下，对 L1 线路保护距离Ⅰ段、Ⅱ段整定有何影响？

（2）如果 L3 与 L1 也存在零序互感，L3 线路在正常运行、停运、接地挂检方式下，对 L1 线路保护距离Ⅰ段、Ⅱ段整定有何影响？

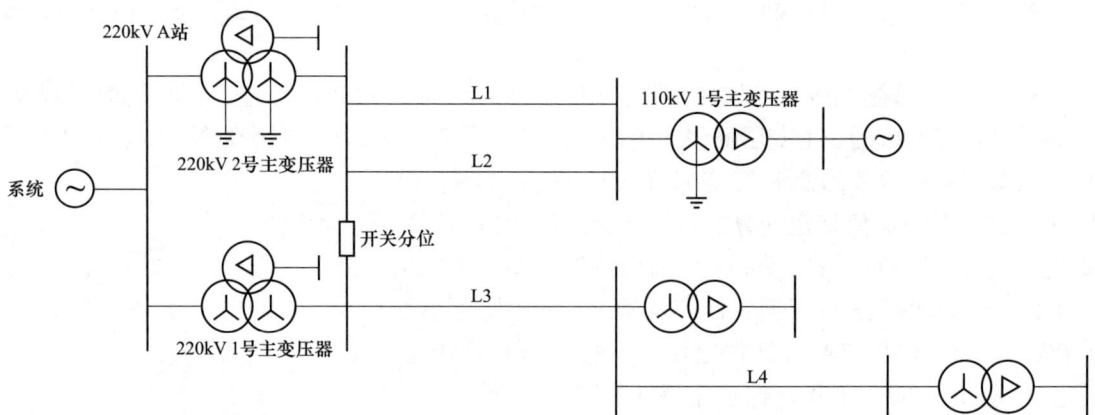

图 6-15　系统接线图

答：

（1）计算 L1 线路保护接地距离Ⅰ段躲线末故障最小感受阻抗应考虑 L2 接地挂检，接地距离Ⅱ段保灵敏度值应考虑双回线并列运行。

（2）L3 线路停运或正常运行时，L1 线路整定可不考虑零序互感，原因在于 L3 线路首末端站变压器中性点均不接地。因此，即使线路之间存在零序互感，L1 线末故障时，L1 和 L3 之间零序互感对故障线路短路电流计算没有影响。L3 线路接地挂检时，L1 线路整定要考虑 L1 和 L3 之间零序互感。接地距离Ⅰ段要考虑互感对线末故障最小感受阻抗影响，接地距离Ⅱ、Ⅲ段保线末灵敏度需要考虑零序互感影响。

10．电网结构及定值配合关系如图 6-16 所示。

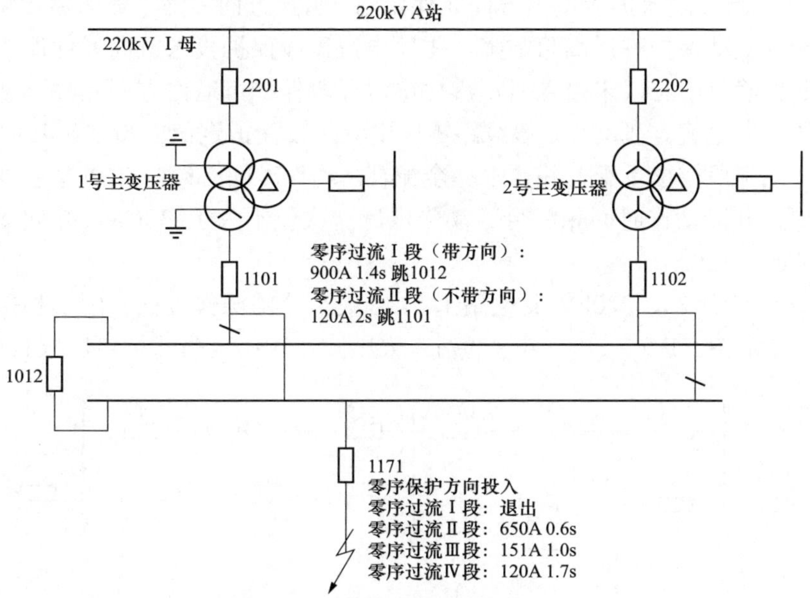

图 6-16　电网接线图及定值配合关系图

某供电局 220kV A 站在 1171 线路发生高阻接地故障，造成 220kV A 站 1 号主变压器 110kV 侧零序过流Ⅱ段动作跳开 1101 开关（2 号主变压器中性点经间隙接地）。事后调查发现，因 110kV 1171 线路永久性接地故障，发生 A 相高阻接地故障。当故障发生 0～2185ms 时，由于零序电压非常小，约为 1.5V，故障电流 232A；零序电流达到 A 站 1 号主变压器 110kV 侧零序过流Ⅱ段保护动作门槛值，导致 1101 开关跳闸。请回答如下问题：

（1）请分析 110kV 1171 线路保护零序保护未动作原因（线路保护零序保护方向投入，电压门槛值 2V）。

（2）请指出 1 号主变压器中压侧零序过流保护整定不合理之处，并给出 1 号主变压器中压侧零序过流保护整定优化建议（按照相关文件要求，中压侧零序过流保护需至少配置零序两段两时限）。

（3）110kV 线路零序过流保护Ⅳ段整定有哪些注意事项？

答：

（1）110kV 1171 线路保护零序保护未动作原因为零序保护经方向和零序电压闭锁、发生故障时，由于零序电压为 1.5V，未达到零序电压动作门槛，零序Ⅲ、Ⅳ段保护动作条件不满足，零序Ⅱ段未达到动作门槛。

（2）应对主变压器中压侧保护配置开展核查和升级，使其满足中压侧零序过流保护需配置两段三时限。零序过流Ⅰ段与线路零序过流Ⅱ段配合，0.9s跳1012开关，1.2s跳变中开关，1.5s跳主变压器各侧。零序过流Ⅱ段与线路零序最末段配合，2s跳1012开关，2.3s跳变变压器中开关，2.6s跳主变压器各侧开关。

（3）110kV线路，在条件具备时可以取消零序电流保护Ⅳ段方向，且不经零序电压闭锁。当反方向故障本线无零序电流时（如对侧系统厂站变压器无中性点接地、非环网转供运行等），零序电流Ⅳ段保护应退出方向元件判别。当反方向故障本线有零序电流时，应优先在本线路配置差动保护解决高阻故障，零序电流Ⅳ段保护投入方向元件简化整定配合。如差动保护配置确有困难或未投入时，零序电流Ⅳ段保护可退出方向元件判别，为避免反方向故障本线零序电流Ⅳ段动作，该线路零序电流Ⅳ段保护定值应与本站其他110kV线路零序电流Ⅱ段或Ⅲ段校核反配，并要求完全配合。动作时间必须与220kV主变压器110kV侧零序过流保护Ⅱ段动作时间相配合。动作电流一次值不大于300A（并列双回线不大于150A），不宜低于120A。

11．如图6-17所示，220kV变电站DL3开关在分闸操作过程中因单相拒分出现非全相运行状态，造成B、E站失压（A、D站未失压）。（注：线路保护电压取自母线电压。）

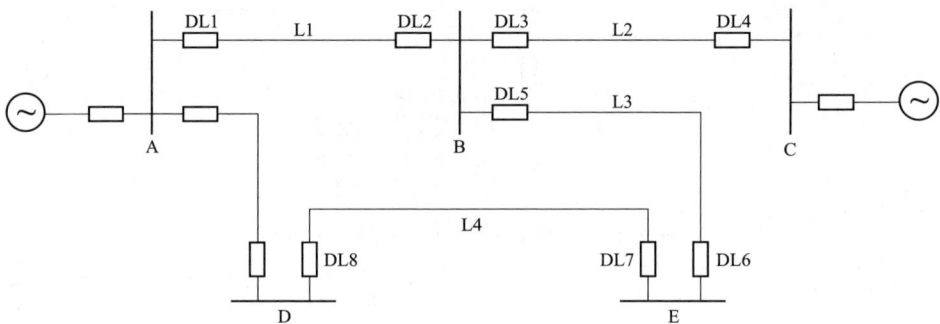

图6-17　系统接线图

请回答如下问题：

（1）分析L₁、L₂、L₃、L₄两侧保护动作情况。

（2）线路保护应采取哪些技术改进措施？

答：

（1）因是开关操作，线路无故障，DL3、DL4光纤差动和距离保护不应跳闸。三相不一致保护动作，还是单相拒动。非全相期间，DL2、DL5、DL7零序方向保护为反方向，保护不动作。非全相期间，DL1、DL4、DL6、DL8零序方向保护为正方向，若满足电流定值和时间定值，保护将跳闸。因E站失压，则DL6与DL8零序方向保护失配。DL8零序方向保护动作。因B站失压，则DL1与DL4零序方向应动作。但DL4线路零序保护延时较长，造成非全相长期影响系统。

（2）①零序保护定值整定严格按照规程要求，上、下级（包括同级和上一级及下一级电力系统）继电保护之间的整定，应遵循逐级配合（保护范围、动作时间配合）的原则，并满足选择性的要求。优化定值失配点的选取,尽量避免将重载线路上一级线路作为定值失配点。②通过逻辑或回路实现三相不一致保护启动远方跳闸。

12. 如图 6-18 所示,内桥接线变电站配有桥开关、进线备自投装置。

请回答如下问题:

(1)变压器保护是否需要闭锁备自投装置,为什么?

(2)若 10kV 低压侧新接入小电源,站内继电保护及安全自动装置配置和整定计算应做哪些调整或改造?为什么?

答:

(1)变压器保护动作应闭锁桥开关自投:1 号变压器故障,变压器保护动作跳开各侧开关,1 号 TV 无压,2 号 TV 有压,1 号进线无流,满足自投条件,若变压器保护不闭锁自投,则自投动作,桥开关合上,对故障变压器造成再次冲击。变压器保护动作可以不闭锁进线自投:一次方式为 1 号进线带 2 台变压器,当 1 号变压器故障,1 号变压器保护动作跳开各侧开关,进线备自

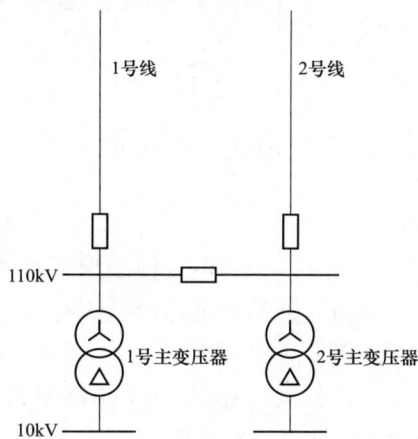

图 6-18 主接线示意图

投检测桥开关在分位,放电后闭锁备自投。当 2 号变压器故障,2 号变压器保护动作跳开各侧开关。进线备投不满足动作条件。当然变压器保护动作后也可以闭锁备自投,如上述分析,1 号变压器跳闸后,进线备自投也无法满足动作条件。

(2)接入小电源后,变电站保护、安全自动装置和整定计算应至少做如下调整:应安排一台变压器中性点直接接地运行,应投入中性点零序过流保护,整定应与 110kV 进线零序过流保护配合。小电源解列装置应增加跳小电源上网线路开关出口压板。主变压器保护 10kV 侧复压方向过流注意方向投退,电流定值若能躲过变压器其他侧短路时流过保护安装处的最大短路电流,则退出方向元件,否则,应经方向闭锁,方向指向 10kV 母线。如果不调整,存在的风险有:①若变压器中性点不接地,当系统发生接地故障,可能会对变压器中性点绝缘造成损害;②若 A 站某条主供线路故障跳闸后,小电源站出力与 A 站负荷形成孤岛运行且持续较长时间后才解列,将会造成 A 站进线开关重合闸不成功或 110kV 备自投装置检测不到母线失压而不能正确备投动作,从而造成 A 站全站失压的电网事件。

13. 在图 6-19 中,在 110kV L3、L4 线路保护(型号 CSC-163A)距离Ⅲ段保护定值整定计算过程中,由于 110kV C 站位于系统末端,且背侧小水电容量较小,110kV B 站位于系统侧,且经其 110kV 母线并网的系统电源容量大,故为保证 110kV B 站变压器低压侧故障时,110kV L3、L4 线 110kV C 站侧距离Ⅲ段保护灵敏系数为满足要求,对应的正序助增系数较大(L3 线 35,L4 线 57),最终计算得到的距离Ⅲ段定值二次值(TV 变比为 110/0.1、TA 变比为 600/5)分别为 220Ω 及 360Ω(一次值分别为 2020Ω 及 3306Ω),由于装置上限为 150Ω,最终取 150Ω。

(1)简述上述 110kV L3、L4 线 110kV C 站侧距离Ⅲ段保护运行存在的风险。

(2)请简述整定计算可以考虑的改善上述风险的措施。

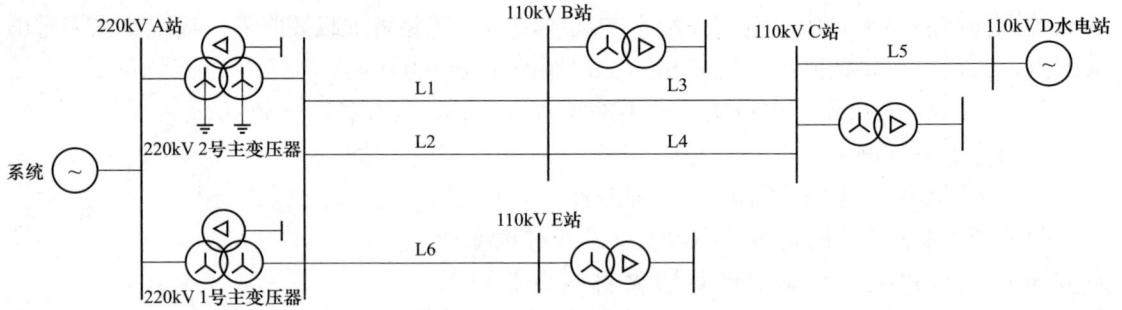

图 6-19　电网接线示意图

（3）请简述监视控制中可以考虑的改善上述风险的措施。

（4）请简述上述风险无有效运行管控措施时的风险管控机制。

答：

（1）当线路负荷阻抗角偏大时，可能在轻微负荷电流时即可达到保护动作条件。由于 110kV 线路保护需保证对侧主变压器低压侧故障时的灵敏度，距离Ⅲ段保护定值较大，特别是线路弱电源侧需考虑系统的助增，距离Ⅲ段保护受无功影响的误动风险更大。

（2）加强距离保护阻抗高定值的必要性分析，在能够满足线路远后备有灵敏度时（考虑保护相继动作），应避免距离保护Ⅲ（Ⅳ）段整定取值过大。校核线路保护相继动作工况能否满足远后备保灵敏度要求，提出无功告警限值并按限值校核距离Ⅲ段越限风险。

（3）设置无功越限监视告警；投入 AVC 限值无功上送策略。

（4）应做好保护配置整定风险揭示，经评估存在无功越限导致距离保护误动风险，或存在 110kV 线路距离保护保主变压器远后备无灵敏度的拒动风险时，相关风险应经调管机构主要负责人签发，向同级生技部门做好风险通报，向同级安监部门做好风险备案。同时，应在本单位安委会上做专项的风险汇报。

14.（1）平行双回线 L1、L2，其单位长度零序电抗为 X_{10}、X_{20}，单位长度零序互感 X_{0m}。如图 6-20 所示，双回线内部 K 点发生接地故障，K 点到母线 M、N 距离分别为 L'、L''。请画出双回线零序等值回路。

（2）如图 6-21 所示，平行双回线 L1、L2 分列运行，电源 A、B、C、D 零序电抗 X_a、X_b、X_c、X_d。双回线单位长度零序电抗为 X_{10}、X_{20}，单位长度零序互感 X_{0m}。双回线内部 K 点发生接地故障，K 点到母线 M、N 距离分别为 L'、L''，请画出零序等值电路。

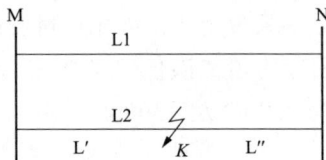

图 6-20　并列运行平行双回线接线示意图

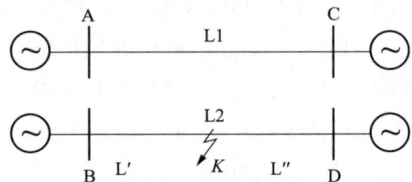

图 6-21　分列运行平行双回线接线示意图

答：

（1）并列运行双回线内部 K 点发生接地故障时的零序等值回路，如图 6-22 所示。

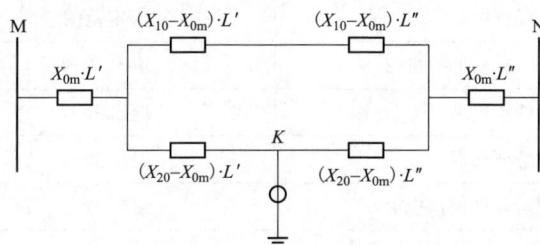

图 6-22　并列运行平行双回线内部接地故障时的零序等值电路图

（2）分列运行双回线内部 K 点发生接地故障时的零序等值电路如图 6-23 所示。

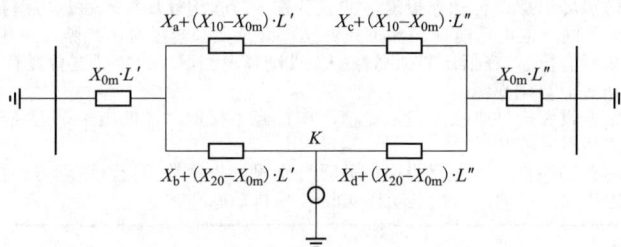

图 6-23　分列运行平行双回线内部接地故障时的零序等值电路图

15．在 220kV 甲乙线启动过程中，调度员接到现场汇报：在操作 220kV 甲乙线启动方案的"光伏乙电站合上 220kV 线路 TV 二次空开"步骤时，站内低压防孤岛保护动作，跳开 220kV 开关，申请两侧立即停止启动相关操作，将线路转冷备用。请结合表 6-3 所示装置说明书及定值单部分信息判断动作原因，并给出改进建议。

表 6-3　　　　　　　　　　　　　　　定值单信息

保护定值			
序号	定值名称	整定范围	整定值
1	Ⅰ段低压防孤岛保护电压定值	5.00～99.99V，0.01V	80V
2	Ⅰ段低压防孤岛保护时间定值	0.00～99.99V，0.01s	2s
3	Ⅱ段低压防孤岛保护电压定值	5.00～99.99V，0.01V	20V
4	Ⅱ段低压防孤岛保护时间定值	0.10～99.99V，0.01s	0.9s
5	Ⅰ段低频防孤岛保护频率定值	45.00～49.99Hz，0.01Hz	47.5Hz
6	Ⅰ段低频防孤岛保护时间定值	0.05～99.99V，0.01s	2s
7	低频防孤岛保护低压闭锁定值	5.00～99.99V，0.01V	50V
8	低频防孤岛保护滑差闭锁定值	0.50～9.99Hz/s，0.01Hz/s	5Hz/s
9	Ⅱ段低频防孤岛保护频率定值	45.00～49.99Hz，0.01Hz	47.5Hz
10	Ⅱ段低频防孤岛保护时间定值	0.05～99.99V，0.01s	2s

续表

保护控制字			
序号	定值名称	整定范围	整定值
1	Ⅰ段低压防孤岛保护投退	退出/投入	投入
2	中性点接地	退出/投入	投入
3	Ⅱ段低压防孤岛保护投退	退出/投入	投入
4	Ⅰ段低频防孤岛保护投退	退出/投入	投入
5	低频防孤岛保护滑差闭锁投退	退出/投入	退出
6	Ⅱ段低频防孤岛保护投退	退出/投入	投入

装置说明书

①本装置设置两段低压防孤岛保护，可独立投退，并且分别设置投退软压板，可远方遥控投退。各段电压及时间定值可独立整定，原理相同。低电压防孤岛保护元件动作必须要经曾经有压判断（三相线电压均大于 30V 且持续 1s，装置判断系统曾经有压），在低压防孤岛保护元件动作返回后，也要经过曾经有压判断，方可再次动作。保护出口触点动作 400ms 后自动返回。

②本装置可按现场实际情况设置中性点接地投退定值。中性点不接地时，低电压采用线电压；中性点接地时，低电压采用相电压，提高判据灵敏度。

③本装置设置两段低频防孤岛保护，可独立投退，并且分别设置投退软压板，可远方遥控投退，各段低频及时间定值可独立整定，原理相同，保护出口触点动作 400ms 后自动返回

答：

（1）防孤岛保护动作原因：①定值单"Ⅰ段低压防孤岛保护电压定值"取 80V，控制字"中性点接地"投入，对应说明书"中性点接地时，低电压采用相电压"。②启动运行时，合上线路 TV 二次开关，则电压为正常值（线电压 100V、相电压 57.7V）。③相电压 57.7V 小于定值 80V，满足低压条件，Ⅰ段低压防孤岛保护动作。

（2）改进建议：控制字"中性点接地"改为退出，或"Ⅰ段低压防孤岛保护电压定值"改为 57.7V 以下，如 $0.8U_n = 0.8 \times 57.7 = 46V$。

四、计算分析题

1. 某 110kV 系统如图 6-24 所示，已知：K 处发生单相接地故障时流过 M、N 处零序电流的比值 $3I_{0(M)}/3I_{0(N)}$ 为 0.5，某日电源 F_2 停一台 100MW 的发电机，电源 F2 的正（负）序等值阻抗的标幺值由原 0.03 变为 0.06，当 K 处发生两相接地故障时，N 处 N_{02} 动作但开关拒动，试分析 M 处零序保护动作行为。

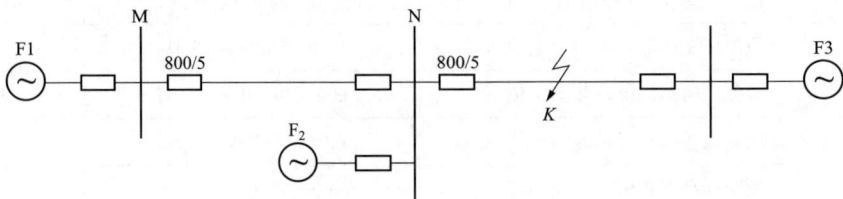

图 6-24 系统接线图

M 处零序保护定值为 M_{01}：6.5A，0s；M_{02}：3.5A，1s；M_{03}：1A，1.5s。

N 处零序保护定值为 N_{01}：5A，0s；N_{02}：3A，0.5s；N_{03}：1.5A，1s。

答：

（1）由故障分析知，接地故障时零序电流分布的比例关系只与零序等值网络状况有关，与正、负序等值网络的变化无关。因此，只要零序等值网络不变，不论是单相接地还是两相接地故障，零序电流分布的比例关系不变。

（2）当 K 处发生两相接地故障时，电源 F_2 的正（负）序等值网络虽发生变化，但零序等值网络未变。因此，流过 M、N 处零序电流的比值 $3I_{0(M)}/3I_{0(N)}$，与 K 处发生单相接地故障时相同，也为 0.5。

（3）N 处 N_{02} 动作，由 N 处零序保护定值分析知，$5A > 3I_{0(N)} \geqslant 3A$，所以，M 处零序电流 $3I_{0(M)}$：$5 \times 0.5 = 2.5A > 3I_{0(M)} \geqslant 3 \times 0.5 = 1.5A$。

（4）由 M 处零序保护定值分析知 $M_{02} = 3.5A > 3I_{0(M)} > M_{03} = 1A$，因此 M 处零序保护 M_{03} 将动作出口，M_{01}、M_{02} 均未达到定值不会动作。

2. 如图 6-25 所示，系统经一条 220kV 线路供 1 座终端变电站。其中，该站有一台 150MVA、220/110/35kV、Y0/Y0/D 三卷变压器，变压器 220、110kV 侧中性点均直接接地，中、低压侧均无电源且负荷不大。系统、线路、变压器的正序、零序标幺阻抗分别为 X_{1S}/X_{0S}、X_{1L}/X_{0L}、X_{1T}/X_{0T}，当在变电站出口发生 220kV 线路 A 相接地故障时，请画出复合序网图，并说明变电站侧录波图中各相电流如何变化。有何特征？

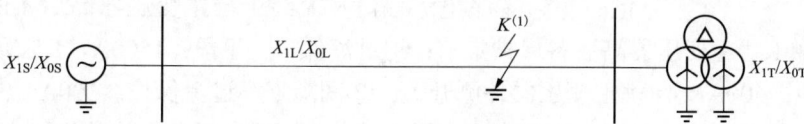

图 6-25　一次系统接线图

答：

（1）复合序网图如图 6-26 所示。

（2）录波图中的各相电流及特征。

由 A 相接地短路的边界条件 $\dot{U}_A = 0$，$\dot{I}_B = \dot{I}_C = 0$，得

$$\dot{I}_1 = \dot{I}_2 = \dot{I}_0 = \frac{\dot{E}}{j(X_{1\Sigma} + X_{2\Sigma} + X_{0\Sigma})}$$

$$X_{1\Sigma} = X_{1S} + X_{1L}$$

$$X_{2\Sigma} = X_{2S} + X_{2L} = X_{1S} + X_{1L}$$

$$X_{0\Sigma} = (X_{0S} + X_{0L}) // X_{0T}$$

由于中低压侧无电源且负荷不大，可以近似认为负荷阻抗为无穷大，故可得变压器侧的各序电流，即

$$I_{1T} = I_{2T} = 0$$

$$I_{0T} = I_0 \times \frac{(X_{0S} + X_{0L})}{(X_{0S} + X_{0L} + X_{0T})}$$

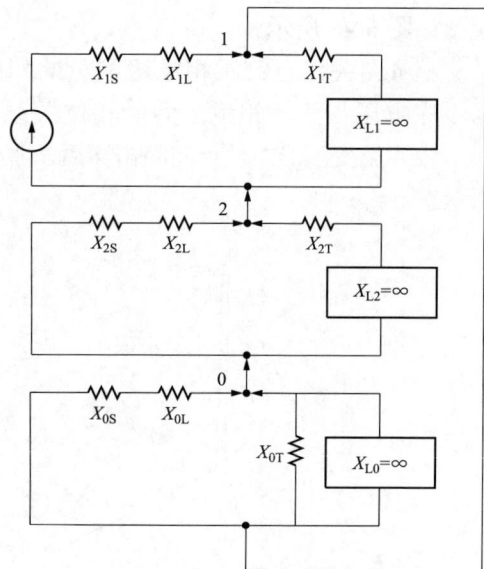

图 6-26　复合序网图

若忽略 B、C 相的负荷电流，则各相电流可近似为

$$I_A = I_B = I_C = I_{0T}$$

综上可知，变电站侧没有正序、负序电流，只有零序电流。因此，图 6-25 变电站侧录波中各相电流同时增大，三相电流大小相等、相位相同。

3. 如图 6-27 所示系统，1 号主变压器高压侧中性点经间隙接地，发电机中性点不接地运行。已知基准容量 100MVA，110kV 母线基准电压取平均电压，发电机正序电抗 Z_{S1} 标幺值 0.4，负序电抗 Z_{S2} 标幺值 0.5；1 号主变压器正序、负序电抗 Z_{T1} 标幺值 0.26，零序电抗 Z_{T0} 标幺值 0.24。1 号主变压器仅配置高后备保护，不考虑发电机动作情况。

（1）110kV 母线 K 点 A 相发生永久性单相接地故障，1 号主变压器高压侧中性点间隙保护击穿前，画出 110kV 母线相电压及零序电压的相量图。

（2）110kV 母线 K 点 A 相发生永久性单相接地故障，1 号主变压器高压侧中性点间隙保护击穿后，并保持击穿状态下，1 号主变压器高后备保护动作，跳主变压器各侧开关。计算故障点的正、负、零序电流幅值及流经 1 号主变压器高后备的各相电流。

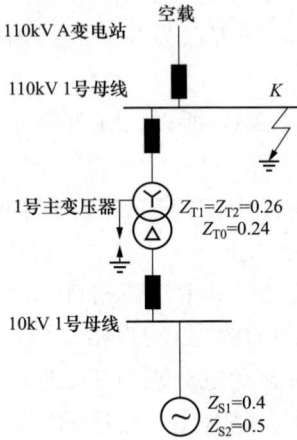

图 6-27 系统图

（3）已知 1 号主变压器高后备保护定值：①过流保护：Ⅰ段：1500A，1.5s 跳主变压器各侧开关；Ⅱ段：400A，4s 跳主变压器各侧开关；②间隙零序过流保护：100A，3.0s 跳主变压器各侧开关；③零序过压保护：退出。请分析 1 号主变压器高后备保护动作行为。

答：

（1）1 号主变压器高压侧中性点间隙保护击穿前，110kV 母线相电压及零序电压的相量图如图 6-28 所示。

相量图关键点：①相电压相量的相位关系及方向正确。②相电压相量的长度正确。③零序电压与其他相量之间的相位关系及方向正确，零序电压相量长度正确。

（2）主变压器中性点间隙击穿后，主变压器中性点直接接地运行，复合序网图如图 6-29 所示。

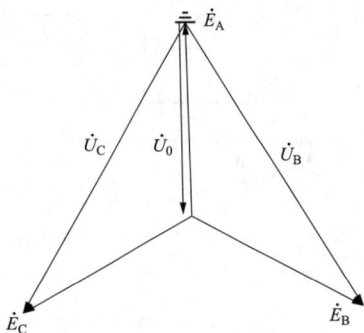

图 6-28 1 号主变压器高压侧中性点击穿前 110kV 母线电压相量图

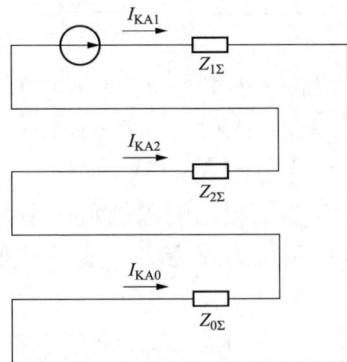

图 6-29 复合序网图

复合序网中各序阻抗标幺值如下：正序阻抗 $Z_{1\Sigma}=Z_{S1}+Z_{T1}=0.4+0.26=0.66$ ；负序阻抗 $Z_{2\Sigma}=Z_{S2}+Z_{T2}=0.5+0.26=0.76$ ；零序阻抗 $Z_{0\Sigma}=0.24$ 。

1）基准电流为

$$I_{B}=\frac{S_{B}}{\sqrt{3}\times U_{B}}=\frac{100}{1.732\times115}\times1000=502.06(A)$$

2）故障点 A 相各序电流为

$$I_{KA1}=I_{KA2}=I_{KA0}=\frac{1}{Z_{\Sigma}}\times I_{B}=\frac{1}{Z_{1\Sigma}+Z_{2\Sigma}+Z_{3\Sigma}}\times I_{B}=\frac{1}{0.66+0.76+0.24}\times502.06=302.45(A)$$

3）流经 1 号主变压器高压侧的各相电流为

$$I_{A}=I_{KA1}+I_{KA2}+I_{KA0}=3\times302.45=907.35(A)$$
$$I_{B}=I_{C}=0(A)$$

4）流经 1 号主变压器间隙的零序电流为

$$I_{0J}=3\times I_{KA0}=3\times302.45=907.35(A)$$

（3）根据 1 号主变压器保护定值分析保护动作行为。

1 号主变压器高压侧最大相电流 907.35A，未达到过流Ⅰ段电流定值 1500A，所以过流Ⅰ段不动作；相电流大于过流Ⅱ段电流定值 400A，间隙零序电流大于间隙零序过流电流定值 100A，过流Ⅱ段、间隙零序过流保护均启动，间隙零序过流保护时限 3s，过流Ⅱ段保护时限 4s，间隙零序过流保护比过流Ⅱ段保护时限小 1s，所以间隙零序电流保护先于过流Ⅱ段保护动作跳闸。

4. 某系统示意图如图 6-30 所示，M 母线为某 220kV 变电站 110kV 侧母线，MN 之间为并列双回线，长度 12km，阻抗均为 5Ω。已知 N 侧 B 开关相间距离定值为：Ⅰ段 5Ω（一次值，下同），时间 0s；Ⅱ段 10Ω，时间 0.6s；上级调度部门对变电站 M 侧出线相间距离保护限值：阻抗不小于 8Ω，时间不大于 1s。

请对 M 侧 A 保护相间距离保护Ⅰ段、Ⅱ段定值进行整定。

可靠系数 K_K 统一取 0.8。运行方式考虑线路可停运，E_S、E_P 系统不停运。

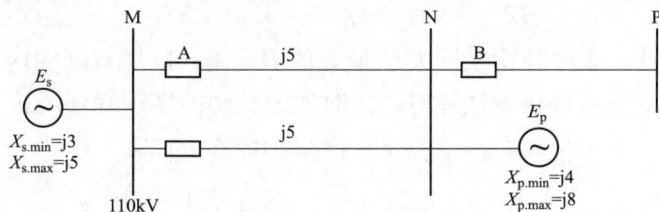

图 6-30 系统示意图

答：

（1）保护 A 相间距离Ⅰ段，按躲线末相间故障考虑，即

$$Z_{AI}\leqslant K_K\times X_1=0.8\times5=4(\Omega)$$

取值 4Ω，时间 0s。

（2）保护 A 相间距离Ⅱ段。

与下级保护 B 相间距离Ⅰ段配合，助增系数 K_z 取最小。对应系统 E_S 大方式，系统 E_P

小方式，MN 双回线停运一回。

$$K_{\text{z.min}} = \frac{3+5+8}{8} = 2$$

$$Z_{\text{A II}} \leqslant K_K \times (X_1 + K_{\text{Z.min}} \times Z_{\text{B I}}) = 0.8 \times (5 + 2 \times 5) = 12(\Omega)$$

校核上级调度下达的限制值要求，应考虑 MN 双回线并列运行，此时助增系数 0.5，8/0.5=16(Ω)，12＜16，不满足限值要求。

与下级线路 B 保护相间距离 II 段配合，助增系数取值同上。

$$Z_{\text{A II}} \leqslant K_K \times (X_1 + K_{\text{Z.min}} \times Z_{\text{B II}}) = 0.8 \times (5 + 2 \times 10) = 20(\Omega)$$

16＜20，满足限值要求。相间距离 II 段应取值 20Ω。

灵敏度校验，20/5=4＞1.5，符合要求。

动作时间比线路 B 保护相间距离 II 段高一个时间级差，0.6+0.3=0.9＜1s，满足限值要求，动作时间取 0.9s。

5. 已知：同塔双回线的正序阻抗 Z_1=0.17Ω/km、线路长 100km，互感阻抗 Z_{om}、正序阻抗 Z_1 和零序阻抗 Z_0 的比值分别为 Z_{om}/Z_0=0.2，Z_1/Z_0=0.3。要求确保接地距离 I 段定值在各种可能的运行情况下，可靠躲过线路对侧母线接地故障（可靠系数 K_k 取 0.7），同时也要保证接地距离 II 段定值在各种可能的运行情况下，对本线路末端接地故障有大于 1.3 的灵敏度。在保护装置的定值中，零序补偿系数 K 只能整定一个值，试制订一个整定方案，并计算出具体的定值，满足以上要求。（注：计算结果取两位小数，TA 变比为 2500/1，TV 变比为 500/0.1）。

答：

对同塔双回线路，零序补偿系数 K 值最小的情况是：同塔双回线的其中一回线检修并两端接地，同时在运行线路发生线路对侧母线接地故障时。此时考虑互感的零序综合阻抗为

$$Z_{\Sigma 0} = Z_0 - \frac{Z_{0m}^2}{Z_0} = Z_0 - \frac{(0.2Z_0)^2}{Z_0} = 0.96Z_0$$

$$K_{\text{min}} = \frac{Z_{\Sigma 0} - Z_1}{3Z_1} = \frac{0.96Z_0 - Z_1}{3Z_1} = \frac{0.96 \times \left(\dfrac{Z_1}{0.3}\right) - Z_1}{3Z_1} = 0.73$$

对同塔双回线路，零序补偿系数 K 值最大的情况是：同塔双回线均正常运行，同时在运行线路发生线路对侧母线接地故障时。此时考虑互感的零序综合阻抗为

$$Z_{\Sigma 0} = Z_0 + Z_{0m} = Z_0 + 0.2Z_0 = 1.2Z_0$$

$$K_{\text{max}} = \frac{Z_{\Sigma 0} - Z_1}{3Z_1} = \frac{1.2Z_0 - Z_1}{3Z_1} = \frac{1.2 \times \left(\dfrac{Z_1}{0.3}\right) - Z_1}{3Z_1} = 1$$

不考虑互感时，得到

$$K = \frac{Z_0 - Z_1}{3Z_1} = 0.78$$

方案 1：选零序补偿系数 $K = K_{\text{min}} = 0.73$，在此种情况下，整定接地距离 I 段和接地距离 II 段的定值，即

$$Z_{\text{ZD}}^{\text{I}} = 0.7 \times 0.17 \times 100 \times (2500/5000) = 5.95(\Omega)$$

求出因为接地距离Ⅰ、Ⅱ段零序补偿系数 K 不相同的放大系数 M，即

$$M = \frac{1+K_{\max}}{1+K_{\min}} = \frac{2}{1.73} = 1.16$$

$$Z_{ZD}^{II} = 1.3 \times 0.17 \times 100 \times M \times (2500/5000) = 12.82(\Omega)$$

方案 2：选零序补偿系数 $K = K_{\max} = 1$，在此种情况下，整定接地距离Ⅰ段和接地距离Ⅱ段的定值。

求出因为接地距离Ⅰ、Ⅱ段零序补偿系数 K 不相同的缩小系数 M，即

$$M = \frac{1+K_{\min}}{1+K_{\max}} = \frac{1.73}{2} = 0.87$$

$$Z_{ZD}^{I} = 0.7 \times 0.87 \times 100 \times M \times (2500/5000) = 5.18(\Omega)$$

$$Z_{ZD}^{II} = 1.3 \times 0.17 \times 100 \times (2500/5000) = 11.1(\Omega)$$

方案 3：选取零序补偿系数 K 为不考虑互感时的值，$K = 0.78$。

求出因为接地距离Ⅰ段零序补偿系数 K 不同的缩小系数 M_1，即

$$M_1 = \frac{1+K_{\min}}{1+K} = \frac{1.73}{1.78} = 0.97$$

求出因为接地距离Ⅱ段零序补偿系数 K 不同的放大系数 M_2，即

$$M_2 = \frac{1+K_{\max}}{1+K} = \frac{2}{1.78} = 1.12$$

$$Z_{ZD}^{I} = 0.7 \times 0.97 \times 100 \times M_1 \times (2500/5000) = 5.77(\Omega)$$

$$Z_{ZD}^{II} = 1.3 \times 0.17 \times 100 \times M_2 \times (2500/5000) = 12.38(\Omega)$$

以上方案 1、方案 2 或方案 3 均可。

6. 某电网接线如图 6-31 所示。已知 B 站为牵引站，由 A 站经 110kV AB 甲、乙线分别供 1、2 号主变压器负荷。B 站 1、2 号变压器为 V/V 接线变压器，供电示意图及 V/V 变压器等值模型如图 6-32 和图 6-33 所示。

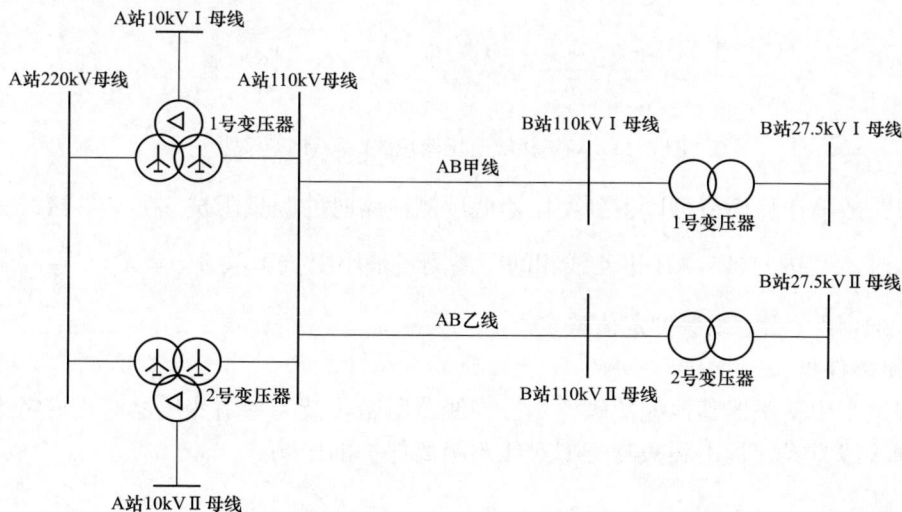

图 6-31 电网接线图

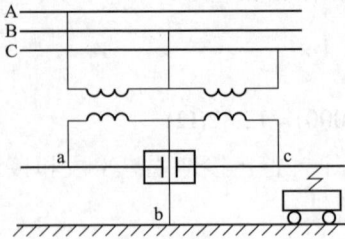

图 6-32　V/V 接线变压器供电示意图

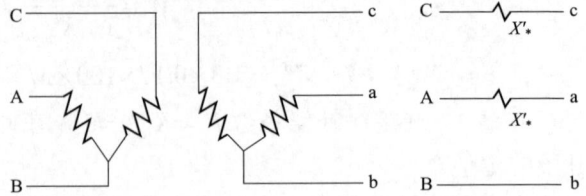

图 6-33　V/V 接法变压器等值模型

已知 AB 甲线路阻抗 $Z_L=0.7613\Omega$，牵引站主变压器参数见表 6-4。

表 6-4　　　　　　　　　　　　　牵引站主变压器参数表

型号	容量（MVA）	相数	接线	电压（kV）	短路阻抗
DFL-15000/110	15+15	单相	I/I-12 两台组成 V/V 接线	110±2×2.5%/27.5	10.36%

请回答以下问题：

（1）请画出 B 站变压器短路故障计算模型。

（2）请整定 110kV AB 甲线距离 I 段保护定值（按躲过牵引变压器其他侧故障整定，线路可靠系数 $K_k=0.8$；变压器可靠系数 $K_{kt}=0.7$），并说明重合闸整定原则。

答：

（1）图 6-34 中 B 相为公共相，因而等值图中 B 相阻抗为零。

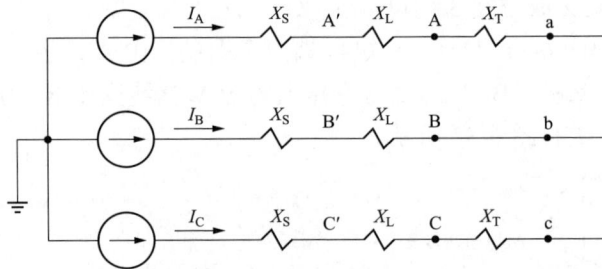

图 6-34　V/V 接线变压器短路故障计算模型

由短路故障计算模型可以得到变压器低压侧短路时的测量阻抗，在 V/V 接线变压器低压侧故障时，A 站 110kV AB 甲乙线相间距离测量最小阻抗可取 $Z_{min}=X_L+\dfrac{X_T}{3}$。

（2）AB 甲（乙）线保护定值整定。

1）距离保护。

按躲过牵引变压器其他侧故障整定：当线路所带负荷为牵引变压器时，应考虑牵引变压器不同接线方式、最不利故障类型对线路距离保护的影响。

$$Z_{DZI} \leqslant K_k \times Z_1 + K_{kt} \times \frac{Z'_T}{K_T}$$

式中　　K_k——可靠系数，取 0.7～0.85；

　　　　Z_1——本线路正序阻抗；

　　　K_{kT}——变压器可靠系数，取不大于 0.7；

　　　Z'_T——变压器单相容量下的正序阻抗值（取最小短路阻抗）；

　　　K_T——折算系数，根据牵引变接线形式确定［单相牵引变两相供电，低压侧 TR 或 TF（带回流线）短路时，K_T 取 2；V/V 接法三相供电，低压侧异相接地短路时，K_T 取 3；V/X 接法三相供电，低压侧 TF 或异相接地短路时，K_T 取 3；平衡变压器三相供电时，K_T 取 2（平衡变压器采用全容量参数时，K_T 取 1）］。

根据题意，线路可靠系数 $K_k = 0.8$，变压器可靠系数 $K_{kT} = 0.7$，牵引变阻抗 $Z'_T = 0.1036 \times 110 \times 110 / 15 = 83.57\Omega$，折算系数 $K_T = 3$（V/V 接法三相供电），得到

$$Z_{DZI} \leqslant K_k \times Z_1 + K_{kT} \times \frac{Z'_T}{K_T} \times \frac{N_{CT}}{N_{PT}} = \left(0.8 \times 0.7613 + 0.7 \times \frac{83.57}{3} \right) \times \frac{1200}{1100} = 21.93(\Omega)$$

当距离 I 段时间可整定时，动作时间值 $T_{dz} = 0.15s$。

2）重合闸。

AB 甲（乙）线为全电缆线路，重合闸退出。另外，当 110kV 牵引站供电线路要求投入重合闸功能时，若重合闸不会造成非同期，投"不检"方式；当方式专业或铁路部门对重合闸有要求时，应予以考虑。

7. 某 110kV 光伏升压站 35kV 为低电阻接地系统，配置一台接地站用变压器。接地站用变压器型号 DKSC-1000/35-315/0.4，短路阻抗电压 15%，零序电抗 80Ω，中性点接地电阻 50Ω。接地变压器 35kV 侧开关 TA 变比 100/1，开关后零序 TA 变比 200/1，中性点零序 TA 变比 400/1。已知站内 35kV 汇集线路零序 TA 变比 200/1，零序定值统一为：0.8A（二次值），时间 0.3s。

请根据以上条件，对接地变压器的零序电流及速断保护（装置软件无滤零措施）进行整定（二次值，结果保留两位小数）。

可靠系数 K_k 取 1.3，配合系数 K_p 取 1.1，灵敏系数 K_{sen} 取 2，躲涌流系数 K 取 8。忽略 35kV 系统阻抗。

答：

（1）接地变压器零序电流保护。

1）按保证 35kV 系统单相接地故障灵敏度不小于 2 整定。

35kV 系统零序阻抗等效值为

$$X = \sqrt{(3R)^2 + Z_t^2} = \sqrt{150^2 + 80^2} = 170(\Omega)$$

单相接地故障电流为

$$3I_0 = 3 \times \frac{35 \times 10^3}{\sqrt{3} \times 170} = 356.6(A)$$

灵敏度不小于 2 整定为

$$I_{TDZ0} \leqslant \frac{3I_0}{K_{sen}} = \frac{356.6}{2} = 178.3(A)$$

2）按与下级汇集线路零序保护配合整定。

$$I_{TDZ0} \geq K_p \times I_{LDZ0} = 1.1 \times 0.8 \times 200 = 176(A)$$

综上，零序电流一次值取值 176～178.3A，零序保护应选中性点处装设 TA，400/1，二次值保留两位小数，取 0.44A。

动作时间应考虑躲过两条线路相继发生单相接地故障，$2 \times 0.3 + 0.3 = 0.9s$，时间取 0.9s。

（2）接地变压器速断保护。

1）按躲过接地变压器空载合闸励磁涌流整定。

$$I_{TDZ} \geq K \times I_{TN} = 8 \times \frac{1000}{\sqrt{3} \times 35} = 132(A)$$

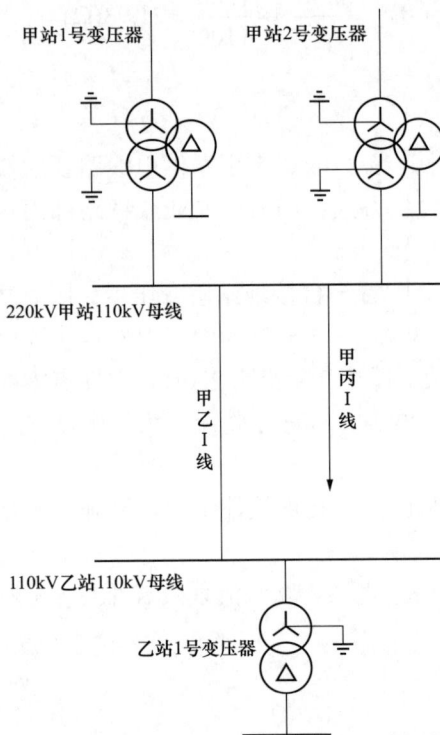

甲站1号变压器　　　甲站2号变压器

220kV甲站110kV母线

甲丙I线

甲乙I线

110kV乙站110kV母线

乙站1号变压器

图 6-35　甲、乙变电站电网结构示意
（母联、其余 110kV 线路未画出）

相关保护定值及动作情况见表 6-5。

2）按躲过接地变低压侧故障最大短路电流整定。

忽略 35kV 系统阻抗，接地变压器低压侧三相短路的最大短路电流为

$$I_{k.max} = \frac{1}{0.15} \times \frac{1000}{\sqrt{3} \times 35} = 110(A)$$

$$I_{TDZ} \geq K_K \times I_{k.max} = 1.3 \times 110 = 143(A)$$

因装置软件无滤零措施，还应躲过系统单相故障流过接地变相电流

$$I_{TDZ} \geq 1.3 \times 356.6 / 3 = 154.5(A)$$

综上，速断电流取最大者 154.5A，二次值 1.55A，时间 0s。

8．如图 6-35 所示，220kV 甲变电站 2 台主变压器高、中压侧中性点均直接接地，110kV 乙变电站中性点直接接地运行。某日，220kV 甲变电站 110kV 甲乙I线线路出现 C 相接地故障，线路保护未动作。持续时间约 41s 后，2 号主变压器中后备零序三段 1 时限保护动作，跳开 2 号主变压器三侧开关；2s 后，1 号主变压器中后备零序三段 1 时限保护动作，跳开 1 号主变压器三侧开关。

表 6-5　　　　　　　　　　　　保护定值及动作情况

元件	相关保护定值及配置			动作值	动作情况
110kV 甲乙I线	零序IV段 （136A，0.8s）	开关 TA	带方向	—	未动作

元件	相关保护定值及配置			动作值	动作情况
1 号主变压器中压侧零序保护	零序 I 段 1 时限（150A，2.8s 跳母联）零序 I 段 2 时限（150A，3.1s 跳本侧）	开关 TA	带方向	—	未动作
	零序 III 段 1 时限（150A，3.6s 跳三侧）	中性点 TA	不带方向	300A（在 2 号变跳闸 1.9s 之后动作）	主一跳闸 主二跳闸
2 号主变压器中压侧零序保护	零序 I 段 1 时限（150A，2.8s 跳母联）零序 I 段 2 时限（150A，3.1s 跳本侧）	开关 TA	带方向	—	未动作
	零序 III 段 1 时限（150A，3.6s 跳三侧）	中性点 TA	不带方向	152A	主一跳闸 主二跳闸

经检查：

甲站 110kV 甲乙 I 线保护 RCS-941A：装置起动后 41s 内零序电流断续性满足零序 IV 段定值（136A，0.8s），故障过程中流过甲站 110kV 甲乙 I 线保护的最大零序电流为 450A，虽然达到动作定值，但装置判别为 TA 断线，逻辑如图 6-36 所示，闭锁相应零序启动元件。甲站甲乙 I 线未配置差动保护，该线路保护零序方向元件的电压门槛值分别为二次值 0.5V，故障期间甲站 110kV 母线电压二次值最大 1.7V 持续数秒。

甲站 220kV 主变压器保护 RCS-978E：故障初期零序电流未达到甲站 1、2 号主变压器中压侧零序保护动作电流值（150A，3.6s 跳三侧），2 号主变压器跳闸期间流过 2 号主变压器中压侧零序电流为 152A，流过 1 号主变压器中压侧零序电流处于动作电流临界值，在 2 号变跳闸后流过 1 号主变压器中压侧零序电流增大至 300A。甲站主变压器保护中压侧零序方向元件的电压门槛值分别为二次值 2V，故障期间一直未满足零序方向元件的电压门槛值要求。

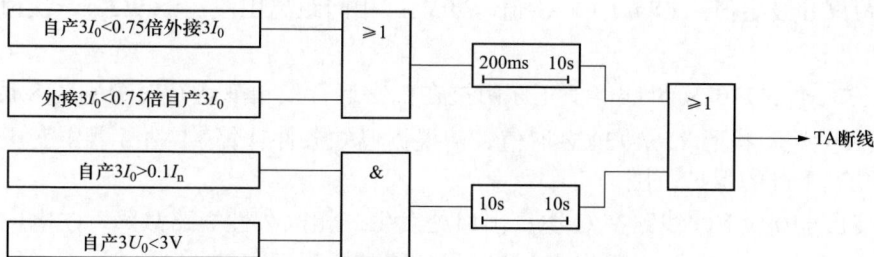

图 6-36 RCS-941A 保护 TA 断线判别逻辑

请分析以下问题：

（1）经校核，甲站甲乙 I 线保护零序末段退出零序方向元件后，可满足与上下级完全配合，请分析采取这一措施是否可以避免本次保护越级时间发生。请提出保护装置的升级与改造措施。

（2）请说明 220kV 主变压器 110kV 侧及 110kV 线路零序方向元件的投退原则。

（3）经校核排查，该 220kV 站 110kV 母线大方式零序阻抗等值 $X_0=2\Omega$（有名值），110kV 出线 RCS-941A 保护装置经升级后 TA 断线不闭锁零序保护，零序方向元件的电压门槛值仍为 0.5V（二次值，TV 变比 110kV/0.1kV），该站 220kV 主变压器中零序电流末段不带方向整定 300A（一次值）。请评估 RCS-941A 升级后是否存在线路高阻故障期间主变压器越级动作风险。

答：

（1）不能避免，线路保护未动作原因为装置判别 TA 断线，闭锁相应零序启动元件。

保护装置的升级与改造措施：RCS-941A 保护装置升级取消"TA 断线闭锁相应零序启动元件"；甲站 110kV 甲乙 I 线保护尽快改造为差动保护。

（2）220kV 变压器 110kV 侧零序末段三个时限保护方向元件均应退出。合理投退 220kV 变电站 110kV 出线零序电流保护方向，尽可能避免高阻故障零序电压不开放。

零序电流 IV 段方向投退原则：当反方向故障本线无零序电流时（对侧系统厂站变压器无中性点接地、非环网转供运行等），零序电流末段保护应退出方向元件判别。当反方向故障本线有零序电流时，应优先在本线路配置差动保护解决高阻故障，零序电流 IV 段保护投入方向元件简化整定配合。如差动保护配置确有困难或未投入时，零序电流 IV 段保护可退出方向元件判别，为避免反方向故障本线零序电流 IV 段动作，该线路零序电流 IV 段保护定值应与本站其他 110kV 线路零序电流 II 段或 III 段校核反配，并要求完全配合。本站其他 110kV 线路若配置电流差动保护，该线路零序电流 IV 段保护定值可不与配置电流差动保护的 110kV 线路零序电流 II 段或 III 段校核反配。

（3）零序电压一次值最小为 2×300/1100=0.55V，大于零序方向元件的电压门槛 0.5V，升级后不存在线路高阻故障期间主变压器越级动作风险。

9. 某区域电网正常运行方式如图 6-37 所示，其中所有开关均在合位。M 站 1、2 号主变压器高、中压侧配置复压方向过流保护（无阻抗保护），中压侧复压方向过流保护 I 段定值 2755.2A（一次值），1 时限 0.9s 跳母联 110 开关，2 时限 1.2s 跳三侧。M 站 MN 线 101 开关相间距离 II 段定值：2.84Ω（一次值），0.6s；相间距离 III 段：88.9Ω（一次值），2.1s。请问：

（1）已知 M 站 110kV 母线等值正序阻抗在正常运行及单变运行时分别为 8.12、14.2Ω；系统电源相电势 E_x 按照 $115/\sqrt{3}$ kV 取值。请根据已知条件计算 M 站 2 号主变压器中压侧复压方向过流 I 段的保护范围。

（2）某日 110kV NQ 线路在 Q 电厂出口处发生三相永久性短路故障，Q 电厂侧相间距离 I 段 16ms 保护动作跳 102 开关；N 站侧保护因装置原因未动作；M 站 1、2 号主变压器中压侧复压方向过流 I 段 1 时限 912ms 出口跳 110kV 母联 110 开关，2 号主变压器 110kV 侧过流 I 段 2 时限 1213ms 出口跳 2 号主变压器三侧开关，M 变电站 110kV I 母失压。N 变电站失压。已知 MN、NQ 线路正序阻抗实测为 1.65Ω∠65.73°、1.5Ω∠65.73°。请分析线路 NQ 线故障时，各保护动作行为是否正确。

答：

（1）计算过程。

保护范围的计算式为

$$Z = \frac{E_x}{K_z I_{L1}} - Z_{xt}$$

式中　　K_z ——系统发生三相短路时的正序助增系数；

　　　　E_x ——系统电源相电势；

　　　　I_{L1} ——2 号主变压器中压侧复压方向过流保护定值；

　　　　Z_{xt} ——M 站 110kV 母线等值阻抗。

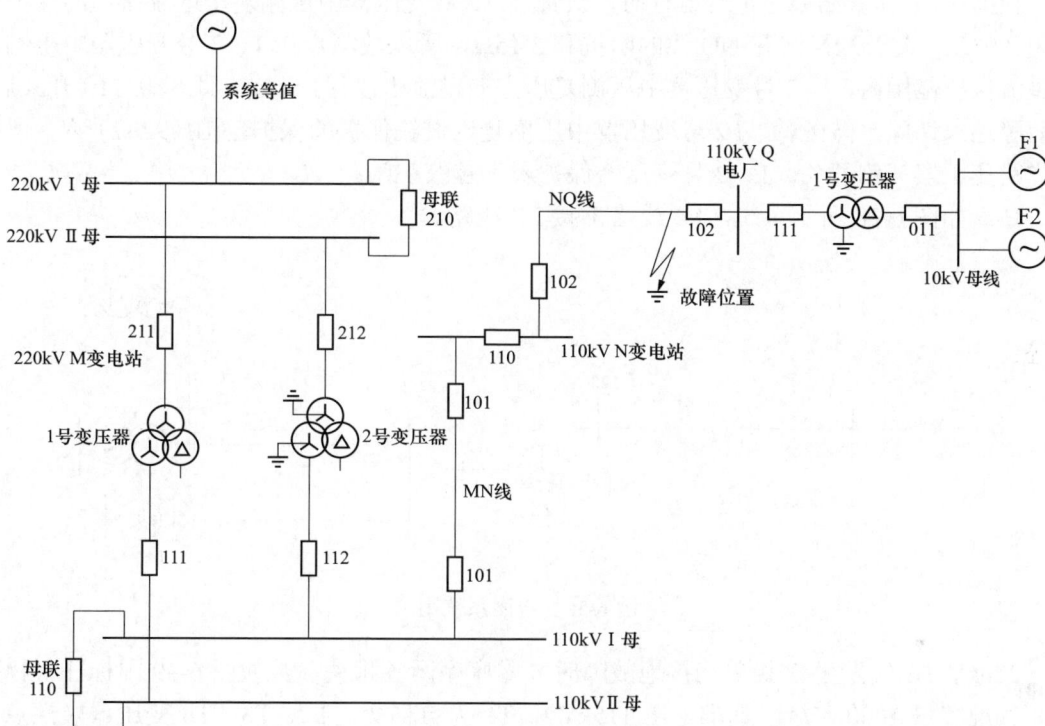

图 6-37　电网运行方式图

K_z 与 Z_{xt} 均与系统运行方式有关。下面分单台变压器运行、正常运行两种情况计算变压器复压过流保护的保护范围。

1）单变运行，即考虑 M 站 1 号变压器停运。此时 $K_z = 1$，$Z_{xt} = 14.2\,\Omega$，得到

$$Z = \frac{E_x}{K_z I_{L1}} - Z_{xt} = 9.9\,(\Omega)$$

2）正常方式，此时由于 M 站 1、2 号变压器阻抗相同，则 $K_z = 2$，$Z_{xt} = 8.12\,\Omega$，得到

$$Z = \frac{E_x}{K_z I_{L1}} - Z_{xt} = 3.93\,(\Omega)$$

而 110kV 线路 MN 和线路 NQ 的阻抗和为 1.65+1.5=3.15Ω。

综上所述，正常运行及单变运行时，M 站 2 号变压器复压过流保护的保护范围分别为 3.93、9.9Ω，均大于 MN 线和 NQ 线阻抗和 3.15Ω。保护范围伸到 110kV 发电厂 Q 的 1

号变压器内。

（2）NQ 线在 Q 电厂出口处三相短路，对于电厂侧属于相间距离 I 段保护范围，NQ 线电厂侧保护正确动作跳闸；N 站侧因保护装置故障，保护拒动。

故障点在 110kV Q 电厂 NQ 线路出口处，M 变电站 MN 线保护的测量阻抗为 MN 线和 NQ 线的阻抗和 3.15Ω。测量阻抗大于 M 站 MN 线距离 II 段定值 2.84Ω，距离 II 段不动作；测量阻抗小于 M 站 MN 线距离 III 段定值 88.9Ω，但延时不到 2.1s，距离 III 段不动作。因此 M 站 MN 线保护未动作。

根据（1）计算结果，正常运行时，M 站 1、2 号变压器中压侧复压过流保护的保护范围为 3.93Ω，大于 MN 线和 NQ 线的阻抗和 3.15Ω，所以故障点在 1、2 号变压器中压侧复压过流保护范围内，1、2 号变压器中压侧复压方向过流 I 段保护动作，跳母联 110 开关后，因故障还未切除，仍在 M 站 2 号变压器中压侧复压过流保护的保护范围（9.9Ω）内，保护动作跳变压器三侧开关。1、2 号变压器保护属于越级跳闸。

10．如图 6-38 所示系统，L4 线路 T 接 L2 线路。

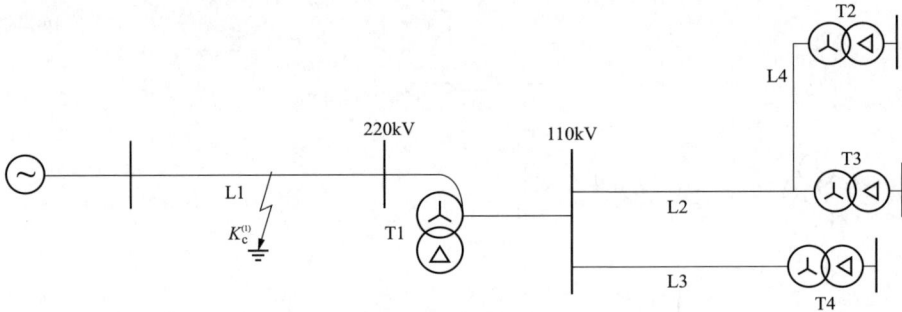

图 6-38　电网系统图

220kV L1 线发生 C 相单相接地故障时，零序序网各相关参数如图 6-39 中标注（标幺值，基准容量 1000MVA，基准电压 115kV），T1 为自耦变，T2、T3、T4 变压器中性点均为经间隙接地，间隙工频击穿电压 75kV 左右，故障点 $Z_{1\Sigma*} = j0.2$，$Z_{2\Sigma*} = Z_{1\Sigma*}$。

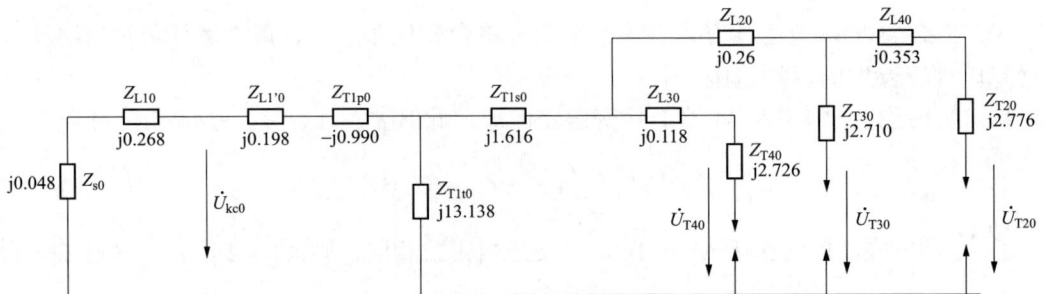

图 6-39　电网零序序网图

请问：

（1）计算 L1 线 C 相单相接地故障时 T2、T3、T4 变压器中性点承受的零序电压，分析主变压器中性点间隙是否满足击穿条件（不考虑间隙动作电压的离散性）。

（2）L2 线系统侧保护 TA 变比 600/5，TV 变比 110/0.1，零序电流补偿系数 K=0.57，结合（1）中间隙击穿情况，计算 L2 线系统侧 B 相接地距离保护阻抗测量值（二次值）。

（3）若 L2 线保护配置 PSL621C 线路保护，主要为三段式距离及零序保护。距离保护采用多边形特性，特性如图 6-40 所示。其中，折线 cod 为阻抗元件的方向线，ae 边下倾 12°。定值（二次值）：接地距离电阻定值 R_{ZD}=7Ω，接地距离 Ⅰ 段定值 Z_{ZD}=2.51Ω。线路阻抗角 $\angle aof$=70°，请问：

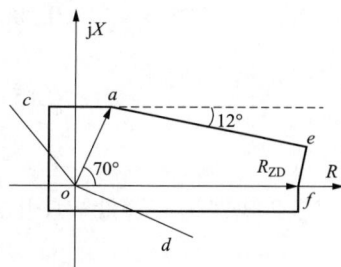

图 6-40 距离多边形特性

（1）L2 线保护是否会误动，请定量计算说明；

（2）若误动，采取什么措施防止误动？

答：

（1）题设给出 220kV L1 线发生 C 相单相接地故障时，$Z_{1\Sigma*} = Z_{2\Sigma*} = j0.2$，综合零序阻抗 $Z_{0\Sigma*} = (j0.048 + j0.268) // (j0.198 - j0.99 + j13.138) = j0.308$，故障点零序电压为

$$U_{kc0*} = -\frac{1}{j0.2 + j0.2 + j0.308} \times j0.308 = -0.435$$

$$U_{T1u0*} = -0.435 \times \frac{j13.138}{j13.138 - j0.99 + j0.198} = -0.463$$

则 T2、T3、T4 主变压器的中性点间隙承受的零序电压标幺值为

$$3U_{T20*} = 3U_{T30*} = 3U_{T40*} = 3 \times 0.463 = 1.39$$

基准电压为 115kV，T2、T3、T4 主变压器的中性点间隙承受的零序电压有名值为

$$3U_{T20} = 3U_{T30} = 3U_{T40} = 1.39 \times \frac{115}{\sqrt{3}} = 92.29(\text{kV})$$

均达到主变压器间隙击穿电压，三台主变压器间隙满足击穿条件。

（2）由上题计算可知，T2、T3、T4 主变压器间隙均击穿，间隙击穿后零序序网发生变化。此时的零序综合阻抗为

$$(j2.776 + j0.353) // j2.71 = j1.452$$

$$(j1.452 + j0.26) // (j0.118 + j2.726) = j1.0687$$

$$(j1.0687 + j1.616) // j13.138 = j2.229$$

$$(j0.048 + j0.268) // (j0.198 - j0.99 + j2.229) = j0.316 // j1.437 = j0.259$$

故障点零序电流标幺值为

$$I_{kc0*} = \frac{1}{j0.2 + j0.2 + j0.259} = -j1.517$$

L2 线保护安装处零序电流标幺值为

$$\frac{0.048 + 0.268}{(0.048 + 0.268) + (0.198 - 0.99 + 2.229)} = 0.180$$

327

$$0.180 \times \frac{13.138}{13.138 + (1.0687 + 1.616)} = 0.15$$

$$0.15 \times \frac{0.118 + 2.726}{(0.118 + 2.726) + (1.452 + 0.26)} = 0.0936$$

$$I_{m0*} = 0.0936 \times j1.517 = j0.142$$

L2 线保护安装处零序电流有名值为

$$I_{m0} = 0.142 \times \frac{1000}{\sqrt{3} \times 115} = 0.713 (\text{kA})$$

$$3I_{m0} = 2.139 (\text{kA})$$

L2 线保护安装处零序电压标幺值为

$$U_{mb} = U_{mb1} + U_{mb2} + U_{mb0} = U_{mc1}e^{j120} + U_{mc2}e^{-j120} + U_{m0}$$

不计负荷保护安装处正负序电压与故障点处正负序电压相同，得到

$$U_{mb} = U_{kc1}e^{j120} + U_{kc2}e^{-j120} + U_{m0}$$

$$= (-I_{kc1}Z_{1\Sigma} + U_{kc[0]})e^{j120} + (-I_{kc2}Z_{2\Sigma})e^{-j120} + U_{m0} = 0.971\angle116.9°$$

$$Z_{mB*} = \frac{U_{mb}}{I + K3I_{m0}} = 2.523\angle26.9°$$

二次有名值为

$$Z_{mB} = Z_{mB*} \times \frac{115^2}{1000} \times \frac{600/5}{1100} = 3.64\angle26.9°$$

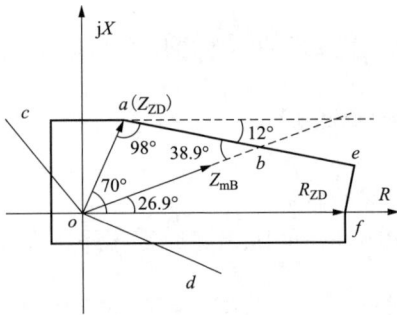

图 6-41　分析图

（3）根据阻抗角确定 Z_{mB} 落在图 6-41 中虚线上即判断 ob 与 $|Z_{mB}|$ 关系，由正弦定理求取 ob。

$$\angle oae = 180° - 70° - 12° = 98°$$

$$\angle abo = 180° - 98° - (70° - 26.9°) = 38.9°$$

$$\frac{\sin\angle abo}{Z_{ZD}} = \frac{\sin\angle oae}{ob}$$

$$ob = \frac{\sin98°}{\sin38.9°} \times 2.51 = 3.96\Omega > |Z_{mB}|$$

综上，L2 线保护会误动。

在此情况下，为防止误动的对应措施有：①减小接地距离电阻定值 R_{ZD}；②增加相电流判据；③增加零序功率方向判据（接地距离Ⅲ段除外）。

11. 如图 6-42 所示，某 220kV 海上风电场为线变组接线，容量为 240/120/120MVA，变比为 230/35/35kV，各分裂绕组下分别连一条母线及接地变压器，其中 1 号分支挂 4B1 接地变压器及 35kV 4M（集电线 5～8），其中 2 号分支挂 4B2 接地变压器及 35kV 6M（集电线 9～12），集电线后连接海上风电机组。某日，对 35kV 集电 5 线风机海缆首次充电过程中，出线海缆侧电缆插头绝缘击穿，发生 A 相接地故障，35kV 接地变压器速断保护动作，220kV 4 号主变压器变高开关、变低开关跳闸，4 号主变压器及其变压器低侧母线脱网失压。4B1 接地变压器、集电 5 线的录波及定值，见图 6-43、图 6-44 及表 6-6、表 6-7。

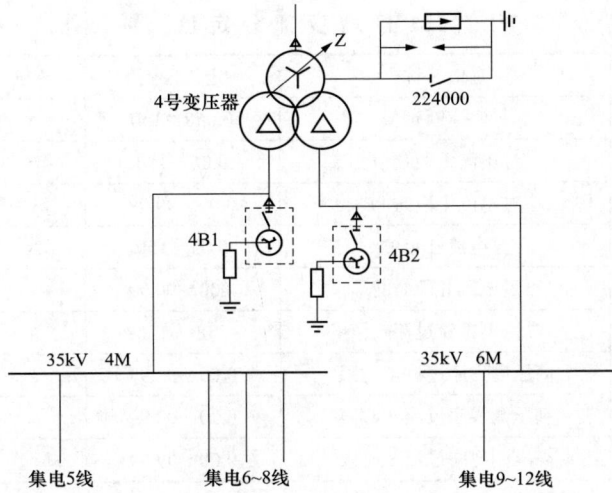

图 6-42 海风场部分接线

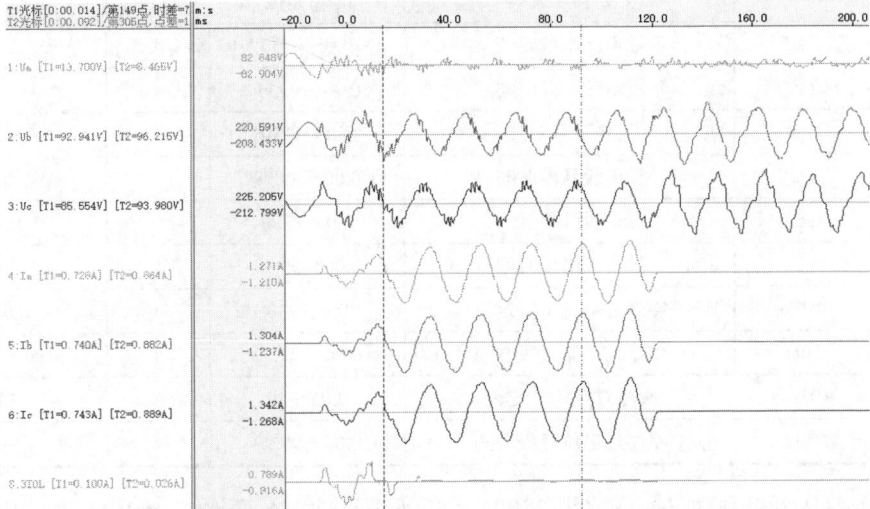

图 6-43 4B1 接地变压器录波，分别为接地变压器高压侧三相电压、电流，中性点电流

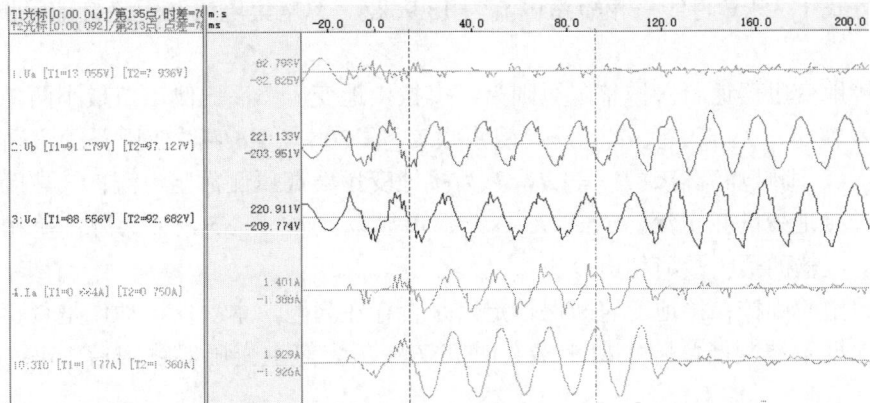

图 6-44 集电 5 线录波（集电线三相电压、A 相电流，零序 TA 电流）

表 6-6   **4B1 接地变部分定值**

序号	符号	定值名称	定值范围	单位	定值设定值
1	Isd	瞬时速断定值	0.050～150	A	0.79
2	I1zd	过电流Ⅰ段定值	0.05～150	A	0.13
3	TI1	过电流Ⅰ段时间	0.00～99.99	s	1.70
4	I2zd	过电流Ⅱ定值	0.05～150	A	150
5	TI2	过电流Ⅱ时间	0.00～99.99	s	99.99
6	I0Hzd	高压侧零流过流定值	0.05～150	A	0.20
7	TI01	高压侧零序过流1时限	0.00～99.99	s	0.60
8	TI02	高压侧零序过流2时限	0.00～99.99	s	1.10
9	TI03	高压侧零序过流3时限	0.00～99.99	s	99.99

表 6-7   **集 电 5 线 部 分 定 值**

序号	符号	定值名称	定值范围	单位	定值设定值
1	I1zd	过电流Ⅰ段定值	0.05～150	A	3.19
2	TI1	过电流Ⅰ段时间	0.00～99.99	s	0.00
3	I2zd	过电流Ⅱ定值	0.05～150	A	0.96
4	TI2	过电流Ⅱ段时间	0.00～99.99	s	0.50
5	I3zd	过电流Ⅲ定值	0.05～150	A	150.00
6	TI3	过电流Ⅲ段时间	0.00～99.99	s	99.99
7	I01zd	零序过电流Ⅰ段定值	0.05～30	A	0.22
8	T0I1	零序过电流Ⅰ段时间	0.00～99.99	s	0.30
9	I02zd	零序过电流Ⅱ定值	0.05～30	A	30.00
10	T0I2	零序过电流Ⅱ段时间	0.00～99.99	s	99.99

已知主变压器低压侧 TA 变比为 2500/1；接地变变高 TA 变比为 250/1，中性点为 400/1；集电线 TA 变比为 800/1，零序 TA 为 300/1；接地变压器容量为 1000kVA，接地电阻 $R=45\Omega$；最小运行方式下 35kV 母线三相短路电流为 13.96kA。忽略集电线及短路接地阻抗，回答以下问题：

（1）接地变压器速断保护整定原则为：①按接地变压器高压侧出口最小两相故障有足够的灵敏度整定，$I_{dz} \leqslant I_{d.min}^{(2)}/K_{sen}$，灵敏系数 $K_{sen} = 20$；②按躲过变压器励磁涌流整定，$I_{dz} \geqslant K_K \times I_e$，励磁涌流倍数 $K_K = 12$，I_e 为接地变压器高压侧额定电流；③按躲过外部接地故障流过接地变的相电流，$I_{dz} \geqslant K_{rel} \times I_0$，可靠系数 $K_{rel} = 1.5$，I_0 为外部单相接地故障流过接地变压器的最大故障相电流。

根据整定原则校核接地变速断保护定值是否存在问题，本次保护动作是否存在问题。

（2）根据录波判断故障大概于多久时间切除，为何主变压器跳闸后 35kV 母线仍有电压？

（3）根据录波图，判断录波图中是否有电流、电压值存在异常，若存在异常，可能的原因。

答：

（1）接地变速断保护。

1）原则①，$I_{dz} \leqslant I_{d.min}^{(2)} / K_{sen} = \dfrac{\sqrt{3}}{2} \times \dfrac{13.96 \times 10^3}{20} = 605A$；

2）原则②，$I_{dz} \geqslant K_K \times I_e = 12 \times \dfrac{1000}{\sqrt{3} \times 35} = 198A$；

3）原则③，$I_{dz} \geqslant K_{rel} \times I_0 = 1.5 \times \dfrac{35 \times 10^3}{3 \times \sqrt{3} \times 45} = 225A$；

综上所述，取 I_{dz} 取值应在 225～605A 之间。

接地变压器速断保护原定值 0.79A（TA=250，一次值 198A），低于下限 225A，整定不合理。

本次保护动作存在问题：集电线故障流过接地变压器的相电流为 0.864A（见图 6-43 的 I_a，一次值为 216A），导致接地变压器速断保护误动，正常应为集电线过流保护动作。

（2）结合图 6-43、图 6-44 可知，故障大约于 120ms 后切除，集电线所连风机未及时切除，对 BC 相母线电压仍有支撑作用。

（3）图 6-43 中接地变压器录波图，变压器高压侧三相电流 I_ϕ（TA=250）14ms、92ms 时为 0.728A（一次值 182A）、0.864A（一次值 216A），自产 $3I_0 = 3I_\phi$ 为 546A、648A。中性点电流 $3I_0'$（TA=400）14ms 时为 0.1A（一次值 40A）。对比可知存在电流异常：接地变压器中性点电流与变高侧电流明显偏小，发生畸变，并且 20ms 后基本为零。

同时结合（1）中计算，中性点小电阻 $R=45\Omega$，流过接地变压器高压侧的零序电流 $3I_0$ 最大为 450A。而图 6-43 接地变压器录波图中，自产 $3I_0$ 两个时刻分别为 546A、648A，超出理论最大值，初步判断可能为接地变压器中性点在故障时被击穿接地，中性点小电阻及零序 TA 失去作用。

12．某供电局 220kV 甲变电站为该区域重要厂站，其中 220kV 甲丙线为牵引线连至 220kV 牵引丙站（牵引变中性点不接地），该线路丙站侧未配置线路保护；220kV 甲乙线连至 220kV 集中式光伏乙站，配置两套电流差动保护，2001 开关另配置断路器辅助保护南瑞继保 PCS-921N。

乙站情况：35kVⅠ母接 1 号 SVG、第 1～4 组集电线，35kVⅡ母接第 5～8 组集电线，现场反馈八组集电线共接 809 台箱式变压器及光伏电源，光伏电源逆变器参数为：网侧（交流侧）额定电压 $U_N = 0.8kV$、额定电流 $I_e = 126.3A$、最大（短路）输出电流 $I_k = 182.91A$。乙站 303 开关接 1 号站变压器兼接地变压器。

系统参数如下：①甲站 220kV 母线外部主电网等值正、零序电抗：$x_{s1} = 0.0089$，$x_{s0} = 0.0081$（标幺值、下同）；②220kV 甲乙线电抗：$x_{L1} = 0.0126$，$x_{L0} = 0.0378$；③220kV 甲丙线电抗：$x_{L1} = 0.004$，$x_{L0} = 0.01$；④乙站 1 号主变压器：容量 $S_n = 150MVA$，电抗 $x_{T1} = 0.0803$，$x_{T0} = 0.0735$。⑤接地变压器信息：额定容量 $S_{njd} = 800/400kVA$，额定电压：35±2×2.5%kV/0.4kV，短路阻抗 $u_k\% = 6\%$，零序电抗为 97.8Ω，中性点小电阻成套装置电阻 106Ω。集电线、1 号 SVG、1 号站变兼接地变压器仅 35kV 母线侧配置保护，集电线保护 TA=1000/1，零序 TA=100/1。1 号站变压器兼接地变压器保护装置未采取软件滤零措施，

保护 TA=300/1，小电阻成套装置靠地侧串接 TA=200/1。基准容量：S_b=100MVA。基准电压用平均电压，即 220、35、0.8kV 的平均电压取 230、37、0.8kV。

其中，光伏乙站的低电压穿越特性如图 6-45 所示。经测试低穿边界动作特性严格符合图 6-45 中所示边界，当乙站 220kV 侧电压跌至边界以下时新能源电源甩开。

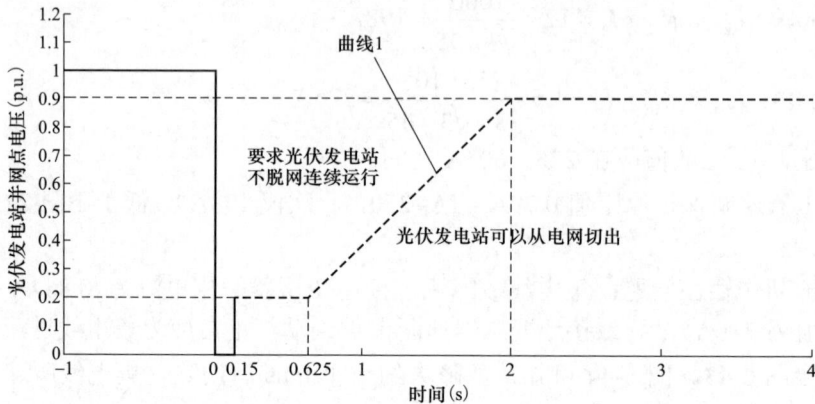

图 6-45　光伏电站并网系统接线示意图

请问答以下问题：

（1）对于图 6-46 中 K_1 点发生的 A 相接地故障，计算故障点 A 相电流的可能最大值（注：假定光伏提供短路电流按恒流源考虑。电压折算采用平均电压）。

（2）某日雷雨天气，第 4 组集电线发生 C 相金属性接地故障，集电线与接地变部分定值如表 6-8 所示（假定跳闸出口设置无误，忽略集电线、主变压器及外部阻抗）。请指出保护动作行为，并分析该行为是否合理，如不合理请给出整改建议。

表 6-8　　　　　　　　　　　　　　集电线与接地变部分定值

序号	定值项名称	单位	原定值	新定值	备注
一	第 4 组集电线部分定值				
1	保护 TA 一次额定值	A		1000	
2	保护 TA 二次额定值	A		1	
3	零序 TA 一次额定值	A		100	
4	零序 TA 二次额定值	A		1	
5	过流 I 段定值	A		1	
6	过流 I 段时间	s		0	跳集电线
7	过流 II 段定值	A		0.6	
8	过流 II 段时间	s		0.3	跳集电线
9	零序过流 I 段定值	A		1.2	
10	零序过流 I 段时间	s		0.4	跳集电线
11	零序过流 II 段定值	A		1	
12	零序过流 II 段时间	s		0.6	仅发告警

续表

序号	定值项名称	单位	原定值	新定值	备注
二	1号站变兼接地变部分定值				
1	保护 TA 一次额定值	A		300	
2	保护 TA 二次额定值	A		1	
3	高压零序 TA 一次额定值	A		200	
4	高压零序 TA 二次额定值	A		1	
5	过流 I 段定值	A		0.3	跳变压器低压侧三个分支
6	过流 I 段时间	s		0	
7	过流 II 段定值	A		0.14	跳变压器低压侧三个分支
8	过流 II 段时间	s		0.3	
9	高压零序过流定值	A		0.7	跳变压器低压侧三个分支
10	高压零序过流时间	s		0.6	

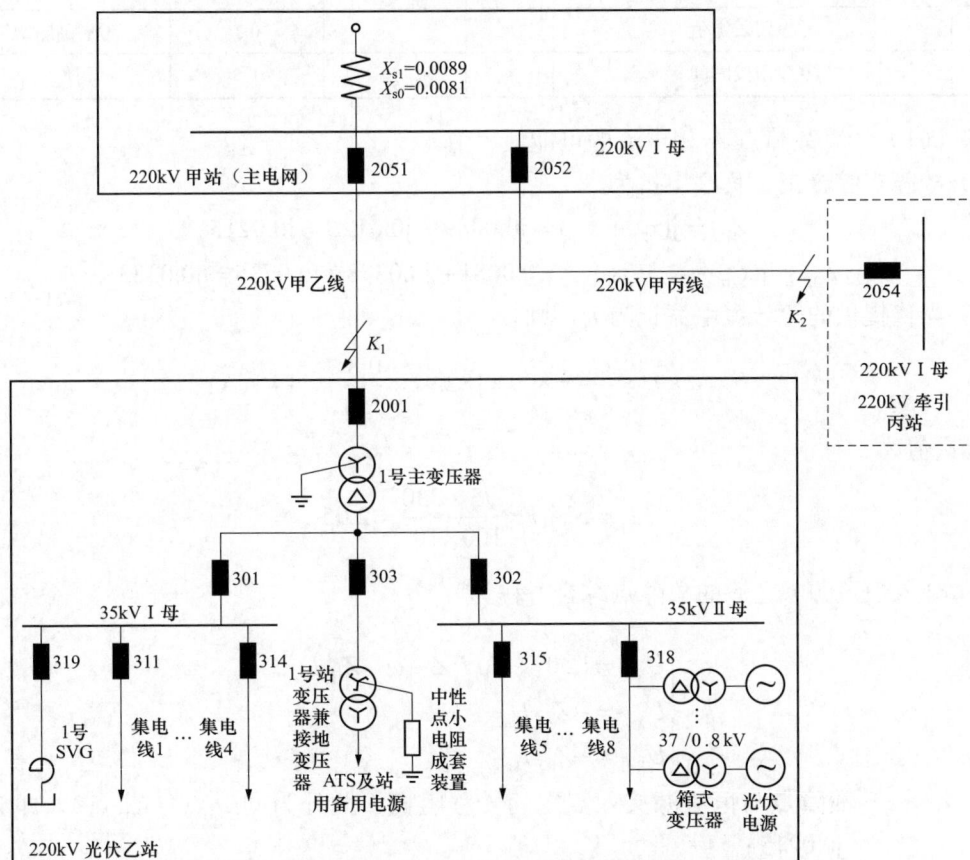

图 6-46 光伏乙站的低电压穿越特性图

（3）某日 220kV 甲丙线末端（见图 6-45 中 K_2 点）发生三相接地故障，试分析相关保护动作行为。若不合理，请给出优化建议。（注：故障发生时光伏乙站出力较小，为简化计算，故障分析忽略乙站光伏电源。）

已知，甲丙线甲侧线路保护部分定值如表 6-9 所示。

表 6-9　　　　　　　　　　甲丙线甲侧线路保护部分定值

甲站甲丙线部分定值（注：相间距离与接地距离取一致，TA=1000/1）					
序号	定值项名称	单位	原定值	新定值	备注
1	差动动作电流定值	A		最大值	
2	距离 I 段定值	Ω		0.67	躲线末
3	距离 II 段定值	Ω		1.25	保线末
4	距离 II 段时间	s		0.9	
5	距离III段定值	Ω		130	保牵引变低侧
6	距离III段时间	s		4	
7	零序 II 段定值	A		2	保线末
8	零序 II 段时间	s		1	
9	零序III段定值	A		0.3	考虑高阻故障
10	零序III段时间	s		1.5	

答：（1）计算故障点 A 相电流的可能最大值。

1）故障点综合正、负序电抗为

$$Z_{1\Sigma} = j(x_{Z1} + x_{L1}) = j0.0089 + j0.0126 = j0.0215$$

$$Z_{0\Sigma} = j(x_{Z0} + x_{L0}) // jx_{T0} = j(0.0081 + 0.0378) // j0.0735 = j0.0283$$

2）光伏提供的等效恒电流记为 I_j，则

$$I_j = n \times I_k \times \frac{U_1}{U_h} = 809 \times 182.91 \times \frac{0.8}{230} = 514.7(A)$$

标幺值为

$$I_j = 514.7 \times \frac{\sqrt{3} \times 230}{100 \times 10^3} = 2.05$$

3）计入恒流源 I_j 之后的故障点综合方程为

$$\begin{cases} U_{ka1} = 1\angle 0° + Z_{kk}I_j\angle -\varphi - Z_{1\Sigma}I_{ka1} \\ U_{ka2} = -Z_{2\Sigma}I_{ka2} \\ U_{ka0} = -Z_{0\Sigma}I_{ka0} \end{cases}$$

式中　　Z_{kk}——故障点与恒流源接入点之间转移阻抗，此处为同一点（K_1 点），即 $Z_{kk} =$ j0.0215；

　　　　φ——恒流源 I_j 与原有恒压源之间的滞后角度。

4）计算故障点的可能最大电流，相当于恒流源电流与原有电压源产生的电流方向同向，即上述 φ 取 90°。代入上述方程得到故障点各序电流为

$$I_{ka1} = I_{ka2} = I_{ka0} = \frac{U_{kA}^{(0)} + Z_{kk}(I_j\angle-90°)}{Z_{1\Sigma} + Z_{2\Sigma} + Z_{0\Sigma}} = \frac{1 + j0.0215 \times 2.05\angle-90°}{j(0.0215 \times 2 + 0.0283)} = 14.65\angle-90°$$ 故障点

A 相电流 I_{ka} 为

$$I_{ka} = 3I_{ka1} = 3 \times 14.65 = 43.95(A)$$

有名值为

$$I_{ka} = 43.95 \times \frac{100 \times 10^3}{\sqrt{3} \times 230} = 11031(A)$$

（2）保护动作行为最合理性，以及若不合理的整改建议。

1）集电线 C 相接地故障，计算流过集电线、接地变压器的零序电流 $3I_0$。

故障点综合零序阻抗，$|Z_{0\Sigma}| = |3R_n + jx_{Tjd0}| = |3 \times 106 + j97.8| = 332.7(\Omega)$

$$I_0 = \frac{E}{Z_{0\Sigma}} = \frac{35000}{\sqrt{3} \times 332.7} = 60.74(A)$$

$$3I_0 = 3 \times 60.74 = 182(A)$$

2）保护动作情况。①集电线：流过集电线的 C 相电流、零序电流为 182A，因此集电线零序过流 I 段会在 0.4s 跳集电线。②接地变高压侧：流过接地变压器的相电流为 $I_a = I_b = I_c = 60.74A$，因而接地变压器过流 II 段保护 0.3s 跳主变压器低压侧三个分支；流过接地变压器的零序电流为 $3I_0 = 182A$，高于零流定值 $0.7 \times 200 = 140A$，接地变压器高压侧零序过流保护会在 0.6s 跳主变压器低压侧三个分支。最终，保护动作行为：接地变压器过流 II 段保护 0.3s 跳主变压器低压侧三个分支。

3）该保护（接地变压器过流 II 段）动作行为不合理，属于集电线故障、接地变压器抢在集电线前面越级动作，扩大跳闸范围。

4）整改建议。

措施 1：接地变压器保护装置升级成具备软件滤零功能，确保 35kV 其他间隔发生单相接地故障接地变压器流过零序电流时，接地变压器相电流保护（滤零）不误动。

措施 2：接地变压器相电流保护定值要可靠躲过 35kV 其他间隔发生单相接地故障流过接地变压器的零序电流，并与之配合即接地变压器相过流定值 $\geq K_k \times I_0 = K_k \times 60.74$，可靠系数 K_k 大于 1；接地变压器相过流 II 段时间与其他间隔零序时间配合。

（3）相关保护动作行为的合理性，以及优化建议。

1）计算甲丙线末端故障时，甲站 220kV 母线相电压 U 为

$$U = \frac{x_{L1}}{x_{L1} + x_{s1}} = \frac{0.04}{0.04 + 0.0089} = 0.31$$

2）忽略乙站新能源影响，则乙站 220kV 母线相电压 $U = 0.31$。

3）依据乙站低穿特性，可知：当电压 $U = 0.31$ 时低穿动作时间 t 对应关系落在斜线 1 上。计算斜线 1 时 U 与 t 的关系为 $U = 0.5091t - 0.1182$，将 $U = 0.31$ 代入该方程可知，

$$t = \frac{0.31 + 0.1182}{0.5091} = 0.84s。$$

4）动作行为：甲丙线末端故障，在距离 II、III 段、零序 II、III 段范围内，动作时间最

短为距离 II 段 0.9s 动作，在乙站低穿动作之后。因此，最终动作行为是：甲丙线发生故障后，乙站因低穿特性在 0.84s 甩掉新能源，甲丙线甲侧线路保护距离 II 段 0.9s 跳 2052 开关。上述动作不合理，乙站新能源被切除，扩大停电范围。

5）优化建议：①甲丙线两侧线路保护加装光差，配置电流差动保护，保证线路故障快速切除。②甲丙线甲侧保全线有灵敏度段的保护（此处对应距离 II 段、零序 II 段）时间降低至在乙站低穿动作时间之下，简化处理可取 0.625s 以下。

13．某 220kV 变电站（A 站）的 110kV 送出系统局部电网如图 6-47 所示，主变压器 T1、T3、T4、T5 中性点直接接地，主变压器 T2 中性点经间隙接地（零序过压定值 140V），线路 L1、L2 长度相等，自 A 站出站口后有 50% 线路长度存在同塔并架（见图 6-47 两虚线之间），两线路间零序互感为 X_{om}，之后分别接至 110kV 的 B 站、C 站，图 6-47 中所有开关均在合位。各设备参数标幺值如表 6-10 所示，已知 $X_{om}=0.6X_0$。各厂站设备零序保护定值如表 6-11 所示，不计所有元件电阻，不考虑距离保护动作，短路前各线路空载。某日在 L2 线路距 A 站 60% 处发生 A 相金属性接地故障，由于 L2 电源侧出口压板未投，导致 QF5 开关拒动，请计算分析故障切除的整个过程。

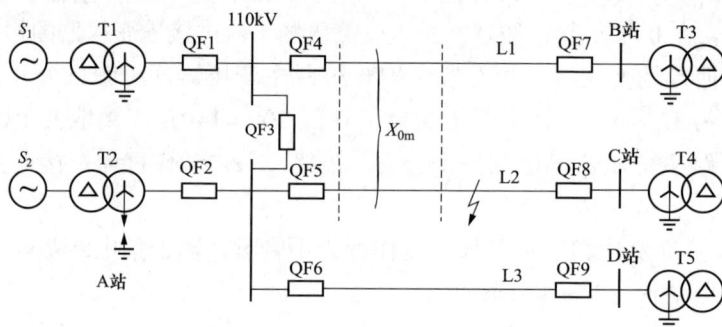

图 6-47　网络结构图

表 6-10　　　　　　　　　各设备参数标幺值（ S_B=100MVA，U_B=115kV ）

设备名称	正序阻抗	负序阻抗	零序阻抗
线路 L1、L2	j0.10	j0.10	j0.30
线路 L3	j0.06	j0.06	j0.18
主变压器 T1、T2	j0.06	j0.06	j0.06
主变压器 T3	j0.18	j0.18	j0.18
主变压器 T4、T5	j0.12	j0.12	j0.12
电源 S1、S2	0	0	0

表 6-11　　　　　　　　　　各设备零序保护定值

设备名称	零序 I 段	零序 II 段	零序III段
主变压器 T1	I_{01}=1200A 0.8s　跳分段 1.1s　跳本侧 1.4s　跳各侧	I_{02}=300A 2s　跳各侧	/

设备名称	零序Ⅰ段	零序Ⅱ段	零序Ⅲ段
线路 L1、L2、L3 电源侧 （QF4、QF5、QF6 处）	I_{01}=1920A Ⅰ段带方向，指向线路 0s 跳本侧	I_{02}=960A Ⅱ段带方向，指向线路 0.5s 跳本侧	I_{03}=300A 1.2s 跳本侧
线路 L1、L2、L3 负荷侧 （QF7、QF8、QF9 处）	I_{01}=800A Ⅰ段带方向，指向线路 0.3s 仅投信号	I_{02}=400A Ⅱ段带方向，指向线路 0.5s 仅投信号	I_{03}=300A 1.5s 仅投信号

答：

基准电流为

$$I_B = \frac{100 \times 10^3}{\sqrt{3} \times 115} = 502.06(\text{A})$$

系统等值正序阻抗 X_1 为

$$X_1 = 0.06 // 0.06 + 0.6 \times 0.1 = 0.09$$

系统等值负序阻抗 X_2 为

$$X_2 = X_1 = 0.09$$

L1、L2 线零序互阻抗 X_{om} 为

$$X_{0m} = 0.6 \times (0.5 \times 0.3) = 0.09$$

系统等值零序阻抗 X_0 为

$$X_0 = (0.4 \times 0.3 + 0.12) // \{0.6 \times 0.3 - 0.09 + (0.3 + 0.18 - 0.09) // [0.09 + 0.06 // (0.18 + 0.12)]\}$$
$$= 0.107$$

L2 线路故障时的零序等值电路如图 6-48 所示。

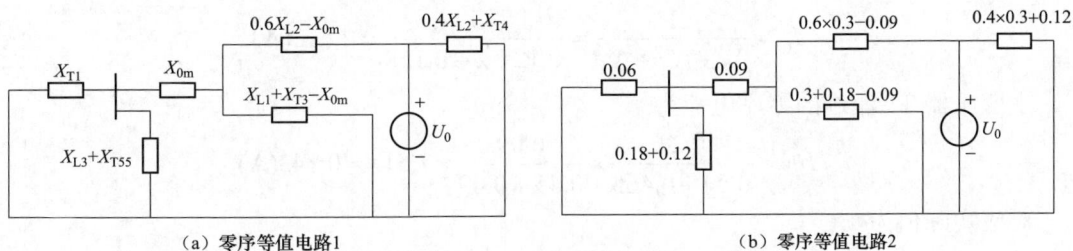

(a) 零序等值电路1　　　　　　　　　　　　(b) 零序等值电路2

图 6-48 零序等值电路

可知

$$I_0 = \frac{1}{X_1 + X_2 + X_0} = \frac{1}{0.09 \times 2 + 0.107} = 3.485(\text{A})$$

主变压器 T1 流过的零序电流为

$$I_{T10} = \frac{0.24}{0.24 + 0.193} \times \frac{0.39}{0.39 + 0.14} \times \frac{0.3}{0.3 + 0.06} \times 3.484 = 1.184(\text{A})$$

对应实际值为

$$3 \times 1.184 \times 502.06 = 1783.32 > 1200(\text{A})$$

线路 L1 流过的零序电流为

$$I_{L10} = \frac{0.24}{0.24+0.193} \times \frac{0.14}{0.39+0.14} \times 3.484 = 0.51(A)$$

对应实际值为

$$3 \times 0.51 \times 502.06 = 768.15 > 300(A)$$

线路 L3 流过的零序电流为

$$I_{L30} = \frac{0.24}{0.24+0.193} \times \frac{0.39}{0.39+0.14} \times \frac{0.06}{0.3+0.06} \times 3.484 = 0.237(A)$$

对应实际值为

$$3 \times 0.237 \times 502.06 = 356.96 > 300(A)$$

T1 主变压器保护动作，0.8s 跳分段 QF3；分段 QF3 跳开后，零序等值电路如图 6-49 所示，得到

$$X_1 = 0.06 + 0.6 \times 0.1 = 0.12$$

$$X_2 = 0.06 + 0.6 \times 0.1 = 0.12$$

$$X_0 = (0.4 \times 0.3 + 0.12)//\{0.6 \times 0.3 - 0.09 + 0.18 + 0.12 + [(0.3+0.18-0.09)+0.06]//0.09\}$$
$$= 0.158$$

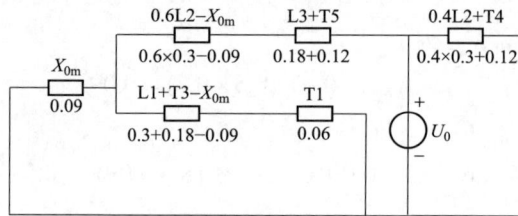

图 6-49　分段 QF3 跳开后零序等值电路

$$I_0 = \frac{1}{X_1+X_2+X_0} = \frac{1}{0.12 \times 2 + 0.158} = 2.513(A)$$

主变压器 T1 流过的零序电流为

$$I_{T10} = \frac{0.24}{0.24+0.465} \times \frac{0.09}{0.45+0.09} \times 2.513 = 0.143(A)$$

对应实际值为

$$3 \times 0.143 \times 502.06 = 215.38 < 300(A)$$

线路 L1 流过的零序电流为

$$I_{L10} = \frac{0.24}{0.24+0.465} \times \frac{0.09}{0.45+0.09} \times 2.513 = 0.143(A)$$

对应实际值为

$$3 \times 0.143 \times 502.06 = 215.38 < 300(A)$$

线路 L3 流过的零序电流对应实际值为

$$I_{L30} = \frac{0.24}{0.24+0.465} \times 2.513 = 0.855(A)$$

$$3 \times 0.855 \times 502.06 = 1287.78 > 960 > 300(A)$$

因线路 L3 零序Ⅰ、Ⅱ段带方向，因此在 1.2s 时线路 L3 的零序Ⅲ段动作跳开 QF6；QF6

跳开后，同塔并架段无零序电流，零序互感无效，即

$$X_1 = 0.06 + 0.6 \times 0.1 = 0.12$$
$$X_2 = 0.06 + 0.6 \times 0.1 = 0.12$$
$$X_0 = 0.4 \times 0.3 + 0.12 = 0.24$$

$$3U_0 = 3 \times \frac{0.24}{0.12 + 0.12 + 0.24} = 1.5$$

综上可得，外接零序电压 $3U_0 = 1.5 \times 100 = 150V$。

QF3、QF6 跳开后，失去接地中性点，故障电流消失，母线上零序电压升高，满足过压定值，也可能造成主变压器 T2 间隙击穿，最终由间隙保护（间隙过压或过流）动作切除 T2 主变压器各侧。

14. 已知：同塔双回线的正序阻抗 Z_1=0.27Ω/km，互感阻抗 Z_{0m}=0.162Ω/km，零序阻抗 Z_0=0.81Ω/km，线路长 100km，要求接地距离 I 段定值躲过线路对侧母线接地故障的可靠系数 K_K 取 0.7，在不考虑零序互感的情况，用户整定值为零序补偿系数 K=0.67，接地距离 I 段定值 Z_{IZD}=9.45（Ω）。

（1）在考虑互感的情况下，请校核接地距离 I 段的实际可靠系数 K_K。

（2）如何调整接地距离 I 段定值，才能确保接地距离 I 段定值在各种情况下满足整定要求。

（注：假设在故障时，零序电流远大于负荷电流，设 $\dot{I}_0$ 为本线路的零序电流，$\dot{I}_0'$ 为相邻线路的零序电流，$\dot{I}_0 = \dot{I}_0 \times Z_{0m}/Z_0$，计算结果取两位小数。）

答：

设同塔双回线路对侧母线故障时，本线路的零序电流为 $\dot{I}_0$，相邻线路的零序电流为 $\dot{I}_0'$，并求出 Z_0/Z_1=0.81/0.27＝3，Z_{0m}/Z_0＝0.2。对同塔双回线路，零序补偿系数 K 值最小的情况是：同塔双回线的其中一回线检修并两端接地，同时，在运行线路发生线路对侧母线接地故障时。此时，得到

$$U_J = (I_\varphi + K3I_0) \times Z_1 - I_0 \times Z_{0m}^2/Z_0$$
$$Z_J = U_J/(I_\varphi + K3I_0) = Z_1 - (I_0 \times Z_{0m}^2/Z_0)/(I_\varphi + K3I_0)$$

在对侧母线金属性接地故障，当 $I_\varphi = I_0$，即保护安装处背侧无电源，只有零序网络时，Z_J 最小。则

$$
\begin{aligned}
Z_{Jmin} &= Z_1 - (I_0 \times Z_{0m}^2/Z_0)/(I_0 + K3I_0) \\
&= Z_1 - (Z_{0m}^2/Z_0)/(1 + 3K) \\
&= Z_1 - (Z_{0m}^2/Z_0)/(1 + 3(Z_{0-}Z_1)/3Z_1) \\
&= Z_1(1 - Z_{0m}^2/Z_0^2)
\end{aligned}
$$

因此，距离 I 段定值应按照 $0.7 Z_{Jmin}$ 整定。

$$Z_{1set} = Z_1(I_0 - Z_{0m}^2/Z_0) \times 0.7 = 27 \times (1 - 0.162 \times 0.162/0.81/0.81) \times 0.7 = 18.144(\Omega)$$

接地距离 I 段实际可靠系数为

$$K_K = \frac{Z_{1set}}{Z_1} = \frac{18.144}{27} = 0.672$$

第七章

智 能 变 电 站

一、选择题

1. SSD、SCD、ICD、CID 和 CCD 文件是智能变电站中用于设备配置的重要文件，在具体工程实际配置过程中的关系为（　　）。

A．SSD+ICD 生成 SCD，然后导出 CID 和 CCD，最后下载到装置

B．SCD+ICD 生成 SSD，然后导出 CID 和 CCD，最后下载到装置

C．SSD+CID 生成 SCD，然后导出 ICD 和 CCD，最后下载到装置

D．SSD+ICD 生成 CID，然后导出 SCD 和 CCD，最后下载到装置

答案： A

解析： 智能变电站在应用《变电站通信网络和系统》（DL/T 860）时，明确了相关文件的标准术语定义，具体配置关系图如图 7-1 所示。

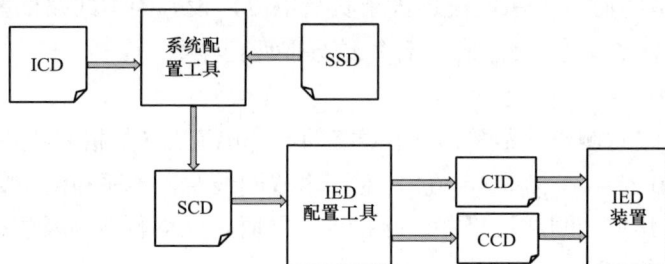

图 7-1　配置关系图

ICD 文件（IED capability description）：IED 能力描述文件，由装置制造厂商提供给系统集成厂商，描述 IED 提供的基本数据模型及服务，但不包含 IED 实例名称和通信参数的一种文件，扩展名采用.icd。

SSD 文件（System specification description）：系统规格文件，应全站唯一，该文件描述变电站一次系统结构以及相关联的逻辑节点，最终包含在 SCD 文件中，扩展名采用.ssd。

SCD 文件（Substation configuration description）：全站系统配置文件，应全站唯一，该文件描述变电站所有 IED 设备的实例配置和通信参数、IED 设备间的通信配置以及变电站一次系统结构，扩展名采用.scd。

CID 文件（Configured IED description）：IED 实例配置文件，根据 SCD 文件中本装置的 MMS 相关配置生成的装置文件，CID 文件应仅从 SCD 文件导出下装到 IED 中，扩展名采用.cid。

CCD 文件（Configured circuit description）：IED 二次回路实例配置文件，用于描述 IED 的 GOOSE、SV 发布/订阅信息的配置文件，包括完整的发布/订阅的控制块配置、内部变量映射、物理端口描述和虚端子连接关系等信息，装置其他配置文件的改变不应影响本装

置发布/订阅的配置，装置的发布/订阅信息以 CCD 文件为准。CCD 文件应仅从 SCD 文件导出后下载到 IED 中运行，扩展名采用.ccd。

2. 某智能变电站里有两台完全相同的保护装置，下面说法正确的是（　　　）。

A. 两台保护装置提供一个 ICD 文件，并使用相同的 CID 文件

B. 两台保护装置提供一个 ICD 文件，但使用不同的 CID 文件

C. 两台保护装置提供两个不同的 ICD 文件，但使用相同的 CID 文件

D. 两台保护装置提供两个不同的 ICD 文件，并使用不同的 CID 文件

答案：B

解析：ICD 文件描述了具体 IED 的功能和工程能力，包含模型自描述信息，但不包括 IED 实例名称和通信参数。ICD 文件还应包含设备厂家名、设备类型、版本号、版本修改信息、明确描述修改时间、修改版本号等内容，同一型号 IED 具有相同的 ICD 模板文件，ICD 文件不包含 Communication 元素。CID 文件是将 ICD 文件某些信息具体化，比如将 IP 地址转化为装置实例存在的地址，每个装置有一个，由装置厂商根据 SCD 文件中本 IED 相关配置生成。

3. 以下属于 IEC 61850 标准数据模型的是（　　　）。

A. 通信信息片、物理设备、数据属性

B. 物理设备、逻辑节点、数据对象和数据属性

C. 逻辑设备、逻辑节点、数据对象和数据属性

D. PICOM、功能、数据对象和数据属性

答案：C

解析：IEC 61850 按照分层原则定义信息模型，从上到下依次是服务器（Server）、逻辑设备（LD）、逻辑节点（LN）、数据（Data）、数据属性（Data Attribute）。

4. 关于 IEC 61850 标准中定义的逻辑节点名称含义，下列表述错误的是（　　　）。

A. PDIF：距离保护逻辑节点 　　　　B. PTOC：过流保护逻辑节点

C. TCTR：电流互感器逻辑节点 　　　D. PTRC：保护跳闸逻辑节点

答案：A

解析：IEC 61850 标准中明确了逻辑节点类的定义，如逻辑节点零（LLN0）、保护跳闸（PTRC）、三相不一致（PPDP）、电流互感器（TCTR）、电压互感器（TVTR）、断路器（XCBR）、自动重合闸（RREC）、差动保护（PDIF）、距离保护（PDIS）、过流保护（PTOC）、断路器失灵保护（RBRF）、过电压保护（PTOV）。

5. GOOSE 报文中 SqNum 和 StNum 的初始值在装置重启后分别为（　　　）。

A. 0，0 　　　　B. 0，1 　　　　C. 1，0 　　　　D. 1，1

答案：D

解析：装置上电时 GOCB 自动使能，待本装置所有状态确定后，按数据集变位方式发送一次，将自身的 GOOSE 信息初始状态迅速告知接收方，且第一帧为 StNum=1，SqNum=1；StNum 取值范围为 1～4294967295，状态每改变一次加 1，溢出后从 1 开始；SqNum 取值范围 0～4294967295，状态不变化时，每发送一次加 1，溢出后从 1 开始，0 专为 StNum 变化时首帧传输保留；装置重启后，stNum 和 sqNum 都从 1 开始。

6. 智能变电站保护装置发送 GOOSE 报文的 StNum=10、SqNum=96，此时系统故障，保护单跳失败后转三跳，而后整组复归，恢复心跳后 GOOSE 报文的 SqNum 为（　　）。

A. 101　　　　　　B. 13　　　　　　C. 5　　　　　　D. 1

答案：C

解析：状态计数器 StNum 事件发生时加 1，顺序计数器 SqNum 事件发生时清 0。GOOSE 通信机制为可变时间间隔重复传输，即事件稳定传输时按照心跳时间 5s 进行传输，事件发生则立即发送第 1 帧报文，而后按照 2、2、4、8ms 时间间隔连续传输 4 帧报文。保护单跳失败后转三跳，而后整组复归，发生三次事件（保护单跳、保护三跳、整组复归），每一次事件发生时 SqNum 从 0 开始，因此按照最后一次保护整组复归时间分析，SqNum 从 0 到 4 后，再无事件发生，GOOSE 报文恢复心跳时间间隔传输，下一帧报文 SqNum 累加后为 5。

7. 通常把传输层、网络层、数据链路层、物理层的数据依次称为（　　）。

A. 帧（frame），数据包（packet），段（segment），比特流（bit）

B. 段（segment），数据包（packet），帧（frame），比特流（bit）

C. 比特流（bit），帧（frame），数据包（packet），段（segment）

D. 数据包（packet），段（segment），帧（frame），比特流（bit）

答案：B

解析：OSI 参考模型分为七层，从下向上分别为物理层、数据链路层、网络层、传输层、会话层、表示层和应用层。物理层数据单位为比特（Bit），用于将数字信号转换为物理信号进行传输；数据链路层数据单位为帧（Frame），用于实现点对点的数据传输；网络层数据单位为包（Packet），用于实现网络互连和寻址；传输层数据单位为段（Segment），用于可靠传输数据；会话层数据单位为会话（Session），用于建立、管理和终止会话；表示层数据单位为数据格式（Data Format），用于定义数据的格式和表示方式；应用层数据单位为报文（Message），用于应用程序之间的数据交换。

8. 国内现行智能变电站工程中，判断 GOOSE 报文断链的时间为（　　）。

A. 5s　　　　　　B. 10s　　　　　　C. 15s　　　　　　D. 20s

答案：D

解析：根据 GOOSE 通信机制，在 2 倍 TAL 时间内未收到报文则判为断链，其中报文存活时间 TAL（timeAllowedtoLive）参数应为 "MaxTime" 配置参数的 2 倍（即 $2T_0$）。因此 GOOSE 报文判别断链的时间为 $4T_0$，GSE 配置中 "MaxTime"（T_0）的典型数值为 5s，故而 GOOSE 报文断链的时间为 20s。

9. MU 数据出现品质位无效等异常时，保护装置应（　　）。

A. 延时闭锁可能误动的保护

B. 瞬时闭锁可能误动的保护，并且一直闭锁

C. 瞬时闭锁可能误动的保护，并且在数据恢复正常后尽快恢复被闭锁的保护

D. 不闭锁保护

答案：C

解析：SV 报文接收方应根据采样值数据对应的品质中 validity、test 位来判断采样数据是否有效，以及是否为检修状态下的采样数据。数字化光纤直连采样或网络采样的装置应

采用两路不同的 A/D 采样数据。当某路数据无效时，保护装置应告警、合理保留或退出相关保护功能。

10．当接收智能终端 GOOSE 断链后，线路保护采集智能终端的位置开入应（　　）；当接收线路保护 GOOSE 断链时，母差保护采集线路保护失灵开入应（　　）。

A．清零，清零　　　　　　　　　　B．保持前值，清零

C．清零，保持前值　　　　　　　　D．保持前值，保持前值

答案：B

解析：GOOSE 报文接收时应考虑通信中断或者发布者装置故障的情况。当 GOOSE 通信中断或配置版本不一致时，GOOSE 接收信息中位置信息宜保持中断前状态。母线保护装置与其他相关 IED 设备间的 GOOSE 链路断链的情况下，对应失灵开入应清零。

11．关于 GOOSE 报文检修处理机制，以下描述正确的是（　　）。

A．发送方 GOOSE 报文中 Test 置 1 时，发生 GOOSE 中断，接收装置不应报具体的 GOOSE 中断告警，不应报"装置告警（异常）"信号，不应点"装置告警（异常）"灯

B．发送方 GOOSE 报文中 Test 置 1 时，发生 GOOSE 中断，接收装置应报具体的 GOOSE 中断告警，不应报"装置告警（异常）"信号，不应点"装置告警（异常）"灯

C．发送方 GOOSE 报文中 Test 置 1 时，发生 GOOSE 中断，接收装置应报具体的 GOOSE 中断告警，应报"装置告警（异常）"信号，不应点"装置告警（异常）"灯

D．发送方 GOOSE 报文中 Test 置 1 时，发生 GOOSE 中断，接收装置应报具体的 GOOSE 中断告警，应报"装置告警（异常）"信号，应点"装置告警（异常）"灯

答案：B

解析：GOOSE 报文检修处理机制：当装置检修压板投入时，装置发送的 GOOSE 报文中的 test 应置 1。GOOSE 接收端装置应将接收的 GOOSE 报文中的 test 位与装置自身的检修压板状态进行比较，只有两者一致时才将信号作为有效进行处理或动作。当发送方 GOOSE 报文中 test 置 1 时发生 GOOSE 中断，接收装置应报具体的 GOOSE 中断告警，但不应报"装置告警（异常）"信号，不应点"装置告警（异常）"灯。当装置检修压板投入时，若接收的数据不带检修位，装置不应点告警灯，不应上送"GOOSE 检修不一致"变位信息。当装置检修压板退出时，若接收的数据带检修位，装置不应点告警灯，但应上送"GOOSE 检修不一致"变位信息。

12．地址范围 01-0C-CD-01-00-00 至 01-0C-CD-01-01-FF 通常被用于（　　）服务；地址范围 01-0C-CD-04-00-00 至 01-0C-CD-04-01-FF 通常被用于（　　）服务。

A．GOOSE，SV　　　　　　　　　　B．GSSE，SV

C．SV，GOOSE　　　　　　　　　　D．SV，GSSE

答案：A

解析：MAC 地址范围：01-0C-CD-01-00-00～01-0C-CD-01-FF-FF（GOOSE），01-0C-CD-04-00-00～01-0C-CD-04-FF-FF（SV）。

13．过程层交换机与智能设备之间的连接宜采用（　　）光接口，交换机之间的级联

端口宜采用（　　）光接口。

  A．100Mbps，100Mbps   B．100Mbps，1000Mbps

  C．1000Mbps，100Mbps   D．1000Mbps，1000Mbps

  答案：B

  解析：过程层交换机与智能设备之间的连接宜采用 100Mbps 光接口，交换机的级联端口宜采用 1000Mbps 光接口。

  14．甲、乙两个 IED 装置之间由一组收发光纤连接，当连接甲装置 TX 光口的光纤损坏时，不考虑其他因素的情况下，以下说法正确的是（　　）。

  A．甲、乙装置同时报通信中断   B．甲装置不告警，乙装置报通信中断

  C．甲装置报通信中断，乙装置不告警   D．甲、乙装置都不告警

  答案：B

  解析：GOOSE 链路中断告警是由 GOOSE 接收方装置判断出来并告警的。通过 GOOSE 协议通信的装置之间定时发送 GOOSE 报文用以检测通信链路状态，装置在接收报文的允许生存时间的 2 倍时间内没有收到下一帧 GOOSE 报文时判断为中断。报文允许生存时间（TAL）作为 GOOSE 报文的一个可配置参量发送，通常为"MaxTime"配置参数的 2 倍（即 $2T_0$），在装置配置完成后是不变的，而 T_0 一般配置为 5s。因此，在 20s 内没有接收到所需的 GOOSE 报文则判断为此链路中断。

  15．GOOSE 报文的重发传输采用方式为（　　）。

  A．无变位的连续传输 GOOSE 报文，StNum+1

  B．无变位的连续传输 GOOSE 报文，StNum 保持不变，SqNum+1

  C．无变位的连续传输 GOOSE 报文，StNum+1 和 SqNum+1

  D．无变位的连续传输 GOOSE 报文，StNum 和 SqNum 保持不变

  答案：B

  解析：GOOSE 协议通信采用可变时间间隔重复传输机制，在稳态情况下，GOOSE 源将稳定的以 T_0 时间间隔循环发送 GOOSE 报文，当有事件变化时，GOOSE 服务器将立即发送事件变化报文，此时 T_0 时间间隔将被缩短；在变化事件发送完成一次后，GOOSE 服务器将以最短时间间隔 T_1 快速重传两次变化报文；在三次快速传输完成后，GOOSE 服务器将以 T_2、T_3 时间间隔各传输一次变位报文；最后 GOOSE 服务器又将进入稳态传输过程，以 T_0 时间间隔循环发送 GOOSE 报文。在事件发生触发时，状态计数器 StNum 加 1，顺序计数器 SqNum 清 0，而后连续传输报文，StNum 保持不变，SqNum+1。

  16．智能终端收到保护跳闸的 GOOSE 命令后，（　　）。

  A．收到第一帧 GOOSE 命令后执行

  B．收到第二帧 GOOSE 命令后执行

  C．收到第三帧 GOOSE 命令后执行

  D．收到前两帧 GOOSE 命令后进行比较再执行

  答案：A

  解析：装置的 GOOSE 接收缓冲区接收到新的 GOOSE 报文，接收方严格检查 GOOSE 报文的相关参数后，首先比较新接收帧和上一帧 GOOSE 报文中的 StNum（状态号）参数

是否相等。若两帧 GOOSE 报文的 StNum 相等，继续比较两帧 GOOSE 报文的 SqNum（顺序号）的大小关系，若新接收 GOOSE 帧的 SqNum 大于上一帧的 SqNum，丢弃此 GOOSE 报文，否则更新接收方的数据。若两帧 GOOSE 报文的 StNum 不相等，更新接收方的数据。在发生保护跳闸事件时，GOOSE 报文 StNum+1、SqNum 清 0，智能终端接收到事件发生的第一帧跳闸报文后，判别出 StNum 变化，更新数据后处理执行。流程图如图 7-2 所示。

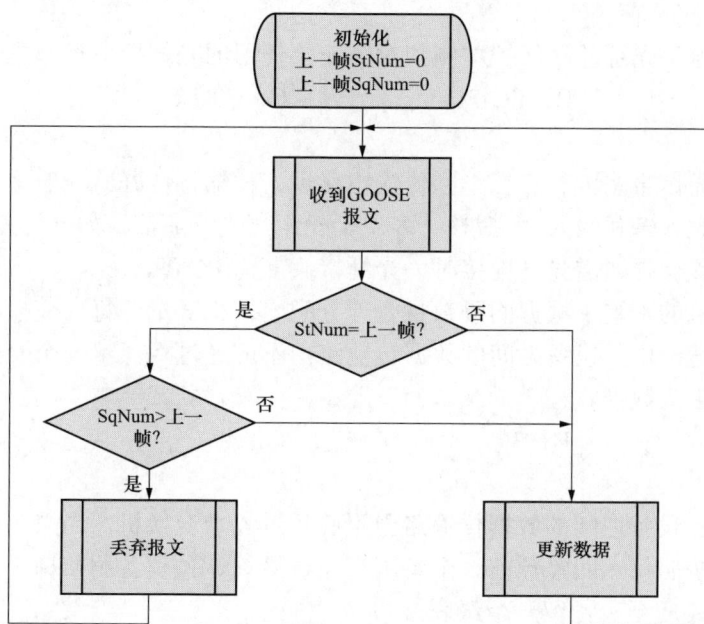

图 7-2 流程图

17．智能站保护装置的参数、配置文件仅在（　　　）投入时才可下装，下装时应闭锁保护。

A．主保护投退压板
B．检修压板
C．远方操作投退压板
D．后备保护投退压板

答案：B

解析：保护装置检修压板投入时，上送带品质位信息，保护装置应有明显显示（面板指示灯或界面显示）。参数、配置文件仅在检修压板投入时才可下装。

18．某 220kV 间隔智能终端检修压板投入时，相应 220kV 母差保护（　　　）。

A．强制互联
B．强制解列
C．闭锁差动保护
D．保持原来的运行状态

答案：D

解析：当装置检修压板投入时，装置发送的 GOOSE 报文中的 test 应置 1；GOOSE 接收端装置应将接收的 GOOSE 报文中的 test 位与装置自身的检修压板状态进行比较，只有两者一致时才将信号作为有效进行处理或动作。间隔智能终端投入检修压板，此时母差保护接收智能终端的隔离开关位置、断路器位置等双点信息均保持检修之前状态。

19．SV、GOOSE 分配的以太网类型值分别是（　　　）。

A．0x88BA、0x88B9   B．0x88B8、0x88BA

C．0x88BA、0x88B8   D．0x88B9、0x88BA

答案：C

解析：基于 ISO/IEC8802-3MAC 子层的以太网类型，被 IEEE 权威机构注册。GOOSE 直接映射到保留的以太网类型和以太网类型协议数据单元，分配值为 0x88B8。0x88B9 为 GSE、0x88BA 为采样值。

20．智能变电站光纤差动保护本侧和对侧连接使用的光纤接口类型是（　　　）。

A．LC-LC   B．FC-FC   C．ST-LC   D．ST-ST

答案：B

解析：单模通信带宽大、衰耗小、传输距离远、传输特性好，一般采用激光管（LD）器件，发光功率大（毫瓦级）、寿命长，多用于长距离光纤通信，如光纤差动保护装置等。光纤差动保护装置保护通道光纤连接时，光纤接头多为 FC 型。

21．在交换机的配置中根据间隔数量合理分配交换机数量，每台交换机保留适量的备用端口；任两台智能电子设备之间的数据传输路由不应超过（　　　）个交换机，当采用级联方式时，不应丢失数据。

A．2   B．3   C．4   D．5

答案：C

解析：任两台设备之间的数据传输路由不应超过 4 个交换机，当采用级联方式时，不应丢失数据；宜按照每一间隔预留一个备用交换机接口，预留备用接口不宜少于交换机接口总数的 20%；还应至少预留一个级联接口。

22．在 IEC61850-9-2 的 SV 报文看到电压量数值为 0xFFF38ECB，那么该电压的实际瞬时值为（　　　）。

A．−0.815413kV   B．8.15413kV   C．−8.15413kV   D．0.815413kV

答案：C

解析：IEC61850-9-2 中 SV 电压电流采样值为 32 位整型，数据内容的值为前 4 个字节，高字节在前，低字节在后，电流值单位为 1mA，电压值单位是 10mV；数据内容的品质为后 4 个字节，正常报文时全部为 0，任何一位不为 0 时报文无效。采样数据正数用原码表示，负数用补码表示。对于采样数值 0xFFF38ECB，因最高位为 1，说明其为负数，将其减 1 后变为 0xFFF38ECA，再按位取反得 0xC7135，转换为十进制为 815413，表示采样瞬时值为-8.15413kV。

23．VLAN 是指通过将局域网内的（　　　）划分成多个网段（子集），从而实现虚拟工作组的技术。

A．设备逻辑地址   B．设备物理地址

C．设备网络地址   D．设备链路地址

答案：A

解析：VLAN（Virtual Local Area Network）为虚拟局域网，一种将局域网设备从逻辑上划分成多个网段，从而实现虚拟工作组的内部数据通信。VLAN 在同一台或多台物理设

备上创建端口逻辑组，构成相互独立的网络。每一个 VLAN 都有自己的广播域，一个 VLAN 内部的广播和单播流量都不会转发到其他 VLAN 中。不同 VLAN 间的通信需要路由器提供中继服务。

24. 在现场调试线路保护时，不报 GOOSE 断链的情况下，测试仪模拟断路器变位，保护却收不到，原因可能是（　　）。

A. 下载错误的 GOOSE 控制块

B. GOOSE 控制块的光口输出设置与实际接线不对应

C. 映射的断路器位置通道没有连接到该保护相应的开入虚端子

D. 测试仪没有正常下载配置该控制块

答案：C

解析：GOOSE 链路中断主要由物理链路异常和逻辑链路异常两方面引起。因装置未报 GOOSE 断链，则相应的光纤连接、GOOSE 控制块配置下载均正确，可能原因是虚端子连接缺失、测试仪通道映射错误等。

25. 隔离开关、断路器等 GOOSE 开入采用双位置数据时，其中"00"表示（　　）。

A. 中间态　　　　　　　B. 分位　　　　　　　C. 错误态　　　　　　　D. 不定态

答案：A

解析：智能终端支持以 GOOSE 方式上传一次设备状态、装置自检、告警等信息，通过不同的 GOOSE 控制块分别上送，其中断路器、隔离开关位置信号均采用双点传送，普通遥信和告警信号均采用单点传送。当表示双点信息时，"01"表示分位、"10"表示合位、"00"表示中间（无效）态，"11"表示错误态。

26. 500kV 智能变电站中，500kV 部分 TA 变比为 4000:1，保护装置显示电流为 0.5A，此时 SV 中电流的最大峰值为（　　）。

A. 0xFFD4D775　　　　　　　　　　　　B. 0x2B288B

C. 0x1E8480　　　　　　　　　　　　　　D. 0xFFE17B80

答案：B

解析：电流二次有效值为 0.5A，则一次值为 0.5×4000=2000A，峰值为 2000×1.414=2828.427125A，而 SV 报文中电流采样值一个码值（1LSB）为 1mA，则最大峰值为 2828.427125×1000，取整为 2828427，转化为十六进制为 0x2B288B。

27. 在已投运的智能变电站中，SCD 文件未发生变化的情况下，某间隔保护装置发送的 GOOSE 报文中，下述可能会发生变化的参数是（　　）。

A. APPID　　　　B. StNum　　　　C. SqNum　　　　D. VLAN ID

答案：BC

解析：APPID、VLAN ID 在 SCD 文件中进行静态配置，因此在 SCD 文件未变更的情况下，GOOSE 报文中不会发生改变。StNum、SqNum 用于接收方判断是否更新数据，会按照 GOOSE 发送机制进行变化。

28. 由于配置或其他异常原因，保护装置接收到的合并单元采样额定延时与实际采样延时相差 250μs，由此导致的相位误差是（　　）。

A. 3°　　　　　　　　B. 4.5°　　　　　　　　C. 5°　　　　　　　　D. 6°

答案：B

解析：我国电网交流电的周期为 0.02s，即 20000μs，对应角度为 360°，采样延时造成的相位误差为 250μs/20000μs×360°=4.5°。

29．关于线路保护装置、合并单元、智能终端之间检修压板配合，下列描述不正确的是（　　）。

A．当线路需要检修时，需要将三者的检修压板均投入

B．合并单元和保护装置检修压板不一致时，保护依然可以动作

C．合并单元和保护装置检修压板一致时，保护才进行有效采样数据处理

D．当智能终端和保护装置检修压板不一致时，保护装置依然可以发送保护动作 GOOSE 报文，但智能终端无法出口

答案：B

解析：SV 报文检修处理机制：当合并单元装置检修压板投入时，发送采样值报文中采样值数据的品质 q 的 test 位应置 True；当某合并单元的"SV 接收"软压板投入时，保护装置应将接收的 SV 报文中的 Test 位与装置自身的检修压板状态进行比较，只有两者一致时才将该信号用于保护逻辑，否则应闭锁相关保护。GOOSE 报文检修处理机制：当装置检修压板投入时，装置发送的 GOOSE 报文中的 test 应置 1；GOOSE 接收端装置应将接收的 GOOSE 报文中的 test 位与装置自身的检修压板状态进行比较，只有两者一致时才将信号作为有效进行处理或动作。

30．在智能变电站中，继电保护装置的硬压板包括（　　）。

A．闭锁重合闸压板　　　　　　　　B．跳闸出口压板

C．检修压板　　　　　　　　　　　D．启动失灵压板

答案：C

解析：智能变电站中，保护装置只设"远方操作"和"保护检修状态"硬压板，其他压板（包括保护功能投退压板）应采用软压板。

31．智能变电站线路两侧的光纤差动保护，一侧传统采样，另一侧点对点方式数字化采样。下列同步方式正确的是（　　）。

A．调整两侧数据发送时刻一致后，传统侧将延时传给数字化侧，数字化侧补偿延时

B．调整两侧数据发送时刻一致后，数字侧将延时传给传统侧，传统侧补偿延时

C．无需调整两侧数据发送时刻一致，传统侧将延时传给数字化侧，数字化侧补偿延时即可

D．无需调整两侧数据发送时刻一致，数字侧将延时传给传统侧，传统侧补偿延时即可

答案：B

解析：两侧保护通过光纤通道传输采样值有时间延时，需调整发送时刻一致；智能站保护采样存在采样延时，因此需要将延时发送至传统侧进行补偿。

32．关于智能录波器，下列说法不正确的是（　　）。

A．智能录波器接入过程层网络

B．智能录波器接入站控层网络

C．智能录波器能存储波形，但不存储 SV、GOOSE 报文

D．智能录波器具有智能运维功能

答案： C

解析： 智能录波器集成了故障录波、网络记录分析、二次系统可视化、智能运维功能，由管理单元与采集单元组成。智能录波器具备变电站配置文件管控、二次设备状态在线监视、二次虚回路在线监视、二次过程层光纤回路在线监视、二次检修辅助安措、二次回路故障诊断定位、保护综合管理与远方操作、网络报文分析、故障录波、信息交互等功能。信息采集范围涵盖合并单元、智能终端、保护装置、过程层交换机及构成保护控制系统的二次联接回路。

33．智能录波器采集单元、管理单元分别属于智能变电站"三层两网"中的（   ）设备。

A．站控层、间隔层   B．间隔层、间隔层

C．过程层、站控层   D．间隔层、站控层

答案： D

解析： 智能录波器管理单元由录波文件分析、网络报文分析及结果展示、二次系统可视化、智能运维四个功能模块组成，接入站控层网络；采集单元采集模拟量、开关量和通信报文，接入站控层及过程层网络。

34．关于报告服务中的各类触发条件含义，下列描述正确的是（   ）。

A．qchg：数据值变化触发报告上送

B．dupd：品质属性变化引起的报告上送

C．dchg：数据值刷新引起的报告上送

D．Integrity：数据周期上送标识

答案： D

解析： 报告服务中的各类触发条件及其含义分别为：

（1）dchg：数据值变化触发报告上送；

（2）qchg：品质属性变化引起的报告上送；

（3）dupd：数据值刷新引起的报告上送；

（4）Integrity：数据周期上送标识；

（5）GI：总召唤上送。

35．关于 GMRP、VLAN 在智能变电站网络的应用，下列描述准确的是（   ）。

A．GMRP 可仅需交换机支持，不需智能电子设备支持；VLAN 可仅需交换机支持，不需智能电子设备支持

B．GMRP 可仅需交换机支持，不需智能电子设备支持；VLAN 需交换机、智能电子设备同时支持

C．GMRP 需要智能电子设备、交换机同时支持；VLAN 可仅需交换机支持，不需智能电子设备支持

D．GMRP、VLAN 均需要智能电子设备、交换机同时支持

答案：C

解析：从本质上讲 VLAN 的划分是通过给数据帧加标识来达到链路层广播域的隔离，通过设置在交换机内部建立端口与 VLAN tag 的映射关系，判别报文的 vlan 标签控制其转发范围。GMRP 运行在交换机和主机上，当有 IED 想加入一个组播组时，它需要发送一个 GMRP join 信息，一旦收到 GMRP join 信息，交换机就会将收到该信息的端口加入适当的组播组。交换机将 GMRP join 信息发送到 VLAN 中所有其他主机上，其中一台主机作为组播源。当组播源发送组播信息时，交换机将组播信息只通过先前加入该组播组的端口发送出去。此外交换机会周期性发送 GMRP 查询，如果主机想留在组播组中，它就会响应 GMRP 查询，在该情况下，交换机没有任何操作；如果主机不想留在组播组中，它既可以发送一个 leave（退出）信息，也可以不响应周期性 GMRP 查询。

36．下面 MAC 地址是组播 MAC 地址的有（　　）。

A．01：2a：32：34：5c：54　　　　B．87：33：45：f5：00：00

C．5c：66：7e：72：00：06　　　　D．6b：12：34：3d：23：8a

答案：ABD

解析：48bit 的 MAC 地址（Media Access Control）一般用 6 字节的十六进制来表示，如 xx-xx-xx-xx-xx-xx。MAC 地址的最高字节的第 1bit 用于表示这个地址是组播地址还是单播地址。如果这一位是 0，表示此 MAC 地址是单播地址，如果这位是 1 则表示此 MAC 地址是多播地址。全部由"1"组成，即 FF-FF-FF-FF-FF-FF，则表示广播地址。组播地址和广播地址不能用做源 MAC 地址。

37．保护装置与智能终端采用 GOOSE 双网通信，保护装置采集智能终端的开关位置，智能终端发给保护的 A 网报文中 StNum=3、SqNum=80，开关位置为三相跳位，B 网报文中 StNum=3、SqNum=80，开关位置为三相合位，那么保护装置的开关位置为（　　）。

A．若 A 网先到，B 网后到，则保护装置显示为三相跳位

B．若 B 网先到，A 网后到，则保护装置显示为三相合位

C．若 A 网先到，B 网后到，则保护装置显示三相跳位，然后显示三相合位

D．若 B 网先到，A 网后到，则保护装置显示三相合位，然后显示三相跳位

答案：AB

解析：如图 7-3 所示，智能变电站的双网 GOOSE 接收机制：装置的 GOOSE 接收缓冲区接收到新的 GOOSE 报文，接收方严格检查 GOOSE 报文的相关参数后，首先比较新接收帧和上一帧 GOOSE 报文中的 StNum 参数的大小关系。若两帧 GOOSE 报文的 StNum 相等，继续比较两帧 GOOSE 报文的 SqNum 的大小关系，若新接收 GOOSE 帧的 SqNum 大于等于上一帧的 SqNum，丢弃此 GOOSE 报文。若新接收 GOOSE 帧的 SqNum 小于上一帧的 SqNum，判断出发送方不是重启，则丢弃此报文，否则更新接收方的数据。若新接收 GOOSE 帧的 StNum 小于上一帧的 StNum，判断出发送方不是重启，则丢弃此报文，否则更新接收方的数据。若新接收 GOOSE 帧的 StNum 大于上一帧的 StNum，更新接收方的数据。

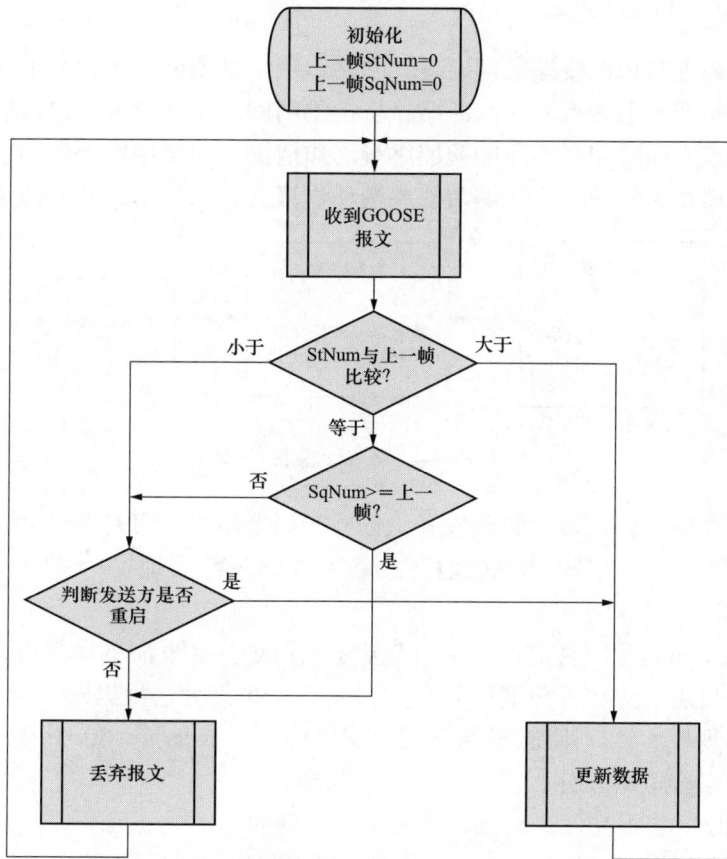

图 7-3　流程图

38．某智能站保护单体调试时接收不到继电保护测试仪发出的正确 GOOSE 信号，可能原因有（　　）。

A．继电保护测试仪与保护装置的检修状态不一致

B．保护装置的相关 GOOSE 输入压板没有投入

C．继电保护测试仪的 GOOSE 输出关联错误

D．保护装置 GOOSE 光口接线错误

答案： ABCD

解析： 装置调试应确保测试仪与装置之间的光纤连接物理接线正确、文件配置下载一致，即装置不报 GOOSE 断链等异常信号。另外，还应检查测试仪的 GOOSE 开关量通道映射、开出量控制是否正确，检查测试仪设置中的检修状态是否与保护装置检修状态一致，检查保护装置 GOOSE 开入软压板是否正确投入等。

39．某智能变电站线路保护动作，对应的智能终端未动作，可能的原因有（　　）。

A．线路保护 GOOSE 出口软压板未投入

B．智能终端出口硬压板未投入，或线路保护和合并单元检修压板不一致

C．线路保护和智能终端的检修压板不一致

D．线路保护和智能终端之间的 GOOSE 链路断链

答案： ACD

解析： 保护装置与智能终端之间通过光回路连接，以 GOOSE 报文形式交互数据，并最终由智能终端实现光电转换后接入断路器机构跳闸回路。智能终端出口硬压板未投入，仅会导致断路器未实际跳闸，不影响智能终端动作情况。如果线路保护和合并单元检修压板不一致，则闭锁相关保护，不影响智能终端动作情况。系统示意图如图 7-4 所示。

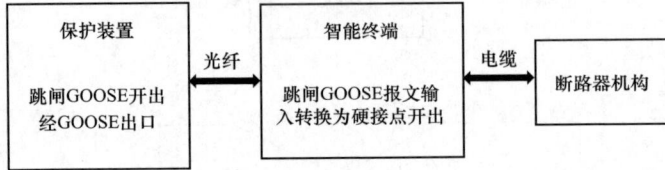

图 7-4　系统示意图

40．VLAN 在同一台或多台物理设备上创建端口逻辑组，可基于（　　　）进行划分。

A．交换机端口　　　　B．MAC 地址　　　　C．网络层地址　　　　D．IP 组播

答案： ABCD

解析： VLAN 的划分，目前方式主要有基于端口划分（最简单最常用、实际为某些交换端口的集合、只需配置和管理端口）、基于 MAC 地址划分（根据网卡 MAC 地址唯一确定 VLAN、网络规模大管理困难）、基于网络层（协议、IP 地址、IP 子网）划分、基于 IP 组播划分、基于组合策略划分。

41．关于 GOOSE 报文发送机制，下列说法正确的是（　　　）。

A．GoCB 自动使能，装置上电时自动按数据集变位方式发送一次，将自身的 GOOSE 信息初始状态迅速告知接收方，第一帧 StNum=0

B．GOOSE 报文变位后立即补发的时间间隔，由系统配置工具在 GOOSE 网络通信参数中的 MinTime 参数（即 T1）中设置

C．GOOSE 报文组播目标地址建议范围的起始地址为：01-0C-CD-01-00-00；结束地址为 01-0C-CD-01-01-FF

D．采用双重化 GOOSE 通信网络的情况下，GOOSE 报文应通过两个网络同时发送；两个网络发送的 GOOSE 报文的多播地址、APPID 应一致；对于同一次发送，两个 GOOSE 报文 APDU 部分应完全相同

答案： BCD

解析： 装置上电时 GOCB 自动使能，待本装置所有状态确定后，按数据集变位方式发送一次，将自身的 GOOSE 信息初始状态迅速告知接收方，且第一帧 StNum=1，SqNum=1。采用双重化 GOOSE 通信方式的两个 GOOSE 网口报文，除源 MAC 地址外，报文内容应完全一致，系统配置时不必体现物理网口差异。

42．关于 SV 数据的 q 属性，以下说法正确的是（　　　）。

A．q 属性值为 0x0400 时表示数据置检修

B．q 属性值为 0x0800 时表示数据置检修

C．q 属性值为 0x0001 时表示数据无效

D. q 属性值为 0x0003 时表示数据无效

答案：BC

解析：SV 报文如表 7-1 所示。SV 报文中，一个采样通道采用 8 个字节，其中数值 4 字节、品质 4 字节。品质只使用后 2 个字节的低 14 位，其中 bit.11 标识是否处于检修，bit.0-1 标识数据状态。

表 7-1 SV 报文

bit.15	bit.14	bit.13	bit.12	bit.11	bit.10	bit.9	bit.8
—	—	未连接互感器	闭锁	0：运行 1：测试	0：过程 1：取代	不精确	不一致
bit.7	**bit.6**	**bit.5**	**bit.4**	**bit.3**	**bit.2**	**bit.1**	**bit.0**
旧值	故障	振荡	坏基准值	超量程	溢出	0：正常，1：无效 2：保留，3：可疑	

43. 关于智能变电站智能终端，以下说法正确的有（   ）。

A. 智能终端不设置防跳功能，防跳功能由断路器本体实现

B. 220kV 及以上电压等级变压器各侧的智能终端均按双重化配置

C. 变压器、高压并联电抗器本体智能终端包含完整的变压器、高压并联电抗器本体信息交互功能（非电量动作报文、调档及测温等），并可提供用于闭锁调压、启动风冷、启动充氮灭火等出口接口

D. 智能终端跳合闸出口回路应设置软压板

答案：BC

解析：智能终端应具备方便取消的防跳功能，并能提供可外接的防跳触点；智能终端防跳与机构防跳不能同时使用，采用机构防跳时应取消两套智能终端的防跳。断路器智能终端应设置遥控跳合闸出口硬压板、保护跳合闸出口硬压板。

44. 交换机直接转发方式的特点有（   ）。

A. 延迟小，速度快　　　　　　　　B. 不提供错误检测

C. 不提供速率匹配　　　　　　　　D. 需要存储整个数据帧

答案：ABC

解析：交换机转发方式有存储转发、直通转发、碎片隔离。存储转发：交换机把接收到的整个数据包缓存，检查数据包长度，进行 CRC 校验，然后查询 CAM 表进行转发；提高了可靠性，可以让错误数据包提前过滤掉，但速度上有折扣。直通转发：交换机接收数据包的时候，只要接收完头部信息，马上查询 CAM 表，根据结果立即进行转发；大大提高了转发速率，但有可能转发一些错误数据包。碎片隔离：交换机接收完数据包的前 64 字节（一个最短帧长度），然后根据头信息查表转发；结合了直通方式和存储转发方式的优点。

45. 保护装置判断出 GOOSE 配置不一致，可能原因为（   ）。

A. GOOSE 报文中的配置版本号与 SCD 文件中不一致

B. GOOSE 报文的 APPID 或目标 MAC 地址与 SCD 文件中不一致

C. GOOSE 报文中的 DA 类型与 SCD 文件中不一致

D．接收报文的允许生存时间的 2 倍时间内没有收到报文

答案：ABC

解析：GOOSE 报文接收时，接收方应严格检查 AppID（应用标识）、GOID（GOOSE 标识）、GOCBRef（GOOSE 控制块索引）、DataSet（数据集引用名）、ConfRev（配置版本号）等参数是否匹配，若不匹配，接收方不应更新数据。

46．关于 TCP/IP 关闭连接的流程，下列说法正确的是（　　　）。

A．主机 A 在完成数据发送任务后，会主动向主机 B 发送释放连接请求报文段。该报文段的首部中终止位 FIN 和确认位 ACK 均为 1

B．主机 B 收到主机 A 发送的释放连接请求包后，将对主机 A 发送确认报文，以关闭该方向上的 TCP 连接

C．主机 B 在完成数据发送任务后也会向主机 A 发送一个释放连接请求报文，请求关闭 B 到 A 这个方向上的 TCP 连接

D．主机 A 在收到主机 B 发送的释放连接请求报文后，将对主机 B 发送确认信息，以关闭该方向上的 TCP 连接

答案：ABCD

解析：TCP 是一个面向连接的协议，无论哪一方向另一方发送数据之前，都必须先在双方之间建立一条连接。TCP 通过"三次握手"机制建立一个连接，通过"四次挥手"关闭一个连接。"四次挥手"过程如题所述，"三次握手"则为：第一次握手，源主机 A 向目的主机 B 发送一个 TCP 连接请求报文，报文段首部中的 SYN（同步）标志位置 1，这表示源主机 A 想与目标主机 B 进行通信。第二次握手，目的主机 B 收到源主机 A 发出的连接请求后，如果同意建立连接，则会发回一个 TCP 确认，确认报文的确认位 ACK 和同步位 SY 同时置 1，这表示主机 B 对主机 A 做出了应答。第三次握手，主机 A 收到主机 B 发回的确认报文后，再对主机 B 发出确认信息。

47．智能终端应具备的功能有（　　　）。

A．接收保护跳合闸 GOOSE 命令

B．传输位置、遥测信号

C．接收测控的遥合/遥分断路器、隔离开关等 GOOSE 命令

D．发出收到跳令的报文

答案：ACD

解析：智能终端应支持接收来自二次设备的 GOOSE 下行控制命令（跳合闸、遥控等），实现对一次设备的实时控制功能；应支持以 GOOSE 方式上传一次设备状态、装置自检、告警等信息，能上传实时性要求不高的模拟量（环境温湿度、直流量等），能上传跳合闸、遥分遥合命令回采信息。

48．智能站保护虚端子的特点是（　　　）。

A．可以一输出对多输入　　　　B．可以多输出对一输入
C．不可以一输出对多输入　　　D．不可以多输出对一输入

答案：AD

解析：智能站 SCD 文件制作时，虚端子连线可以实现一发多收，无法多发一收。常规

站回路接线时，为避免电源串接，一个开出触点只能用于一个回路，不能用于多个回路，而一个开入点可以同时接入多个开出触点。

49．220kV 双母线接线形式的 220kV 第一套母差保护断电重启时，监控后台应有的报警信息是（　　）。

A．所有 220kV 线路第一套保护远跳 GOOSE 断链

B．所有主变压器压器第一套保护失灵联跳 GOOSE 断链

C．所有 220kV 线路第一套智能终端跳合闸 GOOSE 断链

D．所有 220kV 线路第一套合并单元 SV 断链

答案：ABC

解析：GOOSE 接收方判别并发出断链信号。第一套线路保护接收母差的远跳、闭重信号，第一套主变压器压器保护接收母差的失灵联跳信号，第一套智能终端接收母差的跳闸信号。

50．与传统电磁式互感器相比，下列属于电子式互感器优点的是（　　）。

A．避免了磁路饱和、铁磁谐振等问题　　B．整组试验、检修方便

C．没有电缆传输方式的电磁干扰问题　　D．频率响应宽，动态范围大

答案：ACD

解析：电子式互感器高、低压侧完全隔离，绝缘结构简单；不含铁芯，消除了磁饱和及铁磁谐振等问题；抗电磁干扰性能好，电子式电流互感器低压侧无开路高压危险；动态范围大，测量精度高，频率响应范围宽；信号通过光纤传输，数据传输抗干扰能力强；没有因充油而潜在存在的污染及易燃、易爆等危险；体积小、质量轻。

51．关于智能变电站中的 ICD 文件、SSD 文件、SCD 文件、CID 文件，下列描述正确的是（　　）。

A．CID 文件为 IED（智能电子设备）的能力描述文件，CID 文件由装置厂商提供给系统集成厂商，该文件描述 IED 提供的基本数据模型及服务，但不包含 IED 实例名称和通信参数

B．SSD 文件为系统规格文件，SSD 文件应全站唯一，该文件描述变电站一次系统结构以及相关联的逻辑节点，最终包含在 SCD 文件中

C．SCD 文件为全站系统配置文件，SCD 文件应全站唯一，该文件描述所有 IED 的实例配置和通信参数、IED 之间的通信配置以及变电站一次系统结构，由系统集成厂商完成。SCD 文件应包含版本修改信息，明确描述修改时间、修改版本号等内容

D．ICD 文件为 IED 实例配置文件，每个装置有一个，由装置厂商根据 SCD 文件中本 IED 相关配置生成

答案：BC

解析：ICD 文件（IED capability description）为 IED 能力描述文件，由装置制造厂商提供给系统集成厂商，描述 IED 提供的基本数据模型及服务，但不包含 IED 实例名称和通信参数的一种文件。CID 文件（Configured IED description）为 IED 实例配置文件，根据 SCD 文件中本装置的 MMS 相关配置生成的装置文件。

52．关于 CCD 文件，下列说法正确的是（　　　）。

A．全称为 IED 二次回路实例配置文件，应全站唯一

B．用于描述 IED 的 GOOSE、SV 发布/订阅信息的配置文件，包括发布/订阅的控制块配置、内部变量映射、物理端口描述和虚端子连接关系等信息

C．CCD 文件应仅从 SCD 文件导出后下装到 IED 中运行，扩展名采用.ccd

D．CCD 文件中 desc 属性、IED 元素属性不应列入 CRC 校验码的计算序列中

答案：BC

解析：CCD 文件为 IED 二次回路实例配置文件，用于描述 IED 的 GOOSE、SV 发布/订阅信息的配置文件，包括完整的发布/订阅的控制块配置、内部变量映射、物理端口描述和虚端子连接关系等信息。CCD 文件应仅从 SCD 文件导出后下装到 IED 中，扩展名采用.ccd。每个装置应只有一个 CID 文件和 CCD 文件，根据 SCD 文件中本 IED 相关配置生成，必须通过配置工具导出，不允许手动修改文件，CID、CCD 文件应由装置厂商提供。对 SCD 文件的每个 IED，均需按要求提取装置过程层虚端子连接信息（包括 GOOSEPUB、GOOSESUB、SVPUB、SVSUB 元素），剔除下列信息并转换成 ASCⅡ码序列后，计算生成 CCD 文件 CRC 校验码。剔除信息包括：①中文字符、desc 属性；②IED 元素下的 desc、manufacturer、type、configVersion 属性；③GOOSE 和 SV 订阅中 FCDA 元素中除 bType 外的属性；④元素间及属性间的空格（保留元素值及属性值中的空格）；⑤换行符、回车符、列表符。

53．交换机优先级映射的作用是（　　　）。

A．定义业务数据的默认优先级

B．不同优先级的数据被放入不同的输出队列中等待处理

C．业务优先级高的数据先输出

D．业务优先级低的后输出

答案：C

解析：优先级映射用来实现报文携带的 QoS 优先级与设备本地优先级（即设备内部区分报文的服务等级）之间的转换，然后设备根据本地优先级提供有差别的 QoS 服务。报文在进入设备以后，设备会根据映射规则分配或修改报文的各种优先级的值，为队列调度和拥塞控制服务。优先级映射功能通过报文所携带的优先级字段来映射其他优先级字段值，就可以获得决定报文调度能力的各种优先级字段，从而为全面有效的控制报文的转发调度等级提供依据。通过优先级映射对报文分类是基础，是有区别地实施服务的前提。对于进入设备的报文，设备将报文携带的优先级或者端口优先级映射为内部优先级，然后根据内部优先级与队列之间的映射关系确定报文进入的队列，从而针对队列进行流量整形、拥塞避免、队列调度等处理，并可以根据配置修改报文发送出去时所携带的优先级，以便其他设备根据报文的优先级提供相应的 QoS 服务。

54．某 500kV 智能变电站线路保护调试时，调试人员将至边开关智能终端的直跳光纤和至中开关智能终端的直跳光纤接反。此时投入跳边开关 GOOSE 发送压板进行跳闸传动试验时（　　　）。

A．边开关智能终端跳闸
B．中开关智能终端跳闸

C．边开关和中开关智能终端都跳闸　　　　D．两开关智能终端都不动作

答案：A

解析：同一装置所有 GOOSE 网口的同一组报文，除源 MAC 地址内容不强制完全一致外，报文内容应完全一致。500kV 线路保护与边、中断路器智能终端通过不同的过程层光纤接口直连，因各光口所发报文中仅源 MAC 地址可能不一致，其余内容完全相同，故而在保护装置处将边、中断路器智能终端直连光纤插反后，投入跳边断路器 GOOSE 发送压板进行跳闸传动试验，边断路器智能终端必然会接收到 GOOSE 报文而动作。

55．双母双分段中的分段开关 A 相 SV 采样无效后，发生 A 相故障时，将（　　）。

A．闭锁 A 相大差及所在母线小差

B．先跳开分段，延时 100ms 后选择故障母线

C．闭锁整套母线保护

D．跳开采样无效分段开关两侧母线

答案：A

解析：SV 无效包括二次回路断线、SV 检修不一致、SV 通信中断、SV 报文配置异常，SV 无效时的处理原则如表 7-2 所示。双母单分段中的分段开关 SV 无效后并不影响大差，应按照母联支路电流 SV 无效处理；双母双分段中的分段开关 SV 无效后可能导致差动误动作，应按照普通支路电流 SV 无效处理。

表 7-2　　　　　　　　　　　　　　SV 无效处理原则

元件现象	支路电流互感器故障处理原则	母联电流互感器故障处理原则	母线电压互感器故障处理原则
SV 无效	闭锁无效相大差及所在母线小差	发生无效相故障，先跳开母联，延时 100ms 后选择故障母线无	装置发异常告警，开放复压闭锁元件

二、判断题

1．交换机的转发方式有存储转发、直通式转发等，存储转发方式对数据帧进行校验，任何错误帧都被丢弃，直通式转发不对数据帧进行校验，因而转发速度快于存储转发。

（　√　）

答案：√

解析：存储转发时，交换机把接收到的整个数据包缓存，检查数据包长度，进行 CRC 校验，然后查询 CAM 表进行转发，提前过滤错误数据包，提高了可靠性。直通转发时，交换机接收数据包的时候，只要接收完头部信息，马上查询 CAM 表，根据结果立即进行转发，提高了转发速率。

2．对于智能变电站 GOOSE 单网接收机制，若两帧 GOOSE 报文的 StNum 不相等，则更新接收方的数据。

（　√　）

答案：√

解析：对于单网，接收方严格检查 GOOSE 报文的相关参数后，首先比较新接收帧和上一帧 GOOSE 报文中的 StNum（状态号）参数是否相等，若两帧 GOOSE 报文的 StNum 不相等，更新接收方的数据。

3．智能终端和保护装置检修压板不一致时，保护装置依然可以发送保护动作 GOOSE

报文，但智能终端无法出口。 （　√　）

答案：√

解析： GOOSE 接收端装置应将接收的 GOOSE 报文中的 test 位与装置自身的检修压板状态进行比较，只有两者一致时才将信号作为有效进行处理或动作。

4．智能变电站的继电保护装置除检修采用硬压板外，其余均采用软压板。 （　×　）

答案：×

解析： 智能变电站的继电保护装置只设"远方操作"和"保护检修状态"硬压板，其他压板（包括保护功能投退压板）应采用软压板。

5．为保证母差保护正常运行，某运行间隔改检修时，应先投入该间隔合并单元"检修状态压板"，再退出母差保护内该间隔的"间隔投入软压板"。 （　×　）

答案：×

解析： 采用合并单元与智能终端的智能变电站，某一次设备间隔检修时，为避免运行装置发检修不一致等异常信号，应先退出相关运行保护装置中该间隔的 SV 接收软压板、间隔投入软压板，再投入该间隔合并单元检修压板。

6．保护装置 GOOSE 中断后，保护装置将闭锁不动作。 （　×　）

答案：×

解析： GOOSE 断链时，接收信息中位置信息保持中断前状态，失灵开入、失灵联跳开入、三相不一致开入等清零。因此保护装置 GOOSE 断链后，不会闭锁保护装置。

7．智能站保护装置跳闸触发录波信号应采用保护 GOOSE 跳闸信号。 （　√　）

答案：√

解析： 智能站保护装置跳闸触发录波信号和保护动作总信号应采用保护 GOOSE 跳闸信号。

8．智能变电站保护双重化配置时，任一套保护装置可跨接双重化配置的两个网络。

（　×　）

答案：×

解析： 按照双重化配置原则，双重化配置的两套保护之间不应有任何联系；当一个网络异常或退出时，任何设备不应影响另一个网络的运行；任一套装置不应跨接双重化配置的两个过程层网络。

9．虚端子是描述 IED 设备的 SV、GOOSE 输入、输出信号连接点的总称，用以标识站控层、过程层、间隔层及其之间联系的二次回路信号，等同于传统变电站的实际端子。

（　×　）

答案：×

解析： 虚端子是描述 IED 设备的 SV、GOOSE 报文中信息对象对应的输入、输出信号虚拟连接点的总称，用以标识过程层、间隔层及其之间联系的二次回路信号，逻辑上等同于传统变电站的接线端子。

10．GOOSE 虚端子配置信息应配置到 DO 层次，SV 虚端子配置信息应配置到 DA 层次。 （　×　）

答案：×

解析：GOOSE 虚端子关联应配置到 DA 层次，GOOSE 虚端子关联的 bType 属性必须一致；SV 虚端子关联应配置到 DO 层次，SV 虚端子关联的 CDC 属性必须一致。

11. 合并单元装置若需发送通道延时，宜配置在采样值数据集的第一个 FCD。需发送双 AD 的采样值，双 AD 宜配置相同的 TCTR 或 TVTR 实例，且在采样值数据集中双 AD 的 DO 宜按"ABCABC"顺序连续排放。 （ ）

答案：×

解析：合并单元装置若需发送通道延时，宜配置在采样值数据集的第一个 FCD。若需发送双 AD 的采样值，双 AD 宜配置相同的 TCTR 或 TVTR 实例，且在采样值数据集中双 AD 的 DO 宜按"AABBCC"顺序连续排放。

12. 保护功能软连接片宜在 PROT 中统一加 Ena 后缀扩充。 （ ）

答案：×

解析：保护功能软压板宜在 LLN0 中统一加 Ena 后缀扩充。

13. 保护装置发送的 GOOSE 数据集、智能终端输出的信号均宜带 UTC 时标。（ ）

答案：×

解析：保护装置发送的 GOOSE 数据集不宜带时标；智能终端输出的外部采集开关量信号应带 UTC 时标信息，每个时标应紧跟相应的信号排放。

14. 保护装置中"远方修改定值""远方切换定值区""远方投退连接片"软连接片可以进行远方操作。 （ ）

答案：×

解析："远方修改定值""远方切换定值区""远方投退压板"只能在装置本地操作。

15. GOOSE 报文和 SV 报文中的优先级用 3 位 16 进制数表示，范围为 1~7。 （ ）

答案：×

解析：交换机应支持 IEEE 802.1p 流量优先级控制标准，优先级队列为 7、6、5、4、3、2、1 和 0。7 为最高优先级，依次降低，0 为最低优先级。

16. 已知合并单元每秒钟发 4000 帧报文，则合并单元中计数器的数值将在 1~4000 之间正常翻转。 （ ）

答案：×

解析：不论合并单元是否在同步状态，采样值报文中的样本计数均应在（0，采样率-1）的范围内正常翻转。

17. 故障录波文件按性质分为故障录波（"F"）、检修录波（"M"）、启动录波（"S"）、手动录波（"H"）。 （ ）

答案：√

解析：保护装置、采集单元应根据启动性质对录波文件进行标记。保护装置：故障录波（"F"）、检修录波（"M"）、启动录波（"S"）；采集单元：故障录波（"F"）、手动录波（"H"）、启动录波（"S"）。

18. 智能录波器 CRC 校验功能可对比保护装置 SCD 中的 CRC 与上送的 CRC。

（ ）

答案：√

解析：智能录波器应能通过 SCD 中保护装置的 CRC 与对应装置 CCD 文件的 CRC 进行在线比对，实现 SCD 文件与装置 CCD 配置文件的一致性校验。

19．智能录波器采集单元应具有在线自检功能，任一元件损坏时，自动检测回路应能发出告警或异常信号，并给出有关信息指明损坏元件的所在部位，在最不利情况下应能将故障定位至模块（插件）。   （   ）

答案：×

解析：智能录波器采集单元应具有在线自检功能，除出口继电器外，任一元件损坏时，自动检测回路应能发出告警或异常信号，并给出有关信息指明损坏元件的所在部位，在最不利情况下应能将故障定位至模块（插件）。

20．改、扩建变更 SCD 文件后，与改、扩建无关的 IED 设备原虚端子 CRC 校验码，应与变更后的 SCD 文件中该 IED 设备的虚端子 CRC 校验码进行核对比较，并确认没有变化。   （   ）

答案：√

解析：改、扩建变更 SCD 文件后，应将变更后的 SCD 文件与变更前的 SCD 文件进行比对，确认变更部分不会影响其他无关运行设备。

21．智能变电站出口硬压板设置在智能终端柜，当开展某条 500kV 线路保护消缺或检修工作时，直接退出相关断路器的出口硬压板即可。   （   ）

答案：×

解析：智能站二次虚回路安全隔离应采取充分的安全措施，安全措施应优先采用退出装置软/硬压板、投入检修硬压板、断开二次回路接线等方式实现，投入装置检修硬压板不能作为二次虚回路可靠隔离的安全措施。除智能终端异常处理、事故检查等特殊情况外，禁止通过投退智能终端的跳、合闸压板投退保护。

22．智能化线路保护装置订阅同一台 IED 设备的所有 GOOSE 保护信息不应属于一个 GOOSE 发布数据集。   （   ）

答案：×

解析：智能站保护对应一台 IED 设备应只接收一个 GOOSE 发送数据集，该数据集应包含保护所需的所有信息。

23．装置上电后应计算 CCD 文件 CRC 校验码，计算的 CRC 校验码与 CCD 文件中的 CRC 校验码不一致时，应显示报警信息，不闭锁装置。   （   ）

答案：×

解析：智能站装置上电后应计算 CCD 文件 CRC 校验码，计算的 CRC 校验码与 CCD 文件中的 CRC 校验码不一致时，应闭锁装置并显示报警信息。

24．SCD 文件版本从 1.0 开始，当文件增加了新的 IED 或某个 IED 模型实例升级时，以步长 0.1 向上累加；SCD 文件修订版本从 0.0 开始，当文件做了通信配置、参数、描述修改时，以步长 0.1 向上累加，文件版本增加时，文件修订版本置 0.0。 （   ）

答案：×

解析：SCD 文件 version 属性从 1.0 开始，当文件增加了新的 IED 或某个 IED 模型实例升级时，以步长 0.1 向上累加；SCD 文件 revision 属性从 1.0 开始，当文件做了通信配置、参数、描述修改时，以步长 0.1 向上累加，文件版本增加时，文件修订版本置 1.0。CID 文件 version 和 revision 属性应与生成其的 SCD 文件一致。

25. CCD 文件的 CRC 检验码比特数 Width：16，初始化值 Init：00000000。 （ ）

答案：×

解析：CCD 文件的 CRC 检验码比特数 Width：32，初始化值 Init：FFFFFFFF。

26. GOOSEPUB 元素 FCDA 元素的 bType 属性是 GOOSE 发送虚端子的数据类型，在 CRC 校验码计算时应剔除。 （ ）

答案：×

解析：GOOSEPUB 元素 FCDA 元素的 bType 属性是 GOOSE 发送虚端子的数据类型；FCDA 元素的 desc 属性是 GOOSE 发送虚端子的描述，在 CRC 校验码计算时应剔除 desc 属性。

27. 变压器一侧断路器检修时，先拉开该断路器，由于一次已无电流，对主变压器保护该间隔"SV 接收软压板"及该间隔合并单元检修状态压板的操作可由运行人员根据操作方便自行决定操作顺序。 （ ）

答案：×

解析：保护装置按合并单元设置"SV 接收"软压板。当某合并单元的"SV 接收"软压板投入时，保护装置应将接收的 SV 报文中的 Test 位与装置自身的检修压板状态进行比较，只有两者一致时才将该信号用于保护逻辑，否则应闭锁相关保护；"SV 接收"软压板退出后，相应采样值不参与保护计算并显示为零，不应发 SV 品质报警信息。变压器仅断开一侧断路器，若先投检修压板则会造成差动保护功能闭锁。

28. 数据集的成员数目过多时应合理拆分，单一数据集成员数目不应超过 128 个。（ ）

答案：×

解析：同一逻辑设备的定值数据集和装置参数数据集不宜拆分，其他类型数据集的成员数目过多时应合理拆分，单一数据集成员数目不应超过 256 个。

三、简答题

1. SendGOOSEMessage 服务的主要特点是什么？

答：

（1）基于发布者/订阅者结构的组播传输方式。

（2）逐渐加长间隔时间的重传机制。

（3）GOOSE 报文携带优先级/VLAN 标志。

（4）应用层经表示层后，直接映射到数据链路层。

（5）基于数据集传输。

2. SCD 文件包含全面的一次与二次设备关联信息，请简述 SCD 文件组成部分。

答：

SCD 文件包括以下五个部分：

（1）Header 部分，包括配置文件的版本信息和修订信息、文本书写工具标识，以及名称映射信息。

（2）Substation 部分，包含变电站的功能结构、主元件和电气连接，以及相应的功能节点。

（3）Communication 部分，定义了通信子网中 IED 接入点的相关通信信息，包括设备的网络地址和各层物理地址。

（4）IED 部分，描述了 IED 的配置情况，包括逻辑设备、逻辑节点、数据对象、数据属性实例和其具备的通信服务能力。

（5）DataTypeTemplates 部分，包括可实例化的数据类型模板。DataTypeTemplates 部分和 IED 部分两者之间是类和实例的关系。

3．每个 LD 对象中至少包含 3 个 LN 对象：LLN0、LPHD、其他应用逻辑节点。请简述逻辑节点零（LLN0）包含哪些元素及其作用。

答：

（1）DataSet：数据集，是预先配置的数据集合，数据集成员可采用 FCDA 与 FCD 两种。

（2）ReportControl：报告控制块，与数据集相对应，实现数据集的发送。

（3）GSEControl：GOOSE 控制块，实现 GOOSE 数据集的发送。

（4）SampledValueControl：SV 控制块，实现 SV 数据集的发送。

（5）Inputs：实现 IED 装置对 GOOSE、SV 信息的订阅，用以描述 IED 设备的 GOOSE、SV 输入、输出信号连接关系，在接收端配置。

4．在 220kV 智能站主变压器停电情况下，对主变压器保护进行定检。在不断开光缆连接的情况下，可做的安全措施有哪些？

答：

（1）投入该主变压器两套主变压器保护、主变压器各侧及本体智能终端检修压板。

（2）退出该主变压器两套主变压器保护启动失灵 GOOSE 发送软压板。

（3）退出两套主变压器保护跳分段和母联 GOOSE 发送软压板。

（4）退出两套母差保护该支路启动失灵 GOOSE 接收软压板。

（5）对于 SV 采样的装置，还应退出两套母差保护该间隔 SV 接收软压板，投入主变压器各侧合并单元检修压板。

5．智能站继电保护与安全自动装置的安全隔离措施一般可采用哪些方式实现检修装置与运行装置的安全隔离？

答：

智能变电站中，继电保护和安全自动装置的安全隔离措施一般可采用投退检修压板、装置软压板、出口硬压板，以及断开装置间的连接光纤等方式，实现检修装置（新投运装置）与运行装置的安全隔离。

（1）投入检修压板：继电保护、安全自动装置、合并单元及智能终端均设有检修状态硬压板，因此可利用检修机制隔离检修间隔及运行间隔。装置将接收到 GOOSE 报文的 Test 位、SV 报文数据品质的 Test 位与装置自身检修压板状态进行比较，做"异或"逻辑判断。两者一致时，信号进行处理或动作；两者不一致时则报文视为无效，不参与逻辑运算。

（2）退出软压板：软压板分为发送软压板和接收软压板，用于从逻辑上隔离信号输出、输入。装置输出信号由保护输出信号和发送压板数据对象共同决定，装置输入信号由保护接收信号和接收压板数据对象共同决定，通过改变软压板数据对象的状态便可以实现某一路信号的逻辑通断。其中：

1）GOOSE 发送软压板：负责控制本装置向其他智能装置发送 GOOSE 信号。软压板退出时，不向其他装置发送相应的保护指令。

2）GOOSE 接收软压板：负责控制本装置接收来自其他智能装置的 GOOSE 信号。软压板退出时，本装置对其他装置发送来的相应 GOOSE 信号不作逻辑处理。

3）SV 接收软压板：负责控制本装置接收来自合并单元的采样值信息。软压板退出时，相应采样值不显示，且不参与保护逻辑运算。

（3）退出智能终端出口硬压板：安装于智能终端与断路器之间的电气回路中，可作为明显断开点，实现相应二次回路的通断。出口硬压板退出时，保护、测控装置无法通过智能终端实现对断路器的跳、合闸。

（4）拔出光纤：继电保护、安全自动装置和合并单元、智能终端之间的虚拟二次回路连接均通过光纤实现。断开装置间的光纤能够保证检修装置（新投运装置）与运行装置的可靠隔离。

（5）断开二次回路接线。

6．智能终端无法实现跳、合闸时应检查哪些部位？

答：

（1）检查输入光纤的完好性。

（2）保护（测控）装置及智能终端是否在正常工作状态。

（3）是否收到 GOOSE 跳闸、合闸报文，以及报文是否正确。

（4）输出硬接点是否动作及出口硬压板是否投入。

（5）输出二次回路的正确性。

（6）两侧检修压板位置是否一致。

（7）保护（测控）装置 GOOSE 出口软压板是否正常投入。

7．在保护整组试验过程中，模拟系统 B 相故障但却实际跳开断路器 C 相，请分析可能的原因。

答：

（1）保护 SCD 文件配置时虚端子关联错误，将 B 相出口拉至 C 相出口回路。

（2）智能终端背板插件、压板、端子等处内部配线时 B、C 相出口交叉接反。

（3）智能终端 B、C 相出口至断路器机构的电缆接反。

（4）合并单元 B、C 相电流内部配线交叉。

（5）合并单元至保护的电流 B、C 相虚端子交叉。

8．常规变电站和智能变电站解决断路器失灵保护电压闭锁元件灵敏度不足的问题有什么区别？智能变电站 220kV 母差保护为什么主变压器支路不需要单独设置"解除复压闭锁"开入？

答：

（1）对于常规站，变压器支路应具备独立于失灵启动的解除电压闭锁的开入回路，"解除电压闭锁"开入长期存在时应告警，宜采用变压器保护"跳闸触点"解除失灵保护的电压闭锁，不采用变压器保护"各侧复合电压动作"触点解除失灵保护电压闭锁，启动失灵和解除失灵电压闭锁应采用变压器保护不同继电器的跳闸触点。对于智能站，母线保护收到变压器支路变压器保护"启动失灵"的 GOOSE 命令同时启动失灵和解除电压闭锁。

（2）常规变电站母线失灵保护是为了防止节点粘连导致母差保护误动作，所以启失灵和解复压两个节点分开。智能站变压器保护启动失灵、解除电压闭锁采用 GOOSE 命令，不存在节点粘连问题，且 GOOSE 信号来源、路径均相同，母线保护不分别设置启动失灵、解除电压闭锁的 GOOSE 输入，母线保护变压器支路收到变压器保护"启动失灵"GOOSE 命令的同时启动失灵和解除电压闭锁。

9. 断路器智能终端宜具备闭锁重合闸输出组合逻辑，请进行简述。

答：

（1）当发生遥合/手合、遥跳/手跳、三跳启失灵不启重合、三跳不启失灵不启重合、闭重开入、本智能终端上电的事件时，应输出闭锁重合闸信号给本套保护。

（2）双重化配置智能终端时，应具有输出至另一套智能终端的闭重接点。当发生遥合/手合、遥跳/手跳、GOOSE 闭重开入、三跳启失灵不启重合、三跳不启失灵不启重合的事件时，应输出闭锁重合闸信号给另一套智能终端。

（3）双重化配置智能终端时，当发生第一组控制回路断线事件时，应分别通过两套智能终端输出闭锁重合闸的信号给两套保护。

10. 为什么智能终端发送的外部采集开关量需要带时标？

答：

无论是在组网还是直采 GOOSE 信息模式下，间隔层 IED 订阅到的 GOOSE 开入量都带有了延时，该接收到的 GOOSE 变位时刻并不能真实反映外部开关量的精确变位时刻。为此，智能终端通过在发布 GOOSE 信息时携带自身时标，该时标真实反映了外部开关量的变位时刻，为故障分析提供精确的 SOE 参考。

11. 智能变电站验收时如何对软压板以及检修硬压板进行检查？

答：

（1）对智能变电站软压板，检查设备的软压板设置是否正确、软压板功能是否正常。软压板包括 SV 接收软压板、GOOSE 接收/发送压板、保护元件功能压板等，其具体检查方法如下：

1）SV 接收软压板检查。通过数字继电保护测试仪输入 SV 信号给设备，投入 SV 接收软压板，设备显示 SV 数值精度应满足要求；退出 SV 接收软压板，设备显示 SV 数值应为 0，无零漂。

2）GOOSE 接收软压板检查。通过数字继电保护测试仪输入 GOOSE 信号给设备，投入 GOOSE 接收压板，设备显示 GOOSE 数据正确；退出 GOOSE 接收软压板，设备不处理 GOOSE 数据。

3）GOOSE 发送软压板检查。投入 GOOSE 发送软压板，设备发送相应 GOOSE 信号；退出 GOOSE 发送软压板，模拟保护元件动作，应该监视到正确的相应保护未跳闸的 GOOSE 报文。

4）保护元件功能及其他压板。投入/退出相应软压板，结合其他试验检查压板投退效果。

（2）验收时应对检修功能硬压板进行如下检查：

1）检修压板采用硬压板。检修压板投入，上送带品质位信息，保护装置应有明显显示（面板指示灯或界面显示）。参数、配置文件仅在检修压板投入时才可下装，下装时应用闭锁保护。

2）采样检修状态测试。采样与装置检修状态一致条件下，采样值参与保护逻辑计算；检修状态不一致时，应发告警信号并闭锁相关保护。

3）GOOSE检修状态测试。GOOSE信号与装置检修状态一致条件下，GOOSE信号参与保护逻辑计算；检修状态不一致时，外部输入信息不参与保护逻辑计算。

4）当后台接收到的报文为检修报文时，报文内容应不显示在简报窗中，不发出音响告警，但应该刷新画面，保证画面的状态与实际相符。检修报文应存储，并可通过单独的窗口进行查询。

四、计算分析题

1. 某线路保护（单重方式下，重合闸充电完成，重合闸时间为1s），在0时刻发生A相故障，保护瞬时出口动作，11ms后B相又故障，保护三跳。动作前一帧GOOSE报文StNum为1，SqNum为10，试列出保护动作后7s内的该装置发出GOOSE报文的StNum和SqNum及其对应的时间，并说明该报文内容。（时间以保护动作为零点，该保护T0=5s，T1=2ms，动作后突发报文五帧后进入"心跳报文"时间，保护动作元件的复归时间为120ms）

答：

T=0ms	StNum=2	SqNum=0	保护跳A
T=2ms	StNum=2	SqNum=1	保护跳A
T=4ms	StNum=2	SqNum=2	保护跳A
T=8ms	StNum=2	SqNum=3	保护跳A
T=11ms	StNum=3	SqNum=0	保护三跳
T=13ms	StNum=3	SqNum=1	保护三跳
T=15ms	StNum=3	SqNum=2	保护三跳
T=19ms	StNum=3	SqNum=3	保护三跳
T=27ms	StNum=3	SqNum=4	保护三跳
T=131ms	StNum=4	SqNum=0	保护元件复归
T=133ms	StNum=4	SqNum=1	保护元件复归
T=135ms	StNum=4	SqNum=2	保护元件复归
T=139ms	StNum=4	SqNum=3	保护元件复归
T=147ms	StNum=4	SqNum=4	保护元件复归
T=5147ms	StNum=4	SqNum=5	整组复归

2. 某智能站的500kV短引线保护，两个开关的TA变比都是3000/1，两个TA都通过合并单元采样后通过点对点采样方式将采样值分别送至短引线保护。假设此时两套合并单元设置的采样延时都为750μs，而实际上一套合并单元的采样延时为1310μs，另一套合并单元的采样延时为560μs。某一时刻两个开关为穿越性的平衡电流，幅值为1000A，请问此时保护装置采集到的二次差流多大？

答：

此时保护装置采样到的两个采样值幅值都是1000A，角度由于采样延时设置错误，导致采样值延时误差 1310μs−560μs=750μs=0.75ms，则会产生（0.75ms/20ms）×360=13.5°的角度差。所以此时会产生 1000×2×sin（13.5/2）=235A 的一次差流。换算到二次的差流为 235/3000=0.078A。

3. 假设单个合并单元发出的报文帧数据 Length 为 240 字节，报文经过两级 100Mbps 交换机级联传输，每台交换机接入 16 台合并单元，交换机固定延时为 7μs。请计算最不利情况下的网络传输延时（报文长度考虑帧首界定符和 CRC 校验码，假设所有合并单元发出的数据帧大小一致，交换机按平均排队时延计算，忽略光缆传输延时，忽略帧间隔时间）。

答：

（1）单台交换机的存储转发延时应为

$$T_s=(8+4+18+240)×8bit/100Mbps$$
$$=270×8bit/(100×1024×1024bit/s)$$
$$=2.05994×10^{-5}s=20.5994μs$$

（2）每台交换机接入 16 台合并单元，则最不利情况下考虑为其余（16-1）个端口同时向 1 个端口发送帧，即为其他合并单元存储转发时间，经单台交换机的平均帧排队延时为：

$$T_p=(16-1)×20.5994μs/2=154.458μs$$

（3）报文经过两级 100Mbps 交换机级联传输，则最不利情况下的网络传输延时为：

$$T=2×(154.458μs+7μs+20.5994μs)=364.1148μs$$

4. 某光电流互感器流过的三相负荷电流为 848.66A，其额定一次电流为 2000A，则根据 IEC 60044-8 的格式要求，该光电流互感器测量次级与保护次级输出的报文电流数值的最大值十六进制（计算十进制时可四舍五入）分别为多少？（提示：测量额定值 2D41H，保护额定值 01CFH，不考虑直流分量）

答：

一次电流峰值为 848.66×1.414=1200A；测量额定值 2D41H 转为十进制为 11585，保护额定值 01CFH 转为十进制为 463；测量报文电流十进制为 1200/（2000/11585）=1200/2000×11585=6951；测量报文电流十六进制 1B27H；保护报文电流十进制 1200/（2000/463）=1200/2000×463=278；保护报文电流十六进制 116H。

5. 下述是智能录波器记录的报文，请分析该报文的 APPID，IEDname、组播地址、单播地址是什么，指出该报文是什么类型设备发出的报文，这一帧报文与该设备的上一帧报文区别是什么？这帧报文的控制块名称和数据集名称是什么？该报文发出装置的检修压板是否投入？

```
Ethernet
                Destination MAC:        01-0C-CD-01-03-4C
                Source MAC:             00-10-00-00-03-4B
                Ethernet Type:          0x88B8(IEC-GOOSE)
IEC-GOOSE
                APPID:                  0x034C
                App Length:             407
                Reserved1:              0x0000
                Reserved2:              0x0000
PDU             PDU Length:             395
                gocbRef:                I_L2208ARPIT/LLN0$GO$gocb1
```

```
        timeAllowedtoLive(TTL):        10000(ms)
        datSet:                        I_L2208ARPIT/LLN0$dsGOOSE2
        goID:                          I_L2208ARPIT/LLN0.gocb1
        Event Timestamp:               2024-03-19 10:15:21.793038011 Tq:0E
        stNum:                         235
        sqNum:                         977
        Test Mode:                     FALSE
        confRev:                       1
        ndsCom:                        FALSE
        numDatSetEntries:              92
        Sequence of Data:              276
        Datas
        001
                    BOOL:              FALSE
        002
                    BOOL:              FALSE
        ......                         ......
        092
                    BOOL:              FALSE
```

答：

APPID 是 0x034C；IEDname 是 I_L2208A；组播地址是 01-0C-CD-01-03-4C；单播地址是 00-10-00-00-03-4B（源 MAC 地址必须是单播地址）；该报文是智能终端发出的 GOOSE 报文。

该报文的上一帧报文是 5s 前发出的，两帧报文的区别仅在于 sqNum 不一样，上一帧报文中 sqNum 为 976。

该报文的 GOOSE 控制块是 gocb1，数据集是 dsGOOSE2。

该报文中 Test Mode 为 FALSE，报文发出装置的检修压板在退出状态。

6. 表 7-3 是某 220kV 变电站 SCD 文件中 PL2206A 线路保护和 IL2206A 智能终端订阅的全部虚端子表（不考虑测控虚端子），请指出有哪些错误或缺漏。

表 7-3   **220kV 线路保护及智能终端虚端子**

序号	外部装置名称	外部数据引用	外部数据描述	内部装置名称	内部数据引用	内部数据描述	内部端口
1	PL2206A	PIGO/PTRC1STTr$phsA	跳断路器 A	IL2206A	RPIT/GOINGGIO5STSPCSO1$stVal	保护跳 A1	2-A/2-B
2	PL2206A	PIGO/PTRC1STTr	跳断路器 B	IL2206A	RPIT/GOINGGIO5STSPCSO2$stVal	保护跳 B1	2-A/2-B
3	PL2206A	PIGO/PTRC1STTr$phsC	跳断路器 C	IL2206A	RPIT/GOINGGIO5STSPCSO3$stVal	保护跳 C1	2-A/2-B
4	PL2206A	PIGO/RREC1STOp$general	重合闸	IL2206A	RPIT/GOINGGIO6STSPCSO8$stVal	保护重合闸 1	2-A/2-B
5	PL2206A	PIGO/PTRC1STBlkRecST$stVal	闭锁重合闸	IL2206A	RPIT/GOINGGIO7STSPCSO5$stVal	闭锁重合闸 1	2-A/2-B
6	PM2212A	PIGO/PTRC8.Tr.general	支路 8_保护跳闸	IL2206A	RPIT/GOINGGIO8STSPCSO2$stVal	保护永跳 1	2-A/2-B
7	IL2206A	RPIT/CBCXCBR1STPos$stVal	C 相断路器位置	PL2206A	PIGO/GOINGGIO1STDPCSO1$stVal	断路器分相跳闸位置 TWJa	7-A/7-B

367

续表

序号	外部装置名称	外部数据引用	外部数据描述	内部装置名称	内部数据引用	内部数据描述	内部端口
8	IL2206A	RPIT/CBBXCBR1STPos$stVal	B 相断路器位置	PL2206A	PIGO/GOINGGIO1STDPCSO2$stVal	断路器分相跳闸位置 TWJb	7-A/7-B
9	IL2206A	RPIT/CBAXCBR1STPos$stVal	A 相断路器位置	PL2206A	PIGO/GOINGGIO1STDPCSO3$stVal	断路器分相跳闸位置 TWJc	7-A/7-B
10	IL2206A	RPIT/CtlInGGIO1STInd1$stVal	闭锁重合闸	PL2206A	PIGO/GOINGGIO3STSPCSO1$stVal	压力低闭锁重合闸	7-A/7-B
11	IL2206A	RPIT/CtlInGGIO1STInd1$stVal	闭锁重合闸	PL2206A	PIGO/GOINGGIO3STSPCSO1$stVal	闭锁重合闸-1	7-A/7-C
12	PM2212A	PIGO/PTRC8.Tr.general	支路 8_保护跳闸	PL2206A	PIGO/GOINGGIO3STSPCSO2$stVal	闭锁重合闸-2	7-A/7-B

答：

（1）数据类型错误，DO 拉 DA。智能终端 IL2206A"保护跳闸 B1"订阅线路保护 PL2206A 的"跳断路器 B"虚端子数据模型不一致，DO 与 DA 相连。

（2）三相位置相位错误。线路保护 PL2206A 订阅智能终端 IL2206A 的 A、C 相断路器分相跳闸位置接反。

（3）压力低闭锁重合闸错误订阅智能终端的闭锁重合闸开入。

（4）端口配置错误，无端口。第 11 个虚端子端口配置错误，应该为 7-A/7-B。

（5）虚端子缺失，缺少线路保护 PL2206A "远方跳闸"订阅母线保护 PM2212A 的"支路 8_保护跳闸"。

（6）虚端子缺失（使用保护装置的三相不一致功能时），缺少智能终端 IL2206A "保护永跳"订阅线路保护 PL2206A 的"三相不一致跳闸"虚端子。

7. 下述为某 220kV 母线保护装置的一帧 GOOSE 报文部分信息，其中该装置 GOOSE 输出虚端子顺序如表 7-4 所示，且表中所列软压板均处于投入状态，支路 4 隔离开关挂 I 母上。若将检修压板投入，然后重启装置，请写出装置重启后发出的第 1 帧报文，随后加量使 I 母差动保护动作，请写出保护动作后的第 3 帧报文的内容（从 StNum 行开始，直到数据集第 6 个数据）。

```
Ethernet
                Destination MAC:        01-0C-CD-01-00-C9
                Source MAC:             00-79-77-74-60-01
                Ethernet Type:          0x88B8(IEC-GOOSE)
        IEC-GOOSE
                APPID:                  0x0213
                App Length:             263
                Reserved1:              0x0000
```

PDU	Reserved2:	0x0000
	PDU Length:	153
	gocbRef:	P_M2212BPIGO/LLN0GOgocb
	timeAllowedtoLive(TTL):	10000(ms)
	datSet:	P_M2212BPIGO/LLN0$dsGOOSE
	goID:	P_M2212BPIGO/LLN0.gocb
	Event Timestamp:	2022-06-25 16:13:22.596992314 Tq: 2A
	stNum:	1
	sqNum:	122
	Test Mode:	FALSE
	confRev:	1
	ndsCom:	FALSE
	numDatSetEntries:	38
	Sequence of Data:	144
	Datas	
	001	
	BOOL:	FALSE
	002	
	BOOL:	FALSE
	003	
	BOOL:	FALSE
	004	
	BOOL:	FALSE
	005	
	BOOL:	FALSE
	006	
	BOOL:	FALSE

表 7-4 　　　　　　　　　　　　　220kV 母线保护 GOOSE 输出虚端子

序号	信号名称	软压板	引用路径
1	母联_保护跳闸	母联_保护跳闸软压板	PIGO/LinPTRC1.Tr.General
2	分段 1_保护跳闸	分段 1_保护跳闸软压板	PIGO/LinPTRC2.Tr.General
3	分段 1_启动失灵	启动分段 1 失灵发送软压板	PIGO/LinPTRC2.StrBF.General
4	分段 2_保护跳闸	分段 2_保护跳闸软压板	PIGO/LinPTRC3.Tr.General
5	分段 2_启动失灵	启动分段 2 失灵发送软压板	PIGO/LinPTRC3.StrBF.General
6	支路 4_保护跳闸	支路 4_保护跳闸软压板	PIGO/LinPTRC4.Tr.General

答：

（1）重启后第 1 帧报文：

StNum:1
SqNum:1
Test*:TRUE

```
Config Revision*:1
Needs Commissioning*:FALSE
Entries Number:38
Sequence of Data:144
Data
{
    BOOL:FALSE
    BOOL:FALSE
    BOOL:FALSE
    BOOL:FALSE
    BOOL:FALSE
    BOOL:FALSE
```

（2）Ⅰ母差动保护动作后的第 3 帧报文：

```
StNum:2
SqNum:2
Test*:TRUE
Config Revision*: 1
Needs Commissioning*:FALSE
Entries Number: 38
Sequence of Data: 144
Data
{
    BOOL:TRUE
    BOOL:TRUE
    BOOL:TRUE
    BOOL:FALSE
    BOOL:FALSE
    BOOL:TRUE
```

8. 以下是某网络报文记录分析仪监测的一帧完整 SV 采样报文（IEC 61850 9-2，采样通道顺序：IA1、IA2、IBI、IB2、ICI、IC2、I01、I02、I0、UA、UB、UC、IA、IB、IC），分析该报文后回答以下问题。

01 0C CD 04 01 44 52 47 51 20 26 D0 81 00 A0 14 88 BA 41 44 00 B5 00 00 00 00 00 60 81 AA 80 01 01 A2 81 A4 30 81 A1 80 0F 54 46 44 32 43 30 33 42 5F 31 38 4D 55 30 31 82 02 09 A7 83 04 00 00 00 01 85 01 01 87 81 80 00 00 00 01 F4 00 00 00 00 00 00 00 13 51 00 00 00 00 00 00 14 C1 00 00 00 00 FF FF E3 63 00 00 00 00 FF FF DC 58 00 00 00 00 FF FF EA F6 00 00 00 00 FF FF F2 89 00 00 00 00 FF FF FF 2D 00 00 00 00 FF FF FC 6C 00 00 00 00 00 00 01 D1 00 00 00 00 00 00 00 00 00 00 00 00 00 00 00 00 00 00 00 00 00 00 00 00 00 00 00 00 00 00 00 00 03 93 00 00 00 00 00 00 00 04 A6 00 00 00 00 00 00 01 D4 00 00 00 00

（1）解析其 DestinationMAC 和 Source MAC。

（2）写出该报文的网络数据类型、APPID（十六进制）以及 APP Length（十进制）。

（3）该报文包含的 ASDU 数目是几个？

（4）该报文的采样计数器的采样序号是多少？

（5）该报文的配置版本号是多少？

（6）该报文的同步状态如何？

（7）SV 采样报文的额定延迟时间和 IA1 的值为多少？

（8）SV 采样报文各通道的品质是否异常？

答：

（1）DestinationMAC：01-0C-CD-04-01-44。Source MAC：52-47-51-20-26-D0。

（2）网络数据类型：88BA。

APPID：0x4144。APP Length：十进制 181（十六进制 00 B5）。

（3）80 01 01：标记 80，长度=01，ASDU 数目=01。

（4）82 02 09 A7：标记 82，长度=02，采样序号=09 A7（十六进制）=2471（十进制）。

（5）83 04 00 00 00 01：标记 83，长度=04，配置版本号=01。

（6）85 01 01：标记 85，长度=01，同步状态=01，该报文处于同步状态（00 为非同步状态）。

（7）额定延时为 500μs（十六进制为 01F4）。

IA1 为 0x00001351=4945（十进制），电流数值为 4945x1mA=4.945A。

（8）品质的 4 字节均为 00 00 00 00，均无异常。

9. 以下是某网络报文记录分析仪监测的一帧完整 GOOSE 报文，分析该报文后回答以下问题。

01 0C CD 01 02 14 00 10 00 00 00 02 14 81 00 80 00 88 B8 02 14 01 68 00 00 00 00 00 61 82 01 5C 80 1A 49 5F 4C 32 32 30 31 42 52 50 49 54 2F 4C 4C 4E 30 24 47 4F 24 67 6F 63 62 30 81 02 27 10 82 1A 49 5F 4C 32 32 30 31 42 52 50 49 54 2F 4C 4C 4E 30 24 64 73 47 4F 4F 53 45 31 83 17 49 5F 4C 32 32 30 31 42 52 50 49 54 2F 4C 4C 4E 30 2E 67 6F 63 62 30 84 08 38 BC CF ED 85 5F D1 2A 85 01 63 86 01 00 87 01 00 88 01 01 89 01 00 8A 01 28 AB 81 E8 84 02 06 00 91 08 38 BC CF ED 83 33 2B 2A 84 02 06 80 91 08 38 BC AF F9 61 A9 F5 2A 84 02 06 00 91 08 38 BC CF ED 83 B6 3D 2A 84 02 06 00 91 08 00 00 00 00 00 00 00 00 84 02 06 00 91 08 00 00 00 00 00 00 00 00 84 02 06 00 91 08 00 00 00 00 00 00 00 00 84 02 06 00 91 08 00 00 00 00 00 00 00 00 84 02 06 00 91 08 00 00 00 00 00 00 00 00 84 02 06 00 91 08 00 00 00 00 00 00 00 00 84 02 06 00 91 08 00 00 00 00 00 00 00 00 84 02 06 00 91 08 00 00 00 00 00 00 00 00 84 02 06 00 91 08 00 00 00 00 00 00 00 00 84 02 06 00 91 08 00 00 00 00 00 00 00 00 84 02 06 00 91 08 00 00 00 00 00 00 00 00 83 01 01 83 01 00 83 01 00 83 01 00 83 01 01 83 01 00 83 01 00 83 01 00 83 01 00 83 01 00 83 01 00 83 01 00

（1）解析其 MAC 目的地址、源地址、优先级（十进制）、VLAN ID。

（2）写出该报文的以太网网络数据类型、APPID、报文长度（十进制）。

（3）该报文的 GOOSE 控制块引用、数据集引用、GOOSE 标识（十六进制）是什么？

（4）该报文的报文产生时间（十六进制）、存活时间（十进制）、状态计数器（十进制）、顺序计数器（十进制）是什么？

（5）该报文的配置版本号、数据集条目数是多少？

（6）该报文表示装置目前是否处于检修状态？

（7）该报文中数据集内数据内容的前 6 条代表的是断路器 A、B、C 三相位置信息，则 A、B、C 三相位置分别是什么状态？

（8）该报文数据集内第 33 个数据项表示 KKJ 合后，其数值是什么？

答：

（1）Destination MAC：01-0C-CD-01-02-14。Source MAC：00-10-00-00-02-14。优先级及 VLAN ID：80 00（十六进制），解析为十进制则优先级为 4，VLAN ID 为 0x000。

（2）以太网网络数据类型 Ethernet Type：0x88B8（IEC-GOOSE）。APPID：0x0214。App Length：0168（十六进制）=360（十进制）。

（3）GOOSE 控制块引用：80 1A 49 5F 4C 32 32 30 31 42 52 50 49 54 2F 4C 4C 4E 30 24 47 4F 24 67 6F 63 62 30。其中 80 为标记，1A 为长度，GOCBRefe 字符串的十六进制表示为 49 5F 4C 32 32 30 31 42 52 50 49 54 2F 4C 4C 4E 30 24 47 4F 24 67 6F 63 62 30。

数据集引用：82 1A 49 5F 4C 32 32 30 31 42 52 50 49 54 2F 4C 4C 4E 30 24 64 73 47 4F 4F 53 45 31。其中 82 为标记，1A 为长度，DataSet 字符串的十六进制表示为 49 5F 4C 32 32 30 31 42 52 50 49 54 2F 4C 4C 4E 30 24 64 73 47 4F 4F 53 45 31 83。

GOOSE 标识：83 17 49 5F 4C 32 32 30 31 42 52 50 49 54 2F 4C 4C 4E 30 2E 67 6F 63 62 30。其中 83 为标记，17 为长度，GOID 字符串的十六进制表示为 49 5F 4C 32 32 30 31 42 52 50 49 54 2F 4C 4C 4E 30 2E 67 6F 63 62 30。

（4）报文产生时间：84 08 38 BC CF ED 85 5F D1 2A。其中，84 为标记，08 为长度，值为 38 BC CF ED 85 5F D1 2A（十六进制）。

报文存活时间 timeAllowedtoLive（TTL）：81 02 27 10。其中 81 为标记，02 为长度，时间数值为 27 10（十六进制）=10000ms（十进制）。

状态计数器 StNum：85 01 63。其中 85 为标记，01 为长度，数值为 63（十六进制）=99（十进制）。

顺序计数器 SqNum：86 01 00。其中 86 为标记，01 为长度，数值为 00（十六进制）=0（十进制）。

（5）配置版本号 ConfRev：88 01 01。其中 88 为标记，01 为长度，版本号为 1。

数据集条目数 NumDatSetEntries：8A 01 28。其中 8A 为标记，01 为长度，数值为 28（十六进制）=40（十进制）。

（6）测试模式：87 01 00。其中 87 为标记，01 为长度，值为 00，因此装置不处于检修状态。

（7）断路器、隔离隔离开关等位置 GOOSE 信号带 UTC 时标信息，每个时标紧跟相应的信号排放。因此该数据内容中 B 相断路器位置相关项数据依次为：B 相断路器位置状态：84 02 06 80。B 相断路器位置 UTC 时间：91 08 38 BC AF F9 61 A9 F5 2A。

对于 B 相断路器位置状态，标记为 84（位串 Bit-string），长度为 02，内容首字节固定为 06，数值为 80（十六进制）=1000 0000（二进制），最高两位为"10"，即 B 相断路器位置为合位。

（8）该报文数据集内第 33 个数据项为 83 01 01，标记为 83（1 字节 BOOLEAN 值），长度为 01，数值为 01，表示该值为"TRUE"，即 KKJ 处于合后状态。

10. 某在运的 220kV 智能变电站，过程层网络采用双网冗余组网配置。220kV 甲乙线 211 断路器间隔，配置主一、主二保护以及 A 套、B 套智能终端，每一个 IED 均配置两个网络，如 B 套智能终端配置接入 B1、B2 两个过程层网络。因检修工作需要，断开了该间隔 B1 网过程层交换机的两路电源,后台监控系统显示211断路器 B 套智能终端接收 220kV甲乙线主二保护、220kV 母线主二保护的 GOOSE-B2 网中断,其余相关接收方均报GOOSE-B1 网中断。请分析并回答下述问题。

（1）简述 GOOSE 中断异常缺陷的一般处理方法。

（2）根据后台监控报文，分析引起 GOOSE-B2 网中断的可能原因。

答：

（1）首先确定 GOOSE 链路的传输路径，包括发送装置、传输环节、该 GOOSE 所有接收装置。GOOSE 报文有组网链路和直连链路之分，组网链路增加了交换机及其收发链路环节。直连链路主要检查发送端、光回路、接收端三部分，而组网链路则还需对交换机的故障进行针对性分析。

1）通过监控系统 GOOSE 二维表、装置告警信息、面板指示灯、交换机及网络分析仪等进行故障定位。

2）若只是该装置发断链信号，则故障点定位在该装置与交换机之间的光纤及对应端口。

3）若是大量装置均告断链信号，则定位在 GOOSE 发送方故障，保护至交换机光纤，以及该交换机端口。

4）若报 GOOSE 接收中断，则判定接收端侧异常，检查光纤是否完好，光纤衰耗、光功率是否正常，若异常则判断光纤或熔接口故障。

5）若光纤通信功能完好，仍然出现 GOOSE 接收中断，则判断接收侧装置出现故障。

6）若物理回路正常，进一步检查逻辑链路，检查 GOOSE 收、发双方的检修硬压板是否一致；另外，从网络报文分析仪中检查该 GOOSE 报文，并与 SCD 文中配置比较，确定GOOSE 报文的正确性；若 GOOSE 报文正确，则检查接收方能否接收到该 GOOSE 报文，若能接收到 GOOSE 报文，则需检查接收方的配置，若未能接收到 GOOSE 报文，则检查交换机配置或发送装置的点对点口是否发出 GOOSE 报文；若 GOOSE 报文不正确，则检查发送方的配置。

（2）B 套智能终端 GOOSE-B1、GOOSE-B2 网至该间隔过程层交换机 GOOSE-B1、GOOSE-B2 网光纤交叉接线。B1、B2 网光纤交叉接线，因智能终端 B1、B2 网配置完全一样、MAC 组播地址等完全相同，因此在 GOOSE 链路无异常时，B1、B2 网交叉接线时设备不发出告警。

正确接线如图 7-5 所示。

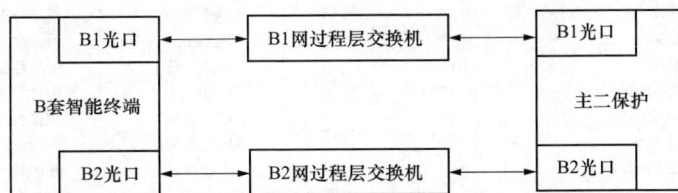

图 7-5　正确接线

错误接线如图 7-6 所示。

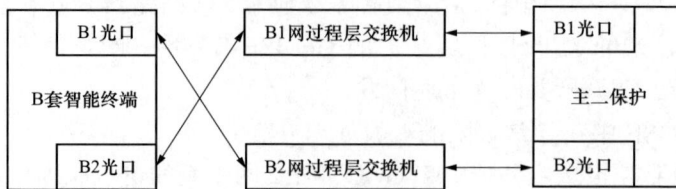

图 7-6　错误接线

11. 下述为某 220kV 线路保护装置的一帧 GOOSE 报文，其 GOOSE 数据集发送的数据内容如图 7-7 所示。在下一帧心跳报文到来之前，将装置的检修压板投入后做 C 相永久性故障试验，请写出保护动作后的第一帧、第十一帧报文的内容（从 StateNumber 行开始）。

```
PDU
IEC GOOSE
{
Control Block Reference*:        P_L2204APIGO/LLN0$GO$gocb0
timeAllowedtoLive(TTL):         10000(ms)
DataSetReference*:              P_L2204APIGO/LLN0$dsGOOSE
GOOSEID*:  P_L2204APIGO/LLN0.gocb0
Event Timestamp:                2024-03-20 15:16:36.092416704 Tq: 2E
StateNumber*: 47
SequenceNumber*:  Sequence Number: 60
Test*:    FALSE
Config Revision*:    1
Needs Commissioning*:    FALSE
Number Dataset Entries:  8
Data
{
        BOOLEAN:  FALSE
        BOOLEAN:  FALSE
        BOOLEAN:  FALSE
        BOOLEAN:  FALSE
        BOOLEAN:  FALSE
        BOOLEAN:  FALSE
        BOOLEAN:  FALSE
        BOOLEAN:  FALSE
    }
}
```

	数据对象引用名	数据属性名	功能限制	描述	Unicode描述
1	PIGO/PTRC3.Tr	phsA	ST	跳断路器	跳断路器
2	PIGO/PTRC3.Tr	phsB	ST	跳断路器	跳断路器
3	PIGO/PTRC3.Tr	phsC	ST	跳断路器	跳断路器
4	PIGO/PTRC3.StrBF	phsA	ST	启动失灵	启动失灵
5	PIGO/PTRC3.StrBF	phsB	ST	启动失灵	启动失灵
6	PIGO/PTRC3.StrBF	phsC	ST	启动失灵	启动失灵
7	PIGO/PTRC3.BlkRecST	stVal	ST	闭锁重合闸	闭锁重合闸
8	PIGO/RREC1.Op	general	ST	重合闸	重合闸

图 7-7　220kV 线路保护 GOOSE 发送数据集图

答：

（1）第一帧报文。

```
StateNumber*:     48
SequenceNumber*:  Sequence Number:  0
Test*:    TRUE
Config Revision*:    1
Needs Commissioning*:    FALSE
Number Dataset Entries:  8
Data
{
    BOOLEAN:  FALSE
    BOOLEAN:  FALSE
    BOOLEAN:  TRUE
    BOOLEAN:  FALSE
    BOOLEAN:  FALSE
    BOOLEAN:  TRUE
    BOOLEAN:  FALSE
    BOOLEAN:  FALSE
}
```

（2）第十一帧报文。

```
StateNumber*:     50
SequenceNumber*:  Sequence Number:  0
Test*:    TRUE
Config Revision*:    1
Needs Commissioning*:    FALSE
Number Dataset Entries:  8
Data
{
    BOOLEAN:  FALSE
    BOOLEAN:  FALSE
    BOOLEAN:  FALSE
    BOOLEAN:  FALSE
    BOOLEAN:  FALSE
    BOOLEAN:  FALSE
    BOOLEAN:  FALSE
    BOOLEAN:  TRUE
}
```

具体报文内容如表 7-5 所示。

表 7-5　　　　　　　　　　　　　　　　报　文　内　容

报文帧数	StNum	SqNum	报文内容
1	48	0	保护跳 C
2	48	1	保护跳 C
3	48	2	保护跳 C
4	48	3	保护跳 C

报文帧数	StNum	SqNum	报文内容
5	48	4	保护跳 C
6	49	0	跳 C 返回
7	49	1	跳 C 返回
8	49	2	跳 C 返回
9	49	3	跳 C 返回
10	49	4	跳 C 返回
11	50	0	重合闸

12. 阅读下面的报文信息，回答相关问题。

```
Frame 1: 317bytes on wire (2536 bits), 317 bytes captured (2536 bits)
Ethernet II (VLAN tagged), Src: Iec-Tc57_01:00:16 (00:0c:cd:01:00:16), Dst:Iec-
                    Tc57_04:00:30(01:0c:cd:01:00:30)
            Destination: Iec-Tc57_04:00:30(01:0c:cd:01:00:30)
            Source: Iec-Tc57_01:00:16 (00:0c:cd:01:00:16)
            VLAN tag: VLAN=518, Priority=controlled Load
                Identifier: 802.1Q virtual  LAN(0x8100)
    100. . . . . . . . . . . . =priority: controlled Load  (4)
        . . . . . . . . . . . . . . . =CFI: Canonical (0)
                    . . . . 0010  0000  0110 =VLAN: 518
        Type: IEC 61850/sv (sampled Value Transmission  (0x88ba)
                    IEC61850 Sampled Values
                        APPID:0x2030
                        Length:299
                Reserved 1:0x0000  (0)
                Reserved 2:0x0000  (0)


                        savPdu
                    noASDU: 1

seqASDU: 1 item
  ASDU
        svID: ME2214MU/LLN0.smvcb0
        smpCnt: 1859
        confRef: 1
        smpSynch: local (1)
    PhsMeas1
        value: 50
      quality: 0x00000000, validity: good, source: process
        .... .... .... .... .... .... .... ..00 = validity: good (0x00000000)
        .... .... .... .... .... .... .... .0.. = overflow: False
        .... .... .... .... .... .... .... 0... = out of range: False
        .... .... .... .... .... .... ...0 .... = bad reference: False
        .... .... .... .... .... .... ..0. .... = oscillatory: False
        .... .... .... .... .... .... .0.. .... = failure: False
        .... .... .... .... .... .... 0... .... = old data: False
        .... .... .... .... .... ...0 .... .... = inconsistent: False
        .... .... .... .... .... ..0. .... .... = inaccurate: False
        .... .... .... .... .... .0.. .... .... = source: process (0x00000000)
        .... .... .... .... .... 0... .... .... = test: False
        .... .... .... .... ...0 .... .... .... = operator blocked: False
        .... .... .... .... ..0. .... .... .... = derived: False
        value: 0
```

（1）该报文是何种类型报文？

（2）该报文头中有两处错误，请改正并说明错误原因。

（3）ASDU 参数中 smpSync 参数是什么含义？在何种情况下 smpSync 如何变位？

（4）解释品质值中状态有效标志 validity 和检修标志位 test 的含义。

答：

（1）tag 标签头后是以太网类型值"88ba"，代表该数据帧是一个采样值报文。

（2）Dst：Iec-Tc57_04：00：30（01：0c：cd：01：00：30）第四个字节"01"应改为"04"。因为根据 IEC61850 9-2 的规定，SV 报文的目的地址前三个字节固定为"01-0C-CD"，第四个字节为"04"，SV 报文目的地址取值范围为 01-0C-CD-04-00-00～01-0C-CD-04-01-FF。APPID：2030 错误，因为 SV 采样值报文 APPID 应在 4000～7FFF 范围内配置，可以改为 4030。

（3）smpSync 是同步标识位，用于反映合并单元的同步状态。当同步脉冲丢失后，合并单元先利用内部晶振进行守时。当守时精度满足同步要求时，应为 TRUE，当不能满足同步要求时，应变为 FALSE。

（4）状态有效标志 validity：采样通道的后 4 个字节表示品质，但只使用后 2 个字节的低 14 位，其中 bit.0-1（最右 2 位）组合用于表示数据状态，计算结果"0"为正常、"1"为无效、"2"为保留、"3"为可疑常。如果有一个电子式互感器内部发生故障（例如传感元件损坏），那么相应通道的状态有效标志位应置为无效。此时保护装置需要有针对性地增加相应的处理内容，例如线路保护装置，当保护电压通道无效时，应闭锁与电压相关的保护（如距离保护），退出方向元件等。

检修标志位 test 用于表示发出该采样值报文的合并单元是否处于检修状态。当检修压板投入时，合并单元发出的采样值报文中的检修位应为 TRUE。接收端装置应将接收的采样值报文的 test 位与自身的检修压板状态进行比对，只有当两者一致时才将信号作为有效处理或动作。

13．IEC 61850 标准规定，电子式互感器输出为多少位数的二进制数，其输出转化为十进制的量程为多少？当某电子式电流互感器的额定一次电流为 4000A 时，保护用电子式互感器的比例因子为 00E7H，那么该电子式电流互感器能测量的最大短路电流大小为多少？

答：

（1）IEC 61850 标准规定，电子式互感器输出为 16 位数的二进制数。

（2）电子式互感器输出为 16 位数的二进制数最高位为符号位，转换为十进制能表征数值为 $2^{15}-1=32767$，即量程为 $-32767～+32767$。

（3）保护用电子式互感器的比例因子为 00E7H，转换为十进制为 231，那么其能量测的短路电流倍数为 $32767/1.414/231\approx100$ 倍，因此该电子式电流互感器最大能测量的电流大小为 $4000\times100=400000A$。

14．一台 220kV 过程层交换机连接多台 IED 设备，所接端口 1-16 速率均为 100Mbps，具体情况如表 7-6 所示。该交换机采用基于 CSD 的静态组播方式，CSD 文件如图 7-8 所示。请根据以上信息回答下述问题。

表 7-6 保护及智能终端 GOOSE 控制块配置及交换机端口表

装置名称	描述	交换机端口	GSE 控制块	MAC 地址	APPID
P_M2212A	220kV A 站 220kV 母线保护 A 套	7	gocb0	01-0C-CD-01-00-01	1001
P_T2201X	220kV A 站 220kV 1 号主变压器保护	3	gocb0	01-0C-CD-01-00-0B	100B
I_T2201X	220kV A 站 220kV 1 号主变压器变高智能终端	4	gocb0	01-0C-CD-01-00-0D	100D
			gocb1	01-0C-CD-01-00-0E	100E
			gocb2	01-0C-CD-01-00-0F	100F
			gocb3	01-0C-CD-01-00-10	1010
P_L2201X	220kV A 站 220kV AB 一线线路保护	1	gocb0	01-0C-CD-01-00-25	1025
I_L2201X	220kV A 站 220kV AB 一线智能终端	2	gocb0	01-0C-CD-01-00-2D	102D
			gocb1	01-0C-CD-01-00-2E	102E
			gocb2	01-0C-CD-01-00-2F	102F
			gocb3	01-0C-CD-01-00-30	1030

（1）请根据提供的信息列出交换机静态组播表信息（见表 7-7）。

表 7-7 交换机静态组播表信息表

IEDNAME	DST-MAC-ADDRESS	IN-PORT（输入端口）	OUT-PORT（输出端口）
P_M2212A			
P_T2201X			
I_T2201X			
P_L2201X			
I_L2201X			

```
<SwConfig>
  <SwitchPar name="SW22011" desc="220kVA站220kVGOOSE A1网间隔交换机1">
    <fibConfigList>
      <dmac>01-0C-CD-01-00-01</dmac>
      <appid>1001</appid>
      <vlanid>2</vlanid>
      <portbitmap>1,2,3,4</portbitmap>
    </fibConfigList>
    <fibConfigList>
      <dmac>01-0C-CD-01-00-0B</dmac>
      <appid>100B</appid>
      <vlanid>2</vlanid>
      <portbitmap>4,7</portbitmap>
    </fibConfigList>
    <fibConfigList>
      <dmac>01-0C-CD-01-00-0D</dmac>
      <appid>100D</appid>
      <vlanid>2</vlanid>
      <portbitmap>7</portbitmap>
    </fibConfigList>
    <fibConfigList>
      <dmac>01-0C-CD-01-00-25</dmac>
      <appid>1025</appid>
      <vlanid>2</vlanid>
      <portbitmap>2,7</portbitmap>
    </fibConfigList>
    <fibConfigList>
      <dmac>01-0C-CD-01-00-2D</dmac>
      <appid>102D</appid>
      <vlanid>2</vlanid>
      <portbitmap>1,7</portbitmap>
    </fibConfigList>
  </SwitchPar>
</SwConfig>
```

图 7-8 交换机 CSD 配置 SwConfig 部分图

（2）保护及智能终端 GOOSE 控制块配置及对应单帧 GOOSE 报文如图 7-9 所示，假设所有控制块 GOOSE 报文长度均相同，以太网前导码和帧首界定符长度为 8bytes，CRC 校验码的长度为 4bytes。如果系统仅有心跳报文（T0=5s），请计算交换端口 2 流入的报文流量、交换机端口 7 流出的报文流量（按 5s 平均）。

Ethernet		
	Destination MAC:	01-0C-CD-01-00-0B
	Source MAC:	00-10-00-00-10-0B
	Ethernet Type:	0x88B8（IEC-GOOSE）
IEC-GOOSE		
	APPID:	0x100B
	App Length:	210
	Reserved1:	0x0000
	Reserved2:	0x0000
PDU	PDU Length:	199
	gocbRef:	P_T2201XPIGO/LLN0GOgocb0
	timeAllowedtoLive（TTL）:	10000（ms）
	datSet:	P_T2201XPIGO/LLN0$dsGOOSE
	goID:	P_T2201XPIGO//LLN0.gocb0
	Event Timestamp:	2023-02-26 08:10:06.445994258 Tq: 0A
	stNum:	27
	sqNum:	26464
	Test Mode:	TRUE
	confRev:	1
	ndsCom:	FALSE
	numDatSetEntries:	28
	Sequence of Data:	84

图 7-9　单帧 GOOSE 报文

（3）假设交换机交换延时 T_{sw}=5μs，忽略帧间隙，请问最不利的情况下，延时最大的数据包延时是多少？

答：

（1）交换机静态组播表信息如表 7-8 所示。

表 7-8　　　　　　　　　　交换机静态组播表信息表

IEDNAME	DST-MAC-ADDRESS	IN-PORT（输入端口）	OUT-PORT（输出端口）
P_M2212A	01-0C-CD-01-00-01	7	1、2、3、4
P_T2201X	01-0C-CD-01-00-0B	3	4、7
I_T2201X	01-0C-CD-01-00-0D	4	7
P_L2201X	01-0C-CD-01-00-25	1	2、7
I_L2201X	01-0C-CD-01-00-2D	2	1、7

（2）端口 2：I_L2201X 全部 GOOSE 数据包会流入端口。

I_L2201X：（gocb0+gocb1+gocb2+gocb3）/5s，流量为［（210bytes+18bytes）+8bytes+

4bytes〕×4×8/5s=1536bps。

端口 7：按静态组播向该端口转发的数据包进行计算。

(P_T2201X(gocb0)+I_T2201X(gocb0)+P_L2201X(gocb0)+I_L2201X(gocb0))/5s，流量为((210bytes+18bytes)+8bytes+4bytes)×4×8/5s=1536bps。

（3）最不利的情况应考虑交换机存储转发延时、交换机交换延时、交换机帧排队延时，同时考虑线路保护、线路智能终端、主变压器保护、主变压器变高智能终端同时向母线保护发送 GOOSE 数据包。因此最不利的情况下最大延时为：（228bytes+8bytes+4bytes）×4×8/100Mbps×2+5μs=240×4×8bit/(100×1024×1024bit/s)×2+5μs=0.00014648s+5μs=0.00014648×10^6μs+5μs=151.48μs。

15. 一台 220kV 过程层交换机端口 1、端口 2、端口 3 上连接 3 个 220kV 线路的合并单元，端口 4 连接网络报文分析仪，交换机全通。各合并单元发出的数据帧大小一致，报文截图如图 7-10 所示。交换机端口和网络报文分析仪的端口速度均为 100Mbps，交换机固定交换延时为 7μs。（帧首界定符和 CRC 校验码的长度分别是 8bytes、4bytes）

图 7-10　报文

（1）计算单个合并单元所发出的报文流量。

（2）计算网络报文分析仪接收 SV 报文最不利情况下的网络传输延时。

（3）若交换机端口 1 设置进口组播抑制为 5Mbps，端口 2 设置进口未知单播抑制为 6Mbps，端口 3 设置出口广播抑制为 3Mbps，计算网络报文分析仪接收的数据流量。

答：

（1）合并单元发送采样值的频率为 4000Hz，发送时间间隔为 250μs，每秒数据帧数为 4000，单个合并单元所发出的报文流量是[8+4+(226+18)]×8×4000=8.192Mbps。

（2）交换机存储转发延时[8+4+(226+18)]×8bit/100Mbps=256×8bit/(100×1024×1024bit/s)=0.000019535=19.53μs。最不利情况下的网络传输延时 2×19.53/2+7=26.53μs。

（3）端口 1 组播抑制为 5Mb/s，只有 5M 流量 SV 报文经端口 4 发出；端口 2 设置进口未知单播抑制为 6Mb/s，没有限制多播，有 8M 流量 SV 报文经端口 4 发出；端口 3 设置出口广播抑制为 3Mbps，有 8M 流量 SV 报文经端口 4 发出。因此，端口 4 发出数据流量为 5+8+8=21Mbps，即网络报文分析仪接收的数据流量。

第八章

配电网保护

一、选择题

1. 中性点经消弧线圈接地后，若单相接地故障的电流呈感性，此时的补偿方式为（　　）。

A．全补偿　　　　　　　　　　B．过补偿

C．欠补偿　　　　　　　　　　D．以上全不对

答案： B

解析： 中性点不接地系统单相故障电流为容性，经消弧线圈接地后，单相故障接地电流为电网对地电容形成的电容电流 I_C 和消弧线圈形成的电感电流 I_L 之和，$I_L > I_C$ 称过补偿，$I_L < I_C$ 称欠补偿，$I_L = I_C$ 称全补偿。

2. 基于零序方向原理的小电流接地选线继电器的方向特性，对于无消弧线圈和有消弧线圈过补偿的系统，如方向继电器按正极性接入电压，电流按流向线路为正，对于故障线路零序电压超前零序电流的角度是（　　）。

A．均为+90°

B．均为–90°

C．无消弧线圈为–90°，有消弧线圈为+90°

D．无消弧线圈为+90°，有消弧线圈为–90°

答案： D

解析： 若无消弧线圈补偿，故障线路流过的电流为其他所有线路电容电流之和，方向为线路流向母线，电压滞后于电流 90°，由于方向继电器规定母线流向线路为正，呈现出电压超前电流 90°的特征。当线路发生过补偿时，电流变为感性电流，呈现出电压滞后电流 90°的特征。

3. 观察 35kV 母线电压和零序电压（$3U_0$）录波（见图 8-1），判断电网发生（　　）。

A．功率振荡　　　　　　　　　B．相间短路

C．铁磁谐振　　　　　　　　　D．接地故障

答案： C

解析： 图 8-1 中，出现零序电压，可以排除功率振荡和相间短路，三相相电压均呈现周期性摆动，可以排除单相接地短路，并进一步确定是发生分频的铁磁谐振，而非高频或基频铁磁谐振。铁磁谐振是电磁式电压互感器，在某些切换操作或接地故障消失后，与导线对地电容或其他设备的杂散电容形成特殊的三相或单相谐振回路。在实际运行条件下，分次谐波的铁磁谐振最容易产生。当线路很长、C 很大时，回路自振角频率很低，就容易出现分频谐振。

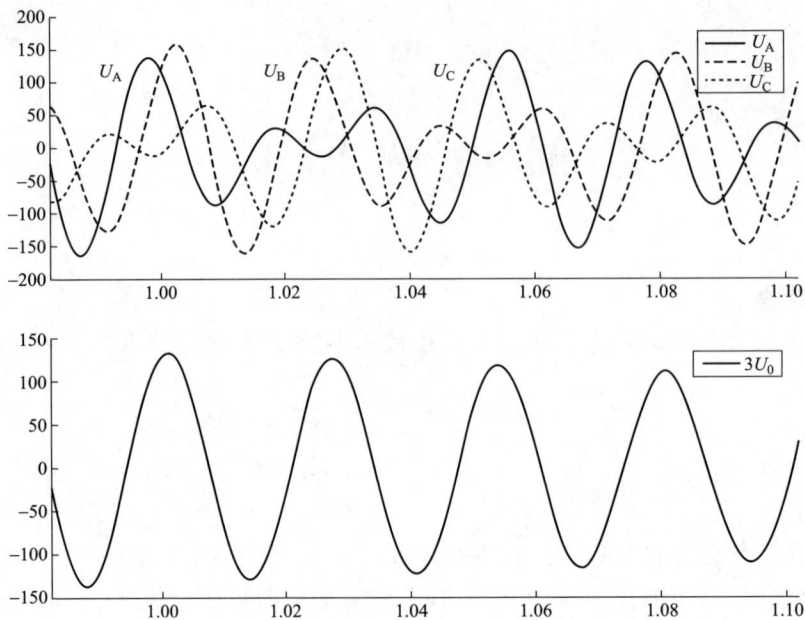

图 8-1　电压录波图

4. 电压互感器开口三角绕组的额定电压，在小电流系统中为（　　）。

A. $100/\sqrt{3}$ V

B. 100V

C. 100/3V

D. $\sqrt{3} \times 100$V

答案：C

解析：当小电流接地系统发生单相接地故障时，故障相电压为 0，非故障相电压升高 $\sqrt{3}$ 倍，开口 $3U_0 = U_a + U_b + U_c = 3U_N$，为了使得开口三角绕组的电压为 100V，小电流接地系统的电压互感器变比为 $\dfrac{U_N}{\sqrt{3}} \Big/ \dfrac{0.1}{\sqrt{3}} \Big/ \dfrac{0.1}{3}$ kV。

5. 在小电流接地系统中，当某处发生单相接地时，忽略电容电流，母线电压互感器开口三角的电压的特点为（　　）。

A. 故障点距母线越近，电压越高

B. 故障点距母线越近，电压越低

C. 故障点距母线远或近，基本上电压一样高

D. 不确定

答案：C

解析：在小电流接地系统中，当发生单相接地时，可在中性点直接接地系统单相接地复合序网图（见图 8-2）的基础上，令 $Z_{\Sigma 1}=0$、$Z_{\Sigma 2}=0$，并不计线路元件的零序阻抗。

由复合序网可得各序电压为

$$\dot{U}_{KA1}^{(1)} = \dot{E}_A，\quad \dot{U}_{KA2}^{(1)} = 0，\quad \dot{U}_{KA0}^{(1)} = -\dot{E}_A$$

由此可见，零序电压也就是开口三角电压等于 $-\dot{E}_A$，不受故障点距离远近影响。

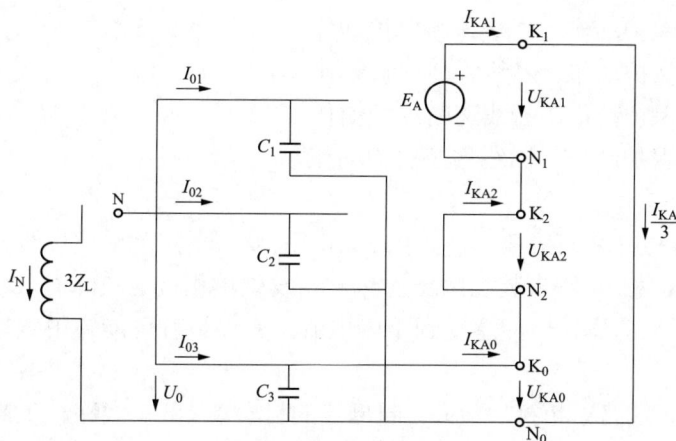

图 8-2 复合序网图

6. 在中性点不接地系统中，当发生单相接地故障时，故障点的零序电流大小为（　　）。

A. 所有线路的电容电流之和

B. 全系统非故障元件对地电容电流之总和

C. 等于故障线路的电流

D. 非故障线路本身的电容电流

答案：A

解析：在小电流接地系统中，当发生单相接地故障时，非故障线路 $3I_0$ 的大小等于本线路的接地电容电流，故障线路 $3I_0$ 的大小等于所有非故障线路的 $3I_0$ 之和，故障点 $3I_0$ 的大小等于所有线路的 $3I_0$ 之和。

7. 在小电流接地系统中，当发生 A 相接地时，下列说法正确的是（　　）。

A. B、C 相对地电压分别都升高到 1.73 倍

B. B、C 相对地电压不受影响

C. AB 相间电压降为 57.7V

D. CA 相间电压降为 57.7V

答案：A

解析：在小电流接地系统中，当发生单相接地故障时，故障相电压为 0，非故障相电压升高 $\sqrt{3}$ 倍，相间电压不变。

8. 由三只电流互感器组成的零序电流滤过器，在负荷电流对称的情况下有一组电流互感器二次侧断线，流过零序电流继电器的电流是（　　）倍负荷电流。

A. 3　　　　　　　B. $\sqrt{3}$　　　　　　　C. 1　　　　　　　D. 2

答案：C

解析：正常运行三相对称时，$\dot{I}_0 = \dot{I}_A + \dot{I}_B + \dot{I}_C = 0$，A 相断线时，$\dot{I}_A = 0$，$\dot{I}_0 = \dot{I}_A + \dot{I}_B + \dot{I}_C = -\dot{I}_A$。

9. 某变电站的 10kV 线路各保护均按照 A 相、C 相和零序三个电流互感器配置。该站两条相邻 10kV 线路在相同位置处发生 AB 异名相接地故障，即 10kV 甲线发生 A 相接地故障，10kV 乙线发生 B 相接地故障。下列动作情况最有可能发生的是（　　）。

A．甲线速断保护动作、乙线速断保护动作

B．甲线零序保护动作、乙线零序保护动作

C．甲线零序保护动作、乙线速断保护动作

D．甲线速断保护动作、乙线零序保护动作

答案： D

解析： 不同线路异名相接地时，等同于相间故障，不完全星形接线只在两相装有电流互感器（通常 A、C 相），当未装互感器的那一相发生单相接地故障时，故障电流不流过继电器，过流保护无法动作，但能感受到零序电流，所以最有可能为甲线速断保护动作、乙线零序保护动作。

10．一条 10kV 线路单相接地故障，同母线的另一条 10kV 线路柱上断路器同时间发生保护动作跳闸且没有故障点，则可能是（　　）。

A．柱上断路器零序定值设置过大　　　　B．柱上断路器零序定值设置过小

C．柱上断路器过流定值设置过小　　　　D．柱上断路器过流延时设置过短

答案： B

解析： 在不接地系统中，当发生单相接地故障时，故障线路流过所有非故障线路电容电流。非故障线路流过本线电容电流。非故障线路保护误动可能是零序定值设置过小，未躲过本线路电容电流，导致区外故障保护误动作。

11．级差保护型协同式主站自愈，即具有 1～2 个分段开关和至少 1 个联络开关。如图 8-3 所示，该线路以级差协同自愈条件投入保护时，CB 过流二段延时 0.7s，断路器 A4 过流二段延时宜投入（　　）。

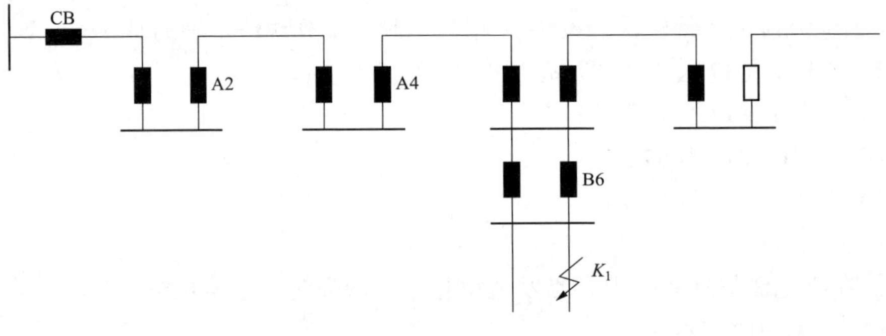

图 8-3　系统示意图

A．1s　　　　　　B．0.7s　　　　　　C．0.3s　　　　　　D．0.1s

答案： C

解析： 级差型保护主要依靠上、下级开关电流、时间的配合来保证选择性，时间级差一般取 0.2～0.3s，考虑串供级数较多，级差取 0.2s，A2 可取 0.7−0.2=0.5s，A4 可取 0.5−0.2=0.3s。

12．柱上断路器、柱上负荷开关、断路器柜、负荷开关柜内用于故障检测的相电流互感器准确级选型应考虑故障时可能引起的（　　）问题。

A．过励磁　　　　　B．开路　　　　　　C．饱和　　　　　　D．发热

答案：C

解析：配电终端用于故障检测的电流互感器应采用 P 级电流互感器；电流互感器的变比应考虑故障时可能引起的饱和问题。

13．配网全电缆线路上，某成套断路器柜配套使用的零序电流互感器变比为 20/1，准确限值为 10P10。当该断路器负荷侧出现了 300A 以上故障电流的接地故障时，该零序电流互感器可能会引起（　　）。

A．过励磁　　　　　　　B．饱和　　　　　　　C．开路　　　　　　　D．发热

答案：B

解析：该互感器在准确级范围内允许的最大短路电流为 20×10=200A。当通过电流大于 200A 时，则可能造成饱和，电流传变的准确性不能保证。

14．配电自动化成套设备控制器投入联络模式后，开关处于分闸位置，监测到双侧有压，控制器执行（　　）逻辑功能。

A．双侧得电合闸　　　　　　　　　B．单侧得电合闸

C．得电合闸　　　　　　　　　　　D．禁止自动合闸

答案：D

解析：为了防止配自开关自动合闸造成的非同期、非计划性合环，就地馈线自动化功能应具备双侧有压禁止合闸功能。

15．变电站馈线保护、分段断路器保护失配时，为避免故障区域判断不清和隔离范围扩大，应采取措施保证站内馈线断路器第一次重合后故障判定过程中，任何时刻只能有 1 台分段断路器合闸，重合时间应适当延长。一般应按照（　　）的优先顺序逐级恢复非故障区域的供电。

A．主干线-重要分支线-用户分支线　　　　B．重要分支线-主干线-普通分支线

C．重要分支线-主干线-用户分支线　　　　D．主干线-重要分支线-普通分支线

答案：D

解析：变电站馈线保护、分段断路器保护失配时，为避免故障区域判断不清和隔离范围扩大，应采取措施保证站内馈线断路器第一次重合后故障判定过程中，任何时刻只能有 1 台分段断路器合闸，重合时间应适当延长。一般应按照主干线、重要分支线、普通分支线的优先顺序逐级恢复非故障区域的供电。

16．某自动化终端接入的电压互感器变比为 10/0.22，现场失压定值整定为 $80\%U_{n}$，则装置中"失压定值"整定项的输入值应为（　　）。

A．25V　　　　　　　　B．55V　　　　　　　C．80V　　　　　　　D．176V

答案：D

解析：电压互感器二次额定值为 220V，失压定值为 $0.8U_{n}=0.8×220=176V$。

17．下列不属于电压-时间型真空负荷开关成套装置功能有（　　）。

A．无压分闸　　　　　　　　　　　B．有压延时合闸

C．短时闭锁分闸　　　　　　　　　D．过流跳闸

答案：D

解析：电压-时间型配电终端是通过线路终端之间的电压逻辑配合和时序配合，实现线

路故障的就地识别、隔离和非故障区域恢复供电。

18．当投入二次重合闸功能时，第一次重合闸时间 T_1 应与馈线自动化负荷开关（　　）配合，确保线路断路器第一次重合闸前馈线自动化负荷开关在分闸状态。

　　A．来电合闸时间（X 时限）　　　　　　B．合闸确认时间（Y 时限）

　　C．分闸延时时间（Z 时限）　　　　　　D．失压合闸时间（XL 时限）

　　答案：C

　　解析：电压-时间型馈线终端通过变电站出线的跳-合来保证有压、无压，再通过与变电站出线跳闸时间、重合时间的配合进行故障的正确隔离。变电站出线第一次跳闸后，终端失压分闸，第一次重合后，终端有压合闸，为了保证终端在第一次重合闸前可靠分闸，第一次重合闸时间 T_1 应大于馈线自动化负荷断路器"分闸延时时间（Z 时间）"。

19．若开关合闸之后在设定的时间内失压，则自动分闸并闭锁合闸，此功能为（　　）。

　　A．正向闭锁分闸功能　　　　　　　　　B．反向闭锁分闸功能

　　C．正向闭锁合闸功能　　　　　　　　　D．反向闭锁合闸功能

　　答案：C

　　解析：Y 闭锁功能：合闸后（包括人工合闸、人工按解锁延时合闸、正常得电延时合闸）Y 时限内失压瞬时分闸，正向闭锁合闸。

20．在就地型配网自动化线路中，线路开关投入二次重合闸功能，过流保护末段的时间应（　　）配网自动化开关的关合确认时间（Y，又称故障确认时间），并留有适当的时间裕度。

　　A．小于　　　　　　B．等于　　　　　　C．大于　　　　　　D．以上都可以

　　答案：A

　　解析：分段自动化负荷开关"关合确认时间 Y"需考虑自动化负荷开关合于故障后线路断路器可靠切除故障时间，同时需满足在下级自动化负荷开关合闸之前，本级自动化负荷开关关合确认可靠返回。其中，$T_Y \geq T_L' + \Delta T$，$T_Y < T_X$（式中：T_L' 为线路断路器保护最末段动作时间，T_X 为下级分段有压合闸时间）。

21．假设在一条馈线的站端配置一台柱上智能断路器，设置跳闸时间、一次重合闸时限、二次重合闸和闭锁重合闸时限分别为 1、5、60、3s，在该馈线的中间段配置一台柱上智能电压型负荷开关，其失压脱扣分闸时限、一次有压延时合闸时限、闭锁合闸和闭锁分闸时限分别为 3.5、7、5、5s。假如该线路末端发生永久性故障，那么从首端断路器第一次断开时开始计算，恢复非故障区域供电大约需要（　　）。

　　A．50s　　　　　　B．65s　　　　　　C．70s　　　　　　D．73s

　　答案：D

　　解析：线路末端发生永久性故障，变电站馈线 1s 跳闸，开始计时，变电站馈线 5s 重合后，首台分段 7s 合闸，合于永久性故障，变电站馈线再次经 1s 后跳闸，首台分段瞬时跳开并闭锁合闸，馈线经二次重合闸时间后，恢复非故障区域供电，5s（一次重合时间）+7s（有压合闸时间）+1s（二次跳闸时间）+60s（二次合闸时间）=73s。

22．低电阻接地系统中接地电阻的选取宜为（　　），单相接地故障时零序电流以 1000A 左右为宜。

A．5～20Ω B．10～25Ω C．15～20Ω D．5～30Ω

答案： D

解析： 《3kV～110kV 电网继电保护装置运行整定规程》（DL/T 584—2017）第 7.2.13.2 条：10kV～35kV 低电阻接地系统中接地电阻宜为 5Ω～30Ω，单相接地故障时零序电流（$3I_0$）以 1000A 左右为宜。

23．接地选线启动电压应避免正常工况操作和重载等情况频繁启动，应躲正常运行零序电压，原则上取值（ ）。

A．10～20V B．10～25V C．15～25V D．15～30V

答案： C

解析： 接地选线启动电压应避免正常工况操作和重载等情况频繁启动，应躲正常运行零序电压，一般取 15%～25%U_n，即 15～25V。

24．配电自动化开关具备零压分闸功能的，零压分闸功能应投入，零序电压门槛值应（ ）小电流接地选线装置的零序电压门槛值；零压分闸动作时间应（ ）选线跳闸时间（含后加速）。零序电压定值宜整定为 15～18V，时间可取 0～0.1s。

A．低于，大于 B．低于，小于 C．高于，大于 D．高于，小于

答案： B

解析： 配电终端零压分闸功能主要作用为合到接地故障的快速分闸，为了防止其后端接地故障再次引起变电站选线装置动作跳闸，其定值需与变电站选线装置零序电压启动值、选线跳闸时间、后加速跳闸时间配合，零序电压门槛值应低于小电流接地选线装置的零序电压门槛值；零压分闸动作时间应小于选线跳闸时间（含后加速）。

25．用于 10kV 消弧线圈接地系统的专用接地变压器阻抗呈现（ ）特征。

A．正序阻抗→∞，零序阻抗→0 B．正序阻抗、零序阻抗→0

C．正序阻抗、零序阻抗→∞ D．正序阻抗→0，零序阻抗→∞

答案： A

解析： 接地变压器的原理是三个铁芯柱上的磁势是一组三相平衡量，相位差 120°，产生的磁通可在三个铁芯柱上互相形成回路，磁路磁阻小，磁通量大，感应电势大，呈现很大的正序、负序阻抗。由于其每相线圈分成两组分别反向绕在该相磁柱上，当通过一定大小的零序电流时，流过同一铁芯柱上的 2 个单相绕组的电流方向相反且大小相等，零序电流产生的磁势正好相反抵消。当发生单相接地故障时，零序电流经大地流入中性点，并且被等分为三份流入接地变压器，由于流入接地变压器的三相电流相等，所以中性点 N 的位移不变，三相线电压仍然保持对称，理想情况其零序阻抗为零。

26．某变电站 10kV 母线原设计为消弧线圈接地方式，现改为小电阻接地方式，以下说法错误的是（ ）。

A．10kV 线路零序电流保护可退出运行

B．10kV 线路零序电流保护第一段动作于跳闸

C．10kV 线路零序电流保护第二段动作于告警

D．接地变压器中性点上装设零序电流保护

答案： A

解析：中性点不接地系统及经消弧线圈接地系统发生单相接地故障时，零序电流较小，仅为系统电容电流，通过配置小电流接地选线装置隔离接地故障；小电阻接地方式和消弧线圈并小电阻接地方式，人为将中性点接地阻抗变小，当发生单相接地故障时，流过线路零序电流可达数百安培，通过配置具备零序过流或相关功能的线路保护设备进行故障隔离。

27．10kV 变压器容量为 800kVA，短路电压百分比为 7%，变压器高压侧开关 TA 变比为 200/5、零序 TA 变比为 100/5，变压器低压侧相间故障时，高压侧流过的最小故障电流 $I_{d.min}$=150A，则高压侧开关相间过流 II 段定值（二次值）合理的是（　　）。

A．1A　　　　　　B．2A　　　　　　C．3A　　　　　　D．3.5A

答案：B

解析：配电变压器过流 II 段按躲主变压器额定负荷电流整定，可靠系数取 1.3～2，自启动系数取 1.0～1.2，返回系数，微机型保护取 0.95～1，电磁型保护取 0.85，主变压器额定电流为 800/1.732/10=46.19A，过流 II 段范围 1.3×46.19/1.2/0.95～2×46.19/1.0/0.95，即 53～97A，二次值 1.3～2.42A。

28．分布式电源专线并网线路、分布式电源上网存在整定配合困难的线路应配置光纤电流差动保护作为主保护，关于差动保护范围描述正确的是（　　）。

A．超出线路全长一定比例　　　　　　B．线路全长

C．短于线路全长一定比例　　　　　　D．视具体情况而定

答案：B

解析：差动保护范围为线路全长。

29．通过 10（6）kV 电压等级接入公共电网的分布式电源，并网点频率在 48～49.5Hz 范围之内时，频率每次低于 49.5Hz，分布式电源应能至少运行（　　）。

A．0min　　　　　B．5min　　　　　C．10min　　　　　D．15min

答案：C

解析：《分布式电源并网技术要求》（GB/T 33593—2017）第 7.3 条：通过 10（6）kV 电压等级直接接入公共电网，以及通过 35kV 电压等级并网的分布式电源宜具备一定的耐受系统频率异常的能力，应能够在表 8-1 所示电网频率范围内按规定运行。

表 8-1　　　　　　　　　　分布式电源的频率响应时间要求

频率范围	要求
$f<48$Hz	变流器类型分布式电源根据变流器允许运行的最低频率或电网调度机构要求而定；同步发电机类型、异步发电机类型分布式电源每次运行时间一般不少于 60s，有特殊要求时，可在满足电网安全稳定运行的前提下做适当调整
48Hz≤$f<49.5$Hz	每次低于 49.5Hz 时要求至少能运行 10min
49.5Hz≤$f≤50.2$Hz	连续运行
50.2Hz<$f≤50.5$Hz	频率高于 50.2Hz 时，分布式电源应具备降低有功输出的能力，实际运行可由电网调度机构决定；此时不允许处于停运状态的分布式电源并入电网
$f>50.5$Hz	立刻终止相电网线路送电，且不允许处于停运状态的分布式电源并网

30．按照《分布式电源接入配电网技术规定》（NB/T 32015—2013）的要求，非计划孤岛情况下，防孤岛保护动作时间不大于（　　）。

A．2s　　　　　　　B．5s　　　　　　　C．8s　　　　　　　D．10s

答案：A

解析：《分布式电源接入配电网技术规定》（NB/T 32015—2013）第 9.4 条，分布式电源应具备快速监测孤岛且立即断开与电网连接的能力，防孤岛保护动作时间不大于 2s，其防孤岛保护应与配电网侧线路重合闸和安全自动装置动作时间相配合。

31．根据图 8-4 中的逻辑原理，下列说法正确的是（　　）。

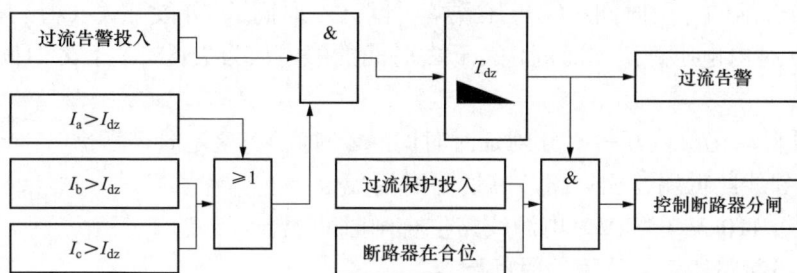

图 8-4　逻辑原理图

A．开关必须在合位，过流保护才能动作出口跳闸

B．开关不在合位，过流保护也能动作出口跳闸

C．过流保护要动作，必须任意一相电流超过 I_{dz}（过流定值）

D．过流保护要动作，必须三相相电流超过 I_{dz}（过流定值）

答案：AC

解析：由图 8-4 可知：当三相电流值至少有一相达到整定值且过流告警信号投入时经一定延时后发过流告警信号，此时若过流保护投入且断路器在合闸位置则断路器分闸出口。

32．配电终端简称（　　）。

A．DTU　　　　　　B．FTU　　　　　　C．DUU　　　　　　D．FUU

答案：AB

解析：配电自动化终端是指配电网的各种远方监测、控制单元的总称，包括馈线终端（FTU）、站所终端（DTU）、故障指示器等。

33．电压-时间型配电终端应具有（　　）。

A．失电后分闸功能

B．得电延时后合闸功能

C．单侧失压延时（可整定）后合闸功能

D．开关合闸闭锁功能

答案：ABCD

解析：电压-时间型配电终端是通过线路终端之间的电压逻辑配合和时序配合，实现线路故障的就地识别、隔离和非故障区域恢复供电。应具备失压分闸、有压合闸、故障区间闭锁合闸的功能。

34．电压-时间型配电终端整定的关键参数有（　　　）。

A．X 时间　　　　　B．Y 时间　　　　　C．Z 时间　　　　　D．D 时间

答案：ABC

解析： 依据《配电网电压时间型馈线保护控制技术规范》（NB/T 42166—2018）中规定：①分段开关（柜）合闸延时时间（X 时间），分段开关（柜）在分闸状态下，单侧来电后合闸的延时时间；②联络开关（柜）合闸延时时间（XL 时间），联络开关（柜）在两侧有电压，分闸状态下，单侧失压后合闸的延时时间；③合闸确认时间（Y 时间），分段开关（柜）合闸后，电压-时间型馈线保护测控单元判断开关是否合闸到故障线路，以确定是否分闸，且闭锁合闸的一段时间；④电压跌落时间（Z 时间），分段开关（柜）在 X 时间计时或 Y 时间计时内电压跌落的时间，大于 Z 时间的停电认为失压，小于 Z 时间的停电不认为失压。

35．分段自动化负荷开关"分闸延时时间（Z 时间）"整定时需考虑（　　　）配合。

A．与相邻线路近端三相短路故障切除时间配合

B．与上级 110kV（35kV）电源线路重合闸时间配合

C．与线路断路器切除故障的时间配合

D．与上级电源备自投动作时间配合

答案：ABD

解析： 电压-时间型馈线自动化保护动作逻辑为失压分闸，有压合闸，为了保证其可靠动作，分段自动化负荷开关"分闸延时时间（Z 时间）"需考虑与以下时间配合：

（1）与相邻线路近端三相短路故障切除时间配合，防止相邻线路三相短路故障情况下，分段负荷开关误分闸；

（2）与上级 110kV（35kV）电源线路重合闸时间配合，防止上级 110kV（35kV）电源线路重合闸期间，分段自动化负荷开关误分闸；

（3）与上级电源备自投动作时间配合，防止上级电源备自投动作期间，分段自动化负荷开关误分闸。

36．配网线路投入级差型保护，永久性接地故障由零序电流保护切除，（　　　）零序电流保护均应投入并满足级差配合。

A．变电站馈线保护　　　　　　　　B．配电线路分段断路器保护

C．联络断路器保护　　　　　　　　D．用户分界断路器保护

答案：ABD

解析： 配网线路发生单相接地故障，若安装消弧线圈，瞬时性接地故障由消弧线圈消除；永久性接地故障由零序电流保护切除，为保证选择性，变电站馈线保护、配电线路分段断路器保护、用户分界断路器零序电流保护均应投入并满足级差配合。

37．小电流接地选线的轮切方式有（　　　）。

A．固定轮切　　　　　　　　　　　B．自动轮切

C．选择性轮切　　　　　　　　　　D．无条件轮切

答案：AB

解析： 小电流接地选线在未正确选线时启动轮切功能（非长时限轮切），切除接地故

障。当设置为固定轮切时，根据运行要求设置轮切顺序；当设置为自动轮切时，装置根据装置记录出线历史运行数据轮切线路。

38. 当小电流接地选线装置用零序 TA 安装时，高压电缆屏蔽层接地方式错误的是（图中接地线与电缆连接处为屏蔽层最末端）（   ）。

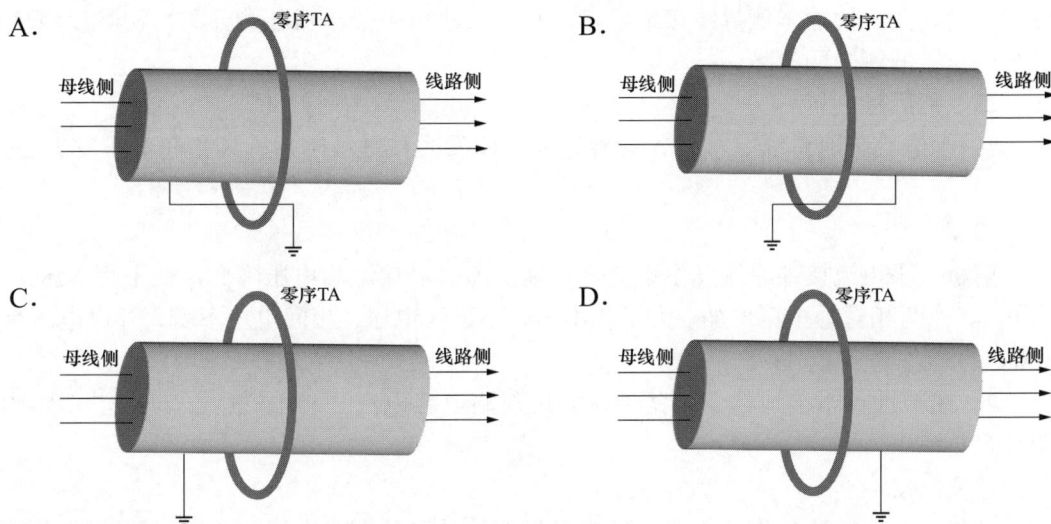

A.
零序TA
母线侧
线路侧

B.
零序TA
母线侧
线路侧

C.
零序TA
母线侧
线路侧

D.
零序TA
母线侧
线路侧

答案：BC

解析：接入小电流接地选线装置的零序 TA 安装过程中，当屏蔽层接地线穿过零序 TA 时，必须将屏蔽地线重新穿出零序 TA 后再接地，使流过屏蔽层的电流和流过屏蔽层地线的电流发生抵消，以消除流过屏蔽层的零序电流影响电流采集的精度；若屏蔽层接地线在零序 TA 前接地，此时将该屏蔽地线在零序 TA 靠线路侧直接接地，使屏蔽层电流不流过零序 TA。如图 B 所示错误接线，当系统发生接地故障时，地网一旦产生压差，零序 TA 感应到流过电缆屏蔽层的电流，造成零序电流采集不正确。

39. 小电流接地选线装置的零序 TA 变比宜采用（   ）。

A. 50/1   B. 100/1   C. 200/5   D. 150/5

答案：AB

解析：《小电流接地系统单相接地故障选线装置运行规程》（T/CSEE 0056—2017）选线装置零序电流互感器选型：①零序电流互感器的内径尺寸应根据电缆外径选取。②宜选择穿芯式零序电流互感器。③零序电流互感器变比不宜大于 100，也不宜小于 30；电流互感器一次额定电流宜按系统电容电流值的 2 倍选取。④零序电流互感器二次额定电流为 1A 时，其容量应不小于 2.5VA 时，其容量应不小于 5VA。⑤零序电流互感器的准确级宜选用 5P 级。

40. 某变电站 10kV 母线原设计为不接地方式，现改为小电阻接地方式，当接地变压器直接接于变电站供电变压器相应的引线上时，其接地变压器跳闸出口应增加（   ）跳闸出口。

A. 跳分段开关   B. 跳变低开关
C. 闭锁低压侧备自投   D. 跳变压器各侧开关

答案：ABCD

解析：改为小电阻接地方式后，10kV 出线依靠零序过流保护切除单相接地故障，通过接地变压器与 10kV 出线零序的配合保证选择性。直接接于变电站变压器相应的引线上时，零序电流保护 1 时限跳母联或分段开关并闭锁备自投，选择出故障母线，2 时限跳供电变压器同侧开关，切除本侧母线接地故障，3 时限跳供电变压器各侧开关，切除接地变引出线与变压器低侧之间故障。

二、判断题

1．小电流接地系统中，当 A 相经过渡电阻发生接地故障后，各相间电压发生变化。

（　　）

答案：×

解析：小电流接地系统发生不完全接地故障时，接地相电压降低，低于相电压，但不为 0，其他两相对地电压增加，大于相电压，小于线电压，相间电压不变，开口电压有 0～100V 的输出。

2．在中性点不接地的变压器中，如果忽略电容电流，相电流中一定不会出现零序电流分量。

（　　）

答案：√

解析：零序电流产生的必要条件为发生接地故障且有零序通路，变压器不接地，缺乏必要条件。

3．同一站内存在多条电容电流较大线路时，在优先保证高阻故障灵敏度前提下，可利用调整重合闸时间来提高供电可靠性。

（　　）

答案：√

解析：同一变电站存在多条电容电流较大线路，为了保证高阻接地灵敏度，非故障线路可能躲不过区外故障流过本线的电容电流，且无法采用零序电流保护时间级差配合（死循环），可采用重合闸时间配合，重合后引起线路再次跳闸的即为故障线路。

4．线路发生两相短路时，短路点处正序电压与负序电压相等。

（　　）

答案：√

解析：BC 两相短路故障边界条件为 $I_{KA}^{(2)} = 0$，$I_{KB}^{(2)} + I_{KC}^{(2)} = 0$，$U_{KB}^{(2)} = U_{KC}^{(2)}$；应用对称分量法，故障的序分量为 $U_{KA0}^{(2)} = 0$，$U_{KA1}^{(2)} = \frac{1}{3} \times [U_{KA}^{(2)} + \alpha U_{KB}^{(2)} + \alpha^2 U_{KC}^{(2)}] = \frac{1}{3} \times [U_{KA}^{(2)} - U_{KB}^{(2)}]$，$U_{KA2}^{(2)} = \frac{1}{3} \times [U_{KA}^{(2)} + \alpha^2 U_{KB}^{(2)} + \alpha U_{KC}^{(2)}] = \frac{1}{3} \times [U_{KA}^{(2)} - U_{KB}^{(2)}]$，所以故障点处序分量关系为 $U_{KA1}^{(2)} = U_{KA2}^{(2)}$。

5．对于负荷电流与线路末端短路电流接近的供电线路，过电流保护定值按躲负荷电流整定，但应在灵敏范围外装设负荷开关或有效的熔断器。

（　　）

答案：×

解析：对于负荷电流与线路末端短路电流数值接近的供电线路，过电流保护的电流定值按躲负荷电流整定，但在灵敏系数不够的地方应装设断路器或有效的熔断器。

6．在同一小电流接地系统中，所有出线装设两相不完全星形接线的电流保护，电流互感器装在同名相上，这样发生不同线路两点不同相接地短路时，相电流保护切除两条线

路的概率是 2/3。 （ ）

答案：×

解析：假设所有出线电流互感器均装在 A、C 相上，甲、乙线线路两点不同相接地短路时，总共有 6 种情况，其中只有甲 A、乙 C 和甲 C、乙 A 两种情况时会切除两条线路，所以概率为 1/3。

7．负荷开关是指能够关合、承载和开断正常回路条件下的电流，并能关合，以及在规定的时间内承载和开断异常回路条件（如短路条件）下的电流的机械开关装置。 （ ）

答案：×

解析：负荷开关是指能够在回路正常条件（也可包括规定的过载条件）下关合、承载和开断电流以及在规定的异常回路条件（如短路）下，在规定的时间内承载电流的开关装置。

8．配电终端合闸确认时间（Y 时限）应该比该线路站端重合闸时间长。 （ ）

答案：×

解析：配电终端合闸确认时间（Y 时限）应考虑合于故障后线路断路器可靠切除故障的时间，比该时间长整定，以保证合于故障开关跳开后能可靠闭锁。

9．接地变压器接于变电站相应的母线上，零序电流保护 1 时限跳母联开关，2 时限跳供电变压器同侧开关，3 时限跳供电变压器各侧开关。 （ ）

答案：×

解析：当接地变压器接于变电站相应的母线上时，变压器低压侧断路器断开即将接地变压器与系统断开，所以零序电流保护 1 时限跳母联或分段断路器并闭锁备自投，2 时限跳接地变和供电变压器的同侧开关。

10．消弧线圈接地系统或不接地系统发生接地故障时由于站外配电终端无法准确识别出本区段内故障，站内小电流接地选线装置选线跳闸信号不启动主站集中型馈线自动化。 （ ）

答案：√

解析：主站集中型馈线通过配电主站与配电终端的双向通信，根据实时采集的配电网和配电设备运行信息及故障信号，由配电主站自动计算或辅以人工方式远程控制开关设备投切，实现配电网运行方式优化、故障快速隔离与供电恢复。消弧线圈接地系统或不接地系统发生接地故障时，由于目前站外配电终端无法准确识别出本区段内接地故障，相当于信息缺失，故站内小电流接地选线装置选线跳闸信号不启动主站集中型馈线自动化。

11．根据电压—时间型开关动作原理，当变电站出线开关与第一台自动化开关之间的线路出现故障时，主线上的所有自动化开关将全部跳开，正向不进行合闸。 （ ）

答案：√

解析：该故障区域变电站出线重合后加速跳闸，首级分段有压合闸时间（X 时限）大于出线断路器最长跳闸时间，不合闸，且产生 X 闭锁。

12．10kV 小电流选线装置的"后加速动作延时"应大于本母线各条线路全部配电终端进行

一次得电合闸操作的延时最大值，可确保配电终端合于故障时装置能有效加速跳闸。（ ）

答案：×

解析：当配电终端不具备合到零压快速分闸功能或者该功能异常，且配电终端合到接地故障时，不能就地切除，依靠变电站小电流接地后加速动作切除故障。因此，小电流接地选线装置"后加速开放延时"大于本母线各条线路全部配电终端进行一次得电合闸操作的延时最大值，可确保配电终端合于接地故障且选线装置后加速能有效加速跳闸。

13．10kV 小电流选线装置的"后加速动作延时"应大于本母线各条线路全部配电终端"合到零压快速分闸延时"，可确保配电终端合于接地故障时装置能就地切除故障。

（ ）

答案：√

解析：配电终端的"合到零压快速分闸延时"为配自开关合闸后出现零序电压加速跳配自开关的延时，10kV 小电流选线装置的"后加速动作延时"为在小电流接地选线"后加速开放延时"出现零序电压加速跳 10kV 出线的延时，为了保证配自开关后端接地故障可就地快速切除，配电终端的"合到零压快速分闸延时"应小于 10kV 小电流选线装置的"后加速动作延时"。

14．分布式电源应具备快速检测孤岛且立即与电网断开连接的能力。非计划孤岛情况下，接入电网的分布式电源应在 2s 内与电网断开。（ ）

答案：√

解析：《分布式电源并网技术要求》（GB/T 33593—2017）第 9.5 条：分布式电源应具备快速检测孤岛且立即与电网断开连接的能力，防孤岛保护动作时间不大于 2s，其防孤岛保护应与配电网侧线路重合闸和安全自动装置动作时间相配合。

15．在电网电压和频率恢复正常后，通过 380V 电压等级并网的分布式电源需要经过一定延时后才能重新并网，延时值应大于 10s。（ ）

答案：×

解析：《分布式电源接入配电网技术规定》（NB/T 32015—2013）第 9.5 条：系统发生扰动脱网后，在电网电压和频率恢复到正常运行范围之前分布式电源不允许并网。在电网电压和频率恢复正常后，通过 380V 电压等级并网的分布式电源需要经过一定延时时间后才能重新并网，延时值应大于 20s，并网延时由电网调度机构给定；通过 10（6）kV～35kV 电压等级并网的分布式电源恢复并网应经过电网调度机构的允许。

三、简答题

1．小电流接地系统发生单相接地故障时其电流、电压有何特点？

答：

小电流接地系统发生单相接地故障时，故障点产生等于相电压幅值的零序电压，通过线路流回大地。电压、电流有以下特点：

（1）电压：在接地故障点，故障相对地电压为零；非故障相对地电压升高至线电压；三个相间电压的大小与相位不变；零序电压大小等于相电压。

（2）电流及相位：非故障线路 $3I_0$ 等于本线路接地电容电流，由母线流向线路，零序电流超前零序电压 90°；故障线路 $3I_0$ 等于所有非障线路接地电容电流之和，由线路流向母线，零序电流滞后零序电压 $90°$；接地故障点的 $3I_0$ 等于全系统（包括故障与非故障线路）接地电容电流之总和，零序电流超前零序电压 $90°$。

2．配电网的零序电流保护的时限特性和相间短路电流保护的时限特性有何异同？

答：

接地故障和相间故障电流保护的时限特性都按阶梯原则整定。不同之处在于因为变压器的三角形绕组侧后面无零序电流流通，接地故障零序电流保护的动作时限不需要从离电源最远处的保护逐级增大，而相间电流可跨过变压器流通，相间故障的电流保护的动作时限必须从离电源最远处的保护开始逐级增大。

3．在中性点非直接接地系统中，当上、下级线路安装相间短路的电流保护时，上级线路安装在 A、C 相上，而下级安装在 A、B 相上，有何优缺点？当两条线路并列运行时，这种安装方式有何优缺点？

答：

在中性点非直接接地系统中，允许单相接地时继续短时运行，在不同线路不同相别的两点接地形成两相短路时，可以只切除一条故障线路，另一条线路继续带接地点运行。不考虑同相的故障，两线路异名相接地故障组合共有 6 种形式，即（1A、2B）、（1A、2C）、（1B、2A）、（1B、2C）、（1C、2A）、（1C、2B）。

题中，当两条线路上级装在 A、C 相，下级装在 A、B 相上时，考虑上下级线路完全配合，下级线路发生 A 相、B 相接地时，即发生（1B、2A）、（1C、2A）、（1A、2B）（1C、2B）故障时，与上级线路形成异名相接地故障，呈现两相接地短路特性，下级线路可切除故障，当下级线路发生 C 相接地故障时，即发生（1A、2C）、（1B、2C）故障时，由于下级 C 相未安装 TA，不能采集到故障电流，但故障电流仍呈现两相接地短路特征，该故障电流同时流过上、下级，上级线路 A 相、C 相采集到故障电流，切除故障，6 种异名相接地故障均可切除。

两条线路并列运行时，若线路动作延时一样，在（1A、2B）、（1C、2A）、（1C、2B）三种情况时，两条线路同时切除；在（1A、2C）故障情况下，只切除线路 1；在（1B、2A）故障情况下，只切除线路 2；在（1B、2C）故障情况下，两条线路均不会切除。部分异名相故障不能快速切除，尽量不采用此种接线方式。

4．如图 8-5 所示，某 10kV 线路投入级差保护型协同式主站自愈模式时，定值如表 8-2 所示，请写出相间短路故障点在 B6 后段时的主站自愈动作过程。

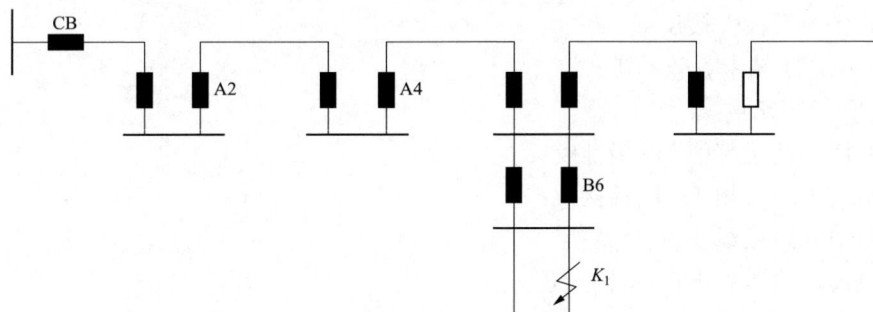

图 8-5 系统示意图

表 8-2   定 值 信 息

开关	CB	A2	A4	B6
过流 1 段	0.3s	0.15s	0s	0s
过流 2 段	0.7s	0.5s	0.3s	0.1s

答：

当 B6 开关后段支线或用户设备发生严重永久性故障时，CB、A2、A4、B6 开关过流 1 段均启动，此时 A4、B6 开关均跳闸且最终在分闸状态。因 A4 开关保护动作跳闸，主站自愈启动并判断故障范围在 B6 开关后段，此时因 B6 开关已在分位，主站自愈转电策略动作遥合 A4 开关，恢复故障点上游供电。

5. 电压-时间型馈线自动化分段开关 Z 时间（失压分闸时间）整定需考虑哪些因素？

答：

需考虑以下因素：

（1）考虑与上级 110kV 或 35kV 母线其他 110kV（35kV）线路的最末段保护时间配合，防止上级 110kV 或 35kV 母线其他 110kV（35kV）线路故障过程中将系统电压拉低情况下误分闸出现大面积失压动作，同时考虑在 10kV 母线其他出线故障将系统电压拉低情况下不出现失压动作；

（2）考虑与上级 110kV（35kV）电源线路重合闸时间配合，防止上级 110kV（35kV）电源线路重合闸期间，分段开关误分闸；

（3）考虑与上级电源备自投动作时间配合，防止上级电源备自投动作期间，分段开关误分闸；

（4）考虑与本线路重合闸时间配合，保证本级线路重合之前，分段断路器已失压分闸。

6. 引起小电流接地选线装置不正确动作的原因有哪些？请至少列出 5 条。

答：

原因可能有：

（1）定值设置错误；

（2）漏投、误投压板；

（3）零序电压极性接反；

（4）TV 的 N 端未有效接地；

（5）TV 一次异常；

（6）专用、组接零序 TA 极性反；

（7）组接零序某相 TA 极性接反；

（8）出口回路接线错误；

（9）电流、电压、出口回路松动。

7. 如图 8-6 所示 10kV 系统，某条 10kV 馈线中段接入分布式电源（DG），试分析故障点分别在 F1、F2、F3、F4 时，DG 接入后对保护 P1 的影响。

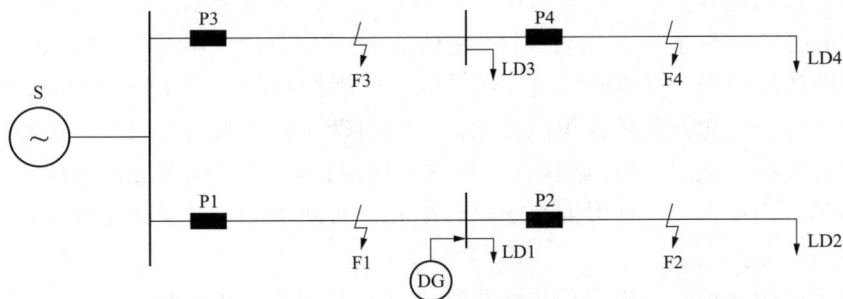

图 8-6　系统示意图

答：

（1）F1 点发生金属性短路时，DG 产生的短路电流未流过 P1，且对故障点电压不产生影响，对 P1 无影响。当 F1 发生非金属性短路且 DG 容量较大，则 DG 会导致短路点的短路电流明显增大、过渡电阻上的短路电压会有所升高，表现为阻抗变大，进而使得系统电源供出的短路电流有所减少，这会影响到 P1 保护的灵敏度，严重时导致 P1 电流速断保护拒动。

（2）当 F2 点发生短路故障时，系统电源和 DG 共同向短路点提供短路电流。此时，保护 P2 流过来自系统电源和 DG 的短路电流，短路电流较 DG 接入前有所增加，因此有利于 P2 可靠动作并切除故障线路。此时，虽然 P1 也流过来自系统电源的短路电流，但在与 P2 配合时，要考虑分支系数的影响，防止配合后导致 P1 定值过大导致灵敏度降低。

（3）当 F3 点发生短路故障时，保护 P1 将流过来自 DG 的反方向的故障电流。若此电流足够大，且 P1 电流保护不带方向，可能导致 P1 误动并切除本线路，造成 LD1、LD2 与 DG 形成电力孤岛，最终 DG 将自行解列。

（4）当 F4 点发生短路故障时，对 P1 影响同 F3 点发生故障。

8．110kV 某变电站 10kV 系统为消弧线圈并联小电阻接地系统，该系统控制策略是系统发生接地故障后，立即投入消弧线圈，若接地故障一直存在，5s 后，投入小电阻，接地故障消失后，该控制系统立即复归。

条件 1：所有 10kV 馈线保护定值设置如下：投入二次重合闸，一次重合闸延时 5s，二次重合闸延时 180s，重合闸充电延时 182s（大于本线路全部自动化负荷开关进行一次得电合闸操作的延时要求，并留有足够的时间裕度），重合闸闭锁时间 5s，相过流保护末段延时及零序过流保护末段延时均为 1.6s。

条件 2：所有 10kV 馈线的主干线均配置电压-时间型配网自动化装置，且均投入分段模式，定值设置如下：X 时限 7s，Y 时限 5s，Z 时限 3.5s，无合到零压快速分闸功能。

事故经过：该站某条 10kV 馈线末端发生永久性接地故障，消弧线圈开始补偿，5s 后小电阻短时投入，该 10kV 馈线零序过流保护延时 1.6s 动作，该线所有自动化开关失压分闸，接地故障消失，变电站内消弧线圈并小电阻控制器立即复归，5s 后该线一次重合闸动作，该线各级自动化开关依次得电合闸，末级自动化开关合于永久接地故障，消弧线圈再次补偿，小电阻延时 5s 投入，站内零序保护第二次动作跳闸，该线所有自动化开关再次失压分闸，接地故障消失，变电站内消弧线圈并小电阻控制器立即复归，180s 后该线二次重合闸动作，各级自动化开关依次得电合闸，末级自动化开关再次合于永久接地故障，消弧线圈又一次补偿，小电阻延时 5s 投入，站内零序保护延时 1.6s 第三次动作跳闸，由于该次跳闸距离第二次重合闸动作时间小于重合闸充电时间182s，重合闸未充电，不再进行重合，试回答：

（1）简述站内保护与站外自动化开关配合可能存在的一些问题。

（2）请合理设置定值。

答：

（1）站内保护与站外自动化开关配合存在问题。自动化开关 Y 时限需考虑开关合于故障后线路断路器可靠切除故障的时间。本案例中，线路断路器保护最末段动作时间应包括相过流保护和零序过流保护的最大动作时间。其中，10kV 馈线零序过流保护动作延时，实际为小电阻投入时间 5s+10kV 馈线零序过流保护动作延时 1.6s，总计为 6.6s。该延时大于10kV 馈线配网自动化开关的 Y 时限延时定值 5s，配网自动化开关无法正确闭锁合闸，导致二次重合闸失败。

（2）消除存在问题可采用的措施。

措施 1：可采用提高 Y 时限的措施。具体为小电阻投入延时为 5s，10kV 馈线零序过流保护 1.6s 跳闸，所以，本站 10kV 馈线的配网自动化开关的 Y 时限不能低于 5+1.6=6.6s，并留有适当的时间裕度，可取 8s；X 时限应大于 Y 时限，并留有适当的时间裕度，可取 9s。

措施 2：可采用降低小电阻投入延时的措施。具体为故障时消弧线圈并联小电阻装置的小电阻投入延时不能大于 5–1.6=3.4s，并留有适当的时间裕度，可取 2s。

9. 10kV 线路有村民砍伐树木，树木倒向导线从而引起 10kV 线路 910 开关过流保护动作，重合闸成功。线路上自动化开关均投入电压时间型功能，X 时限（合闸前判断前段故障延时）Y 时限（合闸后判断后段故障延时）配置依次为

10kV 支 01 开关：X：49s，Y：5s；

10kV 01 开关：X：42s，Y：5s；

10kV 02 开关：X：7s，Y：5s；

10kV 03 开关：X：7s，Y：5s；

10kV 支 03 开关：X：14s，Y：5s。

系统示意图如图 8-7 所示。请分析线路上自动化开关动作情况及定值是否存在问题。

答：

动作过程：按电压时间型逻辑，910 开关过流Ⅲ段保护动作跳闸，10kV 线路全线失压，投入电压时间型功能的支 01 开关、01 开关、02 开关、03 开关、支 03 开关执行两侧失压分闸逻辑。之后，910 开关重合闸成功，支 01 开关、01 开关依次执行电源侧得电延时合闸逻辑。

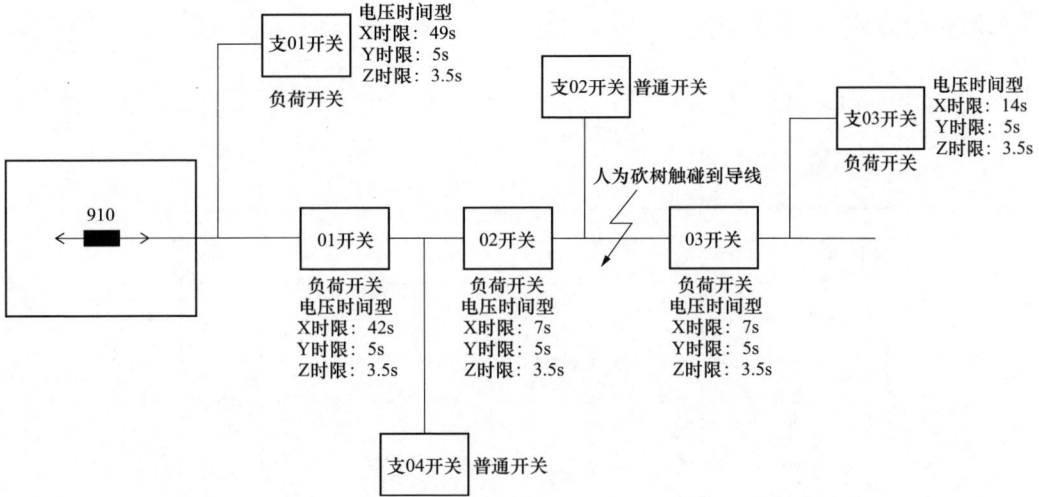

图 8-7 系统示意图

因后段线路有短路故障，02 开关合闸后，910 开关再次检测到短路故障跳闸，线路再次失压，已经合闸的 01 开关、支 01 开关失压分闸。02 开关由于在 Y 时限内失压，判断后段线路有故障，因此失压分闸的同时产生正向闭锁，闭锁电源侧来电合闸。而 03 开关则在 X 时限计时期间失压，判断前段线路有故障，产生反向闭锁，闭锁负荷侧来电合闸。支 03 开关也因 03 开关未合闸，电源侧无来电，保持分闸。支 01 开关也在合闸后 Y 时限 5s 内失压，产生正向闭锁，电源侧来电不合闸。

定值存在问题：由于 X 时限配合冲突，支 01 开关与 02 开关实际上同时得电合闸，02 开关合到故障使变电站开关保护动作，Y 时限内失压的同时，支 01 开关也在合闸后 Y 时限 5s 内失压，产生正向闭锁误判开关后段故障。

四、计算分析题

1. 某配电网接线如图 8-8 所示，方框内为 110kV 变电站站内设备，方框外为配电网络，10kV 系统为 10Ω 小电阻接地系统。假定各断路器所配置的保护均满足本整定原则的要求，各级配合时间级差取 0.3s；403、405 为 400V 断路器；各 TA 保护变比均为 500/5。

已知：

（1）系统归并至 110kV A、B 变电站 10kV 母线的等值阻抗标幺值均为 $Z_{xt.max}=0.4$，$Z_{xt.min}=0.2$；基准容量为 100MVA，基准电压为 10.5kV。

（2）LGJ-150 导线单位阻抗 $Z=0.43\Omega/km$，线路安全载流量为 445A。

（3）F1、F2、F3 表示有负荷，且 F1＝1200kVA，F2＝2000kVA，F3＝1200kVA。

（4）配电变压器 1、配电变压器 2 为油浸式变压器，配电变压器参数如图 8-8 所示。未配置高压侧零序电流保护。

（5）变电站 A、B 主变压器低压侧后备与出线配合有关的保护定值为。

1）过流 I 段：$I'_{DZI}=4000A$，T_1＝0.8s 跳本侧；

2）过流 II 段：$I'_{DZII}=2000A$，T_2＝2.0s 跳本侧。

（6）400V 备自投：400V 备自投实现配电变压器 1 与配电变压器 1′低压母线电源互

为备用的备投方式。

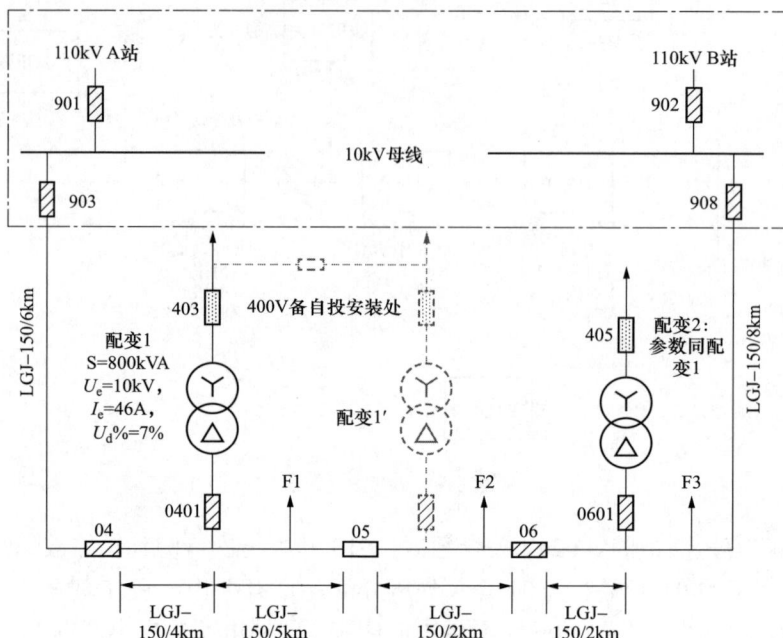

图 8-8 某配电网接线方式

（7）04、05、06 断路器的保护配置为三段式过流保护及二段式零序过流保护。

（8）110kV A、B 站 10kV 侧接地变零序电流 I 段跳分段电流一次值为 75A，时间为 2.5s。

试进行 903 断路器保护定值整定计算。

答：

（一）参数计算。

10kV 母线正序等值阻抗：

$$Z_{xt.max} = 0.4 \times 10.5^2 / 100 = 0.44(\Omega)$$

$$Z_{xt.min} = 0.2 \times 10.5^2 / 100 = 0.22(\Omega)$$

线路正序阻抗：

903-04 断路器段：$Z_1 = 0.43 \times 6 = 2.58(\Omega)$

04-05 断路器段：$Z_2 = 0.43 \times (4+5) = 3.87(\Omega)$

04-0401 断路器段：$Z_3 = 0.43 \times 4 = 1.72(\Omega)$

05-06 断路器段：$Z_4 = 0.43 \times 2 = 0.86(\Omega)$

06-908 断路器段：$Z_5 = 0.43 \times (2+8) = 4.3(\Omega)$

06-0601 断路器段：$Z_6 = 0.43 \times 2 = 0.86(\Omega)$

配电变压器 1、2 正序阻抗：$Z_t = 7\% \times 10^2 / 0.8 = 8.75(\Omega)$

（二）903 断路器保护整定计算。

（1）相间过流保护：

1）过流 I 段保护。

a）按躲过本线路末端最大短路电流整定为

$$I_{DZ\,I} \geq K_K \times I_{k\,max}^3 = K_K \times \frac{U_{xt}/\sqrt{3}}{Z_{xt.min} + Z_1} = 1.3 \times \frac{10500/1.732}{0.22 + 2.58} = 2814.5(A)$$

二次值=2814.5/(500/5)=28.1(A)

$$T_1 = 0(s)$$

b）校核被保护线路出口大方式下三相短路的灵敏系数为

$$I_{k\,max}^3 = \frac{U_{xt}/\sqrt{3}}{Z_{xtmin}} = \frac{10500/1.732}{0.22} = 27556A，\quad K_{lm} = \frac{27556}{2814.5} = 9.8 > 1$$

满足要求，故投入本段。

2）过流 II 段保护。

a）与变压器低压侧的电流 I 段配合整定。

$$I_{DZ\,II} \leq I'_{DZI} / K_P = 4000/1.1 = 3636(A)$$

$$T_2 = 0.8 - 0.3 = 0.5(s)$$

b）保本线路末端故障有灵敏系数整定。

$$I_{DZ\,II} \leq \frac{U_{xt}/2}{(Z_{xt.max} + Z_1) \times K_{lm}} = \frac{10500/2}{(0.44 + 2.58) \times 1.3} = 1337(A)$$

综上，电流取 b）、时间取 a）为本段定值，即二次值=1337/（500/5）=13.4A，$T_2 = 0.5s$。

3）过流 III 段保护。

a）与变压器低压侧的电流末段保护配合整定。

$$I_{DZ\,III} \leq I'_{DZII} / K_P = 2000/1.1 = 1818(A)$$

$$T_3 = 2 - 0.3 = 1.7(s)$$

b）按保证相邻线末故障满足灵敏度要求整定。

$$I_{DZ\,III} \leq I_{kmin}^2 / K_{lm} = \frac{U_{xt}/2}{(Z_{xtmax} + Z_1 + Z_2) \times K_{lm}} = \frac{10500/2}{(0.44 + 2.58 + 3.87) \times 1.2} = 635(A)$$

c）按躲负荷电流整定。

$$I_{DZ\,III} \geq K_k \times I'_{gfh} = K_k \times \sum(S_e/\sqrt{3}U_e)$$
$$= 1.3 \times (800 + 1200 + 2000 + 800 + 1200)/(1.732 \times 10) = 450(A)$$

d）按 LGJ-150 导线的安全载流量整定。

$$I_{DZ\,III} \leq K_k \times K \times I_f / K_{fh} = 1.3 \times 1.1 \times 445/0.95 = 669.8(A)$$

其中，K_k 为可靠系数，取 1.3；K 为线型系数，架空线取 1.1，电缆线取 1；I_f 为线路安全载流量；K_{fh} 为返回系数，取 0.95。

e）按 TA 变比 1.2 倍整定。

$$I_{DZ\,III} \leq 1.2 \times 500 = 600(A)$$

综上所述，取 e）为本段电流定值，a）为本段时间定值，即二次值＝600/（500/5）＝6A，$T_3 = 1.7s$。

4）过负荷。

按 0.9 倍相间电流末段整定，即 $I_{gfhI} = 0.9 \times I_{DZ\,III} = 540A$ 。

二次值=540/（500/5）=5.4A，T_{gfh} = 5s，发告警。

（2）零序过流保护。

因该系统为 10kV 小电阻接地系统，无系统电容参数，故按如下方法整定：

1）零序过流Ⅰ段保护。

按与接地变压器配合整定。

$$I_{01} \leqslant 75/1.1 = 68(A)$$
$$二次值 = 68/（500/5）= 0.68(A)$$
$$T_{01} = (T'_{01} - \Delta T)/2 = (2.5 - 0.3)/2 = 1.1(s)$$

2）零序过流Ⅱ段保护：25A。

（3）重合闸。

1）如为电缆线路，重合闸功能退出。

2）如为非馈线自动化配网架空线路，重合闸采用三相一次重合闸，非同期重合闸方式，重合闸时间整定不低于 0.5s（建议取 1s），重合闸充电时间可取 15s。

2. 如图 8-9 所示，变电站 1 的 10kV 母线为小电阻接地系统，变电站 2 的 10kV 母线为不接地系统。配置小电流接地选线装置，站内 10kV 出线 1、2 定值及线路上分段定值如图 8-9 所示，变电站 2 的 10kV 小电流选线装置跳闸时间为 5s，且不具备后加速跳闸功能（计算过程忽略跳闸脉冲、开关固有合闸时间及跳闸时间）。

（1）请计算图 8-9 所示分支 1 过流Ⅰ、Ⅱ段定值（假设变电站 1、变电站 2 过流Ⅰ段对 K_1 故障有灵敏度）。

（2）正常方式下，K_1 点发生永久性单相接地故障时，计算当分支 1 由 10kV 出线 1 供电时隔离故障所需时间。

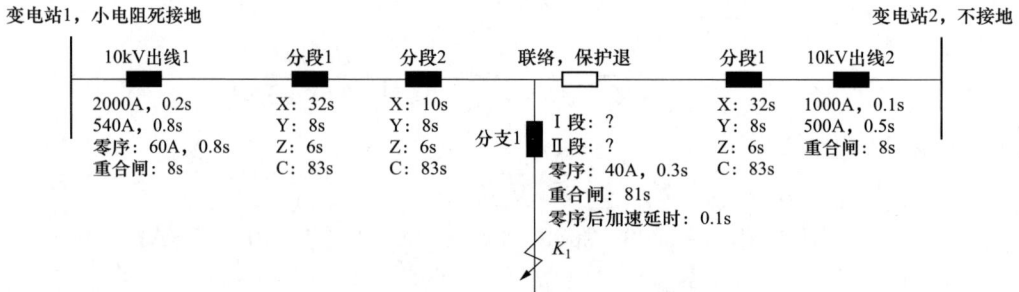

图 8-9 系统示意图

（3）在调整运行方式后，10kV 出线 1 断路器处冷备用。当 K_1 点发生永久性单相接地故障时，计算当分支 1 由 10kV 出线 2 供电时隔离故障所需时间。（配合系数 K_k 为 1.1，级差为 0.2s）

答：

（1）分支 1 过流Ⅰ、Ⅱ段定值按如下整定：

1）过流Ⅰ段。

与上一级电流型保护的过流 I 段（变电站 1 和 2 的出线断路器过流 I 段定值较小值）配合，1000A，0.1s。

$$I_I \leqslant \frac{I'_I}{K_k} = \frac{1000}{1.1} = 909(A)，时间取 0s$$

可取 900A，0s。

2）过流 II 段。

与上一级电流型保护的过流 II 段（变电站 1 和 2 的出线断路器过流 II 段定值较小值）配合，500A，0.5s。

$$I_{II} \leqslant \frac{I'_{II}}{K_k} = \frac{500}{1.1} = 454(A)$$

$$t_{II} \leqslant t'_{II} - \Delta t = 0.5 - 0.2 = 0.3(s)$$

可取 450A，0.3s。

（2）当分支 1 由 10kV 出线 1 供电时，隔离故障所需时间。

变电站 1 为小电阻死接地系统，当 10kV 分支 1 发生单相接地故障时，由分支 1 零序过流保护经 0.3s 跳闸，81s 重合于永久性故障，经后加速延时后跳闸隔离故障。

T=0.3+81+0.1=81.4s，经 81.4s 隔离故障。

（3）当分支 1 由 10kV 出线 2 供电时，隔离故障所需时间。

变电站 2 为不接地系统，当 10kV 分支 1 发生单相接地故障时，由于其零序过流保护无法跳闸，需 10kV 小电流接地选线装置 5s 跳闸，10kV 出线 2 经 8s 重合，32s 后分段 1 得电合闸，合于永久性接地，由于选线装置无后加速功能，经 5s 后小电流选线再次跳闸，同时 10kV 分段 1 经 Y 闭锁隔离故障。

T=5s+8s+32s+5s=50s，经 50s 隔离故障。

3．如图 8-10 所示，变电站出线断路器 CB1 投入二次重合闸，开关 A、B、C、D、E、F、G 均为电压型柱上开关。其中 A、B 开关的下一级具有分支线路，且分支线上均配置有电压型柱上开关。设时间间隔均为 7s，请整定各开关的来电合闸时间（X 时限，按先干线后支线复电）。

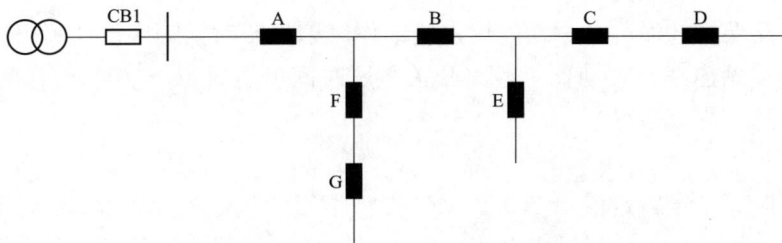

图 8-10　系统示意图

答：

多方向投电压时间型保护，由于分支和主干线电压型开关同时得电，则分支需等待主线开关合闸后方可合闸；由于变电站出线投入二次重合闸功能，第一级分段无需等待变电站出线弹簧储能及充电时间，题中要求按 A-B-C-D-E-F-G 的合闸顺序，则：

（1）由于 CB1 具有二次重合闸，第一级分段开关 A 的 X 时限整定为 7s；

（2）开关 A 的下一级具有 B、F 两个支路，可设主干线支路 B 开关先合闸，则整定开关 B 的 X 时限为 7s；

（3）开关 B 的下一级同样具有 C、E 两个支路，同样设主干线支路 C 开关先合闸，则整定开关 C 的 X 时限为 7s；

（4）开关 C 的下一级无分支线，只有一个开关 D，其 X 时限整定为 7s；

（5）E 支路需要等待 C 支路合闸完成后再进行合闸，C 支路的时间和（T_c+T_d）为 14s，则开关 E 的 X 时限应在 C 支路时间和的基础上增加 7s，设为 21s；

（6）F 支路需要等待 B 支路合闸完成后再进行合闸，B 支路的时间和（T_b+T_e）为 28s，则开关 F 的 X 时限应在 B 支路时间和的基础上增加 7s，设为 35s；

（7）开关 F 的下一级只有一个开关 G，其 X 时限整定为 7s。

综上，电压-时间型配自开关合闸时间主要与其得电后需等待合闸的配自数目有关，可得出 $T_X^n = (M+1)T_X$。其中，T_X^n 为第 n 个合闸的配自断路器，M 为开关得电后需等待其前面合闸的配自断路器数，T_X 为分段断路器 X 时间。

4. 110kV 甲站 10kV 甲线与 110kV 乙站 10kV 乙线联络，两条线在同一个自愈馈线组，投入主站与电压-时间协同型自愈闭环运行，10kV 乙线 60 号杆 G01 断路器为普通断路器，10kV 乙线 120 号杆 G01 断路器为 10kV 甲线与 10kV 乙线联络断路器、处分闸位置，两线具备相互代供条件。系统示意图如图 8-11 所示。10kV 甲线 65、113 号杆 G01 断路器为逻辑干线断路器，投入电压时间型功能。××××年××月××日 13:00 分 10kV 甲线 76 号杆处发生一起永久短路故障，请回答以下问题。

（1）请解释电压时间型逻辑定值中 X、Y、Z 三个时限的含义。

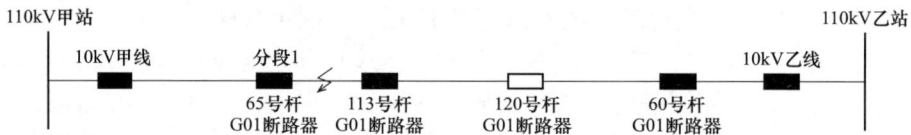

图 8-11　系统示意图

（2）若线路保护功能、自愈功能均正确动作，请按照时间顺序依次写出开关的动作情况（需包含变电站出线开关动作、线路开关电压时间型逻辑每一次分闸/合闸/闭锁情况，自愈定位、隔离、恢复情况）。

答：

（1）电压时间型逻辑定值中 X、Y、Z 三个时限的含义分别为：①X 时限：得电合闸时限，开关单侧得电后，延时得电合闸；②Y 时限：合闸检测时限，开关合闸后，时限内再次失压，开关分闸并闭锁合闸；③Z 时限：失电分闸时限，开关双侧失电后，延时分闸。

（2）动作情况如下：

1）××××年××月××日 13:00 分 10kV 甲线保护动作跳闸；

2）10kV 甲线 65、113 号杆 G01 断路器失电分闸；

3）10kV 甲线重合闸动作，重合成功；

4）10kV 甲线 65 号杆 G01 断路器得电合闸；

5）10kV 甲线保护动作跳闸；

6）10kV 甲线 65 号杆 G01 断路器分闸并正向闭锁合闸（Y 时限闭锁合闸）；

7）10kV 甲线 113 号杆 G01 断路器反向闭锁合闸（X 时限闭锁合闸）；

8）10kV 甲线断路器重合成功；

9）自愈启动，故障定位为：10kV 甲线 65 号杆至 10kV 甲线 113 号杆段故障；

10）自愈恢复策略为：合上 110kV 乙站 10kV 乙线 120 号杆 G01 断路器。

5. 如图 8-12 所示配电网，西区 01/02/03/04 开关、东区 01 开关投入电压时间型馈线自动化功能，联络 05 开关退出就地保护功能，可通过配网主站自愈功能分合开关。××××年××月××日，A 站 10kV 小电流接地选线装置动作跳西区 905 开关，重合成功，后续检查线路开关动作情况为西区 01、西区 02 开关跳闸，配网自愈动作合西区-东南 05 联络开关，西区 03、西区 04 开关跳闸，B 站 10kV 小电流接地选线装置动作跳东南 906 开关，重合成功。事后巡线发现西区 01 开关与西区 02 开关间线路、西区 04 开关后段线路均发生 C 相永久接地故障。

（1）根据上述动作情况，请分析造成西区 01 开关、西区 02、西区 03 开关、西区 04 开关跳闸的原因。

（2）针对上述动作结果，请对案列涉及线路的自动化开关定值提出整改意见。

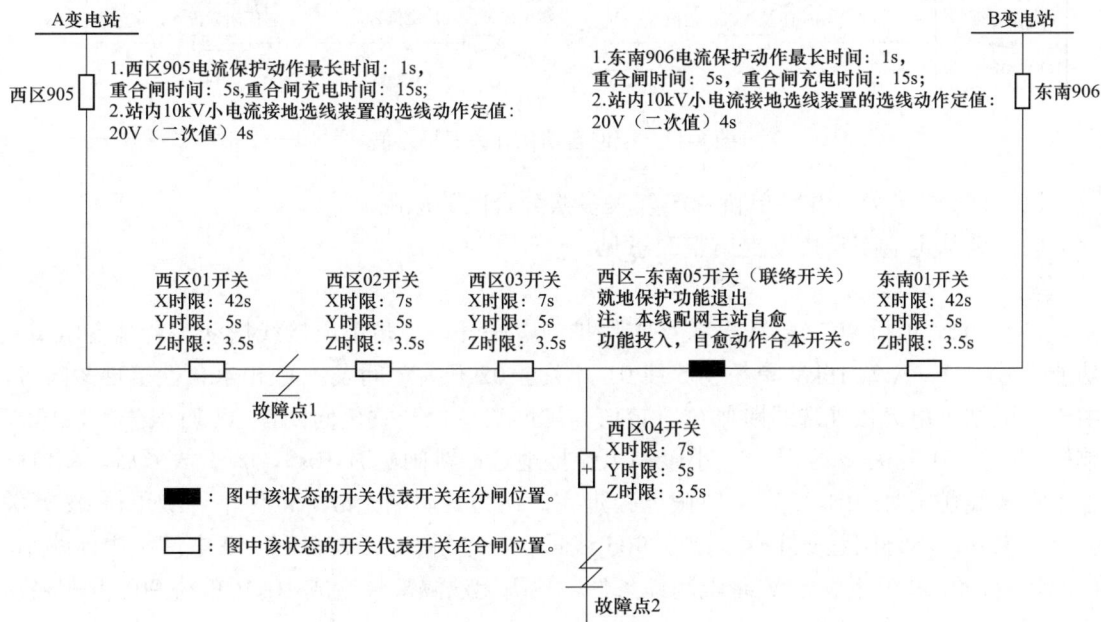

图 8-12 系统示意图

答：

（1）若西区 01 开关与西区 02 开关间线路为永久性接地故障，A 站西区 905 开关第一次重合后，西区 01 开关来电后合闸，合于故障点，造成西区 905 开关第二次跳闸，西区 01 开关失压分闸且 Y 时限闭锁合闸，西区 02 开关失压分闸且 X 时限反向闭锁合闸；西区

04 开关在 A 站西区 905 开关第一次跳闸后已失压分闸。

当西区 01 开关与西区 02 开关间线路隔离后，配网主站启动自愈，合上西区-东南 05 联络开关。西区 03 开关因与西区 04 开关的 X 时限相同，整定未考虑配合，来电后同时合闸。B 站 10kV 小电流接地选线装置检测到发生接地故障，动作跳东南 906 开关，西区 03、04 开关同时触发 Y 时限闭锁，均闭锁合闸，无法定位故障点，扩大了停电范围。

（2）整改建议如下：配网开关定值除考虑正常供电方式，还需考虑转供电运行方式。本案列应调整西区 03 开关或西区 04 开关 X 时限定值，两者 X 时限不能相同，否则会导致同一时刻有两个电压时间型开关合上，扩大停电范围。

6. 如图 8-13 所示配电网，单桥 01/02/03 开关投入电压时间型馈线自动化功能。××××年××月××日，35kV A 站 10kV 单桥 905 线 01 开关至 02 开关之间发生 C 相永久性接地故障，造成 35kV A 站 10kV 单桥 905 开关连续跳闸 6 次，最终由调度员对本开关进行拉路，隔离故障。

事后调查发现：35kV A 站为不接地系统，10kV 单桥 905 线 01 开关终端保护的零序开口三角电压接线松动，终端无法采集零序电压，35kV A 站小电流接地选线装置跳闸延时整定为 10s，单桥 905 线路保护一次重合闸时间 5s，配网自动化开关保护定值如图 8-13 所示。

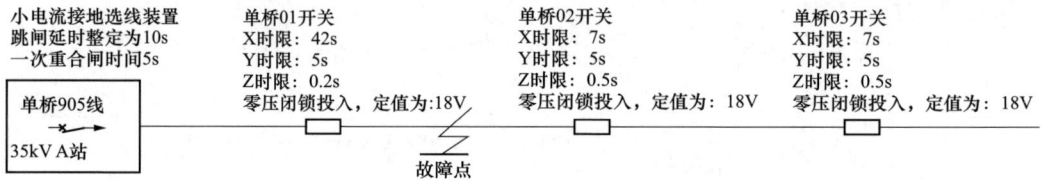

图 8-13　配网自动化开关保护定值

（1）请分析造成 10kV 单桥 905 开关多次分合闸的原因。

（2）请从定值整定角度提出整改意见。

答：

（1）10kV 单桥 905 线 01 开关终端保护的零序开口三角电压接线松动，合到零压闭锁功能失效。35kV A 站 10kV 单桥 905 线 01 开关至 02 开关之间发生 C 相永久性接地故障时，由于变电站小电流接地选线跳闸延时定值与配网自动化开关正向闭锁 Y 时限失配，10kV 单桥 905 线 01 开关 Y 时限 5s（小于小电流接地选线跳闸延时 10s），合于故障后，变电站小电流选线跳闸时，01 开关 Y 时限已经走完，认为其后端无故障，但下一级单桥 02 开关 X 时限未到，不合闸且产生 X 闭锁，905 线重合，单桥 01 开关合闸，变电站小电流跳闸，如此反复，01 开关不满足 Y 时限闭锁条件，故障无法隔离，造成 10kV 单桥 905 开关多次分合闸。

（2）整改建议为：将 A 站小电流接地选线跳闸延时整定小于各终端 Y 时限，5s−Δt=4s；或将 10kV 单桥 905 线 01、02、03 开关 Y 时限定值改大于小电流选线时间，10s+Δt=12s。同时注意，各终端 X 时限不得小于 Y 时限设置，将 10kV 单桥 905 线 02、03 开关 X 时限定值改为 12s+Δt=14s。

7. 某站 35kV 母线为低电阻接地，配置一台接地站用变压器，接地站用变压器型号

DKSC-1000/35-315/0.4，短路阻抗电压 10%，零序电抗 97.8Ω，中性点接地电阻 106Ω。某日雷雨天气，第 4 组集电线发生 C 相金属性接地故障，集电线与接地变部分定值如表 8-3 所示（假定跳闸出口设置无误，忽略集电线路及外部阻抗），请指出保护动作行为，并分析该行为是否合理，如不合理请给出整改建议。

表 8-3　　　　　　　　　　　　　　　　集电线与接地变定值

序号	定值项名称	单位	定值	备注
一	第 4 组集电线部分定值			
1	保护 TA 一次额定值	A	1000	
2	保护 TA 二次额定值	A	1	
3	零序 TA 一次额定值	A	100	
4	零序 TA 二次额定值	A	1	
5	过流Ⅰ段定值	A	1	
6	过流Ⅰ段时间	s	0	跳集电线
7	过流Ⅱ段定值	A	0.6	
8	过流Ⅱ段时间	s	0.3	跳集电线
9	零序过流Ⅰ段定值	A	1.2	
10	零序过流Ⅰ段时间	s	0.4	跳集电线
11	零序过流Ⅱ段定值	A	1	
12	零序过流Ⅱ段时间	s	0.6	仅发告警
二	1 号站变兼接地变部分定值			
1	保护 TA 一次额定值	A	300	
2	保护 TA 二次额定值	A	1	
3	高压零序 TA 一次额定值	A	200	
4	高压零序 TA 二次额定值	A	1	
5	过流Ⅰ段定值	A	0.3	跳变低三个分支
6	过流Ⅰ段时间	s	0	
7	过流Ⅱ段定值	A	0.14	跳变低三个分支
8	过流Ⅱ段时间	s	0.3	
9	高压零序过流定值	A	0.7	跳变低三个分支
10	高压零序过流时间	s	0.6	

答：

（1）短路电流计算：集电线 C 相接地故障，计算流过集电线、接地变压器的零序电流 $3I_0$，即故障点综合零序阻抗等效值为 $Z = \dfrac{\sqrt{(3R)^2 + X_t^2}}{3} = \dfrac{\sqrt{(3 \times 106)^2 + 97.8^2}}{3} = 110.9\Omega$，单相接地流故障电流为 $\dfrac{35000}{\sqrt{3} \times 110.9} = 182.2\text{A}$。

（2）保护动作情况如下：

1）集电线：流过集电线的 C 相电流等于零序电流为 182A，未超过集电线路相过流值，超过零序 I 段定值，集电线零序过流 I 段会在 0.4s 跳集电线。

2）接地变压器：流过接地变压器的相电流：$I_a=I_b=I_c=I_0=182.2/3=60.7$（A），超过接地变压器高压侧过流 II 段定值，流过接地变压器零序电流为 182.2A，超过接地变压器高压零序过流定值，又因为接地变压器高压侧过流 II 段时间为 0.3s，零序为 0.6s，则接地变压器过流 II 段保护 0.3s 跳主变压器低侧三个分支，接地变高侧零序过流保护会在 0.6s 跳主变压器低侧三个分支。

综上：该保护最终动作情况为：集电线零序过流 I 段、接地变压器过流 II 段、接地变压器高侧零序过流保护启动，接地变压器过流 II 段保护 0.3s 跳主变压器低侧三个分支，后集电线零序过流 I 段、接地变高侧零序过流保护返回。

不合理之处：（接地变过流 II 段）动作行为不合理，属于集电线接地故障、接地变压器过流保护抢在集电线零序保护前面越级动作，扩大跳闸范围。

（3）整改建议：

措施 1：接地变压器保护装置升级成具备软件滤零功能，确保 35kV 其他间隔发生单相接地故障接地变压器流过零序电流时，接地变压器相电流保护（滤零）不误动。

措施 2：接地变压器相电流保护定值要可靠躲过 35kV 其他间隔发生单相接地故障流过接地变压器的零序电流，并与之配合，即①接地变相过流定值$\geqslant K_k \times I_0 = K_k \times 60.7$，可靠系数$K_k > 1$；②接地变相过流 II 段时间与集电线路零序时间配合，并不小于接地变零序过流保护动作时间。

8. 某 110kV 变电站接线图 8-14 所示，变压器 Yn，d11 接线，10kV 母线桥处经接地变压器、小电阻接地。请对该变电站的 10kV 系统接地短路故障进行分析、计算：

（1）图 8-15 为该变电站某次故障的 10kV 故障录波器所录的故障录波图，请简述故障电流、电压特点，指出可能的故障类型。

（2）按图 8-14 给定的参数，画出 10kV 线路发生 A 相单相接地故障时的复合序网图，并计算故障线路 TA 处的故障电流 $\dot{I}_{LA}$、变低开关 TA 处的故障电流 $\dot{I}_{T1A}$、变低套管 TA 处的故障电流 $\dot{I}_{T2A}$、接地变零序 TA 处的电流 $\dot{I}_j$ 以及 10kV 母线故障相电压 $\dot{U}_{mA}$（列出计算表达式即可）。

（3）若图 8-14 中的系统阻抗、变压器短路阻抗、10kV 线路阻抗远小于接地变压器及接地电阻的阻抗值，为简化计算，忽略其阻抗值，同时忽略 10kV 线路对地电容的影响，请给出 $\dot{I}_L$、$\dot{I}_j$、$\dot{I}_{T1}$、$\dot{I}_{T2}$、$\dot{U}_m$ 的三相电流（电压）简化表达式，并分别画出 $\dot{I}_L$、$\dot{I}_j$、$\dot{I}_{T1}$、$\dot{I}_{T2}$、$\dot{U}_m$ 的三相电流（电压）相量图。

（4）计算 $\dot{I}_L$、$\dot{I}_j$、$\dot{I}_{T1}$、$\dot{I}_{T2}$、$\dot{U}_m$，列出三相电流（电压）有名值的计算结果。

系统正序阻抗（未折算至 10kV 侧）：$Z_s = j12\Omega$。

主变压器参数如下：

额定电压：110kV/10.5kV；

额定容量：$S_n = 63MVA$；

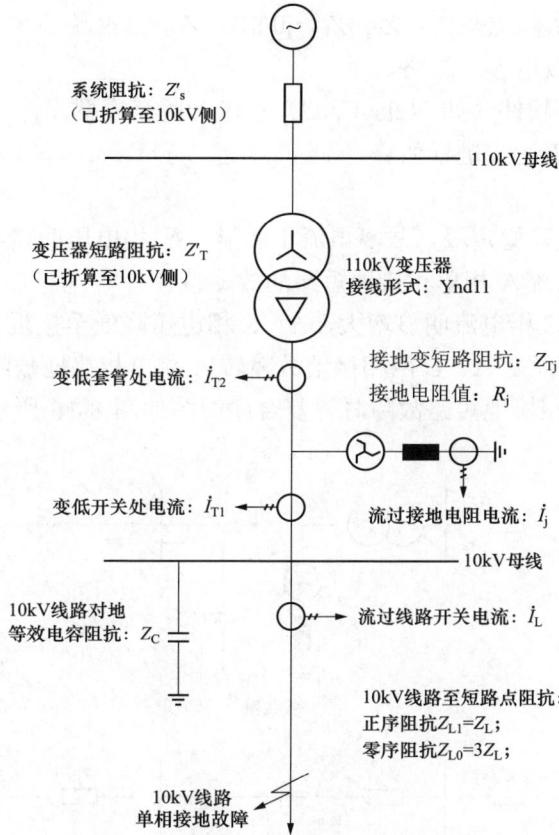

图 8-14 接线图及参数

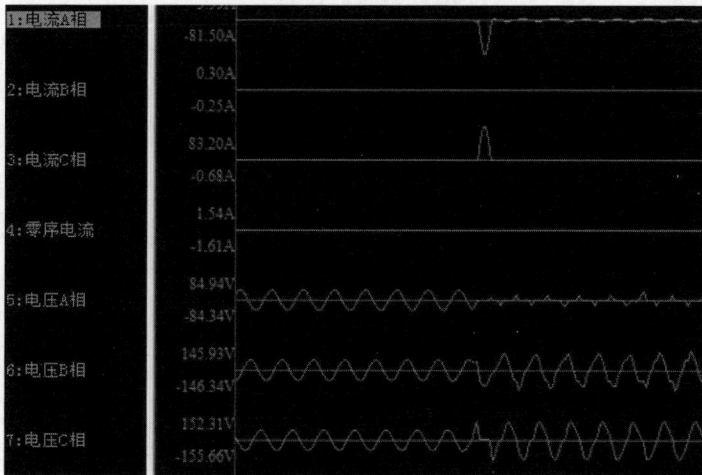

图 8-15 故障录波图

说明：电流 A/B/C 为故障线路三相电流，零序电流为三相合成零序电流；电压 A/B/C 为 10kV 母线三相电压。

短路电压 X_d=16%；

接地变每相零序阻抗：Z_{Tj}=3+j8Ω；

接地电阻阻值：R_j=10Ω；

10kV 线路至短路故障点阻抗：$Z_{L1}=Z_{L2}=j0.8\Omega$，$Z_{L0}=j2.4\Omega$；

10kV 线路对地等效电容：忽略。

注：对于整定计算软件（如 RelayCAC）不包含所有模型元件（如接地变压器）的，用题（3）所得的简化表达式进行估算。

答：

（1）在录波图的故障稳定段，故障电流不明显，A 相电压明显降低，B、C 相电压升高，符合小电阻接地系统 A 相单相接地短路的故障特征。

在故障之初，A、C 相电流明显增大，A、C 相电压降低至接近 0；随后大故障电流消失，C 相电压恢复，可能是 A、C 两相接地故障转 A 相单相接地故障。

（2）10kV 线路单相接地短路故障时，复合序网图如图 8-16 所示，在此基础上计算各故障电流、电压如下：

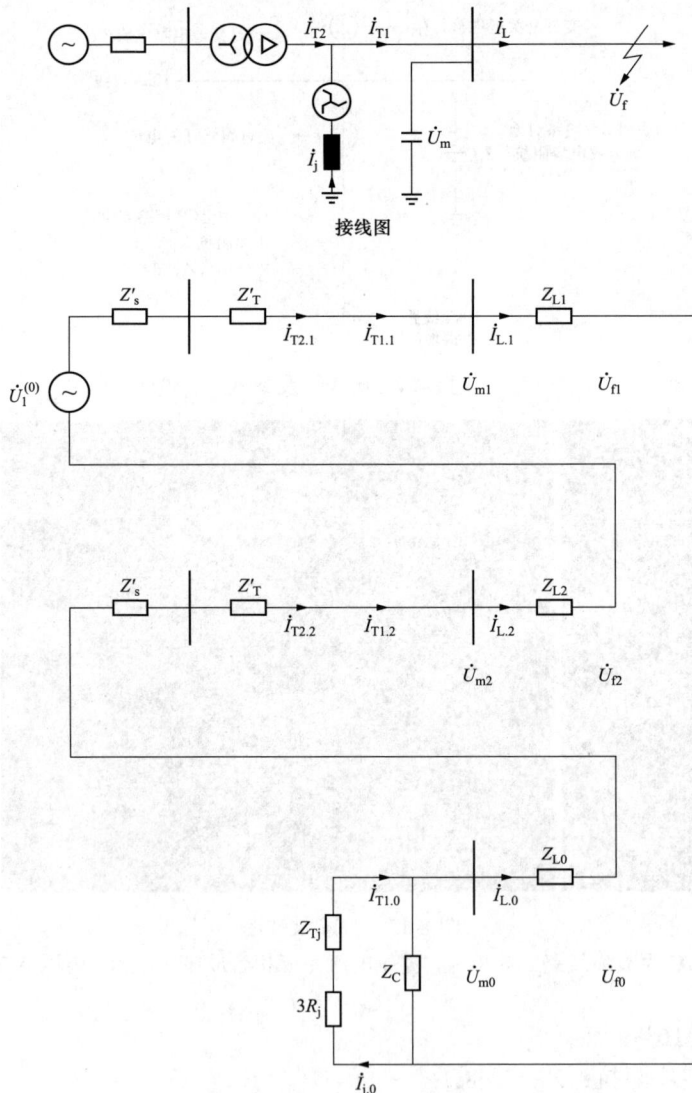

图 8-16　复合序网图

$$\dot{I}_{\mathrm{LA}} = \dot{I}_{\mathrm{L1}} + \dot{I}_{\mathrm{L2}} + \dot{I}_{\mathrm{L0}} = \frac{3 \times \dot{U}_1^{(0)}}{2 \times (Z_{\mathrm{S}}' + Z_{\mathrm{T}}' + Z_{\mathrm{L1}}) + [Z_{\mathrm{L0}} + (Z_{\mathrm{Tj}} + 3R_{\mathrm{j}}) / / Z_{\mathrm{C}}]}$$

$$= \frac{3 \times \dot{U}_1^{(0)}}{(2Z_{\mathrm{S}}' + 2Z_{\mathrm{T}}' + 5Z_{\mathrm{L1}}) + \dfrac{(Z_{\mathrm{Tj}} + 3R_{\mathrm{j}}) \times Z_{\mathrm{C}}}{Z_{\mathrm{Tj}} + 3R_{\mathrm{j}} + Z_{\mathrm{C}}}}$$

$$= \frac{\dot{U}_1^{(0)} \times (3Z_{\mathrm{Tj}} + 9R_{\mathrm{j}} + 3Z_{\mathrm{C}})}{(2Z_{\mathrm{S}}' + 2Z_{\mathrm{T}}' + 5Z_{\mathrm{L1}}) \times (Z_{\mathrm{Tj}} + 3R_{\mathrm{j}} + Z_{\mathrm{C}}) + Z_{\mathrm{C}} \times (Z_{\mathrm{Tj}} + 3R_{\mathrm{j}})}$$

$$\dot{I}_{\mathrm{j}} = 3 \times \dot{I}_{\mathrm{j.0}} = \frac{3 \times \dot{U}_1^{(0)}}{2 \times (Z_{\mathrm{S}}' + Z_{\mathrm{T}}' + Z_{\mathrm{L1}}) + [Z_{\mathrm{L0}} + (Z_{\mathrm{Tj}} + 3R_{\mathrm{j}}) / / Z_{\mathrm{C}}]} \times \frac{Z_{\mathrm{C}}}{Z_{\mathrm{Tj}} + 3R_{\mathrm{j}} + Z_{\mathrm{C}}}$$

$$= \frac{3 \times \dot{U}_1^{(0)}}{(2Z_{\mathrm{S}}' + 2Z_{\mathrm{T}}' + 5Z_{\mathrm{L}}) + \dfrac{(Z_{\mathrm{Tj}} + 3R_{\mathrm{j}}) \times Z_{\mathrm{C}}}{Z_{\mathrm{Tj}} + 3R_{\mathrm{j}} + Z_{\mathrm{C}}}} \times \frac{Z_{\mathrm{C}}}{Z_{\mathrm{Tj}} + 3R_{\mathrm{j}} + Z_{\mathrm{C}}}$$

$$= \frac{\dot{U}_1^{(0)} \times 3Z_{\mathrm{C}}}{(2Z_{\mathrm{S}}' + 2Z_{\mathrm{T}}' + 5Z_{\mathrm{L}}) \times (Z_{\mathrm{Tj}} + 3R_{\mathrm{j}} + Z_{\mathrm{C}}) + Z_{\mathrm{C}} \times (Z_{\mathrm{Tj}} + 3R_{\mathrm{j}})}$$

$$\dot{I}_{\mathrm{T1.A}} = \dot{I}_{\mathrm{T1.1}} + \dot{I}_{\mathrm{T1.2}} + \dot{I}_{\mathrm{T1.0}} = \frac{2 \times \dot{U}_1^{(0)}}{2 \times (Z_{\mathrm{S}}' + Z_{\mathrm{T}}' + Z_{\mathrm{L1}}) + [Z_{\mathrm{L0}} + (Z_{\mathrm{Tj}} + 3R_{\mathrm{j}}) / / Z_{\mathrm{C}}]}$$

$$+ \frac{\dot{U}_1^{(0)}}{2 \times (Z_{\mathrm{S}}' + Z_{\mathrm{T}}' + Z_{\mathrm{L1}}) + [Z_{\mathrm{L0}} + (Z_{\mathrm{Tj}} + 3R_{\mathrm{j}}) / / Z_{\mathrm{C}}]} \times \frac{Z_{\mathrm{C}}}{Z_{\mathrm{Tj}} + 3R_{\mathrm{j}} + Z_{\mathrm{C}}}$$

$$= \frac{\dot{U}_1^{(0)}}{(2Z_{\mathrm{S}}' + 2Z_{\mathrm{T}}' + 5Z_{\mathrm{L}}) + \dfrac{(Z_{\mathrm{Tj}} + 3R_{\mathrm{j}}) \times Z_{\mathrm{C}}}{Z_{\mathrm{Tj}} + 3R_{\mathrm{j}} + Z_{\mathrm{C}}}} \times \left(2 + \frac{Z_{\mathrm{C}}}{Z_{\mathrm{Tj}} + 3R_{\mathrm{j}} + Z_{\mathrm{C}}}\right)$$

$$= \frac{\dot{U}_1^{(0)} \times (2Z_{\mathrm{Tj}} + 6R_{\mathrm{j}} + 3Z_{\mathrm{C}})}{(2Z_{\mathrm{S}}' + 2Z_{\mathrm{T}}' + 5Z_{\mathrm{L}}) \times (Z_{\mathrm{Tj}} + 3R_{\mathrm{j}} + Z_{\mathrm{C}}) + Z_{\mathrm{C}} \times (Z_{\mathrm{Tj}} + 3R_{\mathrm{j}})}$$

$$\dot{I}_{\mathrm{T2.A}} = \dot{I}_{\mathrm{T2.1}} + \dot{I}_{\mathrm{T2.2}} = \frac{2 \times \dot{U}_1^{(0)}}{2 \times (Z_{\mathrm{S}}' + Z_{\mathrm{T}}' + Z_{\mathrm{L1}}) + [Z_{\mathrm{L0}} + (Z_{\mathrm{Tj}} + 3R_{\mathrm{j}}) / / Z_{\mathrm{C}}]}$$

$$= \frac{2 \times \dot{U}_1^{(0)}}{(2Z_{\mathrm{S}}' + 2Z_{\mathrm{T}}' + 5Z_{\mathrm{L}}) + \dfrac{(Z_{\mathrm{Tj}} + 3R_{\mathrm{j}}) \times Z_{\mathrm{C}}}{Z_{\mathrm{Tj}} + 3R_{\mathrm{j}} + Z_{\mathrm{C}}}}$$

$$= \frac{\dot{U}_1^{(0)} \times (2Z_{\mathrm{Tj}} + 6R_{\mathrm{j}} + 2Z_{\mathrm{C}})}{(2Z_{\mathrm{S}}' + 2Z_{\mathrm{T}}' + 5Z_{\mathrm{L}}) \times (Z_{\mathrm{Tj}} + 3R_{\mathrm{j}} + Z_{\mathrm{C}}) + Z_{\mathrm{C}} \times (Z_{\mathrm{Tj}} + 3R_{\mathrm{j}})}$$

$$\dot{U}_{\mathrm{m.A}} = \dot{U}_{\mathrm{m.1}} + \dot{U}_{\mathrm{m.2}} + \dot{U}_{\mathrm{m.0}}$$

$$= (\dot{U}_{\mathrm{f.1}} + \dot{I}_{\mathrm{f.1}} \times Z_{\mathrm{L1}}) + (\dot{U}_{\mathrm{f.2}} + \dot{I}_{\mathrm{f.2}} \times Z_{\mathrm{L1}}) + (\dot{U}_{\mathrm{f.0}} + \dot{I}_{\mathrm{f.0}} \times Z_{\mathrm{L0}})$$

由于：$\dot{U}_{\mathrm{f.1}} + \dot{U}_{\mathrm{f.2}} + \dot{U}_{\mathrm{f.0}} = \dot{U}_{\mathrm{f}} = 0$，$\dot{I}_{\mathrm{f.1}} = \dot{I}_{\mathrm{f.2}} = \dot{I}_{\mathrm{f.0}}$

$$\dot{U}_{\mathrm{m.A}} = \dot{I}_{\mathrm{f.0}} \times (2Z_{\mathrm{L1}} + Z_{\mathrm{L0}})$$

$$= \frac{\dot{U}_1^{(0)} \times (2Z_{\mathrm{L1}} + Z_{\mathrm{L0}})}{2 \times (Z_{\mathrm{S}}' + Z_{\mathrm{T}}' + Z_{\mathrm{L1}}) + [Z_{\mathrm{L0}} + (Z_{\mathrm{Tj}} + 3R_{\mathrm{j}}) / / Z_{\mathrm{C}}]}$$

$$= \frac{\dot{U}_1^{(0)} \times (Z_{Tj} + 3R_j + Z_C) \times 5Z_L}{(2Z_S' + 2Z_T' + 5Z_L) \times (Z_{Tj} + 3R_j + Z_C) + Z_C \times (Z_{Tj} + 3R_j)}$$

（3）若忽略系统阻抗、变压器短路阻抗、10kV 线路阻抗及线路对地电容阻抗的影响，有 $Z_{\Sigma 0} = (Z_{Tj} + 3R_j) / / Z_C + Z_{L0} \approx (Z_{Tj} + 3R_j) \gg Z_{\Sigma 1} + Z_{\Sigma 2} = 2 \times (Z_S' + Z_T' + Z_{L1}')$。

因此仅考虑接地变及接地电阻的阻抗值。假定 A 相故障，根据题（2）的表达式，近似计算得各相电流（电压）表达式及相量图如表 8-4 所示。

表 8-4　　　　　　　　　　各相电流（电压）表达式及相量

位置	序分量	三相电流（电压）	电流/电压相量图
线路 TA 处电流	$\begin{cases} \dot{I}_{L.1} = \dfrac{\dot{U}_1^{(0)}}{Z_{Tj} + 3R_j} \\[2mm] \dot{I}_{L.2} = \dfrac{\dot{U}_1^{(0)}}{Z_{Tj} + 3R_j} \\[2mm] \dot{I}_{L.0} = \dfrac{\dot{U}_1^{(0)}}{Z_{Tj} + 3R_j} \end{cases}$	$\begin{cases} \dot{I}_{LA} = \dot{I}_{L.1} + \dot{I}_{L.2} + \dot{I}_{L.0} = \dfrac{3 \times \dot{U}_1^{(0)}}{Z_{Tj} + 3R_j} \\[2mm] \dot{I}_{L.B} = \dot{I}_{L.1} \cdot e^{j-120°} + \dot{I}_{L.2} \cdot e^{j+120°} + \dot{I}_{L.0} = 0 \\[2mm] \dot{I}_{L.C} = \dot{I}_{L.1} \cdot e^{j+120°} + \dot{I}_{L.2} \cdot e^{j-120°} + \dot{I}_{L.0} = 0 \end{cases}$	 $\dot{I}_{L.A}$ $i_{L.B} = i_{L.C} = 0$
接地变零序 TA 处电流	$\begin{cases} \dot{I}_{j.1} = 0 \\[2mm] \dot{I}_{j.2} = 0 \\[2mm] \dot{I}_{j.0} = \dfrac{\dot{U}_1^{(0)}}{Z_{Tj} + 3R_j} \end{cases}$	$\begin{cases} \dot{I}_{j.A} = \dot{I}_{j.1} + \dot{I}_{j.2} + \dot{I}_{j.0} = \dfrac{\dot{U}_1^{(0)}}{Z_{Tj} + 3R_j} \\[2mm] \dot{I}_{j.B} = \dot{I}_{j.1} \cdot e^{j-120°} + \dot{I}_{j.2} \cdot e^{j+120°} + \dot{I}_{j.0} = \dfrac{\dot{U}_1^{(0)}}{Z_{Tj} + 3R_j} \\[2mm] \dot{I}_{j.C} = \dot{I}_{j.1} \cdot e^{j+120°} + \dot{I}_{j.2} \cdot e^{j-120°} + \dot{I}_{j.0} = \dfrac{\dot{U}_1^{(0)}}{Z_{Tj} + 3R_j} \end{cases}$ $\dot{I}_j = \dfrac{3 \times \dot{U}_1^{(0)}}{Z_{Tj} + 3R_j}$	 $\dot{I}_j$ $\dot{I}_j = \dot{I}_{j.A} + \dot{I}_{j.B} + \dot{I}_{j.C}$ $\dot{I}_{j.A}$ $\dot{I}_{j.B}$ $\dot{I}_{j.C}$ $\dot{I}_{j.A} = \dot{I}_{j.B} = \dot{I}_{j.C}$
变低开关 TA 处电流	$\begin{cases} \dot{I}_{T1.1} = \dfrac{\dot{U}_1^{(0)}}{Z_{Tj} + 3R_j} \\[2mm] \dot{I}_{T1.2} = \dfrac{\dot{U}_1^{(0)}}{Z_{Tj} + 3R_j} \\[2mm] \dot{I}_{T1.0} = \dfrac{\dot{U}_1^{(0)}}{Z_{Tj} + 3R_j} \end{cases}$	$\begin{cases} \dot{I}_{T1.A} = \dot{I}_{T1.1} + \dot{I}_{T1.2} + \dot{I}_{T1.0} = \dfrac{3 \times \dot{U}_1^{(0)}}{Z_{Tj} + 3R_j} \\[2mm] \dot{I}_{T1.B} = \dot{I}_{T1.1} \cdot e^{j-120°} + \dot{I}_{T1.2} \cdot e^{j+120°} + \dot{I}_{T1.0} = 0 \\[2mm] \dot{I}_{T1.C} = \dot{I}_{T1.1} \cdot e^{j+120°} + \dot{I}_{T1.2} \cdot e^{j-120°} + \dot{I}_{T1.0} = 0 \end{cases}$	 $\dot{I}_{T1.A}$ $\dot{I}_{T1.B} = \dot{I}_{T1.C} = 0$
变低套管 TA 处电流	$\begin{cases} \dot{I}_{T2.1} = \dfrac{\dot{U}_1^{(0)}}{Z_{Tj} + 3R_j} \\[2mm] \dot{I}_{T2.2} = \dfrac{\dot{U}_1^{(0)}}{Z_{Tj} + 3R_j} \\[2mm] \dot{I}_{T2.0} = 0 \end{cases}$	$\begin{cases} \dot{I}_{T2.A} = \dot{I}_{T2.1} + \dot{I}_{T2.2} + \dot{I}_{T2.0} = \dfrac{2 \times \dot{U}_1^{(0)}}{Z_{Tj} + 3R_j} \\[2mm] \dot{I}_{T2.B} = \dot{I}_{T2.1} \cdot e^{j-120°} + \dot{I}_{T2.2} \cdot e^{j+120°} + \dot{I}_{T2.0} = -\dfrac{\dot{U}_1^{(0)}}{Z_{Tj} + 3R_j} \\[2mm] \dot{I}_{T2.0} = \dot{I}_{T2.1} \cdot e^{j+120°} + \dot{I}_{T2.2} \cdot e^{j-120°} + \dot{I}_{T2.0} = -\dfrac{\dot{U}_1^{(0)}}{Z_{Tj} + 3R_j} \end{cases}$	 $\dot{I}_{T2.A}$ $\dot{I}_{T2.C}$ $\dot{I}_{T2.B}$ $-\dot{I}_{T2.A} = 2\dot{I}_{T2.B} = 2\dot{I}_{T2.C}$

位置	序分量	三相电流（电压）	电流/电压相量图
10kV 母线电压	$\begin{cases} \dot{U}_{m.1} = \dot{U}_1^{(0)} \\ \dot{U}_{m.2} = 0 \\ \dot{U}_{m.0} = -\dot{U}_1^{(0)} \end{cases}$	$\dot{U}_{m.A} = \dot{U}_{m.1} + \dot{U}_{m.2} + \dot{U}_{m.0} = \dot{U}_1^{(0)} - \dot{U}_1^{(0)} = 0$ $\dot{U}_{m.B} = \dot{U}_{m.1} \cdot e^{j-120°} + \dot{U}_{m.2} \cdot e^{j+120°} + \dot{U}_{m.0} = \sqrt{3} \cdot \dot{U}_1^{(0)} \cdot e^{j-150°}$ $\dot{U}_{m.C} = \dot{U}_{m.1} \cdot e^{j+120°} + \dot{U}_{m.2} \cdot e^{j-120°} + \dot{U}_{m.0} = \sqrt{3} \cdot \dot{U}_1^{(0)} \cdot e^{j+150°}$	

（4）对于无法对接地变及接地电阻进行建模，仅考虑接地变及接地电阻的阻抗值，进行估算。

$$Z_{Tj} + 3R_j = (33 + j8)\Omega = 34\angle 13.6°\Omega$$

按题（3）所得近似表达式估算得

$$\dot{I}_{L.A} = \frac{3 \times \dot{U}_1^{(0)}}{Z_{Tj} + 3R_j} = \frac{3 \times 10.5 / \sqrt{3}kV}{34\angle 13.6°\Omega} = 535\angle -13.6°A , \quad \dot{I}_{L.B} = \dot{I}_{L.C} = 0$$

$$\dot{I}_j = \frac{3 \times \dot{U}_1^{(0)}}{Z_{Tj} + 3R_j} = \frac{3 \times 10.5 / \sqrt{3}kV}{34\angle 13.6°\Omega} = 535\angle -13.6°A$$

$$\dot{I}_{T1.A} = \frac{3 \times \dot{U}_1^{(0)}}{Z_{Tj} + 3R_j} = \frac{3 \times 10.5 / \sqrt{3}kV}{34\angle 13.6°\Omega} = 535\angle -13.6°A , \quad \dot{I}_{T1.B} = \dot{I}_{T1.C} = 0$$

$$\dot{I}_{T2.A} = \frac{2 \times \dot{U}_1^{(0)}}{Z_{Tj} + 3R_j} = \frac{2 \times 10.5 / \sqrt{3}kV}{34\angle 13.6°\Omega} = 357\angle -13.6°A$$

$$\dot{I}_{T2.B} = \dot{I}_{T2.C} = \frac{-\dot{U}_1^{(0)}}{Z_{Tj} + 3R_j} = -\frac{10.5 / \sqrt{3}kV}{34\angle 13.6°\Omega} = -178\angle -13.6°A$$

$$\dot{U}_{m.A} = 0 , \quad \dot{U}_{m.B} = 10.5\angle -150°kV , \quad \dot{U}_{m.C} = 10.5\angle 150°kV$$

9. 某 110kV 升压站 35kV 侧为小电阻接地系统，接地变接于主变压器 35kV 引出线处，参数及接线如图 8-17 所示，TA 极性母线侧为正，主变压器差动保护采取 Y→△转角方式（以 100MVA 为基准容量）。

（1）若主变压器差动保护门槛整定为 $0.5I_e$ 时，在 35kV 侧 TA 靠低压侧母线处发生单相接地，差动保护是否动作？

（2）画出故障时电流分布图。（计算时不考虑系统阻抗、负荷电流）

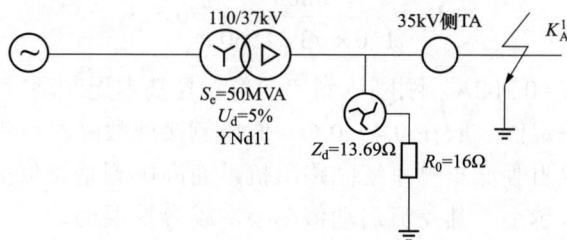

图 8-17 系统示意图

答：

（1）画出复合序网图（见图 8-18），单相接地故障，序网为串联。

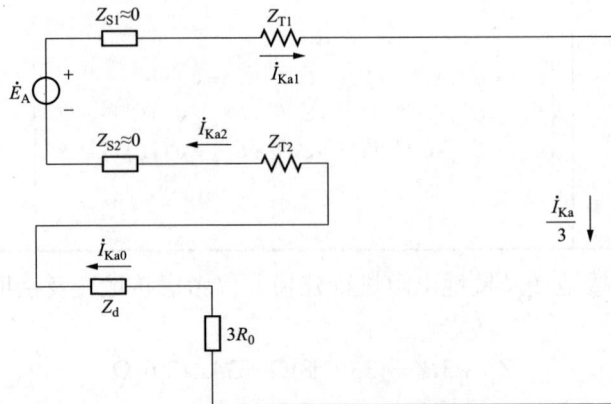

图 8-18　复合序网图

$$\dot{I}_{Ka}^{1} = \frac{3\dot{E}_{A}}{Z_{\Sigma1} + Z_{\Sigma2} + Z_{\Sigma0} + 3R_{0}} = \frac{3\dot{E}_{A}}{Z_{T1} + Z_{T2} + Z_{d} + 3R_{0}}$$

$$= \frac{3}{2 \times j5/50 + j13.69/13.69 + 3 \times 16/13.69} = \frac{3}{j1.2 + 3.5} = 0.81\angle-19°$$

$$\dot{I}_{Ka1} = \dot{I}_{Ka2} = \dot{I}_{Ka0} = \frac{\dot{I}_{Ka}}{3} = 0.27\angle-19°$$

应用对称分量法及 Y-△ 转换，高压侧流过的各相电流分别为

$$\dot{I}_{A} = \dot{I}_{A1} + \dot{I}_{A2} = \dot{I}_{Ka1}e^{j-30°} + \dot{I}_{Ka2}e^{j30°} = 0.468\angle-19°$$

$$\dot{I}_{B} = \dot{I}_{B1} + \dot{I}_{B2} = \dot{I}_{Ka1}e^{j-30°}e^{j240} + \dot{I}_{Ka2}e^{j30°}e^{j120°} = 0.468\angle161°$$

$$\dot{I}_{C} = \dot{I}_{C1} + \dot{I}_{C2} = \dot{I}_{Ka1}e^{j-30°}e^{j120} + \dot{I}_{Ka2}e^{j30°}e^{j240°} = 0$$

差流计算式为

$$\dot{I}_{DA} = (\dot{I}_{A} - \dot{I}_{B})/\sqrt{3} + \dot{I}_{a} = (0.468\angle-19° - 0.468\angle161°)/\sqrt{3} + 0.81\angle161° = 0.27\angle161°$$

$$\dot{I}_{DB} = (\dot{I}_{B} - \dot{I}_{C})/\sqrt{3} + \dot{I}_{b} = (0.468\angle161° - 0)/\sqrt{3} + 0 = 0.27\angle161°$$

$$\dot{I}_{DC} = (\dot{I}_{C} - \dot{I}_{A})/\sqrt{3} + \dot{I}_{c} = (0 - 0.468\angle-19°)/\sqrt{3} + 0 = 0.27\angle161°$$

$$I_{e} = \frac{50000}{110 \times \sqrt{3} \times 1560} = 0.523$$

三相差流接近 $0.5I_{e}=0.262A$，刚刚达到启动值，且基本无制动效应，存在误动的风险。由于差动保护的门槛整定值一般在 $0.4\sim0.6I_{e}$，低压侧接地故障时产生的短路电流主要取决于接地变压器、接地电阻等低压侧系统回路阻抗，而高压侧系统阻抗、变压器阻抗对其影响较小，主变压器容量越小，其差流启动值越小，越容易误动。

（2）故障时电流分布如图 8-19 所示。

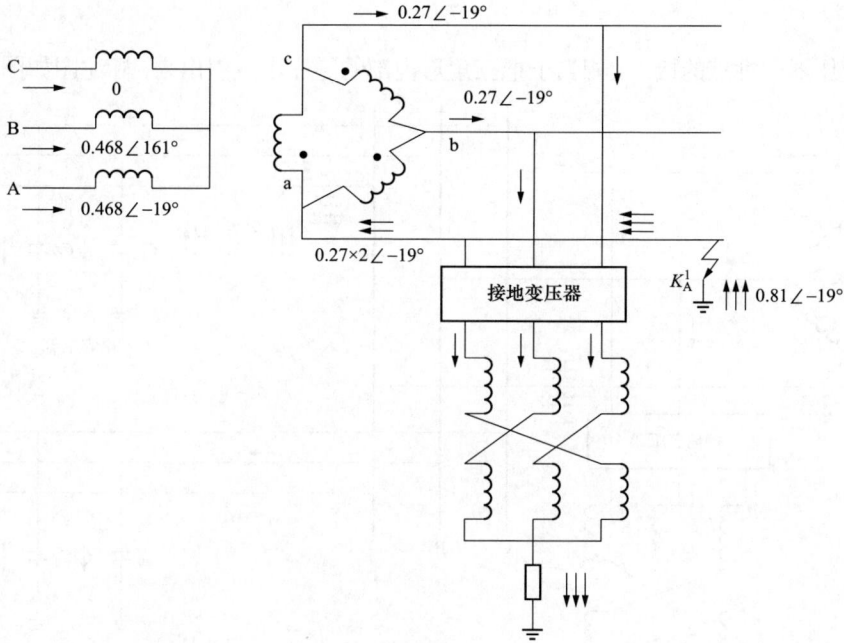

图 8-19　电流分布图

10．图 8-20 为某 10kV 经接地变小电阻接地系统。母线上共两回出线，出线 1 发生 A 相接地故障，试画出图 8-20 中打"√"支路的零序电流及电容电流的分布，如图 8-20 所示线路电容电流用虚箭头标注，接地零序电流用实箭头标注，并在电流之上标注电流大小（可用箭头的数量表示）。

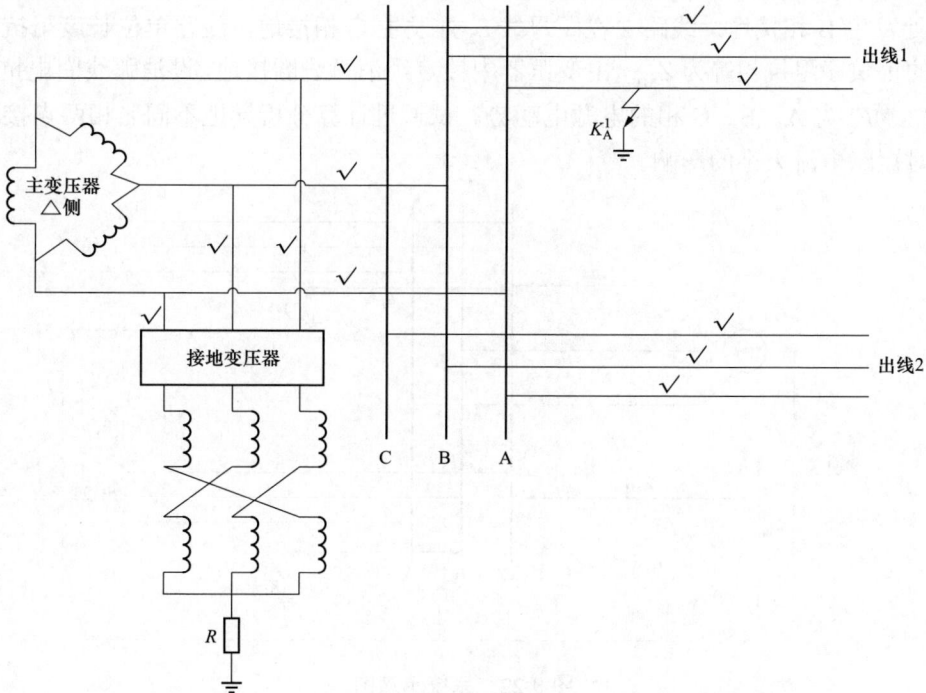

图 8-20　系统示意图

答：

接地变压器中性点的接入，相当于把三角形内部的零序电流引出来，标注图如图 8-21 所示。

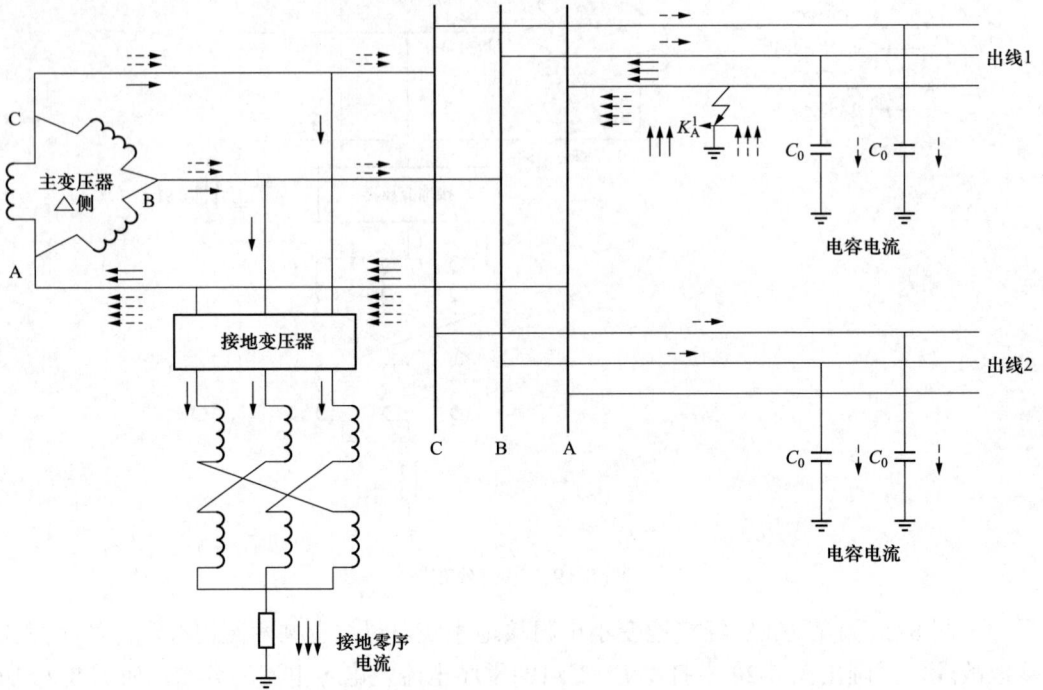

图 8-21　电流标注图

11. 同一母线引出的两条线路上异地不同名相两点接地，如图 8-22 所示，线路 1 在距母线 L_1 处发生 B 相接地，线路 2 在距母线 L_2 处发生 C 相接地，线路单位长度阻抗为 Z_1，系统侧的正负序阻抗相等为 Z_{M1}，主变压器中性点经消弧线圈接地，设消弧线圈电抗值 X_L，$\dot{E}_A$、$\dot{E}_B$、$\dot{E}_C$ 为 A、B、C 相的电源电动势。试通过计算分析异地不同名相两点接地时消弧线圈对短路电流大小的影响。

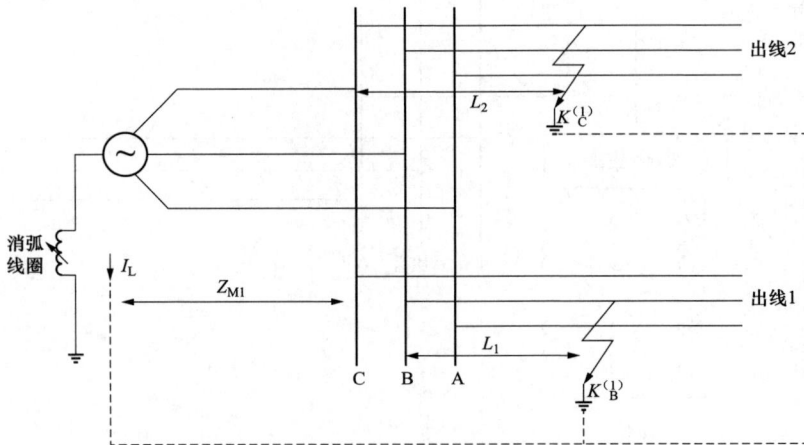

图 8-22　系统示意图

答：

不同名相发生两点接地，对每条线路来说，相当于单相接地短路，线路 1 的零序电流为 $\dfrac{\dot{I}_{KB}^{(1,1)}}{3}$，

线路 2 的零序电流为 $\dfrac{\dot{I}_{KC}^{(1,1)}}{3}$，于是故障线路压降为 $\left(\dot{I}_{KB}^{(1,1)}+3K\dfrac{\dot{I}_{KB}^{(1,1)}}{3}\right)Z_1L_1$，$\left(\dot{I}_{KC}^{(1,1)}+3K\dfrac{\dot{I}_{KC}^{(1,1)}}{3}\right)Z_1L_2$。

当中性点电压为 $\dot{U}_N$、中性点电流为 $\dot{I}_L$ 时，则

$$\dot{I}_{KB}^{(1,1)}+\dot{I}_{KC}^{(1,1)}+\dot{I}_L=0$$
$$\dot{U}_N+\dot{E}_B=\dot{I}_{KB}^{(1,1)}Z_{M1}+\dot{I}_{KB}^{(1,1)}(1+K)Z_1L_1$$
$$\dot{U}_N+\dot{E}_C=\dot{I}_{KC}^{(1,1)}Z_{M1}+\dot{I}_{KC}^{(1,1)}(1+K)Z_1L_2$$
$$\dot{U}_N=\dot{I}_LX_L$$

分别以 B 相电源电动势和 C 相电源电动势单独作用，最后叠加求解。故障等效电路如图 8-23 所示。

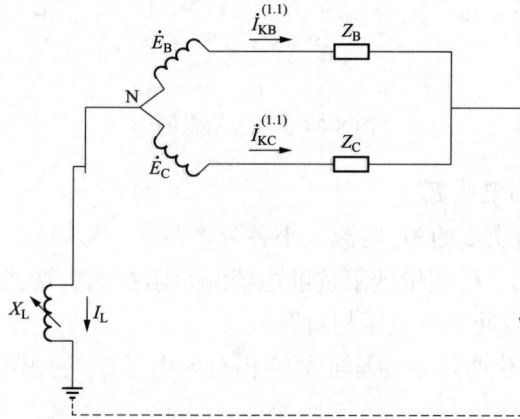

图 8-23 等效电路图

设：$Z_B=Z_{M1}+(1+K)Z_1L_1$，$Z_C=Z_{M1}+(1+K)Z_1L_2$

得：$\dot{I}_{KB}^{(1,1)}-\dot{I}_{KC}^{(1,1)}=\dfrac{\dot{E}_BZ_C-\dot{E}_CZ_B}{Z_BZ_C+Z_BX_L+Z_CX_L}$

$$\dot{I}_{KB}^{(1,1)}=\dfrac{\dot{E}_BZ_C-\dot{E}_AX_L}{Z_BZ_C+Z_BX_L+Z_CX_L}\ ,\quad \dot{I}_{KC}^{(1,1)}=\dfrac{\dot{E}_CZ_B-\dot{E}_AX_L}{Z_BZ_C+Z_BX_L+Z_CX_L}$$

由于 $\dot{E}_C=\dot{E}_Be^{j240°}$，B、C 相的故障电流差值为

$$\dot{I}_{KB}^{(1,1)}-\dot{I}_{KC}^{(1,1)}=\dfrac{\dot{E}_B(Z_C-Z_Be^{j240°})}{Z_BZ_C+Z_BX_L+Z_CX_L}$$

Z_B、Z_C 均为线路阻抗角 70° 左右，由于 Z_B 旋转了 240°，Z_B 与 Z_C 之差的模值恒不等于 0。可见由于中性点电抗补偿电流的分流注入作用，一个故障相的故障电流得到增强，另一个故障相的电流则减少，相当于汲出作用。

12. 在如图 8-24 所示的 35kV 单侧电源系统中出线 1 的 K 点、出线 2 的 F 点分别发生 B、C 相金属性接地故障，已知 K 点到 N 母线的正序阻抗为 Z_{NK}，F 点到 N 母线的正序阻

抗为 Z_{NF}，电源电压 $\dot{E}_A$、$\dot{E}_B$、$\dot{E}_C$，电源等效正序阻抗 Z_S 和 MN 的线路的正序阻抗 Z_{MN}。忽略电容电流和负荷电流并设各线路零序电流补偿系数为 K，系统中各序阻抗角相等。$|Z_{NK}|>|Z_{NF}|$，试问：

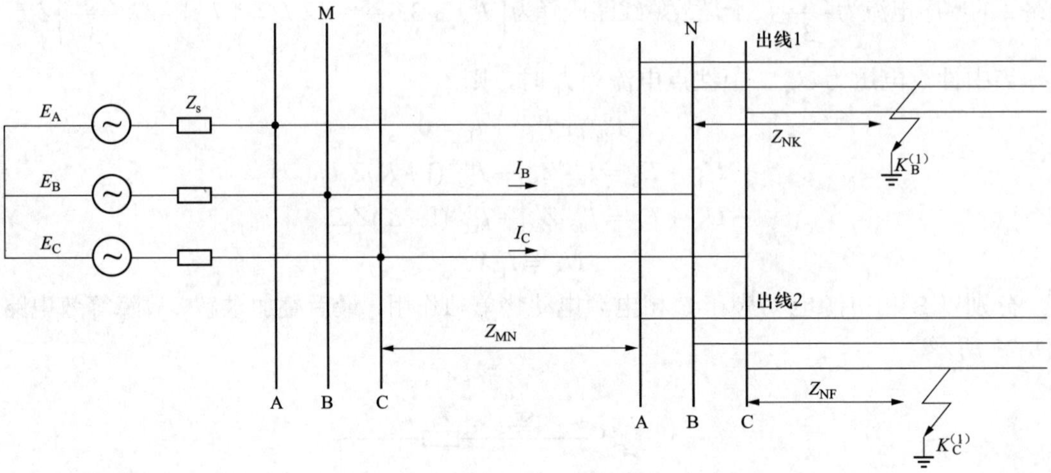

图 8-24　系统示意图

（1）求电源中性点的电压 $\dot{E}_0$。

（2）流过出线 1、出线 2 的 $3\dot{I}_0$ 电流大小各为多少。

（3）写出出线 1 的 B、C 相接地阻抗继电器测量阻抗的表达式。

（4）定性画出 N 母线处三相电压相量图。

（5）当 Z_{NK} 和 Z_{NF} 变化时，请估算非故障相对地电压 $\dot{U}_A$ 的幅值变化范围。

答：

（1）N 母线的 B、C 相电压分别为

$$\dot{U}_{NB} = (\dot{I}_B + K3\dot{I}_{0.NK})Z_{NK} = \dot{I}_B(1+K)Z_{NK}$$

$$\dot{U}_{NC} = (\dot{I}_C + K3\dot{I}_{0.NF})Z_{NF} = \dot{I}_C(1+K)Z_{NF}$$

节点电流法：$\dot{I}_B = -\dot{I}_C$

$$\dot{E}_B + \dot{E}_0 = \dot{I}_B(Z_S + Z_{MN}) + \dot{I}_B(1+K)Z_{NK} \tag{8-1}$$

$$\dot{E}_C + \dot{E}_0 = \dot{I}_C(Z_S + Z_{MN}) + \dot{I}_C(1+K)Z_{NF} \tag{8-2}$$

设 $Z_{\Sigma B} = (Z_S + Z_{MN}) + (1+K)Z_{NK}$，$Z_{\Sigma C} = (Z_S + Z_{MN}) + (1+K)Z_{NF}$

$$\dot{E}_B + \dot{E}_0 = \dot{I}_B Z_{\Sigma B} \tag{8-3}$$

$$\dot{E}_C + \dot{E}_0 = \dot{I}_C Z_{\Sigma C} \tag{8-4}$$

式（8-3）减去式（8-4）求得

$$\dot{E}_B - \dot{E}_C = \dot{I}_B Z_{\Sigma B} - \dot{I}_C Z_{\Sigma C} = \dot{I}_B Z_{\Sigma B} + \dot{I}_B Z_{\Sigma C}$$

$$\dot{I}_B = \frac{\dot{E}_B - \dot{E}_C}{Z_{\Sigma B} + Z_{\Sigma C}} \tag{8-5}$$

式（8-5）代入式（8-3）求得

$$\dot{E}_0 = -\left(\frac{Z_{\Sigma C}}{Z_{\Sigma B} + Z_{\Sigma C}} \dot{E}_B + \frac{Z_{\Sigma B}}{Z_{\Sigma B} + Z_{\Sigma C}} \dot{E}_C \right)$$

式中：$Z_{\Sigma B} = (Z_S + Z_{MN}) + (1+K)Z_{NK}$，$Z_{\Sigma C} = (Z_S + Z_{MN}) + (1+K)Z_{NF}$

（2）流过出线 1 的 $3\dot{I}_0 = I_B$，流过出线 2 的 $3\dot{I}_0 = I_C = -I_B$，式（8-5）得

$$3\dot{I}_{0.NK} = \frac{\dot{E}_B - \dot{E}_C}{2Z_S + 2Z_{MN} + (1+K)(Z_{NK} + Z_{NF})}$$

$$3\dot{I}_{0.NF} = \frac{\dot{E}_C - \dot{E}_B}{2Z_S + 2Z_{MN} + (1+K)(Z_{NK} + Z_{NF})}$$

（3）出线 1 的 B 相测量阻抗为 $Z_{j.B}^1 = \dfrac{U_{N.B}}{\dot{I}_B + K3\dot{I}_{0.NK}} = Z_{NK}$，C 相测量阻抗为

$$Z_{j.C}^1 = \frac{U_{N.C}}{K3\dot{I}_{0.NK}} = \frac{\dot{I}_C(1+K)Z_{NF}}{-K\dot{I}_C} = -\frac{(1+K)}{K}Z_{NF}$$

（4）相量图如图 8-25 和图 8-26 所示，其中：

1）B、C 相电源端至 N 母线的电压降大小相等、方向相反，所以图 8-25 中 $\theta_1 = \theta_2$。

2）N 母线电压至接地点（地电位 0 处）电压降，B 相大于 C 相，所以 0 点在偏左侧。

3）连接 $00'$ 电源中性点的电压 $\dot{E}_0$。

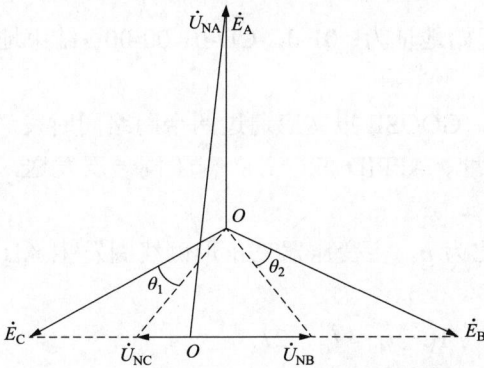

图 8-25　电压相量图　　　　　　图 8-26　电流相量图

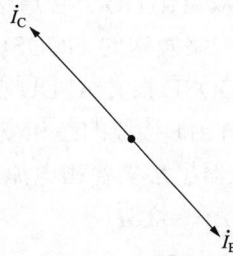

（5）Z_{NK} 和 Z_{NF} 变化时，非故障相电压 $\dot{U}_A$ 的幅值满足 $1.5 \leqslant \left| \dot{U}_A \right| < \sqrt{3}$。

附录 A 试 卷 一

一、选择题（每题 1 分，共 30 分）

1. 已知输电线路正序阻抗、负序阻抗、零序阻抗、每相自阻抗和相间互感阻抗分别为 Z_1、Z_2、Z_0、Z_L 和 Z_M，则以下关系式正确的是（　　）。

A．$Z_0 = Z_1 + 3Z_M$

B．$Z_2 = Z_L + Z_M$

C．$Z_L = 2Z_1 - Z_0$

D．$Z_0 = 3Z_L - 2Z_2$

2. 如果对短路点的正、负、零序综合电抗为 $X_{1\Sigma}$、$X_{2\Sigma}$、$X_{0\Sigma}$，而且 $X_{1\Sigma} = X_{2\Sigma}$，故障点的单相接地故障相的电流比三相短路电流大的条件是（　　）。

A．$X_{1\Sigma} > X_{0\Sigma}$　　　　B．$X_{1\Sigma} = X_{0\Sigma}$　　　　C．$X_{1\Sigma} < X_{0\Sigma}$　　　　D．不确定

3. 关于 GOOSE 发送机制说法正确的是（　　）。

A．GoCB 自动使能，装置上电时自动按数据集变位方式发送一次，将自身的 GOOSE 信息初始状态迅速告知接收方，第一帧 StNum=0

B．GOOSE 报文变位后立即补发的时间间隔，由系统配置工具在 GOOSE 网络通信参数中的 MinTime 参数（即 T1）中设置

C．GOOSE 报文组播目标地址建议范围的起始地址为：01-0C-CD-01-00-00；结束地址为：01-0C-CD-01-01-FF

D．采用双重化 GOOSE 通信网络的情况下，GOOSE 报文应通过两个网络同时发送；两个网络发送的 GOOSE 报文的多播地址、APPID 应一致；对于同一次发送，两个 GOOSE 报文 APDU 部分应完全相同

4. 对于 Yd11 接线的三相变压器，它的变比为 n，主变压器三角形侧线圈发生 AB 两相短路，变压器星形侧各相电流之间的关系为（　　）。

A．$\dot{I}_A = \dot{I}_C = -0.5\dot{I}_B$

B．$\dot{I}_B = \dot{I}_C = 2\dot{I}_A$

C．$\dot{I}_A = \dot{I}_C = 2\dot{I}_B$

D．$\dot{I}_B = \dot{I}_C = -0.5\dot{I}_A$

5. 开口三角绕组的额定电压，在小接地系统中为（　　）。

A．$100/\sqrt{3}\,\text{V}$　　　　B．$100/3\,\text{V}$　　　　C．100V　　　　D．$\sqrt{3} \times 100\text{V}$

6. 关于微机保护二次回路抗干扰措施，下列描述正确的是（　　）。

A．强电和弱电回路不得合用同一根电缆

B．电缆芯在开关场及主控室同时接地

C．双屏蔽层的二次电缆，外屏蔽层应两端接地

D．单屏蔽层的二次电缆，屏蔽层应两端接地

7. 继电保护所使用的电流互感器，规程规定其稳态变比误差及角误差的范围是（　　）。

A．稳态变比误差不大于 10%，角误差不大于 3°

B．稳态变比误差不大于 10%，角误差不大于 7°

C．稳态变比误差不大于 5%，角误差不大于 3°

D．稳态变比误差不大于 5%，角误差不大于 7°

8．变压器差动保护防止励磁涌流的措施有（　　　）。

A．采用二次谐波制动　　　　　　　　B．采用间断角判别

C．采用五次谐波制动　　　　　　　　D．采用波形对称原理

9．线路保护每周波采样 12 点，现负荷潮流为有功 P=86.6MW、无功 Q= –50Mvar，保护打印出电压、电流的采样值，在微机保护工作正确的前提下，下列各组中说法正确的是（　　　）。

A．U_a 比 I_a 由正到负过零点超前 1 个采样点

B．U_a 比 I_a 由正到负过零点滞后 2 个采样点

C．U_a 比 I_b 由正到负过零点超前 3 个采样点

D．U_a 比 I_c 由正到负过零点滞后 4 个采样点

10．某接地距离继电器整定二次阻抗为 5Ω，其零序补偿系数为 K=0.65，从 A-N 通入 4A 电流调整动作值，最高的动作电压为（　　　）。

A．31V　　　　　　　B．33V　　　　　　　C．35V　　　　　　　D．37V

11．附图 A-1 所示为大电流接地系统，当 K 点发生金属性接地故障时，在 M 流过该线路的 $3I_0$ 与 M 母线 $3U_0$ 的相位关系是（　　　）。

附图 A-1　系统示意图

A．$3I_0$ 超前 M 母线 $3U_0$ 约 80°　　　　B．$3I_0$ 滞后 M 母线 $3U_0$ 约 110°

C．$3I_0$ 滞后 M 母线 $3U_0$ 约 70°　　　　D．取决于 M、N 两侧系统的零序阻抗

12．关于继电保护用二次回路，以下说法正确的是（　　　）。

A．来自开关场的电压互感器二次回路的 4 根引入线和互感器开口三角绕组的 2 根引入线均应使用各自独立的电缆，不得共用

B．电流互感器的二次回路必须分别并且只能有一点接地，独立的、与其他互感器二次回路没有电的联系的电流互感器二次回路，宜在开关场实现一点接地

C．对双重化配置的保护的电流回路、电压回路、直流电源回路、双跳闸线圈的控制回路等，两套系统不应合用同一根电缆

D．为避免形成寄生回路，在任何情况下均不得并接第一、第二组跳闸回路

13．线路光纤电流差动保护装置采用"识别码"方式，可解决的问题有（　　　）。

A．通道交叉接线　　　B．通道延时　　　C．通道自环　　　　D．通道误码

14．关于 IEC 61850 标准中定义的逻辑节点名称，下列含义错误的是（　　　）。

A．PDIF：距离保护逻辑节点　　　　　B．PTOC：过流保护逻辑节点

C．TCTR：电流互感器逻辑节点　　　　D．PTRC：保护跳闸逻辑节点

15．智能变电站中的关于 ICD 文件、SSD 文件、SCD 文件、CID 文件描述正确的是（　　　）。

A．CID 文件为 IED（智能电子设备）的能力描述文件，CID 文件由装置厂商提供给

系统集成厂商，该文件描述 IED 提供的基本数据模型及服务，但不包含 IED 实例名称和通信参数

B. SSD 文件为系统规格文件，SSD 文件应全站唯一，该文件描述变电站一次系统结构以及相关联的逻辑节点，最终包含在 SCD 文件中

C. SCD 文件为全站系统配置文件，SCD 文件应全站唯一，该文件描述所有 IED 的实例配置和通信参数、IED 之间的通信配置以及变电站一次系统结构，由系统集成厂商完成。SCD 文件应包含版本修改信息，明确描述修改时间、修改版本号等内容

D. ICD 文件为 IED 实例配置文件，每个装置有一个，由装置厂商根据 SCD 文件中本 IED 相关配置生成

16. 对分相断路器，母联（分段）死区保护所需的开关位置辅助触点应采用（　　）。

A. 三相动合触点串联
B. 三相动合触点并联
C. 三相动断触点串联
D. 三相动断触点并联

17. 输电线路 BC 相短路经过渡电阻 R_g 接地，A 相正序电流 $\dot{I}_{A1}$、负序电流 $\dot{I}_{A2}$、零序电流 $\dot{I}_0$ 的相位关系，正确的是（　　）。

A. $\arg\left(\dfrac{\dot{I}_{A1}}{\dot{I}_{A2}}\right)=180°$、$\arg\left(\dfrac{\dot{I}_{A1}}{\dot{I}_0}\right)=180°$

B. $0°<\arg\left(\dfrac{\dot{I}_{A1}}{\dot{I}_{A2}}\right)<180°$、$0°<\arg\left(\dfrac{\dot{I}_{A2}}{\dot{I}_0}\right)<180°$、$0°<\arg\left(\dfrac{\dot{I}_0}{\dot{I}_{A1}}\right)<180°$

C. $0°<\arg\left(\dfrac{\dot{I}_{A1}}{\dot{I}_0}\right)<180°$、$0°<\arg\left(\dfrac{\dot{I}_0}{\dot{I}_{A2}}\right)<180°$、$0°<\arg\left(\dfrac{\dot{I}_{A2}}{\dot{I}_{A1}}\right)<180°$

D. 以上说法均不正确

18. 平行双回线路中，当线路末端发生接地故障时，对于有零序互感的平行双回线路中的每回线路，其零序阻抗在下列四种方式下最大的是（　　）。

A. 一回线运行，一回线处于热备用状态

B. 一回线运行，另一回线处于接地检修状态

C. 一回线运行，一回线处于冷备用状态

D. 二回线并列运行状态

19. 线路保护动作后，对应的智能终端没有出口，可能的原因是（　　）。

A. 线路保护和智能终端 GOOSE 断链

B. 线路保护和智能终端检修压板不一致

C. 线路保护的 GOOSE 出口压板没有投

D. 线路保护和合并单元检修压板不一致

20. 某接地距离保护装置在设定零序电流补偿系数 K 时，不慎将 K 值增大了 3 倍，下列说法正确的是（　　）。

A. 使测量阻抗增大，保护区伸长
B. 使测量阻抗增大，保护区缩短
C. 使测量阻抗减小，保护区缩短
D. 使测量阻抗减小，保护区伸长

21. 电力系统短路故障电流互感器发生饱和时，关于二次电流波形特征，下列说法正

确的是（　　　）。

　　A．波形失真，伴随谐波出现

　　B．过零点提前，波形缺损

　　C．二次电流的饱和点可在该半周期内任何时刻出现，随一次电流大小而变

　　D．一次电流越大时，过零点提前越多

22．某变电站站内直流系统电压为 220V，在 220kV 母线保护检验工作完毕后、投入出口连接片之前，通常用万用表测量跳闸连接片电位。当断路器分别处于分闸位置和合闸位置时，连接片上端正确的状态应该是（　　　）。

　　A．分闸时对地为+110V 左右，合闸时对地为–110V 左右

　　B．分闸时对地为–110V 左右，合闸时对地为+110V 左右

　　C．分闸、合闸时均为–110V 左右

　　D．分闸、合闸时均为+110V 左右

23．500kV 线路保护、母差保护、断路器失灵保护用电流互感器二次绕组推荐配置原则说法正确的是（　　　）。

　　A．线路保护宜选用 TPY 级

　　B．母差保护可根据保护装置的特定要求选用适当的电流互感器

　　C．断路器失灵保护可选用 TPS 级

　　D．断路器失灵保护宜选用 TPY 级

24．断路器失灵保护的电流判别元件的动作和返回时间均不宜大于（　　　），其返回系数也不宜低于 0.9。

　　A．10ms　　　　　　B．15ms　　　　　　C．20ms　　　　　　D．30ms

25．220kV 线路正常负荷运行时，光纤电流差动保护 TA 二次回路断线，下列说法正确的是（　　　）。

　　A．不动作，因为本侧 TA 断线时本侧由于电流有突变，或由于出现零序电流故而启动元件可能启动，但差动继电器因差流较小不会动作

　　B．不动作，因对侧保护不会启动

　　C．动作，若控制字"TA 断线闭锁差动"整定为"0"，且 TA 断线相差流大于"电流差动定值"（整定值），仍开放该相的电流差动保护

　　D．动作，对侧线路保护差动继电器也可动作，可发允许信号

26．关于变压器保护，以下说法正确的是（　　　）。

　A．变压器电气量保护与非电量保护的出口回路分开

　B．电气量保护动作后启失灵，并解除失灵保护电压闭锁。非电量保护不启动失灵保护

　C．电气量保护和非电量保护的电源回路独立

　D．双套电气量保护的跳闸回路分别作用于断路器的两个跳闸线圈，而一套非电量保护同时作用于断路器的双线圈

27．综合重合闸中的阻抗选相元件，在出口单相接地故障时，非故障相选相元件误动可能性小的是（　　　）。

A．全阻抗继电器   B．方向阻抗继电器

C．偏移性的阻抗继电器   D．电抗特性的阻抗继电器

28．在检定同期、检定无压重合闸装置中，下列做法不正确的是（　　）。

A．只能投入检定无压或检定同期继电器的一种

B．两侧都要投入检定同期继电器

C．两侧都要投入检定无压和检定同期的继电器

D．只允许有一侧投入检定无压的继电器

29．某智能变电站里有两台完全相同的保护装置，下面描述正确的是（　　）。

A．两台保护装置提供一个 ICD 文件，并使用相同的 CID 文件

B．两台保护装置提供一个 ICD 文件，但使用不同的 CID 文件

C．两台保护装置提供两个不同的 ICD 文件，但使用相同的 CID 文件

D．两台保护装置提供两个不同的 ICD 文件，并使用不同的 CID 文件

30．出口继电器作用于断路器跳（合）闸线圈时，其触点回路中串入的电流自保持线圈应满足下列的条件是（　　）。

A．自保持电流大于额定跳（合）闸电流的一半左右，线圈压降小于 5%额定值

B．出口继电器的电压启动线圈与电流自保持线圈的相互极性关系正确

C．电流与电压线圈间的耐压水平不低于交流 1500V、1min 的试验标准（出厂试验为交流 2000V、1min）

D．电流自保持线圈接在出口触点与断路器控制回路之间。当有多个出口继电器可能同时跳闸时，宜由防止跳跃继电器实现上述任务

二、判断题（每题 0.5 分，共 10 分）

1．断路器的"跳跃"现象一般是在跳闸、合闸回路同时接通时才发生，回路设置是将断路器闭锁到合闸位置。　　　　　　　　　　　　　　　　　　　　　　　　（　　）

2．智能变电站的继电保护装置除检修采用硬压板外，其余均采用软压板。　（　　）

3．退运二次芯缆原则上可以不拆除，只要剪掉裸露部分并进行绝缘包扎、固定好，但是严禁芯缆两侧不同步拆除。　　　　　　　　　　　　　　　　　　　　　（　　）

4．交换机的转发方式有存储转发、直通式转发等，存储转发方式对数据帧进行校验，任何错误帧都被丢弃，直通式转发不对数据帧进行校验，因而转发速度快于存储转发。（　　）

5．接地距离保护的零序电流补偿系数 K 应按线路实测的正序、零序阻抗 Z_1、Z_0，用式 $K=(Z_0-Z_1)/3Z_0$ 计算获得，装置整定值应小于或接近计算值。　　　　　　（　　）

6．为躲励磁涌流，变压器差动保护采用二次谐波制动。二次谐波制动系数越小，躲励磁涌流的能力越强。　　　　　　　　　　　　　　　　　　　　　　　　　　（　　）

7．对于采用单相重合闸的 220kV 线路，相间距离Ⅱ段不需要考虑与失灵保护配合，接地距离Ⅱ段必须考虑与失灵保护配合。　　　　　　　　　　　　　　　　　（　　）

8．为保证母差保护正常运行、某运行间隔改检修时，应先投入该间隔合并单元"检修状态压板"，再退出母差保护内该间隔的"间隔投入软压板"。　　　　　　　　（　　）

9．TJR、TJQ 接点应接入"远方跳闸"和"其他保护动作停信"回路，以实现在母线保护和失灵保护动作时，线路对侧保护可靠、快速动作。　　　　　　　　　　（　　）

10. 运行中的厂站，运行值班人员应每半年进行一次 N600 接地线电流值的测试，并做好相应数据记录。若新测量的电流值超过上一次测量值 20mA 时，运行值班人员应立即通知保护人员进行专项检查，确保电压互感器二次回路仅一点接地。　　　　　（　　）

11. 在距离保护中，线路 A 侧的距离元件电流互感器变比本应是 600/1，现场保护人员误接为 1200/1，在线路发生故障时，线路 A 侧距离保护将可能误动。　（　　）

12. 继电保护设备网络安全由各级网络安全主管部门负责，与保护专业无关。（　　）

13. 为了防止光纤通道中断导致光纤差动保护被迫退出运行，提升光纤差动保护运行的可靠性，要求光纤差动保护通道设置为自愈环方式。　　　　　　　（　　）

14. 接地方向距离继电器在线路发生两相短路经过渡电阻接地时超前相的继电器保护范围将缩短，滞后相的继电器保护范围将伸长。　　　　　　　　　（　　）

15. 变压器的分侧差动保护不需要经励磁涌流判据的闭锁。　　　　　（　　）

16. 在 500kV 系统中，断路器失灵保护、高抗保护、短引线保护动作均应启动远方跳闸。　　　　　　　　　　　　　　　　　　　　　　　　　　　　（　　）

17. 不论何种母线接线方式，当某一出线断路器发生拒动时，失灵保护只需跳开该母线上的其他所有断路器。　　　　　　　　　　　　　　　　　　　（　　）

18. 零序功率方向继电器在线路正方向出口发生单相接地故障时的灵敏度高于在线路中间发生单相接地故障时的灵敏度。　　　　　　　　　　　　　（　　）

19. 保护装置 GOOSE 中断后，保护装置将闭锁不动作。　　　　　　（　　）

20. 采用油压、气压作为操动机构的断路器，压力低闭锁重合闸触点应接入操作箱。　　　　　　　　　　　　　　　　　　　　　　　　　　　　　（　　）

三、简答题（5题，共23分）

1. 防止 220kV 弱馈线路光纤电流差动保护拒动的措施是什么？对于保护装置用电压引自两侧母线 TV 的线路，在线路由单侧带电空充、另一侧开关检修的运行方式下，应采取什么措施防止线路光纤电流差动保护拒动？（5分）

2. 某方向距离继电器的Ⅲ段在阻抗平面上的动作特性由三个等直径的圆组成，三个圆相互半重叠，并沿线路阻抗方向依次排列，如附图 A-2 所示。设整定阻抗为 Z_{set}，其阻抗角与线路阻抗角相等。请分别写出该距离继电器阻抗形式的相位比较和幅值比较动作判据。（4分）

3. 请在附图 A-3 中完成 Y/△－1 三相变压器的接线，并写出在软件中采用两种方法进行相位补偿的计算公式。（Y 和△侧的三相电流分别为 I_A^Y、I_B^Y、I_C^Y 和 $I_A^△$、$I_B^△$、$I_C^△$；补偿后的 Y 和△侧的三相电流分别为 I_{MA}、I_{MB}、I_{MC} 和 I_{NA}、I_{NB}、I_{NC}。补偿计算的公式允许直接用各侧一次电流表达）（6分）

附图 A-2　阻抗继电器动作特性图

4. 为简化二次回路，220kV 母线及失灵保护技术规范要求"变压器间隔失灵仅采用电气量保护跳闸触点作为三相跳闸启动失灵开入母线及失灵保护"，请分析该做法可能存在的隐患，并提出两种改进措施。（4分）

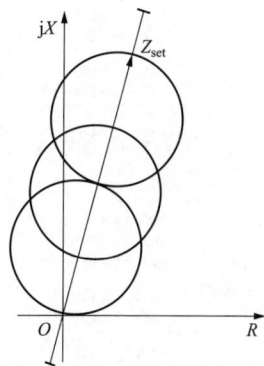

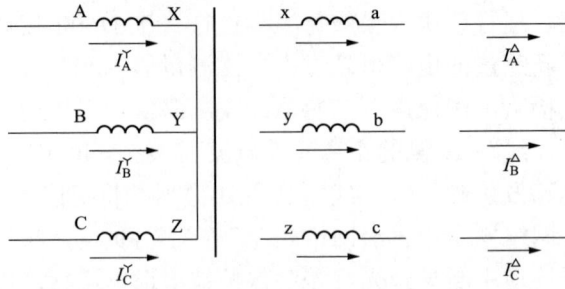

附图 A-3　变压器一次接线图

5. 附图 A-4 为一条 220kV 线路保护的电压切换回路，附图 A-5 为相应的信号回路，当本线路由 I 母倒至 II 母运行时，如遇到隔离开关位置异常的极端情况，会导致 I 母、II 母电压非正常并列且不被发现的情况，请问：（4 分）

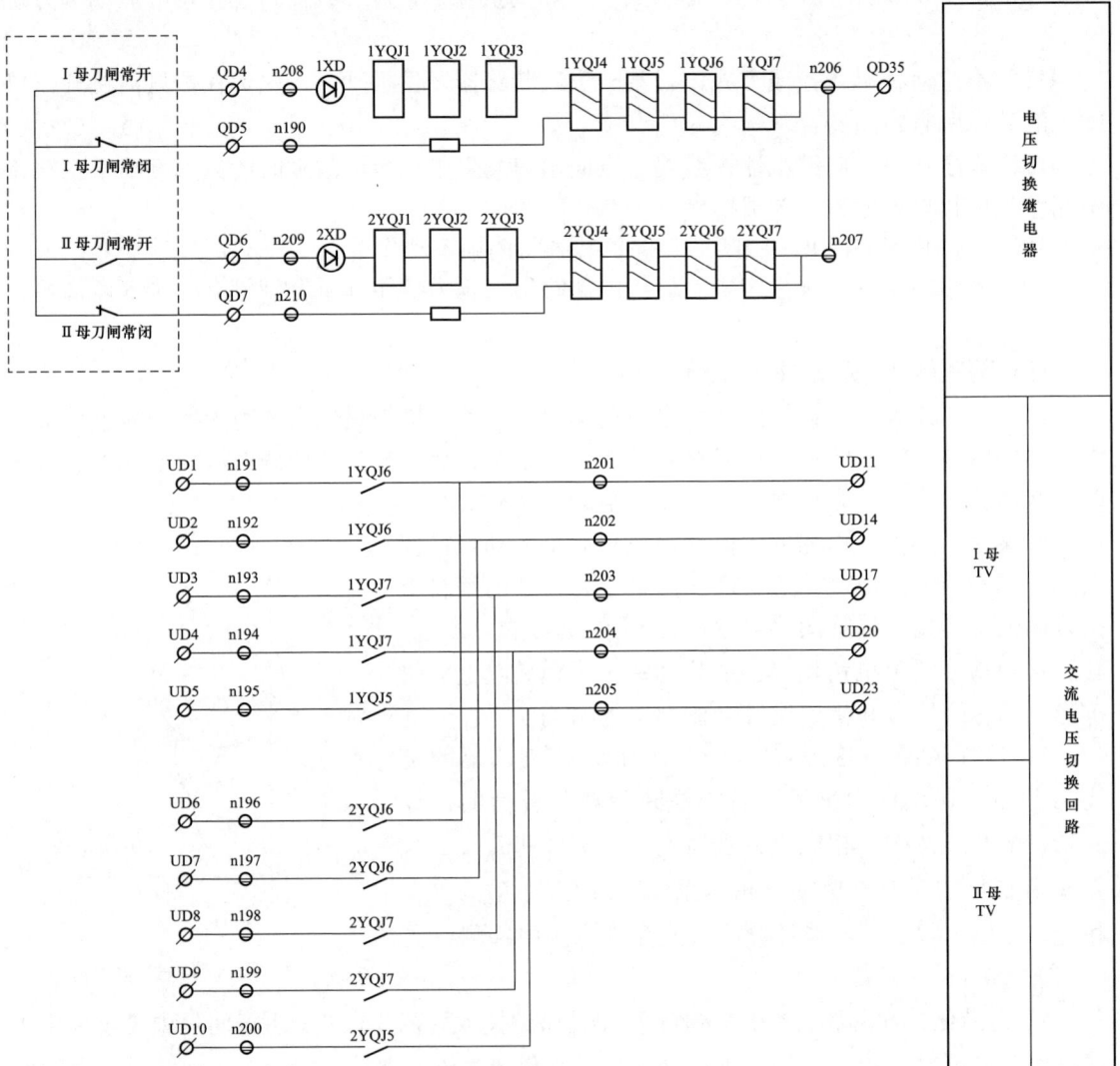

附图 A-4　交流电压切换原理图

QD21   n223   1YQJ1   2YQJ1   n224   QD23 | 切换继电器同时动作

附图 A-5   切换继电器同时动作原理图

（1）分析是何种隔离开关位置异常的极端情况会导致 I 母、II 母电压非正常并列且发现不了？可以采取什么样的解决措施？

（2）在母线分列运行方式下，I 母、II 母电压非正常并列可能导致什么样的恶劣后果？

四、计算分析题（5 题，共 37 分）

1. 如附图 A-6 所示，某 35kV 电流互感器按不完全星形接线，从 A、C 和 A、N 处测得的二次回路负载阻抗均为 3.46Ω，该电流互感器的变比为 600/5，一次通过的最大三相短路电流为 5160A，如测得该电流互感器某点伏安特性为 $I_0=3A$、$U_2=150V$。请定量分析该电流互感器的变比误差是否满足规程要求？（5 分）

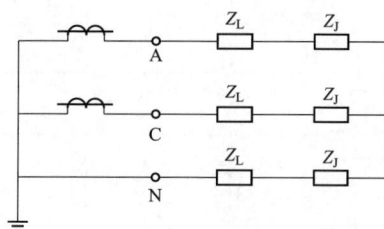

附图 A-6   不完全尾形接线图

2. 某 110kV 系统如附图 A-7 所示，已知：K 处发生单相接地故障时流过 M、N 处零序电流的比值 $3I_0（M）/3I_0（N）$ 为 0.5，某日电源 F2 停一台 100MW 的发电机，电源 F2 的正（负）序等值阻抗的标幺值由原 0.03 变为 0.06，当 K 处发生两相接地故障时，N 处 N02 动作但开关拒动，试分析 M 处零序保护动作行为。（6 分）

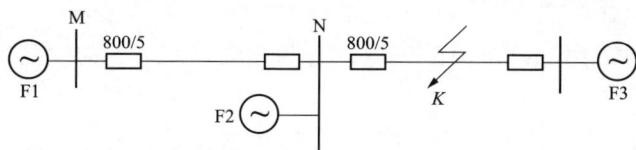

附图 A-7   系统示意图

（其中基准值 $S_B=100MVA$，$U_B=115kV$）

M 处零序保护定值为 M01：6.5A，0s；M02：3.5A，1s；M03：1A，1.5s。

N 处零序保护定值为 N01：5A，0s；N02：3A，0.5s；N03：1.5A，1s。

3. 如附图 A-8 所示系统，1 号主变压器高压侧中性点经间隙接地，发电机中性点不接地运行。已知基准容量 100MVA，110kV 母线基准电压取平均电压，发电机正序电抗 ZS1 标幺值 0.4，负序电抗 ZS2 标幺值 0.5；1 号主变压器正序、负序电抗 ZT1 标幺值 0.26，零序电抗 ZT0 标幺值 0.24。1 号主变压器仅配置高后备保护，不考虑发电机动作情况。（8 分）

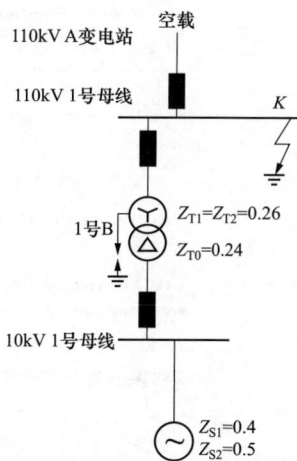

（1）110kV 母线 K 点 A 相发生永久性单相接地故障，1 号主变压器高压侧中性点间隙保护击穿前，画出 110kV 母线相电压及零序电压的相量图。

（2）110kV 母线 K 点 A 相发生永久性单相接地故障，1 号主变压器高压侧中性点间隙保护击穿后，并保持击穿状态下，1 号主变压器高后备保护动作，跳主变压器各侧开关。计算故障点的正、负、零序电流幅值及流经 1 号主变压器高后备的各相电流。

附图 A-8   系统图

（3）已知 1 号主变压器高后备保护定值：①过流保护：Ⅰ段：1500A，1.5s 跳主变压器各侧开关；Ⅱ段：400A，4s 跳主变压器各侧开关；②间隙零序过流保护：100A，3.0s 跳主变压器各侧开关；③零序过压保护：退出。请分析 1 号主变压器高后备保护动作行为。

4．某变电站 220kV 母线接线方式为双母线接线，220kV 母线配置 BP-2C 型母差及失灵保护装置，L1 为母联间隔，L2 及 L4 为电源间隔，L3 及 L5 为负荷支路。各间隔 TA 变比相同，全部为 1200/5，间隔及母联 TA 极性如附图 A-9 所示。母线区内发生 A 相故障，故障前母联开关一次处于分位，附图 A-10 中自上至下的通道 1～通道 7 依次为故障期间Ⅰ母 A 相电压、Ⅱ母 A 相电压及 L1、L2、L3、L4、L5 间隔 A 相电流，波形图标识了 T1 时刻及 T2 时刻的波形幅值。（8 分）

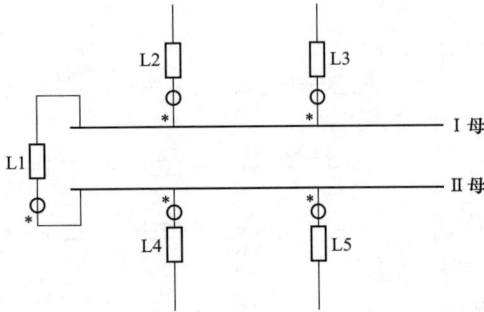

附图 A-9　主接线及 TA 配置

（1）220kV 母线差动保护动作特性方程为

$$\begin{cases} I_d \geq I_{dset} \\ I_d / (I_r - I_d) \geq K_r \end{cases}$$

其中，

$$\begin{cases} I_d = \left| \sum_{i=1}^{n} I_i \right| \\ I_r = \sum_{i=1}^{n} |I_i| \end{cases}$$

，I_i 为母线上各支路二次电流的矢量，I_d 为差动电流，I_r 为制动电流，I_{dset} 为差电流定值，K_r 为比率制动系数。当整定 $K_r=2$ 时，请定量分析母线区内故障允许的汲出电流百分比。

（2）请根据附图 A-10 的电压及电流波形，分析故障点位置。

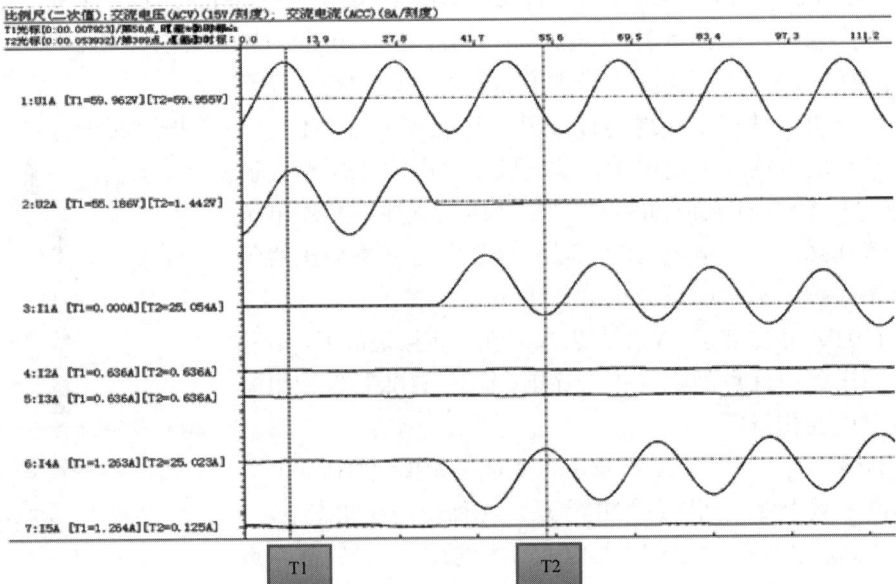

附图 A-10　故障波形图

（3）假设故障前母联开关二次辅助触点 TWJ 异常，母线保护装置认为母联开关为合，经计算差流门槛及比率都满足动作条件，请分析母线保护装置的动作行为。

5. 500kV MN 1 线和 MN 2 线均配置两套光纤电流差动保护、三段式后备距离和反时限零序过流（差动保护投入电容电流补偿功能），线路两侧 TA 变比：3000/1，TV 变比：500/0.1。系统和线路阻抗如附图 A-11 所示（均为二次值，单位 Ω），$\dot{E}_M = \dot{E}_N = 60\angle 0° \text{V}$（二次值）。MN 两侧变电站均采用 GIS 设备（开关分闸时间不大于 20ms），开关两侧均有电流互感器（保护用电流互感器绕组按规范配置）。MN 为长线路，M 侧线路开关装设合闸电阻（开关分闸时，自动投入；开关合闸时，自动退出），合闸电阻一次值为 280Ω（二次值 168Ω），MN 线路两侧边开关重合闸均投入"单重"方式（重合闸时间均为 0.9s），线路两侧中开关重合闸均停用。

MN 1 线和 MN 2 线的第一套线路保护差动低定值为 0.28A（分相差动和零序差动），分相差动延时 25ms 动作，零序差动延时 50ms 动作，差动高定值为 0.42A，延时 0ms 动作，第二套线路保护差动低定值为 0.28A（零序差动），延时 100ms 动作，差动高定值为 0.40A，延时 0ms 动作。

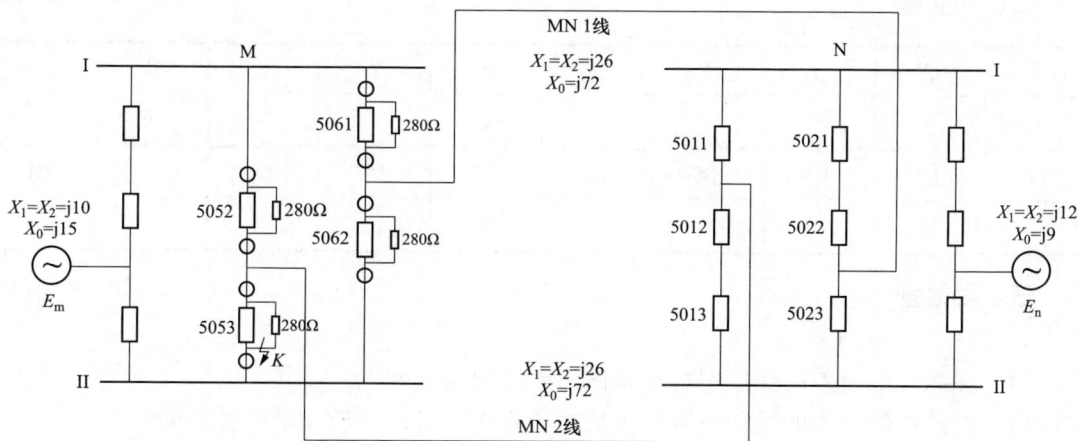

附图 A-11 系统接线图

如故障点 K（A 相）发生绝缘击穿后对地故障，请分析说明保护的动作情况和一次设备的状态变化。（10 分）

答　　案

一、选择题

1	2	3	4	5	6	7	8	9	10
AD	A	BCD	A	B	ACD	B	ABD	C	B
11	12	13	14	15	16	17	18	19	20
C	ABCD	AC	A	BC	BC	C	D	ABC	D
21	22	23	24	25	26	27	28	29	30
ABD	C	ABC	C	B	ABCD	B	AC	B	BD

二、判断题

1	2	3	4	5	6	7	8	9	10
×	×	×	√	×	√	√	×	×	√
11	12	13	14	15	16	17	18	19	20
×	×	×	×	√	×	×	√	×	√

三、简答题

1. 答:

（1）在纵联电流差动保护中增加"低压差流启动元件"。

（2）将检修侧开关的操作电源按正常方式投入，可靠开放差动保护功能。

2. 答:设三圆所示动作区分别为 A、B、C，那么各自的动作判据如下所述。

A：相位判据 $90° < \arg \dfrac{Z - \frac{1}{2}Z_{set}}{Z} < 270°$

幅值判据 $\left| Z - \frac{1}{4}Z_{set} \right| < \left| \frac{1}{4}Z_{set} \right|$

B：相位判据 $90° < \arg \dfrac{Z - \frac{3}{4}Z_{set}}{Z - \frac{1}{4}Z_{set}} < 270°$

幅值判据 $\left| Z - \frac{1}{2}Z_{set} \right| < \left| \frac{1}{4}Z_{set} \right|$

C：相位判据 $90° < \arg \dfrac{Z - Z_{set}}{Z - \frac{1}{2}Z_{set}} < 270°$

幅值判据 $\left| Z - \dfrac{3}{4} Z_{\text{set}} \right| < \left| \dfrac{1}{4} Z_{\text{set}} \right|$

综合动作判据：$A \cup B \cup C$

3．答：

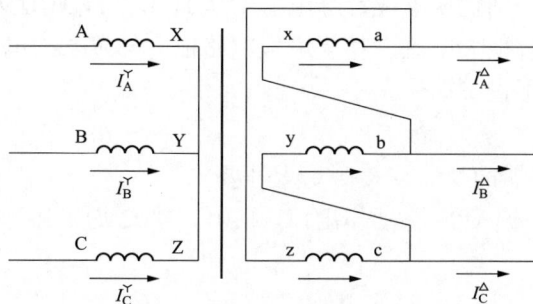

附图 A-12　YN/d1 接线变压器一次接线图

相位补偿有下面两种方法。

（1）方法 1。

Y 侧：$\begin{cases} I_{\text{MA}} = I_{\text{A}}^{\text{Y}} - I_{\text{C}}^{\text{Y}} \\ I_{\text{MB}} = I_{\text{B}}^{\text{Y}} - I_{\text{A}}^{\text{Y}} \\ I_{\text{MC}} = I_{\text{C}}^{\text{Y}} - I_{\text{B}}^{\text{Y}} \end{cases}$ 或 $\begin{cases} I_{\text{MA}} = (I_{\text{A}}^{\text{Y}} - I_{\text{C}}^{\text{Y}}) / \sqrt{3} \\ I_{\text{MB}} = (I_{\text{B}}^{\text{Y}} - I_{\text{A}}^{\text{Y}}) / \sqrt{3} \\ I_{\text{MC}} = (I_{\text{C}}^{\text{Y}} - I_{\text{B}}^{\text{Y}}) / \sqrt{3} \end{cases}$

△侧：$\begin{cases} I_{\text{NA}} = I_{\text{A}}^{\Delta} \\ I_{\text{NB}} = I_{\text{B}}^{\Delta} \\ I_{\text{NC}} = I_{\text{C}}^{\Delta} \end{cases}$

（2）方法 2。

Y 侧：$\begin{cases} I_{\text{MA}} = I_{\text{A}}^{\text{Y}} - I_{0}^{\text{Y}} \\ I_{\text{MB}} = I_{\text{B}}^{\text{Y}} - I_{0}^{\text{Y}} \\ I_{\text{MC}} = I_{\text{C}}^{\text{Y}} - I_{0}^{\text{Y}} \end{cases}$

△侧：$\begin{cases} I_{\text{NA}} = I_{\text{A}}^{\Delta} - I_{\text{B}}^{\Delta} \\ I_{\text{NB}} = I_{\text{B}}^{\Delta} - I_{\text{C}}^{\Delta} \\ I_{\text{NC}} = I_{\text{C}}^{\Delta} - I_{\text{A}}^{\Delta} \end{cases}$ 或 $\begin{cases} I_{\text{NA}} = (I_{\text{A}}^{\Delta} - I_{\text{B}}^{\Delta}) / \sqrt{3} \\ I_{\text{NB}} = (I_{\text{B}}^{\Delta} - I_{\text{C}}^{\Delta}) / \sqrt{3} \\ I_{\text{NC}} = (I_{\text{C}}^{\Delta} - I_{\text{A}}^{\Delta}) / \sqrt{3} \end{cases}$

4．答：

（1）存在的隐患：当 220kV 线路间隔失灵功能出口跳闸，同时主变压器间隔开关失灵时，无法继续启动失灵保护，无法实现失灵联跳主变压器三侧开关。

（2）改进措施：

1）220kV 母线保护装置失灵动作跳闸出现 220kV 主变压器间隔断路器失灵时，装置内部逻辑应能判断失灵间隔，再次启动失灵，并实现联跳相应主变压器三侧断路器；

2）220kV 主变压器间隔启动失灵采用并接电气量保护动作触点和操作箱三跳（TJR）动作触点作为三相跳闸启动失灵开入给 220kV 母线及失灵保护装置。

5．答：

（1） I 母隔离开关动断接点没有闭合。用双位置继电器 1YQJ4-1YQJ7 和 2YQJ4-2YQJ7 中富余的两个动合触点分别替换单位置继电器 1YQJ1 和 2YQJ1 这两个动合触点。

（2）交流切换回路有很大电流，甚至烧毁电路板，导致二次电压采样异常，引起相关的保护及安全自动装置不正确动作。

四、计算分析题

1．答：该电流互感器的变比误差满足规程要求。

2．答：M 处零序保护 M03 将动作出口，M01、M02 均未达到定值不会动作。

3．答：

（1）

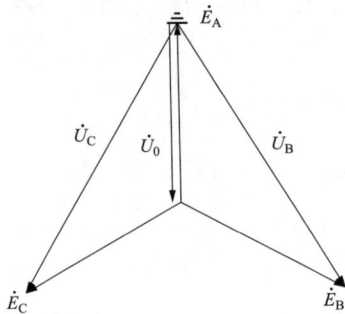

附图 A-13　1 号主变压器高压侧中性点击穿前 110kV 母线电压相量图

1 号主变压器高压侧中性点击穿前 110kV 母线电压相量图如附图 A-13 所示。

（2）故障点 A 相各序电流：$I_{KA1}=I_{KA2}=I_{KA0}=302.45$(A)。

流经 1 号主变压器高压侧的各相电流：$I_A=907.35$A，$I_B=I_C=0$。

流经 1 号主变压器间隙的零序电流：$I_{0J}=907.35$(A)。

（3）1 号主变压器高压侧过流 I 段不动作；间隙零序电流保护先于过流 II 段保护动作跳闸。

4．答：

（1）汲出电流百分比为 25%。

（2）故障点在母联死区位置。

（3）大差动作起动母联失灵，母联失灵保护动作，II 母电压开放，跳开 II 母。

5．答：

（1）故障点 K 发生故障，500kV II 母线母差保护动作，跳开 500kV II 母线的开关，闭锁 5053 开关重合闸；

（2）线路 MN 2 线线路差动动作，M 侧接地距离 I 段动作，跳开 5052 开关三相（重合闸停用状态），同时跳开 N 侧 5011 开关 A 相，跳开 5012 开关三相（重合闸停用状态）；

（3）0.9s 后 N 侧 5011 开关重合闸动作，重合于 A 相故障，发生 A 相经 280Ω 电阻接地故障；

（4）MN2 线第一套分相差动保护延时 25ms 动作，跳开 MN2 线 N 侧的 5011 开关三相，第一套零序差动保护（延时 50ms）未动作出口；

（5）MN2 线第二套差动保护未动作出口。

此外，短路电流 0.342A 若大于母差定值则 500kV II 母差动保护动作，否则不动作。

附录 B 试 卷 二

一、选择题（单项选择题每题 0.5 分，共 15 分；多项选择题每题 1 分，共 15 分）

1．关于单相接地短路、两相接地短路、两相短路、三相短路，下列说法不正确的是（ ）。

A．不管是何种类型的短路，越靠近故障点正序电压越低，而负序电压和零序电压则是越靠近故障点数值越大

B．母线上正序电压下降最多的是三相短路故障

C．两相接地短路时，母线正序电压的下降没有两相短路大

D．正序电压下降最少的是单相接地短路

2．电力系统接线如附图 B-1 所示，K 点 A 相接地电流为 1.8kA，T1 中性线电流为 1.2kA，线路 M 侧的三相电流值分别为（ ）。

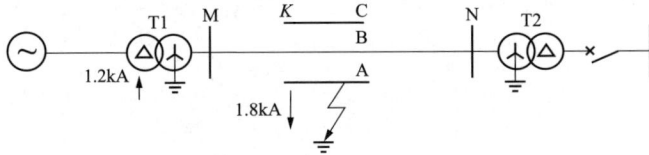

附图 B-1 系统接线图

A．M 侧 A 相电流为 0.6kA，B 相电流为 0.6kA，C 相电流为 0.6kA

B．M 侧 A 相电流为 1.2kA，B 相电流为 0.3kA，C 相电流为 0.3kA

C．M 侧 A 相电流为 1.4kA，B 相电流为 0.2kA，C 相电流为 0.2kA

D．M 侧 A 相电流为 1.6kA，B 相电流为 0.2kA，C 相电流为 0.2kA

3．在中性点直接接地电网中，某断相处的正、负序纵向阻抗相等，即 $Z_{11}=Z_{22}$，当单相断线的零序电流大于两相断线的零序电流时，则条件是（ ）。

A．断相处纵向零序阻抗等于纵向正序阻抗

B．断相处纵向零序阻抗小于纵向正序阻抗

C．断相处纵向零序阻抗大于纵向正序阻抗

D．以上均不正确

4．某电流互感器的变比为 1500/1A，二次接入负载阻抗 5Ω（包括电流互感器二次漏抗及电缆电阻），电流互感器伏安特性试验得到的一组数据为电压 120V 时，电流为 1A。试问当其一次侧通过的最大短路电流为 30000A 时，其变比误差是否满足规程要求？（ ）

A．满足   B．不满足

C．无法确定   D．以上均不正确

5．某负序电流元件，AB 相间通 30A 正弦电流时刚好动作，如仅 A 相通正弦电流，则通入（ ）电流该元件正好动作？

A．17.32A　　　　　B．20A　　　　　C．34.64A　　　　　D．51.96A

6．某单回超高压输电线路 A 相瞬时故障，两侧保护动作跳 A 相开关，线路转入非全相运行。当两侧保护取用线路侧 TV 时，就两侧的零序方向元件来说，正确的是（　　　）。

A．两侧的零序方向元件肯定不动作

B．两侧的零序方向元件的动作情况视传输功率方向和传输功率大小而定，可能一侧处于动作状态，另一侧处于不动作状态

C．两侧的零序方向元件可能一侧处于动作状态，另一侧处于不动作状态，或两侧均处于不动作状态，这与非全相运行时的系统综合零序阻抗和综合正序阻抗相对大小有关

D．不能确定

7．根据南方电网《220kV 线路保护技术规范（2018 年试行版）》，保护装置中的零序功率方向元件应采用自产零序电压，在零序电压二次值 $3U_0$ 不小于（　　　）的情况下应保证方向元件的灵敏度。

A．0.5V　　　　　B．1V　　　　　C．1.5V　　　　　D．2V

8．一条双侧电源的 220kV 输电线，输出功率为 150＋j70MVA，运行中送电侧 A 相断路器突然跳开，出现一个断口的非全相运行，就断口点两侧负序电压间的相位关系（系统无串补电容），正确的是（　　　）。

A．同相

B．反相

C．可能同相，也可能反相，视断口点两侧负序阻抗相对大小而定

D．以上均不正确

9．双侧电源线路 M 侧的工作电压 $\dot{U}_{op\varphi} = \dot{U}_\varphi - (\dot{I}_\varphi + K3\dot{I}_0)Z_{set}$，其中 $\dot{U}_\varphi$ 为 M 母线相电压，$\dot{I}_\varphi + K3\dot{I}_0$ 为 M 母线流向被保护线路的电流（K 为零序补偿系数），Z_{set} 为保护区范围确定的线路阻抗。若系统发生接地故障，M 母线上有相电压突变量 $\Delta\dot{U}_\varphi$，并且 $|\Delta\dot{U}_\varphi| > |\Delta\dot{U}_{op\varphi}|$，则接地点位置在（　　　）。

A．正方向保护范围内　　　　　　　B．正方向保护范围外

C．保护反方向上　　　　　　　　　D．不能确定

10．220kV 线路发生单相永久性接地故障，对采用单相重合闸方式的线路保护装置，保护及重合闸的动作顺序是（　　　）。

A．选跳故障相，延时重合故障相，后加速跳三相

B．三相跳闸不重合

C．三相跳闸，延时重合三相，后加速跳三相

D．选跳故障相，延时重合故障相，后加速再跳故障相，同时三相不一致保护跳三相

11．变压器的过电流保护，加装复合电压闭锁元件是为了（　　　）。

A．提高过电流保护的可靠性　　　　　B．提高过电流保护的灵敏性

C．提高过电流保护的选择性　　　　　D．提高过电流保护的快速性

12．（　　　）是将变压器的 Y 侧绕组作为保护对象，在每相 Y 侧绕组的两端（自耦变压器用三端）均设置电流互感器而实现的分相差动保护。

A．比率差动保护　　　　　　　　　　　B．分侧差动保护

C．零序比率差动保护　　　　　　　　　D．工频变化量差动保护

13．线路正向经过渡电阻 R_g 单相接地时，该侧的零序电压 U_0 和零序电流 I_0 之间的相位关系，下列说法正确的是（　　　）。

A．R_g 越大时，U_0 与 I_0 间的夹角越小

B．接地点越靠近保护安装处，U_0 与 I_0 间的夹角越小

C．U_0 与 I_0 间的夹角与 R_g 无关

D．不能确定

14．在双侧电源系统中，当线路经过渡电阻单相接地短路时，送电侧的测量阻抗中过渡电阻附加阻抗为（　　　）。

A．阻容性　　　　　B．阻感性　　　　　C．纯电阻性　　　　　D．不能确定

15．助增电流的存在，对距离继电器的影响是（　　　）。

A．使距离继电器的测量阻抗减小，保护范围增大

B．使距离继电器的测量阻抗增大，保护范围减小

C．使距离继电器的测量阻抗增大，保护范围增大

D．使距离继电器的测量阻抗减小，保护范围减小

16．确保 220kV 及 500kV 线路单相接地时线路保护能可靠动作，允许的最大过渡电阻值分别是（　　　）。

A．100Ω，100Ω　　　B．100Ω，200Ω　　　C．100Ω，300Ω　　　D．100Ω，150Ω

17．某接地距离继电器整定二次阻抗为 3Ω，其零序补偿系数为 $K=0.65$，从 A-N 通入 4A 电流调整动作值，最高的动作电压为（　　　）。

A．9.9V　　　　　　B．19.8V　　　　　　C．39.6V　　　　　　D．79.2V

18．用实测法测定线路的零序参数，测试接线见附图 B-2，假设试验时无零序干扰电压，电压表读数为 20V，电流表读数为 20A，瓦特表读数为 120W，则零序阻抗的计算值为（　　　）。

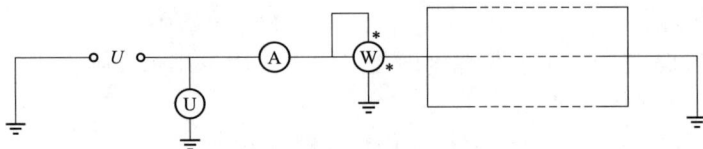

附图 B-2　测试接线图

A．0.9+j2.86Ω　　　B．1.03+j2.82Ω　　　C．2.06+j5.64Ω　　　D．0.3+j0.94Ω

19．220kV 变压器的零序过压保护采用自产零序电压，零序过压定值整定为（　　　）。

A．57.7V　　　　　　B．100V　　　　　　C．120V　　　　　　D．180V

20．微机型双母线母差保护中使用的母联断路器电流取自Ⅱ母侧电流互感器，并列运行时，如母联断路器与电流互感器之间发生故障，将造成（　　　）。

A．Ⅰ母差动保护动作，切除故障，Ⅰ母失压，Ⅱ母差保护不动作，Ⅱ母不失压

B．Ⅰ母差动保护动作，Ⅰ母失压，但故障没有切除，随后Ⅱ母差动保护动作切除故

障，Ⅱ母失压

C．Ⅰ母差动保护动作，Ⅰ母失压，但故障没有切除，随后失灵保护动作切除故障，Ⅱ母失压

D．双母线大差动保护动作，两条母线均失压

21．母线故障时，关于母差保护 TA 饱和程度，以下说法正确的是（　　）。

A．故障初期 TA 就饱和，以后 TA 饱和程度逐步减弱

B．故障初期 TA 保持线性传变，以后饱和程度逐步减弱

C．故障初期 TA 保持线性传变，以后 TA 开始饱和

D．以上均不对

22．220kV 双母线接线母线故障，母差保护动作，由于母联断路器拒动，由母联失灵保护消除母线故障，符合评价规程的是（　　）。

A．母差保护和母联失灵保护应分别评价为"正确动作"

B．母差保护不予评价，母联失灵保护评价为"正确动作"

C．母差保护评价为"不正确动作"，母联失灵保护评价为"正确动作"

D．母差保护评价为"正确动作"，母联失灵保护评价为"不正确动作"

23．关于失灵保护，下列描述不正确的是（　　）。

A．主变压器压器保护动作，主变压器 220kV 开关失灵，启动 220kV 母线保护

B．主变压器电气量保护动作，主变压器 220kV 开关失灵，启动 220kV 母线保护

C．220kV 母差保护动作，主变压器 220kV 开关失灵，延时跳主变压器各侧开关

D．主变压器 35kV 开关无失灵保护

24．SSD、SCD、ICD、CID 和 CCD 文件是智能变电站中用于配置的重要文件，在具体工程实际配置过程中的关系为（　　）。

A．SSD+ICD 生成 SCD，然后导出 CID 和 CCD，最后下载到装置

B．SCD+ICD 生成 SSD，然后导出 CID 和 CCD，最后下载到装置

C．SSD+CID 生成 SCD，然后导出 ICD 和 CCD，最后下载到装置

D．SSD+ICD 生成 CID，然后导出 SCD 和 CCD，最后下载到装置

25．GOOSE 报文的重发传输采用方式（　　）。

A．连续传输 GOOSE 报文，StNum+1

B．连续传输 GOOSE 报文，StNum 保持不变，SqNum+1

C．连续传输 GOOSE 报文，StNum+1 和 SqNum+1

D．连续传输 GOOSE 报文，StNum 和 SqNum 保持不变

26．某 220kV 线路甲侧流变变比为 1250/1A，乙侧流变变比为 1200/5A，两侧保护距离Ⅱ段一次侧定值均为 22Ω，则甲、乙两侧距离Ⅱ段二次侧定值分别为（　　）。

A．38.7Ω，201.7Ω
B．12.5Ω，12.0Ω

C．2.5Ω，2.4Ω
D．12.5Ω，2.4Ω

27．与多模光纤相比，单模光纤（　　）。

A．带宽大、衰耗大、传输距离近、传输特性好

B．带宽小、衰耗小、传输距离远、传输特性差

C. 带宽小、衰耗小、传输距离远、传输特性好

D. 带宽大、衰耗小、传输距离远、传输特性好

28. 如附图 B-3 所示，一条线路 M 侧为系统，N 侧无电源且无负荷，主变压器（Y0/Y0/△接线）中性点接地，当线路 A 相接地故障时，以下说法正确的是（　　）。

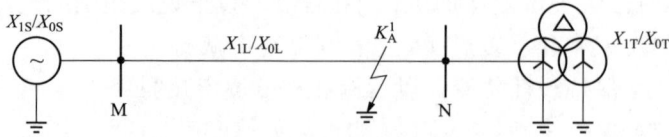

附图 B-3　系统示意图

A. M 侧 A 相有电流，B、C 相无电流

B. N 侧 A 相无电流，B、C 相有短路电流

C. N 侧 A 相无电流，B、C 相电流大小不同

D. N 侧 A 相有电流，与 B、C 相电流大小相等且相位相同

29. 在操作箱中，关于断路器位置继电器线圈接法正确的是（　　）。

A. TWJ 在跳闸回路中，HWJ 在合闸回路中

B. TWJ 在合闸回路中，HWJ 在跳闸回路中

C. TWJ、HWJ 均在跳闸回路中

D. TWJ、HWJ 均在合闸回路中

30. 基于零序方向原理的小电流接地选线继电器的方向特性，对于无消弧线圈和有消弧线圈过补偿的系统，如方向继电器按正极性接入电压，电流按流向线路为正，对于故障线路零序电压超前零序电流的角度是（　　）。

A. 均为+90°

B. 均为–90°

C. 无消弧线圈为–90°，有消弧线圈为+90°

D. 无消弧线圈为+90°，有消弧线圈为–90°

31. 设系统中各元件序阻抗的阻抗角均为80°，下列说法正确的是（　　）。

A. 并联高压电抗器 B 相发生匝间短路，该电抗器母线上的零序电压 $3U_0$ 滞后电抗器的零序电流 $3I_0$ 的相角为 100°

B. 220kV 线路出口 B 相经 100Ω 过渡电阻单相接地，母线上的零序电压 $3U_0$ 滞后该线路中的零序电流 $3I_0$ 的相角为 100°

C. 220kV 线路电流为 300A，该线路两侧开关 B 相跳闸，线路侧的零序电压 $3U_0$ 总是超前该线路中的零序电流 $3I_0$ 的相角为 80°

D. M、N 两系统间的 220kV 平行双回联络线，M 侧向 N 侧输送 150MW 功率，平行双回线路之一的 A 相发生接地故障，在两侧开关 A 相跳闸的非全相运行过程中，对另一回线路来说，M、N 侧的零序电压 $3U_0$ 均超前本侧线路的零序电流 $3I_0$ 的相角为 80°

32. 某 220kV 线路采用单相重合闸方式，在线路单相瞬时故障时，一侧单跳单重，另

一侧直接三相跳闸。若排除断路器本身的问题，下面可能造成直接三跳的原因是（　　）。

　　A．选相元件问题　　　　　　　　　　B．重合闸方式设置错误

　　C．沟通三跳回路问题　　　　　　　　D．控制回路断线

　　33．某条 220kV 输电线路，保护安装处的零序方向元件，其零序电压由母线电压互感器二次电压的自产方式获取，对正向零序方向元件来说，当该线路保护安装处 A 相断线时，下列说法正确的是（　　）（说明：–j80 表示容性无功）。

　　A．断线前送出 80–j80MVA 时，零序方向元件动作

　　B．断线前送出 80+j80MVA 时，零序方向元件不动作

　　C．断线前送出–80–j80MVA 时，零序方向元件动作

　　D．断线前送出–80+j80MVA 时，零序方向元件不动作

　　34．小电流接地选线装置用零序 TA 安装时，高压电缆屏蔽层接地方式错误的是（图中接地线与电缆连接处为屏蔽层最末端）（　　）。

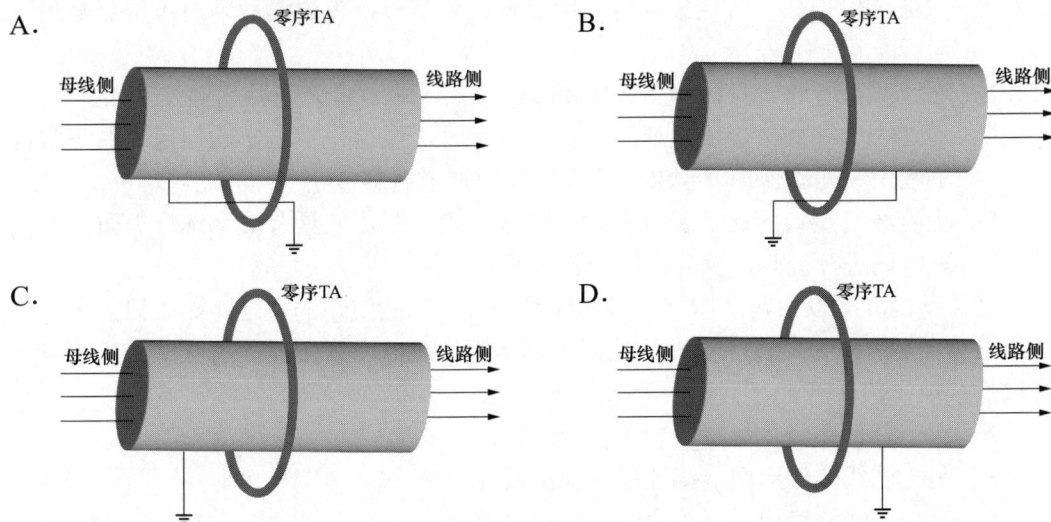

A.

B.

C.

D.

　　35．某智能变电站线路保护动作，对应的智能终端未动作，可能的原因有（　　）。

　　A．线路保护 GOOSE 出口软压板未投入

　　B．智能终端出口硬压板未投入

　　C．线路保护和智能终端的检修压板均投入

　　D．线路保护和智能终端之间的 GOOSE 链路断链

　　36．变压器差动保护不能取代瓦斯保护，其正确的原因是（　　）。

　　A．差动保护不能反映油面降低的情况

　　B．差动保护受灵敏度限制，不能反映轻微匝间故障，而瓦斯保护能反映

　　C．差动保护不能反映绕组的断线故障，而瓦斯保护能反映

　　D．瓦斯保护可以反映区内所有故障

　　37．为了解决变压器支路失灵时电压闭锁元件灵敏度不足的问题，关于母线保护的解除复压闭锁开入，下列说法正确的有（　　）。

　　A．智能变电站取消了解除复压闭锁开入，主变压器保护"启动失灵"GOOSE 命令的

同时启动失灵和解除电压闭锁

B. 智能变电站和常规变电站都不要接解除复压闭锁开入，主变压器元件固定解除复压闭锁

C. 智能变电站和常规变电站都需要接解除复压闭锁开入

D. 常规变电站需要接解除复压闭锁开入，变压器保护不同继电器的"跳闸触点"至母线保护的"启动失灵"和"解除复压闭锁"开入

38. 变压器空载合闸时有励磁涌流出现，其励磁涌流的特点为（   ）。

A. 含有明显的非周期分量电流

B. 波形出现间断、不连续，间断角一般在 65°以上

C. 含有明显的 2 次及偶次谐波

D. 变压器容量越大，励磁涌流相对额定电流倍数也越大

39. 关于通道光纤，下面说法正确的是（   ）。

A. 双通道保护任一通道故障时，应能发告警信号，单通道故障时不得影响另一通道运行

B. 通道一和通道二双纤都交叉接线时，装置应通道告警，并闭锁差动保护

C. 通道一单纤交叉接线，通道二正常运行时，通道一不应影响通道二的正常运行，不应闭锁差动保护，但装置应及时发出通道告警

D. 内置光纤接口的保护装置和远方信号传输装置均应具有数字地址编码，两侧对地址编码进行校验，校验出错时告警并闭锁保护

40. 某同杆架设的超高压平行双回线路，其中一回线路的接地距离Ⅰ段阻抗元件按一回线路单独运行时整定，当另一回线处不同运行情况时，该Ⅰ段阻抗元件在本线发生单相金属性接地时的保护区，下列正确的是（   ）。

A. 另一回线路投入运行时保护区会缩短

B. 另一回线路停用两端接地线时保护区会伸长

C. 另一回线路停用一端接地线时保护区会伸长

D. 另一回线路非全相运行时保护区可能会伸长，也可能会缩短

41. 在检定同期、检定无压重合闸装置中，下列做法正确的是（   ）。

A. 只能投入检定无压或检定同期继电器的一种

B. 两侧都要投入检定同期继电器

C. 两侧都要投入检定无压和检定同期的继电器

D. 只允许有一侧投入检定无压的继电器

42. 保护装置与智能终端采用 GOOSE 双网通信，保护装置采集智能终端的开关位置，智能终端发给保护的 A 网报文中 StNum=2、SqNum=100，开关位置为三相跳位，B 网报文中 StNum=2、SqNum=100，开关位置为三相合位，那么保护装置的开关位置为（   ）。

A. 若 A 网先到，B 网后到，则保护装置显示为三相跳位

B. 若 B 网先到，A 网后到，则保护装置显示为三相合位

C. 若 A 网先到，B 网后到，则保护装置显示三相跳位，然后显示三相合位

D. 若 B 网先到，A 网后到，则保护装置显示三相合位，然后显示三相跳位

43．图中相邻 A、B 两线路，线路 A 长度为 100km，因通信故障使 A、B 的两套快速保护均退出运行。在距离 B 母线 80km 的 K 点发生三相金属性短路，流过 A、B 保护的相电流如附图 B-4 所示。忽略线路电阻，已知线路单位长度电抗为 0.4Ω/km，线路 TV 变比：220/0.1kV，A 处距离保护定值（二次值）分别为 TA：1200/5，Z_I=3.5Ω，Z_{II}=18Ω，t=0.5s；B 处距离保护定值（二次值）分别为 TA：600/5，Z_I=1.2Ω，Z_{II}=2.4Ω，t=0.5s。

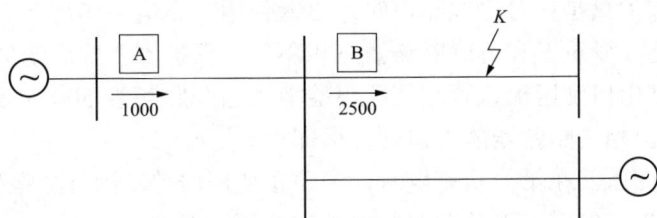

附图 B-4 系统示意图

不考虑开关拒动，则 A 处与 B 处相间距离保护的动作情况为（ ）。

A．B 保护距离 I 段动作

B．B 保护距离 I 段不动作

C．B 保护距离 II 段动作，A 保护不动作

D．A 保护、B 保护距离 II 段同时动作

44．变电站直流系统处于正常状态，某 110kV 线路断路器处于断开位置，控制回路正常带电，利用万用表直流电压档测量该线路纵联保护跳闸出口连接片的对地电位，出口连接片处于断开状态，正确的状态应该是为（ ）。

A．连接片上口对地电压为+110V 左右

B．连接片上口对地电压为–110V 左右

C．连接片下口对地电压为+220V 左右

D．连接片下口对地电压为 0V 左右

45．电力系统短路故障时电流互感器饱和是需要时间的，与饱和时间有关的因素是（ ）。

A．电流互感器剩磁越大，饱和时间越长

B．二次负载阻抗减小，可延长饱和时间

C．饱和时间受短路故障时电压初相角影响

D．饱和时间受一次回路时间常数影响

二、判断题（每题 0.5 分，共 10 分）

1．断路器应使用断路器本体的三相不一致保护，宜采用断路器本体的防止断路器跳跃功能，断路器和操作箱的防止断路器跳跃功能不能同时投入。 （ ）

2．开关液压机构在压力下降过程中，依次发压力降低闭锁合闸、压力降低闭锁重合闸、压力降低闭锁跳闸信号。 （ ）

3．小电流接地系统发生单相接地故障时，非故障线路的零序电流落后零序电压 90°，

故障线路的零序电流超前零序电压 90°。 （　　）

4. 接地距离保护的零序电流补偿系数 K 应按线路实测的正序、零序阻抗 Z_1、Z_0，用式 $K=(Z_0-Z_1)/3Z_0$ 计算获得，装置整定值应小于或接近计算值。 （　　）

5. 零序电流保护不反映电网正常负荷、振荡和相间短路。 （　　）

6. 为躲励磁涌流，变压器差动保护采用二次谐波制动。二次谐波制动系数越大，躲励磁涌流的能力越强。 （　　）

7. 母线充电保护只是在对母线充电时才投入使用，充电完毕后要退出。 （　　）

8. 电网中线路、变压器和母联断路器三相不一致保护不要求启动失灵保护。 （　　）

9. 智能变电站出口硬压板设置在智能终端柜，当开展某条 500kV 线路保护消缺或检修工作时，直接退出相关断路器的出口硬压板即可。 （　　）

10. 新安装的变压器在第一次充电时，为防止变压器差动因 TA 极性接反造成误动，比率差动保护应退出，但需投入差动速断保护和重瓦斯保护。 （　　）

11. 当相邻平行线停运检修并在两侧接地时，电网接地故障线路通过零序电流将在该停运线路中产生零序感应电流，此电流反过来也将在运行线路中产生感应电势，使线路零序电流减小。 （　　）

12. 某接地距离保护的零序电流补偿系数 0.517，现场错设为 0.67，则该接地距离保护区缩短。 （　　）

13. 输电线路光纤分相电流差动保护，线路中的负荷电流再大，一侧 TA 二次断线时保护不会误动。 （　　）

14. 对于智能变电站 GOOSE 接收机制，若两帧 GOOSE 报文的 StNum 不相等，更新接收方的数据。 （　　）

15. 智能终端和保护装置检修压板不一致时，保护装置依然可以发送保护动作 GOOSE 报文，但智能终端无法出口。 （　　）

16. 为防范 220kV 线路开关操作过程中非全相拒分风险，可通过 220kV 线路开关电气量三相不一致保护远跳对侧开关实现对拒分开关的隔离。 （　　）

17. 接地方向距离继电器在线路发生两相短路经过渡电阻接地时超前相的继电器保护范围将伸长，滞后相的继电器保护范围将缩短。 （　　）

18. 常规变电站中保护功能投退的软、硬压板应一一对应，采用"与门"逻辑，"停用重合闸"控制字、软压板和硬压板三者为"与门"逻辑。 （　　）

19. 根据要求，防止直接远方跳闸回路因通道干扰引起误动作，本侧在收到对侧远方直接跳闸信号时，本侧在经就地判别确认后再去进行跳闸，以提高安全性。 （　　）

20. 对经长电缆跳闸的回路，应采取防止长电缆分布电容影响和防止出口继电器误动的措施。 （　　）

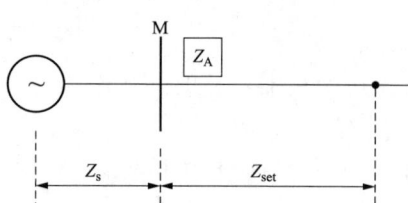

附图 B-5　系统示意图

Z_s—系统阻抗；Z_{set}—整定阻抗

三、简答题（4 题，共 14 分）

1. 如附图 B-5 所示，接地距离继电器在线路正方向发生 AB 两相短路时，保护范围会增加还是缩短？这种变化程度与 Z_s/Z_{set} 的比值大小有什么关系？（请以 A 相为例，写出分析过程）（3 分）

2．双母线接线的微机母差保护具有大差和小差，小差能区分故障母线，为什么还要设大差？（3分）

3．如附图 B-6 所示，该 220kV 线路 B 相发生单相永久性故障，此时由于 211 开关 A 相机构故障不能正常分闸，保护如何动作？失灵保护是否会动作？为什么？（220kV 线路重合闸方式为单重，211 开关失灵保护投入）（4分）

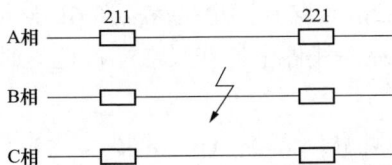

附图 B-6　短路故障示意图

4．设 Z_x 为固定阻抗值，阻抗角与整定阻抗 Z_{set} 的阻抗角相等，Z_m 为测量阻抗，按以下动作方程作出 Z_m 的动作特性，并以阴影线表示 Z_m 的动作区。（4分）

（1）$180°<\arg\dfrac{Z_m-Z_{set}}{Z_m+Z_x}<270°$；

（2）$210°<\arg(Z_{set}-Z_m)<330°$。

四、计算分析题（6题，共46分）

1．如附图 B-7 所示系统，T1、T2 参数完全相同，T1 和 T3 主变压器中性点接地，线路上 K 点发生 A 相单相接地故障时 N 侧 A 相电流为 0.8kA，O 点 B、C 相电流为零。求 O 点 A 相电流、P 点三相电流和 K 点入地电流 I_{KA}（忽略负荷电流）。（5分）

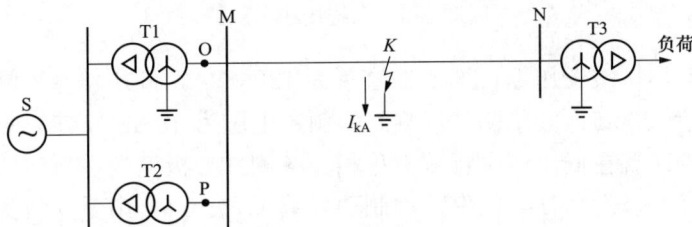

附图 B-7　系统示意图

2．已知线路光纤电流差动保护使用复用光纤通道，两侧保护装置采用基于通道收发延时相等的"等腰梯形"算法进行数据同步。但实际中因某线路光纤通道路由采用自愈环网，导致收发路由不一致，即发送路由延时 t_{d1} 和接收路由延时 t_{d2} 不相等，其中 t_{d1} 固定为 3ms，t_{d2} 数值不定。线路差动保护的动作方程如下：

$$\begin{cases} |\dot{I}_M+\dot{I}_N|>K\times(|\dot{I}_M-\dot{I}_N|) \\ |\dot{I}_M+\dot{I}_N|>600A \end{cases}$$

其中 $K=0.51$，$\dot{I}_M$ 和 $\dot{I}_N$ 分别为线路两侧电流。

在负荷电流情况下（一次系统线路两侧电流一致），因收发延时不一致导致差动保护动作方程满足时，试求：（5分）

（1）t_{d2} 的最小值。

（2）t_{d2} 为最小值情况下的负荷电流幅值？（tan27°≈0.51，sin27°≈0.45）

3．如附图 B-8 所示系统，发电厂经同杆并架双回线向系统送电，以下数据均已统一折算为标幺值，在双回线均运行方式时，系统侧负荷电流标幺值为 $\dot{I}_{A[0]}=0.6\angle0°$，机组、变压器、线路和系统阻抗标幺值如下（忽略电阻 R）：X_{G1}=0.7，X_{T1}=0.5，X_{T0}=0.4，X_{L1}=0.6，X_{L0}=1.8，X_{S1}=X_{S0}=0.2，线路互感电抗 X_{M0}=0.6，M 母线上两台变压器参数相同，2 号变压器不带负荷。某日，在乙线停电检修（双端接地）时，电厂 M 侧甲线出口发生 A相断线。（8 分）

（1）画出复合序网图，并计算出 $X_{1\Sigma}$、$X_{2\Sigma}$、$X_{0\Sigma}$。

（2）求甲线 $\dot{I}_B$、$\dot{I}_C$。

（3）分别计算若甲线 M 侧 TV 在母线侧和线路侧时该处的零序电压。

（4）分析甲线 M 侧 TV 在母线侧和线路侧两种情况下，其保护零序方向元件是否动作？

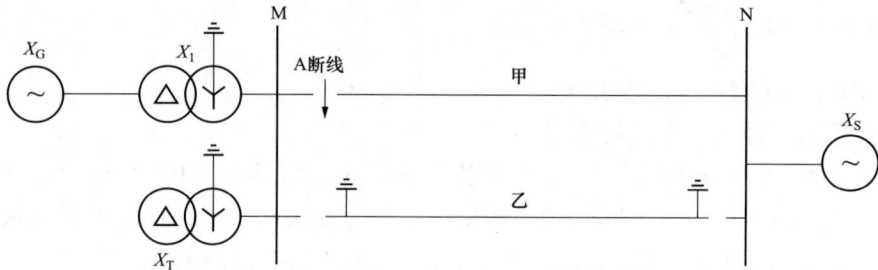

附图 B-8　系统接线示意图

4．某台 Y/d11 接线变压器，变压器容量为 120MVA，高压侧（Y 侧）的额定电压为230kV，TA 变比为 600/5，低压侧（△侧）的额定电压为 10.5kV，TA 变比为 4000/5。该变压器的差动保护装置在低压侧进行软件移相，各侧 TA 极性端在母线侧，其相关定值如下：差动启动电流 I_{cdqd} 为 $0.4I_e$、比率差动制动系数 K_{b1} 为 0.5。由于误将变压器的接线方式整定为 Y/d1，当主变压器低压侧发生区外 AB 两相短路且短路电流二次值为 7.143A 时，不考虑负荷电流，请计算高、低压侧的各相二次电流的大小及方向，并计算装置的各相稳态比率差动元件能否动作？已知稳态比率差动动作方程如下（I_d 为差动电流，I_r 为制动电流）：（8 分）

$$\begin{cases} I_d>0.2I_r+I_{cdqd} & I_r\leqslant0.5I_e \\ I_d>K_{b1}[I_r-0.5I_e]+0.1I_e+I_{cdqd} & 0.5I_e\leqslant I_r\leqslant6I_e \\ I_d>0.75[I_r-6I_e]+K_{b1}[5.5I_e]+0.1I_e+I_{cdqd} & I_r>6I_e \\ I_r=\dfrac{1}{2}\sum_{i=1}^{m}|I_i| \\ I_d=\left|\sum_{i=1}^{m}I_i\right| \end{cases}$$

5．某 500kV 系统接线图如附图 B-9 所示，甲乙两站的所有保护配置均满足有关规程及规定的要求，重合闸投单重方式，所有线路保护Ⅱ段时间定值为 0.6s，失灵保护延时跳断路器三相时间为 0.15s，跳相邻断路器时间为 0.3s，断路器两侧均有足够的 TA 供保护接入。某日，系统发生冲击，录波图显示发生单相接地故障，甲站Ⅰ母两套母差保护动作，甲乙线两套全线速动保护均动作。故障点找到后，经分析认为所有保护均正确动作。试回答以下问题：（8 分）

（1）指出单相接地故障点的位置。

（2）根据故障点位置，分析各相关保护及断路器的动作情况。

（3）若在本次故障中甲站 22 断路器拒动，试分析各保护及断路器的动作行为。

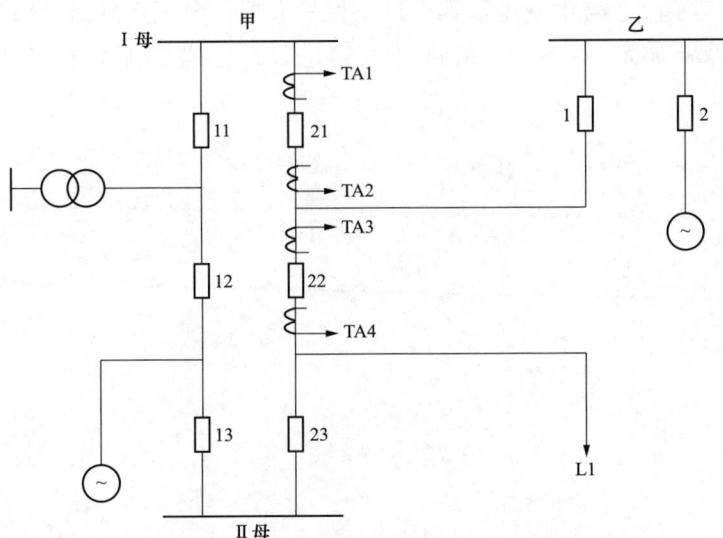

附图 B-9　系统接线图

6. 某电网网络如附图 B-10 所示，220kV A、B 站接地运行，220kV B 站通过 110kV 乙线带 110kV C 站全站负荷，110kV 甲线在 110kV C 站侧开关热备用；110kV C 站 1、2 号主变压器不接地运行。

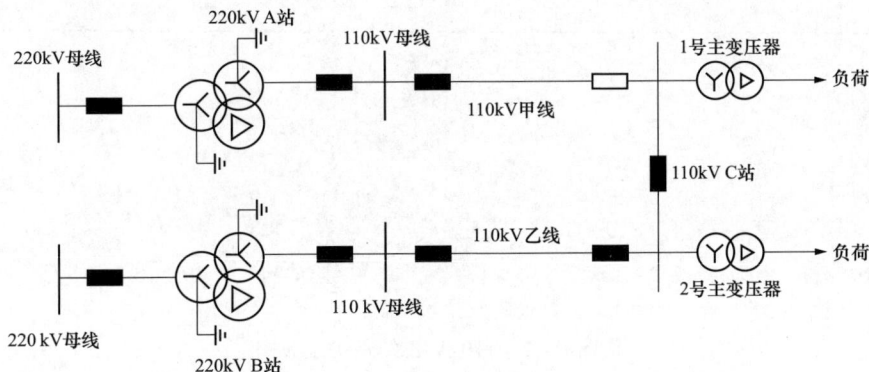

附图 B-10　故障前系统运行方式图

某日调度按计划调整系统运行方式，需将 110kV C 站全站负荷转由 110kV 甲线供电，将 110kV 乙线在 110kV C 站侧开关转为热备用，需要进行"合上 110kV 甲线 C 站侧开关、断开 110kV 乙线 C 站侧开关"的操作。在进行倒闸操作过程中发生故障，110kV C 站侧 110kV 甲线、乙线保护相关录波图见附图 B-11 和附图 B-12。请分析：（12 分）

（1）请问发生了什么故障？

（2）请问为什么故障录波图中 110kV 乙线开关断开前，110kV 甲线、乙线有零序电流；而 110kV C 站侧 110kV 乙线开关断开后，110kV 甲线、乙线没有零序电流。

（3）110kV C 站侧 110kV 乙线开关断开后，分析比较 110kV 甲线 A、C 相电流之间的大小和相位关系，要求画出系统故障序网图（假设系统正序阻抗、负序阻抗相等）。

（4）110kV C 站 1、2 号主变压器零序过压保护取母线电压互感器开口零序电压，保护装置中零序过压保护整定为 150V，请问：110kV 乙线开关断开后，1、2 号主变零序过压保护是否会动作？

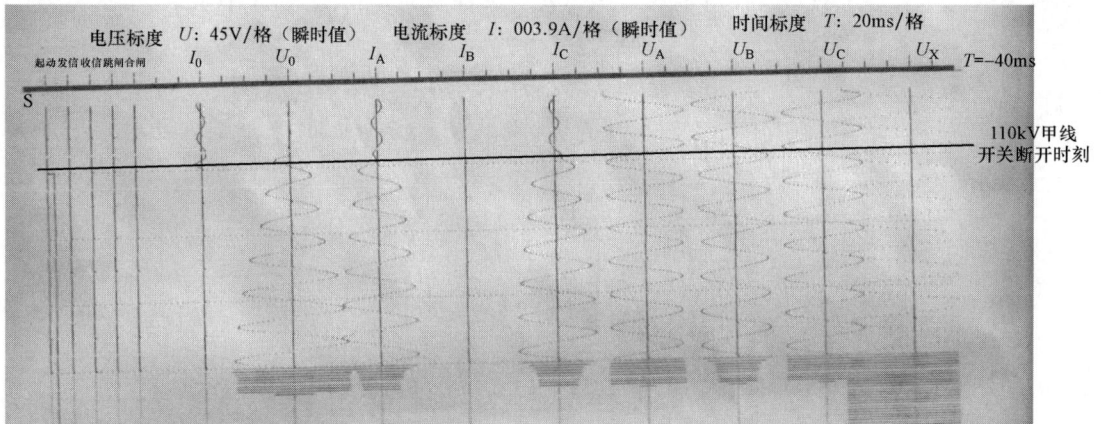

附图 B-11　110kV 甲线保护录波图

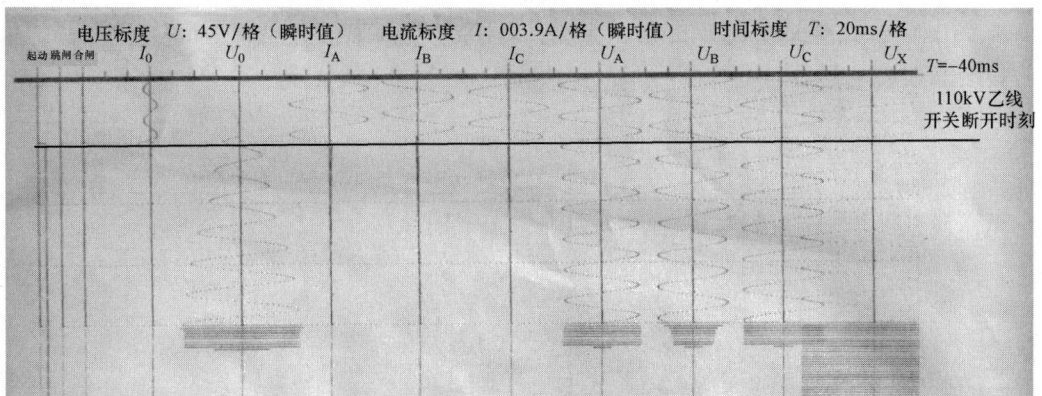

附图 B-12　110kV 乙线保护录波图

答　案

一、选择题

1	2	3	4	5	6	7	8	9	10
C	D	B	A	D	C	B	B	C	A
11	12	13	14	15	16	17	18	19	20
B	B	C	A	B	C	B	A	C	B
21	22	23	24	25	26	27	28	29	30
C	A	A	A	B	D	D	D	B	D
31	32	33	34	35	36	37	38	39	40
ABD	ABC	AC	BC	AD	ABC	AD	ABC	ABD	ABD
41	42	43	44	45					
BD	AB	BD	AD	BCD					

二、判断题

1	2	3	4	5	6	7	8	9	10
√	×	×	×	√	×	√	√	×	×
11	12	13	14	15	16	17	18	19	20
×	×	√	√	√	√	√	×	√	√

三、简答题

1. 答：

$$|Z_A| = \sqrt{Z_{set}^2 + \frac{1}{3}(Z_s + Z_{set})^2}, \quad |Z_A| > Z_{set}$$

保护范围会缩短，且随着 Z_s 与 Z_{set} 比值的变大，保护缩短得更严重。

2. 答：

（1）母线进行倒闸操作时，此时若发生区外故障，有大差闭锁不会误动。

（2）若辅助触点接触不良，有大差闭锁不会误动。

3. 答：

（1）两侧线路（211、221）保护动作，B 相跳闸，随后 211、221 开关启动 B 相重合闸，重合不成功跳开两侧三相开关。此时 211 开关 A 相机构故障，不能跳闸。

（2）失灵保护不会动作。因为 A 相开关拒分，但 211 开关的 B、C 相和 221 开关的 A、B、C 相跳开后，两侧不存在故障电流，两侧保护返回，不启动失灵保护。

4．答：

（1）阻抗继电器动作特性图如附图 B-13 所示。

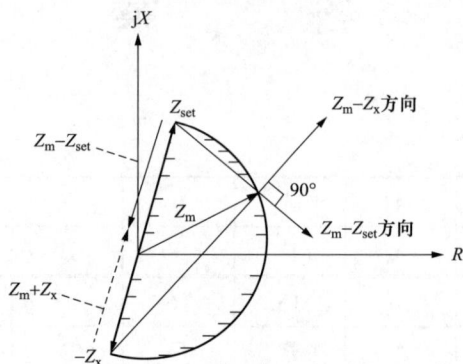

附图 B-13　阻抗继电器动作特性图

（2）阻抗继电器动作特性图如附图 B-14 所示。

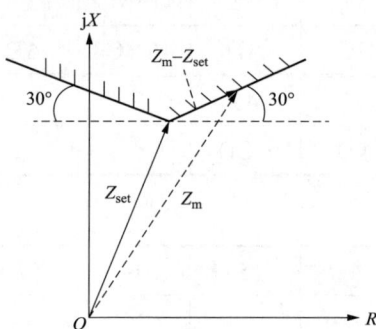

附图 B-14　阻抗继电器动作特性图

四、计算分析题

1．答：

$I_{OKA} = 2.4\text{kA}$

$I_{PKA} = 1.6\text{kA}$，$I_{PKB} = I_{PKC} = 0.8\text{kA}$，方向与 A 相电流相反。

K 点入地电流：$I_{KA} = 4.8\text{kA}$。

2．答：

t_{d2} 的最小值为 9ms，负荷电流约为 667A。

3．答：

（1）断线故障序网络图如附图 B-15 所示。

$$X_{1\Sigma} = X_{2\Sigma} = X_{G1} + X_{T1} + X_{S1} + X_{L1} = 2$$

$$X_{0\Sigma} = \frac{X_{T0}}{2} + X_{S0} + X_{M0} / /(X_{L0} + X_{M0}) + X_{L0} - X_{M0} = 2$$

故障前双回线运行方式时，得到

$$X_{1\Sigma} = X_{G1} + X_{T1} + \frac{X_{L1}}{2} + X_{S1} = 1.7$$

$$\dot{E}_{A[0]} = \dot{I}_{A[0]} \times jX_{1\Sigma} = 1.02\angle 90°$$

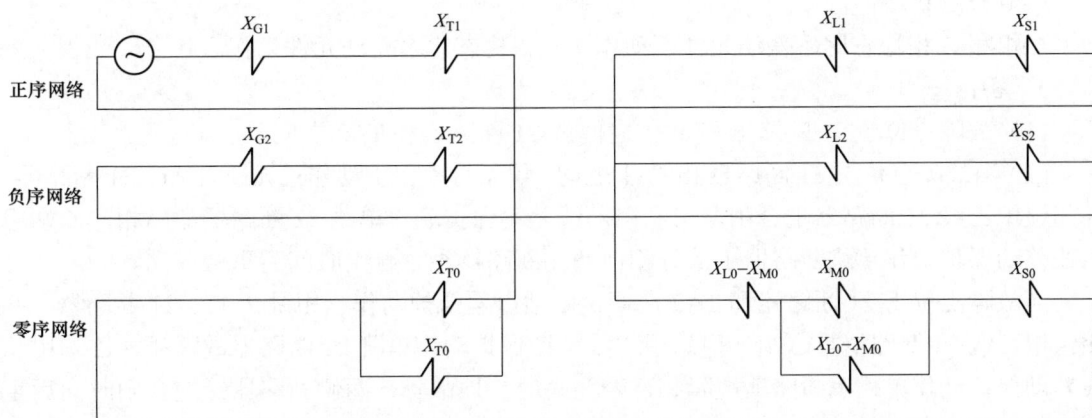

附图 B-15　复合序网图

（2）

$$\dot{I}_{A1} = \frac{\dot{E}_{A[0]}}{jX_{1\Sigma} + jX_{2\Sigma}//jX_{0\Sigma}} = \frac{1.02\angle 90°}{2\angle 90° + 2\angle 90°//2\angle 90°} = 0.34\angle 0°$$

$$\dot{I}_{A2} = -\dot{I}_{A1} \times \frac{X_{0\Sigma}}{X_{2\Sigma} + X_{0\Sigma}} = -0.34\angle 0° \times \frac{2}{2+2} = 0.17\angle 180°$$

$$\dot{I}_{A0} = -\dot{I}_{A1} \times \frac{X_{2\Sigma}}{X_{2\Sigma} + X_{0\Sigma}} = -0.34\angle 0° \times \frac{2}{2+2} = 0.17\angle 180°$$

$$\dot{I}_{B} = \alpha^2 \dot{I}_{A1} + \alpha \dot{I}_{A2} + \dot{I}_{A0} = 1\angle 240° \times 0.34\angle 0° + 1\angle 120° \times 0.17\angle 180° + 0.17\angle 180°$$
$$= 0.51\angle -120°$$

$$\dot{I}_{C} = \alpha \dot{I}_{A1} + \alpha^2 \dot{I}_{A2} + \dot{I}_{A0} = 1\angle 120° \times 0.34\angle 0° + 1\angle 240° \times 0.17\angle 180° + 0.17\angle 180°$$
$$= 0.51\angle 120°$$

（3）M 母线零序电压为

$$\dot{U}_{M0} = -\dot{I}_{A0} \times \frac{jX_{T0}}{2} = 0.034\angle 90°$$

甲线线路侧零序电压为

$$\dot{U}_{甲0} = \dot{I}_{A0} \times j[X_{S0} + X_{M0}//(X_{L0} - X_{M0}) + X_{L0} - X_{M0}] = 0.306\angle -90°$$

（4）使用母线 TV 时，甲线路零序方向元件判为正向；使用线路 TV 时，甲线路判为反方向。

4．答：

低压侧的各相电流为

$l_a = 0.866 I_e \angle 180°$

$I_b = 0.866 I_e \angle 0°$

$I_c = 0$

高压侧的各相电流为

$I_A = 0.5 I_e \angle 0°$

$I_B = 1I_e \angle 180°$

$I_C = 0.5I_e \angle 0°$

A 相和 B 相稳态比率差动元件不动作，C 相稳态比率差动元件动作。

5．答：

（1）故障点位于 21 断路器和 TA1 之间或 21 断路器和 TA2 之间。

（2）当故障点位于 21 断路器和 TA1 之间，甲站母差保护动作三相跳开 11、21 断路器，并闭锁甲乙线 21 断路器重合闸。甲站甲乙线差动保护动作单跳 22 断路器故障相，乙站甲乙线差动保护动作单跳断路器 1 故障相，两侧断路器经重合闸时间后重合成功。

当故障点位于 21 断路器和 TA2 之间，甲站母差保护动作三相跳开 11、21 断路器，并闭锁甲乙线 21 断路器重合闸。甲站甲乙线差动保护动作单跳 22 断路器故障相，乙站甲乙线差动保护动作单跳 1 断路器故障相，若为瞬时接地故障，两侧断路器经重合闸时间后重合成功；若为永久故障，则 22 及乙侧 1 断路器重合后保护加速三相跳闸。

由于故障点位于甲乙线甲侧出口处，甲侧除差动保护动作外，接地距离Ⅰ段及零序电流Ⅰ段均有可能同时动作。

（3）若故障点位于 21 断路器和 TA1 之间，母差保护动作，21 断路器三跳，切除故障，22 断路器失灵保护不会动作。

若故障点位于 21 断路器和 TA2 之间，母差保护动作，使 21 断路器三跳，但故障并未切除。甲乙线路保护动作后，22 断路器故障相拒动，22 断路器失灵保护动作，先瞬时跟跳本断路器故障相，延时 0.15s 后发三跳令，非故障相断路器跳开，延时 0.3s 后三跳 23 断路器。同时启动甲乙线及 L1 线远跳，乙站 1 断路器在单相跳闸后重合闸动作前又三相跳闸不重合，L1 线对侧断路器三相跳闸不重合。

6．答：

（1）B 相断线故障。

（2）合上 110kV 甲线开关后（断开 110kV 乙线开关前）因 220kVA、B 站接地运行，故 110kV 甲线、乙线有零序电流；C 站断开 110kV 乙线开关后，由于 110kV C 站 1、2 号主变压器不接地运行（终端负荷站），故 110kV 甲线、乙线没有零序电流。

（3）复合序网图如附图 B-16 所示。

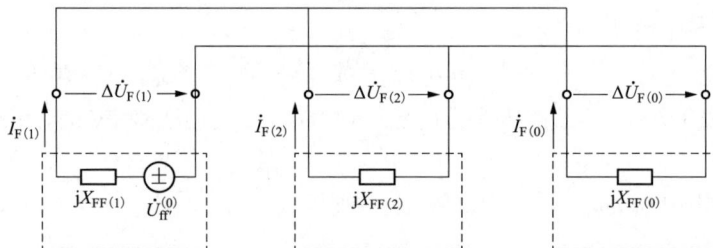

附图 B-16　复合序网图

（4）110kV 乙线开关断开后，考虑测量误差，1、2 号主变压器零序过压保护可能动作，也可能不动作。

参 考 文 献

［1］国家电力调度通信中心．国家电网公司继电保护培训教材．北京：中国电力出版社，2009．

［2］江苏省电力公司．电力系统继电保护原理与实用技术．北京：中国电力出版社，2006．

［3］国家电力调度通信中心．电力系统继电保护实用技术问答（第二版）．北京：中国电力出版社，2000．

［4］国家电力调度通信中心．电力系统继电保护题库．北京：中国电力出版社，2008．

［5］浙江省电力公司．继电保护培训题库．北京：中国电力出版社，2013．

［6］国网四川省电力公司调度控制中心，等．继电保护专业题库．北京：中国电力出版社，2021．

［7］侯磊，等．电力系统继电保护技能培训题库．北京：中国电力出版社，2022．

［8］国网湖南省电力有限公司．电力系统继电保护培训题库．北京：中国电力出版社，2022．

［9］薛峰．电网继电保护事故处理及案例分析．北京：中国电力出版社，2012．

［10］国网山东省电力公司．电力系统继电保护习题精选与解析．北京：中国电力出版社，2021．